外来種
ハンドブック

日本生態学会●編
村上興正・鷲谷いづみ●監修

Handbook of Alien Species in Japan

地人書館

巻　頭　言

　人間活動によって地球の生態系が取り返しのつかないほどの影響を受けていることは，広く認められるようになりました．これまで長い時間をかけて進化してきた生物と生物相互の関係が非常なスピードで失われていくという生物多様性の喪失は，その最も危急の問題の一つです．そして，生物多様性の減少をもたらす最大の脅威は，生息地の破壊や改変とともに，外から侵入して広がる外来種なのです．外来種は，もともといた生物を滅ぼし，病気を持ち込み，生態系を改変するなど，様々な悪影響を与えます．しかも，外来種がいったん侵入し定着に成功した場合には，もとに戻すのは簡単ではありません．

　本書は，日本生態学会の自然保護専門委員会における議論をもとに，外来種問題についての現状と課題について述べた総合的なハンドブックです．外来種検討作業部会を中心として，研究者や対策に関わる行政官やNGOの方々などの専門家，約160名に執筆をお願いし，取りまとめられました．前半には基本的な考え方や事実，対策の提案などについて，後半には150以上の外来種や地域事例を記してあります．21世紀初頭における日本の外来種に関する決定的な書物と言えるものになりました．

　2003年に日本生態学会は50周年を迎えます．本書はその50周年記念出版事業の一つとして，企画・制作されたものです．

　他の多くの地球環境問題と同じく，外来種の生態についても対策についても不確定なところが多いのです．でも，充分に調査が行き届いて確実なことが言えるまで何も手を打たないことは許されません．だから対策を実施すると同時に調査研究を続行し，予測を行い，また対策を見直すという作業が必要になります．

　外来種の問題は，野生生物や自然生態系の保全にとって最重要なだけではありません．生物的自然のはたらきを知ろうとする生態学にとっても，様々な課題を明確な形で示します．どのような生活史や個体群特性を持つものが外来種として成功するのか，どのような生態系・群集では受け入れられやすいのか，侵入定着後どのように性質を変えるのか，どのようなスピードで広がるのか，生態系への影響はどのように生じるか，これらはすべて基礎科学としての生態学が答えるべき問いです．一つ一つ考えていくことによって，生態系のしくみやはたらきに対してより深い理解と驚きを与えてくれるでしょう．

2002年 8月

日本生態学会

会長　巌佐　庸

はじめに

　日本生態学会は出発当初から日本における自然保護問題に関心を持ち，自然保護専門委員会を学会内部に発足させて，自然保護問題に幅広く取り組んできた．当初の活動は原生林の保護問題など人為がほとんど入っていない場所の保護問題に取り組み，それなりに成果を上げてきていたが，近年は中池見湿地の保全のように人が深く係わった二次的な自然の保護問題も対象とするなど，時代に応じて取り組んできた内容は異なっている．

　外来種（移入種）問題に関しては昔から問題視してはいたが，特に継続的な大きな取り組みを行っていなかった．しかし，1997年になって，外来種問題をこのまま放置することは将来大きな禍根を残すという問題意識が高まり，自然保護専門委員会の中に外来種問題検討作業部会を設置して，村上興正（委員長）と鷲谷いづみ（副委員長）が中心となり，外来種問題に関心が深い会員から委員を選出して，外来種問題に本格的に取り組む体制を整えた．

　ここで問題となったことは
1．外来種が生態系に与えている影響などの把握が必要であること
2．外来種問題が生物多様性の保全にとって最大の脅威であるという認識を広めること
3．生態学会の中で外来種問題に対する関心を高め，予算を獲得し研究者を増やすこと
4．生態学会で大会に合わせてシンポジウムを開催し，検討作業部会を継続的に行うこと
5．広く一般市民へ外来種問題に対する関心を高めること
6．生態学会だけでなく他の学会に働きかけて，外来種問題の重要性を広く取り上げていくこと
7．外来種の管理の重要性を行政に認識してもらい，実践してもらうこと．そのための法的な措置を執れるような体制を整えること

などであり，基本的な方針を考えた．

　まず取り組んだのは，シンポジウムの開催など外来種問題に関して広く関心を高めるための活動であった．テーマは「移入生物による生態系の撹乱とその影響」，「移入生物による生態系の撹乱―特に島嶼を中心に」，「国外外来種の管理法」など多岐にわたっている．しかし，シンポジウムの開催だけでは，広く一般市民へ外来種問題の重要性を知らせるには不充分であるという意識が高まり，1998年にまず，委員会として外来種問題に関する現状のすべてを網羅したような本を作成することが，必須であるという認識に達した．

しかし，本の構成や執筆者など具体的な内容の作成にはなかなか至らず，この間シンポジウムの開催と作業部会の開催を行うに留まっていた．社会的にも小笠原のヤギの管理，奄美大島のマングース問題など，外来種の管理の重要性が意識され出したこともあり，2000年になって出版社との交渉など具体的な作業に着手し出した．紆余曲折を経た後，2001年になってやっと地人書館の塩坂さんを編集者として，具体的な本の作成に取り組んだ次第である．

　ちょうどその時点で日本生態学会50周年記念事業を行うこととなっていたので，日本生態学会の活動の一環として，この本を出版することとなった．この本が出来上がったのは，ひとえに外来種検討作業部会の委員の方々の協力，特に編集委員の方のご努力，また本の出版の意図を理解して，原稿をご執筆いただいた方々など，数多くの方々の協力のおかげである．この本が契機となり，外来種問題の重要性が認識され，外来種に関する研究や教育が発展するとともに，外来種の日本への定着が急増している現状が改善され，現存する外来種の管理がなされ，日本各地で歴史的に形成された生物群集を含む生態系が変質することなく次世代に継承されることに少しでも寄与できれば，この本の出版に係わった者全員の望外の喜びである．

2002年8月

村上興正・鷲谷いづみ

日本生態学会50周年記念出版
『外来種ハンドブック』編集委員会

監　修

村上興正（元京都大学理学研究科講師）
鷲谷いづみ（東京大学大学院農学生命科学研究科教授）

編集委員：担当分野（五十音順）

池田　透（北海道大学大学院文学研究科助教授）：哺乳類
石田　健（東京大学大学院農学生命科学研究科助教授）：鳥類
岩崎敬二（奈良大学教養部助教授）：非海産無脊椎動物，海産・汽水産生物，海洋
江口和洋（九州大学大学院理学研究院生物科学部門助手）：鳥類
太田英利（琉球大学熱帯生物圏研究センター助教授）：爬虫・両生類
角野康郎（神戸大学遺伝子実験センター教授）：植物
桐谷圭治（日本応用動物昆虫学会名誉会員，アメリカ昆虫学会特別会員）：昆虫類
五箇公一（国立環境研究所主任研究員）：寄生生物
冨山清升（鹿児島大学理学部地球生命環境科学科助教授）：島嶼
中井克樹（滋賀県立琵琶湖博物館主任学芸員）：魚類，陸水域

執筆者（五十音順）

阿久沢正夫（鹿児島大学農学部）
浅川満彦（酪農学園大学獣医学部）
浅田正彦（千葉県立中央博物館）
東　　滋（AN Ethnobotanical Garden）
阿部愼太郎（奄美野生生物保護センター）
天野　洋（千葉大学園芸学部）
荒井秋晴（九州歯科大学中央研究室）
荒谷邦雄（九州大学大学院比較社会文化研究院）
池田　透（北海道大学大学院文学研究科）
池田二三高（静岡県病害虫防除所）
伊澤雅子（琉球大学理学部）
石田　健（東京大学大学院農学生命科学研究科）
磯崎博司（岩手大学人文社会科学部）
伊藤一幸（東北農業研究センター）
伊藤文紀（香川大学農学部）
巖城　隆（北海道大学大学院獣医学研究科）
岩崎敬二（奈良大学教養部）
岩田洋佳（中央農業総合研究センター）
植田育男（江ノ島水族館飼育技術部）
梅谷献二（農林水産技術情報協会）
浦部美佐子（福岡教育大学教育学部）
江川和文（東燃ゼネラル石油）
江口和洋（九州大学大学院理学研究院）
遠藤公男（全国野鳥密猟対策連絡会）
大河内勇（森林総合研究所）
太田英利（琉球大学熱帯生物圏研究センター）
大戸謙二（横浜植物防疫所調査研究部）
大林隆司（東京都小笠原亜熱帯農業センター）
岡村貴司（滋賀県農政水産部水産課）
小川　潔（東京学芸大学教育学部）
小澤朗人（静岡県茶業試験場）
押田龍夫（台湾東海大学生物学）
小野　理（北海道環境生活部環境室自然環境課）

帰山雅秀（北海道東海大学工学部）
可知直毅（東京都立大学理学研究科）
角野康郎（神戸大学遺伝子実験センター）
加納義彦（清風高校）
神谷正男（北海道大学大学院獣医学研究科）
苅部治紀（神奈川県立生命の星・地球博物館）
河合　章（野菜茶業研究所果菜研究部）
河合省三（東京農業大学国際食料情報学部）
川上和人（森林総合研究所多摩森林科学園）
川路則友（森林総合研究所）
神崎伸夫（東京農工大学農学部）
菊池基弘（千歳サケのふるさと館）
北野　聡（長野県自然保護研究所）
木村妙子（三重大学生物資源学部）
清野比咲子（トラフィックジャパン）
桐谷圭治（日本応用動物昆虫学会名誉会員，アメリカ昆虫学会特別会員）
金城常雄（沖縄県農業試験場宮古支場）
草刈秀紀（WWFジャパン自然保護室）
草野　保（東京都立大学大学院理学研究科）
久場洋之（沖縄県農業試験場病虫部ミバエ研究室）
黒住耐二（千葉県立中央博物館）
桒原康裕（北海道立網走水産試験場）
五箇公一（国立環境研究所主任研究員）
小菅丈治（水産総合研究センター西海区水産研究所）
小濱継雄（沖縄県ミバエ対策事業所）
小松輝久（東京大学海洋研究所）
古丸　明（三重大学生物資源学部）
古南幸弘（日本野鳥の会自然保護室）
五味正志（広島県立大学生物資源学部）
斎藤和範（旭川大学女子短期大学部）
桜谷保之（近畿大学農学部）
佐々木寧（埼玉大学工学部建設工学科）

佐藤寛之（琉球大学理工学研究科）
佐野成範（東北大学農学部）
佐野善一（九州沖縄農業研究センター）
佐原雄二（弘前大学農学生命科学部）
重定南奈子（奈良女子大学理学部）
清水矩宏（畜産草地研究所）
清水善和（駒沢大学文学部）
白井洋一（農業環境技術研究所）
末永　博（鹿児島県農業試験場大隅支場）
杉山隆史（フマキラー株式会社）
鈴木惟司（東京都立大学理学研究科）
須田真一（東京大学農学生命科学研究科）
染谷　均（横浜植物防疫所調査研究部）
高井幹夫（高知県農業技術センター）
高橋満彦（早稲田大学大学院法学研究科）
高山　肇（阿寒町教育委員会）
竹門康弘（京都大学防災研究所水資源研究センター）
立原一憲（琉球大学理学部）
立川賢一（東京大学海洋研究所）
棚原憲実（沖縄県文化環境部自然保護課）
谷口義則（山口県立大学生活科学部）
田村典子（森林総合研究所多摩森林科学園）
地村佳純（碧南海浜水族館）
津村義彦（森林総合研究所）
当山昌直（沖縄県文化振興会）
富樫一巳（広島大学総合科学部）
常田邦彦（自然環境研究センター）
徳永桂史（琉球大学理学部）
戸田光彦（自然環境研究センター）
冨山清升（鹿児島大学理学部）
鳥居春己（奈良教育大学附属自然環境研究センター）
中井克樹（滋賀県立琵琶湖博物館主任学芸員）
中川直人（国土交通省総合政策局環境・海洋課海洋室）
中北　宏（食品総合研究所）
中田政司（富山県中央植物園）
仲谷　淳（近畿中国四国農業研究センター）
中野秀人（東京都小笠原支庁）

夏原由博（大阪府立大学大学院農学生命科学研究科）
鍋島靖信（大阪府立水産試験場）
西栄二郎（横浜国立大学教育人間科学部）
西川輝昭（名古屋大学博物館）
西川喜朗（追手門学院大学生物学研究室）
西廣　淳（東京大学農学生命科学研究科）
西村昌彦（沖縄県衛生環境研究所ハブ研究室）
野﨑英吉（石川県白山自然保護センター）
長谷川雅美（東邦大学理学部）
畠佐代子（大阪市立大学大学院理学研究科）
服部　保（姫路工業大学自然・環境科学研究所）
波戸岡清峰（大阪市立自然史博物館）
浜崎健児（農業環境技術研究所）
浜田篤信（霞ヶ浦生態系研究所）
浜端悦治（琵琶湖研究所）
林　秀剛（信州大学理学部）
林　文男（東京都立大学理学部）
羽山伸一（日本獣医畜産大学野生動物学教室）
伴　浩治（京都府立東稜高等学校）
樋口広芳（東京大学大学院農学生命科学研究科）
平林公男（信州大学繊維学部）
広瀬義躬（九州大学名誉教授）
藤井　恒（京都精華大学・京都学園大学非常勤講師）
藤本健二（高知県病害虫防除所）
古橋嘉一（シンジェンタジャパン）
風呂田利夫（東邦大学理学部）
細田徹治（和歌山県立御坊商工高等学校）
細谷和海（近畿大学農学部）
前川慎吾（京都大学霊長類研究所）
前河正昭（長野県自然保護研究所）
前畑政善（滋賀県立琵琶湖博物館）
増田　修（姫路市立水族館）
松井正春（農業環境技術研究所）
松田征也（滋賀県立琵琶湖博物館）
松村千鶴（東京大学農学生命科学研究科）
松本義明（東京大学名誉教授）
三浦慎悟（森林総合研究所東北支所）
水谷知生（環境省自然環境局野生生物課）

宮下　実（大阪市天王寺動物園）	山口寿之（千葉大学海洋バイオシステム研究センター）
宮崎昌久（動物生命科学研究所）	山下直子（森林総合研究所）
村上興正（元京都大学理学研究科講師）	山田文雄（森林総合研究所）
村上陽三（九州大学名誉教授）	山村靖夫（茨城大学理学部）
村中孝司（東京大学農学生命科学研究科）	横畑泰志（富山大学教育学部）
森本信生（畜産草地研究所）	吉岡俊人（東北大学農学部）
守屋成一（中央農業総合研究センター）	吉田正人（日本自然保護協会）
安川雄一郎（琉球大学共通教育センター）	淀　太我（科学技術振興事業団科学技術特別研究員）
安田慶次（沖縄県農業試験場病虫部）	若菜　勇（阿寒町教育委員会）
柳川　久（帯広畜産大学野生動物管理学研究室）	鷲谷いづみ（東京大学大学院農学生命研究科）
矢部辰男（ラットコントロールコンサルティング）	和田　節（九州沖縄農業研究センター）

目次

巻頭言　iii

はじめに　v

第1章　外来種問題の現状と課題

1．外来種と外来種問題　3
2．外来種問題はなぜ生じるのか―外来種問題の生物学的根拠　4
3．外来種問題に対する国際的認識の高まり　5
4．日本における外来種問題　6
　4.1　生物間相互作用を通じて在来種を脅かす　6
　　(1) 食べる－食べられるの関係を通じた影響　6
　　(2) 競争によって在来種を抑圧する　6
　　(3) 寄生生物を持ち込んで在来種を脅かす　7
　　(4) 1種の侵入で多様な影響　7
　4.2　在来種と交雑して雑種をつくることにより在来種の純系を失わせる　7
　4.3　生態系の物理的な基盤を変化させる　7
　4.4　人に病気や危害を加える　8
　　(1) 伝染病を持ち込む　8
　　(2) 花粉症を引き起こす　8
　　(3) 人に直接の危害を加える　8
　4.5　産業への影響　8
　　(1) 農業への影響　8
　　(2) 林業への影響　9
　　(3) 漁業への影響　9
　　(4) 利水障害　9
5．日本における外来種対策の現状と課題　9
　5.1　外来種の輸入状況　9
　5.2　現行の規制　11
　　(1) 輸入規制　11
　　(2) 移動規制　12
　　(3) 遺棄・放逐の規制　12

(4) 現存する種の管理　13

(5) 狩猟制度による管理　13

(6) 保護増殖事業における管理　13

(7) 保護地域における規制　14

(8) 植物防疫法や家畜伝染病予防法　14

(9) 日本における外来種対策の検討　14

5.3　国の取り組み　14

(1) 環境省の取り組み　14

(2) 国土交通省河川局の取り組み　15

(3) 国土交通省総合政策局環境・海洋課海洋室の取り組み　17

(4) 農林水産省の取り組み　18

　(4)-1　植物防疫法に基づく病害虫の侵入防止　18

　(4)-2　わが国が侵入を警戒している害虫　19

5.4　地方自治体の取り組み　20

(1) 沖縄県におけるマングース対策の現状と課題　20

(2) 奄美大島のマングース対策　21

(3) 小笠原国立公園内におけるノヤギ駆除の取り組み　22

(4) 滋賀県の外来魚（ブラックバス・ブルーギル）駆除事業　24

(5) 北海道のアライグマ対策の経緯と課題　26

5.5　NGOの取り組み　28

(1)（財）日本自然保護協会（NACS-J）の取り組み　28

(2)（財）日本野鳥の会の活動と外来種問題　28

(3) WWFジャパンの取り組み　29

5.6　海外の法的規制　30

(1) 外来種に関わる法制度の状況　30

(2) 外来種の法的対策としての「クリーンリスト」　32

5.7　求められる法制度の整備　33

(1) 生物利用に伴う侵入の「無法地帯」ともいえる日本　33

(2) 外来種対策への国民の意識変化　33

(3) 内閣府の総合規制改革会議の動き　33

(4)「外来種管理法」を中心とする法制度の整備　34

第2章　外来種対策・管理はどのように行うべきか

1. 外来種対策に関する基本的な考え方　39
   - 1.1　予防的措置の重要性　39
   - 1.2　駆除・根絶プログラムにおける留意点　40
   - 1.3　生態系管理と外来種管理　41
2. 外来種対策・管理に関する国際的動向　41
   - 2.1　生態系，生息地および種を脅かす外来種の影響の予防・導入・影響緩和のための指針原則　41
   - 2.2　IUCNガイドライン　45
3. 侵入経路別対策　46
   - 3.1　緑化による外来牧草の侵入　46
   - 3.2　外国産緑化樹木の里山等への侵入　47
   - 3.3　飼料穀物輸入がもたらす強害雑草　48
   - 3.4　牧草地からの侵入植物―導入牧草の逸出　49
   - 3.5　飼育動物の管理　51
   - 3.6　害虫の侵入経路と運搬者―自由貿易と植物検疫の確執　52
   - 3.7　天敵導入の管理　53
   - 3.8　放流種苗対策と養殖生物の管理　55
   - 3.9　外来海産・汽水産生物の侵入と移出　56

第3章　外来種事例集

1. 種別事例集　61
   - **哺乳類**　63
     - タイワンザル　64／カイウサギ　65／タイワンリス　66／外来リス類　67／クマネズミ　68／ヌートリア　69／アライグマ　70／テン　71／ニホンイタチ　72／チョウセンイタチ　73／ハクビシン　74／マングース　75／ノネコ　76／イノシシ・イノブタ　77／養鹿用シカ類　78／キョン　79／ヤギ（ノヤギ）　80
     - (Column) 石川県七ツ島大島におけるカイウサギ対策とその成果　82

鳥　類 85

　　ソウシチョウ　86／ガビチョウ　87／中国産メジロ　88／
　　飼い鳥（ペット鳥類）　89／シロガシラ　90／キジ・ヤマドリ　91

爬虫・両生類 93

　　カミツキガメ　94／セマルハコガメ　95／ミナミイシガメ　96／
　　ミシシッピアカミミガメ　97／スッポン　98／グリーンアノール　99／
　　タイワンスジオ　100／サキシマハブ　101／タイワンハブ　102／
　　ニホンヒキガエル　103／ミヤコヒキガエル　104／オオヒキガエル　105／
　　ウシガエル　106／シロアゴガエル　107

魚　類 109

　　タイリクバラタナゴ　110／ソウギョ　111／ニジマス　112／
　　ブラウントラウト　113／カワマス　114／カダヤシ　115／タイリクスズキ　116／
　　オオクチバス　117／コクチバス　118／ブルーギル　119／カムルチー　120
　　(Column)　トンボも食べるオオクチバス　121

昆虫類（植物寄生性ダニ，クモ，センチュウを含む） 123

　　日本の外来昆虫　124／アメリカシロヒトリ　126／オオモンシロチョウ　127／
　　イネミズゾウムシ　128／アルファルファタコゾウムシ　129／イモゾウムシ　130／
　　ヤサイゾウムシ　131／キンケクチブトゾウムシ　132／アリモドキゾウムシ　133／
　　外来貯穀害虫　134／外来マメゾウムシ類　135／外来テントウムシ類　136／
　　インゲンテントウ　137／ブタクサハムシ　138／施設の侵入害虫　139／
　　ハモグリバエ類　140／コナジラミ類　141／アザミウマ類　142／
　　温室にすむカイガラムシ類　143／果樹を加害するカイガラムシ類　144／
　　外来アブラムシ類　145／ギンネムキジラミ　146／クリタマバチ　147／
　　アルゼンチンアリ　148／アオマツムシ　149／植物寄生性および天敵ダニ類　150／
　　ゴケグモ類　152／マツノザイセンチュウ　153／ジャガイモシストセンチュウ　154／
　　ミバエ類　155／セイヨウオオマルハナバチ　156／ホソオチョウ　157／
　　外来カブトムシ・クワガタムシ　158／サンカメイガ　160／
　　ヒトスジシマカとネッタイシマカ　161／ウンカとセイヨウミツバチ　162

目次

非海産無脊椎動物 163

チャコウラナメクジ 164／アフリカマイマイ 165／ヤマヒタチオビガイ 166／
ニューギニアヤリガタリクウズムシ 167／ウチダザリガニ 168／
アメリカザリガニ 169／カブトエビ類 170／スクミリンゴガイ 171／
サカマキガイ 172／カワヒバリガイ 173／タイワンシジミ 174

(Column) アフリカマイマイの殻によるオカヤドカリ類の巨大化 175

海産・汽水産生物 177

マンハッタンボヤ 178／クロマメイタボヤ 179／カサネカンザシ 180／
カニヤドリカンザシ 181／ヨーロッパフジツボとアメリカフジツボ 182／
イッカククモガニ 183／チチュウカイミドリガニ 184／シマメノウフネガイ 185／
ムラサキイガイ 186／ミドリイガイ 187／コウロエンカワヒバリガイ 188／
イガイダマシ 189／シナハマグリ 190

植　物 191

外来種タンポポ 192／ハルジオン 193／
ヒメムカシヨモギとオオアレチノギク 194／ヨモギ属とキク属 195／
セイタカアワダチソウ 196／オオブタクサ 197／オオマツヨイグサ 198／
シナダレスズメガヤ 199／ケナフ 200／コカナダモとオオカナダモ 201／
ボタンウキクサ 202／イチイヅタ 203／ハリエンジュ 204／アカギ 205／
ギンネム（ギンゴウカン） 206／緑化用外来牧草 207／
飼料畑にまん延する外来雑草 208／公共事業と外来水草 210／
河原から外来植物を除去したら 211／法面緑化における外国産種子の侵入 212

(Column) 緑化における植物導入で考慮すべき遺伝的変異性 214

寄生生物 215

パラブケファロプシス 216／輸入昆虫の寄生ダニ類 217／
輸入ペットの寄生蠕虫類 220／
ヤマネコとFIV（ネコ免疫不全ウイルス）感染症 222／エキノコックス 224

(Column) 動物園動物に見られる外来寄生虫 226

2．地域別事例集　227

島　嶼　229

島嶼における外来種問題　230／北海道に持ち込まれたカエル類　232／
イタチ放獣後の三宅島の動物相　235／小笠原諸島のノネコとネズミ類　236／
小笠原のメジロ，トラツグミ，モズ　238／小笠原の外来昆虫　239／
食い尽くされる固有昆虫たち　241／小笠原の外来樹木　242／屋久島のタヌキ　244／
琉球列島の爬虫・両生類と外来種　245／沖縄島の外来魚類　248／
沖縄県の外来昆虫　250／尖閣諸島魚釣島の野生化ヤギ　252

陸水域（湖沼・河川など）　253

北海道の湖沼　254／霞ヶ浦　257／河口湖　260／信州の湖沼　262／琵琶湖　265／
深泥池　269

Column 侵入生物の拡がりを測る尺度　272

海　洋　273

東京湾　274／大阪湾　275

付録・参考資料

IUCN ガイドライン　279

日本の外来種リスト　297

日本の侵略的外来種ワースト100　362

世界の侵略的外来種ワースト100　364

「外来種管理法（仮称）」の制定に向けての要望書　366

外来種文献リスト　367

あとがき　371

事項索引　373

生物名索引および和名学名対照表　378

写真・図版のご提供者一覧　386

英文引用のための目次　387

タイワンザル．在来種ニホンザルと交雑し遺伝的撹乱を起こすので，和歌山県では野外からの排除が行われつつある（p.64）

カイウサギ．島で野生化し，植生への影響と土壌の浸食をもたらす（p.65）

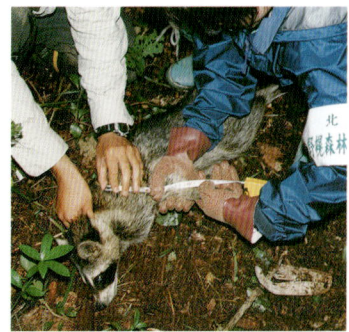
捕獲されたアライグマ．農業被害のほか，競合・捕食などの在来種への影響が問題となっている（p.70）

タイワンリス．分布拡大中の南国リス．鎌倉市では人家の戸袋や電話線を噛るなどの被害を出している．かわいらしいので，今後も放逐される可能性があり，警戒が必要である（p.66）

ガビチョウ．森林に侵入したため，在来種への影響が心配されている（p.87）

2m以上になるタイワンスジオ．沖縄島の在来種の捕食が心配されている（p.100）

シロガシラ．後頭部の白タイプ（左）と，まれに見られる黒タイプ（右）．沖縄本島で農業被害が生じている（p.90）

シロアゴガエル．密航の達人で，沖縄島周辺で急速に分布拡大した．摂餌や繁殖などの活動の場が在来種と重複しているため，在来種への影響が危惧される（p.107）

基亜種ミナミイシガメ（左）と固有亜種ヤエヤマイシガメ（右）．琉球列島を中心に分布拡大．在来種との競合や交雑が懸念される（p.96）

産卵のために北海道美笛川へ集群したブラウントラウト親魚. 侵入河川で在来種アメマスとの置き換わりが報告されている (p.113)

タイリクバラタナゴ. 絶滅危惧亜種ニッポンバラタナゴと容易に交雑し, ニッポンバラタナゴの純系が途絶えることが危惧される (p.110)

第二のブラックバス, コクチバス. 急速に分布を拡大している. オオクチバスが侵入しなかった流れの速い河川などにも定着して生態系を撹乱する可能性が大きく, 警戒が必要である (p.118)

アリモドキゾウムシ. サツマイモの重要害虫で, 1995年に高知県室戸市に侵入したが, 根絶に成功した. 輸入禁止対象害虫として, 侵入が警戒されている (p.133)

ホソオチョウ成虫 (♀). 人為的に持ち込まれた後, 放蝶によってさらに分布拡大していると推測される (p.157)

アルゼンチンアリ. 不快害虫, 農業害虫としてだけでなく, 在来アリを駆逐し, 世界的に問題となっている (p.148)

オンシツコナジラミ. 施設栽培にまん延しキュウリ黄化ウイルスを媒介する (p.141)

ウリミバエ成虫 (♀). 果樹・果菜類の世界的な重要害虫. 南西諸島に発生したが, 22年の歳月をかけて根絶に成功した (p.155, 251)

マンゴーハダニ. マンゴーやチャの葉表に寄生し, 葉をかすり状に加害する. 1996年に国内で初めて那覇市で発見された (p.150)

アフリカマイマイ．薬用・食用として熱帯・亜熱帯各地に人為的に導入され，農業被害を起こしている（p.165）

ギンネム．南西諸島と小笠原諸島に導入され，植栽地から逸出した．再生能力が強く，いったん定着すると駆除がむずかしい（p.206）

オオブタクサ．河原に侵入して在来種を駆逐するほか，花粉症の原因植物となっている（p.197）

ムラサキイガイ．バラスト水などにより全世界へ侵入した代表的外来海岸生物．付着被害のほか，防除対策として用いられる有機スズ系防汚剤による，いわゆる環境ホルモン問題を引き起こしている（p.186）

ボタンウキクサ．別名ウォーターレタス．強い繁殖力で，急速に分布を広げている．水面被覆するために他の植物だけでなく，魚類にも影響を及ぼしている（p.202）

キクタニギク．日本にも自生するが，法面緑化に混じって外来の同種が野生化しており，遺伝子汚染が懸念される（p.195）

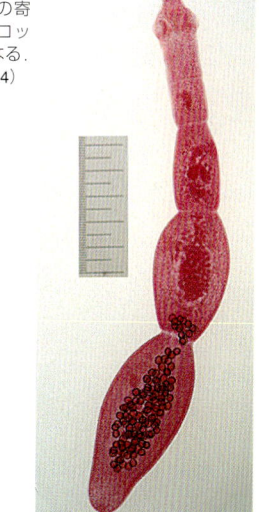
タホウジョウチュウ．幼虫は人畜共通の寄生虫で，エキノコックス症の原因となる．写真は成虫（p.224）

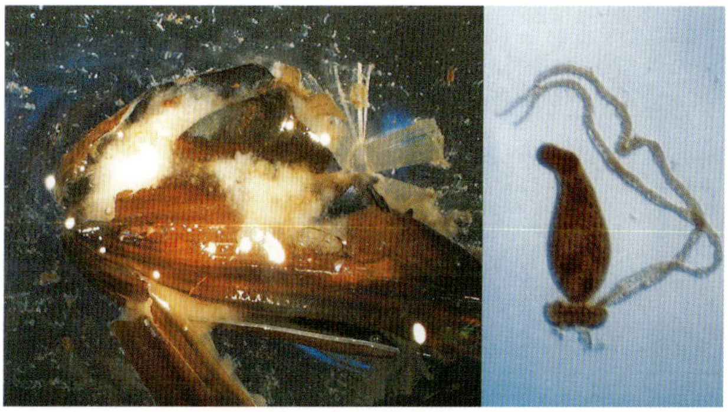

破砕したカワヒバリガイに充満する寄生虫パラブケファロプシス（左）と，セルカリア幼生（右）．コイ科魚類に寄生して，魚病被害をもたらす（p.216）

各地で始まった外来種対策

●ノヤギ駆除の取り組み (p.22,80)／小笠原国立公園

ノヤギの摂食や踏みつけによって，植生の破壊や土砂の流出が進んだ媒島．流入した土で湾が埋まった

1997年度から始まったノヤギ駆除事業．設置した網柵に人海戦術でノヤギを追い込む．媒島では1999年度に完全排除．2000年度から聟島と嫁島で，2002年度からは西島でも駆除事業が始まった

●マングース対策 (p.20,75)／沖縄県，奄美大島

2000年から，沖縄本島北部と奄美大島でマングースの本格的駆除事業が実施されている（写真は奄美大島のもの）

講習会を受けて鳥獣捕獲許可を得た従事者たちが，生け捕りワナを林内に設置する

捕獲されたジャワマングース

●外来牧草駆除と河原植生の再生事業 (p.17,199)／利根川水系鬼怒川

2002年2月から，外来牧草シナダレスズメガヤの侵入が著しい利根川水系鬼怒川において，その駆除とともに，河原固有種の生育条件を取り戻すための自然再生事業が始まった

鬼怒川中上流域（鬼怒川橋上流・左岸）の河原に侵入したシナダレスズメガヤ

施工前の種子導入地の様子．シナダレスズメガヤの侵入により，礫質河原に細粒土砂が堆積した

表土を剥ぐことによりシナダレスズメガヤを除去し，さらに放水によって細粒土砂を除いた

河原固有種カワラノギクの播種．導入地（30m×30m）を3m×3mの小方形区に区切り，それぞれの小方形区に50種子を播種した

約1カ月後，初確認されたカワラノギクの芽生え

カワラヨモギ（在来種）などの芽生えも確認された．種子導入地の土壌中に含まれていた種子から発芽した

第1章
外来種問題の現状と課題

1. 外来種と外来種問題

外来種（alien species）とは，過去あるいは現在の自然分布域外に導入（人為によって直接的・間接的に自然分布域外に移動させること）された種，亜種，あるいはそれ以下の分類群を指し，生存し繁殖することができるあらゆる器官，配偶子，種子，卵，無性的繁殖子を含むものをいう．また，外来種のうち，その導入もしくは拡散が生物多様性を脅かすものを侵略的外来種（invasive alien species，この語は，それ以前にIUCNなどで用いられていたalien invasive speciesと同意）という（UNEP/CBD/COP/6 第6回生物多様性締約国会議，2002）．それらの用語の定義を表1に示す．

また，外来種はその起源によって，国外外来種と国内外来種に分けられる（表2）．

外来種が，生態系，生物多様性，人の健康・生命および生産活動などにもたらす望ましくない影響やそれによって生起する問題を，ここでは「外来種問題」と呼ぶ．なお，遺伝子組み換え生物も本来自然界に存在しなかったものであり，特殊な外来生物とみることができる．

なお，本書で扱う外来種は，導入の事実と導入年代がはっきりしているものか，導入年代がはっきりしないものについては，おおむね明治時代以降に導入されたと推定されるものを対象としている．

参考文献
村上興正（2000）日本における外来種の法的規制．保全生態学研究 **5**：119-130.
村上興正（2001）外来動物への法対策．どうぶつと動物園 **53**：206-210.

（村上興正・鷲谷いづみ）

表1．外来種等の用語の定義（生物多様性条約「指針原則」に準拠）

外来種	alien species	過去あるいは現在の自然分布域外に導入された種，亜種，それ以下の分類群であり，生存し，繁殖することができるあらゆる器官，配偶子，種子，卵，無性的繁殖子を含む
侵略的外来種	invasive alien species (alien invasive species)	外来種のうち，導入および/もしくは，拡散した場合に生物多様性を脅かす種
導入	introduction	外来種を直接・間接を問わず人為的に，過去あるいは現在の自然分布域外へ移動させること．この移動には，国内移動，国家間または国家の管轄範囲外の区域との間の移動があり得る
意図的導入	intentional introduction	外来種を，人為によって，自然分布域外に意図的に移動および/もしくは放逐すること
非意図的導入	unintentional introduction	導入のうち，意図的でないものすべてを指す
定着	establishment	外来種が新しい生息地で，継続的に生存可能な子孫を作ることに成功する過程のこと
リスク分析	risk analysis	（1）科学に基づいた情報を用いて，外来種の導入の結果とその定着の可能性を評価すること（すなわちリスク評価），および（2）社会経済的，文化的な側面も考慮して，これらのリスクを低減もしくは管理するために実施できる措置の特定をすること（すなわちリスク管理）

表2．外来種に関連する用語の整理．村上（2001）を改変

	日本に存在しない	日本に存在する			
		野生状態ではない	野生状態であるが非定着	野外に定着	特に生態系への影響が大きいもの
国外起源	潜在的国外外来種	国外外来種	国外野生化外来種	国外外来種	国外侵略的外来種
国内起源	—		潜在的国内外来種	国内野生化外来種	国内外来種	国内侵略的外来種

1）外来種：本文参照．
2）侵略的外来種：本文参照．
3）帰化種：外来種でその地域に定着（自然繁殖して個体群を維持している）した種に対して用いられているが，帰化という概念は人間社会ですでに制度化された言葉で，これを生物に用いることで無用の混乱を招くことから用いるべきではない．
4）移入種：環境省などでは外来種の代わりに移入種を用いているが，移入という言葉は生態学では移出・移入という形で広範に使われており，個体群の自然分布拡大の場合にも用いられる．人為による分布拡大であることを明確にするうえで，外来種という言葉を用いるほうが明確である．
5）定着と野生化：定着とは野外に逸出（逃げ出すか遺棄された状態）した個体が自然繁殖して種を安定的に存続している状態のことであり，野生化は逸出し生息しているが，まだ自然繁殖して種を安定的に存続させていない状態を指す．

2．外来種問題はなぜ生じるのか
―― 外来種問題の生物学的根拠 ――

　生物は本来，限られた移動・分散能力，山や川や海などの地理的な障壁によって自由な分布の拡大を制限されている．そのため，競争力の強い種による弱い種の排除，捕食者による被食者の捕食，寄生者による病害など，一方の種が不利益を蒙るような「生物間相互作用」は空間的に限定されたものとなる．それにより，強力な捕食者や寄生者の影響で無制限に種が絶滅することが抑制されている．

　地球上のすべての生物は，40億年近く前に生まれたたった一つの原始生命体の子孫である．それが増殖と進化によって時とともに多様化し，時には絶滅を伴いながらも，現在地球上にみられるような夥しく多様な種へと分化した．一般に，一つの種から別の種が生まれるにあたっては，一部の個体が親集団から空間的に隔離されることが必須であると考えられている．親集団との遺伝的交流が断たれて初めて，独自の進化の途を辿ることができるからである．

　すなわち，生物の移動に制約が課せられていることは，一方では生物間相互作用を介した種の絶滅を抑制し，他方では新しい生物種の誕生を促すという意味で，地球における生物多様性の発達と維持において重要な意味を持っている．

　ところが現在では，人による多様な外来種の利用のための大量導入と，人と物資の頻繁な移動に伴う非意図的な導入が日常化し，地理的な障壁が生物移動の障壁として役に立たなくなった．そのため，多くの野生生物が本来の生息地の外に持ち込まれ，そのうちの一部の種が野生化し，定着した結果，外来種として生態系や人間活動に何らかの影響を及ぼすことが多くなってきた．

　一方で，農耕地，植林地，市街地など，人為的干渉の大きな場所が陸地面積に占める割合が急激に増大し，自然界には本来存在しない新しいタイプの環境が地球全体に広がった．それに乗じて，撹乱地や荒れ地に適応していた一部の生物種が，それら人為的干渉の大きい生息・生育場所に分布を拡大した．その結果，少数の種がコスモポリタン（地球規模で広域に分布する種，汎生種ともいう）となって世界中で目立つようになり，地球の生物相の均質化が急速に進みつつある．

　コスモポリタンに限らず，多くの外来種が人為的な干渉の大きい新しいタイプの生息・生育場所で野生化し，定着している．そのため，外来種が地域の生物相に占める割合は，当該地域における

生態系への人為的干渉の強さと外来種の人為的移動の機会の両方を反映する．したがって，それは地域生物相への人為的な影響の大きさを示す指標の一つともなる．

外来生物は，競争，捕食，病害を通じて，あるいは生態系の物理的基盤（環境）の改変を通じて，侵入先での在来種の絶滅の危険を増大させる．それは，次のような理由による．

一方が犠牲を強いられるような生物間相互作用であっても，いずれも在来種で進化の歴史を共有していれば，被害を被る側が防御機構を適応進化させているなど，何らかの生態的な対抗手段や絶滅抑止の機構が存在する．そうでなければ，すでに絶滅が起こったはずだからである．共存の事実は，すでに起こった適応進化による「調整」を意味するのである．

ところが，外来種と在来種との間には，歴史的に未だそのような調整が働いていない．そのため，防御の術を持たない在来種が食べ尽くされたり，重篤な疫病にかかったりして，絶滅に追いやられる可能性がある．つまり，外来種の侵入は一方的に在来種が犠牲になるような生物間相互作用をもたらしやすい．

一方で，地理的隔離によって独自の進化の道を歩んできた近縁種が人為的に導入されることによって，（本来その地域にいた）在来種との間に雑種をつくり，在来種の純系を失わせることも，在来種の絶滅や遺伝的な多様性の喪失という生物多様性保全上の大きな脅威となる．

外来種がもたらす影響は不可逆的なもので，外来種および交雑の結果生じた子孫をすべて駆除しない限り，元に戻すことはできない．この意味で外来種は，近年では，長期的に見れば生育場所の喪失や分断・孤立化，乱獲・過剰利用などより，生物多様性に最も深刻な影響を与える要因として認識されている（IUCN．SSC，2000）．

（鷲谷いづみ・村上興正）

3．外来種問題に対する国際的認識の高まり

海洋島，内陸湖などをはじめとする様々な生態系において，外来種の侵入が生物多様性を脅かす主要な原因であることが明らかにされてきた．そのため，外来種問題の解決は，国際的にも生物多様性保全上の最も重要な課題の一つとして認識されている．日本を含む183カ国（2002年8月現在）が締約している生物多様性条約においても，その第8条(h)には，「生態系，生息地若しくは種を脅かす外来種の導入を防止し又はそのような外来種を制御し若しくは撲滅すること」という締約国の義務が記されている．

近年，外来種が生物多様性に与える影響は不可逆的であり，長期的に見れば生息場所の破壊より深刻であることが各地で例証されつつある．外来種の管理の重要性と必要性は，今では世界的な共通認識なのである．

従来，外来種の中でも，産業や人の健康・生命にすら影響を及ぼすものに関しては古くからその影響が調べられ，一部対策なども実施されている．しかし，生態系や生物多様性に対する影響が認識され始めたのは最近であり，それに関しては情報も充分ではなく，対策も遅れている．それでも世界中の多数の事例について，外来種のうち生態系に何らかの影響を及ぼした種の割合を調べた結果からは，定着した外来種の5〜20％，すなわちほぼ10種に1種が無視できない影響を及ぼしているという結論が得られている(Williamson, 1996)．

参考文献
Williamson, M. (1996) *Biological Invasions*. Chapman and Hall. New York.

（村上興正・鷲谷いづみ）

4．日本における外来種問題

野生化する外来種が急速に増加している現在，それぞれの分類群で何種の外来種が日本に定着しており，それらの植物相や動物相に占める割合がどのくらいになっているかを正確に把握することは難しい．外来種と判定するためには，その種が本来そこに分布していないことを明確にする必要がある．これは国外外来種では比較的容易な場合もあるが，国内外来種の場合には，地域別の在来種リストや，それぞれの種の分布などの資料が揃っている必要がある．

毎年新たな外来種が確認される一方で，それらの中には安定的に個体群を維持しているとはいえないものや，港湾周囲など限定された場所だけで記録されるものも含まれており，外来種の現状の正確な把握は非常に困難である．したがって，本書に付されている外来種リストは暫定的なもので決して完全なものとはいえない．しかし，現在日本で野生化している（あるいは野生化している可能性のある）外来種を概観するには充分に役に立つと考えられる．

本書の外来種リストに掲載されている種数は，国外外来種に限っても，哺乳類28種，鳥類39種，爬虫類13種，両生類3種，魚類44種，昆虫類412種，昆虫以外の節足動物39種，軟体動物57種，その他の無脊椎動物13種，維管束植物1548種，維管束植物以外の植物4種，寄生生物30種である．

外来種問題は，生物多様性や生態系への影響，人の健康・生命・産業への影響など様々なものがみられる．ここでは，影響のタイプごとに日本における代表的な事例を挙げてみよう．いずれもその詳細が事例集に記されているものである．

4.1　生物間相互作用を通じて在来種を脅かす

(1) 食べる－食べられるの関係を通じた影響

外来の植物食の動物は，時として甚だしい食害によって植物の絶滅をもたらす．生育場所からの絶滅がもたらされた例としては，中国産のソウギョが導入された野尻湖や木崎湖における水草の絶滅（p.111）を挙げることができる．

捕食者が餌動物に与える影響も，時としては深刻なものとなる．マングース（p.75）やノネコ（p.76）が陸上で，ブラックバス（p.117, 118）やブルーギル（p.119）は水系において，絶滅危惧種を含む様々な動物や昆虫を捕食して局所的な絶滅をもたらしつつある．

特にそれまでに捕食者が生息していなかった島嶼などでは，大量絶滅がもたらされる危険がある．西南アジア原産のマングースがネズミ類やハブの駆除の目的で南西諸島に導入されて定着している．奄美大島においては，アマミノクロウサギなど，沖縄島ではヤンバルクイナなどの絶滅危惧種を捕食して脅かし，これらの地域の生物多様性保全上の大きな問題となっている（p.75）．

主にスポーツフィッシングのために湖沼や池などに違法に放流されて野生化したブラックバス，すなわち，オオクチバスおよびコクチバスは，淡水魚のみならずトンボなどの水生昆虫までを無制限に捕食することにより，生物多様性や生態系に極めて大きな影響を与えつつある（p.121）．

(2) 競争によって在来種を抑圧する

「競争」は生態学では資源の奪い合いを意味する．植物は，種類ごとに餌が異なる動物と異なり生活に必要な資源の共通性が高く，しかも固着性であるため，光などの資源を巡る競争は生き死にや成長・繁殖を大きく支配する．そのため，競争力の大きい種が侵入すると，資源の独占による他種の排除が起こりやすい．

河原の湿性草原に侵入した北米原産のオオブタクサは，その大きな競争力によって絶滅危惧種を含む群落の種の多様性を低下させる（p.197）．空き地でも河原でも明るい立地であれば今では至る所にみられるセイタカアワダチソウは，成長が速く，地下茎を伸ばして空間を占有する能力が極め

て大きい植物である．しかも種子の分散力も大きく，急速に分布を拡大する．現在では全国のほとんどすべての大きな河川の河原にみられる（p.196）．セイタカアワダチソウが群生する場からは，絶滅危惧種のフジバカマなど，在来種がその姿を消している．

（3）寄生生物を持ち込んで在来種を脅かす

ある生物にとっては慢性病をもたらすぐらいで命に係わる影響を及ぼすことのない病害生物でも，それまでにその寄生生物と接触したことのない寄主に対しては，重い病気を引き起こして死亡率を増大させる．飼いネコが野生化したものは全国に広くみられるが，捕食だけでなく病気を伝染させて絶滅危惧種を脅かすことがある．例えば，イエネコ由来のウイルスがツシマヤマネコに感染した例が知られている（p.222）．

（4）1種の侵入で多様な影響

1種の生物は生態系の中で多様な生物と関わり合う．したがって，1種の外来種が定着しただけで多岐に渡る影響がもたらされることも少なくない．例えば，トマトなど施設栽培用の授粉昆虫として商品化され，輸入されたものがハウスから逃げ出して北海道などで定着したセイヨウオオマルハナバチ（p.156）は，マルハナバチの中で競争力が際立って大きく，在来種との競合，雑種形成の可能性，盗蜜や在来マルハナバチを衰退させることによる野生植物への影響，ダニなど病害微生物の持ち込み（p.217）など，生態系への多様な影響が危惧される．本種は日本に定着する可能性が少ないとして導入されたが，1996年に最初に野生のコロニーが発見され，現在では，地域によっては在来種をしのぐほどに増加しており，急速に分布が拡大しつつある模様である．

4.2 在来種と交雑して雑種をつくることにより在来種の純系を失わせる

外来種が在来種と交雑することも生物多様性保全上の重大な問題を引き起こす．

例えば，タイワンザルは動物園で飼われていたものなどが遺棄されて野生化しているが，ニホンザルと交雑することでニホンザルの純系の集団が失われることが危惧されている（p.64）．和歌山県ではすでに交雑が進み，雑種は紀伊半島の南端のタイワンザルの群れでも観察されている．県は，タイワンザルの群れを野外から排除する対策を実施する予定である．

アジア大陸原産の淡水魚のタイリクバラタナゴは，日本にはソウギョやハクレンの稚魚に混ざって持ち込まれ，アユなどとともに全国に放流されて広まった．香川県など，西南日本に分布する絶滅危惧亜種のニッポンバラタナゴとの交雑が起こっており，ニッポンバラタナゴの純系が途絶えることが危惧されている（p.110）．

また，固有種の宝庫琉球列島でも，ペットや剥製用に持ち込まれたセマルハコガメと国の天然記念物で絶滅危惧種のリュウキュウヤマガメの交雑個体が発見されたり，薬用や展示用に八重山諸島から沖縄島に持ち込まれたサキシマハブがもとから沖縄島にいたハブと交雑して雑種が生じている（p.246）．このことは島嶼隔離によって生じた固有の遺伝集団を失うことにつながり，生物地理学上も問題が大きい．

4.3 生態系の物理的な基盤を変化させる

外来牧草のシナダレスズメガヤは，戦後，砂防用，あるいは工事跡の法面の緑化に広く用いられ，今では逸出したものが全国にまん延している．洪水などの破壊作用にも強く，この植物が砂礫質の河原に侵入すると，株元に砂をためやすく，河原が砂質化する（p.199）．

また，北アメリカ原産の落葉高木で明治の初期に導入され広く砂防に利用されたハリエンジュは，共生菌による窒素固定により痩せた土地でも生育できる．本来貧栄養な砂礫質の河原に侵入すると，土壌を富栄養化する．このような物理的な条件の変化が起こると，それまでそこに生育していた植物の生活が成り立たなくなる一方で，別の生態的特性をもつ植物の生活に適した条件となり，生

態系全体が大きく変化する．

4.4　人に病気や危害を加える

(1) 伝染病を持ち込む

　外来種が人の健康に及ぼす影響としてまず第一に挙げられるのは，外来種が運ぶ込む新規の病原体による病気である．初めて接触する病原生物が寄主に重い病気を引き起こすということは，人の場合も例外ではない．多くの哺乳動物や鳥類は，人畜共通感染症のキャリアになる可能性がある．北海道や神奈川県などで野生化しているアライグマは，人に失明や死亡の危険をもたらす人畜共通感染症であるアライグマ回虫症や狂犬病を媒介する可能性がある（p.70）．

　現在では，多種類のエキゾチックアニマルがペットとして利用されており，それらが持ち込む病原生物やウイルスが，人や野生動物に新規の伝染病をもたらす可能性が危惧されている（p.220）．外来種の侵入は，生態系と人の両方の健康を冒すものとも言える．

(2) 花粉症を引き起こす

　風媒植物であるイネ科の外来牧草やオオブタクサなどのブタクサ類は，大量の花粉を分散させるため，花粉症の原因植物となる．花粉症と言えばスギやヒノキによると思われがちであるが，花粉症はスギや花粉の飛ぶ季節以外にも多く発症している．初夏の花粉症は外来牧草に起因するものが多く，夏の終わりから秋にかけての花粉症はブタクサ類によるものが多く含まれていると考えられる．その時期の花粉症は年間の発症のほぼ20〜25％であることから，外来種の花粉症への寄与率は少なくともその程度と推定してもよいだろう．花粉症による経済的な損失（治療費と労働損失を含む）は年間2860億円と推定されている．したがって，外来種が花粉症を通じて日本社会にもたらしている経済的な負荷は，年間700億円程度と見積もることができる．

(3) 人に直接の危害を加える

　外来種が直接人に危害を及ぼすことも考えられる．アメリカ大陸原産のカミツキガメは子ガメがペットとして売られているが，気が荒く成長すると体重数十キログラムもの巨体となり，持て余して棄てられて野生化している（p.94）．顎の力が強く，子どもが噛まれて指を食いちぎられるなどの事故が心配される．セアカゴケグモなど有毒の動物も，人に中毒の危険をもたらす（p.152）．

4.5　産業への影響

(1) 農業への影響

　現在では，畑や水田における厄介な雑草のほとんどが外来種である．ハルジオンのように薬剤抵抗性を発達させることで防除の難しい雑草となっているものもある（p.193）．最近では，飼料用の穀物に混入して入ってくる外来植物の種子が，家畜の糞の農地還元を通じて飼料畑やその他の畑にまん延して大きな被害を与えている（p.208）．影響力の大きい害虫もほとんどが外来種であるといってよい．外来害虫や外来雑草が農業に悪影響を及ぼさなければ，農薬の使用量も低く抑えることができ，化学剤による食糧汚染や環境汚染も大幅に回避できるはずである．

　農業への影響とその対策の成功した例としては，ウリミバエが最もよい例である（p.155）．本種は南西諸島に発生したが，未発生地域へのまん延防止のために植物防疫法により，寄主果実の本土への移動禁止措置がとられていた．この対策として沖縄本島では1972年から，奄美大島では1981年から，不妊虫放飼法により本格的な根絶防除事業が行われた結果，1989年奄美で，1993年沖縄全域で根絶に成功した．この事業は，当初からすれば22年の歳月と204億円並びに44万人の人員を投入して進められ，623億匹の不妊虫が放飼された．この根絶事業が成功をおさめた結果，沖縄からニガウリをはじめとする果実類が移動できるようになった．

　この例からもわかるように，一度定着した種を根絶するのには莫大な労力と費用がかかるので，

世界的には外来種が入らないようにする予防措置の重要性が指摘されている．

(2) 林業への影響

林業への影響として最も顕著な外来種の影響は松枯れによるものであろう．北アメリカ産の外来線虫であるマツノザイセンチュウが，松枯れの全国的な拡大に係わっていると考えられている（p.153）．たとえ，松枯れの原因がマツノザイセンチュウによるものだけには限らないとしても，重要な要因の一つであることは確かである．最近では被害面積の拡大は年間100万m²に上り，毎年およそ150万本のマツが枯死しているとされる．その防除費用だけでも1970年代の後半から今日まで，年平均約160億円が投入されているが根絶には成功していない．

(3) 漁業への影響

ブラックバス（p.117, 118）やブルーギル（p.119）についてよく知られているように，漁業対象種を捕食するなどして外来種が漁業に大きな影響を及ぼすことがある．しかし，河川や湖沼の全般的な環境悪化が同時に進行して，漁業へ複合的な影響を与えていることが多く，外来種の影響だけを個別に取り出して被害総額などを計算することは難しい．

外来種がもたらす魚病が漁業に影響を及ぼす可能性もある．2000年に宇治川でオイカワを大量死させた寄生虫（ブケファルス科の吸虫）の主要な第一宿主は，外来種のカワヒバリガイであることが判明しているが，これは中国産シジミに混入して侵入してきた可能性が指摘されている（p.216）．

(4) 利水障害

淡水棲二枚貝のカワヒバリガイは，1992年に琵琶湖で初めて生息が確認された．現在では琵琶湖，淀川，長良川，木曽川，揖斐川などに生息している．利水施設の取水管や導水管の内壁に付着・増殖して深刻な障害をもたらし（p.173），利水における新たな経済的なコストを課している．

（鷲谷いづみ・村上興正）

5．日本における外来種対策の現状と課題

外来種対策は，まず外来種が野外に出ないようにする予防的措置と，すでに野外に存在している外来種に対する対策とに2大別される．予防的措置に係わる問題では，国外外来種ではまず輸入規制が問題となり，次いでその飼養しているものの野外への逸出または放逐が問題となる．国内外来種では，捕獲と飼養，移動と放逐などが問題となる．

5.1 外来種の輸入状況

日本は，アメリカ合衆国，EUとともに野生生物の世界三大消費国の一つと言われている．日本にはどのような動植物がどのくらい，生きた状態で輸入されているのだろうか．

現在わが国では，生きた動植物の輸入状況について，関税や検疫などの目的に応じて所轄の省が情報を集約しているにとどまり，輸入の実態を統合的に把握するしくみがない．そのため，生きた動植物の輸入量や種の全体を把握することは困難である．財務省の貿易統計と経済産業省のCITES年次報告書の情報によって把握可能な範囲での，生きた動植物の輸入の概要は次の通りである．なお，CITESとは，「絶滅のおそれのある野生動植物の種の国際取引に関する条約」の頭文字をとったもので，日本では通称「ワシントン条約」と呼ばれている．

貿易統計の輸出入統計品目表は，従来，家畜・家禽動物とは別に生きた動物の項目が設けられていた．2001年1月からその一部が改正され，霊長目，イヌ，フェレット，その他の食肉目，ウサギ

表3．生きた動物の輸入数（2001）

分類		品名	数量(頭)
哺乳類	霊長目	霊長目	6,941
	食肉目	イヌ	5,547
		フェレット	31,583
		その他	482
	ウサギ目	ウサギ目	729
	翼手目	オオコウモリ科	0
		その他	2
	齧歯目	ハムスター	1,005,488
		モルモット	1,275
		プレーリードッグ	13,407
		チンチラ	3,314
		リス	67,066
		その他	51,706
	その他	その他の哺乳類	1,513
その他		哺乳類以外の動物	781,521,400
		総計	782,710,453

（資料：貿易月表，財務省）

目，オオコウモリ，その他の翼手目，ハムスター，モルモット，プレーリードッグ，リス，その他の齧歯目，その他の哺乳類，哺乳類以外の動物に区分されることになった．その区分による2001年1～12月までの1年間の輸入数は表3の通りである．哺乳類の中では，フェレットが31,583頭，ハムスターが1,005,488頭，リスが67,066頭輸入されている．フェレットはアメリカ合衆国，ハムスターはオランダ，リスは中国が主な輸出国であった．全体として，生きた動物の輸入総数は約7.8億個体に達しているが，これらの99.8％以上は哺乳類以外の動物である．

一方，2000年に厚生省は動物由来感染症の実態を把握するために，輸入業者に対して申請書類の調査や通関時聞き取り調査を行った．調査データをまとめた結果，輸入動物の総数は3,845,299頭と推定された．その内訳は，哺乳類1,141,706頭，鳥類600,362頭，爬虫類2,023,087頭，両生類76,058頭である（吉川，2001）．

これらの数字は極めて大きいものであるが，その中にどのような動物が含まれているか，判断する術はない．国内の輸入データで動植物の種と数を部分的にではあるがうかがい知るうえで参考になるのが，CITES年次報告書である．絶滅のおそれのある野生動植物の国際取引を規制する国際条約であるCITESでは，締約国に対して，対象の動植物の全取引の詳細を事務局に報告するよう義務づけている．

1996年のデータから，世界の輸入総数と比較して日本が著しく輸入している動植物について調べたところ，わが国が輸入した主な生きた動植物の数は表4に示した通りとなった．霊長目の中で輸入量が多かった種は，カニクイザル*Macaca fascicularis*，リスザル*Saimiri sciureus*であった．ネコ科動物としては，サーバル*Felis serveal*，マヌルネコ*Felis manul*などであった．さらに，リクガメ科Tetunidae spp.については世界の輸入量の54.5％に当たり，世界一の輸入数であった．また，イグアナ属*Iguana* spp.も年間52,984頭を輸入しており，日本が輸入した生きた爬虫類

表4．CITES対象種の生きた動植物の主な輸入（1996）

分類		数量	単位	世界取引の順位	割合(％)
動物	霊長目	5,374	頭	2	21.6
	クマ科	42		1	32.1
	ネコ科	38		3	9.5
	爬虫類	107,495		2	6.7
	リクガメ科	29,051		1	54.5
	カメレオン属	4,969		2	5.8
	イグアナ属	52,984		2	5.0
	オオトカゲ科	3,681		2	4.6
	ヘビ目	3,546		6	1.9
	ワニ目	4,754		4	9.7
植物	ラン科	1,776,931	株	2	18.2
	サボテン科	13,242		7	0.2
	ガランサス属	685,000		4	8.3

（資料：CITES Trade Database, 1999）

の50％以上を占めた．これらはいずれもペットショップで販売されている．また，植物では，ラン科植物，サボテン科，ガランサス属（ユキノシタ）など，観賞用植物が株の状態で大量に輸入されている．

日本が輸入したCITES対象種の生きた動物の総量は，1991年には100,638頭であったが，1998年には257,564頭と増加している．なお，1998年の生きた動物の輸入量は，哺乳類6,174頭，鳥類120,138羽，爬虫類77,368頭，両生類4,656頭，環形動物2,220頭，蛛形類2,089頭，サンゴ類25,172個，魚類19,747頭，であった．このように，生きた動物の輸入は，哺乳類や爬虫類にとどまらず，クモや昆虫，サンゴ類にも及んでいることがわかる．

近年のエキゾチックアニマルブームによって，海外からの輸入動物は種類も頭数も過去と比較して急激に増加し，国内に持ち込まれていることがわかる．CITES対象種のみならず，国内にどのような種がどのくらい輸入されているかの情報を総合的に集約し分析することが，外来種対策の第一歩になることは言うまでもない．今後，輸入管理および国内の流通や飼育栽培下の管理の強化が強く求められよう．

また，海外の動物をペットとして飼うにあたっては，CITESの規制に則って適切に輸入されたものかどうかを確認するだけでなく，逃げたり放したりした場合に起きる問題を熟知したうえで飼育するかどうかを判断するよう，呼びかけていく必要がある．

参考文献
吉川泰弘編（2001）輸入動物が媒介する動物由来感染症の実態把握及び防御対策に関する研究．厚生科学研究費，新興再興感染事業．平成12年度研究成果報告書．
吉川泰弘（2000）動物由来感染症と検疫．感染症 30(5)：169-180．

（清野比咲子）

5.2 現行の規制

(1) 輸入規制

日本においては，実に様々な利用目的のために海外からの生物が持ち込まれている．海外からの生物の持ち込みに対してはまず，輸入規制のあり方が問題となる．生物の輸入規制に係わる法律としては，人の健康に係わる種や経済的産業的被害の大きな種に対するもののみがすでに整備されている（表5）．

これらを見ると，絶滅のおそれのある種に関する国際取引の規制を行うものとして，CITES

表5-1．日本における生物の輸入規制に関わる主な法律とその目的（村上，2000）

法律名	規制対象	所管
外国為替及び外国貿易法	CITES対象種	経済産業省
植物防疫法	農作物への有害動植物	農林水産省
家畜伝染病予防法	家畜	農林水産省
感染症予防法	サル類	厚生労働省
狂犬病予防法	イヌ・ネコ・アライグマ・キツネ・スカンク	厚生労働省

表5-2．CITES対象種の区分と規制の内容（村上，1992）

対象種の区分	対象品目	規制の内容
附属書Ⅰ	絶滅のおそれのある種で取引による影響を受けているか，そのおそれのあるもの	主に商業目的の取引は禁止．学術目的などは輸出入の双方の国の許可書が必要
附属書Ⅱ	現在必ずしも絶滅のおそれのある種ではないが，その取引を規制しなければ絶滅のおそれのある種となるおそれのあるもの	輸出国の輸出許可書が必要
附属書Ⅲ	いずれかの締約国が自国内で規制を行う必要があり，同時に取引の規制のために他国の協力が必要な種	CITES管理当局が発行する原産地証明書または輸出国の輸出許可書

（絶滅のおそれのある野生動植物の種の国際取引に関する条約），農業に有害な動植物の輸入を禁止する植物防疫法（第1条に「輸出入植物及び国内植物を検疫し，並びに植物に有害な動植物を駆除し，及びそのまん延を防止し，もって農業生産の安全及び助長を図ることを目的とする」と規定），家畜への伝染病の発生予防およびまん延阻止を目的とした家畜伝染病予防法（第1条に「家畜の伝染性疾病の発生を予防し，及びまん延を防止することにより，畜産の振興を図ることを目的とする」）など，現在利用のために国内に持ち込まれている動植物のうち，ごく一部の外来種だけしか既存の法制度における規制の対象となっていないことがわかる．これはこれらの法律の目的が，生物多様性の保全とは無関係であることによっており，生物多様性に脅威を与える生物の輸入を規制するための法整備がたちおくれていることがわかる．

日本が野生生物の輸入大国であることは前項で述べた通りで，CITESに係わる生物の取引量を見ると，1996年には，生きた鳥類・クマ類・リクガメなどではその取引量は世界1位，世界の取引の30〜50％も占めている．また，これ以外の大部分の動植物の取引でも上位である（表4）．2001年の1月に，生きた動物の輸入品目の改正があったとはいえ，税関の資料ではそのほとんどが「その他の動物」の範疇に分類されており，何がどのくらい輸入されているかさえ不明である（表3）．

このように，外来種の輸入・利用についての有効な規制がないため，生態系に対する影響についての考慮が全くなされないままに，安易に外国産の生物が大量に導入されている．肉眼では見えない微小な細菌から大型の哺乳動物まで，多様な生物が，ペットとして，あるいは産業における利用のために日本列島に持ち込まれ，しかもその実態すら充分に把握されていない．このように膨大な数の生物が日本に輸入されている現状では，常に新たな外来種が野生化して，定着する可能性が高い．

多くの場合，外来生物の持ち込み利用で恩恵にあずかるのは一部の産業とペットの所有者など限られた個人だけであるが，その外来生物が野生化して問題を引き起こした場合，その悪影響を被るのは，日本列島の豊かな自然の恵みを享受する機会を損なわれる広範な人々，特に後の世代の人々であり，その損失は永続する．以上のことを考慮すると，生物多様性に与える影響が軽微と判断される種のみの輸入に限るような，新たな法的な規制を早急に設けることが必須である．

(2) 移動規制

植物防疫法や家畜伝染病予防法では，国内移動に関しても規制がある．また，内水面漁業調整規則に基づく外来魚の移植禁止が全国の都道府県でなされている．

しかし，それ以外の生物に対しては，国内での移動の規制は全くないと言ってよい．特に，野生動物に関しては，一般的に「無主物」とされ，民法第239条に無主物の先占として「無主の動産は所有の意思を以て之を占有するに因りて其所有権を取得す」となっているため，法的な網がかかっていない動物や場所では勝手に動物を捕獲してもよく，捕獲物はその人の所有となるので逆にそれを放逐するのも自由となる．近年野生生物も国民共有の財産であるという認識が進みつつあり，この無主物規定を変更するか，すべての生物に何らかの法的な網をかけることが必要であろう．

(3) 遺棄・放逐の規制

外来種が本来の分布域以外に持ち込まれた場合に，天敵放逐を除くと，ペット，観賞や毛皮の利用などのために，まずいったんは飼養下に置かれるのが通例である．これらの生物の野生化を防止するには，まず飼養下での逸出（放逐を含む）を防止する管理の強化が必須である．飼育動物には飼育の目的に応じて様々なものがあり，これらの管理に関する法律も多様である（表6）．

このうち最も主要な法律としては，「動物の愛護及び管理に関する法律（動物愛護管理法）」があり，動物の遺棄や虐待の防止，人の生命や財産

表6．飼育動物の類型分けとそれらの管理に関わる関係法令（村上，2001）

対象	適用される種ないし施設	法令
家畜	ウシ，ウマ，ブタ，ヒツジ，ヤギ，綿羊	家畜伝染病予防法
ペット	イヌ，ネコ，ハムスターなど	動物愛護管理法，狂犬病予防法（一部の動物），感染症予防法（サル）
危険動物	トラ，ライオンなど	動物愛護管理法，各地方公共団体／危険な動物の飼育及び保管に関する条例
実験動物	シロネズミ，ハツカネズミ，イモリなど	動物愛護管理法，実験動物の飼養及び保管に関する規準
養殖動物	タイ，ハマチ，ヒラメなどの魚介類，スッポン，コイ，フナ，アユ，シカ類，イノシシ，イノブタ	持続的養殖生産確保法案（仮称）準備中
展示動物	動物園，自然動物園，水族館，観光用，サファリパークなどでの展示用	動物愛護管理法，展示動物の飼養及び保管に関する規準

の侵害を防止することなどが定められている．しかし，遺棄に関しては，個体登録され識別可能でなければ，誰が遺棄したかを特定できないために，罰則規定があってもそれを有効に働かせることはできない．したがって，マイクロチップなどによる個体識別の義務づけなどの処置が必要である．さらに，ペット業者は登録制ではあるが許可制になっていないために，違法な取り引きや，単に売れればよいということで，その動物の特性（例えば，アライグマは発情すると人になつかなくなり危険になる）などを充分に説明しないで販売するなど，無責任な業者が少なくないことが問題となっている．

トラやライオンなど危険動物に関しては，動物愛護管理法の第15条をもとにして，各都道府県が個別に条例をつくって規制を行っている．また，危険動物を政令で定めることができると改正され，サル類，ゾウ類，ダチョウ類，カミツキガメ類，毒蛇類など多くの種が指定された．

都道府県内水面漁業調整規則に基づいて，ブラックバスなどの外来魚の放流に関しては，沖縄県を除く全都道府県が禁止している．しかし，放流現場を押さえないと取り締まれないためにほとんど役に立っておらず，密放流により分布は拡大し続けてきた．捕獲した魚を再放逐することを禁止している県も若干あるが，このほうが取り締まりは容易であり，実効性があると考えられる．

その他，種の保存法で，「管理地区内に国内希少野生動植物の生息又は生育に支障を及ぼすおそれのある動植物の種」として環境大臣が指定するものの個体を放つことなどは禁止されているが，まだ指定された例はない．

(4) 現存する種の管理

現在すでに日本に入っており，野生化または定着した種の管理に関する問題がある．既存の法律に基づく管理としては，表5-1の法律が対応しているが，いずれも人に健康上や社会経済的な影響を与える種に関するものがほとんどであり，生物多様性の保全との係わりで外来種の管理を求める法律はない．

(5) 狩猟制度による管理

狩猟獣の中に外来種を入れることで，狩猟の対象として管理を行おうとするもので，外来種としては，タイワンリス，ヌートリア，イノブタ，アライグマ，ミンク，ハクビシンの6種が指定されている．これによって有害鳥獣駆除の適用が可能となった．しかし，有害鳥獣駆除では被害が減少した場合には，それ以上の捕獲は中止されてしまい，根絶を目標とした駆除を実施するための根拠にはなりにくい．

(6) 保護増殖事業における管理

種の保存法で指定している国内野生動植物種の生息に影響を及ぼしている外来種に関しては，指定種の保護増殖事業の一環として，外来種対策を行うことが可能である．この制度に基づく具体的な実施例は奄美大島におけるマングース対策である．1993年からは有害鳥獣駆除として実施されていたが，2000年からは希少種保護を目的として駆除事業が実施されている（p.21, 73）．

(7) 保護地域における規制

種の保存法で，管理地区の区域内においては，「国内希少野生動植物の生息又は生育に影響を及ぼすおそれのある動植物の種」として環境大臣が指定するものの個体を放つことなどは禁止されている．しかし2002年4月現在，実際には適用例はない．

(8) 植物防疫法や家畜伝染病予防法

植物防疫法では農作物に有害な植物や動物を駆除することが明記されているし，ウリミバエは22年の歳月および204億円の防除費をかけて根絶に成功した（p.155）．伝染病予防法でも，疾病にかかった家畜を場合によっては焼却処分することなどが定められている．

(9) 日本における外来種対策の検討

河川における外来種対策に関しては，外来種影響対策委員会が編集した『河川における外来種対策に向けて〔案〕』（発行：（財）リバーフロント整備センター）が印刷されている．この中では対策として，広報・啓発の必要性と手段，予防措置としての河川への持ち込み防止（緑化植物の持ち込み防止，外来魚の違法放流の阻止，河川工事における配慮，河川区域内での花壇などの管理）など具体的な措置が記述されている．また，現状の把握が重要で，管理対象種の選定，計画の策定，対策実施およびモニタリング，評価，継続的な対策，情報公開，市民参加などが述べられている．

参考文献
村上興正（1992）CITESの現状と問題点－第8回締約国会議に参加して－．関西自然保護機構 **14**（特別号）：11-23.
村上興正（1998）移入種対策について－国際自然保護連合ガイドライン案を中心に－．日本生態学会誌 **48**: 87-95.
村上興正（2000）日本における外来種の法的規制．保全生態学研究 **5**: 119-130.
村上興正（2001）外来動物への法対策．どうぶつと動物園 **53**: 206-210.

（村上興正・鷲谷いづみ）

5.3 国の取り組み

(1) 環境省の取り組み

生物多様性条約での検討

外来種のもたらす生物多様性への影響と対策については，1992年に採択された生物多様性条約第8条（h）で，「生態系，生息地若しくは種を脅かす外来種の導入を防止し又はそのような外来種を制御し若しくは撲滅すること」と，その基本的な方向性が盛り込まれている．これを受け，生物多様性条約締約国会議では，外来種対策の指針原則（Guiding Principle）の合意に向けた検討が行われ，2002年4月の第6回締約国会議でまとめられた．指針原則には，予防が侵入後の対策に比較して効果的であり，優先的に取り組むべきことなど，外来種対策の15の原則が記されている（p.41～45）．指針原則は拘束力のあるものではないが，各締約国がその指針に沿った取り組みを行うことを求めている．

環境省での対応

このような国際的な動きを受け，環境省では，2000年度から，自然環境局に「野生生物保護対策検討会移入種問題分科会（移入種検討会）」を置き，わが国での移入種（外来種）への対応方針の策定に向けた検討を行っている．

検討会においては，移入種（外来種）リストの整理，生態系，産業への影響が認められた事例の整理，影響を及ぼしている移入種（外来種）の侵入の経路の整理を行うとともに，これらの基礎的なデータをもとに，予防の段階の対応，侵入初期段階での対応，定着してしまった段階での対応の三つの段階で，制度面での対応，行政の対応，事業者や国民が行うべき対応それぞれについて整理する予定である．

一方，定着したものへの対応のモデル的な事業として，希少野生動物の保護を目的とした外来種対策事業を進めている．奄美大島でのマングース対策は，2000年度から本格的に事業を開始しており，この数年で生息数の大幅な減少を目標に集

中的な事業を行っている（p.21）．

移入種（外来種）への対応としての主な事項は以下の点である．

＜侵入の予防の段階での対応＞
＊新たな導入の管理

国内で生物を環境中に放出して利用しようとする場合，これまで，生物多様性への影響を防止するという観点からの制限はほとんどなかった．指針原則に従えば，国内への意図的な導入に関しては，事前に影響を確認する仕組みが求められている．

国内での他地域への移動も，生態系への影響という観点では，国外からの外来種による影響と同様であり，生物多様性保全の観点から重要な地域などでは，地域内での外来種の利用，地域への持ち込みについて，対策の検討が課題である．

貨物などに混入・付着して侵入する非意図的な移動については，定着前に発見することについての検討が課題である．

＊管理下の生物の取り扱い

これまで生物多様性に影響を与えている動植物の侵入経緯をみると，ペットなどとして飼育されているものの遺棄，逃亡が原因となって定着した種が多くみられ，飼育管理下での管理の充実が課題である．

＜定着した段階での管理＞

侵入が起こっているもの，定着してしまったものについては，まず，侵入初期の早期発見と早期の対応が必要であるが，定着して時間を経過しているものについては，生じている影響の内容，程度に応じ，また，対策に投入できる資金，労力を考え，駆除，一定数での管理など，地域，対象種に応じた計画的な管理を検討する必要がある．しかし，計画策定，実施の主体，資金の確保の方法から，捕獲した個体の処分方法まで整理しなければならない点は数多い．

なお，駆除，管理ともに，長期的な取り組みが必要になることを念頭に置く必要がある．

〈水谷知生〉

(2) 国土交通省河川局の取り組み
河川における外来種対策

国土交通省河川局は，「河川は，わが国における生物多様性保全の重要な場である」との認識のもとに，河川における外来種問題への積極的な取り組みを進めている．

1998（平成10）年度には，河川における外来種の実態と問題をできるだけ正確に把握し，必要とされる対策を検討するために，「外来種影響・対策研究会」が組織された．学識経験者として，日本生態学会自然保護専門委員会外来種問題検討作業部会の主要メンバーが参加したほか，委員の多くは日本生態学会の会員であった．行政側の関係者としては河川局河川環境課から建設専門官ほか数名，関東地方整備局（建設省時代は地方建設局）の河川部河川調整課長，オブザーバーとして環境省自然環境局の計画課などからの参加があり，事務局は（財）リバーフロント整備センターが担当した．

2000（平成12）年度までに7回の研究会が開催され，その議論を踏まえ2001年の夏には，河川管理者，自治体関係者，市民などに広く活用されることを想定した解説書『河川における外来種対策に向けて〔案〕』を出版した．同解説書は，IUCNのガイドライン（外来侵入種によって引き起こされる生物多様性減少防止のためのIUCNガイドライン）に準拠した形でまとめられており，外来種問題に関する国際的な動向をも充分に踏まえた外来種問題の基本的な解説に加えて，広報・啓発，予防措置，すでに侵入した外来種への対応，調査・研究，現行施策への外来種対策の取り込みなどに関し，現場に即した具体的な提案がなされている．『河川における外来種対策に向けて〔案〕』は，今後の実際の取り組みや調査研究の進展に伴うこの問題に関する理解の深まりに応じて，逐次改訂されることとなっている．

国土交通省の土木研究所（現在は独立行政法人）は世界最大級の実験河川（水路）を擁する実験施設，自然共生研究センターを岐阜県の木曽川支川に1998年に建設し，自然との共生という目的に

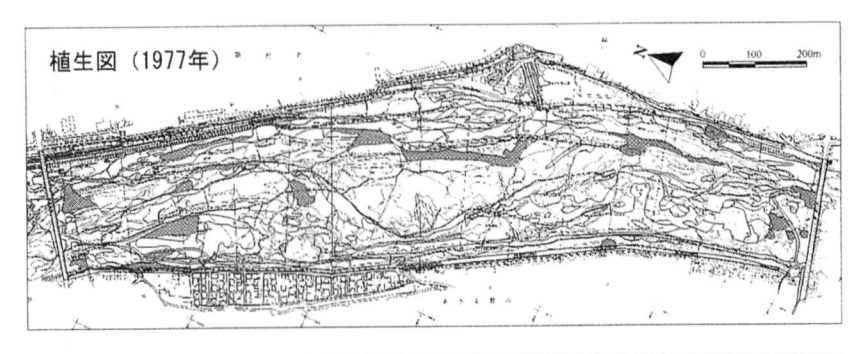

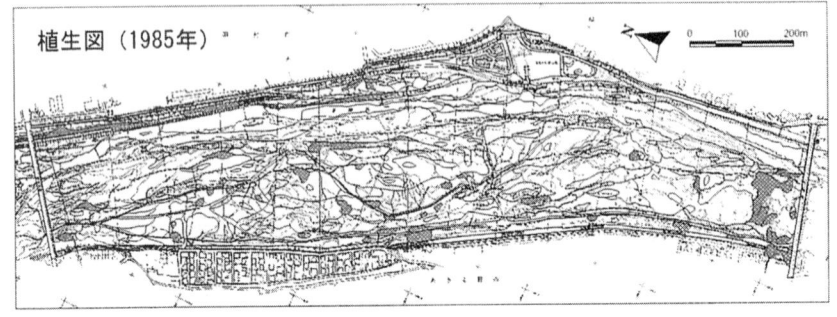

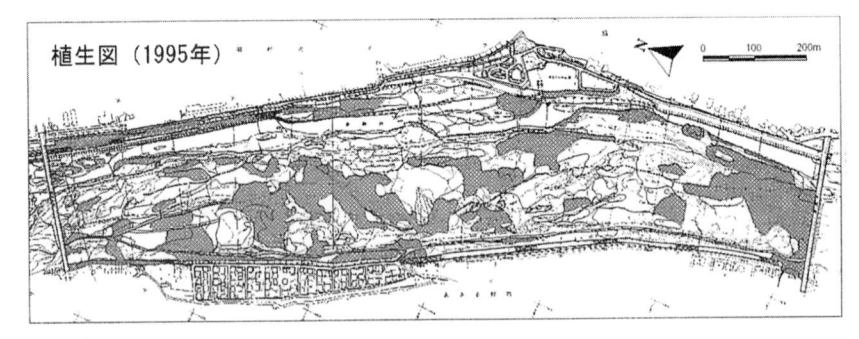

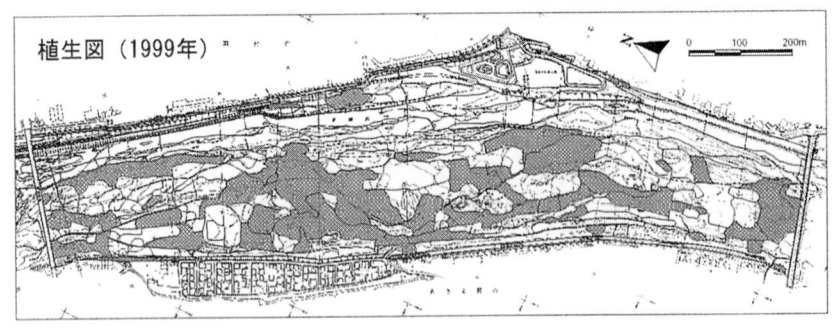

図1．多摩川5253km付近の外来植物群落．ハリエンジュやオオブタクサなどの外来植物が占める領域を網で示した．(出典：外来種影響・対策研究会, 2001)

資する河川整備のあり方に関する研究を実施している．その一環としても，河原における外来種の管理に係わる研究を実施している（p.211参照）．

現場での取り組みの例

一例としては，多摩川永田地区での植生管理を挙げることができる．かつては砂礫質河原が広がっていた永田地区では，左岸における河床低下に伴い，相対的に右岸に高水敷が発達して冠水頻度が減少した．それに伴い1947年には4％であった樹林の面積が1992年には22％に増加したが，樹林を構成する樹木のほとんどがハリエンジュであっ

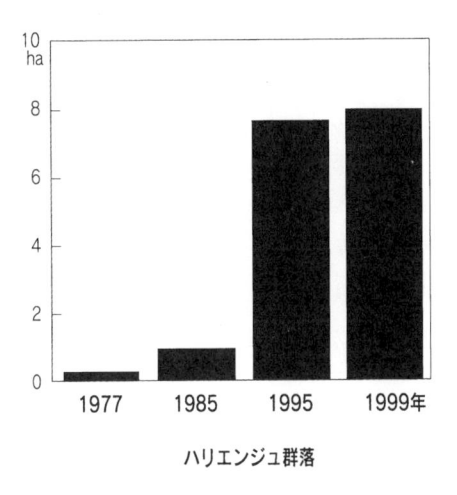

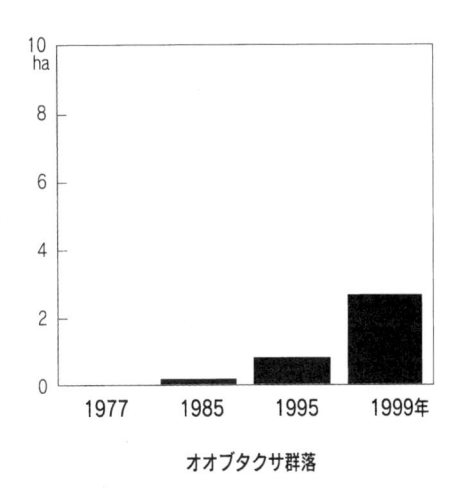

図2．ハリエンジュ群落とオオブタクサ群落の占有面積の変遷
（出典：外来種影響・対策研究会，2001）

た（図1，現況）．高水敷が安定化して細粒土壌の堆積が顕著になったことが，樹林化をもたらしたものと考えられている．

1977年から1999年にかけての20年間に，外来植物の群落が5.3倍に増加したが，その大部分を占めるのがハリエンジュ群落とオオブタクサ群落である（図2）．それに対して，カワラノギクなどの河原固有の植物の生育場所が著しく減少し，カワラノギクは絶滅寸前になっている．また，ヤナギが少なくなってコムラサキが絶滅したり，礫質の河原を生息場所とするカワラバッタやツマグロキチョウが減少するなど，生物多様性保全上の問題がいくつも生じている．

このような現状が，河川局が実施している「河川生態学術研究」や保全生態学研究者の自発的な研究を通じて明らかにされたことに基づき，国土交通省京浜工事事務所は，礫質の河原を保全するための施工計画，植生管理計画を立案した．その計画では，高水敷の掘削によって礫質河原の基盤を取り戻し，ハリエンジュ林を除去することで河原に固有な動植物の生息・生育の条件を確保することが目指されている．

工事は2001年3月に開始され，まずハリエンジュ林の除去，次いで掘削工事が実施されている．また，実施前，工事中，実施後にモニタリング調査が実施される．

また，2002年2月から，外来牧草シナダレスズメガヤの侵入が著しい鬼怒川において，それを駆除する一方で，カワラノギクなどの河原固有種の生育条件を取り戻すための自然再生事業が実施されている．

参考文献
外来種影響・対策研究会（2001）河川における外来種対策に向けて〔案〕．リバーフロント整備センター．

（鷲谷いづみ）

(3) 国土交通省総合政策局環境・海洋課海洋室の取り組み

バラスト水とは？

世界の海は，海水という単一の媒体でつながっている．そのため，外来の海洋生物には自然・人為の両面で様々な侵入経路がある．その中でも，第二次世界大戦後の石油，鉱石，木材，穀物などの海上貨物輸送の激増によって，近年特に重視されているのが，大型貨物船など船舶のバラスト水による持ち込みである．

船舶はその航行時に，安定性を確保するため，タンクに水を張って重しとしており，この水をバラスト水と呼んでいる．例えば，豪州から日本に鉄鉱石を運搬する船の場合，満載状態の鉱石を日本で降ろし，豪州に向けて空荷で航海する際には，日本で海水をバラスト水として積み込み，豪州でこれを排水する．このようにして世界を移動するバラスト水は，国際海事機関（IMO）によれば年間約120億トンになると推定されている．日本

の場合，（社）日本海難防止協会が行った大まかな試算では，年間で約3億トンの持ち出しと，約1,700万トンの持ち込みがあるという．

バラスト水の中の海洋生物

船舶が海水をバラスト水として取水する際には，プランクトンや底生生物・魚類の卵・浮遊幼生・稚仔体・成体を同時に取り込んでしまう．バラスト水中の生物の生存率は航海日数に比例して減少し，例えば，1カ月という長期航海の間には密度にして96～99%，分類群数にして57～95%の生物が死滅するという報告がある．その死亡要因として，取水時の攪乱や，航海中の暗黒環境，水温・栄養塩濃度の変化や捕食などが考えられている．

しかし，航海中に経験する環境の変化は比較的穏やかなものであり，他の侵入経路に比べて圧倒的に多数の生物種が海を越えて運ばれているとされてきた．入港前後には，この航海に耐えて生き残った生物が，バラスト水とともに異国の水域に放たれる．例えば，麻痺性の貝毒などを発生させる有毒渦べん毛藻類が，この経路で世界各地の港湾に広がっていることが確認されている．日本に定着した外来海洋生物にも，バラスト水によって運ばれてきたものがあると推定されている（外来種事例集「海産・汽水産生物」を参照）．

経緯と対策

この問題に対する対策は，1980年代後半以降，国連の専門機関である国際海事機関（IMO）の海洋環境保護委員会（MEPC）で検討が続けられている．これまで，船舶におけるバラスト水の管理に関するガイドラインを採択するなどしてきたが，現在，より強制力の強い規則となる「船舶のバラスト水及び沈殿物の規制及び管理に関する国際条約（案）」を2004年開催予定の外交会議で採択するための作業が進められている．

日本では，国土交通省総合政策局環境・海洋課海洋室がこの問題について中心となって取り組んでいる．この問題を地球規模で早期に解決するためには，IMOでの取り組みを支持することが重要であると考えており，上記条約案の具体的な規制の枠組みや，それに基づく条文の提案を行っている．その他にも，バラスト水中の水生生物の処理技術を開発中の（社）日本海難防止協会の協力を得て，具体的な処理方法の紹介や処理基準作りについての提案を行っているところである．

具体的な処理方法として，過去には，塩素や過酸化水素による薬品処理，紫外線照射，電気ショック，沖合いでのバラスト水の交換，航行中にエンジンから発生する余熱を用いた加熱処理，などの様々な技術が考案されてきた．しかし，いずれも，自然環境への悪影響が懸念されるか，大型船舶に装備するには高価に過ぎるか，あるいは対費用効果が弱いなどの問題があって，広く普及しているわけではない．環境への悪影響を避けつつ，効果的かつ経済的に安価な処理方法の開発とその普及がさらに望まれており，わが国では取水時の流体力に着目した方法等が有力視されている．

なお，IMOウエブサイトhttp://www.imo.org/にIMOの具体的取り組みが紹介されているのでご参照いただきたい．

参考文献

Carlton, J. T. (1985) Transoceanic and interoceanic dispersal of coastal marine organisms: the biology of ballast water. *Oceanog. Mar. Biol. Ann. Rev.* **23**: 313-371.

Gollasch, S. *et al.* (2000) Survival of tropical ballast water organisms during a cruise from the Indian Ocean to the North Sea. *J. Plankton Res.* **22**: 923-937.

Hallegraeff, G. M. (1998) Transport of toxic dinoflagellates via ships' ballast water: bioeconomic risk assessment and efficiency of possible ballast water management strategies. *Mar. Ecol. Prog. Ser.* **168**: 297-309.

Williams, R. J. *et al.* (1988) Cargo vessel ballast water as a vector for the transport of non-indigenous marine species. *Estur. Coast. Mar. Sci.* **26**: 409-420.

Wonham, M. J. *et al.* (2001) Going to the source: role of the invasion pathway in determining potential invaders. *Mar. Ecol. Prog. Ser.* **215**: 1-12.

（岡本　晃・岩崎敬二）

(4) 農林水産省の取り組み

(4)-1 植物防疫法に基づく病害虫の侵入防止

日増しに高まる病害虫侵入の危険性

近年，輸送手段の発展に伴い，農産物の国際貿易は急速な発展を遂げ，量的な増加だけでなく質的にもこれまで考えられなかったほど多様なもの

が取り引きされている．海空港における植物検疫においても，発見される病害虫の種類は増加し，病害虫侵入の危険性も日増しに高まってきている．

国際的には，1991年に国際植物防疫条約が改正され，その中で植物検疫の対象とする病害虫を「検疫病害虫」に限定することが規定された．1995年には世界貿易機関（WTO）が発足し，同時に「衛生植物検疫措置の適用に関する協定」も発効した．この協定の骨子は，衛生植物検疫措置は科学的原理に基づいて適用すること，病害虫の危険度に応じた適切な措置をとること，原則として国際基準に準拠すること等である．

植物検疫措置に関する種々の国際基準が，国連の食糧農業機関（FAO）の国際植物防疫条約の植物検疫措置に関する暫定委員会において策定されており，1995年には「病害虫危険度解析に関するガイドライン」が植物検疫措置に関する国際基準として定められた．このガイドラインにより，各国は自国の農業事情や環境に対する病害虫の危険度を評価し，その危険度に応じた植物検疫措置をとることとなった．さらに2001年には，さらにくわしい国際基準「検疫病害虫のための危険度解析」が定められた．

「検疫病害虫」という考え方

これら様々な国際的な動きの中でも特に重要な概念は「検疫病害虫」という考え方である．「検疫病害虫」とは，「それによって危険にさらされている地域にとって経済上潜在的に重要で，かつ，まだその地域に分布していないか，または広域に分布せず，公的に防除が行われている病害虫」と定義されている．すなわち，検疫の対象とすべき病害虫は，すべての病害虫ではなく，自国に未発生の病害虫，あるいは既発生であっても分布が一部に限られ，かつ公的防除の対象となっている病害虫に限定されている．また，自国に発生している病害虫と同種であっても，科学的根拠があれば，寄主範囲や生態等が異なるような検疫上問題となるような性質を持つ種内のバイオタイプや系統については検疫の対象とすることも可能である．

わが国もこのような国際的な考え方を取り入れ，1996年には植物防疫法を改正するとともに，国際基準に準じてわが国の事情に応じた病害虫危険度解析基準を策定した．この基準は，(1)「検疫病害虫」であるかどうか，(2) 病害虫危険度評価，(3) 病害虫危険度管理の難易度及び検疫措置の決定の三段階から成り立っており，これによってそれぞれの「検疫病害虫」についての植物検疫措置を決定している．

(1)では，わが国に分布するかどうか，一部に分布するのか広範に分布するのか，公的防除の対象であるかどうか，種内のバイオタイプや系統が知られているかどうかについて順次チェックし，その結果「検疫病害虫」とされたものについて(2)に進む．(2)では定着能力，まん延能力，経済的重要性，侵入の可能性の各項目によってそれぞれ「検疫病害虫」の危険度を評価している．さらに，(3)では，(2)における危険度評価の結果により，その危険度に応じて，①寄主植物の輸入禁止，②輸出国での栽培地検査要求及び証明，③輸入後の隔離検査の実施，④輸入検査の実施等の植物検疫措置を決定している．これらの措置を講じることによって「検疫病害虫」のわが国への未然の侵入防止がはかられている．

（大戸謙二）

(4) -2 わが国が侵入を警戒している害虫
病害虫の危険度に応じた措置

わが国の植物検疫は，植物防疫法に基づいて実施されており，その主な目的は諸外国からの病害虫の侵入を阻止し，農業の安全と助長を図ることである．近年，諸外国からわが国への植物類の輸入は種類，量とも増大し，また，航空機，海上コンテナ等の輸送手段の発達により，新鮮な状態で短時間のうちに物資の輸送が可能となり，これに伴い植物類に付着した病害虫の侵入の機会が増えている．これに対応し，植物検疫を実効あるものにするため，植物防疫法においては，病害虫の危険度に応じた措置が規定されている．

寄主植物の輸入規制

わが国の検疫上極めて危険であると判断される検疫病害虫については，その寄主植物の輸入が禁止されている．これらは，わが国に未発生か，限られた地域にしか発生していない病害虫の寄主植物で，輸入検査ではその病害虫を発見することが極めて困難であったり，適切な消毒方法がなく，当該病害虫の侵入防止には寄主植物の輸入禁止以外には手段がないものである．

この輸入禁止品に該当する寄主植物の種類，それらの分布地域，対象病害虫の種類は農林水産省令で定められている．輸入禁止の対象害虫には，チチュウカイミバエ，ミカンコミバエ種群，クインスランドミバエ，ウリミバエ，コドリンガ，アリモドキゾウムシ，イモゾウムシ，コロラドハムシ，ヘシアンバエ，ジャガイモシストセンチュウ，ジャガイモシロシストセンチュウ，カンキツネグリセンチュウのほか，日本未発生のイネの害虫が含まれる．

また，検疫上の危険度が輸入禁止対象病害虫に次いで高く，輸入時の検査では発見が困難であるが，輸出国での栽培期間中の検査であればその発見が容易な病害虫については，その寄主植物の輸出国における栽培地検査が義務付けられている．その対象の病害虫等についても農林水産省令で定められている．その対象害虫となっているのは，テンサイシストセンチュウ，ニセネコブセンチュウおよびバナナネモグリセンチュウである．

侵入警戒調査

一方，外国からの病害虫の侵入をいち早く発見し，早期根絶を図るために，侵入を警戒すべき重要病害虫を定め，害虫についてはフェロモントラップ等を用いて海港，空港の周辺および主要果樹等生産地域において侵入警戒調査が実施されている．全国の重要な果樹，果菜類の主要な生産地域を都道府県の病害虫防除所が，主要海空港を植物防疫所が，それぞれ担当し調査が実施されている．調査対象の害虫には，コドリンガ，アリモドキゾウムシのほか，チチュウカイミバエ，ミカンコミバエ種群をはじめとする各種ミバエ類がある．

（染谷　均）

5.4　地方自治体の取り組み

(1) 沖縄県におけるマングース対策の現状と課題

沖縄県におけるマングース対策の基本的考え

ハブやネズミの駆除の目的で沖縄島（南部地域）に1910年に持ち込まれたマングース（p.75）は，天敵がいないこともあり，生息域を拡大し，ヤンバルクイナやノグチゲラ，ケナガネズミなど世界的にも貴重な野生動物が生息している沖縄島北部地域まで北上してきている．沖縄島のような，小さな限られた自然環境では，マングースなど外来種の影響を受けやすく，特に希少種においては絶滅の危機に瀕する恐れがある．

沖縄島北部の大宜味村塩屋と東村平良を結んだライン（以後「ＳＴライン」という）は，塩屋湾が内陸に入り込んでいるため狭くなっている．このラインをマングースの分布拡大阻止（封じ込め）のための防御ラインと位置づけ，それより北におけるマングースの排除と再侵入防止が緊急の課題として取り組まれている．

対策時期と捕獲方法

1998（平成10）年度から1999（平成11）年度にかけて，マングースの捕獲方法の検討，マングースの分布を把握するためのアンケート調査等を実施し，2000（平成12）年10月から，ＳＴライン以北において，一般道や林道沿いに約100m間隔でかごワナを設置して，本格的な捕獲を実施している．捕獲されたマングースについては，安楽死後，雌雄判別，体重測定，胃内容物の調査を行っている．

結果

主としてＳＴライン周辺で計636頭（2002年3月末現在）のマングースが捕獲され，マングースがＳＴラインを越えて北上していることが確認された．マングースのワナには，マングース以外にもネコ（456回），クマネズミ（714匹），アカ

図3．ヤンバルクイナの生息状況（2000年度）とマングース捕獲地点．マングースが捕獲された地点では，ヤンバルクイナが確認されていない．
（資料：(財)山階鳥類研究所）

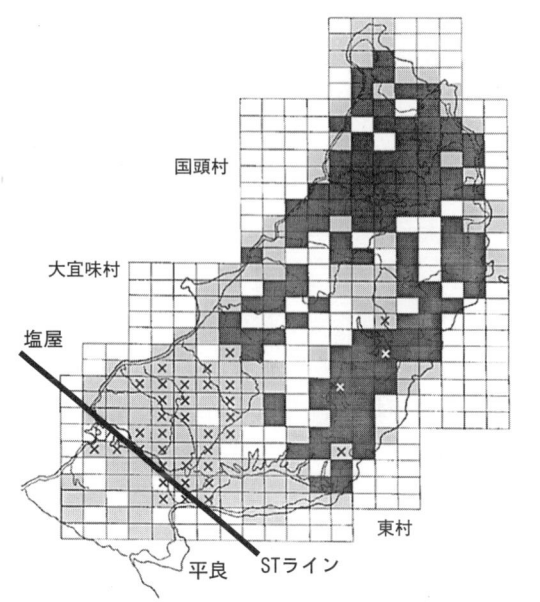

■：ヤンバルクイナの生息を確認（夏冬3回の調査で1回以上確認）
□：ヤンバルクイナの生息を確認できず
×：マングース捕獲地点

からはヤンバルクイナの生息が確認できなくなっており，マングースの侵入による影響が強く示唆された（図3）．1996～1998年にかけて行われた同調査と比較すると，わずか2，3年で約3 kmもヤンバルクイナの生息域が北に狭められており，危機的な状況にあるといえる．

参考文献
沖縄総合事務局北部ダム事務所（1997）平成7年度沖縄本島北部地区地域生物環境調査データ．
沖縄総合事務局北部ダム事務所（1998）平成8年度沖縄本島北部地区地域生物環境調査データ．
当山昌直・小倉剛（1998）マングース移入に関する沖縄の新聞記事，沖縄県史研究紀要第4号抜刷．
日本野鳥の会やんばる支部（1997）沖縄島北部における貴重動物と移入動物の生息報告書．76-84．

（棚原憲実）

ヒゲ（98回），ヤンバルクイナ（11回）その他多数の動物が混獲されており，クマネズミ以外はその場で放逐している．

駆除の問題点および今後の課題

北部地区においては，現時点ではマングースの密度が低いこともあり，捕獲効率が悪く，またその他の動物が混獲されるため，毎日見回りをしなければならないことから，その駆除は人海戦術に頼らなければならない．また捕獲事業を中断すると南から再侵入してくるため，事業を継続することが必要であり，費用負担が大きい．そのため誘因物質等による捕獲効率の向上，あるいは忌避剤等による追い払い，侵入防止柵などの開発が望まれる．ＳＴライン以南については，総合的な生態系再生計画に基づき，マングース駆除を進める必要がある．

また，2000（平成12）年度に（財）山階鳥類研究所と沖縄県が実施したヤンバルクイナの生息状況調査によると，マングースが捕獲された場所

(2) 奄美大島のマングース対策
駆除事業開始までの経緯

1979年頃に名瀬市街地北部に定着したと考えられるジャワマングースは，次第に分布域を拡大し，養鶏や農作物に対する被害が顕著となる一方，奄美哺乳類研究会などの調査により在来種への影響が懸念されてきた．名瀬市は1993年より有害鳥獣駆除としてマングース駆除事業に乗り出し，被害地域の拡大に伴い周辺の大和村（1995年～），住用村（1998年～）でも駆除事業が行われてきた．

一方，環境省（当時環境庁）と鹿児島県は，国内で外来種対策を本格的に検討する初の試みとして，1996年からの4年間，「島嶼地域の移入種（外来種）駆除・制御モデル事業（マングース）」としてその生態や分類，分布域や生息数の推定などについて調査を実施してきた．この結果，1999年当初には約5,000～10,000頭のマングースが生息し，自然増加率は30％ほどと推定された．これを受けて，最大約10,000頭と推定される個体を駆除するために，まずは2000年度より3年間にわたって自治体の有害鳥獣駆除と環境省の移入種（外来種）駆除（以下，「外来種駆除」とする）の二つの事業により，毎年4,500頭を捕獲することで，生息数を大幅に減少させ，続いて2003年度以降，これらの残りの散在した小個体群を駆除していくことを目標として，本格的な駆除事業が

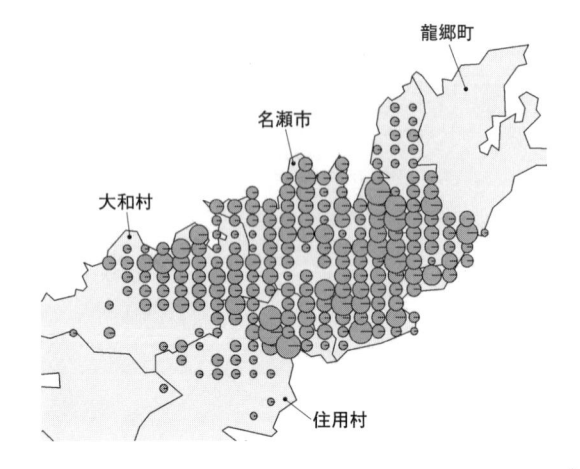

図4．奄美大島のマングース捕獲地点（2001年度）．
図中の円はメッシュごとのマングース捕獲数を示し，
円の大きさは捕獲数の多さを示す
（最小1頭〜最大74頭）

開始されることとなった．

駆除事業の詳細

2000年度の両者の駆除事業は，箱ワナ，かごワナなどの生け捕りワナを用いて実施され，報奨金は両事業とも1頭当たり2,200円とした．外来種駆除では狩猟免許（甲種）所持者26名の協力を得て，2000年度に2,813頭，有害鳥獣駆除（従事者32名，うち16名が外来種駆除と重複）の1,071頭と合わせて3,884頭を捕獲した．

ただ，2000年度の捕獲期間内においても，捕獲・除去に伴う生息密度の低下により捕獲効率は低下傾向を示し，効率の悪さから捕獲作業を放棄する従事者も出てきた．当初の目標としての急激な個体群の縮小を実現するためには，高い水準の捕獲努力を継続する必要があった．

そのため，外来種駆除では，2001年度には報奨金を4,000円に引き上げる一方で，マングース捕獲従事者の許可枠を緩和することで153名の従事者を確保した．また，有害鳥獣駆除においても捕獲作業記録の提出を条件に，報奨金を補填して同額とした．この結果，2001年度には約165,000ワナ日（ワナ数×設置日数）の捕獲努力により2,747頭，有害鳥獣駆除の644頭と合わせて3,391頭を捕獲した（図4）．

今後の課題

奄美大島のマングース対策はまだその緒についたばかりである．大きな島でマングースを根絶するためのシナリオはない．今後の捕獲に伴うさらなる生息密度の低下が予測される中で，個体群をいかに圧縮できるかが当面の課題である．また，3年間ほどで大幅に個体数を減少させた後に残された少数個体を，どのように捕り尽くすかについての技術開発は必要不可欠であるが，その検討についても始まったばかりである．

参考文献
鹿児島県（2000）環境省委託事業　平成11年度島嶼地域の移入種駆除・制御モデル事業（マングース）調査報告書．
鹿児島県（2001）環境省委託事業　平成12年度移入種（マングース）駆除事業業務報告書．

（阿部愼太郎）

（3）小笠原国立公園内におけるノヤギ駆除の取り組み

1990年，東京都および小笠原村が環境庁（現環境省）に小笠原諸島における植生破壊の状況を報告したところ，1991年，環境庁は，ノヤギ（p.80）による被害状況等の緊急調査を実施した．その結果，ノヤギ等による植生の破壊と土砂の流出（写真1）が進み，景観の破壊やサンゴ等の海洋生物および海鳥類に被害が出ていることが判明した．それに基づき，環境庁自然保護局長は1992年に都知事宛てに「小笠原国立公園での自然植生の回復と貴重固有種の保護増殖」の実施を依頼した．これを受け東京都は，ノヤギ駆除を含

写真1．ノヤギ等による植生の破壊と流出

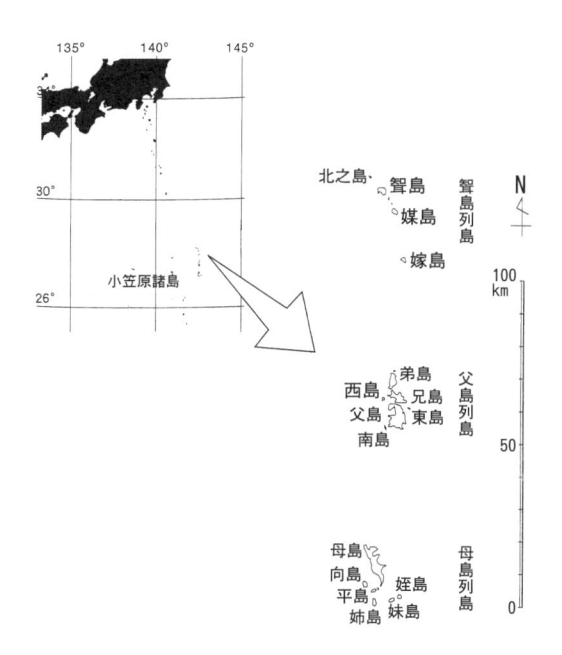

図5．事業対象地

めた「小笠原国立公園植生回復事業」を実施することになり，小笠原諸島振興開発事業の一環として，国土庁（現 国土交通省）より補助金を受けて，事業を行うことになった．

試行錯誤の連続

本事業は1994（平成6）年度から始まり，ノヤギ駆除，植生復元およびモニタリングの三つを柱としている．対象地は，被害の著しい聟島列島（聟島・媒島・嫁島）と父島列島の西島の4島（図5）とし，植物学や生態学等各分野の専門家による検討委員会を設置して，その意見を聞きながら実施することになった．

このようにして，「小笠原国立公園植生回復事業」は動き出したが，実際のノヤギ駆除は，事業の開始から3年後の1997（平成9）年度，媒島においてようやく始まった．3年もかかったのは，過去に同様な事業を行ったことがなかったため，詳細な現況把握（ノヤギの動向や現存植生など）が必要だったこと，植生復元の方法やノヤギ駆除の方法などの検討に時間がかかったこと，さらに無人島での作業の困難さや人・資材の運搬および荷揚げ等の作業について，海況に恵まれなかったことなどが挙げられるが，最大の理由は捕獲後の処理方針がなかなか決まらなかったことにある．

ノヤギ駆除

媒島におけるノヤギの捕獲手法は，まず単管パイプと漁網により網柵を設置し，そこへ人海戦術でノヤギを追い込むものである（写真2）．追い込んだノヤギは，当初，市民感情に配慮し，生け捕り後，ヤギの食習慣のある沖縄へ送っていた．

しかし，沖縄に送っても，長い船旅による疲労や，餌を与えても食べないことから，結局多くのノヤギが運搬途中で死亡した．しかも，このような生体搬出には莫大な費用がかかるうえ，無人島からの生体搬出数には限度があり，せっかく捕獲したノヤギを放逐しなければならないといった矛盾も生じた．したがって，この方法だけでは駆除は進まず，しかもノヤギに苦痛を与えるだけであるとの判断が下された．そこで，1999（平成11）年度からは，生体搬出と平行して生け捕り後薬殺し，現地埋却という手法がとられた．それでも駆除できなかったノヤギについては，地元猟友会の

写真2．ノヤギの捕獲．網柵を設置し，人海戦術でノヤギを追い込む（左）．右は追い込まれたノヤギ

第1章　外来種問題の現状と課題

表7. ノヤギ駆除実績

	1997年度	1998年度	1999年度	2000年度	2001年度	現　状*
媒島 (1.37km²)	136頭	137頭	144頭			完全排除
聟島 (2.57km²)				656頭	265頭	残り約10頭
嫁島 (0.85km²)				79頭	2頭	完全排除
西島 (0.49km²)						個体数47頭

＊媒島における1997年度および1998年度の駆除数はすべて生体搬出であり，1999年度は60頭が生体搬出，82頭が薬殺，残り2頭は射殺である．西島の個体数は2002年3月11日の現地調査による．

協力を得て，射殺することとした．

生け捕り後薬殺するという手法により，ノヤギ駆除のスピードが大幅にアップした結果，媒島のノヤギの完全駆除が実現した．

2000（平成12）年度からは，聟島および嫁島でもノヤギ駆除が始まった．手法は媒島と同様，網柵に追い込み，生け捕り後薬殺する手法がとられた．また，嫁島のノヤギ駆除を含めた植生回復事業については，地元NPOが協力を申し出たため，東京都の指揮監督のもと，NPOに実施してもらうことになった．

なお，ノヤギ排除後，既存の草原は丈が高くなり，ウラジロエノキ等先駆的植物の侵入も一部で見られるようになっており，徐々に植生は戻りつつある．

駆除実績

各島のノヤギ駆除の実績は表7の通りであり，聟島および嫁島は残り頭数が少ないため，今後銃による駆除を予定している．また，西島においては，2002（平成14）年度より実施予定である．

参考文献
日本野生生物研究センター（1992）小笠原諸島における山羊の異常繁殖による動植物への被害緊急調査報告書．（財）日本野生生物研究センター．
東京都小笠原支庁（1995, 1996）小笠原諸島における植生回復調査報告書．東京都小笠原支庁．
東京都小笠原支庁（1997）小笠原諸島植生回復調査・解析報告書．東京都小笠原支庁．
東京都小笠原支庁（1998〜2000）小笠原国立公園植生回復調査報告書．東京都小笠原支庁．

（中野秀人）

(4) 滋賀県の外来魚（ブラックバス・ブルーギル）駆除事業

琵琶湖への外来魚侵入，増加の経緯

琵琶湖は滋賀県の中央に位置し，県面積の約6分の1に相当する670.5km²を占める日本で最大の湖である．この琵琶湖で，1974年に彦根市沿岸において，ブラックバスのうちオオクチバスが初めて確認された後次第に増加して，1983年には全湖で大増殖するようになった（p.267）．現在では一時に比べると減少しているようにみられるものの，依然高い密度で生息している．また，コクチバスは，1995年に琵琶湖沿岸のマキノ町地先で確認されている．

ブルーギルは，1965年頃から琵琶湖の各地で散見され始め，1993年頃から南湖（琵琶湖大橋以南の琵琶湖）を中心に大増殖し，現在に至っている．

外来魚の侵入・増加による影響

琵琶湖には，40種を超える固有の魚介類が生息し，それらの多くを漁獲対象として古くから漁業が発展してきた．

琵琶湖漁業の漁獲量の経年変化を図6に示した．1955年には10,000トンを超える漁獲があった．しかし，1999年にはその20％に相当する2,099トンにまで激減している．その内訳をみると，春季に琵琶湖の沿岸帯で繁殖するフナ類，モロコ類，エビ類等の漁獲量の減少が著しい．それに反して，秋季に河川で産卵するアユとビワマスの漁獲量は，

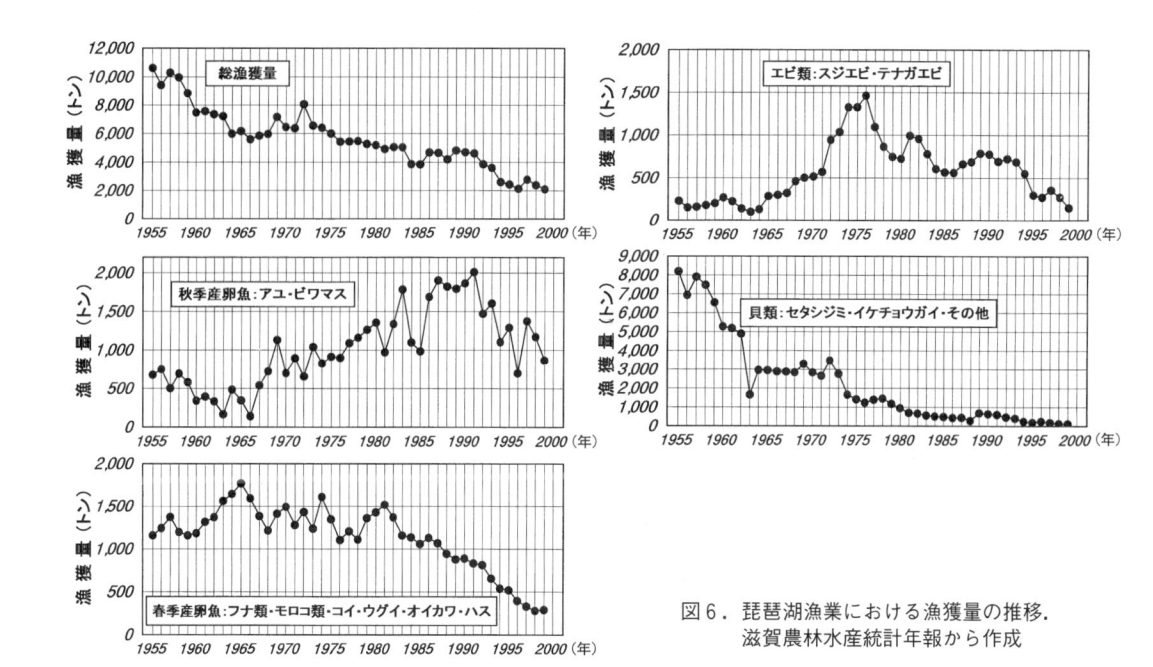

図6．琵琶湖漁業における漁獲量の推移．
滋賀農林水産統計年報から作成

概して増加傾向にある．

このような春季に産卵する魚介類の減産原因として，湖岸等の改変に伴う産卵場の減少，水質汚濁の進行等が考えられる．それに加えて，オオクチバスが急増した1974年から1983年頃に，また，ブルーギルが急増した1994年以降に，漁獲量の減産が著しいことから，これら外来魚の食害も大きな要因となっているものと考えられる．

滋賀県の外来魚対策の経緯

琵琶湖全湖でオオクチバスの大繁殖がみられるようになった1984年に，危機感を強めた滋賀県漁業協同組合（県漁連）は，琵琶湖からオオクチバスの一掃を図ろうと，琵琶湖の大半の漁業者を動員して，刺網や投網等による「外来害魚駆除作戦」を展開した．しかし，これらの網にかかったオオクチバスは少数であり，期待したような成果は得られなかった．このため，その翌1985年から，県漁連は，国費と県費の補助を受けて，毎年度720万円から4600万円の事業費を投入してオオクチバスの漁獲促進を図りつつ，一方では，有価物として加工技術開発や販路開拓を進めるなど，「外来害魚駆除」から漁獲対象としての「漁獲促進」へと方向転換して本種の減少を図ろうとした．

また，1988年にはオオクチバスの愛称を「ビワバス」として販売促進を狙った．

同時期，滋賀県水産試験場でも，これら外来魚の生態調査，食性調査，捕獲技術検討，加工・調理方法の研究など，総合的な調査研究が進められた．

このような事業効果もあり，次第にオオクチバスは減少傾向にあったが，1993年頃からこれに代わってブルーギルが南湖を中心に大繁殖するようになった．このため，1999年には，県漁連は国費と県費の補助を受け，4700万円へと事業費を拡大して，捕獲に必要な経費を負担するという方式で外来魚駆除と捕獲魚を魚粉に加工するという有効活用事業を実施した．

しかし，経費負担方式では漁業者の積極的な協力を得られないため，翌2000年からは，捕獲した外来魚を買い上げるという方式で捕獲促進を図っている．この結果，外来魚の捕獲量は，1999年には134トンであったが，2000年には188トンに増加している．

今後の方向性

今や外来魚問題は，水産資源を減少させ，漁業者の生活を直接脅かす問題であるだけでなく，豊

かで多様性に富んだ琵琶湖本来の生態系の破壊を招く，重大な環境問題として認識されている．また，2000年に実施された県政世論調査の結果では，県民の多数は，「外来魚対策は生態系保全に関わる問題であり，駆除すべき」という意見を持っている．今後，外来魚問題を全県民的課題と位置付け，琵琶湖本来の生態系を取り戻す施策として取り組みたい．

参考文献
近畿農政局滋賀統計調査事務所（1971～2000）滋賀農林水産統計年報
滋賀県（2001）環境白書．pp.310．
農林省滋賀統計事務所（1956～1970）滋賀農林水産統計年報

（岡村貴司）

(5) 北海道のアライグマ対策の経緯と課題

　北海道では，アライグマによる農作物等への被害が1993（平成5）年頃から発生し，その後急増した．1997（平成9）年度には恵庭市と長沼町によって有害鳥獣駆除が開始された．しかし，さらに広域的・総合的な対策が必要とされたため，1998（平成10）年度より，北海道（自治体としての北海道）は農作物等の被害防止と生物多様性保全の観点から，アライグマの野生化個体の根絶を目標とする取り組みを開始した．

対策開始当時の意志決定と研究者の協力

　アライグマ対策の開始時点では，必要なデータは不足していたが，対策の実行開始が遅れればそれだけ問題解決の可能性が低くなることから，対策としての捕獲を実施しながら，必要な現状調査を並行して進めていく「走りながら考える」手法を採った（表8）．北海道大学文学部の池田透助手（現　助教授）が収集された科学的データおよび捕獲の技術的ノウハウを参考とし，ほかにも，北海道大学大学院獣医学研究科と酪農学園大学の研究者の協力が得られた．

　初年度は，被害が大きかった道央部の石狩支庁および空知支庁に「アライグマ被害対策検討協議会」を設置するとともに，道内の分布を調べるため全道的にアンケート調査を行った．また，対策実施に当たり市民の理解を得るためにアライグマ問題を考える講演会を開き，これは翌年も続けられた．1999（平成11）年度からは「アライグマ緊急対策事業」を開始した．この事業では「アライグマ対策検討委員会」を設置して，専門家による検討を進め，この検討をもとに，試験的捕獲によって生息数や捕獲手法の検討を行った．現在は，引き続きアライグマ根絶のプログラム策定を目指しているところである．

次々に生じる課題

　取り組み開始後3年を経て，様々な科学的データが蓄積され捕獲技術も進歩したが，新たな地域からの生息情報も増加しており，分布は拡大している．また，取り組み開始当初，アライグマの生息範囲は農地およびその周辺と想定していたが，山奥の森林でも生息が確認されたため，捕獲の必要な地域が大きく広がっている．さらに，道と市町村の捕獲頭数は急増しているものの，農業等被害額は増加していることから，さらに捕獲圧を高める必要がある．

　このほか，希少な動植物への影響も懸念される．すでに，北海道東部のタンチョウ・シマフクロウの生息地付近でも目撃例などが報告されており，繁殖への影響が懸念されることから，1999年度以降，環境省主催の連絡会議へアライグマの情報を提供している．

　最終的にアライグマを根絶するためには，全道的に国や各自治体が足並みを揃えて一斉に捕獲に取り組み，できる限り短期のうちに解決を図ることが一番望ましい．しかし，取り組み状況には地域によって大きな差異があり，農業等被害が出ていない地域では関心が低い．また，「生物多様性の保全」を目標にアライグマの根絶作業に取り組もうとしても，この目標が生活や産業に直接結びつかないこと，国～道～市町村の役割分担が明確でないことなどから，根絶に必要な人員や予算を確保しにくいのが問題である．「生物多様性の保全」の意義を市民レベルまでより深く浸透させることで，国・自治体・一般市民の協力体制ができ

表8．北海道のアライグマ対策の経緯

年　度	対　策　の　内　容
1993（H5）	アライグマによる農業被害が初めて報告される
1996（H8）	狩猟によるアライグマ捕獲が初めて報告される この頃から農業等被害が急増
1997（H9）	市町村によるアライグマの有害鳥獣駆除が初めて実施される
1998（H10）	対策：石狩支庁および空知支庁において「アライグマ被害対策検討協議会」設置 　　　　（被害地域の市町村や農協による被害対策の連絡会議．～H11まで） 　　　　石狩支庁で農業被害対策に対する補助金交付（～H11まで） 調査：全道的に分布アンケート調査を実施 　　　　捕獲個体分析手法の検討 啓発：アライグマ問題を議論する講演会（フォーラム）開催（～H11まで） 　　　　石狩支庁で「アライグマによる農業等被害防止の手引き」を作成して被害地域の農業関係機関等に配布
1999（H11）	対策：「アライグマ緊急対策事業」を開始．最終目標は「アライグマの野生化個体の生息頭数ゼロ」 　　　　「アライグマ対策検討委員会」設置（専門家により対策の方針・手法などを検討．H11以降も継続） 調査：試験的捕獲を実施し捕獲手法を検討 　　　　捕獲個体分析を実施（食性および繁殖状況） 啓発：空知支庁で「アライグマ被害対策ハンドブック」（農業等被害防止の手引きの普及版）を作成して被害地域の農家等に配布
2000（H12）	対策：被害地域周辺の森林で捕獲を開始（道からの委託） 調査：痕跡調査および捕獲技術試験を開始（道からの委託） 　　　　市町村等による有害鳥獣駆除の実施状況について詳細調査を開始 　　　　全道的に狩猟者を対象とした分布アンケート調査を開始 啓発：道内農業関係雑誌に投稿するなどの普及啓発を実施
2001（H13）	対策：平成12年度の取り組みを継続 　　　　「北海道動物の愛護及び管理に関する条例」（平成13年10月1日施行）の中で「特定移入動物」に指定し飼育を届け出制に 調査：平成12年度の取り組みを継続 　　　　省力的な捕獲技術開発のための研究を開始 啓発：平成12年度の取り組みを継続

ると考えられ，この意味で普及啓発が必要である．

外来種野生化の予防策

　今後は，野生化したアライグマの管理とともに，他の外来種も含めて新たな野生化を予防することも重要である．そこで，ペット動物の野生化による問題発生を防ぐため，「北海道動物の愛護及び管理に関する条例」（2001年（平成13）10月1日施行）の中に「特定移入動物」の規定を盛り込み，当面，「アライグマ，フェレット，プレーリードッグ」の3種を指定して，飼育の際には届け出を義務づけるなど，動物販売業者や飼い主の指導などに取り組んでいる．

　このほか，外来種の野生化が確認された場合に迅速に対応できるよう，対応方針をあらかじめ検討するなど，今後は外来種に対する危機管理についても検討を進めていく予定である．

（小野　理）

5.5 NGOの取り組み

(1) (財) 日本自然保護協会 (NACS-J) の取り組み

日本自然保護協会 (NACS-J) は，1951年に設立された民間の自然保護団体で，会員数は全国に約2万人．森林，河川，海辺などわが国を代表する生態系と，そこにすむ野生生物の保護を目的としている．野生生物保護に関しては，1989年に野生動物保護小委員会を設置し，野生動物～21世紀への提言をまとめたほか，日本初の植物種・植物群落のレッドデータブックをまとめた．

外来種問題に関して，NACS-J は2000年に，IUCN（国際自然保護連合）の会員として，「外来侵入種による生物多様性喪失防止のためのIUCNガイドライン（2000）」，「IUCN外来種ワースト100（2001）」を翻訳し，NACS-Jのホームページ（www.nacsj.or.jp）と IUCN日本委員会のホームページ（www.iucn.jp）で紹介した．特に NACS-J のホームページでは，機関誌『自然保護』2000年10月号に掲載した全国の外来種問題についても紹介したが，1日に1万件以上の閲覧があった日もあり，外来種問題に対する関心の高さをうかがわせた．

また2001年9月からは，常設の保護研究委員会の下に，野生生物小委員会（鷲谷いづみ，羽山伸一，関根孝道，坂元雅行）を設置して，野生生物に関して，種の絶滅，外来種，狩猟と鳥獣保護，商業利用の四つのアプローチから現状の問題を検討し，野生生物保護法制のあり方を提言した．

この中で外来種問題に関しては，導入前のリスクアセスメント，入国管理・税関・防疫における水際防除，すでに導入された外来種の国内管理，問題を引き起こしている侵入種（侵略的外来種の意）の根絶・抑制と費用負担などの各項目にわたって具体的な提言を行い，外来種対策法の早期実現を求めている．

この提言は NACS-J のホームページでも閲覧することができ，また近くこの問題をまとめた書籍を出版する予定を立てている．とりあえずは提言部分を小冊子にし，国会議員に配布するなどして，2002年の通常国会で鳥獣保護法が改正される際に，鳥獣保護法同様に重要な法制問題として取り上げられるよう努めている．

（吉田正人）

(2) (財) 日本野鳥の会の活動と外来種問題

日本野鳥の会は1934年，鳥といえば飼うか捕って食べることが普通だった時代に「野の鳥は野に」と唱えた文人，中西悟堂により設立され，1970年，財団法人となった民間の自然保護団体である．会員数は5万人で，会員がボランタリーに運営する支部が全国に88団体あり，財団事務局と協力して，野鳥を中心とした自然環境の保護，野鳥保護思想の普及，調査研究といった活動を行っている．目下のところ，外来種問題の解決をテーマとした事業は行っていないが，いくつかの事業で外来種問題に直面してきた．

鳥類における外来種の問題は，鳥類が外来種である場合と，外来種により鳥類が影響を受ける場合とがあるが，後者のケースが本会の関わったいくつかの希少種の調査で判明している．

環境庁の委託調査において，ヤンバルクイナ，アマミヤマシギ，オオトラツグミ等が，外来種であるイヌ，ネコ，マングース等からの捕食圧によりその生息を脅かされていることを過去に指摘した．小会が協力して国際的自然保護団体であるバードライフ・インターナショナルが編集したアジア版の鳥類レッドデータブックによれば，アジア地域における絶滅危惧種の中で国内で繁殖する20種のうち，危機の要因に外来種による捕食がすでに認められているものは10種にも及んでいる．

また，小会は北海道に2カ所の直営サンクチュアリ（「野鳥の聖域」となる生息地保全と環境教育の拠点）を持ち，また行政機関の運営する9カ所の自然観察施設に委託を受けてレンジャーを常駐させ，普及教育や自然環境の調査活動を行っている．こうした特定の定点において，例えばコブハクチョウやタイワンリスといった外来種の分布や個体数の変化を記録している．

事例集でも解説のあるように，因習的な鳥類の

愛玩飼養趣味は，国内産と同種あるいは近似種の大量輸入，国内での流通を招いている．さらに国内で密猟された鳥類を輸入品と偽って売買するという事件が頻発しており，国内産と輸入品の区別が困難な大多数の種では，輸入品の存在が取り締まりを非常にむずかしくしている．小会はこの対策のため，野生鳥類の輸入・流通について規制を強化することを訴えてきた．この方策は，国内個体群の遺伝子汚染や，外来種による生態系への悪影響の防止にも有効であり，早急に制度として整備されるべきであろう．

外来種問題に対して多くの人々の理解を深める事業としては，機関誌『野鳥』NO.633（2000年7月号）で，［特集］移入種—日本にすみついた外国の鳥たち—を組んだ．今後もこうした事業に力を入れていきたいと考えている．

参考文献
大畑孝治（1987）ウトナイ湖におけるコブハクチョウの生息状況について．*Strix* **6**: 80-85．
金井裕・石田朗（1995）奄美大島におけるアマミヤマシギの生息状況．「平成6年度希少野生動植物種生息状況調査」, pp.11-23. 環境庁．
藤田薫ほか（1999）横浜自然観察の森における13年間にわたるタイワンリスの個体数変化．*BINOS* **6**: 15-20．日本野鳥の会神奈川支部．
BirdLife International (2001) *Threatened Birds of Asia: the BirdLife International Red Data Book.* BirdLife International.

（古南幸弘）

(3) WWFジャパンの取り組み

現在会員数3万7000人のWWFジャパンは，1971年に設立された．WWFインターナショナルの設立はそれより10年早い1961年である．

世界50カ国にネットワークのあるWWF（世界自然保護基金）の活動目的は，1) 遺伝子や種・生態系の多様性を守り，2) 再利用可能な自然資源の持続可能な利用を促進し，3) 環境汚染と資源・エネルギーの浪費をできる限り少なくする活動を推進することである．外来種の問題は，遺伝子や種・生態系の多様性に大きな影響を及ぼしていることから，重要な関心事となっている．

WWFは，早くから外来種の問題を地球的なスケールで警告してきた．1980年に，WWFとIUCN（国際自然保護連合），UNEP（国連環境計画）の三者が「世界環境保全戦略」を発表した．この戦略の中で野生生物種や固有の生物に対する，二つの重大な脅威として，「過度の開発」と「外来種の侵入」による影響を挙げている．

「世界環境保全戦略」における外来種に対する主な指摘は，

1) 食物の競合，捕食，病気と寄生虫の伝播，特に，淡水および島の固有生物が，外来種の有害な作用を特に受けやすい．
2) 種の絶滅防止のためには，導入外来種が土着種へ悪い影響を及ぼしつつある場合，可能なら導入種を除去すべきであり，たとえ導入生物の除去が極端に困難な場合であっても導入種を防ぐあらゆる努力を行うべき．
3) 立法措置として，包括的保全法が土地，水資源利用計画のために制定されるべきであり，開発や居住地の移設など資源に対する直接的影響と，外来種の導入や汚染など間接的影響について規制すべき．

といったものであった．

1991年，国際的な三つの組織は，「新・世界環境保全戦略」を発表した．この中で具体的な行動計画として，

1) 外来の動植物や病原体を野外へ放つことを防止するために，厳しい法的規制を採用し施行する．
2) 外来種の侵入を防止するために，水産養殖施設の監視と改善，輸出入と検疫制度の施行にとりわけ注意を払うべき．
3) 有害な外来・移入種（特に植物・齧歯類・捕食性動物など）の駆除計画の実施．
4) 外来種である捕食動物，寄生生物，病原体は多大な被害をもたらすので，その地域本来の植物相，動物相に与える影響について，完全な環境アセスメントを実行し，制御できることが確実になるまで持ち込んではならない．

としている．

WWFジャパンでは，南西諸島における外来種の影響について，1991年に「南西諸島の野生生

物に及ぼす移入動物の影響調査」を取りまとめた．また，1995年より学識経験者による「野生生物の保護に係わる法体制検討会」で外来種問題について，毎年シンポジウムを開催し（2001年は3回開催），その問題点を喚起してきた．機関誌『WWF』でも特集記事を組んだ（1999年8月号）．さらには，「自然保護助成金」で全国の市民団体に資金援助しており，外来種の問題について調査・研究を行っている方々へのサポートを行っている．

外来種の問題は，新・生物多様性国家戦略で監視体制の確立や持ち込み防止の効果的な措置など検討されているが，法制度の取り組みについては，明記されていない．具体的で拘束力のある法制度と社会体制の確立を望みたい．

(草刈秀紀)

5.6 海外の法的規制

(1) 外来種に関わる法制度の状況

外来種問題の社会的側面

外来種の侵入とその生息域の拡大傾向は，文化的，精神的，社会的にも大きな影響と損失をもたらす．脅威にさらされる生物種や生態系だけではなく，それらに関わる伝統的な利用・保全方法，経済システム，知識，慣行そして共同体そのものも消失する．生物多様性の保全のためには社会および文化の多様性の保全も必要であり，伝統的なシステムや知識の消失を防がなければならない．

特定種の保護や規制が必要とされている場合には，経済や社会の変化によって，人間生活と当該種およびその生息環境との間の相互作用が廃れていることが多い．そのため，地元共同体の構成員と関連生態系との間に新たなつながりを再構築すること，およびそれを支援することが必要であり，外来種対策でも同様の対応が必要となる．

このように，外来種問題は生物学的問題であるとともに社会的問題であり，総合的な対策が求められている．具体的には，生物多様性の確保，種の絶滅防止，悪影響の防止，事前評価，臨界負荷対応，事前承認，予防対応，順応的管理，緊急対応，危害除去，原因者負担，情報公開および公衆参加のための措置が必要とされる．これらの措置の実施にあたっては，特定行為の規制および財産権の制約を伴うため，また，執行・取締の確保，平等・公正の確保の必要があるため，法律に基づくことが望ましい．

国際法の動向

国際法においては，生物多様性条約第8条（h）が外来種に言及していて，その導入制限と駆除を定めている．特に，侵略的外来種（invasive alien species）は生物多様性にとって大きな脅威であるとされ，緊急の対応が求められている．それに応えて，締約国会議および科学技術補助委員会において検討が行われ，第6回締約国会議において指針原則が採択された．また，ジャカルタ・マンデイトは，特に海洋の生物多様性保全の観点から外来種対策を定めている．

ボン条約（3条4項c，5条5項e），ワシントン条約（3～5条），海洋法条約（196条1項），国際水路非航行利用条約（22条），気候変動条約（2条），生物毒素兵器条約（1条），南極生物資源保全条約（2条3項c），南極条約環境保護議定書動植物保護附属書（4条1項，7項）なども外来種に関する規定を置いている．また，ラムサール条約の締約国会議決議 Ⅶ.14 および Ⅶ.8 附属書にも関連規定がある．

地域的には，ベルン条約（11条2項b），アフリカユーラシア水鳥条約（3条2項g，附属書3行動計画2.5），アルプス保護条約議定書（17条），アフリカ自然保全条約（3条4項aおよびb），ビクトリア湖における環境管理計画協定および漁業機関設立条約（2条），アピア条約（5条4項），アセアン自然保護条約（3条），ベネルクス自然保護条約（1条），ダニューブ川漁業条約（付属書5部10条），ヘルシンキ越境水域保護利用条約，北米環境協力条約（10条），SPREP南太平洋条約（14条），地域海洋に関する諸条約，五大湖漁業条約（1条）などにも関連規定がある．日米，日ロ，日豪，印ロ，豪中などの二国間渡り鳥条約にも関連規定が含まれている．

EU指令（鳥79/409（11条）：生息地92/43

（22条）），非在来種の導入に関するヨーロッパ評議会の勧告（R 84（14）9.3条），森林原則声明（2 b, 6 a），陸地起源汚染海洋環境保護行動計画（1995），FAOの責任ある漁業に関する行動綱領（1995）および海洋生物導入・移動に関する行動綱領（1994），アジェンダ21（11, 12, 15～18章）も外来種規制に触れている．

他方，国際植物防疫（IPPC）条約および衛生植物検疫（SPS）協定や各地域の植物検疫条約，天敵利用に関するIPPC CodeおよびFAO輸入・取り扱い規約，北米自由貿易協定（712条），国際海事機関の決議A. 868（29）Annex（1997）や国際民間航空機関の決議A-32-9（1998）などが外来種規制に触れている．

国内法の動向

国内法については，ドイツでは，自然保全法（連邦，州），検疫関連の法律，狩猟法，漁業法などが外来種に関わるが，総合性に欠けており，非意図的導入と賠償責任に関する規定は不充分である．

アメリカにおいては，非在来水生生物被害防止規制法，植物防疫法，有害雑草法，行政命令13112をはじめとして多くの連邦法令が関係しており，ハワイおよびミネソタ州には，特殊な種や移動ルート（バラスト水）に対応する法律がある．しかし，それらは体系的には構成されていない．

ほかの国においても同じような状況であり，以下のような各種の法律が外来種規制を定めているものの，体系的な制度とはなっていない．

　イギリス：野生生物・田園地域法，有害輸入動物法，危険野生動物法，魚類輸入法
　ノルウェー：野生生物法（動物のみ），漁業法（サケ類，淡水魚）
　スウェーデン：狩猟法
　デンマーク：自然保全法，淡水漁業法
　ベルギー：自然保全法（動物のみ）
　オランダ：自然保全法，漁業法，狩猟法
　ルクセンブルグ：自然保全法
　フランス：環境保護強化法，地方法（Code rural），自然保全法，淡水魚業法
　ハンガリー：自然保全法，省令（狩猟，漁業，植物検疫）
　スイス：自然・景観保全法，狩猟・野鳥保護法，漁業法，森林法，地方法
　オーストリア：州法（自然保全法，漁業法）
　イタリア：恒温動物保護・狩猟法，地方法
　スペイン：自然・野生生物保全法，地方自治体条例
　ポルトガル：環境法，狩猟法
　ポーランド：自然保全法，森林法，環境保護法，穀物法
　チェコ：自然・景観保全法
　ロシア：動物法
　ウクライナ：環境保護法，動物法
　台湾：野生生物保全法
　コスタリカ：生物多様性法
　オーストラリア：国立公園・野生生物保全法，絶滅危惧種保護法，環境保護・生物多様性保全法
　ニュージーランド：生物安全法，有害物質・新生物法

開発途上諸国においても，生物多様性国家戦略との関係で問題は指摘されているものの，法的対応はほとんどとられていない．

以上のうち，ニュージーランドの法律については次節に解説がある．なお，EU諸国においては，域内での国境規制がないために，開放環境への導入または放逐に関する規制が主である．

法制度に求められる要素

外来種問題には，第一に，自己再生産的であるという特徴がある．そのため，定着・拡大防止，排除・駆除，新たな移動の防止，在来種および生態系の回復・再生，迅速かつ確実な対策が必要である．第二に，それには科学的不確実性が伴うとともに，予防的対応が求められる．そのため，とるべき対策措置の必要性および正当性を明らかにする必要がある．具体的には，基礎となるデータ並びにその収集および評価過程に透明性を確保す

ること，生物学的要素に関しては情報公開を徹底し，社会的要素については公衆参加を保証することが不可欠である．

そのうえで，個別的手段としては，輸出入，国内移動，および導入について許可制度が必要である．輸入並びに特別保護地区への移動および開放環境への導入については，各国の法律に関連規定がある．他方，国内移動については，連邦国家だけではなく，ノルウェー，スウェーデン，フランス，スイスなどの法律にも関連規定がある．

また，許可制度において正確な判断を可能とするために，PIC（充分な情報提供に基づく事前同意）手続きが必要とされる．さらに，リスク評価を中心とする環境影響評価手続きも必要であり，その際，最も脆弱な生態系を基準にして判断するという臨界負荷対応が必要である．

さらに，許可後に監視を続けることは重要であり，特に，リスク評価に基づいて選択されたリスク管理措置に関しては，監視と管理者責任の明確化が求められる．その一手法として，個体登録および個体識別マーキングも効果的である．また，追跡調査ができるような管理票制度も有益である．他方，非意図的導入の場合には効果的な予防策は少ないため，監視と早期警戒を徹底する必要がある．

人工繁殖個体の再導入（野生復帰）も外来種の導入と同じ影響をもたらすことがあるため，透明性の確保，事前評価および事後監視の実施が不可欠である．

残念ながら，以上に関して，ほとんどの国の国内法令の規定は不充分であり，早急な整備が求められている．その際，法制度は国民の理解と支持に基づくため，外来種問題に関する普及啓発活動が欠かせない．

参考文献
Cyrille de Klemm (1996) *Introductions of Non-native Organisms into the Natural Environment* (Nature and Environment No.73). Council of Europe.
Clare, S. et al. (2000) *A Guide to Designing Legal and Institutional Frameworks on Alien Invasive Species* (EPLP No.40). IUCN.

（磯崎博司）

(2) 外来種の法的対策としての「クリーンリスト」
欧米諸国の外来種への法的対応の問題点

欧米先進国においては，外来種に対する法的対応がなされつつある．EUでは自然保護に関する複数の指令が，加盟国に対して外来種対策をとるよう義務付けている．米国では，各州の鳥獣や魚類に関する法令が外来種を含む有害種の流通，放逐等を規制しており，連邦法が国際，州際の流通を抑える形でこれをサポートしている．さらに近年，カワホトトギスガイなどの外来種による経済被害が顕在化し，1990年から水棲生物や雑草を含めた侵略的な種（侵入種，invasive species）の防除に関する連邦法の立法が始まった．クリントン政権は1999年に行政命令を発し，連邦機関に対し侵入種を増加させないこと，関係政府機関による対策協議会を立ち上げ，侵入種防除国家計画を策定することを命じた．この国家計画は2001年1月に発表されている．

しかし，米国などの法的対応は危険種をリストアップして防除する「ダーティリスト」であり，また場当たり的でもある．未知の外来種に対応するには，リスクアセスメントを経て承認された種以外は防除対象とする「クリーンリスト」方式による予防的かつ総合的な対策をとるべきだとの意見が強い．立法としては，ニュージーランド（NZ）の制度設計が「クリーンリスト」方式を採用していると言えよう．

ニュージーランドの「クリーンリスト」方式

NZは農業国であると同時に特異な生態系を有するため，豪州と共に伝統的に厳しい検疫措置をとってきた．現在NZ政府は，外来種や遺伝子組み換え生物に対するリスク管理として，「生物安全」(Biosecurity)を政策課題に掲げ，担当大臣を設け，農林省を中心に取り組んでいる．そして，政府は2002年12月を目標に生物安全国家戦略の策定作業を行っており，公聴会等が活発に行われているが，一般市民の外来種や遺伝子組み換えへの警戒心は強い．

法的には，「生物安全法」(Biosecurity Act

1993）により指定される害虫や「不要生物」（unwanted organism）は，輸入，国内流通，野外放出が禁止され，駆除対象となる．生物地理的事情もあろうが，「不要生物」のほとんどは外来種である．

さらに，まだNZに導入されていない外来種や遺伝子組み換え生物は，「有害物質・新生物法」（Hazardous Substances and New Organism Act 1996）により，環境リスク管理委員会（ERMA）によるリスクアセスメントを経て承認されないと，輸入はできない．ERMAは遺伝子組み換えに寛容すぎるという批判もあるが，承認手続きにおける公衆参加も規定された「有害物質・新生物法」は，法設計としては「クリーンリスト」方式の手本となるだろう．

外来種防除は，非関税障壁としてWTOで問題とならないように留意する必要があるが，NZの法的対応は，WTOが検疫について定めたSPS協定などに抵触しない範囲で，最大限の予防的措置をとろうというものであろう．今後の動向に注目したい．

参考文献
高橋満彦（2001）法律による移入種からの防衛．「移入・外来・侵入種—生物多様性を脅かすもの」（川道美枝子ほか編），pp.215-233. 築地書館．
Parliamentary Commissioner for the Environment (2001) *New Zealand under SIEGE*. PCE. Wellington, N.Z.
U. S. Congress, Office of Techonology Assessment (1993) *Harmful Non-indigenous Species in the United States*. U. S. Govt Printing Office. Washington D.C.

（高橋満彦）

5.7 求められる法制度の整備

(1) 生物利用に伴う侵入の「無法地帯」ともいえる日本

これまで述べてきたように，日本では，驚くほど多様な外来種がその生態系への影響を全く考慮されることなく大量に導入され，しかも利用時にも野生化を防ぐための管理がおろそかにされ，その多くが定着して生態系に悪影響を及ぼす侵略的外来種となっている．そのうえ，これらに対する管理対策は，未だにごく一部の種にしか行われていないのが現状である．

このような状況を見る限り，現在の日本は外来種問題に関して，極めて無防備で「無法地帯」に近いということができる．今日の状況は，本来比類なく豊かな生物相を誇る日本列島の生態系が外来種によってどのように変質させられていくのか，壮大な実験を展開しているようなものである．豊かな日本の自然と人の営みと文化を，外来生物が急速に侵食しつつあるという事実を重く受け止め，一刻も早く有効な外来種対策を実施する必要がある．

(2) 外来種対策への国民の意識変化

一方，ブラックバス類など生態系に大きな影響を及ぼす外来種の問題が最近では国内でも広く認識されるようになり，有効な外来種対策に対する国民の期待は，現在ではかつてなく大きなものとなっている．内閣府大臣官房政府広報室のアンケート調査（2001年5月調査）によれば，外来種（移入種）問題への関心は高く，「よく知っている」（21.8％），「知っている」（36.6％）を併せて60％近くに達し，加えて「言葉を聞いたことがある」も20.9％である．本来の生態系を守るため外来種（移入種）の他の地域への持ち込みを制限することについては，「ぜひ持ち込みを制限する」54.8％と「できれば持ち込みは制限したほうがよい」33.3％を加えると88.2％に達する．

また，外来種（移入種）をペットや観葉植物等として飼育・栽培することを登録制にすることについても，「ぜひ登録制にするべき」54.0％と「できれば登録制にしたほうがよい」32.7％を加えると86.6％に達する．また，日本または日本の特定の地域の生態系を守るために外来種（移入種）の駆除を進めることについても，「ぜひ駆除すべきである」23.6％と「できれば駆除したほうがよい」50.2％を併せると73.8％となっている．

(3) 内閣府の総合規制改革会議の動き

2002年12月に取りまとめられた内閣府の総合規制改革会議の「規制改革の推進に関する第一次

答申」の中には，環境分野の規制改革として進めるべきこととして，「早急な対応が望まれる外来種問題については，既存の制度では不充分であり，『人と自然との共生』を図る観点からの制度の構築が必要であり，実効ある制度の構築に向け法制化も視野に入れて早急に検討を開始すべきである．なお，上記検討にあたっては，外来種による生物多様性への悪影響を回避するために必要と考えられる以下のような対策および制度の実効性の確保に不可欠なリスク評価や水際対策等に必要な体制整備の観点も含めて議論し，結論を得る必要がある」と記された．そして，必要な対策として，①リスク評価およびこれに基づく制限，②外来種の管理を適正に行うための対策，③外来種の駆除や制御に関する対策，④在来種の産業利用の促進，が挙げられている．

これに基づき，「外来種対策法」を中心とする法制度が早急に整備されることが求められている．その際，次のようなことが考慮されるべきである．

  ①外来種導入に関するリスク評価

外来種については，輸入，国内での利用に先立ってリスク評価の実施を義務づける．しかし，あらゆる種を対象にすることは事実上困難と思われるので，危険性が予想される種のグループのダーティリストを作成し，それに該当する種をリスク評価の対象とする．危険の程度は，それぞれの外来種の生態的な特性や導入個体の飼育・管理の方法などによっても異なるため，それらを勘案して野生化の可能性，野生化した場合の生態系，野生生物種，産業，人の健康等への影響を科学的に評価する．

  ②導入された外来種の管理を適正に行うための対策

外来種を利用，管理する者に対して遺棄・放逐を禁止し，逸出を防止する義務を負わせる．特に動物（ペットなど）に関しては，所有，利用の責任者を明確にする個体登録制度や，問題を起こす可能性のある外来種を業として扱う者に関する登録制を，できれば許認可制度とする．

  ③問題を起こした外来種の駆除や制御に関する対策

汚染者負担の原則により対処するものとして，問題外来種の野生化をもたらした責任を有する者に駆除と制御（増殖・まん延・影響の抑制）の責任を負わせるための制度を整備する．現在では原因者が明確な場合でも，被害者側（行政や問題を認識したボランティア）が止むに止まれず対策を実施しており，社会的に不公正な状態が生じている．このために，業として外来種を使用する者に課金して，在来種の利用促進，定着した問題外来種の駆除事業費の基金をつくる．さらに，問題外来種の駆除事業を実施する自治体，ＮＧＯなどに財政的な支援を行う．

  ④在来種利用への切り替え

外来種の産業利用を抑制して外来種問題の発生を抑えるために，在来種（当該地域の生態系に含まれる生物）に切り替えるための新産業の育成などを行う．

例えば，緑化等の材料（現在では外来植物の利用が多い）を在来植物に切り替えるため，使われた場所から逸出した場合にも生物多様性に影響を及ぼすことのない在来植物を緑化材料として必要な時に必要量を供給するための植物育成計画，栽培管理，地域農家への栽培委託などを業とする新たな産業の育成などである．様々な土木工事に伴う緑化だけでなく，新・生物多様性国家戦略において保全の重要な手法として位置づけられた自然再生事業における植生復元材料などの確保のためにも，そのような産業の育成は不可欠である．

(4)「外来種管理法」を中心とする法制度の整備

「外来種管理法」を中心とする法制度の整備に当たっては，さらに，第6回生物多様性条約締約国会議で検討された指針原則に準じて，以下のような内容を踏まえていることが望ましい．

  ①外来種の意図的導入に関して，輸入は国の許可を必用とすることを義務づけること．
  ②外来種の導入を意図する者は輸入，国内での利用に先立って導入種が生物多様性に与える影響に関して，リスク評価を行ったうえ，輸

入申請書を国が設置したしかるべき機関に申請する．この際，原則としてはあらゆる種を対象にするが，危険性が高いと予想される種のグループのダーティリストを作成し，それに該当する種は輸入禁止とする．また，過去の例などから判断して生物多様性保全上問題がない種もリストを作り（クリーンリスト），これは原則輸入許可とする．それら以外の影響が明確でない種はすべてリスク評価の対象とする．
③リスク評価には不確定性が伴うので，予防原則に基づき科学的に影響が極めて軽微であると判断される場合を除いて，導入は原則として禁止とする．
④外来種の非意図的導入を阻止するための積極的なプログラムを実施する．特に，学校教育現場での外来種に関する教育・啓発などを積極的に行う．
⑤外来種の管理には一般市民の協力が必須なので，外来種に関するデータベースを作成して，外来種に関する情報を誰もが容易に入手できる体制を整える．また，外来種の許認可に当たっては，広く情報を公開して一般市民がそれに意見を述べることができる体制を整える．
⑥外来種の管理のための日本向けのガイドラインを，生物多様性条約の指針原則および国際自然保護連合の作成したガイドラインに準じて作成する．特に非意図的導入に関しては，導入経路を特定してそれに関連する業者などへリスクアセスメントを行わせ，非意図的導入を阻止するための戦略を策定する．
⑦現存する外来種に関しては，外来種対策法施行以前に現存する外来種すべてを対象に管理を行うことは事実上困難であるから，生物多様性に与える影響の大きな種または生物多様性保全上重要な地域で外来種の影響が大きな場所に関してランキングを行い，管理の優先順位を決める．まず，生物多様性に与える影響の大きさを考慮して，種そのものの影響の大きさに関するランク付けを行う．また，外来種が地域の生物多様性の保全に脅威を与えている実態を把握して，脅威が大きな場所から優先的に駆除または制御を行うためのランキングを行う．
⑧管理対象となる種，または地域に関して，モニタリングに基づく外来種管理計画の策定を行い，地域住民とともにプログラムを実施する．これらの計画の策定や実施に関してはすべて公開として，公聴会を義務づけるなど透明性を確保する．

なお，日本生態学会では，第49回大会で「外来種管理法（仮称）」制定を求める大会決議を行い，要望書（p.363）を中央省庁に提出した．

参考文献
総合規制改革会議（2001）規制改革の推進に関する第一次答申．

（村上興正・鷲谷いづみ）

第2章
外来種対策・管理は
どのように行うべきか

1. 外来種対策に関する基本的な考え方

1.1 予防的措置の重要性

　ここでは，まず，外来種に対する対策に関して，生態学の見地からの一般的な考え方を解説する．

　すでに述べたように，生態系に侵入する外来種の中には生態系に無視できない影響を及ぼすものがあり，一部の外来種は甚大で不可逆的な影響を与える．

　また，一般に生物は指数関数的に増殖し（ネズミ算で増える），適応進化や突然変異により容易に性質を変えるため，初期の対策をためらうと手遅れになりやすい．しかもまん延した外来生物が生態系を不可逆的に変化させれば，その悪影響は後の世代にも及ぶ．外来，在来の別を問わず，ダニ，微生物，ウイルスなどは世代時間が短いため，短時間の間のうちに世代を重ね，遺伝的な性質を変化させやすい．ウイルスの持つ遺伝子が1回の突然変異を起こしただけで，インフルエンザウイルスが従来のそれほど危険性のないものから，何人もの死者を出す流行を引き起こすようなもの（ホンコン型）に変化した例も知られている．病原生物が，宿主範囲や病原性の強さを，たった1回の突然変異によって変えることはよくあることである．

　したがって，外来種が引き起こす可能性のある環境コストや経済的コストを回避するためには，代替手段がなく極めて公益が大きい場合を除き，外来種を導入しないことが最も経済的で効果が大きい．国際的にも，現存する外来種の管理よりも，まずは外来種が入ることを未然に防ぐ予防的措置の重要性が繰り返し述べられている（IUCN2000, SBSTTA2001）．

　さらに，野生化を防ぐ管理を徹底しなければならない．それによって，外来種問題の多くを未然に防ぐことができる．

　外来種の野生化を防ぐためには外来種利用を制限したり，人や物資の移動に伴う非意図的な導入を防止するための管理が必要となる．やむを得ず外来種を利用する場合には，それが野外に逸出することがないような厳格な管理がなされなければならない．このため，必要な罰則規定を含む法的措置が必要である．

　不幸にも生態系に外来種が定着した場合，取り得る方策は，①何もしない，②根絶する，③抑制するの三つのいずれかである．これまで多くの外来種については①の対処がなされてきたが，それは積極的に選択されたというよりは，外来種問題に対する認識が不充分であったため放置されたのである．本来は，少なくとも影響の兆しが見られたり，既存の生態学的情報から影響が予測される場合には，その時点で影響が目立たなくとも，②もしくは③を選択するべきである．定着した外来種でも個体数が少なく分布域が限定されていれば，根絶は比較的容易である．

　問題を起こす外来種が野生化する種10種のうちの1種であるとしても，どの種がその問題外来種となるかの予測には大きな不確実性が伴う．したがって，予防原理に基づく判断，すなわち「疑わしきは罰する」という姿勢で臨むことが何よりも大切である．

　ここでの「根絶」とは，再び導入することなしには個体群が回復することがないように，外来種の個体と繁殖子を除去することを指す．また，「抑制」とは個体群が存続してもその悪影響が問題とはならない程度にとどめておくことである．

　いずれにしてもそれらの対策には相当の費用がかかるが，外来種の影響が持続することによって将来世代が被る被害の甚大さ（それによって喪失する「自然の恵み」によって評価される経済的コストやその他の環境コスト）を考えれば，駆除や抑制の効果が期待できるならば，対費用効果の点で充分に採算がとれるといってもよいであろう．

　しかし，駆除に投資できる予算にはどのような場合においても限りがあるため，多くの外来種が

すでに定着している現状では，問題の大きいものから対策を立てていくという方針を取らざるを得ない．優先順位の決定のためには，生態系への影響の甚大さ，および投資と根絶・抑制の可能性とを生態学的な視点と経済的な視点の両方から考量することが必要である．

世界的に見て，成功した根絶プログラムは決して多いとは言えないが，根絶を外来種対策の基本的な方針とすることの重要性については認識されている．根絶のためにはある期間集中的に相当の労力と費用を投資をすることが重要であり，それによって効果を上げることができれば，健全な生態系の回復が可能である．労力や費用を惜しみ，不徹底な対策にとどめているうちに外来種が根絶不可能なまでにまん延してしまえば，それらの投資は無駄になってしまう．

これまでに成功した根絶プログラムの代表的なものには次のようなものがある．

* ハワイのライザン島において一時期は島の植生の30%を占めるほどまん延していた一年生イネ科草本の Cenchrus echinaths をほぼ完全に除去
* メキシコ領の太平洋の島嶼でウサギの根絶によって多肉植物の絶滅危惧種の回復に成功
* ブラジルの大部分の地域からマラリヤを媒介するガンビアハマダラカ（Anopheees gambiei）を根絶
* 沖縄県および奄美群島，小笠原諸島において，果実や果菜類の大害虫であるミバエ類を根絶

1.2　駆除・根絶プログラムにおける留意点

根絶は充分な生態学的な研究を踏まえた慎重な計画に基づいて実施し，モニタリングの結果を絶えず計画に反映できるような手法によって行われなければならない．

外来種が定着してからかなりの時間を経過している場合，多数の外来種の影響が輻輳している場合，外来種の問題と他の環境問題が輻輳している場合など，生態的な関係が錯綜しているため，生態学的な現状把握と評価をしっかり踏まえた対策プログラムを立てる必要がある．また，対策の実施に当たっては，充分なアセスメントを行い，慎重な計画を立案し，結果を見ながら柔軟に方針を変えていけるように，順応的に取り組みを実施する必要がある．対策により，生態系を損なったり，保全すべき種に悪影響を与えることもあり得るからである．

外来種が多く野生化している地域では，特定の外来種を根絶すると，それによって抑制されていた他の外来種が勢力を増して問題が大きくなることがあるが，それについては次のような例が知られている．

* ニュージーランドのモツオパオ島では，在来陸貝の保全のためにそれを補食するラット（Rattus exulans）を駆除したところ，外来陸貝が著しく増加し，在来陸貝にいっそうの悪影響を及ぼした．

そのような失敗を避けるためには，生態学の研究者が関与して事前に充分な生態学的な検討が行われなければならない．そのような事前アセスにおいては，外来種を巡る「被食－捕食関係」のネットワークをしっかりと把握すること，さらに，外来種が生態系において担っている機能を様々な面から充分に評価することが必要である．

また，外来種を駆除するために取る手段については，それが標的とする外来種以外に影響を及ぼすことがないかだけでなく，潜在的に影響が及ぶ可能性のある範囲についても評価しなければならない．次のような問題は，特に重要な意味を持っている．

* 駆除に用いる手段が標的とする外来種以外に影響を与える可能性はないか．
* 外来種が不可逆的に物理的環境条件を変化させ，在来種の生息・生育条件が失われているようなことはないか．
* ある種の外来種を除くことで他の外来種のまん延をさせることはないか．例えば，外来草食獣の根絶により外来植物のまん延がもたらされる，外来の餌動物の除去により在来の餌動物への捕食圧が高まる可能性についての

検討が必要である．その際，トップダウンおよびボトムアップの個体群調節の可能性，その場の食物網の詳細などを明らかにしておく必要がある．多くの場合，外来草食獣の根絶は外来植生の抑制と同時に実施しなければならない．しかし，在来の植生が健在であれば，外来草食獣の根絶が問題を引き起こすことはない．

外来種を駆除・制御する手段としては，機械的手段，抜き取り，化学的手段，生物学的手段などが取りうるが，倫理的にも許容できる方法で，標的とする外来種への選択的な作用であること，および社会的合意を得られるものであることがのぞましい．

1.3 生態系管理と外来種管理

外来種の根絶や抑制は，生態系の保全と管理において最も重要な要素の一つとなってきている．外来種対策は，それだけを単独で計画したり実施するよりは，生態系の回復という，より広い目標のもとに位置づけることが有効である．

生態系管理は，「健全な生態系の持続」と「生物多様性の保全」という相互に関わる社会的な目標を統合的に実践するための社会的方策として提案されたもので，アメリカ生態学会の生態系管理に関する勧告では，生態系管理は「健全な生態系を持続させるための管理」と定義されている．自然から得られる資源やサービスに関して，短期的な当面の収益を最大化するような従来型の管理ではなく，持続性（＝有用な資源やサービスの供給の持続性）を目的にした管理を指す．

外来種対策に限らず，生態系管理は順応的に進めなければならない．ヒトと多様な動植物と環境の間の膨大な関係性からなる生態系は非常に複雑で，予測の難しい対象だからである．そのように不確実性の高い対象を扱うには，第一に，関わりのある人々の間の充分な情報の共有が必要である．それを通じて対象とする生態系の科学的，客観的な理解を共に深めることができれば，多様な主体の間の合意の形成も容易となる．また，合意された計画に基づく事業を実施する際には，対象と効果を常に監視して評価し，それを再び計画にフィードバックさせることが必要である．そのような段階を確実に繰り返しながら，慎重に，また柔軟に事を運ぶのが「順応的管理」の手法である．それは，「為すことによって共に学ぶ」プロセスである．

参考文献
鷲谷いづみ（2001）生態系を蘇らせる．日本放送出版協会．
IUCN. SSC (2000) *IUCN Guidelines for the Prevention of Biodiversity Loss caused by Alien Invasive Species.* IUCN.

（鷲谷いづみ・村上興正）

2．外来種対策・管理に関する国際的動向

2.1 生態系，生息地および種を脅かす外来種の影響の予防・導入・影響緩和のための指針原則

2002年4月の第6回生物多様性条約締約国会議では，生物多様性条約第8条（p.14参照）を受けて，外来種対策の指針原則が検討された．全体で15の原則から成り立っており，以下のような内容である．

はじめに

この文書は，すべての政府，団体に対し，侵略的外来種の拡散と影響を最小化するための効果的な戦略を策定するための手引きである．各国はそれぞれ特有な問題に直面し，それぞれの状況に応じた解決方法を開発する必要性があるであろうが，指針原則は政府に対して明確な方向性と，めざすべき一連の目標を与えている．これらの指針原則がどの程度実行可能かは，最終的には利用可能なリソース（資金，人材など）がどの程度供給され

るかによっている．指針原則の目的は,保全と経済的な発展という構成要素を統合したものとして,政府による侵略的外来種への対処を支援することにある．この15の指針原則は拘束力があるものではないので，この問題とその効果的な解決方法に関する知見が増えるにつれ，生物多様性条約の下での検討を通じて，容易に修正，拡張されるものである．

生物多様性条約第3条に従い，国際連合憲章および国際法の諸原則に基づき，それぞれの国は自国の資源をその環境政策に従って開発する主権的権利を有し，また，自国の管轄または管理下における活動が，他国の環境またはいずれの国の管轄にも属さない区域の環境を害さないことを確保する責任を有する．

以下の指針原則では，第1章の表1 (p.3) に挙げられた用語が使用されていることについて注意が必要である．

また，この指針原則の適用に際しては，生態系は時とともにダイナミックに変化するものであり，種の自然分布は，人為によらなくても変化する可能性があるという事実を充分考慮しなければならない．

A．総論
指針原則1：予防的アプローチ

非意図的な導入の特定と予防においては，意図的な導入に関する決定と同様，侵略的外来種の経路と生物多様性への影響が予測不可能だとすれば，特にリスク分析に関しては，以下の指針原則に従った予防的アプローチに基づいて努力すべきである．予防的アプローチは，1992年の環境と開発に関するリオ宣言の原則15および生物多様性条約の前文で明らかにされたものである．

また，予防的アプローチは，すでに定着してしまった外来種の撲滅，封じ込め，防除措置を検討する際にも適用されるべきである．侵略的外来種の様々な影響に関する科学的な確実性が欠如していることを，必要な撲滅，封じ込め，防除措置をとることを先延ばしにしたり，あるいは措置をとらない理由とすべきでない．

指針原則2：3段階のアプローチ

1．予防は，一般的に，侵略的外来種の導入や定着の後にとられる措置と比較してはるかに費用対効果が高く，環境的にも望ましい．

2．侵略的外来種は，国家間や国内での導入の予防を優先すべきである．侵略的外来種がすで導入されている場合には，初期の発見と迅速な行動がその定着を防止するために極めて重要である．望ましい対応はできるだけ速やかな撲滅（原則13）である場合がしばしばある．撲滅の実現が不可能あるいは撲滅のためのリソースが利用できない場合には，封じ込め（原則14）と長期的な防除措置（原則15）が実施されるべきである．（環境上の，経済的な，社会的な）利益とコストの検討は，長期的な観点でなされるべきである．

指針原則3：エコシステムアプローチ

侵略的外来種に対する措置は，適当な場合には，締約国会議の決議v／6に記述されたエコシステムアプローチに基づくべきである．

指針原則4：国の役割

1．侵略的外来種については，自国の管轄もしくは支配下での活動が，他国に対して侵略的外来種の潜在的な供給源となり得る危険性を認識し，種の侵略的な性質や侵略的になる可能性に関する入手可能なあらゆる情報の提供を含め，その危険性を最小限にするために必要な独自の行動や，協力のもとに適切な行動をとるべきである．

2．そのような活動の例には以下のものが含まれる．

(a) 他国への侵略的外来種の意図的な移動（たとえ，原産国では無害な種であったとしても）

(b) その種がその後（人間による媒介のあるなしにかかわらず）他国に分布を広げ侵略的となる危険性がある場合の自国への外来種の意図的な導入

(c) 導入種が原産国では無害であったとしても，非意図的な導入につながるかもしれない活動

3. 各国は，侵略的外来種の拡散および影響を最小化することを援助するため，可能な限り侵略的になりうる種を特定し，その情報を他国が利用できるようにしなければならない．

指針原則5：調査とモニタリング

問題に対処するための充分な知識の基礎を築くために，適当な場合には，各国が侵略的外来種に関する調査およびモニタリングを実施することが重要である．このような努力には，生物多様性のベースラインとなる分類学的研究が含まれるようにしなければならない．このようなデータに加え，モニタリングは新たな侵略的外来種の早期発見のために重要である．モニタリングには標的を絞った調査と全般的な調査の両者を含むべきであり，地域社会を含む他のセクターの参加によって効果が上がる．侵略的外来種に関する調査には侵略種の充分な同定を含むべきであり，以下のことを記述する必要がある．
(a) 侵入の経緯と生態（原産地，経路，時期），
(b) 侵略的外来種の生物学的な特徴，(c) 生態系，種，遺伝的レベルでの関連する影響，社会経済的影響，さらに時間経過に伴うそれらの影響の変化．

指針原則6：教育と普及啓発

侵略的外来種についての普及啓発の推進は，侵略的外来種の管理を成功させるために極めて重要である．したがって，各国が侵入の原因と外来種の導入に伴うリスクについての教育と普及啓発の推進をすることが重要である．影響緩和措置が必要とされる場合には，地域社会や適切なセクターの団体をそのような措置の支援に従事させるために，教育と普及啓発を目的としたプログラムを実施すべきである．

B．予防

指針原則7：国境でのコントロールと検疫措置

1. 各国は以下の点を確実にするために，侵略性のある，あるいは侵略性を持ちうる外来種に対して，国境でのコントロールと検疫措置を実施すべきである．
(a) 外来種の意図的な導入は適切な許可を必要とする（原則10）
(b) 外来種の非意図的または無許可の導入は最小限に抑える

2. 各国は現行の国内法や政策に従って，国内での侵略的外来種の導入をコントロールするために，適当な措置の実施を検討すべきである．

3. これらの措置は，外来種によってもたらされる脅威のリスク分析とその潜在的な導入経路に基づくべきである．既存の適切な政府機関あるいは権限を有する組織は，必要に応じて強化，拡大され，職員はこれらの措置を実施できるように適切な訓練を受けるべきである．早期発見システムと地域や国際的な連携は予防に不可欠である．

指針原則8：情報交換

1. 各国は，外来種の予防，導入，モニタリング，影響緩和の措置活動をする際に利用される情報を編纂し普及させるために，インベントリー（目録）の開発，分類や標本のデータベースを含む関連するデータベースの統合，情報システムと相互運用可能な分散型のデータベースのネットワークの開発を支援すべきである．この情報には，事例リスト，近隣国への潜在的なリスク，侵略的外来種の分類，生態，遺伝的特徴，防除方法の情報を，利用できる限りいつでも，含むべきである．これらの情報は，世界侵略種プログラムによって編纂されているような国内の，地域的な，国際的な指針，手順，勧告と同様に，特に生物多様性条約クリアリングハウス・メカニズムを通じて広く普及が促進されるべきである．

2. 各国は外来種に対する特別な輸入の要件に関する情報，特に侵略的であると特定されている種の情報を提供し，他の国で利用可能にしなければならない．

指針原則9：能力構築を含む協力

状況次第であるが，国の対応は単に国内だけ

のこともありうるし，二国間かそれ以上の国による協力を必要とすることもある．それらの協力には以下のようなものが含まれるであろう．

(a) 特に近隣諸国間，貿易相手国との間，類似した生態系や侵入の歴史を持っている国の間での協力に重点を置き，侵略的外来種に関する情報，潜在的な不安，侵入の経路に関する情報を共有するためのプログラム．貿易相手国が類似した環境である場合には，特に注意すべきである．

(b) 特定の外来種の取引，特に有害な侵略種を対象とした取引を規制するために，二国間または多国間で協定を結び，それを利用すべきである．

(c) 各国は，外来種の導入と定着が起こった場合のリスクを評価し減少させ，その影響を緩和するために必要な専門的技術や，財政面も含めリソースが不足している国に対する能力構築プログラムを支援すべきである．そのような能力構築には，技術移転や研修プログラムの開発が含まれる．

(d) 侵略的外来種の特定，予防，早期発見，モニタリング，防除に向けた共同調査や出資．

C．種の導入
指針原則10：意図的導入

1. ある国において，実際にもしくは潜在的に侵略性のある外来種の意図的な最初の導入，またはその後の導入は，受け入れ国の権限ある当局からの事前の許可なくして行われるべきではない．提案された国への導入あるいは国内の新しい生態学的な地域への導入を許可するかしないかを決定する前に，環境影響評価を含む適切なリスク分析を評価プロセスの一部として実施するべきである．各国は，あらゆる努力を払って，生物多様性を脅かさないと考えられる外来種についてのみ導入を許可すべきである．その導入が生物多様性への脅威にはならないことを立証する責任は，導入の提案者にあるとすべきだが，それが適当な場合には受入国側が負うべきである．導入の許可には，それが適当であれば，条件を付すことができる（例えば，影響緩和計画，モニタリング手続き，評価や管理のための資金，封じ込めのための要件）．

2. 意図的な導入に関する決定は，リスク分析の枠組みを含めて，1992年の環境と開発に関するリオ宣言の原則15および生物多様性条約の前文で言及された予防的アプローチに基づくべきである．生物多様性の減少もしくは損失の脅威のある場合には，外来種に関して充分に科学的な裏付けがないことや知識が不足していることによって，権限ある当局が，侵略的外来種の拡散と悪影響を予防するために，そのような外来種の意図的な導入に関する決定を下すことを妨げられてはならない．

指針原則11：非意図的導入

1. すべての国は非意図的導入（または定着して侵略的になった意図的導入）に対処するための適切な対策をとるべきである．それらには，法律や規制措置，適切な責任を有する組織，機関の設立と強化が含まれる．迅速かつ効果的な活動ができるように，運営のためのリソースは充分であるべき．

2. 非意図的導入をもたらす共通の経路を特定する必要があり，そのような導入を最小限にするための適切な対策をとるべきである．非意図的導入の経路には，しばしば，漁業，農業，林業，園芸，海運（バラスト水の放出を含む），陸上・航空輸送，建設事業，造園，観賞用を含めた水産養殖，観光，ペット産業，野生動物牧場など，様々な分野の活動が関わっている．これらの活動の環境影響評価では，侵略的外来種の非意図的導入のリスクにも触れるべきである．侵略的外来種の非意図的な導入のリスク分析は，そのような経路に対して適切に実施されるべきである．

D．影響緩和
指針原則12：影響緩和

侵略的外来種が定着していることがわかった

場合には，各国は，独自にまたは協力して，悪影響を緩和するために，撲滅，封じ込め，防除の適切な段階で措置を講ずるべきである．撲滅，封じ込め，防除に使われる技術は，人間，環境，農業にとって安全であり，同時に，侵略的外来種によって影響を受ける地域の利害関係人に倫理的に容認されるものでなければならない．

影響緩和措置は予防的アプローチに基づいて，侵入のできるだけ初期の段階で行われるべきである．導入に責任のある個人あるいは法人は，自国の法律や規則に従わなかったために侵略的外来種が定着した場合，自国の政策や法律に従って，侵略的外来種の防除措置の費用や生物多様性の回復のための費用を負担しなければならない．したがって，潜在的なあるいは既知の侵略的外来種の新たな導入の早期発見は重要であり，それは迅速に次段階の行動をとる能力を伴うものである必要がある．

指針原則13：撲滅

実現可能である場合には，撲滅は，侵略的外来種の導入と定着に対してとるべき最良の行動である場合が多い．侵略的外来種を撲滅する最良の機会は，個体群が小さく，地域的な分布にとどまっている侵入の初期の段階である．そのため，リスクが高い導入地点に焦点を絞った早期発見システムが最も有効であり，また撲滅後のモニタリングも必要である．撲滅事業を成功させるためには，地域社会による支援が不可欠な場合が多く，特に，協議によって行われた場合，効果的である．生物多様性への二次的な影響に対しても考慮がなされるべきである．

指針原則14：封じ込め

撲滅が適切でない場合，侵略的外来種の拡散の防止（封じ込め）は，その生物や個体群の分布域が小さく，封じ込めが可能な状況では，しばしば適切な戦略となる．定期的なモニタリングが不可欠で，新たな大発生を撲滅する迅速な行動と関連している必要がある．

指針原則15：防除

防除措置は，侵略的外来種の数を減らすと同様に，生じる被害を減らすことに重点を置くべきである．防除は，既存の国内規則，国際的取り決めに従って実施される．機械的防除，化学的防除，生物的防除，生息地管理を含む総合的な管理技術によって行われることが効果的であることがしばしばある．

これらの原則の中で，特に日本にとって重要と考えられるのは，原則10の意図的な導入への措置である．ここに記述されているように，導入には適切な機関の許可が必要で，その許可を得るには事前にリスクアセスを行うこと，許可は生態系，生息地，種に容認できない損害を与えないと考えられる種のみに与えることである．これらのことを法的にできる体制の構築が最も重要であり，次いで非意図的導入の阻止のための，指針原則11および現存する種の管理としての指針原則12〜15である．これらの指針原則を前提にして，下記のIUCNガイドラインによる外来種管理のための体制を強化することが望まれる．

参考文献
村上興正・鷲谷いづみ監訳（2002）生態系，生息地及び種を脅かす外来種の影響の予防，導入，影響緩和のための指針原則．生物多様性条約第6回締約国会議．

（村上興正・鷲谷いづみ）

2.2 IUCNガイドライン

ガイドライン案は，IUCN（国際自然保護連合）の種保全委員会（SSC）にある侵入種専門家グループ（ISSG）で検討され，1996年に作成されたが（村上，1998），数年間に及ぶ論議の結果，成案となったのは2000年2月である．内容の詳細は巻末の資料を参照していただくとして，ここではその概要を述べる．

項目としては，1）背景，2）目標と目的，3）用語の定義，4）理解と認識，5）予防と導入，6）撲滅と制御，7）種の野生復帰との関連，8）知識と研究課題，9）法律と制度，10）IUCNの役割，11）参考文献と関連情報，12）謝辞，付録，で構

成されている．

2) の目標は，理解と認識の向上，管理対策の強化，適切な法的制度的メカニズムの構築，知識と研究努力の強化の四つである．管理対策として特に強調しているのは外来侵入種（alien invasive species，侵略的外来種とほぼ同意）に対しての予防的措置の重要性である．また，ガイドラインの目的として以下の7項目を挙げている．

①外来侵入種が生物多様性に与える影響について，世界のあらゆる地域で認識を深めること
②外来侵入種の導入阻止を国内・国際を問わず最重点とすること
③外来種の非意図的導入を最小化し，承認を得ない導入を阻止すること
④生物的防除を含めた意図的導入の生物多様性に与える影響を事前評価すること
⑤外来侵入種の撲滅と制御の普及とそのためのプログラムの開発・実施
⑥外来侵入種の導入の規制と撲滅と制御のための立法と国際的な枠組みの開発
⑦外来侵入種への対処のために必要な研究や適切な知識の開発と共有

④から⑨まではそれぞれ指導原理があり，その後奨励される行動として具体的に列記されている．これは指導原理に従って行動を行うのであるが，行動の内容はその国の置かれた状況で選択肢があることを示し，幅広い対応が可能であるように配慮されている．前述した指針原則をより具体的に示したものであり，よくできているので，IUCNガイドラインを基にして，日本に最も適したガイドラインを作成することが望ましい．

また，できれば国，地方公共団体，非政府機関，各業者，一般市民と，それぞれ果たすべき役割は異なっていると考えられるので，それぞれに対して，適切なガイドラインを作成することが必要である．特に，農林水産業やペット，建設業など商業目的とした外来種の利用は莫大な量であり，この規制とガイドラインによる指導，並びに自己規制は必須であると思われる．

参考文献
村上興正（1998）移入種対策について―国際自然保護連合ガイドライン案を中心に―日本生態学会誌 **48**: 87-95.

（村上興正・鷲谷いづみ）

3．侵入経路別対策

3.1 緑化による外来牧草の侵入

法面緑化による大量の外来植物の種子供給

ここ数十年の間，治山工事，ダム事業，道路工事などにおいて，シナダレスズメガヤやオニウシノケグサ交配品種などの外来牧草，イタチハギやハリエンジュなどの外来マメ科植物が緑化材料として大量に導入されてきた．その結果，河川の上流域など至る所にこれら外来植物の大きなシードソース（種子供給源）が常に存在し，水による分散などを介して，下流側に絶えず種子が供給される状況がつくられている．

そのような大量の種子供給は，河川環境の全般的な変化とも相まって，現在，河原の生態系に極めて大きな変化をもたらしつつある．特に目立つのは，日本列島特有の急流河川がつくる砂礫質河原の大きな変貌である．「白い河原」が広がる風景が急速に失われ，かつてはありえなかった牧草地，荒れ地，ハリエンジュ林などの風景に変わりつつある．同時に，日本列島の砂礫質河原の特殊な環境に適応した植物からなる疎らな植生と，それに依存する昆虫などがつくる固有の生態系は失われ，無国籍的で単純な生態系に置き換えられつつある．

このような，生態系の基盤を根底から変化させてしまうおそれのある生物学的な侵入は，生物多様性に及ぼす影響が極めて大きい．さらに，外来牧草で緑化する面積が大きい場合の生態系への影

響として，シカなど草食動物の広大な餌場が用意されることが引き起こす問題も指摘されている．

また，ダム造成における原石山（ダム本体用の岩石や土砂を採取する山）では，緑化を実施しなければ自然に遷移が進んで周囲と同じ植生が回復するが，牧草を吹き付けて緑化すると遷移が進みにくくなり，数十年たっても外来種が優占する植生のままであるという事例も報告されている．それは，緑化がかえって自然回復の妨げになる例である．

雑種形成の問題

一方で，緑化工事における「郷土種」（商品名，やや意味のあいまいな業界用語であり，在来種だけでなく外来種も含む）の利用が増加しているが，その場合，韓国など外国からの種子輸入に伴い，混入種子によるものも含めて，在来種の海外系統との雑種形成という，生物多様性保全上さらに深刻な問題が生じている（p.212）．

法面緑化工法の再考

また，法面処理の工法を考える場合，その場所での工事の目的にどれだけよく適う工法であるかということに加えて，流域の環境への影響を充分に配慮することも重要である．もし，主要な目的が土壌流失や斜面崩壊の防止にあるとすれば，流域の中で調達できる粗朶や葦簀など，「生きていない」植物材料を用いた工法を開発して利用することが望ましい．そのような工法であれば流域への負の環境インパクトはほとんどなく，むしろ，そこで生じる需要によって流域の雑木林やヨシ原の管理を促すことにより，広域的な環境保全効果を期待できる．

一方で，植生の回復が主要な目的であれば，周囲からの種子分散と土壌シードバンクに依存する先駆種の侵入を妨げない，あるいは，それを促すことができる工法を考えるべきである．裸地が放置されても外来種が侵入する可能性の小さい地域においては，何も処理を施さないことが植生回復の最も優れた手法であることもあるだろう．

それに対して，外来種の種子を法面処理に利用する緑化は，環境への負のコストがあまりに大きいので避けるべきである．どうしても種子を播種したり植物を植え付けて緑化しなければならない事情がある場合には，その地域の先駆種や林縁植物の種子やそれから育成した株，あるいは生きた種子を多く含む土壌などを材料として使用することがのぞましい．

〈鷲谷いづみ〉

3.2　外国産緑化樹木の里山等への侵入

緑化の歴史と緑化樹木

国内における緑化は記紀の時代までさかのぼるといわれている．平安時代以降，庭園における各種樹木の利用が盛んとなり，江戸時代になるとツバキ，カエデ，サクラなどの品種改良も進められ，園芸文化の発展と共に庭木の植栽が庶民にも広まってゆく．庭園における緑化だけではなく，はげ山の緑化も江戸時代に始まっている．

明治期に入ると，明治神宮の造営や，街路樹の植栽，公園における植栽などの本格的な緑化が開始し，近年では工場緑化，都市林の形成などの大規模な緑化が各地で進められている．

緑化に用いる樹木として，すでに奈良時代に中国産のウメが使用されたように，郷土種だけではなく外国産も利用されたが，江戸時代までは郷土種が大半を占めていた．明治期になると，プラタナス，セイヨウハコヤナギなどの外国産樹木が用いられるようになり，現在では街路樹等では外国産の利用が多い．

外国産緑化樹木

街路樹として，よく利用される外国産緑化樹木には，ユリノキ，イチョウ，フウ，モミジバフウ，プラタナス，トウカエデ，ナンキンハゼ，セイヨウハコヤナギ，シダレヤナギ，キササゲ，ハナミズキ，トウネズミモチ，エンジュ，タイサンボク，ニワウルシなどが挙げられる．公園の緑化樹木としては，メタセコイア，ヒマラヤスギ，ダイオウショウ，モクレン，ライラックなど多数の種が用

いられている．個人住宅の庭園にも様々な外国産樹木が植栽されている．代表種として，セイヨウイボタ，ゲッケイジュ，オリーブ，ヒイラギナンテン，トウオガタマなどが挙げられる．斜面緑化の樹木としては，ハリエンジュ，ギンヨウアカシアなどのほか，近年繁茂が問題となっているイタチハギなどが用いられている．

都市近郊林への外国産緑化樹木の侵入

草本性の緑化植物が在来の植物群落内に侵入しているのはよく知られているが，外国産樹木が植栽された場所より，鳥による種子散布によって在来の森林群落内に侵入し，定着していることは意外に知られていない．自然性が高い照葉樹林内にも古くから侵入しており，代表種としては照葉樹のニッケイやテンダイウヤクなどが挙げられる．

シュロも古い時代の侵入種かもしれない．奈良県春日山の照葉樹林では，第二室戸台風による風倒木跡地にナンキンハゼの侵入が認められている．

自然性も高く，安定している照葉樹林内にも侵入しているのであるから，外国産緑化樹木の里山への侵入は稀ではない．特に都市近郊の公園，住宅地などに隣接した里山や都市林では，侵入樹種を極めて普通に見ることができる．

関東では，エンジュ，ヒイラギナンテン，ハナミズキ，トウネズミモチ，トウジュロ，タチバナモドキなどが都市近郊の樹林内で確認されている．近畿地方では，三田市内のニュータウンにある残存林にトウネズミモチ，ヒイラギナンテン，セイヨウイボタ，タチバナモドキの侵入が確認されている．また，宝塚市内のニュータウンの都市林内ではセイヨウイボタ，ヒイラギナンテン，トウネズミモチ，ゲッケイジュ，タチバナモドキ，ナンキンハゼ，アオギリ，フサアカシアなどの侵入・定着が報告されている．

侵入個体数も少数ではなく，セイヨウイボタのように低木層の優占種となり，在来のイボタを駆逐している例もある．また，侵入した林内で開花，結実している種類，個体も多く，今後さらに外国産緑化植物の分布が拡大すると考えられる．

これらの侵入樹種のほとんどは，鳥が種子を運ぶ樹種であり，風散布型等は少ない．

侵入への対策

外国産緑化樹木に限ったことではないが，都市緑化樹木の選定については，今まで考慮されることのなかった逸出の問題を充分検討すべきであろう．特に繁殖力の強いセイヨウイボタ，エンジュ，トウネズミモチ，ヒイラギナンテンなどを，里山や他の樹林の近くに植栽することはやめるべきである．また，鳥による種子分散の可能性を重視して，植える場所などについて充分な配慮が必要である．

自然の復元を目指した都市林の形成等には，外国産緑化樹木の使用は誤りである．里山等において侵入樹種を発見した場合は，できるだけ早期に伐採する．草本性の外来植物の繁茂に比較すると，外国産緑化樹木の個体数ははるかに少なく，現段階では伐採による除去という対策は有効である．

参考文献
石田弘明ほか（1998）都市林の生態学的研究Ⅰ．人と自然 **9**: 27-32.
井出任ほか（1992）農村地域における植生配置の特性と種子供給に関する生態学的研究．造園雑誌 **56**（1）：28-38.
井出任ほか（1994）孤立二次林における種子供給が下層植生に与える影響．造園雑誌 **57**（5）：199-204.
服部保ほか（1996）都市林の生態学的研究Ⅰ．人と自然 **7**: 73-87.

（服部　保）

3.3　飼料穀物輸入がもたらす強害雑草

新たな外来雑草のまん延

最近，全国の畜産農家の飼料畑を中心とした農耕地で今まで見たことのない外来雑草のまん延が問題となっている．ここ10年に満たない期間に，イチビは北海道から九州まで全域で急増し，今や最もポピュラーな雑草となってしまった．この他にも，草地の雑草と考えられていたワルナスビが生育場所が異なる飼料畑に多発したり，暖地にしか見られなかったハリビユが東北地方にも発生するなど，分布域の拡大と同時多発のゲリラ的発生が特徴である．中には数年にわたって種子を再生産し，二次的な大発生をもたらすケースも出てき

ている（p.208参照）．

侵入経路

このようなまん延には，わが国の畜産業が持つ構造的な問題が潜んでいることがわかってきた．多頭化を余儀なくされた最近の畜産農家は，安価な輸入穀物に依存し，糞尿を堆肥化せず未熟状態のまま直接飼料畑に投入することが多くなってきた．この結果，飼料畑には輸入穀物に混入してきた外来雑草の種子が，生きたままばらまかれるという事態になっていることがわかった．

まず，侵入経路を特定するために，飼料用の輸入穀物に混入している雑草種子の検出を試みた．1年分合計105の輸入船からサンプリングしたが，穀物の種類，原産地を問わず，延べ1482種類もの種子が検出された．

これら輸入穀物の輸入元としては，種類，量ともに北アメリカが群を抜いているが，南アメリカ，オーストラリア，アフリカ，ヨーロッパなどほぼ世界中から輸入されている．すなわち，世界中から雑草の種子がやってきているのである．さらに，飼料用穀物の輸入量はここ10年間ほぼ毎年1800万tに上ることから，わが国に持ち込まれる雑草種子の量は相当な規模と推定される．

防止対策

侵入経路でのバリヤーとして検疫が考えられるが，わが国では雑草種子は対象になっていない．ただ検疫時に，害虫駆除のための臭化メチル処理が行われてきたが，これも殺種子には無効であった．また，飼料工場での加工処理もほとんど雑草種子にはダメージを与えなかった．次にそれを食べた家畜の消化を調べてみたが，牛や豚では生きたまま排泄されていることが判明した．排泄された糞尿は，通常堆肥化処理が行われるが，唯一，この堆肥発酵が種子の死滅に有効なことが明らかになった．すなわち，最高温度が55℃なら3日間，60℃ならまる1日持続すれば，大半の種子は堆肥中で死滅することがわかった．

以上のことから，最近の外来雑草のまん延防止には，輸入元での雑草種子の混入検査を実施して未然に防止することが第一であるが（実際にクレームがついて減少した事例もある），飼料畑へまん延させないためには，糞の堆肥化処理を徹底することが肝要である．

参考文献
清水矩宏ほか（1996）外国からの濃厚飼料原体に混入していた雑草種子の同定．雑草研究 **41**（別）：212-213.
清水矩宏（1997）近年の強害外来雑草の農耕地へのインパクト．種生物研究 **21**：35-42.
清水矩宏（1998）最近の外来雑草の侵入・拡散の実態と防止対策．日本生態学会誌 **48**：79-85.
西田智子ほか（1995）堆肥中の雑草種子の生死に及ぼす発酵温度の影響．雑草研究 **40**（別）：86-87.

（清水矩宏）

3.4 牧草地からの侵入植物
——導入牧草の逸出

牧草導入の歴史

わが国に飼料用の牧草が導入されたのは，明治初期に政府が欧米農法の導入と畜産振興を目的として，牧草種子を輸入したことに始まる．本格的な試作としては，1874年に北海道開拓使がアメリカ合衆国からの17種を，1877年には札幌農学校で41種を試作した記録がある．

明治年間に北海道を中心に牧草専用地が徐々に広がり，明治末期には約1万haの外来牧草地が存在した．その後1955年までは数万haにとどまっていたが，1952年に牧野改良事業が始まり牧草導入が補助事業として促進され，全国的に一挙に面積が拡大した．このようにわが国へ導入された寒地型牧草は行政的なバックアップで人為的に拡大していったわけであるが，比較的原産地の気候風土と合った北海道を中心に安定した群落を形成し，草地外へも定着していった．

一方，亜熱帯の南西諸島や本州の夏期を対象にした暖地型牧草の導入が1950年代から開始され，種々の草種，品種が試作された．その数は67属225種に及んでいるが，牧草地での定着さえかなり困難なものが多く，寒地型牧草のように逸出して問題を起こしているものは少ない．

表9．牧草から逸出した外来草種

牧草名	和名	学名
寒地型牧草		
Redtop	コヌカグサ	*Agrostis alba*
Creeping bentgrass	ハイコヌカグサ	*Agrostis stolonifera*
Meadow foxtail	オオスズメノテッポウ	*Alopecurus pratensis*
Sweet vernalgrass	ハルガヤ	*Anthoxanthum odoratum*
Tall oatgrass	オオカニツリ	*Arrhenatherum elatius*
Smooth bromegrass	コスズメノチャヒキ	*Bromus inermis*
Orchardgrass	カモガヤ	*Dactylis glomerata*
Tall fescue	オニウシノケグサ	*Festuca arundinacea*
Meadow fescue	ヒロハウシノケグサ	*Festuca pratensis*
Red fescue	オオウシノケグサ	*Festuca rubra*
Velvetgrass	シラゲガヤ	*Holcus lanatus*
Italian ryegrass	ネズミムギ	*Lolium multiflorum*
Perennial ryegrass	ホソムギ	*Lolium perenne*
Burclover	ウマゴヤシ	*Medicago polymorpha*
Alfalfa	ムラサキウマゴヤシ	*Medicago sativa*
Timothy	オオアワガエリ	*Phleum pratense*
Kentucky bluegrass	ナガハグサ	*Poa pratensis*
Rough meadowgrass	オオスズメノカタビラ	*Poa trivialis*
Alsike clover	タチオランダゲンゲ	*Trifolium hybridum*
Crimson clover	ベニバナツメクサ	*Trifolium incarnatum*
Red clover	ムラサキツメクサ	*Trifolium pratense*
White clover	シロツメクサ	*Trifolium repens*
Hairy vetch	ビロードクサフジ	*Vicia villosa*
暖地型牧草		
Paragrass	パラグラス	*Brachiaria mutica*
Rhodesgrass	アフリカヒゲシバ	*Chloris gayana*
Feather fingergrass	オヒゲシバ	*Chloris virgata*
Bermudagrass	ギョウギシバ	*Cynodon dactylon*
Weeping lovegrass	シナダレスズメガヤ	*Eragrostis curvula*
Fall panicum	オオクサキビ	*Panicum dichotomiflorum*
Guineagrass	ギネアキビ	*Panicum maximum*
Dallisgrass	シマスズメノヒエ	*Paspalum dilatatum*
Knotgrass	キシュウスズメノヒエ	*Paspalum distichum*
Bahiagrass	アメリカスズメノヒエ	*Paspalum notatum*
Vaseygrass	タチスズメノヒエ	*Paspalum urvillei*
Pearl millet	トウジンビエ	*Pennisetum glaucum*
Napiergrass	ナピーアグラス	*Pennisetum purpureum*
Johnsongrass	セイバンモロコシ	*Sorghum halepense*

逸出の実態

明治年間に輸入試作された寒地型牧草は，イネ科22属36種，マメ科7属16種に及んでいる．わが国に渡来して100年以上経過したこれら寒地型牧草の中には，日本の風土に定着すべく独特のエコタイプ（生態型）も形成されてきている．これらのエコタイプは逸出して野生状態で定着しており，今後ますます群落を拡大する可能性が高い．逸出して野生状態で分布している主要な外来草種を表9にまとめた．

防止対策

既存の導入牧草は，休眠性を有するなど雑草化の危険性が高いものが多かった．また，天敵導入の場合のように，生物多様性への影響などの配慮はなかった．しかし，今後導入されるものは，休

眠性除去などの品種改良を行うことによる逸出の防止や，草地生態系外への影響解明など，新しい視点に立った配慮が求められよう．

参考文献
淺井康宏（1993）緑の侵入者たち―帰化植物のはなし．朝日選書 474．
矢野悟道編（1988）日本の植生―侵略と攪乱の生態学．東海大学出版会．
鷲谷いづみ・森本信生（1993）日本の帰化生物．保育社．

（清水矩宏）

3.5 飼育動物の管理

飼育動物とは，人間に占有されている動物すべてであり，伴侶動物（いわゆるペット），作業動物（乗馬，介助犬など），産業動物（いわゆる家畜），展示動物（動物園動物など），実験動物などが含まれる．わが国には，これらの飼育管理に関する包括的な法制度は「動物の愛護および管理に関する法律」（以下，動物愛護管理法）しか存在しない．しかも外来種対策の視点に立つと，法律の対象動物が魚類を除く脊椎動物に限定されるうえに例外規定が多く，また外来種対策が法の目的に含まれないことから，実態的には無法状態である．したがって，飼育動物の流通における段階ごとに改善すべき課題が山積している．

輸入の規制

わが国の貿易統計によると，年間約7億8千万頭（2001年）の生きた動物が輸入されている．2001年より哺乳類に関しては分類が細かくなったとはいえ，その99％以上は「その他」に分類され，実態把握が不可能に近い（p.10の表3）．

予防原則に立てば，安全性が証明された動物以外を輸入禁止にすることが望まれるが（クリーンリスト主義），少なくとも侵略的外来種になる恐れのある動物分類群リストを作成し（ダーティリスト主義），それらの輸入実態の把握，個体登録制度，さらには輸入規制が必要である．

販売の規制

侵略的外来種であることが明らかな動物は，原則的に流通が禁止されるべきである．また，安全性が証明された動物以外の流通については，その実態把握を行う必要がある．そのためには，動物取扱業者のライセンス制や動物の個体登録制が望まれる．

動物愛護管理法によって，2000年から動物取扱業者が届け出制となり，ようやく飼育動物の販売の実態が把握可能となった．しかし，畜産農家，動物園，試験研究機関などが除外されていることや，インターネット販売業者などを規制できないことなど，問題は多い．

現在，わが国の動物の個体登録制は，狂犬病予防法においてイヌのみが義務付けられている．動物愛護管理法で定めた危険動物については許可制となっているが，危険動物に指定されない外来種が多く，また実質的に個体識別されないなどの問題がある．北海道は，動物愛護条例で生態系を攪乱する恐れがある外来動物を「特定移入動物」に指定し，その流通にあたっては，販売記録の保管が義務付けられた（p.27）．

飼育者の義務

飼育されていた動物が侵略的外来種となる原因は，多くの場合，飼育中の逸走か飼育者による遺棄である．これを防止するには，飼育者に一定の義務を課す必要がある．基本的に侵略的外来種は飼育すべきではないが，現行法では禁止されていない．長崎県対馬では，人為的に導入されたイノシシを制御するために，持ち込み，所持，放獣を原則禁止とする条例を関係6町で制定した．

飼育を許容する場合には，個体登録制度は不可欠であるが，条例での実施例はいくつかある．前述の北海道条例では，特定移入動物の飼育者に知事への届け出を義務付け，不妊化を努力義務とした．また，自然環境の保全を目的として，東京都小笠原村と沖縄県竹富町では，野良ネコ対策のために飼いネコ登録制度を条例で定めた（p.76）．さらに沖縄県国頭村安田区では，野良ネコによるヤンバルクイナの捕食を防止するために，全国で初めてマイクロチップを用いた飼いネコの個体登

録制度を規則で義務付けた．

　飼育動物が野生化し，その対策が必要となった際には，当然，飼育者の責任が問われるべきである．飼育者を特定して責任を追及するためにも，個体登録制度は欠かせない．今後，原因者責任制度を外来種対策に位置付けるためには，動物を購入または登録する際に，一定額の保証金を供託するような仕組みが必要であろう．

参考文献
高橋満彦（2000）鳥獣保護法が積み残した科学的課題―移入種と野生動物流通規制を中心に―．生物科学 **52**: 171-180.
羽山伸一（2001）野生動物問題．地人書館．
村上興正（1999）飼養下にある動物の管理―移入動物管理と関連して―．関西自然保護機構会報 **21**: 63-68.

（羽山伸一）

3.6　害虫の侵入経路と運搬者
——自由貿易と植物検疫の確執

　国際間の貿易と旅行は，その規模，頻度も拡大するばかりで，その趨勢を止めることはもはやできない．したがって，外来生物の侵入の機会が指数関数的に増加することも避けられない．これを阻止するために，旅行者の携帯品や輸入貨物の検疫体制を強化しようにも，経済的，社会的，政治的にも限界がある．ではその対策はとなると，万能薬的な手段があるわけではない．侵入，定着，分布拡大，そして土着化のそれぞれの段階に応じた対策を，対象に応じて総合的に立てていくしかないと思われる．

植物検疫
　昆虫の侵入経路は様々である．植物を加害する

表10．1917〜1999年間に日本に侵入・定着した昆虫の侵入経路

類推経路	種類数
自力飛翔	4
種苗・球根	52
軍事基地	10
乾燥飼料	9
果実（イモ類を含む）	8
穀類	8
ヒッチハイク	3
包装材料・チップ	2
切り花	1
種子	1

昆虫は，害虫も非害虫もすべて植物検疫の対象になる．したがって，食べ残しの果物も検疫の対象である．さらに生きた害虫そのものはもちろん，重要指定害虫（例えばチチュウカイミバエ）の発生地域からは，その寄主植物と果実の輸入も禁止している．国内に持ち込めるのは「条件付輸入解禁制度」が適用される場合に限られている．こうした処置がとられているのは，とりも直さず輸入農産物が各種の食植性の昆虫の移送媒体になっているからである．

侵入経路
　昆虫の侵入経路は，自然的あるいは人為的の経路のいずれかであり，人為的経路は意図的なものと非意図的なものに区別できる．海洋島の外来種は大部分が空中移動による自然的な移入によるものと言われている．

　最近の事例では，1985年頃ギンネムキジラミがアジア・太平洋地域で急速に分布を拡大したが，これは気流（風）が関係していると考えられる

表11．輸入農産物，輸送手段と付随する害虫の種類

農産物の種類	主な輸送手段	付随する害虫
種苗・球根など	貨物船	アブラムシ，アザミウマ，コナジラミ，ハダニ
切り花	航空機	アブラムシ，アザミウマ，ハモグリバエ，ハダニ
果実・野菜	航空機・コンテナー	ミバエ，ゾウムシ，ハムシ
穀物・飼料	貨物船	マメゾウムシ，各種の貯穀害虫
木材	貨物船	キクイムシ，カミキリムシ

(p.146). オオモンシロチョウもこの例である (p.127). それらの中には自然に移入したものなのか非意図的導入なのか区別がつけにくいものもあり, 定着状況や分布, 他の生物との関係などに応じて, 放任してよいものなのか, 対策が必要なのかが異なる. いずれにしても, 監視（モニタリング）を続けることが必要である.

天敵やセイヨウオオマルハナバチのような送紛昆虫は, 検疫の対象ではなく, 意図的に導入・放飼される (p.156). 意図的導入にはペット商品として持ち込まれる昆虫もある. また, 生物兵器として使用されたと推測されている侵入昆虫もある.

自由貿易と害虫相の均質化

以下で取り上げるのは, これ以外の非意図的に輸入物資と共に侵入したと考えられている場合である. 過去130年間に3回の大きな侵入の波がある (p.124の図1). 最初は果樹の苗木の輸入に伴うカイガラムシ類の侵入で, 検疫制度が発足 (1914年) する1900年以前である.

次の波は戦後の食糧難時代で, 大量の穀物, 飼料輸入に伴って1945〜55年の期間に25種以上の貯穀害虫が侵入した. 第3回目は1975〜1990年間の施設害虫の侵入である. この期間に, 切り花, 野菜, 果実の輸入は急増しており, 航空貨物で輸入される切り花は過去20年間に150倍も増加している. このため, 貯穀害虫相, 施設害虫相はほとんど世界的に均質化している.

島嶼の問題

沖縄には105種の外来昆虫が記録されているが, その積み出し地が推定できるのは101種ある. 検疫が実施される前の1945〜73年間に12種の侵入が記録されたが, その半数は基地付近で発見されている. また本土から沖縄に侵入したのは26種に及んでいるのに対し, 沖縄から本土にはわずか3種に過ぎない. このことは沖縄で, ほとんどの農産物が本土からの輸入超過になっていることと無関係ではない. 生物学的には, 本土から沖縄などの島嶼への国内移動の阻止を強化する必要がある.

海外旅行者の土産

旅行者の手荷物として持ち込まれる熱帯の果物や香辛料は, 本来申告制のためチェックが難しい. 1993年から6年間に, 海外旅行者の手荷物でミバエ類が少なくとも1日1件持ち込まれていることが判明した. 一般の侵入昆虫に対する啓蒙が必要である.

参考文献

桐谷圭治 (1997) 狙われる南西諸島：外来昆虫の定着と分布拡大. インセクタリウム **34**: 194-197.
桐谷圭治 (2000) 日本に毎日持ち込まれるミバエ. 保全生態学研究 **5**: 187-189
照屋匡ほか (1973) バナナ類の新害虫バナナセセリ. 植物防疫 **27**: 191-193.
Kiritani, K. (1997) Formation of exotic insect fauna in Japan. In: *Biological Invasions of Ecosystem by Pests and Beneficial Organisms* (eds. Yano, E. *et al.*), pp.49-65. NIAES.
Waterhouse, D. F. (1991) Biological control: mutual advantages of interaction between Australia and the Oceanic Pacific. *Micronesica Suppl.* **3**: 83-92.

（桐谷圭治）

3.7 天敵導入の管理

導入天敵利用の歴史

有害生物の防除のため, その天敵を海外から導入して利用することは, 世界的にはすでに18世紀に害虫防除で, 20世紀初頭には雑草防除でも試みられ, これまで数々の成功を収めてきた. この導入天敵の利用には, 大別して, 永続的利用と生物農薬的利用の二つの方法があり, 前者は特にその歴史が古い. 日本でも, 永続的利用では1911年に柑橘害虫のイセリヤカイガラムシの防除のため台湾から導入した捕食性天敵のベダリアテントウの利用が成功して以来 (p.143,144参照), 多数の天敵種が導入され, 今日まで六つの成功例がある.

導入天敵による有害生物の防除, 特に永続的利用は, かつては一部の天敵を除き, 一般には安全なものとされてきたが, 1980年代後半から1990年代前半には, 導入した天敵が防除対象外の土着生物種を攻撃して, その絶滅または絶滅に近い事

態を招くこと，すなわち天敵導入の生態系へのリスクが問題とされ始めた．そして，1995年にはFAOが「外来の生物的防除素材の導入と放飼のための取扱規約」を制定し，各国政府はその遵守が求められるようになった．

天敵導入における生態系へのリスク

導入天敵の利用の場合，導入は意図的に行うので，もし天敵導入の生態系へのリスク（以下，単にリスク）を予測できれば，適切な天敵導入の管理によってリスクの回避は可能である．

一般に，リスクは導入場所がハワイのような海洋島では大きく，同じ島でも，もっと面積が広くて生物相が複雑な日本では小さいとされ，また導入天敵の分類群が脊椎動物では大きく，捕食性または寄生性の昆虫やダニなどの節足動物では小さいとされる．さらに，導入天敵の定着を前提とする永続的利用より定着を前提としない生物農薬的利用はリスクが小さい．しかし，個々の導入天敵についてみれば，リスクに関係する要因は多岐にわたり，その予測が困難な場合もある．導入天敵の防除対象外の土着生物種には，寄主となる種だけでなく，同じ土着寄主を利用して競争関係にある土着天敵なども含むので，実際の予測は複雑となり，また導入が土着生物種に及ぼす間接的影響は現実には予測しがたいからである．

導入天敵のリスク管理

導入天敵のリスク管理としては，導入前のリスクの事前評価による規制と導入後のモニタリングがあるが，主体となるのは当然，前者である．事前評価で重要な項目は，導入天敵の寄主範囲で，これが狭いほど安全性は高い．ただし，希少種を寄主範囲に含む天敵を導入する場合は慎重な判断を必要とする．また，たとえ寄主範囲が広い導入天敵でも，土着の寄主や競争関係にある土着天敵と生息場所や発生時期が異なれば，安全である．生物農薬的利用では，導入天敵が定着する必要はないので，その温度耐性や休眠性など生活史的特性とその変異性を評価して，定着しないと判断されるなら安全と言える．導入後のモニタリングは導入天敵を監視し，今後の事前評価に役立つ事例としての情報収集のために行うが，モニタリングの結果，リスクが引き起こされたことが判明すれば，小さな島などでは導入した天敵を絶滅させることも考えられる．

導入天敵のリスク管理には当然，政府の行政的対応が求められる．アメリカ，イギリス，オーストラリアなど世界の主要各国では，天敵導入時のリスク事前評価のためのガイドライン等，法的措置がすでにとられている．しかし，日本ではまだこの種の措置はとられておらず，環境庁が1999年に「天敵農薬に係る環境影響評価ガイドライン」を公表したにとどまる．ここで天敵農薬というのは，害虫や雑草の防除のために生きたまま放飼して利用する天敵節足動物とされ，細菌，真菌，ウイルスなどの天敵微生物や天敵節足動物以外の天敵動物は含まれていない．

独立行政法人農薬検査所では，害虫や雑草の防除のために利用される天敵微生物の導入についてはすでに公表した「微生物農薬ガイドライン」で対応し，天敵農薬の導入については独自のガイドラインを現在，検討中である．ともあれ，天敵導入の管理で実際の行政場面では，天敵導入のリスクだけでなく，その便益（防除対象有害生物への防除効果等）も充分に考慮したリスク・便益分析も行い，天敵導入の許可申請に対し，その審査をできるだけ迅速に行うことが望まれる．

参考文献

広瀬義躬（1994）天敵導入の生態系へのリスク．農業技術 49: 145-149．

矢野栄二（1999）害虫防除のための導入天敵のリスク．農業および園芸 74: 435-436．

Hirose, Y. (1997) Biological control strategies against insect pests in Japan. *Proc. Internat. Symp. Biol. Contr. Pests, Kor. Soc. Appl. Entomol. Suwon, Korea*, pp. 1-9.

Hirose, Y. (1999) Evaluation of environmental impacts of introduced natural enemies. In：*Biological Invasions of Ecosystem by Pests and Beneficial Organisms* (eds. Yano, E. *et al.*) pp. 224-232. NIAES.

Howarth, F. G. (1991) Environmental impacts of classical biological control. *Annu. Rev. Entomol.* 36: 485-509.

〈広瀬義躬〉

3.8 放流種苗対策と養殖生物の管理

外来水生生物の侵入経路

1963年に始まった栽培漁業では，資源添加の目的で，在地資源由来ではない人工種苗を毎年大量に日本沿岸に放流している．現在では，人工種苗として，主に魚類35種，甲殻類14種，貝類13種，その他6種の合計68種の海生生物が生産されている．

明治以降，外地から導入されたとする水生生物について，丸山ほか（1987）がまとめている．その記録では，海生生物17種，汽水生物3種と淡水生物97種の合計117種が，粗放的増養殖を目的として，日本列島の各水域に放流された．1980年代中頃には，海生生物9種，汽水生物1種と淡水生物54種が定着し，そのうち83％が自然繁殖していた．

これまで，新水産資源の開発，放流された生物のための餌資源確保，遊漁，観賞，観光などを目的として，多種多様な水生生物が各地の水域に粗放的に放流されてきた．外来生物の中には放流される生物と混在していたために，誤放流された生物もいる．愛玩生物などで不用になったために，不用意に水域に廃棄放流されることもしばしばある．養殖場や網生け簀で飼育されていた外来生物が，洪水や事故などにより水域に脱出し，増殖した例もある．

漁業権魚種の義務的放流

内水面漁業では第5種共同漁業権の規定により，漁業権魚種については種苗放流などによる資源維持・増殖のための義務が，漁業共同組合に対して課されている．サケ，アユ，コイ，ワカサギなどのように，在来種でも遠隔水域で採捕された種苗や，人工生産の種苗が，ごく普通に放流されてきた．

外見上での魚種判別が容易でなく，また生態的知見が不充分な場合に，結果として代替魚種が放流されることもある．例えば，ニホンウナギ（*Anguilla japonica*）の代わりに別種の外来ウナギが放流されている．ニホンウナギは日本列島のほか，朝鮮半島，中国大陸，台湾島，海南島，ルソン島まで東アジアに広く分布している．養殖用種苗の不足を理由に，現在までに24の国と地域からシラスウナギ（ウナギの稚魚）が毎年輸入されている．公的記録では，1969年1月に初めてフランスからヨーロッパウナギ（*A. anguilla*）のシラスウナギが種苗として輸入された．翌年，ニュージーランドからニュージーランドウナギ（*A. dieffenbachi*）とオーストラリアウナギ（*A. australis*），さらに次年にカナダからアメリカウナギ（*A. rostrata*）が輸入されている．

貿易統計では輸入魚種名を明記していないが，日本列島に分布するニホンウナギとオオウナギ（*A. marmorata*）以外に，7～8種のシラスウナギが輸入されていると推定される．養殖された外来ウナギのほとんどは，商品価値が低かったことにより，代替放流に利用されたと言われている．事実，九州，四国，本州のいくつかの河川湖沼で，外来ウナギの再捕が報告されている．ニホンウナギ資源の維持と増殖のためには，外来ウナギの代替放流は厳禁すべきである．

外来水生生物がもたらす諸問題

特定の天然種苗や人工種苗が大量に粗放的に継続して放流されてきたために遺伝子組成の偏りや遺伝的撹乱が生じ，在地個体群の再生産にも大きな負の影響が生じていると指摘されている．放流生物や養殖生物がもたらしたとされる病気や寄生虫による被害は，各水域で頻発している．2000年には，宇治川でオイカワが寄生虫（ブケファルス科の吸虫）により大量死したが，この寄生虫の主要な第一宿主は外来種のカワヒバリガイで，中国産シジミに混入して入ってきた可能性が指摘されている（p.216）．

人工的に急速に改変された多くの水域環境では，環境収容量低下のために食物やすみかを巡る生態的競合・競争関係が生じやすく，人工環境への適応力の貧弱な在来生物は，より強力な侵入生物に打ち負かされやすいとの指摘がある．このことは

希少生物種の生存を脅かす特に深刻な問題となっている．

侵入生物がバス類のような食物連鎖上の上位種で多様な食性の生物であれば，歴史的生態関係を持たない在地の個体群は食い尽くされ，絶滅に追いやられるのではないかとの懸念は大きい．生物相の豊かであった水域が，釣り堀か養殖池のように，侵略的外来種中心の生物群集へと単純化させられるのではないかとの危惧も強い．地域特有の生物種で構成されてきた水域生態系と生物多様性が，短絡的な経済価値判断により急速に変化させられれば，歴史的生態価値を永久に失うはめに陥るであろう．

種苗放流対策と養殖生物の管理

これまでは，生物資源の貧弱な自然水域や人工湖へ放流される生物および養殖用の生物の選定基準として，現下の経済価値が優先されてきた．水産資源を有する水域でも，その資源維持・増殖のための努力よりも，短期的な経済的理由が優先されて，外地由来の人工種苗の放流や養殖が安易に行われてきたようだ．

放流されたり，生け簀から脱出するなどにより，定着し，自然増殖を始めた侵入生物を水域から選択除去することは，技術的には極めて困難であり，また莫大な費用と時間を要する．しかし，水産資源の維持・増殖および生物多様性保持の観点から，在来生物に被害を与えたか，被害を及ぼす恐れのある侵入生物の駆除は，積極的に推進されるべきである．

放流を検討されている生物には，予防原理に基づく事前の充分な生物学的生態学的検討はもちろんのこと，従前の経済価値だけで放流を決めるのではなくて，環境価値や生態価値の側面からの検討もなされなければならない．在来生物資源への添加のための放流種苗，あるいは養殖用種苗は，在地個体群由来を原則とする方策に従う必要がある．放流，養殖，飼育などの目的で生きた生物を輸入する場合には，輸入者に対して，種や産地の明記と使用目的などの申請義務および結果責任が課せられるべきであろう．

参考文献
多部田修（1980）外来ウナギ—魚病も侵入．「日本の淡水生物—侵略と攪乱の生態学」（川合禎次ほか編），pp.162-170．東海大学出版会．
丸山為蔵ほか（1987）外国産新魚種の導入経過．水産庁研究部資源科・水産庁養殖研究所．pp.157．
元信堯（1999）ウナギ種苗の現状と見通し．「うなぎ・えび養殖年鑑」（うなぎ・えび養殖年鑑編集委員会編），pp.79-85．水産社．
養鰻研究協議会（1979）ヨーロッパウナギの養殖．日本水産資源保護協会．pp.157．
Zhang, H. et al. (1999) Foreign eel species in the natural waters of Japan detected by polymerase chain reaction of mitochondrial cytochrome b region. Fisheries Sci. 65: 684-686.

（立川賢一）

3.9 外来海産・汽水産生物の侵入と移出

船体付着による侵入

外来海洋生物の人為的な侵入経路には，国際貨物船のバラスト水への混入，船体への付着，外国産水産生物の輸入・養殖・放流，釣りの餌料生物としての持ち込み，などがある．そのうち，バラスト水問題の概要と日本での取り組みについては，第1章の5.3（3）で簡単に紹介した．

そのバラスト水とともに，最も重要な侵入経路と考えられているのが，船体付着によるものである．ごく最近の研究では，カニなどの大型甲殻類がもっぱらこの経路によって海を渡っていることが確実視されており，その対策が急務とされている．日本とその周辺海域に生息するイソガニやケフサイソガニが，アメリカ合衆国大西洋岸やヨーロッパに侵入して定着し，現在も分布を拡大しているが，その侵入経路も，船体付着によるものとされている．

船体に付着する生物は，船舶の航行速度を落とし，船体の強度を弱めるため，汚損動物としても嫌われ，古くから，防汚技術が開発されてきた．近年では，主に薬剤処理が講じられている．しかし，船体塗料の中に混入されたトリブティルティン（TBT）などの薬剤が，海洋生物の内分泌を攪乱させるホルモン様の作用を持つことが明らかになった．いわゆる，「環境ホルモン」問題である．

1970年以降には，世界各地の港湾とその周辺

海域で，雌の雄化といった生殖腺異常が巻貝類の数多くの種類で次々と確認されている．その結果，TBTの使用は禁止され，新たな防汚技術が開発されつつある．塗料表面が剥がれることで汚損生物を脱落させる自己研摩型の塗料，シリコン系の塗料に油脂分を混ぜ込んで塗料表面の撥水性を維持し，付着を防止する撥水型の塗料，微弱電流を導電性の塗料に流し，電気分解によって塗装表面に次亜塩素酸イオンを発生させる導電塗膜，という方法などである．これらの防汚技術は，ムラサキイガイなど外来付着動物の取水・排水施設への汚損被害を軽減するためにも，用いられている．ただし，いずれも，コストと防汚効率との兼ね合いから，未だに広く行き渡っているわけではないようだ．

養殖・餌料用の水産生物の持ち込み

シナハマグリや中国産のシジミ・アサリなど外国産貝類の種苗が，国内で養殖・放流するための水産資源として多量に輸入されている．また，多毛類（ゴカイなど）などが釣りの餌料生物として，数多く日本に持ち込まれ，沿岸海域に放たれている．さらに，こういった種苗や餌料の中には，他の外来種が混入していることも確かめられている．

シナハマグリでは，日本固有種で絶滅の危機に瀕しているハマグリとの交雑の可能性も指摘されており，遺伝的多様性を攪乱している可能性が極めて高い（p.190）．外来貝類の輸入量は，年々増加する傾向にあり，2000年度の日本貿易月表によれば，ハマグリ約3万トン，アサリ約8万トン，シジミでは淡水産も含めて約2万トンもの外来貝類が，主に中国から輸入されている．この中には，直接，食用にするものも含まれており，養殖・放流されるものがどの程度あるかは，水産庁の資源管理部や増殖推進部でも全く把握されていない．こういった放流・養殖事業が，漁協単位で，あるいは個人・事業所レベルで行われているためであろう．在来種への被害や影響の程度についても，まだ全く未調査の状態にある．まず，公的機関による早急な実態の把握が強く望まれる．

干潟の干拓や浅海の埋め立てをはじめとする環境改変は，日本の沿岸の海洋環境をみじめなまでに悪化させてきた．外来種に頼らず，日本産の魚介類の生育環境を保全し，その漁獲や餌料生物としての価値を維持することこそ，この経路による外来種対策の根幹となるだろう．

対策としての在来生物群集の保全・復活

事例集にあるように（p.177〜190, p.273〜275），このような侵入経路によって持ち込まれた海産・汽水産生物は，いずれも底生または付着性の生物である．しかも，東京湾や大阪湾，伊勢湾など，大都市を抱えた大きな湾の奥部や港湾周辺の汚濁した水域環境，あるいは，コンクリートで固められた生物相の貧困な人工護岸などに生息している種が極めて多い．自然海岸がまだ比較的多く残されている磯浜や砂浜，そしてプランクトン群集には，今のところ，外来種は大変に少ない．

なぜプランクトン生物に，そして自然海岸に外来種が少ないのか，その原因は未だに明らかではない．しかし，外来海洋生物の定着を可能にさせた要因を分析した数少ない研究では，侵入先では資源を共有する共存種が極めて少なく，侵入種の食・住両面での資源利用が抑制されなかったこと，つまり，空いていたニッチに外来種がうまくはまり込めたことが定着成功の要因であったことが推察されている．このことから，豊穣な種を抱えた自然海浜群集が，外来種の定着や分布の拡大を拒んでいる可能性が強く示唆されるだろう．

したがって，外来種を持ち込まない，あるいは輸送の途中で死滅させるような種々の規制を作り上げ，対策を施して水際で食い止めると同時に，仮に持ち込まれたとしても，その種が定着しないような環境を作り上げることも極めて大切であり，実効可能な方策となる．具体的には，河川や内湾の水質汚染を防止して汚濁海域を減少させ，自然の海浜を保全しつつ，それが失われた所では復元またはかつての自然に近づける必要があるだろう．それによって，外来種の定着や分布の拡大を抑える豊穣な在来生物群集を保護または復活させるこ

とが，極めて重要な対策となるだろう．

海洋生物の移動を抑止するための法的規制の必要性

このハンドブックでは，日本に持ち込まれた外来種だけが扱われているが，海洋生物では，日本とその周辺海域に生息する種が外国へ持ち込まれ，定着した事例も数多く知られている．60種以上の生物種が，日本またはその近海から，北米，南米，ハワイ諸島やオセアニア地域，果てはヨーロッパにまで持ち込まれた可能性が指摘されている．資源輸入大国である日本が，海洋生物の「移出大国」となっている可能性は極めて高い．

この項で取り上げた三つの侵入経路については，バラスト水問題に対して取り組まれているような条約・ガイドライン・国内法令の作成や締結といった動きさえ，今のところ全くない．国際機関や海外の研究者との連携をはかりながら，外来生物の移入と移出の両面を抑止するための法的規制や具体的な処理対策・普及策を早急に講ずることが強く望まれる．

参考文献

朝倉彰（1992）東京湾の帰化動物：都市生態系における侵入の過程と着底成功の要因に関する考察．千葉中央博物館自然史研究報告 **2**: 1-14.

木村妙子（2000）人間に翻弄される貝たち：内湾の絶滅危惧種と帰化種．月刊海洋，号外 **20**: 66-73.

風呂田利夫（1997）第7章 帰化動物．「東京湾の生物誌」（沼田真・風呂田利夫編），pp.194-201. 築地書館．

風呂田利夫（2001）東京湾における人為的影響による底生動物の変化．月刊海洋 **33**: 437-444.

丸山為蔵ほか（1987）外国産魚種の導入経過．水産庁研究部資源課・水産庁養殖研究所．

大蔵省編（1980～2000）日本貿易月表，昭和55年12月号～平成12年12月号．日本関税協会．

Carlton, J. T. (1987) Patterns of transoceanic marine biological invasions in the pacific ocean. *Bull. Mar. Sci.* **41**: 452-465.

Carlton, J. T. (1989) Man's role in changing the face of the ocean:biological invasions and implications for conservation of near-shore environment. *Conserv. Biol.* **3**: 265-273.

Lohrer, A. M. *et al.* (2000) Home and away: comparisons of resource utilization by a marine species in native and invaded habitats. *Biol. Invas.* **2**: 41-57.

（岩崎敬二）

第3章
外来種事例集

❶ 種別事例集

哺乳類

昭和の高度経済成長期以降，日本において外来哺乳類が定着する例が急増している．これは，戦後の復興を経て好景気にわく経済状況の中で，ペットや珍獣の飼育がブームとなった結果，飼育個体の逃亡や放棄が急増した結果と推測される．ミンク・ハリネズミ・アライグマ・フェレットなど近年の野生化した哺乳類は，ほとんどが飼育個体由来と言ってもよい．ヌートリアやマスクラットといった戦時中の戦闘服の毛皮用に飼育されていた動物が，戦後の混乱で遺棄されたものなども飼育個体由来の一例である．

そのほかには，ハブやネズミの駆除を目的として導入されたマングースや，ネズミ駆除のために導入されたニホンイタチなどのように，害獣駆除のための天敵として意図的に持ち込まれたものも多い．航海中の食糧確保を目的として船乗りたちによって島嶼部に放逐されたヤギなども，意図的導入に分類される．

生態系における栄養段階の上位に位置する哺乳類の場合，外来種の定着によって生じる生態的インパクトは非常に大きい．競合による在来種の排除・置換に加えて，外来哺乳類による直接的な捕食による在来種の減少は深刻な問題であり，特に島嶼部においては固有種に与える影響は甚大となっている．三宅島でのニホンイタチによるオカダトカゲやコジュケイの減少，南西諸島のマングース・イタチ類・ノイヌ・ノネコによるトゲネズミ・ワタセジネズミ・オオクイナ・アカコッコ・アカヒゲ・ヤンバルクイナの捕食，小笠原諸島のヤギによるキク科やラン科固有種の捕食などは，その代表的なものである．また，ヤギやカイウサギなどの草食哺乳類が島嶼部などの狭い地域に野生化した場合，自然植生に影響を与えるだけではなく，土壌浸食をもたらしたり，栄養循環にまで影響を及ぼすことが知られている．

日本の哺乳類相は，1）北海道，2）本州・四国・九州，3）対馬，4）奄美諸島以南の南西諸島という四つの地域に分類されるが，これら地域間での哺乳類の人為的移動も，国内外来種の問題として注意が必要である．本州から北海道や島嶼部へ導入されたニホンイタチやテンなどはその一例である．

日本の哺乳類は面積当たりの種数が多く，固有種数も多い．この豊かな自然を外来種の脅威から防御することは，我々に科せられた今後の重要課題であると言えよう．

（池田　透）

タイワンザル ～在来種ニホンザルを脅かす交雑問題

仲谷　淳
前川慎吾

●原産地と生態

タイワンザルは台湾本島の山間部に生息するマカク属のサルで，ニホンザルとは近縁だが別種とされる．外見は似ているが，40cmほどの長い尾を持ち，尾が10cmほどしかないニホンザルと区別できる．5～500頭の群れで生活し，食性はニホンザルに似るという．ニホンザルとの生態学・行動学的な違いについてはよくわかっていない．

本種は在来種であるニホンザルと交雑することから，遺伝的撹乱が最も危惧されている．一般に，種が違うと生物間に生殖隔離がみられるが，マカク属の多くのサル（タイワンザル，ニホンザル，アカゲザル，カニクイザルなど）では種間交雑が可能で，しかも交雑個体に生殖能力がある．

●侵入の経緯と生息状況

野生化あるいは半野生化したタイワンザルの生息地として，下北半島，伊豆大島，和歌山県北部（大池地区）が知られている．いずれの地域も，動物園や観光施設の飼育個体による逃亡や放獣などが原因とされる．野生化が最も早いのは伊豆大島で，第二次世界大戦末期（1940年頃）に動物園から逃亡したらしい．元来サルのいない大島に，今では広く全島に生息する．

和歌山県では，1949年頃に閉鎖した動物園の飼育個体が周辺の大池地域で野生化した．他の地域からニホンザルの雄個体も侵入してタイワンザルとの交雑個体が生じた．1999年の生息数は，交雑個体も含めて2群約200頭とされている．

下北半島のタイワンザルは，1975年に観光牧場が閉鎖された後，敷地からの出入りが自由になり，広がった．これら個体への餌付けが個人によって今も継続されている．母群から離れた雄ザルは，「世界最北限のサル」として天然記念物に指定されるニホンザルの生息地周辺まで進出している．

タイワンザルではないが，同じマカク属のアカゲザルと疑われるサルが千葉県房総半島に生息し，周辺のニホンザルとの交雑が危ぶまれている．各地にある野猿公園でもニホンザルと様相の異なるサルを見かけることがあるという．タイワンザルやアカゲザルといったニホンザルとの交雑が危惧される種が，上記以外の地域にも生息する可能性は高い．全国的な生息調査が早急に必要である．

●対策

ニホンザルとの交雑個体が確認された和歌山県では，2001年9月にサルを特定鳥獣に指定し，ニホンザルとの交雑を避けるために大池地区のタイワンザルおよびニホンザルとの交雑個体を全頭捕獲して安楽死することを決めた．捕獲開始が2002年度中に予定されている．なお，この計画では大池地域から拡散した個体については，今後の検討課題とされている．

野生化した外来サルへの具体的な対策は，サルや土地の所有権，また，交雑の危険度の違いなどもあって，和歌山県以外では未着手のようであるが，和歌山県の事例を参考に他の地域でも早急な対策が必要である．

タイワンザル

参考文献
川本芳ほか（1999）和歌山県におけるニホンザルとタイワンザルの混血の事例．霊長類研究 **15**：53-60．
白井邦彦（1961）野化した外国ザル．モンキー **42**：3-4．
田中進（1988）タイワンザルの分布と保護．モンキー **221・222**：6-12．
森治（1991）下北半島のニホンザルとタイワンザル．日本モンキーセンター年報（平成2年度）：97-101．
和歌山県（2000）平成11年度和歌山県タイワンザル生息調査報告書．
渡邊邦夫（1989）伊豆大島のタイワンザル．モンキー **226**：4-7．

カイウサギ 〜島の植生を破壊して生態系を撹乱
　　　　　　　　　　　　　　　　　　　　　　　　　　　　　　　　山田文雄

●原産地と生態

　カイウサギとは，ヨーロッパアナウサギの家畜種で，野生種の原産地は地中海沿岸の南ヨーロッパ周辺と北部アフリカである．家畜化の歴史は古く，紀元前2世紀頃とされる．再野生化は地中海の島々，太平洋の島々，オーストラリア，ニュージーランド，イギリスなどでヨーロッパ人の航海や移住に伴い地球的規模で拡大し，導入先の気候帯に応じて形態や繁殖生理などは様々な適応を示している．繁殖は旺盛で増殖率は高い．

●導入時期と目的

　わが国への最初の導入は16世紀で，シーボルトは『Fauna Japanica（日本動物誌）』（1844年刊）で，野生化カイウサギが当時も存在していたことを記載している．1996年現在の情報によると，野生化の生じている地域数は30地域（島嶼で24地域，本土で6地域）あり，島嶼で多く生じている．多くは東京以南の地域で，北海道の日本海側や宮城県の島嶼でも認められる．発生時期は，第二次世界大戦前からが5地域，1950〜60年代に4地域，70〜80年代に8地域，90年代に2地域で，他は時期不明である．導入の目的は，大戦前後に放獣された2地域で毛皮生産用，1地域で食料用を目的としているが，他は不明である．

●生態系への影響

　本種が侵入したところでは，植生への影響と，これに伴う土壌の浸食が起きている．石川県七ツ島大島では天然記念物オオミズナギドリの繁殖巣穴占拠による繁殖への影響，鹿児島県奄美大島では在来種アマミノクロウサギとの競合が危惧されている．特に小さな島では，食害による植物消失と土壌流失，島の形状や生態系の破壊が起きており，海外事例では最終的にはウサギ自身も消滅する場合もある．

　また本種は，ウイルス性出血病（VHD）を野生のウサギに伝播する問題が指摘されている．近年，ヨーロッパで新たなVHDが本種経由で野生ウサギにまん延し，個体数を減少させたと報告されている．わが国においても，このVHDが本種経由で在来種に感染しないよう注意が必要である．

●対策

　わが国では，野生化ウサギは無人島や離島で多く発生し，しかも人間への直接的被害がほとんどないために，あまり問題視されない．このため，実態調査や対策の実施されている例は少ないが，一部の島では駆除が行われ，効果が認められている．海外事例では農業被害など経済的損失を伴うことから，本格的駆除対策がとられている．

　未然防止対策として，野生化に伴う影響の周知など，教育啓発が必要である．カイウサギは簡易な施設で飼育できるので幼稚園や学校などでよく飼育されているが，性成熟したウサギを雌雄同居させると容易に繁殖してしまい，増えすぎたウサギを持て余し，遺棄される例が多い．飼育する際には，雌雄を分離することで無用な繁殖を避け，野外遺棄の防止を徹底する必要がある．

参考文献
林知己夫（1990）無人島は語る．共立出版社．
山田文雄（1992）異なる発育状態で誕生．アナウサギ類，ノウサギ類．週刊朝日百科「動物たちの地球」58：306-308．朝日新聞社．
山田文雄（1998）アナウサギ（家畜種カイウサギ）．野生化哺乳類実態調査報告書．pp.88-101．自然環境研究センター．
Flux, J. E. C. (1994) World distribution. In : *The European Rabbit, The History and Biology of a Successful Colonizer*. (eds. Thompson, H. V. & King, C. M.), pp.8-17.
Gibb, J. A. (1990) The European Rabbit *Oryctolagus cuniculus*. In : *Rabbits, Hares and Pikas*. (eds. Chapman, J. A. & Flux, J. E. C.), pp.116-120. IUCN, Gland.

島で野生化したカイウサギ

タイワンリス　〜分布拡大中の南国リス　　　　　　　　　　　　　　　　田村典子

●原産地と種名

タイワンリスは学名を *Callosciurus erythraeus thaiwanensis* といい，和名ではクリハラリス *C. erythraeus* と呼ばれる種の1亜種である．クリハラリスは，インド西部，中国南部，マレー半島，台湾と，分布が広く，毛色の変異から多くの亜種に分けられる．

日本には，台湾南部の亜種が導入され定着した．和名は，腹部の毛色が赤褐色であることに由来しているが，本亜種の腹部の毛は灰褐色である．このため別の種 *C. caniceps* とされた時期もあり，混乱を招いた．ビルマやタイにしか分布しない *C. caniceps* の和名がタイワンリスとなっているのも，その誤解の名残りである．したがって，本来クリハラリスと呼ぶべきだが，タイワンリスと呼び慣わしてきた経緯があるため，本書でもタイワンリスと呼ぶことにする．

●原産地での生態

原産地，台湾南部は湿潤温暖な気候で，リスの餌となる種子・果実は一年中豊富である．繁殖の季節性は明確ではなく，年に3回の繁殖が確認されている．ワシ・タカ類，ヘビ類による捕食圧が高く，個体数密度は6頭／ha前後である．行動圏は互いに重複し，果実が実った木には4〜5頭が集まって採餌することが多い．集まった個体は警戒音声によって捕食者の接近を知らせ合うなど，高密度で暮らすことに適応した社会構造を持つ．

●日本での分布と生態

タイワンリスは戦前から各地で飼育されていたようであるが，正確な記録はない．1935年に伊豆大島で飼育個体が逃げたのが最初の記録となっている．その後，神奈川県南東部，静岡県熱川市，浜松市，岐阜県金華山，大阪城，和歌山県友が島，和歌山城，姫山城などの観光地や都市公園に導入され，定着している．

冬の寒さが厳しく，餌となる種子や果実の実る季節が限られている日本でも，タイワンリスは行動圏を重複させ，高密度で暮らす．交尾は一年中観察されるが，子は秋に生まれることが多い．日本では天敵が少ないため，生残率は高い．巣を作る習性があるため，ある程度の耐寒性を持つ．餌が不足する季節には樹皮を囓り，樹液を舐めたり，花や葉も食べる．そのため，植物への影響は大きい．また，庭木や餌台など人間の生活空間を巧みに利用し，現在も分布を拡大中である．

●被害と対策

神奈川県鎌倉市では，人家の戸袋を削ってすみついたり，電話線を囓るなどの被害が増加したため，1999年（平成11）から住民および観光客によるリスへの給餌を禁止した．また，特に密度が高く被害が多い区域では，住民による駆除も始められた．しかし，タイワンリスは市街地の中の緑地を伝い，鎌倉市から周囲の市へ分布を拡大している．連続した山地を控えた地域では今後，在来生態系への影響も危惧される．分布拡大を食い止めるため，リスの移動路となる市街地の緑地環境を整備・管理し，効果的な駆除対策を検討していく必要がある．

参考文献

宇田川龍男（1954）伊豆大島におけるタイワンリスの生態と駆除．林試研報 **67**：93-102．
小野衛（2001）鎌倉のタイワンリス．かながわの自然 **63**：12-13．
田村典子（1996）タイワンリス．日本動物大百科2．平凡社．
Tamura, N. *et al.* (1989) Spacing and kinship in the Formosan squirrel living in different habitats. *Oecologia* **79**：344-352．
山口佳秀（1988）飼育動物・ペットの野生化．「日本の帰化動物」，pp.52-54．神奈川県立博物館．

餌台に訪れたタイワンリス（神奈川県鎌倉市）

外来リス類 〜ペットブームによる新たな脅威の出現

押田龍夫
柳川　久

●原産地

現時点で確実な野生化の報告がある外来リス類は，大陸産シマリス，キタリス，オグロプレーリードッグの3種で，大陸産シマリス，キタリスはユーラシア大陸の中〜北部，オグロプレーリードッグ（以下，「オグロ」）は北米中部が原産である．

●侵入経路と分布

大陸産シマリスは，かつては朝鮮半島の亜種チョウセンシマリスが多数輸入されていたが，現在では中国大陸が主な原産地である．シマリスは，かつて日本各地の公園で大量に放獣された記録があり，野生化した個体が現在も多く観察されているのは新潟，山梨，岐阜などの中部日本である．これらの放獣は，同種異亜種のエゾシマリスが生息する北海道でも行われていた．

キタリスは，赤褐色のヨーロッパの個体から黒褐色のアジア極東地域の個体まで，ユーラシア大陸の様々な地域からペット用に輸入されている．侵入経路は明確ではないが，ペットとして輸入されたものが何らかの理由で放されて定着したと思われる．キタリスの分布が知られているのは，以前にはリスの生息が確認されたことのない関東の狭山丘陵である．1998年にここで拾得された2頭のリスの死体から調べられたミトコンドリアDNAの塩基配列はキタリスのものであった．

オグロは，ペットが脱走あるいは故意に放されたものが野生化しており，北海道，長野県などから記録がある．

そのほか，最近のエキゾチックペットブームにより世界各地から少なくとも40種のリス類が輸入されており，これらのうち何種かは脱走あるいは故意に放された記録がある．

●予想されうる問題点

大陸産のキタリス，シマリス，タイリクモモンガが北海道に侵入すると，これらと同種でニッチも近い北海道固有亜種のエゾリス，エゾシマリス，エゾモモンガとの競合が生じ，交配による遺伝子の汚染も危惧される．また，本州以南にキタリス，タイリクモモンガが侵入すると，同属で日本固有種であるニホンリス，ニホンモモンガとの雑種形成が懸念される．特に，キタリスとニホンリスはモモンガ2種よりも遺伝的に近縁で稔性雑種の形成が予想される．

オグロについては，ニッチの近い種類や交配の可能性がある種類は日本には生息していないが，本種を含むジリス類は腺ペストなど多くの人獣共通感染症の保有者であり，注意を要する．

●望まれる対策

野生化した外来リス類については，捕獲・駆除を念頭に置いた積極的な調査が必要である．その際に，エゾリスとキタリス，エゾシマリスと大陸産シマリスのように，外見から亜種の区別が困難なものについては，同定を正確に行うために有効なDNAマーカーの開発が重要な課題である．また，プレーリードッグなどのジリス類については，検疫の強化や輸入規制，飼育の登録制などの措置がとられることが望ましい．

参考文献

川道美枝子（2000）輸入されるリス類と感染症．リスとムササビ 7：4-5．
繁田真由美ほか（2000）狭山丘陵で発見されたキタリスについて．リスとムササビ 7：6-9．
柳川久（2000）ペットとして日本に持ち込まれている外国産リス類．リスとムササビ 7：2-3．
Oshida, T. et al. (2000) Phylogenetic relationships among six flying squirrel genera, inferred from mitochondrial cytochrome b gene sequences. Zool. Sci. 17：485-489.
Oshida, T. & Masuda, R. (2000) Phylogeny and zoogeography of six species of the genus Sciurus (Mammalia, Rodentia), inferred from cytochrome b gene sequences. Zool. Sci. 17：405-409.

狭山丘陵のキタリスと思われるリス

クマネズミ ～都心に復活した家ネズミ

矢部辰男

●原産地と生態

　原産地は東南アジアないしその周辺と言われており，この地域にはクマネズミ属の種が多い．クマネズミは木登りや綱渡りが得意なことから，樹木の多い環境に起源をもつ種から進化したと推測される．熱帯生まれとはいえ，一定の低温には耐えられ，小笠原諸島，伊豆諸島，南西諸島では，しばしば冬期でも耕作地や森林などに生息する．

　しかし，多くの野ネズミ類と異なり，巣穴にたくさんの餌を蓄える習性（貯食性）や，体内に大量の脂肪を蓄える習性（貯脂肪性）を持たない．このために，乾期や冬期の，餌の少ない季節には，人類の食糧に頼らざるを得ない．

●侵入経路と分布拡大のしくみ

　人類に寄生する習性と一定の低温に耐えられる性質とが相まって，世界各地へ分布を拡大した．朝鮮半島では更新世中期の遺跡で化石が発見されており，アジア地域には先史時代に広がったのではないかと思われる．種子・穀類や果実類を好むため，人類によるこれらの貯蔵・運搬，あるいは稲作の普及などとともに広がったと推測される．

　わが国における海外からの侵入は今日でも見られ，1990年代後半には，小樽市内で多数の欧米系クマネズミ（体重は250gほどになり染色体数 $2n=38$，一方アジア系は200gほどで $2n=42$）が確認された．

　第二次世界大戦後の日本では，都市化とともに，都心からクマネズミが減少した．しかし，1970年代に大型ビルが急増して以来，再び都心にクマネズミが復活した．登攀力の優れるクマネズミは，ビル内をたやすく行動できるうえに，大型ビルには飲食施設などから出るネズミの餌が豊富にある．これがクマネズミの復活を助けた．クマネズミの横行は日本各地の主要都市で見られ，一部の都市では住宅街にまで広がっている．

　しかし，欧米ではクマネズミがほとんど問題にならない．わが国と欧米における都市構造の違いが，このような，クマネズミ問題の違いをもたらした一因と思われる．

●対策

　クマネズミは警戒心が強いために，ワナにかかりにくく，毒餌も食べにくい．そのうえ日本では，広く使われているクマリン系殺鼠剤に対して抵抗性遺伝子を獲得した．そのために防除が難しい．

　ところが札幌市街では，1980年代にクマネズミが消滅してしまった．札幌の街区は約1haごとに広い道路で囲まれているので，クマネズミの生息環境は分断化された状態にあった．そのために，この頃急速に発展した防除業界の働きによって，容易に駆除されたのであろう．

　この事実や，ビル内のネズミの発生源が飲食施設などの，餌の多い施設であるという事実は，防除対策上のヒントになる．クマネズミ対策は都市構造と建築構造の両面から考える必要がある．

樹上のクマネズミ（奄美大島）

参考文献
矢部辰男（1988）昔のねずみと今のねずみ．どうぶつ社．
矢部辰男（1998）ネズミに襲われる都市．中央公論社．
Suzuki, S. et al. (2001) Oseanian-type black rat (Rattus rattus) found in Port Otaru of Hokkaido, Japan. Med. Entomol. and Zool. **52**: 201-207.

ヌートリア ～水辺の大食漢

村上興正

●特徴

ヌートリアは草食性の大型齧歯類で，体長50～70cm，尾長35～50cm，体重6～9kgと日本の齧歯類では最大で，耳は小さく後ろ足に水かきがある．

陸上での動きは緩慢であるが，泳ぎは得意で水棲生活にもよく適応しており，日本では水辺生活をする唯一の齧歯類である．本来は夜行性であるが，昼間でも餌を食べているところがよく観察される．繁殖期は定まっておらず，多いときには年間3～4回繁殖を行い，産仔数は2～6頭であり，繁殖力は旺盛である．河川の中・下流域や池沼の流れが緩やかな場所の周辺に，巣穴を作って繁殖する．

●侵入経緯と分布状況

本種は南米原産である．毛皮が優れているので，1939～49年，軍服用の毛皮獣として，各地で盛んに養殖された．しかし，終戦と共に需要が減少し，養殖場は相次いで閉鎖されて，その当時養殖されていたものが野外に放逐され，定着した．当初の分布は養殖場周辺に限定されていたが，次第に分布を拡大し，現在では岡山県・岐阜県・愛知県・兵庫県・島根県・京都府・鳥取県・三重県・広島県・香川県など広く分布し，近年は大阪府の淀川流域にも生息している．

●影響

本種の個体数が多いところでは，農作物に対する被害が大きく，特に水辺の近くで栽培されている水田のイネや畑の根菜類に被害が甚大であるため，各地で有害鳥獣駆除による捕殺が行われている．鳥獣関係統計による捕獲数は1985年から1995年までは全国で約2000頭程度であったが，近年は減少し1000頭前後である．河川では堤防や土手に直径20～30cm，長さ1～6mの大きなトンネルを作るので，堤防の強度を弱める可能性がある．

草食性で，ヨシやマコモ・キショウブなどの根茎だけでなく若葉も食べるし，ホテイアオイなども好物である．大食漢であり水辺の植物に対する影響が大きいと考えられるが，具体的な影響を示す資料は得られていない．日本の哺乳類では水辺で草食性の動物はいないので，空きニッチにうまく入り込んだという感がある．哺乳類への影響は少ないと考えられるが，水鳥などと餌を巡る競合関係が生ずる可能性はある．

●外国における対策成功例と対策

ヌートリアはイギリスでも1920年代毛皮獣として導入されたが，多数の個体が逃亡し，湿地帯へ侵入・定着した．1950年には20万頭以上にも増加した．河川の土手や堤防に穴を開けたり，農作物への被害，湿地帯の特定の植物などが希少となるなど被害が大きいために，害獣として位置づけ，1962年から3年の駆除を行った．さらに，1981年からワナによる徹底捕獲で1989年に根絶に成功した．

日本では被害防除のための有害鳥獣駆除対策しか行われておらず，近畿地方では意図的導入が原因と考えられれる分布拡大が生じつつある．早急に封じ込めと可能な限りの根絶を行うべきである．

ヌートリア．本来は夜行性だが，昼間でもこのようによく餌を食べている

参考文献

岡田篤ほか（1998）岐阜県に生息するヌートリア（*Myocastor coypus*）の分布の変遷．関西自然保護機構会報 **20**：77-81.

三浦慎悟（1970）分布から見たヌートリアの帰化・定着，岡山県の場合．哺乳動物学雑誌 **6**：231-237.

Evans, J. (1970) About nutria and their control. pp.1-65. Resource Publication No.86. U. S. Goverment Printing Office. Washington, D. C.

Gosling, M. (1989) Extinctin to order. *New Scientist* **4**：5-9.

アライグマ ～ペットが引き起こした惨状

池田 透

●原産地と生態

アライグマは北米原産の食肉目に分類される動物であり，外見的には顔の黒い帯と尾の縞模様に特徴がある．蹠行性(せきこう)の歩行のために足跡は明瞭に残り，5本指の形状とその大きさから在来哺乳類との区別は容易である．

夜行性であり，森林や湿地帯から市街地まで多様な環境に生息するが，一般的には水に近い場所を好む．2カ月間の妊娠期間を経て，春に普通は3～4頭の子を産むが，流産や出産初期に子が死亡した場合は，再度排卵して出産することもある．食性は雑食性で，動物全般から果実・野菜・穀類までレパートリーは広く，農業被害とともに在来種への影響が危惧される．行動圏は環境によって大きく異なるが，食料調達の容易な都市部では数haと狭く，住宅地や隣接する林縁部を積極的に利用している．

●分布状況と侵入経路

日本で最初のアライグマの侵入は，1962年に愛知県犬山市の動物園飼育個体の逃亡によって発生し，生息域は岐阜県にも拡大した．続いて1979年には北海道恵庭(えにわ)市でも飼育個体の逃亡からアライグマが定着し，その後も日本各地で侵入が確認され，一時的情報も含むと，2003年時点では41都道府県から侵入情報が得られている．これらの侵入の原因は，飼育個体の逃亡・遺棄と予想されている．アライグマはアニメの影響などでペットとして人気が高いため，飼育管理の徹底を図らなければ今後も侵入地域の拡大が予想される．

定着過程をみると，北海道においては食料と巣の確保が容易な酪農地帯に最初の定着が生じて繁殖の温床となり，周辺地域に分散個体を供給した．現在アライグマが急増中の神奈川県鎌倉市の場合にも，家屋の天井裏や空家が格好の繁殖場となっている．定着に際して人間の生活圏を積極的に利用していることが，アライグマ定着過程の特徴と言えよう．

●影響と対策

侵入の影響としては，農業等被害やアライグマ回虫症（p.226参照）といった人間生活への直接的被害のほかに，捕食・競合による在来種への影響が危惧される．実際に北海道では，ニホンザリガニやエゾサンショウウオの捕食やアオサギの集団営巣放棄といった事態も報告されている．日本には天敵が存在しないことから，今後各地で在来種に悪影響を及ぼすことが予想される．

現在日本各地で有害鳥獣駆除による捕獲が進められているが，有害鳥獣駆除は被害が減少すれば実施されなくなるため，アライグマ根絶のための抜本的対策が望まれる．北海道では，2001年より「北海道動物の愛護及び管理に関する条例」によってアライグマをはじめとする特定外来動物管理の徹底を図っている（p.26参照）．全国的にもこうした飼育個体の管理に加えて，生息数推定や繁殖パラメーターなどのデータを基礎とする個体群変動モデルに基づいた科学的駆除プログラムの策定とその実施が急務となっている．

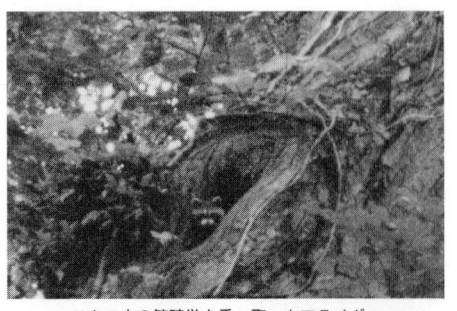

フクロウの繁殖巣を乗っ取ったアライグマ

参考文献

安藤志郎・梶浦敬一（1985）岐阜県におけるアライグマの生息状況．岐阜県博物館調査研究報告 **6**：23-30.

池田透（1999）北海道における移入アライグマ問題の経過と課題．北海道大学文学部紀要 **47**：149-175.

池田透（2000）移入アライグマの管理に向けて．保全生態学研究 **5**(2)：159-170.

石狩支庁アライグマ被害検討協議会（1999）アライグマによる農業等被害防止の手引き．北海道石狩支庁．

テン ～北海道で在来種クロテンに影響

細田徹治

●原産地と生態

　日本には2種のテンが分布している．ユーラシア大陸北部に分布するクロテンの亜種で，北海道にだけ生息するエゾクロテンと，北海道以外の日本列島に広く分布するテンである．テンはさらに，本州，四国，九州に分布するニホンテン（色相の違いによりキテンとスステンに区別されることがある）と，対馬にだけ分布するツシマテンの2亜種に分けられる．テンはクロテンよりやや大型である．本来の生息地ではない北海道と佐渡島には人為的に導入されたニホンテンが生息するが，特に北海道で分布拡大しているものは東北地方から導入されたキテンである．

　テンの繁殖生態はよくわかっていないが，クロテンとほぼ同じと推測される．春に出産し，子育て途中の夏に交尾し，その後長い着床遅延の後，翌春に出産する．人家周辺から奥山まで広く生息し，樹胴や岩の割れ目で寝て，ほぼ昼夜の別なく行動する．雑食性で，小哺乳類，鳥類，両生類，爬虫類，昆虫類，ヤマブドウ，マタタビ，クワの実をはじめ，地域によってはカキ，ミカン，イチジクなども食べ，環境への適応性が高い．

●侵入の経緯と分布拡大

　エゾクロテンは，その上質の毛皮のため明治時代には欧米にも輸出されていた．その後，開発が進むにつれて絶滅寸前になり，1920年（大正9）に保護獣に指定され禁猟となった．その後，第二次世界大戦直前，わが国で外貨獲得のため毛皮の生産を奨励したとき，北海道の毛皮獣業者が東北地方の山で捕獲されたキテンを購入して，手稲や渡島半島の各地で飼育を始めた．しかし，戦局が悪化し，餌不足で飼育が困難となり山に放逐されたものが野生化し，1955年頃から山中でも人目に触れるようになってきた．

　近年の研究によると，道南地域から石狩低地帯にかけての地域ではエゾクロテンが生息している可能性は極めて低く，すべてキテンに置き換わっているものと思われる．苫小牧では，人家の庭先に当初エゾクロテンが出没していたが，1990年の冬頃からキテンが出没するようになって以降，全く姿を現さなくなったことが写真撮影により明らかにされている．同様な情報が札幌近郊でも得られている．これらの状況証拠から判断して，「キテンがエゾクロテンを駆逐している最中」であり，このままの状態が続くとキテンの分布はさらに道央のほうへと拡大していくことが懸念される．

●対策

　これまでの遺伝子や染色体の研究によると，両種は遺伝的に極めて近縁であることがわかっており，雑種形成の可能性も考慮しなければならない．幸いなことにこれまでに雑種個体が得られたという報告はないが，今後も警戒が必要である．在来種の貴重な遺伝子資源が外来種により汚染される危険性があり，これは絶滅に匹敵するほどのインパクトである．よって早急に，駆除する等の対策が必要である．

参考文献

犬飼哲夫（1975）北方動物史．北苑社．
岩佐真宏・細田徹治（1999）移入哺乳類についての意見．森林保護 273：37-38．
門崎充昭（1996）野生動物痕跡学辞典．北海道出版企画センター．
細田徹治・鑪雅也（1996）テンとエゾクロテン．「日本動物大百科 1　哺乳類」, pp.136-139. 平凡社．
Hosoda, T. et al. (1999) Genetic relationships within and between the Japanese marten *Martes melampus* and the sable *M. zibellina*, based on variation of mitochondrial DNA and nuclear ribosomal DNA. *Mammal Study* **24**：25-33.

夏毛のキテン．冬になると顔面の黒色部分が灰白色になる

ニホンイタチ ～島に持ち込まれトカゲの楽園を一掃　　　　　　　長谷川雅美

●ネズミ駆除のために放獣

　日本固有種であるニホンイタチは，チョウセンイタチによる競争排除によって減少しつつある．その一方で，ニホンイタチを放獣してネズミを駆除する試みが多くの島嶼に適用され，島固有の生物が駆逐されるという問題も生じている．白石（1982）によれば，日本全国で沖縄から北海道まで，数十に及ぶ島々にイタチ類が持ち込まれ，ドブネズミやクマネズミのコントロールに大きな効果を上げたという．しかし，島嶼に限らず，鼠害が発生した場合には，泥縄式にイタチを集め被害地へ送り込む，というのが従来の図式であった．

●放獣の是非を巡る科学的検討

　伊豆諸島の三宅島では，1970年頃からネズミによる農林業被害が著しくなり，防除対策としてイタチ放獣の要請が東京都へ提出されていた．しかし，鳥類など島の固有種への影響が懸念されたため，試験的に雄イタチのみ20頭の放獣が認められ，1976年から1977年にかけて実施された．
　将来本格的な放獣を行うべきか科学的判断を行うため，1978年から3年間にわたり，イタチの試験放獣が鳥類に及ぼす影響（予測）調査が行われ，審議の結果，「島へのイタチ放獣は鳥類ばかりでなく，トカゲなど他の動物にも多大な影響を与える」と判断され，「今後は島嶼へのイタチ放獣は行わないように」との提言がなされた．これを受けた都は放獣を認めず，殺鼠剤やワナによる駆除を進めることに決定した．しかし，島の経済事情や利害関係による島民の感情的な問題は解決されず，結局，関係者の意思統一がなされぬままに，1982年頃に本格的な放獣が行われるに至った．

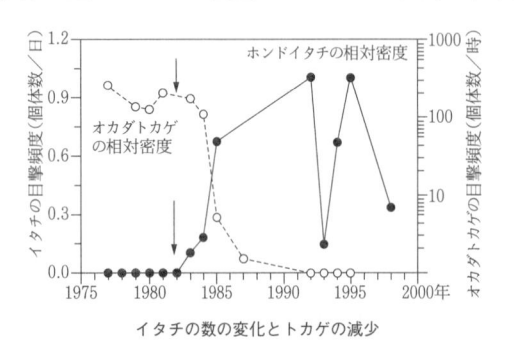

●島嶼生態系への影響と対策

　三宅島では，イタチの放獣によって爬虫類のオカダトカゲと鳥類のアカコッコが減少した．オカダトカゲは，イタチの姿が目立ち始めた1983年から1985年に全島的に減少し始め，1990年代に入ると，イタチ放獣前の千分の1から万分の1に減少した．アカコッコの減少も著しかった（p.235参照）．さらに，イタチの増加とオカダトカゲの減少に連動し，地表を徘徊する昆虫のオオヒラタシデムシの大発生が生じた．
　三宅島より約20年早くイタチが放された八丈島でも，アカコッコやオカダトカゲの減少が著しかったが，近年になって多少復活の兆しがうかがえる．しかし，イタチが存在する限り，島全体の生物相が元の構成に戻ることはありえないだろう．
　このように，島嶼という空間的に限られた生態系にイタチのような肉食性哺乳類が導入された場合，その影響は直接の捕食圧による爬虫類や鳥類の減少にとどまらず，島の生物相をも大きく変化させてしまう．したがって，島固有の種や地域個体群の保護，さらに島嶼生態系の保全・修復という観点からも，導入されたイタチの根絶を真剣に検討すべき時期に来ている．

参考文献

白石哲（1982）イタチによるネズミ駆除とその後．採集と飼育 44(9)：414-419．

高木昌興・樋口広芳（1992）伊豆諸島三宅島におけるアカコッコ Turdus celaenops の環境選好とイタチ放獣の影響．Strix 11：47-57．

長谷川雅美（1986）三宅島へのイタチ放獣　その功罪—放獣後数年にして急激に変化しつつある生物的自然．採集と飼育 48(10)：444-447．

樋口広芳・小池重人（1977）三宅島におけるイタチ放獣後の野生鳥類の繁殖成功率．野生生物保護（1977）：81-88．

Hasegawa, M. (1999) Impacts of introduced weasel on the insular food web. In: *Diversity of reptiles, amphibians and other terrestrial animals on tropical islands: origin, current status and conservation.* (eds. H. Ohta), pp.129-154. Elsevier.

イタチの数の変化とトカゲの減少

チョウセンイタチ ～追われるかニホンイタチ──────荒井秋晴

●原産地と生態

　ヨーロッパ東部からシベリア，ヒマラヤ北部から中国，朝鮮半島および台湾と広く分布し，日本でも対馬に自然分布する．ネズミ類や昆虫類など動物質を主な餌にするが，季節によっては果実類等の植物質も食べる．様々な環境に生息し，時には人家の屋根裏にも侵入する．雌は雄の体の約半分で，年1回春に平均5～6頭出産する．

●侵入の経緯と分布拡大状況

　詳細な経緯は不明だが，第二次世界大戦以前に毛皮用に持ち込まれたものが起源と思われる．阪神地方の養殖場から1930年頃逃げ出した個体が関西地方で，1945年頃の戦後混乱期に船荷などに紛れて北九州地方に侵入した個体が九州地方でそれぞれが広がったと推定される．いずれも朝鮮半島から直接侵入したものと考えられている．

　侵入したチョウセンイタチは在来のニホンイタチを駆逐しながら次第に分布域を広め，現在では中部地方以南，九州，四国および周辺の島に生息している．九州では，1955年頃に久留米市，1960年頃に大牟田市，1975年頃に熊本市，1988年頃に鹿児島県西北部と南下しながら，生息域を拡大している．九州の東側でも同様に南下したと考えられ，現在では九州全県で生息が確認されている．

　そこで，面的な広がりと両種の関係を把握するため，1997年に熊本県の県道におけるイタチの轢死体を調べた．その結果，チョウセンイタチはほぼ県内一円から得られ，分布状況と個体数において明らかに優位だった．

　大分県久住町の有氏地区は標高約850mで，九州のほぼ中央部に位置し，以前はニホンイタチのみが生息していた．しかし，1994年のリゾート施設の完成直後から，チョウセンイタチがこの地区にも進出し，一時的にニホンイタチが消えた．1999年頃から再びニホンイタチの姿が戻り，現在標高800m付近で未だ両種の攻防があるものの，ニホンイタチの生息域が回復しそうである．その要因は特定できないが，少なくとも標高差や山間地といった条件ではなく，有氏地区で1994年以降新たな施設の建設や拡充がなく，国立公園でもあることから，人為的な撹乱の少ない環境が戻ってきたためと考えられる．

●今後の対策

　両種の分布や種間関係に関する詳細な調査研究は少なく，まず現状把握が対策の第一歩である．

　チョウセンイタチの影響でニホンイタチの分布域に変化が起きていることは明らかであるが，すでに全国的に定着が進んでいるので，根絶は非常に困難である．しかしながら，今後は生物多様性保全上特に重要な地域への侵入・定着を防止すること，およびすでに定着している場合はその場所に限定して根絶し，それ以降の侵入を防止するなどの対策が必要である．

チョウセンイタチはニホンイタチに比べて体が大きく，尾が長く，体毛の色が明るい．同じような生活をする両種は同じ場所に生息すると競合が生じる

チョウセンイタチ（上）とニホンイタチ（右）

参考文献
阿部永ほか（1994）日本の哺乳類．東海大学出版会．
今泉忠明（1986）イタチとテン．自由国民社．
佐々木浩（1992）都市に生きられるか―チョウセンイタチ，ニホンイタチ―．週刊朝日百科 動物たちの地球 8: 312-313.
佐々木浩（1996）ニホンイタチとチョウセンイタチ．「日本動物大百科1　哺乳類」，pp.128-131．平凡社．
中園敏之ほか（2001）熊本県におけるニホンイタチとチョウセンイタチの分布状況―ロードキルデータを用いて―．第48回日本生態学会大会講演要旨集 180.
吉倉眞（1988）熊本の陸生哺乳動物（2）分布と実態．土龍 13: 100-121.
Sasaki, H. & Ono, Y. (1994) Habitat use and selection of the Siberian weasel *Mustela sibirica coreana* during the non-mating season. *J. Mamm. Soc. Japan* 19: 21-32.

ハクビシン　〜忘れられた謎の外来種

鳥居春己

●原産地はどこ？

ハクビシンは，戦中から戦後にかけて，四国，東海地方と東北地方から集中的に生息が確認された．東南アジアを中心に，中国，台湾に生息しているので，在来種であれば，九州に生息していないのは不自然であり，外来種と考えられる．

ハクビシンは，第二次世界大戦中には毛皮用の養殖タヌキとともに飼育されていた．しかし，彼らの毛皮は質が悪いため，放逐され，戦後になって個体数を増やしたと言われている．その一方，江戸時代にも持ち込まれた記録もあり，東南アジアの各地から，長期間にわたって何度も持ち込まれたのではないだろうか．

最近は，生物多様性保全から外来種の根絶が叫ばれている．DNA解析などにより，日本のハクビシンの由来を早急に明らかにする必要があろう．

●現在の分布域

現在，ハクビシンは福井県以北の本州と四国に生息している．かつては北海道でも確認されているが，定着には失敗したらしい．しかし，最近も岡山県などから生息情報が得られ，今後も分布域を広げる可能性が高い．

●生態

ハクビシンはジャコウネコ科に属し，樹上生活の得意な中型の哺乳動物である．彼らは雑食性ではあるが，植物質は果実がほとんどで，それ以外の植物質は好まない．生息域は市街地から山間地までに広がり，人間の生活圏と重なる．雑食性で，人里，樹上生活に競合する種はタヌキくらいなので，侵入は容易であっただろう．かつてはハクビシンによる果実の食害が問題視されたが，近年は人家の屋根裏への侵入が新たな被害となっている．

ハクビシンが新たな地域に侵入してから，その存在が知られるまでには十数年を要している．その時期を過ぎると，被害は深刻なものとなる．ただ，興味深いのは，その後いつの間にか被害も少なくなり，その存在が忘れられてしまうことである．確証はないものの，ハクビシンは数年おきに個体数変動を繰り返し，やがて低密度で安定するものと考えられる．

しかし，彼らの生活様式は新たな外来種であるアライグマと酷似しており，今後は日本の人里を舞台にこれら外来種同士の競争が展開するのではないだろうか．

●対策

ある地域に侵入したハクビシンが人知れず潜伏している時期に集中的に駆除すれば，新たな分布域となることは防げるかもしれない．バナナを餌に，中型獣のかごワナで容易に捕獲できるからだ．しかし，定着し，分布域も広がり，低い密度で安定してしまってからでは，捕獲だけで根絶させることは難しい．

飼育個体の放逐や逃亡がハクビシンの分布拡大の要因と考えられることから，飼育の届け出制や不妊化の義務付けなど，飼育の基準作りが急がれる．

参考文献

鳥居春己（1996）ハクビシン．日本動物大百科 哺乳類Ⅱ．pp.136-137．平凡社．

鳥居春己（1996）静岡県内市町村別のハクビシンの分布．静岡県ハクビシン調査報告書．pp.1-7．静岡県生活・文化部自然保護課．

鳥居春己・大場孝裕（1996）ハクビシンの行動域について．静岡県ハクビシン調査報告書．pp.13-28．静岡県生活・文化部自然保護課．

ハクビシン

マングース 〜誤った天敵導入で在来種が激減

山田文雄

●原産地と生態

日本に導入されたマングースは食肉目マングース科（19属39種）のうちの小型種のジャワマングースである．原産地はアラビア，インド，中国南部，東南アジアで，分布はマングース類で最も広く，個体数も最も多い種である．環境適応力に優れ，増殖率は極めて高い．

●導入時期と目的

19世紀のイギリスなどの植民地であった西インド諸島，ハワイ諸島，フィジー諸島などにおいて，大規模なサトウキビ農園開発に伴い，ネズミ害が増加した．そこで，ネズミ駆除対策に天敵としてマングースが導入された．わが国へは，毒ヘビのハブとネズミの天敵として，沖縄本島に1910年，奄美大島に1979年頃に導入された．

●生態的な影響

1872〜1900年に，マングースが導入された上記の海外の島々では，一時的にネズミ類の被害は減少したが，増殖したマングースによる農業被害の増加と，マングースから逃避できる樹上性クマネズミの被害増加が重なり，農園経営者をいっそう困らせた．さらに，在来種の昆虫，ヘビ，トカゲ，クイナなどが捕食され，絶滅する種も出てきた．このため，導入20年後にマングース駆除が開始され，輸入禁止種に指定した地域もあった．

誤った天敵導入のらく印を押されたマングースであったが，その20年後および80年後に日本に導入されてしまった．

マングースは，導入先の島に捕食者や競争種が存在しなかったために島の上位捕食者の位置を占め，農業開発により増加したネズミや昆虫など広範な生物を餌とする雑食性のため定着に成功した．一方，島の在来種は，捕食者を欠いた環境に適応しており，個体群サイズも元々小さいために，マングースの影響を受けやすく，絶滅しやすかった．

マングース定着後10〜15年が経過した奄美の森林では，希少種トゲネズミ，アマミノクロウサギなどの哺乳類，アマミヤマシギ，ルリカケスなどの鳥類，キノボリトカゲ，ヒャンといった爬虫類などが捕食され，地上性の動物が減少しつつある．昼行性のマングースは夜行性のハブと出会うことは少なく，ハブ捕食は野外ではほとんど認められていない．マングースをこのまま放置すると，海外の島々同様に，在来種の絶滅が起きると危惧される．

●駆除対策

2000年から沖縄本島（北部地域）と奄美大島において，環境省主導による生態系保護を目的としたマングースの本格的駆除事業が開始された（p.20〜22参照）．わが国の外来種対策としては初めての取り組みであるが，今後，駆除事業を成功させるために，効率的駆除技術の開発，駆除のための体制づくり，有効なモニタリング法の開発，広報・支援体制づくりなど様々な課題を早急に達成する必要がある．

マングースのように上位捕食者で，生態系に深く入り込んだ外来種対策は，対象種の排除による生態系への影響を考慮し，本来の生態系の回復を最終目標に包括的な対策をとる必要がある．

ジャワマングース．左下はアマミノクロウサギの毛を含むマングースの糞

参考文献
服部正策・伊藤一幸（2000）マングースとハルジオン．岩波書店．
山田文雄ほか（1999）奄美大島における移入マングース対策の現状と問題点．関西自然保護機構会報 **21**（1）: 31-41．
山田文雄（2001）誤算だったマングースの導入．どうぶつと動物園 **53**: 10-13．
Simberloff, D. *et al.* (2000) Character displacement and release in the small Indian mongoose, *Herpester javanicus*. *Ecology* **81**: 2086-2099.

ノネコ ～希少種の捕食と病気の伝播

伊澤雅子

●野生化ペットとしての特殊性

　ノネコは現在極地を除く世界中に広く分布しており，外来種の中でも最も分布域の広い種の一つであろう．ノネコはイエネコが野生化したものである．その歴史は古く，イエネコとして家畜化された当初からノネコは存在したと考えられる．それはイエネコが，他の家畜にはない野生化しやすい要因を持つことによる．

　ネコの家畜化の本来の目的は，穀物をネズミ等から守ることにあった．よって，行動を制限しないで放置状態の飼育方法がとられ，さらに繁殖をも人間がコントロールしないという異例の家畜となった．また，イヌや大型の家畜のように人間に直接の害をなすことがないため，イエネコ飼養についての法的な規制がほとんどない．

　これらの歴史的経緯とイエネコの生態的特性が，野生化を助長する大きな要因となっている．またノネコが生態系に及ぼす悪影響は，イエネコでも同様であることが，問題を複雑にしている．

●生態系への影響

　生態系の撹乱として最大のものは，在来小動物の捕食である．その中には希少種も含まれている場合もある．国内外のいくつかの海鳥の繁殖地では，ノネコの侵入によるヒナ，親鳥の捕食が報告されている．国内では，南西諸島で，ノネコの糞からオキナワトゲネズミ，アカヒゲなどが発見されている．調査が進むにつれて，生態系全体への撹乱，在来種へのインパクトは，無視できないくらい大きいことが明らかになってきている．

　最近，指摘されているもう一つの深刻な問題は，ノネコから野生ネコ科への病気の伝播である．現在最も絶滅の危機に瀕している種の一つであるツシマヤマネコからＦＩＶウイルスが検出され，ＤＮＡ解析の結果，イエネコから伝播したものであることが確実となった．小さい島に唯一の個体群として生息するツシマヤマネコにとって，致死的な伝染病の侵入は，短期間に個体群を絶滅させる恐れのある深刻な問題となっている．多くのノネコが同所的に生息するイリオモテヤマネコでも，同じ問題が懸念されている（p.222参照）．

●個人のレベルと地域ぐるみの対策

　ノネコの発生は，飼い主が飼えなくなったネコを遺棄することと，無責任な飼い方によって引き起こされる．ノネコのコントロールのためには，まず，飼い主の自覚を促し，飼育管理に責任を持ってもらうことが必要である．一方では，野生化してしまったノネコの除去も必要である．同時に，ノネコ個体群を維持する大きな餌資源である生ゴミの管理が不可欠である．

　最近，地域ぐるみで法的措置も含めて，ノネコ対策を開始している好例がある．東京都小笠原村では全国に先駆けて「飼いネコ適正飼養条例」を作り，飼いネコの登録を義務付けている．続いて沖縄県竹富町も同様の条例を施行した．ボランティアによる去勢，避妊とともに，ウイルス検査も試行されている．こうした地域ぐるみの対策が全国的に展開されることが望ましい．

イリオモテヤマネコ生息地内に捨てられたゴミを食べに来たノネコ

参考文献
伊澤雅子・土肥昭夫（1997）イエネコからのウイルス感染―ツシマヤマネコは生き残れるか？．科学 **67**(10)：705-707.
日本野鳥の会やんばる支部（1997）沖縄島北部における貴重動物と移入動物の生息状況及び移入動物による貴重動物への影響．日本野鳥の会やんばる支部．
Fitzgerald, B. M. & Turner, D. C. (2000) Hunting behaviour of domestic cats and their impact on prey populations. In : *The domestic cat*, pp.151-175.

イノシシ・イノブタ 〜高い商品価値を持つ大型哺乳類　　　　神崎伸夫

●高い商品価値を持つイノシシ

イノシシは高い商品価値を持つ狩猟資源であり，西日本を中心に流通経路が整備されている．イノシシ飼育はその高い価値に目を付けて始められたものであり，全国的に飼育場が見られる．イノシシの生体を扱う競り市も定期的に開催されており，そこには各地からイノシシが持ち込まれている．飼育形態が粗放な場合があり，野生化も起こっているが，在来のイノシシがもともと分布している地域では，その実態の正確な把握は難しい．

長崎県の対馬には，1710年に絶滅させられて以来イノシシは分布していなかったが，近年飼育イノシシが逃げ出して全島に分布するようになり，深刻な農作物被害が発生するようになっている．

●飼育場から逃げ出すイノブタ

イノシシは肥育期間が長く，初期死亡が多いという欠点を持つため，その代用としてイノシシとブタの雑種であるイノブタの飼育が行われるようになった．現在では，イノブタを積極的に観光資源として活用しようとする地域も出てきた．そして，全国的に飼育場が見られるようになっている．

狩猟者へのアンケートによると，イノブタ飼育個体の逃亡は全国的に発生しているようである．しかし，イノブタは雑種第三代以降にはイノシシと見分けがつきにくくなることが経験的にわかっており，野生化の実態は正確に把握できない．DNAを使った判別法が帯広畜産大学の石黒直隆氏のグループにより開発されたが，イノブタの支配方法は多岐にわたるため，すべてが判別できるわけではない．

イノブタも，イノシシが生息していない地域で野生化している．北海道足寄町では養豚業者がイノブタ飼育を1980年に始めたが，飼育開始4年後にすべての個体が野生化し，深刻な農作物被害が発生するようになった．1988年から，ほぼ1年を通して駆除を行い，被害を抑えることに成功したが，現在でも根絶できていない．

●狩猟資源として歓迎される野生化個体

イノシシ，イノブタは意図的に放獣される場合もある．狩猟者に対するアンケートによると，約4分の1の回答者がこれらの野生化個体を狩猟資源として歓迎していた．房総半島では1970年代にイノシシが絶滅したが，1980年代に狩猟者によってイノシシかイノブタが放獣され，現在その分布域は急速に広がっている．両種のような高い商品価値を持ち，狩猟獣として人気の高い動物の場合には，厳格な飼育規制だけでなく，意図的な放獣に対する規制も行っていかなければならない．

参考文献
浅田正彦ほか（2001）房総半島におけるイノシシの生息状況．千葉中央博自然誌研究報告 6(2)：201-207.
神崎伸夫ほか（1993）北海道足寄町のイノブタ野生化問題．人間と環境 19(2)：99-101.
神崎伸夫・大東-伊藤絵理子（1997）近・現代の日本におけるイノシシ猟およびイノシシ肉の商品化の変遷．野生生物保護 2：169-183.
小寺祐二・神崎伸夫（2001）イノシシ，イノブタ飼育とそれらの野生化の現状．野生生物保護 6：67-78.
高橋春成（1995）野生動物と野生化家畜．大明堂．

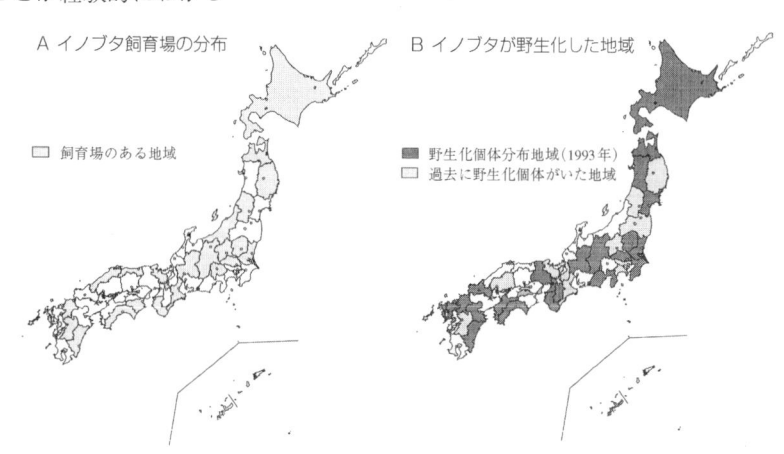

イノブタ飼育場の分布とイノブタが野生化した地域（小寺・神崎，2001）

養鹿用シカ類 〜グルメブームと村おこしの落とし子

三浦慎悟

●原産地と生態

 バブル経済のさなか，村おこしのかけ声とグルメブームを背景に，肉や「鹿茸」(薬効があるとされる成長中のシカ類の角)を生産する「養鹿」が各地で盛んに行われた．その「種ジカ」用のシカ類が，養鹿業の斜陽化とともに大量に野外へと放出される危険性がある．

 養鹿用シカ類は，トナカイ，アカシカ，サンバー，ダマシカ，梅花鹿(大陸産ニホンジカ亜種)など10種以上にわたり，すべてが海外から輸入された．総数は1000頭以上で，現在ではこれらからの繁殖個体も含め2500頭以上が飼育されていると推定される．大半は海外の飼育施設から輸入業者を通じて輸入されたため，集団の由来や原産地は不明なことが多い．これらの種の多くは野外でも繁殖し，野生化する能力をもっている．

●飼育状況と野生化の危険性

 農林水産省畜産局の統計によれば，1998年時点での全国の養鹿施設は北海道から沖縄に至る36道県，合計145カ所以上にのぼる．輸入ジカに加え，国内産ニホンジカを含めた養鹿ジカの総数は約5000頭に達する．ほとんどの養鹿施設は，飼育数10頭以下の個人所有のため規模は零細で，柵などの設備は完備していない．このため，脱柵や逃亡事故が相次いで報告されている．さらに「養鹿」そのものが立ちゆかず，飼育が負担となっているため，野外へ放逐される恐れがある．

 野生化したシカ類は再捕獲が極めて困難である．このため，新たな農林業被害の発生が心配されるほか，餌植物の消失や群集組成の変化などを通じて生物相の攪乱を引き起こし，生態系にも大きなインパクトを与える．

 さらに，養鹿用に飼育されたニホンジカは転売されたり移動させられたため，放逐されれば在来の亜種との間で交雑が起こるうえ，養鹿用の外国産(亜)種と在来種との間でも交雑が予想され，遺伝的には二重の攪乱を受ける危険がある．事実，ヨーロッパでは導入されたニホンジカと在来種アカシカとの間で交雑(雑種は稔性とされる)が進み，在来種の保全上，大きな問題となっている．

●対策

 未然に脱柵や逃亡事故を防止することが最も大切で，柵を二重構造にするなど施設の基準と義務づけが求められる．さらに，養鹿の廃業の際は，飼育個体をきちんと処理することが求められる．関係行政は現状を早急に調査し，飼育個体が絶対に野外に放たれないよう，指導が必要である．

 最近，北米では野生ジカに「狂牛病」に似た症状を示す「慢性消耗性疾患」(Chronic Wasting Disease, CWD)が発生しているという．この病気の感染経路は必ずしも明確ではないが，飼育ジカでは以前から発症が知られていたことから，飼育ジカを介して野生ジカに広がった可能性が強い．飼育ジカを野生化させないことは，予想できない病気を予防する点からも徹底されなければならない．外来種の持ち込みや飼育管理に関する法令の整備の重要性がここでも指摘できる．

養鹿施設(岩手県にて撮影)．約250頭のアカシカが飼育されている．簡単な柵で囲われ，飼育条件は劣悪である．

参考文献
三浦慎悟 (1992) 野生動物との奇妙な共存—養鹿のゆくえ. 日経サイエンス **22**(2): 25-27.
Geist, V. (2000) Under what system of wildlife management are ungulates least domesticated ? In : *Antelope, Deer, and Relatives* (eds. Vrba, E. S. & Schaller, G. B.), pp. 310-319. Yale Univ. Press.
Gross, J. E. & Miller, M. W. (2001) Chronic wasting disease in mule deer: Disease dynamics and control. *J. Wildl. Manage.* **65**(2): 205-215.

キョン ～動物園からの侵入

浅田正彦

● 原産地と生態

　キョンは，中国南東部および台湾に自然分布しているシカ科の小型草食獣である．食性は主に果実や木本の葉であり，千葉県の房総半島では冬にカクレミノやアリドオシなどの常緑広葉樹の葉を主に食べている．本種はシカ科の中でも繁殖力が強く，1年を通じて繁殖可能で，出産後にすぐ発情することができる．房総で捕獲されたメスの妊娠率は，0歳が60％，1歳が72％，2歳以上が80％であった．

● 千葉県房総半島の生息状況

　房総半島では，南部の勝浦市，鴨川市，君津市などの約310km²の範囲に定着している（2001年3月推定）．生息密度は0.7〜14.7頭/km²．侵入源は，飼育履歴や元従業員の情報などから，勝浦市のN私立動物園である可能性が高い．野生状態で定着した時期は，飼育が始まった1960年代から野外での目撃や捕獲が始まった1980年代終わりまでの間であると考えられる．また，千葉県内ではこれ以外の地域においても，本種の捕獲記録や死体の発見情報がいくつか得られている．

● 東京都伊豆大島の生息状況

　東京都伊豆大島では，北東部の泉津から大島公園周辺にかけての地域と，島南部の差木地周辺に定着している．侵入源は，分布範囲や園内で放飼していること，柵の管理状態などから，東京都O動物園である可能性が高い．

● 侵入の影響

　両地域でキョンによる農作物被害が発生しており，被害品目はイネ，トマト，カキ，ミカン，スイカ，花，タケノコ，キウイフルーツ，アシタバなどである．房総半島において在来のニホンジカと同所的に生息する本種は，ニホンジカが忌避するアリドオシを採食することがわかっており，自然植生へのより大きな影響が危惧される．伊豆大島においても，本来草食獣のいない環境下で成立してきた特異な島嶼生態系への影響が懸念される．

● 行政の対応

　千葉県が行った飼育状態の立ち入り検査の際に，N私立動物園側がキョンは現在飼育していないと主張したため，管理責任を問うことができなかった．この飼育施設は経営不振により閉園したが，千葉県では2000年（平成12）1月28日に「千葉県イノシシ・キョン管理対策基本方針（千葉県環境部長通知）」を策定し，キョンを県内の自然から「排除することを目標」とし，モニタリング調査，有害獣駆除による個体数管理，被害管理を実施している．

　東京都は，キョンが島内の飼育施設から逃亡した飼育個体由来であることを認識しており，施設外で捕獲した個体は収容している．しかし，現在はキョンの有害鳥獣駆除を実施していない．

　動物園などでの放飼の際は，園外への逸脱がないように柵の管理を徹底させる必要があるとともに，さらなる分布拡大を阻止するために，有害獣駆除による全頭捕獲を早急に実施すべきである．

参考文献

浅田正彦ほか（2000）房総半島及び伊豆大島におけるキョンの帰化・定着状況．千葉中央博自然誌研究報告 **6**：87-94．

千葉県環境生活部自然保護課・房総のシカ調査会（2001, 2002）千葉県イノシシ・キョン管理対策調査報告書1，2．千葉県環境生活部自然保護課・房総のシカ調査会．

盛和林（1992）中国鹿類動物．East China Normal University Press.

キョン

ヤギ（ノヤギ）～島の植生破壊者

常田邦彦

●家畜化と野生化

ヤギは約1万年前に西アジアですでに家畜化されていた．その原種として，地中海のいくつかの島と小アジアから中央アジアにかけて生息するパサン，および中央アジアから南西アジアにかけて生息するマーコールが有力視されている．ヤギは粗食に耐え乾燥地帯や山岳地帯など幅広い環境に適応できるため，世界各地で飼育されるようになり，多数の品種が作り出された．世界の飼育頭数は約6億頭と言われており，途上国をはじめとした多くの地域で今なお重要な資源である．

ヤギは様々なやり方で飼育されているが，自然の中に放置して自由な繁殖に任せる粗放な放牧も多く，しばしば逃亡して野生化することがあった．また，ある地域の人々がそこでの生活を諦めたときには，そのまま放置された．さらに，生鮮食料品の保存技術が未発達であった時代や，今でもそれができない地域では，あらかじめいくつかの島にヤギを放して繁殖させ，必要な時の肉資源として活用している．このようにして，世界各地でヤギの野生化が起こった．野生化したヤギは，一般にノヤギと呼ばれる．

●世界のノヤギ問題

もともとヤギは貧弱な植生でも生活できることから，過放牧が行われた場合には森林破壊や砂漠化などが起こる．また島嶼などに持ち込まれたときにも，農業被害だけでなく摂食や踏みつけによる生態系の破壊をもたらすことが，しばしばある．

野生化したヤギ（ノヤギ）

生物多様性保全の視点からは，この生態系への影響が重要である．特に海洋島での影響は深刻である．海洋島とは地質学的な島の成立以来一度も陸続きになったことのない島で，このような島では海を越えてたどり着いた少数の種から生物が進化するため，そこだけにしかいない固有種が多い．また，食肉獣や大型の草食獣など普通は見られる生物が欠落していることが多いため，これらの生物に対する耐性を欠いた生態系となっている．

この海洋島であるハワイ諸島やガラパゴス諸島では特異な生物相が進化したが，ヨーロッパ系の人々の進出と共に持ち込まれ野生化したヤギは，島々の植生を破壊し，その結果，実に様々な否定的な影響が生じた．例えば，ハワイのマウイ島にあるハレアカラ国立公園では，わずかに残されていたハワイ固有の植物種が著しく減少し，外来植物種の侵入も激しくなった．ガラパゴス諸島では固有種であるゾウガメとノヤギの間で餌を巡る競争が激しくなり，ゾウガメ個体群の存続を阻害する大きな原因となった．また，著しく古い時代に元の大陸から分離したため，極めて特異な生態系が形成されたオーストラリアやニュージーランドでも，様々な影響が問題となっている．

●日本のノヤギ問題と取り組み

日本でも様々な地域でノヤギ問題が生じている．環境省が1990年代後半に行った調査では，小笠原諸島，南西諸島をはじめとした40近い地域でヤギの野生化が報告されたが，そのほとんどが島嶼である．これらは，高度経済成長期以降の生活習慣の変化や過疎化に伴って，飼育を放棄されたものが起源となっているケースが多い．これらのノヤギにより，佐賀県の馬渡島や小笠原の父島などでは農業被害が，小笠原諸島では植生の破壊と土壌流出，それに伴う海鳥の繁殖適地や希少種の減少，土壌の流入による珊瑚礁の死滅など，多方面にわたる影響が生じている．尖閣諸島や八丈小

ノヤギの摂食や踏みつけによって森林が後退し土壌流出が生じた（媒島）

島でも同様の問題が見られる（p.252参照）．

　従来日本では，農業被害などに対しては馬渡島や父島のようにいわゆる有害獣駆除が行われていたが，生態系への影響に対してはほとんど対応がなされなかった．しかし，生物多様性の保全という概念が普及する中で，最近では生態系の保全と回復を目的としたノヤギ排除がいくつか取り組まれるようになった．例えば小笠原諸島では，1997年から東京都により，聟島，媒島，嫁島，西島の4島を対象として，ノヤギの完全排除と植生の回復を目標とした事業が行われている（p.22参照）．

　この事業の開始に当たっては，致死的な手法か非致死的な手法を用いるかなど，いくつかの問題に関する紆余曲折があった．最初は生きたまま島外へ運び出していたため進展が遅かったが，その後現地での薬殺を採用した結果，約400頭が生息していた媒島では1999年に全個体の排除に成功した．また，800頭前後が生息していた聟島でも2001年時点で残り20〜30頭，100頭弱が生息していた嫁島は残り2頭という状況にまで進んでいる．

　ノヤギのいなくなった媒島では，植生の回復が徐々に進んでいる．ただし，ノヤギの摂食によってそれまで抑えられていた外来植物であるギンネムやスズメノコビエが急速に成長を始めるといった新たな問題も生まれている．また，裸地化した急傾斜地の植生回復は，ノヤギを排除しただけでは進まない．島嶼におけるノヤギの排除と自然回復は，単に排除だけでは終わらず，生態系全般にわたる広がりを持った問題である．

● 先進地域の経験

　世界各国はノヤギ問題に関して，自然環境の保全と回復のために，膨大な資金と労力を投入している．先に触れたガラパゴス諸島では，1970年以降射殺による大規模な排除事業が頻繁に行われている．その規模は数万頭に及ぶ．

　またハワイのハレアカラ国立公園では，20世紀前半から数万頭のノヤギを射殺してきたにもかかわらず，周辺からの流入により恒久的な成果が得られなかったため，研究とモニタリングを伴う徹底した管理プログラムを1970年代から開始した．このプログラムは53kmに及ぶフェンスを建設して外部からの侵入を防いだうえで，継続的な追い出しによる射殺を行うものである．

　この際，ユダ・ゴート作戦と呼ばれる手法も用いられた．これは雌のヤギにテレメーターをつけて放し，この個体が入り込んだ群れを見つけ出して，テレメーター装着個体以外を射殺するというものである．残されたテレメーター装着個体は別の群れに入るので，再びそれを見つけて同じ作業を繰り返す．この方法は，個体数がある程度少なくなったときに有効である．残酷ではあるが，このような徹底した取り組みを抜きにしては，ノヤギの排除はできないことが多い．

　また，排除事業は生物多様性の保全と復元を目的としたものなので，ターゲットが排除されればそれで終了というわけではない．先進地域では，自然の変化に関するその後のモニタリングを継続している．

参考文献

北原名田造（1979）ヤギ—飼い方の実際—．農山漁村文化協会．
高橋春成（1995）野生動物と野生化家畜．大明堂．
日本野生生物研究センター（1992）小笠原諸島における山羊の異常繁殖による動植物への被害緊急調査報告書．（財）日本野生生物研究センター．
Clutton-Brock, J. (1987) A natural history of domesticated mammals. British Museum (Natural History).
Rudge, M. R. (1984) The occurence and status of populations of feral goats and sheep throughout the world. In: *Feral mammals-problems and potential.* pp.55-84. IUCN.
Stone, C. P. & Loope, L. L. (1987) Reducing negative effects of introduced animals on native biota in Hawaii: what is being done, what needs doing, and the role of national parks. *Envir. Conserv.* **14**(3): 245-258.
Taylor, D & Katahira, L. (1988) Radio telemetry as aid in eradicating remnant feral goats. *Wildl. Soc. Bull.* **16**(3): 297-299.

Column

石川県七ツ島大島におけるカイウサギ対策とその成果

野﨑英吉

カイウサギの原産地と生態，日本国内での分布

　一般にカイウサギと呼ばれているものは，かつてイベリア半島に生息したアナウサギを起源とした家畜である（p.65参照）．現在では150品種以上が作られている．体重は1.3〜2.4kg程度で，雌雄に性差はない．子は4〜8カ月で性成熟する．妊娠期間30日で年に数回繁殖を繰り返す．長い間の品種交配の結果，劣性有害遺伝子は除去され，近親交配を繰り返しても形質の劣化は見られない．地中に穴を掘り，隠れ場とするほか産室として利用する．

　日本国内では，放置されてもキツネ等にたやすく捕食されるため野生化することは少ないが，無人島など捕食者のいないところに放置されると急激に増殖し，北海道から沖縄までの離島13カ所で野生化が見られる．北海道渡島大島・小島，石川県輪島市七ツ島大島，東京都地内島，愛知県前島，兵庫県家島群島松島，島根県隠岐諸島沖ノ島，岡山県茂床島，広島県大久野島，香川県羽佐島，熊本県牛深市大島，鹿児島県宇治群島家島，沖縄県屋那覇島である．

石川県七ツ島大島の現状

　石川県輪島市沖26kmに浮かぶ七ツ島は，総面積24haの七つの島と岩礁からなる無人の群島で，オオミズナギドリなど海鳥の繁殖地として1973年に国設鳥獣保護区に設定され，また能登半島国定公園特別保護地区として保護されてきた（2000年度からは，七ツ島をはじめ全国の国設鳥獣保護区はすべて環境省の直轄管理となっている）．この七ツ島大島に，1984年に2番4頭のカイウサギが元島民によって放された．個体数調査が開始された1989年には，155頭の生息が推定された．その1年後の調査では270頭の生息が推定され，初めて銃による有害鳥獣駆除が実施され51頭が捕獲された．その後2年間駆除が実施され，翌1991年に57頭，92年に29頭が捕獲された後，1998年に再開されるまで一時中断されることとなった．

カイウサギによる被害

　捕食者のいない七ツ島大島の生態系に侵入したカイウサギは，急激に個体数を増加させることができた．もともと島には森林を形成するような木本は存在せず，植林されたアカマツがわずかに見られる程度であった．島の植生は草本が主体であったが，カイウサギが好むやわらかくて肉質のツワブキなどはほとんど食べ尽くされた．この本種による植生の食べ尽くし（オーバーグレイジング）によって雨や風が直接地表面に打ち付けるようになり，土壌の浸食・流出が引き起こされ，島全体に裸地化が生じた．

　七ツ島には海鳥の繁殖地として国設鳥獣保護区が設定されているが，その主なものはオオミズナギドリで生息数は約4万羽，そのほかウミネコ約1万羽，絶滅危惧種のカンムリウミスズメ，ハヤブサなどが生息する．オオミズナギドリはミズナギドリ科の1種で，日本近海の離島で繁殖する．3〜4月に来島し，土壌中に約1mの穴を掘り，その中で1卵を産卵，育雛を行う．オ

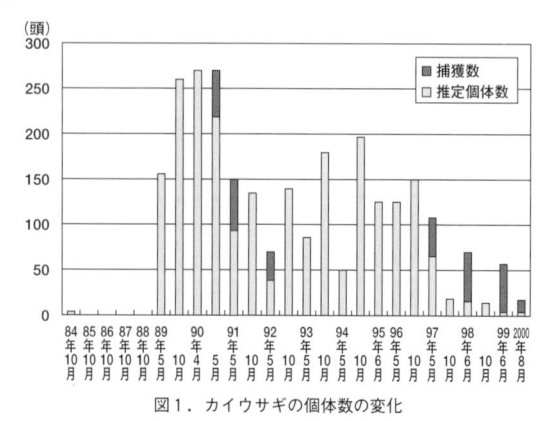

図1．カイウサギの個体数の変化

オミズナギドリにとって，土壌が流出することは繁殖地の破壊を意味し，オオミズナギドリの個体群維持にとって脅威となるだけでなく，七ツ島の生態系を破壊する結果となることが危惧された．

対策と成果

対策として二つの方法が考えられ，実行された．一つはカイウサギの個体数を減少させ，最終的には根絶することであり，もう一つはオーバーグレイジングにより裸地化した場所の植生をいかに元の状態に復元するかであった．

駆除方法については，銃器，薬剤による殺処分，ワナによる生け捕り捕獲などが検討されたが，費用，時間，環境に対する負荷などを勘案し，銃器による殺処分とする方針となった．駆除の時期はオオミズナギドリが帰島する前の3月が最適であると考えられた．というのは，繁殖期前であれば踏みつけによって多少巣穴を崩してもオオミズナギドリへの影響も少なく，また植物の繁茂もないので見通しがよくウサギの発見に適しており，駆除従事者の危険も少ないからである．さらに，季節風の弱まるこの時期には，島へ渡る海路の確保が容易である．3月における駆除を1998年から毎年実施し，ここ1～2年は数頭にまで生存数を減少させている．そのため，オーバーグレイジングは防止できている．

裸地の植生復元については，従来行っていた斜面の階段工試験の経過を検討すると，裸地化した地表面への影響は雨水による土壌運搬・浸食よりも冬季の季節風による土壌の飛散が顕著であることが考えられた．そこで，階段工試験は中止し，その代わり風による土壌の飛散・移動を防ぐことを目的に，麻製のネットを裸地化した地表面に被覆する植生復元工の試験を1996年10月に実施した．また，現地の土壌は多数のオオミズナギドリ等による糞が蓄積していることから肥沃であり，裸地周辺からススキなどの種子供給が期待できた．飛散するそれらの種子をネットで固定することによって種子の活着と発芽促進が望めることから試験に踏み切ったところ，結果は良好であった．

以上より，七ツ島大島のカイウサギ対策は，影響の回避に成功し，今後根絶を目的として継続することを目指している．

ネット張り工前の状態（1996年5月16日撮影，施工は同年10月）

1年経過後の回復状況（1998年6月29日撮影）

2年経過後の回復状況（1999年6月15日撮影）

図2．七ツ島大島A地区における植生回復状況

参考文献

山田文雄（1996）カイウサギ．日本動物大百科 哺乳類Ⅱ．平凡社．

鳥類

　日本は島国で，昔は山岳森林に広く覆われていたために，鳥の生息密度も高く，外来種が侵入しにくい生態系が多かったかもしれない．しかし，明治以来の近代化とともに，多くの外来生物が持ち込まれるようになり，鳥類も例外ではなかった．『日本産鳥類目録第6版』（日本鳥学会，2000）には，26種（と個体群）が外来種として記載されている．これらは，近世以降に人が国外から持ち込んだ記録があり，日本列島の様々な環境に定着している鳥たちである．

　鳥類は多くの種が長距離移動をするため，人による持ち込みか，自力での渡来か区別できない場合がしばしばある．シロガシラがその例である．また，記載されるのは数が増えて，多くの人の目に付くようになった種である．目録記載種以外にも，多くの外来種が繁殖を遂げている．日本人が外来鳥類に寛容だったり，あまり関心を寄せなかったりしてきたこともあり，外来鳥類の記録は不足している．資料や著者不足で，今回紹介できなかった種も多い．都市部で野生化し，一部でムクドリの巣穴などを乗っ取り，集団ねぐらをつくっているワカケホンセイインコなどである．

　コウライキジとヤマドリは，狩猟のために放鳥されてきた．同様の意図的導入として，海外では，インドハッカなど害虫駆除を目的とした例があるが，国内では例はない．最近では意図的導入は少なくなり，代わって非意図的導入に起因する外来鳥類が急増している．昆虫や寄生生物などのように輸入動植物に紛れ込む形の侵入ではなく，飼育されている外来鳥類が事故により逸出したり，飼育の放棄により野外へ放鳥された結果がほとんどである．爬虫・両生類の章で述べているように，誤った動物愛護観に基づく面もある．愛玩動物として多くの鳥が珍重され，想像を超える数の鳥が日本に持ち込まれている．潜在的に外来種となりそうな種が日常多数持ち込まれているというのが，外来鳥類の特徴でもある．このような特徴を考慮すると，本論で述べられている鳥類の輸入を規制する制度の確立は重要である．

　人は鳥を見て美しいと思う．外来鳥類による問題はなかなか顕在化しないし，逆に鳥類が外来生物の被害者であった例も多い．そのため，外来鳥類が加わって，野外でかわいい姿を見せる種が増えてなぜ悪いと感じる人もいるだろう．しかし，外来鳥類にしろ，外来生物による鳥類の絶滅にしろ，在来の生態系の著しい改変や破壊によって加速されていることも忘れてはならない．

（石田　健・江口和洋）

ソウシチョウ 〜ペットが野外に定着して自然林で増加　　　　　　江口和洋

●形態と原産地

スズメ大の小鳴禽．体色は暗緑色で，眉斑から頬は薄い黄色，のどは黄色で胸は濃いオレンジ色，翼に黄色と濃い赤の斑紋があり，くちばしは赤い．雌雄の形態差は小さい．

中国南部，ベトナム北部からミャンマー北部，インド・アッサム地方，ヒマラヤ西部まで分布する．原産地では標高1000〜3000mほどの山地の落葉広葉樹林，竹林などの下層部や藪を主な生息場所としている．中国では古くから飼い鳥として親しまれ，ヨーロッパや北米へ輸出されていた．現在，ハワイ諸島やヨーロッパ各地で移入個体群が定着している．

●日本への侵入

日本では江戸時代から飼育の記録がある．明治以後は横浜や神戸を中心に輸入や中継貿易が盛んになった．1910年代〜1930年代に，多数のソウシチョウが両港で船積みされ，ハワイ諸島へと輸出されている．近辺の個人家庭や港湾の一時保管施設からの逸出があったと思われ，神戸市再度山（さいどさん）では1931年に20羽ほどの群れが目撃されている．

現在，九州内の1000mを超える山系のほとんどで繁殖が確認されている．本州では，六甲山系，生駒山系（いこま），大台ヶ原，丹沢山系，秩父山系，筑波山などで繁殖している．一般家庭からの逸出や，経営破綻した業者が大量に放鳥したためと考えられる．九州では1980年代前半のほぼ同時期に各地で生息が知られるようになり，本州でも兵庫県の六甲を除いて1980年代以降に初めて生息が確認されている．

●侵入地での生態

スズタケなど1mを超えるササ類の繁茂する標高1000m以上の落葉広葉樹林で繁殖する．冬期には標高の低い地域に移動し，主に竹林や笹藪に生息する．最近ではスギやヒノキの人工林など，標高の低い地域でも繁殖が確認されている．生息地のほとんどで優占し，個体数はなお増加の傾向にある．

繁殖期は4〜10月．雌雄ともに，盛んにさえずる．ササ群落中に営巣する．ササの枯葉，コケなどを植物繊維で編んで，スズタケの先端部分にぶら下げるように固定し，その中に白地に赤褐色の小斑点のある卵を4個産卵する．捕食による繁殖の失敗が多いが，失敗のたびにやり直し産卵を繰り返す．繁殖期中でも10羽ほどの群れがよく観察され，秋には20羽以上の群れやシジュウカラ類との混群をつくって，ササ群落中や高木下層の葉層内を活発に移動し採餌する．

●考えられる影響と対策

ハワイ諸島では，本種の密度の高い自然林で在来鳥類の個体数が減少している．日本では営巣生態が類似しているウグイスとの競合が懸念されるが，営巣場所や餌を巡る直接的な競争や顕著な個体数減少などは観察されていない．

定着個体群の駆除や制御は極めて困難である．他のペット鳥類同様に輸入制限と飼育管理の徹底などで，野外への逸出を可能な限りなくすことが重要である．

参考文献

江口和洋・天野一葉（2000）移入鳥類の諸問題．保全生態学研究 5：131-148.

Long, J. L. (1981) Introduced Birds of the World. Reed, Sydney.

Mountainspring, S. & Scott, J. M. (1985) Interspecific competition among Hawaiian forest birds. *Ecol. Monogr.* 55：219-239.

ソウシチョウ

ガビチョウ ～低山で急増する中国産飼養鳥 ———————————川上和人

●原産地と生態

　ガビチョウは中国南部，海南島，台湾，香港，ベトナム北部，ラオス北部を原産地とするチメドリ科の鳥類である．中国では古くから飼い鳥として親しまれており，現在も多数が国際的に売買されている．20世紀初頭にはハワイ諸島に導入され，標高1200m以下の森林において優占種となっている．日本には江戸時代頃から輸入の記録がある．

　本種は下層植生の発達した森林に好んで生息し，渡りは行わない．繁殖期には強いなわばり性を示し，低木，地上などに営巣する．非繁殖期は小群を作り，民家の庭先などでも観察される．雑食性で昆虫や木の実などを摂食し，主に地上で採食する．さえずりはクロツグミに似た複雑なもので，周年聞かれ，ウグイスやサンコウチョウなど他種のさえずりの鳴き真似をすることもある．

●分布とその制限要因

　本種は日本にも愛玩用の飼養鳥として輸入されており，業者または個人により放鳥されたか，偶然逃げ出した個体が野外に定着したものと考えられる．ガビチョウの分布に関するアンケート調査により，北九州，関東，福島，長野の4地域に個体群が存在することがわかった（2001年現在）．

　北九州では最も古く，1980年代から観察記録があり，現在は福岡，大分北部，熊本北部まで広がっている．関東では1990年山梨県大月での記録が最も古く，神奈川，東京，山梨の県境周辺を中心に分布を拡大し，現在は埼玉，群馬，静岡まで生息している．福島では1997年から記録があり，宮城南部，茨城北部まで分布が拡大している．長野では1995年から佐久市を中心に記録がある．

　分布の制限要因として標高と積雪が考えられる．本種は低地を好み，標高1000m以上にはほとんど分布していない．また，積雪量の多い地域にも分布を広げていないようである．これは，ガビチョウが地上採食性であり，積雪が採食を妨げるためと考えられる．

　ガビチョウは藪を選好し，下層植生が刈り払われた森林などには生息しない．このことから，林業の不振による人工造林地の手入れ不足や，里山の放置による藪の増加がガビチョウに好適なハビタット（生息場所）を増加させたと考えられる．分布の拡大は現在も続いており，今後も低標高の非積雪地に進出していくと予測される．

●在来生態系への影響と対策

　過去に日本で野生化した鳥類のほとんどは都市域や農耕地などの撹乱環境に定着していたが，ガビチョウは森林に侵入したため，在来種に対する影響が心配されている．ハワイ諸島では，本種の在来種への種間競争による影響が示唆されている．

　しかし，日本では本種の侵入のために在来種が減少したという傾向はまだ確認されておらず，農業被害も報告されていない．本種はよく茂った藪を好むため，森林の下層植生の管理により，個体数増加を抑制できる可能性がある．

参考文献

川上和人（2002）移入種ガビチョウの野生化．樹木医学研究 **6**: 27-28.
佐藤重穂（2000）九州北部におけるガビチョウ *Garrulax canorus* の野生化．Jpn. J. Ornithol. **48**: 233-235.
山口喜盛（2000）神奈川県におけるガビチョウの野生化について．Binos **7**: 43-50.
羅時有ほか（1989）画眉繁殖生態的研究．Sichuan J. Zool. **8**: 15-16.
Cheng, T. et al. (1987) Fauna Sinica Aves vol.11: Passeriformes Muscicapidae Ⅱ Timaliinae. Science Press.
Long, J. L. (1981) Introduced birds of the world. A. H. and A. W. Reed.
Mountainspring, S. & Scott, J. M. (1985) Interspecific competition among Hawaiian forest birds. Ecol. Monogr. **55**: 219-239.

ガビチョウ成鳥．大きさはツグミくらい

中国産メジロ 〜放鳥され動物相を乱す恐れ

遠藤公男

●原産地と生態

愛がん鳥として輸入される中国産メジロは，大陸に分布するヒメメジロ（メジロの1亜種）か，チョウセンメジロである．日本には年間合わせて3〜4万羽が輸入されている．前者は，日本産より一回り小さく，胸から脇腹が白い．後者は脇腹に紫褐色の笹の葉模様があって，識別はやさしい．日本への輸入数が多いのに，飼われているのはほとんど見かけない．

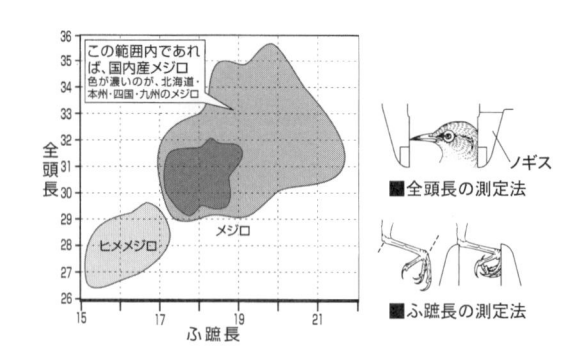

●侵入経路と分布拡大のしくみ

鳥獣保護法では，愛がん飼養を，生息的数の多いメジロとホオジロに限り，1世帯1羽に制限している．しかし，調査の結果，小売店では数多くの国産メジロが販売されていた．

日本でメジロを飼養するには捕獲許可と飼養許可の両方が必要だが，野鳥は自然のままに楽しむべきだと許可しない都道府県が増えている．このため，密猟したと考えられる国内産メジロを中国産メジロと偽り，鳥獣輸入許可証をつけて飼ったり，販売しているケースが数多く発見されている．

メジロには古くから鳴き合わせ会があり，鳴き声の良いものを競い合う大会が数多く開催されているが，国産メジロのほうが中国産より鳴き声が良いこと，特に，巣立ったばかりの幼鳥は良く鳴き，なつくことから「春メジロ」とか「新子」と呼んで珍重する傾向がある．このために，不法な飼養を行う愛好者が後を絶たない．

●輸入メジロがもたらす問題点と対策

ヒメメジロの繁殖は国内で確認されていないが，輸入数が多いので野外に逸出した個体が繁殖する可能性がある．また，国内には6亜種のメジロが生息するが，これらと交雑し各亜種の系統の維持を危うくする可能性が高いことから，現段階で何らかの対処は必要と考えられる．

日本産メジロと中国産メジロの識別マニュアルができたので，不法に飼養されている日本産メジロの販売・飼養などを取り締まることは可能となった．一方，1999年に中国政府は，野鳥の捕獲，売買および輸出を原則禁じ，わが国でも2002年5月より中国政府発行の輸出許可証明書の添付が義務づけられ，管理体制が整ってきている．

野外に逸出した場合に生態系に与える影響が懸念される種については，野鳥の輸入の制限を行うことや，愛がん飼養を実質的に制限し，将来は禁止していく方向で検討することが望まれる．

さらにメジロに関しては，以上のような国外外来種の導入だけでなく，国内各地の違法捕獲とその取引の規制なども大きな課題となっている．

ふ蹠長の違いによる国内産メジロとヒメメジロの見分け方
（密対連版『メジロ識別マニュアル』リーフレットより転載）

右：国内産メジロ，左：中国産ヒメメジロ

参考文献

茂田良光（1994）ここが違う！　日本のメジロと中国のメジロ．BIRDER 8 (7): 52-58.
第1〜8回密猟問題シンポジウム報告書（1994〜2001）全国野鳥密猟対策連絡会．
野鳥保護資料集5集（1992）野鳥の輸入と国際商取引の問題点．日本野鳥の会．
山階鳥類研究所（1998）メジロ識別マニュアル．山階鳥類研究所．

飼い鳥（ペット鳥類）　～輸入大国日本の野放しの輸入　　　　高橋満彦

● 野生化する飼い鳥

2000年に日本鳥学会が発表した『日本鳥類目録改訂第6版』には，繁殖個体群を確立したとして外来種26種が記載されたが，狩猟鳥であるコジュケイとコウライキジを除いては，観賞，愛玩用が起源である．ソウシチョウ（p.86），ガビチョウ（p.87），ワカケホンセイインコ，ベニスズメなどが代表的だが，ドバトも鎌倉時代までに愛玩用として導入されたようである．また，これら以外にも多くのいわゆる「篭ぬけ鳥」がバーダーを混乱させている．

● 供給量は不明だが膨大

信頼できる統計はないが，ピークと思われる1970年代には，約9600種とされている鳥類のうち2600種以上，年間750万羽の野鳥が国際間で取引されたという．珍種に人気の集まる日本では，CITES（ワシントン条約）附属書I・II掲載種が，飼育繁殖を含め1996年には136,179羽も輸入された（図参照）．これは世界第1位である．

また，日本鳥獣商組合連合会は主に中国から輸入される野鳥等（いわゆる「和鳥」）について，輸入証明書と称するものを，毎年約8～11万枚＝羽（1999年：113,668枚）も発行している．

● 鳥類飼養に伴う危険と野生化経路

野鳥の貿易は，原産地での乱獲や，輸送中の致死率の高さにより非難されている．また，人畜共通感染症であるオウム病や鳥インフルエンザなどの伝染病を広げる危険もある．

そして，飼い鳥は鳥篭という容器の中で一生を送るはずでも，一部は逃げ出したり，飼主の事情により放されるため，飼育繁殖，野生繁殖を問わず，侵入種の供給源となったり，在来個体群と交雑する危険性がある．鳥獣商が商品価値のない鳥を放す（遺棄する）こともあるようだ．したがって，鳥類飼養が盛んなほどリスクは増える．ペットにされる鳥の多くは，インコ科など熱帯，亜熱帯原産であるにもかかわらず，東京，ロンドン，ニューヨークなどの大都会を足がかりに温帯域でも分布を広げている．

● 対策

野生化防止を図るためには，ペット管理の適正化が必要である．そのためには，飼主等の教育啓発（善意で篭の鳥を放す人もいる）と同時に，社会的・法的な仕組み作りが必要である．少なくとも，鳥獣保護法と動物愛護管理法を改正し，侵入種となる危険性が高い種の輸入や流通の規制，鳥獣商への監督強化，飼主等による遺棄禁止の徹底，さらには個体登録などを検討すべきである．

それでもグローバル化に伴い，ますます多様かつ大量な鳥類が輸入され，野外に逸出することが予測される．自由貿易体制のもとで輸入を制限するには，自然保護や防疫（検疫）上の必要性等，合理的な根拠が必要だが，鳥類の場合は生態系に与える影響が証明しづらいうえに，利益を受ける鳥獣商，ペット商等の業界の存在が事情を複雑にしている．

参考文献

江口和洋・天野一葉（2000）移入鳥類の諸問題．保全生態学研究 5：131-148.

Thomsen, J. B. et al. (eds.) (1992) *Perceptions, Conservation & Management of Wild Birds in Trade*. TRAFFIC International.

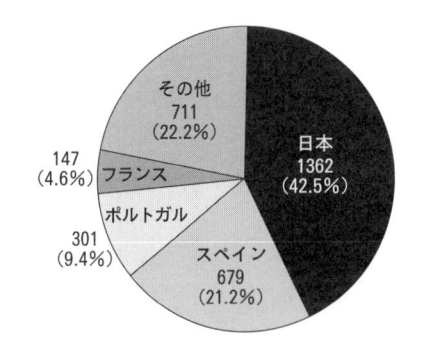

CITES（附属書I・II）掲載の生きた鳥類の輸入総数（百羽），1996年
（出典：CITES Trade database, 1999）

日本 1362（42.5%）
スペイン 679（21.2%）
ポルトガル 301（9.4%）
フランス 147（4.6%）
その他 711（22.2%）

シロガシラ ～沖縄島への侵入定着・農作物の被害

金城常雄

●生態と原産地

シロガシラはヒヨドリ科に属する中型の種である．全長は18.5cmで前頭部が黒く，後部は白いが，稀に後頭部の黒いタイプも見られる（口絵参照）．頬には小さい白斑があり，背面は全体に緑灰色で，胸面は汚白色，くちばしと足は黒い．基亜種 $P. s. sinensis$ は中国本土に分布する．亜種として台湾にはタイワンシロガシラが，海南島からベトナム北部に $P. s. hainanus$，八重山地域にはヤエヤマシロガシラが分布する．

沖縄本島に侵入したシロガシラは，ヤエヤマシロガシラとは亜種レベルで異なり，タイワンシロガシラの可能性が指摘されている．侵入経路は不明な部分が多いが，台湾や八重山地域と距離的に近い宮古群島には生息しないことから，持ち込まれた可能性が高い．

●沖縄本島および周辺離島への分布拡大

沖縄本島では，1976年本島南部の糸満市で初めて確認された．その後，個体数の増加に伴い，1988年には中・南部全域に分布が拡大した．1991年9月には北部の一部地域でも繁殖が確認され，1998年5月には本島北端の国頭村奥間地区でも観察され，本島全域へ分布域が拡大した．

本種の分布域の拡大と個体数の増加によって，これまで密度の高かったヒヨドリと生息場所を巡る競合が生じ，一部ではヒヨドリに代わり，シロガシラが優占種になった地域が生じている．また，北部（通称：やんばる）地域への侵入・定着は，やんばる地域に生息する数多くの鳥類や，貴重な固有種への影響が懸念される．

一方周辺離島では，1997年1月に本島中部の東側に点在する伊計島で，3月と5月には那覇の西方に散在する渡嘉敷島，粟国島でも確認され，さらに久米島の一部菜園で被害が発生するなど，分布域は離島地域へも拡大している．

●農作物の被害と防止対策

果菜類9種，葉・花菜類7種，根菜類2種，花木類4種で加害が確認されている．加害時期は冬春期の11月から3月に集中し，トマト，サヤインゲン，レタス，キャベツ，ブロッコリー，ジャガイモ等に多い．果樹類では16種で確認され，果実の熟期と密接に関係し，被害はカキ，パパイヤ，ビワ，バンジロウ，ミカン類に多い．被害の程度は栽培地域や年により異なる．ちなみに，八重山地域のヤエヤマシロガシラは生息密度も低く，農作物での被害事例もほとんど認められていない．

被害の著しい本島南部では，1987年から銃器による駆除を行ってきた．また，視覚・嗅覚・聴覚の各刺激資材および防鳥網・餌の嗜好性の利用，磁気を用いた被害防止効果を検討してきたが，各刺激資材とも慣れが生じて効果はなく，磁気による食害防止，忌避効果も認められていない．一方，2cm目合防鳥網を使用することにより，圃場への侵入と被害が防止できた．今後は捕獲器の開発と捕獲による間引き，あるいは冬春期にも着果する樹木を植樹し，農作物への被害が大きい時期の餌場を確保するなど，抜本的な対策が必要である．

トマトを加害するシロガシラ（左）とレタスの被害（右）

参考文献

金城常雄ほか（1987）沖縄本島におけるシロガシラの侵入と被害の状況．植物防疫 **41**：428-432.

金城常雄ほか（1998）沖縄本島におけるシロガシラの生態と被害防止対策．植物防疫 **52**：397-402.

キジ・ヤマドリ ～放鳥によって本来の姿をなくす恐れ —— 川路則友

●日本に本来生息するキジ・ヤマドリ

日本に生息するキジは，草原，原野，農耕地などを好み，大陸に広く分布するタイリクキジの1亜種とされているが，小型で，羽色が異なることから，独立種とする説もある．本来の分布は，本州，四国，九州，佐渡島，伊豆諸島，種子島，屋久島であり，4亜種が記載されている．また，対馬には朝鮮半島と同一亜種のコウライキジが生息しているが，導入されたという説が有力である．

一方ヤマドリは，森林に生息し，日本固有種で，本来の分布域は，本州，四国，九州のみであり，5亜種が記載されている．

この2種は，人気の高い狩猟鳥であることから盛んに養殖され，各地に大量に放鳥されてきた．

●キジの放鳥の現状と問題点

キジは早期に養殖技術が発達し，野外に数多く放鳥された．コウライキジは，1922年刊行の『日本鳥類目録』（初版）に，すでに千葉，静岡，愛知県，福岡県などで放鳥個体らしいものが確認されたとの記載がある．現在，都道府県や各地域の猟友会によって，10万羽以上ものキジの養殖個体が毎年各地で放鳥されている．本来キジが生息しない北海道でもコウライキジの放鳥を継続した結果，近年分布域を広げている．

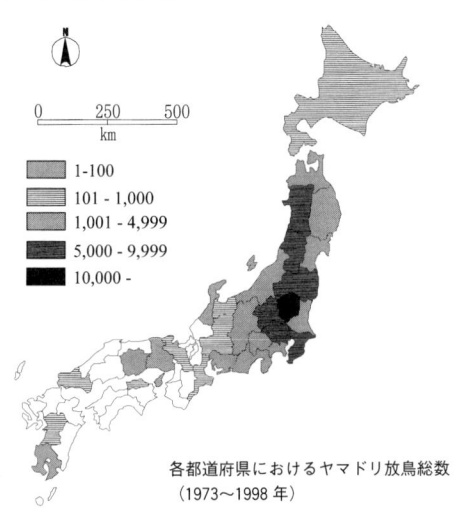

各都道府県におけるヤマドリ放鳥総数
（1973～1998年）

放鳥には，狩猟による減少分を補う目的があるので，その地域に元来生息していた集団を増殖させ，放鳥することが望ましい．しかし，現実には増殖効率を優先し，地域性を考慮せずに生産・放鳥されることが多い．キジ類は，比較的自由に交雑し，その雑種も妊性を持つことが知られているが，長年の各地での放鳥の結果，キジ本来の4亜種の持つ形態的特徴が，近年では識別不能になっているとまで言われている．

●ヤマドリの放鳥の現状と問題点

これに対しヤマドリの養殖は困難で，放鳥が開始されたのは1973年，軌道に乗ったのは1980年代である．北海道では，本州から送られてきた亜種ウスアカヤマドリと，栃木県で養殖された個体から道内で増殖させた亜種ヤマドリを，6市町で14年間に675羽放鳥した．しかし，その後の観察・捕獲記録はわずかで，1997年の狩猟解禁後に道南地区で3羽，翌年に4羽が捕獲されている．現在では，都道府県や各地域の猟友会によって，毎年約6000羽の養殖個体が各地で放鳥されている．

●対策

都道府県が作成する鳥類保護事業計画に対して環境省は，「放鳥する場所に生息するものと同亜種のみを放鳥する」という基準を示しているために，現在では新たな亜種レベルでの交雑はないと思われる．しかし地域集団の遺伝的な保全を考えると，地域個体群レベルでの増殖が望ましい．また，過去に起きたと思われる亜種間交雑などの遺伝子汚染について，科学的に検証する必要がある．

キジ類のような植食性鳥類の導入は，新たな病原菌の導入，植生の撹乱，在来種・亜種との交雑などの影響も充分考えられる．

参考文献
環境庁（1999, 2000）鳥獣関係統計（平成9年度），（平成10年度）
川路則友（1993）北海道におけるヤマドリ．北方林業．45(2) : 32-33.
北海道環境科学研究センター（1995）コウライキジ分布調査報告書．
北海道環境科学研究センター（1997）ヤマドリ分布調査報告書．

爬虫・両生類

爬虫・両生類は，多くの人々にとって恐怖や嫌悪の対象である．しかし一方で，実に様々なかたちで利用されてもいる．まずは食用，次に薬用，皮革・装飾品原料，さらには展示用，生物農薬，教材，愛玩動物などとして．爬虫・両生類の利用は20世紀半ば以降とりわけ多様化し，それに伴って地域間での商取引，原産地から遠く離れた場所での養殖，はては本来全く生息しない場所への意図的な放逐までが盛んに行われている．その結果，必ずと言ってよいほど持ち込まれた先で，新たな野外繁殖集団の成立という問題が生じている．

「固有種の宝庫」日本も例外ではない．食用や生物農薬として導入されたウシガエルやオオヒキガエル，スッポンなどは，本来生息していなかったはずの場所で，様々な在来の動物を餌に増殖している．同様に愛玩動物として持ち込まれたカミツキガメやミシシッピアカミミガメも，大きくなりすぎて持て余した飼い主の，「可哀想だから逃がしてやろう」という一見仏教原理にのっとった模範的な，その実無責任きわまりない遺棄行為の結果，多くの陸水域でその主におさまってしまっている．薬用や展示用として八重山諸島から沖縄島に持ち込まれ，結果的に同島内に多数放逐されてしまったサキシマハブも，またたく間に繁殖個体群を形成し，もとからこの島にいたハブとも交雑して，毒の性質も生物学的属性もよくわからない，奇妙な雑種の毒蛇を生み出している．

一方，多くの爬虫類や一部の両生類は，密航の達人でもある．恒温動物に比べ代謝の低い彼らは，長い間何も食べなくても生きられるからである．こうした密航は，意図的に運ばれた場合と同様，しばしばたどり着いた先で野生化して，繁殖集団を成立させてしまう．ニューギニアやメラネシア原産のミナミオオガシラという細長いヘビは，第二次世界大戦後，たまたま軍事物資に紛れてグアム島に運ばれるやそこで大増殖し，その捕食圧によってわずか20～30年の間に，固有種を含むこの島の鳥類群集に壊滅的な打撃を与えた．日本国内では，シロアゴガエルがこうした密航の例と思われ，戦後，軍事物資に紛れて沖縄島に持ち込まれた後増殖し，現在は場所によっては在来のカエルよりはるかに高密度に達している．

本章では国内に見られる外来爬虫・両生類の代表的なものを，侵入の経緯や定着先での現状，その影響や今後とられるべき対策とともに紹介する．

（太田英利）

カミツキガメ 〜北米原産の大型捕食者

安川雄一郎

●原産地と生態

背甲長49cmに達する大型の水生ガメで，北米の冷帯から熱帯までを原産地とする．中米，南米には，それぞれ亜種とされることもある近縁種が分布している．本種は河川，湖沼，人工的な池や水路，湿地，汽水域など多様な環境に生息するが，緩やかな流れや止水中の，水生植物，岩，沈水木などが多い場所を特に好む．肉食傾向が強く，主に魚類，両生類，小型のカメ類，甲殻類，貝類，水生昆虫等を捕食する．その他，様々な動物の死骸も食べ，藻類，水草，陸生植物の果実などの植物質も食べる．普通1年に1度産卵する．1度の産卵数は20〜40個のことが多いが，稀に100個を超えることがある．

原産地では上位の捕食者である．日本の陸水には本種のような大型で，広食性の捕食者は存在せず，そのため本種の移入・定着は，日本の淡水生物相に重大な影響を与えると考えられる．漁具を破損したり，漁獲物を食害することも考えられる．本来夜行性で深い水場を好むので，人が水中で危害を受けることは少ないが，陸に上げられた個体は攻撃的で，大型個体に咬まれたり引っ掻かれたりすると，大怪我をする恐れがある．

●侵入経路と現状

カミツキガメは1960年代から，アメリカ合衆国から日本国内にペットとして輸入されており，近年は孵化後間もない幼体が大量に輸入され，安価に販売されている．頑健で飼育も容易だが，大型で成長するにつれ攻撃的になるため，飽きられたり，持て余されたりして，野外へ遺棄されることも少なくない．この10年ほどの間に，こうして遺棄されたと思われる個体が，沖縄を含む日本各地の都市部や郊外の池，水田，湖沼，河川等でたびたび確認されている．野外での繁殖を裏付ける小型の幼体も見つかっており，各地ですでに定着している可能性が高い．特に，千葉県北西部の印旛沼とその流入河川では多数確認されており，確実に定着していると考えられる．

本種は原産地の気候から考えて，日本の大半の地域で越冬し，繁殖できると予想される．原産地では，本種の幼体や卵を捕食する動物は多く，餌を巡って競合する種も存在するが，日本では捕食者も競合者も少ないと考えられる．加えて産卵数が多いことから，このままではさらに定着が進み，分布が拡大していくと予想される．

●対策

本種の定着に関する情報が極めて少ないので，今後その影響も併せて調査を行う一方で，野外で発見された個体については積極的に駆除することが望ましい．

カミツキガメ科は，「動物の愛護及び管理に関する法律」で，「人の生命，身体又は財産に害を加えるおそれのある動物」の指定を受けているが，具体的な規制は都道府県等の条例に委ねられており，自治体によって対応は様々である．規制の如何によっては遺棄が増える恐れもあり，輸入自体を規制することが必要ではないかと思われる．

参考文献

井上龍一・井手泉（1999）奈良公園の猿沢池に生息する淡水性カメ類の活動性について．爬虫類両棲類学雑誌 **17**：83（講演要旨）．

小林頼太（2000）千葉県北西部で捕獲されたカミツキガメについて．爬虫類両棲類学会報 **2000**：58-59（講演要旨）．

Ernst, C. H. et al. (1994) Turtles of the United States and Canada. Smithsonian Inst. Press.

Ernst, C. H. et al. (2000) Turtles of the World (CD-ROM). Macintosh version 1.2. Springer：Editions ETI.

Iverson, J. B. (1992) A Revised Checklist with Distribution Maps of the Turtles of the World. Privately printed.

カミツキガメ

セマルハコガメ　～懸念される"のらガメ"の在来種への影響　　　　安川雄一郎

●原産地と生態

　本種は、イシガメ（バタグールガメ）科の中型種で、背甲長は最大で19cm前後である。台湾を含む中国の東南部に分布する基亜種と、八重山諸島の石垣島、西表島のみに分布するヤエヤマセマルハコガメの2亜種に分類される。後者は前者に比べ甲がより扁平で幅が広い傾向があるが、識別は難しい。陸生で、標高400m以下の自然度の高い広葉樹林の林床を主な生息場所としており、低湿地や沼沢地、河川の周辺などの湿った環境を特に好む。果樹園や畑等を、採餌や産卵の場所として利用することもある。陸生植物の果実や実生、あるいは昆虫、クモ、ミミズ、カタツムリ等の陸生無脊椎動物を摂食する。耕作地で、果実や野菜、イモ等を食べているところや、路上で車にひかれた動物の死骸等を食べている姿が目撃されることがある。八重山諸島では、特に寒い日を除き1年を通じて活動する。

●侵入経路と現状

　本種は1972年に国の天然記念物に指定され、日本国内の個体群の採集や飼育は厳重に規制されている。規制以前は、日本本土や沖縄県の原産地以外の島に、ペットや剥製として大量に持ち出されていた。規制以降も、違法な採集がたびたび行われていると思われる。

　本種は生息環境の破壊や、長年に渡る採集のため個体数が減少し、2000年からはCITES（ワシントン条約）により、国際的な商取り引きも規制されている。しかし、外国産の別亜種については、日本国内への輸入、国内での売買や飼育はそれまで全く規制されておらず、かつては台湾から、その後は香港経由で中国大陸部から、多数の個体が輸入された。そのため、繁殖は確認されていないものの、逃亡したり遺棄された個体が日本本土や、沖縄島、黒島、波照間島等で保護された例が少なくない。このうち沖縄島では、北部から南部にかけての広い地域で、両亜種らしい個体が数多く保護されており、定着している可能性が極めて高い。

●対策

　定着した可能性が高い沖縄島には、唯一の在来の陸産カメ類で、同じく陸生傾向が強く、国の天然記念物に指定され絶滅が危惧されているリュウキュウヤマガメが生息している。リュウキュウヤマガメ生息地へのセマルハコガメの定着は、競合や交雑（p.245「琉球列島の爬虫・両生類と外来種」参照）を通して、リュウキュウヤマガメの存続を脅かす危険がある。両種は飼育下では交雑するらしく、沖縄島北部では雑種らしき個体が見つかっており、この懸念は現実のものとなりつつある。

　したがって、特に沖縄島では、生息地周辺への持ち込みを厳に慎む一方で、定着した個体の積極的な駆除を行う必要がある。在来個体群の分布する八重山諸島では、違法採集を防ぐ努力をする一方、その遺伝的独自性を保存していくために、外国からの同種個体の持ち込みや飼育、販売を規制することが望まれる。

参考文献

太田英利（1995）セマルハコガメ．「日本の希少な野生水性生物に関する基礎資料（II）」（日本水産資源保護協会編），pp.449-454. 日本水産資源保護協会．

中村健児・上野俊一（1963）原色日本両生爬虫類図鑑．保育社．

安川雄一郎（1996）淡水生・陸生カメ類．「日本動物大百科第5巻両棲類・爬虫類・軟骨魚類」（千石正一 ほか 編），pp.59-63. 平凡社．

Yasukawa,Y. & Ota, H. (1999) Geographic variation and biogeography of the geoemydine turtles (Testudines: Bataguridae) of the Ryukyu Archipelago, Japan. In: *Tropical Island Herpetofauna*: *Origin, Current Diversity and Conservation* (eds.: H. Ota) pp271-297.Elsevier, Amsterdam.

セマルハコガメ

ミナミイシガメ ～在来個体群は減少，外来個体群は分布拡大──────安川雄一郎

●原産地と生態

本種はイシガメ（バタグールガメ）科の中型種で，背甲長は20cm以下である．大陸中国の南東部や台湾に分布する基亜種と，八重山諸島の固有亜種ヤエヤマイシガメを含む．半水生で，池沼や低湿地，小さな水路等，浅く底が砂泥質の緩やかな流れや止水に多い．農業用の溜め池や水田等の人為的な環境にも，しばしば見られる．夜行性の傾向が強く，日中は水底の泥や穴の中に潜んでいることが多い．魚，オタマジャクシ，昆虫，ミミズ，小型甲殻類等の動物質や，水草，陸上植物の葉や実，藻類等の植物質を摂食する．

●侵入経路と現状

国内の生息地は近畿地方と琉球列島に分断されている．京都市内を中心に，基亜種が定着している．これらの個体群は，昭和の初期以前に台湾より持ち込まれたものに由来する可能性が高く，このうち近畿では，かつては京都市内のみから基亜種が知られていたが，1990年頃から京都府の南部，滋賀県大津市，大阪府の北部等の市外でも確認され始め，分布が拡大しつつあることが懸念される．

琉球列島では本来，八重山諸島の石垣島，西表島，与那国島のみにヤエヤマイシガメが生息していたが，現在はトカラ諸島の悪石島，沖縄島と周辺の離島，宮古島，波照間島でも確認されており，いずれも八重山諸島から持ち込まれたと考えられている．このうち悪石島の個体群は昭和の初期から知られているが，他の琉球列島の外来個体群は，1980年代後半以降に定着したと思われる．定着が確認された島の数は徐々に増加しており，影響の拡大が懸念される．

なお，沖縄島ではその分布は徐々に北部に広がっている可能性が高く，そこに生息する在来の希少種リュウキュウヤマガメに対し，競合や交雑（p.245「琉球列島の爬虫・両生類と外来種」参照）を通して悪影響を及ぼすことが懸念される．

外来個体群の分布拡大は，ペット用や見せ物用等として他地域から持ち込まれたものが，脱走したり，遺棄されたりして定着した結果と考えられている．その一方で，大陸部や台湾，八重山諸島などの原産地では，生息地の環境破壊や，食用，ペット用の採集等が原因で，激減している．

●対策

定着による環境への影響については調べられていないが，特に琉球列島の小島では，在来の淡水生物相が貧弱であることから，本種が定着した場合，その幅広い食性から重大な悪影響を受ける恐れがある．上記のように，在来種のカメが生息する島での定着は，その存在への脅威となることも考えられ，積極的な駆除が望まれる．八重山諸島の在来個体群については，これ以上の他島への持ち込みを防止する一方で，在来個体群保全の観点から，商業的な採集を規制する必要がある．

参考文献

京都府（1987）京都府の両生・は虫類．京都府．
中村健児・上野俊一（1963）原色日本両生爬虫類図鑑．保育社．
安川雄一郎（1996）淡水生・陸生カメ類．「日本動物大百科第5巻両棲類・爬虫類・軟骨魚類」（千石正一ほか編），pp.59-63. 平凡社．
安川雄一郎（1998）ミナミイシガメ．「日本の希少な野生生物に関するデータブック」（水産庁編），pp.232-233. 日本水産資源保護協会．
Yasukawa, Y. et al. (1996) Geographic variation and sexual size dimorphism in *Mauremys mutica* (Cantor, 1842) (Reptilia:Bataguridae), with description of a new subspecies from the southern Ryukyus, Japan. Zool. Sci. **13**: 303-317.
Yasukawa, Y. et al. (in press) Asian Brown Pond Turtle, *Mauremys mutica*. In: *The Conservation Biology of Freshwater Turtles* (eds. P. C. H. Pritchard & A. G. J. Rhodin) Gland: IUCN/SSC Tortoise and Freshwater Turtle Specialist Group.

基亜種ミナミイシガメ

ヤエヤマイシガメ

ミシシッピアカミミガメ ～大規模な国際取り引きによる定着── 安川雄一郎

●原産地と生態

ミシシッピアカミミガメはヌマガメ科の中型種で，背甲長は最大で28cmに達する．アメリカ合衆国から南アメリカ大陸の北西部にかけて16亜種ほどが分布するアカミミガメの1亜種であり，本来の分布域は，アメリカ合衆国南部のニューメキシコ州からアラバマ州にかけてと，メキシコ北東部の国境地帯である．

本亜種は河川，湖沼，人工的な池や水路，湿地や沼沢地等様々な水域に生息し，底質が柔らかで，水生植物が繁茂する，日光浴に適した陸場の多い緩やかな流れを特に好む．

魚類，両生類，甲殻類，貝類，水生昆虫等を，生体，死骸を問わず食べるほか，藻類，水草，陸生植物の葉，花，果実等も食べる．小型の個体ほど動物食の，大型の個体ほど植物食の傾向が強い．

●侵入経路と現状

本亜種は古くより，アメリカ合衆国から世界各国にペット用に出荷された歴史がある．現在も大規模な養殖場があり，そこから出荷された個体に由来する野外繁殖集団が世界各地に見られる．

国内では，1950年代後半から孵化後まもない幼体が輸入され，「ミドリガメ」の名称で販売され始めた．1960年代後半から，野外で野生化した個体が見つかるようになった．

輸入され始めた当初は少数個体が高値で取り引きされていたが，その後大規模に養殖する方法が確立され，値は下がり，流通量は膨大になった．

国内のほとんどの地域で容易に入手でき，頑健で飼育下でも長生きする一方，成体は攻撃的になることがあるため，持て余されて野外へ遺棄されることが多い．1975年に本亜種からヒトへのサルモネラ菌の感染例や，飼育個体の保菌率が高いことが報告されると，多数の個体が遺棄された．このことが，本亜種の国内での定着を進める一因となったと考えられる．寒冷地や山地を除く日本国内のほぼ全域で越冬・繁殖でき，さらに繁殖が行えない環境でも，継続的に遺棄されることで，個体数が維持されているようである．

在来の淡水性カメ類に比べて大型で産卵数も多く，より悪化した環境への耐性もあると考えられる．食性の幅が広いため，本種の個体数の増加と分布の拡大は，餌となる生物や在来の淡水カメ類に重大な悪影響を与えていることが懸念される．

●対策

定着は国内各地でかなり進んでいるようで，野外で多数の個体が目撃されるが，生息密度や在来種への影響についてほとんど調査されていない．こうした調査を進めるとともに，有効な駆除方法の確立が急務である．また，飼育個体数は非常に多いものの，適切な管理が行われず消耗品扱いされている現状は，動物愛護の点からも問題があり，輸入や販売の規制が必要と思われる．

参考文献

井上龍一・井手泉（1999）奈良公園の猿沢池に生息する淡水性カメ類の活動性について．爬虫類両棲類学雑誌 **17**：83（講演要旨）．

千石正一（1979）ミシシッピーアカミミガメ（*Chrysemys scripta elegans*）．「原色両生・爬虫類」（千石正一編），pp.7. 家の光協会．

樋上正美・中島みどり（2000）京都深泥池の在来カメ類の除去について．爬虫類両棲類学会報 **2000**：59（講演要旨）．

安川雄一郎（1996）淡水生・陸生カメ類．「日本動物大百科第5巻 両棲類・爬虫類・軟骨魚類」（千石正一ほか編），pp.59-63. 平凡社．

Ernst, C. H. *et al.* (1994) Turtles of the United States and Canada. Smithsonian Inst. Press.

Ernst C. H. *et al.* (2000) Turtles of the World (CD-ROM). Macintosh version 1.2. Springer: Editions ETI.

Iverson, J. B. (1992) A Revised Checklist with Distribution Maps of the Turtles of the World. Privately printed.

ミシシッピアカミミガメ

スッポン ～食材としての人気がもたらした琉球列島への侵入

佐藤寛之

●分布と生態

スッポンはスッポン科に属するほぼ完全な水生のカメで，河川や池，沼など，様々な陸水域に生息する．その分布は，ベトナム南部から中国大陸沿岸部，台湾，ロシア沿海州，そして日本本土までの，東アジア一帯に広がっている．このように分布が広いためか，各集団，特に日本の集団と台湾や中国大陸の集団との間に，比較的大きな遺伝的差異が認められている．

また水産上の価値が高く，上述の自然分布域以外にも多くの地域（例えばシンガポールやハワイなど）に食用・養殖用として導入され，導入後に逸出した個体が，野外で繁殖集団を形成している．

●琉球列島におけるスッポンの分布と起源

琉球列島では，本種の分布はほぼ全域に及ぶ．奄美諸島の奄美大島，喜界島，徳之島，沖縄諸島の伊平屋島，沖縄島，久米島，大東諸島の南大東島，北大東島，八重山諸島の石垣島，西表島，与那国島の11島嶼で，野外個体群が確認されている．

しかし，各島嶼での聞き取り調査等の結果からは，これらの島々を含む琉球列島全域には元来，スッポンは分布せず，現在の集団のすべてが導入個体に起源することを強く示唆している．実際，1950年代から1980年代にかけて，奄美諸島には日本本土から，沖縄諸島，大東諸島，八重山諸島には台湾から，直接ないし他の島々を経由して，それぞれの島に持ち込まれたようである．琉球列島に現在見られる個体群の大半は，このとき持ち込まれた個体が，その後の遺棄・逃亡を経て野生化することで形成されたと考えられる．

●現状と考えられる影響と対策

本種は，淡水生態系の中では上位の捕食者である．沖縄島で行った食性調査では，貝類や昆虫類などの無脊椎動物を中心に，カエル，魚類などの脊椎動物まで，多様な生物を大量に餌としていた．すでに野外で繁殖している上述の琉球列島の島嶼では，在来生態系，特に無脊椎動物相に対して強い捕食圧が生じていることが考えられる．

また先に記したように，スッポンは，琉球列島だけでなく海外においても，導入先で野外に進出し，繁殖していることが多数報告されている．

例えば，日本本土のように在来個体群のいる地域に，遺伝的に差異のある外国や他地域のスッポン個体が持ち込まれ，それが放棄や逸出等を経て野外に進出した場合，在来生物相への捕食の問題に加え，交雑による在来個体群の遺伝的独自性の低下，生息場所を巡る競争による在来個体群の縮小などの問題が生じることが考えられる．

琉球列島のように生息する集団が在来でないことが確実な地域では，早急に有効な駆除が行われることが望まれる．また，新たな養殖種苗やペットとしての導入や移動は極力避けるべきである．

参考文献

太田英利・佐藤寛之（1997）スッポン *Pelodiscus sinensis* (Wiegmann, 1834)．「日本の希少な野生生物に関する基礎資料(IV)」，pp.322-330．日本水産資源保護協会．

金子篤ほか（2000）沖縄島北部で野生化したスッポン(*Pelodiscus sinensis*)個体群の生態：おもに食性と繁殖周期について．爬虫両棲類学会報 2000(1)：58．

佐藤寛之ほか（1997）沖縄県内の島嶼におけるスッポン(*Pelodiscus sinensis*)(爬虫綱，カメ目)の起源と分布の現状について．沖縄生物学会誌 **35**：19-26．

Iverson, J. B. (1992) A revised checklist with distribution maps of the turtles of the world. Privately printed, Richimond, Indiana.

Sato, H & Ota, H. (1999) False biogeographical pattern derived from artificial animal transportations: A case of the soft-shelled turtle, *Pelodiscus sinensis*, in the Ryukyu Archipelago, Japan. In: *Tropical Island Herpetofuna: Origin, Current Diversity, and Conservation* (eds. H. Ota), pp.317-334. Elsevier, Amsterdam.

スッポン

グリーンアノール 〜在来種を圧迫する"アメリカカメレオン" ——— 太田英利

●原産地と生態

原産地はアメリカ合衆国の南東部．樹上性で，森林の林縁部や民家の庭木，かん木林などに多い．日光浴によって体温を調節する昼行性のトカゲで，主に昆虫をはじめとした節足動物を食べる．

雄は縄張りをつくり，のど袋を広げるディスプレーや闘争によって，他の雄をその中から排除する．縄張りは普通複数の雌の行動圏と重複しており，雄は縄張り内でこうした雌と交尾する．雌は中春から晩夏にかけて，左右の生殖腺を交互に使い，12〜20日の間隔で1卵を産み続ける．卵は普通40日前後で孵化する．孵化幼体は遅くとも，次の年の後半には成熟すると思われる．

●侵入経路，分布拡大のしくみ，在来種への影響

アジア・太平洋地域で本種の外来繁殖集団が初めて見つかったのはハワイのオアフ島で，1950年には定着が確認された．1950年代の半ばにはグアム島からも記録され，現在では，ヤップ，パラオなどミクロネシアの他の島々にも定着している．

国内で最初に記録されたのは小笠原諸島で，1960年代の半ばにまず父島，1980年頃には母島にも持ち込まれた．一方，琉球列島の沖縄島には1980年代の終わり頃に持ち込まれたようで，現在までに同島南部での定着が確認されている．

父島での分布は，初め北部の大村周辺に限られていたが，1970年代の末までには島の中南部に達し，さらに1980年代の末には南端周辺からも確認された．現在は島のほぼ全域で見られる．母島ではまず島の南西部に定着した後急速に分布を拡大し，現在では父島の場合と同様，島のほぼ全域に見られる．沖縄島での分布は依然，南部に限られるが，南部の中では比較的広い範囲に繁殖集団が見られ，今後の分布拡大が懸念される．

本種は体色を暗褐色から淡い黄緑色の範囲で急激に変える能力があり，そのため一名，アメリカカメレオンとも呼ばれる．こうした能力が人目をひくためか，しばしばペットとして飼育され，そのために持ち込まれた個体の逃走が野外での繁殖集団の形成につながってきたと思われる．なお，父島や母島での分布拡大は，道路に沿って特に急速に進んでいるようである．

父島内では，本種の増加に伴う在来種オガサワラトカゲの減少が確認されており，餌や日光浴の場所を巡る競争，幼体の捕食などを通して，在来種を圧迫していると思われる．また本種を餌にして，より高次の捕食者が増加し，そのため生態系全体が悪影響を受けることも懸念されている．

●対策

これ以上の新たな侵入を防ぐには，本種の飼育や商取り引きを規制し，原則として輸入や移動を禁止する必要があろう．すでに定着している場所については，徹底した駆除の実施が望まれる．

グリーンアノール

参考文献

太田英利ほか（1995）沖縄本島におけるアノールトカゲ Anolis carolinensis の繁殖集団の発見．沖縄生物学会誌 **33**: 27-30.

当山昌直（1997）グリーンアノール．「沖縄の帰化動物―海をこえてきた生ものたち―」（嵩原建二ほか），pp.48-50．沖縄出版．

宮下和喜（1991）グリーンアノールの分布拡大とオガサワラトカゲの生息状況．「第2次小笠原諸島自然環境現況調査報告書」（小野幹雄ほか編），pp.182-184．東京都立大学．

Behler, J. L. & King, F. W. (1979) The Audubon Society Field Guide to North American Reptiles and Amphibians. Alfred A. Knopf, New York.

Hasegawa, M. *et al.* (1988) Range expansion of *Anolis c. carolinensis* on Chichi-jima, the Bonin Islands, Japan. *Jpn. J. Herpetol.* **12**: 115-118.

Suzuki, A. & Nagoshi, M. (1999) Habitat utilizations of the native lizard, *Cryptoblepharus boutonii nigropunctatus*, in areas with and without the introduced lizard, *Anolis carolinensis*, on Hahajima, the Ogasawara Islands. In: *Tropical Island Herpetofauna: Origin, Current Diversity, and Conservation* (eds. H. Ota), pp.155-168. Elsevier Science, Amsterdam.

タイワンスジオ ～グアム島での食いつくし再現か

西村昌彦

●原産地と生態

スジオは尾の側面に黒色の太いすじが目立つナミヘビ科の無毒蛇で，中国から東南アジア，インドまで分布する．日本では宮古・八重山諸島に，在来の亜種としてサキシマスジオが生息するほか，沖縄島に，斑紋などから台湾在来の別亜種タイワンスジオと推定される外来集団が定着している．原産地では人里から森林まで幅広い場所に生息し，よく木に登り，哺乳類や鳥類を食べる．全長は標準で220cm，最大270cmに達し，食用，薬用，皮革用などに利用される．動きが速く，野生個体は人を含む敵に対し威嚇音を出すが，飼育下では慣れやすく，ペットに適するとされる．

●侵入過程，飼育下での生態

沖縄島では，観光施設での催し物や薬・食用として，在来種にとどまらず，多数の島外産のヘビが用いられてきた．これらのヘビの年間搬入数は，多い種では1観光施設当たり数百から数千に上る．同島では近年，野外での外来ヘビの発見が相次いでいるが，発見場所の周辺には，必ずこうした施設が存在する．なお，1990年代のコブラの逃亡事件や最近の決闘ショーの自粛に伴い，多くの施設では島外からのヘビの搬入を取りやめた．

本亜種が定着した時期や経緯は特定できないが，沖縄島中部の恩納村では，遅くとも1970年代末には野外で見つかっている．この地域には，1975年頃から1980年代の初めまでの間に，本亜種を含む数種のヘビを，年間およそ1000個体，台湾経由で搬入した施設がある．2001年の時点で本亜種は，少なくとも北は恩納村・石川市の中部から，南は沖縄市・嘉手納町に至る南北におよそ15kmの範囲に見られる．このほか，大きく南に離れた場所からも発見例があるが，定着の有無は不明である．本亜種は，体が大きく目立つ模様を持ち，日中にも活動することから，発見した住民が警察などに捕獲を要請する場合も少なくないため，比較的発見例が多くなっているのであろう．

飼育下での観察から，雌は頭胴長120cm，雄は105cmで性成熟に達し，成熟した雌は6月に長さ約5cm，重さ約30gの卵を5〜16個産むことがわかっている．8月の孵化時に頭胴長約40cmほどの幼体は，餌が充分な場合たった9カ月で頭胴長が120cmに達し，卵胞も肥大する．以上のことや，飼育下での高頻度の交尾・産卵から，本亜種は高い増殖率を持っていると考えられる．

●影響と対策

沖縄島で散発的に発見された大型のヘビの中には，別亜種のサキシマスジオや，グアム島に侵入し多くの在来の鳥類や爬虫類を絶滅させたミナミオオガシラも含まれるが，幸いこれらの定着は確認されていない．ただし，タイワンスジオがこのまま分布を拡大し，固有の哺乳類や鳥類のすむ沖縄島北部に達した場合，ミナミオオガシラの例のように，そこに生息する在来種の個体数を激減させ，絶滅を招く恐れがある．罠などによる取りつくしはほぼ不可能で，今のところ分布拡大を防ぐ有効な手だてはない．

参考文献

香村昂男・西村昌彦（1999）沖縄島に定着した *Elaphe taeniura* の室内における繁殖と成長．沖縄県衛生環境研究所報 **33**：125-132．

勝連盛輝ほか（1996）沖縄諸島において本来の分布地とは異なる地域で採集されたヘビ．沖縄生物学会誌 **34**：1-7．

仲地明（1989）飼育下におけるタイワンスジオ幼蛇の成長と食物消費．*Akamata* **6**：13-14．

Kunz, R. E. (1963) Snakes of Taiwan. *Quarterly J. Taiwan Mus.* **16**：1-79.

Schulz, K.-D. (1996) Monograph of Colubrid Snakes of the Gunus *Elaphe* Fitzinger. Koeltz Scientific Books. Czech.

2m以上になるタイワンスジオ

サキシマハブ ～逃亡時期が明確でハブとの雑種も

西村昌彦

●原産地と生態

サキシマハブは，石垣島・西表島など八重山諸島の主な島に分布する．台湾と中国南部に分布するタイワンハブに近縁なクサリヘビ科の毒ヘビで，ハブやタイワンハブより顎が張った頭を持つ．森林から畑や集落内まで幅広く生息し，人の受傷率は沖縄県内のハブの5倍以上にも上る．頭胴長は最大で105cmほどになり，体色は多くは褐色地だが，オレンジ色のものもいる．カエル類・トカゲ類・哺乳類など餌の幅は広い．活動が盛んな季節は3～8月と推定されるが，ハブと異なり，冬季にも咬症数が減少しない．夜行性だが，ハブに比べて日中に見かける頻度も高い．

●侵入過程と定着の確認，沖縄島での生態

本種は少なくとも本土復帰（1972年）以降，ほかの外国産ヘビと同様に催し物用やハブ酒の材料として，多い年には数千個体が八重山諸島から沖縄島に持ち込まれた（一部の施設では2001年現在も継続）．1976年には，沖縄島南部の糸満市にある某施設で保管されていた約100個体が盗難に遭い，おそらくその後放逐された．事件の直後やその4年後に行われた捕獲作業では捕獲されなかったが，この後現場周辺で発見されるようになる．1982年には，初めての咬傷が発生した．捕獲頻度を見る限り，最近では，逃亡現場周辺の四つの字（伊原，米須，南波平，真壁）において，ハブと同程度まで生息数が増加している．捕獲後に，飼育下で産卵が確認された雌もいる．1991～2000年の間だけで，沖縄県衛生環境研究所には500個体以上が持ち込まれた．また，ハブとの交雑個体と推定されるものも4個体，捕獲されている．

2001年現在，沖縄島の南部では，少なくとも上記4字を中心とした糸満市南部の直径6 kmの範囲に生息している．まれに，玉城村や那覇市などの遠隔地でも捕獲されるが，これは偶発的に持ち込まれたものかもしれない．一方，沖縄島北部の名護市許田でも，過去に本種を搬入した施設の近くで，1992年以降，ハブとの雑種と推定される2個体を含むサキシマハブの捕獲と目撃があり，定着した可能性がある．

糸満市産の個体の飼育下での観察から，雌は頭胴長54cmないしそれ以上で産卵を開始すること，卵は長さ4cm弱で6～7月に4～10個産み落とされ，40日ほどで孵化すること，孵化直後の頭胴長は21cm程度で，少なくとも17年程度生きる個体がいること，などがわかっている．

●対策

サキシマハブ咬傷の治療には，八重山諸島でもハブの抗毒素が用いられており，沖縄島で事故が発生しても治療面では問題はない．ただし，原産地での高受傷率とハブとの遺伝的撹乱の可能性もあることから，駆除が求められる．上記のように，糸満市における分布範囲は狭いと思われるが，この程度の広さの地域においても，完全に駆除するのは極めて困難であると思われる．

沖縄島産サキシマハブ

参考文献

新城安哲（1986）サキシマハブの食性1．沖縄特殊有害動物駆除対策基本調査報告書（IX）．沖縄県．pp. 85-88.

池原貞雄ほか（1981）ハブ生息実態調査．沖縄県特殊有害動物駆除対策基本調査報告書（IV）．沖縄県．pp.1-23.

香村昂男・西村昌彦（1983）ハブ属3種の孵化後の成長記録1．沖縄県公害衛生研究所報 17：93-103.

勝連盛輝ほか（1996）業者により大量に沖縄へ持ち込まれた生きたヘビの数．沖縄県衛生環境研究所報 30：133-136.

木場一夫・菊川大東（1976）サキシマハブの形態について．銀杏学園紀要 1：19-32.

城間侔ほか（1983）サキシマハブ採集調査．沖縄特殊有害動物駆除対策基本調査報告書（VI）．沖縄県．pp.7-14.

高良鉄夫（1962）琉球列島における陸棲蛇類の研究．琉球大学農家政工学部学術報告 9：1-202, 22pls.

タイワンハブ 〜外国産毒ヘビの初めての定着

西村昌彦

●原産地と生態

本種は大陸南部と台湾が原産の毒蛇で,サキシマハブと形態・遺伝的に類似している.原産地では,低地から標高1500mほどの間に,森林から集落内まで幅広い環境に生息する.人への咬症被害も生じている.食性の幅も広く,鳥類・哺乳類・カエル類・爬虫類を餌とする.

●侵入過程と定着の確認,沖縄島での生態

沖縄島に見られる他の外来ヘビと同様の理由で,遅くとも1970年代より,おびただしい数が同島に持ち込まれた.しかし,1993年と1994年に北部でタイコブラが連続して発見され,新聞を賑わしたため,その後地域内のすべての施設が,外国産ヘビの搬入を取りやめた.

このタイコブラの生息状況把握のため,ヘビの捕獲並びに目撃情報の聞き取り調査を行ったところ,タイワンハブが相次いで捕獲され,住民による目撃も確認された.ただし,本種が野外に逃げ出した経緯は特定できなかった.搬入停止から5年以上経過した後に1〜2歳と推定される小型個体が捕獲され,また,捕獲個体が飼育中に交尾・産卵したことから,当地への定着は確実である.分布域は,1999年の時点で沖縄島北部,名護市周辺の直径約4kmの範囲と考えられる.

沖縄島でこれまでに捕獲された個体には雄が多い.成熟サイズは,雌で頭胴長70cm以下,雄では50cmあまりで,飼育下で容易に交尾・産卵する.沖縄島での産卵期は6月で,長さ約3.5cm,重さ約9gの卵を7〜11個産む.卵からは,40日あまり後に,頭胴長20cmほどの幼体が孵化する.サキシマハブより動きが素早く,夜行性で,出現時刻は日没時刻に対応して季節変化する.

●対策

本種の定着は,日本国内に外国産の毒蛇が定着した最初の例である.分布域やその周辺の住民には,この新たな毒ヘビに注意するよう,ちらしが配られた.住民による目撃地点は,庭,ミカン園,道路などの生活域であることから,沖縄島でも咬傷が生じる可能性がある.治療にはハブ抗毒素が有効である.山林内にまで分布していることから,完全な駆除は難しい.

1999年の時点での分布域は,国道58号線名護バイパスの北にほぼ限定される.この国道は4車線で交通量も多いことから,これに沿ってさらにフェンスをめぐらし,本部半島から沖縄島全域への拡散防止の境界とする案が検討された.しかし,フェンスの設置場所の確保と管理が困難と判断され,さらに国道の下を屋部川が2カ所で横断し,国道の南側でもタイワンハブ1個体が捕獲されたことから,この案は実現されなかった.

参考文献

勝連盛輝ほか(1996)業者により大量に沖縄へ持ち込まれた生きたヘビの数.沖縄県衛生環境研究所報 **30**:133-136.

勝連盛輝ほか(1996)沖縄諸島において本来の分布地とは異なる地域で採集されたヘビ.沖縄生物学会誌 **34**:1-7.

西村昌彦(2001)沖縄島北部産タイワンハブの飼育下における成長と繁殖.沖縄県衛生環境研究所報 **35**:50-56.

西村昌彦・赤嶺博行(2000)沖縄島北部で採集された移入種タイワンハブ(クサリヘビ科)の計測値の分析.沖縄県衛生環境研究所報 **34**:49-54.

西村昌彦ほか(2000)名護市とその周辺における侵入ヘビの分布――1999年における捕獲・聞き取り調査の結果.沖縄特殊有害動物駆除対策基本調査報告書 **23**:69-80.沖縄県.

Mao, S. (1993) Common terrestrial venomous snakes of Taiwan. Nat. Mus. Natur. Sci. Special Publ. **5**: 1-108. Taichung.

Tu, M. et al. (2000) Phylogeny, taxonomy, and biogeography of the oriental pitvipers of the genus *Trimeresurus* (Reptilia: Viperidae: Crotalinae): a molecular perspective. Zool. Sci. **17**: 1147-1157.

タイワンハブ

ニホンヒキガエル ～様々な環境に適応

戸田光彦

●原産地と生態

本種は本州，四国，九州と周辺島嶼に自然分布し，2亜種（亜種ニホンヒキガエルとアズマヒキガエル）を含む．農耕地や二次林，草原，自然林から都市の公園や埋立地などにも生息し，カエル類の中でも極めて幅広い環境に適応した種といえる．垂直分布の幅も広く，海岸近くから高山帯に至る．本州中部では早春に止水で繁殖し，変態後1～5年で成熟する．寿命は長く，野外で10年以上生きた例が知られる．

●侵移入状況と在来の群集への影響

本種は，従来は分布しない伊豆諸島や佐渡島に持ち込まれ，大島，新島，三宅島などでは現在，高密度で生息している．佐渡島ではそれほど広がっていない．北海道の一部（函館，旭川等）に生息するものも人為分布と考えられる（p.232「北海道に持ち込まれたカエル類」参照）．さらに，仙台，東京，金沢などの都市域ではアズマヒキガエルの分布域内に亜種ニホンヒキガエルが見られ，これらも人為分布と考えられる．

本種は大型で捕獲が容易であるため，興味本位で，あるいは実験材料などとして運ばれ，定着したらしい．変態上陸後の幼体は広く分散し，分布拡大は主にこの段階で生じると考えられる．

持ち込まれたニホンヒキガエルがもたらす影響として，次の二つが予測される．第一に，もともとヒキガエル類がいなかった場所では，地表に生息する昆虫や陸貝などを活発に捕食し，在来の生物群集に影響を与えるであろう．第二に，もともと本種が分布していた地域に持ち込まれた場合には，亜種間交雑などの遺伝的撹乱が懸念される．いずれも，在来の自然環境に対して深刻な影響を及ぼすといえる．

●対策

石川県の金沢城址には亜種ニホンヒキガエルが分布していたが，主要な繁殖池の環境悪化による幼生の全滅などで，繁殖の失敗が7年間続いた．そしてその結果，1980年代にはこの個体群は消滅した．この事例は，両生類の駆除に際し繁殖を阻害することの有効性を示している．

ニホンヒキガエルは，短い期間に集中して産卵する．よって，外来集団を駆除するには，繁殖期に池を高頻度で見回り，成体や卵，幼生を徹底的に取り除く方法や，繁殖期間中，繁殖池を柵で囲い侵入を阻む方法が有効であろう．

本種は日本に広く分布し，なじみ深いため，その人為移動や野外放逐はそれほど悪いこととは思われていないようである．しかし，様々な環境への適応力に富む本種は放逐された場所で定着しやすく，定着の結果，同種の別遺伝集団を含む在来の生物群集に深刻な影響を及ぼすことを，広く認識すべきである．

参考文献

奥野良之助（1984）ニホンヒキガエル Bufo japonicus japonicus の自然誌的研究Ⅳ．変態後の成長と性成熟年齢．日本生態学会誌 **34**：445-455．

奥野良之助（1985）ニホンヒキガエル Bufo japonicus japonicus の自然誌的研究Ⅴ．変態後の生存率と寿命．日本生態学会誌 **35**：93-101．

奥野良之助（1986）ニホンヒキガエル Bufo japonicus japonicus の自然誌的研究Ⅻ．生息場所集団の年齢構成と個体数変動．日本生態学会誌 **36**：153-161．

環境省自然環境局生物多様性センター（2001）生物多様性調査・動物分布調査（両生類・爬虫類）報告書．自然環境研究センター．

佐和田町史編さん委員会（1988）佐和田町史・通史編Ⅰ．佐和田町教育委員会．

前田憲男・松井正文（1999）改訂版日本カエル図鑑．文一総合出版．

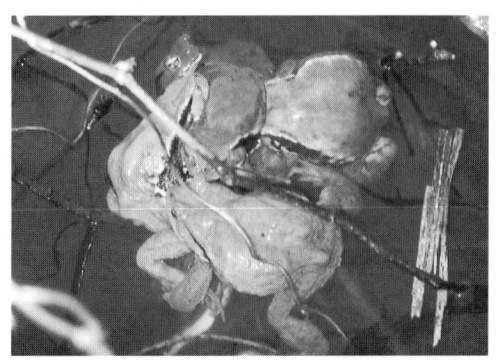

ニホンヒキガエルの亜種・アズマヒキガエル

ミヤコヒキガエル 〜学校教材の危険性 ――――当山昌直

●学校教育と外来動物
 学校の教材として，いろいろな動物が利用されている．その際に，身近にいない動物をわざわざ取り寄せて，子供たちに学習の一環として見せることも多いようだ．しかし，これには問題が多い．

●島から島への移動
 ミヤコヒキガエルは，宮古島諸島のみに分布するアジアヒキガエルの固有亜種で，大東諸島にはサトウキビの害虫駆除の目的で1970年代ないしそれ以前に導入された．沖縄島への最初の導入は1934年から1937年にかけてで，上記と同様な目的で142個体が4回に分けて島の南部に持ち込まれました．この導入では，一時は繁殖も確認されたが，結局定着はしなかった．

●やんばるへ放されたヒキガエル
 沖縄島の北部は通称やんばる（山原）と呼ばれ，小さな面積にノグチゲラをはじめイシカワガエルやナミエガエルなど，多くの貴重な動物がひしめくように生息している．1975〜1976年頃，このやんばるの中心ともいえる国頭村（くにがみそん）に，ミヤコヒキガエルが持ち込まれて放たれ，繁殖してしまった．

 侵入の中心となったのはK小中学校で，ミヤコヒキガエルの定着が問題になり始めた当時，繁殖期には校舎の溝に繁殖個体が数頭見られ，また敷地内の池にはひも状の卵塊も確認された．

 一般にヒキガエル類は，広く地表を徘徊し，口に入る大きさの動くものを片端から食べてしまう．したがって本種がこのままやんばる全域に広がった場合，まず地表の小動物相が食害によって打撃を受け，連鎖的に地域の生態系全体が打撃を受けることが懸念された．

●かわいそうだから
 当時の持ち込みに関わったと思われる教諭は，宮古島からこの学校にミヤコヒキガエルを持ち込んだことを認め，「子供たちに見せた後，かわいそうだと思って近くに放した」と話した．その教諭は，自分が大変なことをしてしまったことを理解し，学校周辺で増えたミヤコヒキガエルを私たちとともに除去することを約束した．

●完全除去の難しさと今後の課題
 その後，多くの人の努力の結果，この学校の周辺ではミヤコヒキガエルの姿は見られなくなった．しかし，確認のための調査を広範囲に行ったわけではないので，完全に除去されたかどうかは不明である．特に最近では，この学校から5,6km離れた西銘岳（にしめだけ）で本種が目撃されたという情報もあり，依然，予断は許されない．

 この事例が象徴するように，学校教育の場において，教材として他の地域から動物が持ち込まれ，それが逃げ出したり意図的に野外に放されたりして，結果的に本来生息しない場所に侵入するケースは少なくないと思われる．外来種の危険性や問題点については，学校教育の中でも，21世紀の課題として取り組む必要があると言えよう．

参考文献
千木良芳範（1991）沖縄島に持ち込まれた両生・爬虫類．「南西諸島の野生生物に及ぼす移入動物の影響調査」（池原貞雄編），pp.43-53．世界自然保護基金日本委員会．
太田英利（1995）琉球列島における爬虫・両生類の移入．沖縄島嶼研究 **13**：63-78．
諸喜田茂充（1984）帰化動物．「沖縄の生物」（沖縄生物教育研究会編），pp.377-383．沖縄生物教育研究会．
屋代弘孝（1938）ミヤコヒキガヘル *Bufo gargarizans miyakonis* Okada. の食性並びに其の沖縄嶋移入經過．植物及び動物 **6**：1127-1130．

ミヤコヒキガエル

オオヒキガエル 〜害虫駆除目的で熱帯・亜熱帯の島へ　　　　　草野　保

●原産地と生態

　本種の原産地はテキサス州南部から中米，南米北部である．サトウキビ畑など，人里近くの開けた場所に生息し，深い森林などには少ない．一時的な水溜りや池などの止水でほぼ周年繁殖し，8000〜25000卵を20mにも及ぶ長い紐状の卵塊として産卵する．孵化したオタマジャクシは約1カ月で変態し，半年で性成熟する．成体の体長はおよそ9〜15cm程度であるが，24.1cm（体重1.36kg）にも達する巨大な個体も記録されている．

　鼓膜の後ろにある大きな耳腺からはミルク状の強力な毒液を分泌し，外敵から身を守る．繁殖力も旺盛で，潜在的な個体群増殖力はきわめて高い．

●侵入の経緯

　サトウキビの害虫駆除のために，世界各地に導入されている．ハワイに導入されたものが，さらにフィリピン，ニューギニア，オーストラリアのほか，太平洋諸島の多くの島にも導入され，定着している．

　日本では小笠原諸島，大東諸島，琉球列島南部の石垣島に定着している．小笠原には大型のムカデやサソリ退治のために，1949年，サイパンより父島に10頭が導入された．その後徐々に個体数を増やし，10〜20年後に爆発的に増え，島内に分布を拡大していった．1970年代後半には，大村，清瀬，奥村地区など人家付近だけでなく，夜明山・中央山などの頂上付近でも姿が見られるようになり，島全域に分布することが明らかとなった．1974年には父島からさらに母島に導入され，ここでも数年の間に乳房ダムを中心に沖港で爆発的に増え，やがて標高462mの乳房山中腹でも観察されるようになった．1980年には，すでに全島的な分布も時間の問題であるとされた．

●小笠原での現状と駆除対策の必要性

　ほぼ年中（3〜11月）繁殖すること，早成熟で一腹卵数が莫大であること，有効な天敵や競争者が存在しないこと，温暖な気候により年中餌が豊富に存在することなどの理由から，導入後爆発的に増殖し，オタマジャクシの大量発生による飲料水汚染の問題が生じている．また，胃内容物調査によると，アリをはじめとする数種の昆虫，ダンゴムシ類，陸産貝類，倍脚類など多種類の土壌動物を幅広く餌とし，特定の餌に対する選好性がないことが知られている．そのため，当初の目的であった害虫の捕食だけでなく，島の固有な土壌動物群集への深刻な影響が危惧され，早急な駆除が必要である．

　具体的な方法としてはウイルスや病原菌を用いた生物的防除が研究されているが，生物的防除は標的以外に影響を及ぼす危険が大きい．繁殖場を中心とした繁殖個体や卵の除去を地道に続けることが必要であろう．

　ただ，一時は両島でかなりの高密度に達したものの，最近では河川改修が進み産卵場が減少したためか，個体数は減少していると思われる．

行動調査のために発信機を装着したオオヒキガエル（小笠原父島）

参考文献

草野保ほか（1991）小笠原父島におけるオオヒキガエルの年齢推定と行動パターン．第2次小笠原諸島自然環境現況調査報告書．東京都．pp.189-196．

松本行史ほか（1979）小笠原諸島父島・母島の爬虫類・両生類の生息状況．小笠原諸島自然環境現況調査報告書（1）．東京都．pp.29-38．

宮下和喜（1980）小笠原の帰化動物．小笠原研究年報 **4**：47-54．

Tyler, M. J. (1994) Australian Frogs: A Natural History. Reed Books.

Zug, G. R. & Zug, P. B. (1979) The marine toad, *Bufo marinus*: a natural history resume of native populations. *Smithonian Contrib. Zool.* **284**：1-58.

ウシガエル 〜"食用ガエル"のとんでもない正体 ─────── 太田英利

●原産地と生態

　原産地はアメリカ合衆国の東部・中部，およびカナダの南東部．水生の傾向が強く，池や沼などの止水のほか，緩やかな流れの周辺にも見られる．夜行性で昼間は水草の中や水場周辺の茂み，くぼ地などに隠れているが，暗くなると活動を開始する．極めて捕食性が強く，口に入る大きさであればほとんどの動物が餌となるようで，昆虫やザリガニ，小魚のほか，他のカエルや小型のヘビ，小鳥，ハツカネズミ，ワニの幼体までもが，餌として記録されている．

　繁殖期は原産地の北部では5〜7月，南部では2〜10月で，その始まりや終わりは環境温度に大きく左右される．雌の蔵卵数は6000〜40000個で，雌の一部は年内に2度産卵すると思われる．孵化した幼生は1〜2年かけて全長12〜15cmにまで成長し，変態・上陸する．

●侵入経路，分布拡大のしくみ，在来種への影響

　ウシガエルはその大きな体に比例して量の多いもも肉の需要から，養殖を目的として各地に積極的に導入されてきた．19世紀末までには，アメリカ合衆国西部に導入され，定着している．

　日本への導入は，1918年，ニューオリンズから輸入された雄12頭，雌5頭の東京大学伝染病研究所内の池への放逐が最初で，その後，第二次大戦を挟んで半世紀近くにわたり，政府や各県の水産試験場などの主導で原産地からの輸入，幼生・子ガエルの養殖希望者への配布，各地での放逐などが繰り返された．こうした持ち込みとばらまきは本土ばかりでなく，伊豆諸島の八丈島（1952年）や琉球列島（1953年以降）でも行われた．各地で一時は，安価なタンパク源の確保や産業振興の切り札として期待されたが，ほどなく食材としての人気が急速にすたれ，ごく一部の地域を除き経済的価値を失っていった．その結果残されたのは膨大な数の放逐個体で，現在では国内の非常に多くの地域で繁殖集団が形成されてしまっている．

　ウシガエルはその高い捕食性と旺盛な繁殖力のゆえに，捕食や餌資源を巡る競争を通して，他のカエルをはじめ多くの在来種を圧迫すると考えられる．例えば，沖縄諸島の中には，ウシガエルの増加とともに他のカエル類がほとんど見られなくなった島もあり，アメリカ合衆国の西部（カリフォルニア州やオレゴン州）や韓国でも，本種の増加に伴う在来のカエル類の減少が問題になっている．

●対策

　本種はIUCNの100 Worst Invasive Speciesにも挙げられており，早急な駆除が強く望まれる．日中は，非常に警戒心が強く敏捷なため，効率的に駆除するための捕獲は夜間に行う必要があろう．幼生や卵の捕獲・除去も効果的と考えられる．

参考文献

環境庁自然保護局（2000）第5回自然環境保全基礎調査：動植物分布調査報告書（両生類・爬虫類）．環境庁自然保護局．
長谷川雅美（1999）ウシガエルの秘められた歴史．「カエルのきもち」（尾崎煙雄・長谷川雅美編），pp.100-107．千葉県立中央博物館．
前田憲男・松井正文（1989）日本カエル図鑑．文一総合出版．
Behler, J. L. & King, F. W. (1979) The Audubon Society Field Guide to North American Reptiles and Amphibians. Alfred A. Knopf, New York.
Bury, R. B. & Whelan, J. A. (1984) Ecology and management of the bullfrog. U.S. Fish Wildlife Serv. Res. Pub. **155**：1-23.
Kiesecker, J. M. et al. (2001) Potential mechanisms underlying the displacement of native red-legged frogs by introduced bullfrogs. Ecology **82**：1964-1970.
Ota, H. (1999) Introduced amphibians and reptiles of the Ryukyu Archipelago, Japan. In: Problem Snake Management: The Habu and the Brown Treesnake (eds. G.H. Rodda et al.), pp. 439-452. Cornell University Press, Ithaca, New York.

ウシガエル

シロアゴガエル 〜着実に分布を広げる密航者 太田英利

●原産地と生態

インド北東部からフィリピンに至る東南アジアのほぼ全域に分布する．住宅地やかん木林，二次林などの比較的開けた環境でよく見られるが，場所によっては林道に沿うかたちで自然林内にも入り込んでいる．本種の国内集団については生態的知見がほとんどないが，夜行性で樹上でも地上でも活動し，昆虫などを捕食すると考えられる．

繁殖活動は少なくとも4〜10月の間続くようで，その間，雄は夜になると池や貯水槽などの止水の周辺で，さかんに鳴きながら雌を待つ．雄のひと鳴きは「グエッ」とか「ギュルッ」と聞こえ，在来のカエルのひと鳴きより短く，慣れれば識別は容易である．雌は雄に抱接された状態で産卵場所へ移動し，止水周辺の植生上や地表，物陰などに泡に包まれた数百の卵からなる卵塊を産む．

●侵入経路，分布拡大のしくみ，在来種への影響

国内で本種が初めて記録されたのは沖縄島で，1964年，同島の中南部にある米軍の嘉手納基地の前で採集されたのが最初の個体であった．その後島内での分布は急速に拡大し，1980年代の半ばまでには沖縄島のほぼ全域に達するとともに，沖縄島周辺のいくつかの離島にも定着してしまった．1997年には宮古島でも発見され，その後3年ほどの間に島のほぼ全域や周辺離島の一部にまで広がった．特に意図的に飼養・運搬される種ではないことから，沖縄島への最初の侵入は東南アジア（おそらくインドシナ半島）から米軍の軍事物資に紛れるかたちで生じ，またその後の沖縄県内での急激な分散は民間の輸送物資に紛れ偶発的に起こったと考えられる．

本種の在来種への影響については確固たる知見がないが，その生息地のほとんどで摂餌や繁殖などの活動の場が在来のカエル類のものと重複している．そのため，餌や産卵場所を巡る競争，さらには鳴き声による繁殖活動への干渉などを通して，在来種を圧迫していることも考えられる．また本種とともに，本来国内には分布しない線虫の一種が東南アジアから持ち込まれており，こうした寄生虫の在来種への影響も懸念される．

●対策

現在までに定着の確認された場所の多くで，すでにかなりの高密度に達してしまっている．そのため，こうした場所での駆除はきわめて困難と思われるが，繁殖場となっている止水における卵塊や幼生の除去・捕獲は，ある程度の効果が得られるかもしれない．また，輸送物資の詳細な検査に基づいて，八重山諸島や奄美諸島など本種がまだ侵入していない地域への分散を防止することが，何よりも強く望まれる．

シロアゴガエル

参考文献

当山昌直（1997）シロアゴガエル．「沖縄の帰化動物―海をこえてきた生ものたち―」（嵩原建二ほか），pp. 65-67. 沖縄出版．

中田里美（2001）宮古の両生類と爬虫類．「宮古島の自然と水環境―おきなわの自然環境ガイドブック 3―」（下地邦輝編），pp.30-45. おきなわ環境クラブ．

前田憲男・松井正文（1989）日本カエル図鑑．文一総合出版．

Hasegawa, H. (1993) *Raillietnema rhacophori* Yuen, 1965 (Nematoda: Cosmocercidae) collected from a frog, *Polypedates leucomystax*, on Okinawa-jima, Japan. *Biol. Mag. Okinawa* **31**: 15-19.

Iwanaga, S. (1998) *Polypedates leucomystax* (Java Whipping Frog). *Herpetol. Rev.* **29**: 107.

Matsui, M. *et al.* (1986) Acoustic and karyotypic evidence for specific separation of *Polypedates megacephalus* from *P. leucomystax*. *J. Herpetol.* **20**: 483-489.

Ota, H. (1999) Introduced amphibians and reptiles of the Ryukyu Archipelago, Japan. In: *Problem Snake Management: The Habu and the Brown Treesnake*. (eds. G.H. Rodda *et al.*), pp. 439-452. Cornell University Press, Ithaca, New York.

魚　類

　日本では戦前から内水面漁業の振興を目的に，国内外を問わず様々な魚種が導入されてきた．現在でも，従来の地域漁業の支援に加えて，遊漁資源，生物防除，慈善活動など多様な目的のために，魚類の公的・私的な放流が続いている．

　とりわけ注目される外来種はオオクチバスとブルーギルで，平野部の止水域のみならず緩やかな河川にも容易に定着できるため，水生生物の保全上最も問題となっている．両種は短期間で全国的に分布を拡大したが，河川上流にも侵出可能なコクチバスも近年急速に分布を拡大しつつある．現在，沖縄県を除く全都道府県の漁業調整規則で外来魚の移殖放流が禁止されているが，私的放流が止まらない現状を見る限り，これらの規制は効力がない．北海道でも，強い魚食性が懸念されながら私的放流されるブラウントラウト，あるいは公的放流の多いニジマスも，在来種への影響が指摘されている．このように，釣り人にとって魅力的な外国産釣魚を適正に管理・予防していくためには，遊漁制度（既存の漁業関連法令を含めて）の検討が不可欠である．

　養殖に関しても，養殖場からの逸出と推測される外国産魚種が，淡水だけでなく海洋でも定着している．今後は，逸出個体の生存・繁殖の可能性や影響を充分に考慮した養殖対象種の選定と，効率や経済性といった目先の効用だけでなく生物多様性の保全も考慮した養殖を行うべきである．

　一方，水草除去のために放たれたソウギョにより，絶滅危惧種を含む水草が完全に消失した水域は少なくない．蚊の防除目的に各地で放流されるカダヤシも，海外では在来種に影響を与えた事例があり，生物防除といえども安易な放流は慎むべきである．また，観賞魚由来の国外外来魚は元来熱帯魚が主体だが，亜熱帯の島々で定着例が増えている．さらに最近は，温帯魚の人気が高まりつつあり，九州以北でも新たな外来魚問題が続発する危険性は高い．

　国内外来種の事例は本書では紹介できなかったが，渓流魚のイワナ，アマゴ，ヤマメなどの放流が地域的な遺伝的特性を不可逆的に損なう可能性や，広範に放流されているアユやヘラブナ（ゲンゴロウブナ＝琵琶湖の固有種）では，種苗に他の魚種が混入する可能性があり，現状把握や改善に向けての取り組みが重要課題である．善行と考えられがちなコイやメダカ，サケなど在来種を用いた慈善的放流も類似の問題をはらんでおり，生物多様性の保全に照らして適正な規制や指針が必要である．

（中井克樹）

タイリクバラタナゴ ～交雑による遺伝子の浸透と撹乱─────加納義彦

●原産地と生態

揚子江水系を中心とするアジア大陸東部原産のコイ科魚類である．平野部の池や河川の淀みなどに生息し，他のタナゴ類と同様，淡水二枚貝のドブガイなどに産卵する習性を持つ．オスは繁殖期（3～9月）になるとバラ色の婚姻色を現し，貝の周囲になわばりを形成する．求愛されたメスは，貝の出水孔を覗き込みながらタイミングを見計らい，一気に長い産卵管を出水孔に挿入し産卵する．その直後，オスは貝の入水孔の上で放精し，精子はえら内で卵と受精する．貝に保護された卵・仔魚は，約1カ月後に貝の出水孔から泳ぎ出る．

●侵入経路と分布の拡大

本種は，1942年に揚子江九江付近から食用に移殖されたハクレンなどの種苗に混じり関東地方に導入されたものが，放流によって分布を広げた．琵琶湖へは1960年代の初めに霞ヶ浦で養殖されたイケチョウガイと共に卵が運ばれたと推測され，その後，沿岸域で数多く見られるようになった．琵琶湖産アユの全国的規模の放流を考えると，それへの混入が分布域拡大の一因と推測される．さらに，観賞魚販売による全国的な移動も，分布の拡大に大きく加担しているようである．

●交雑による遺伝子の浸透と撹乱

本種の侵入はたいへん複雑な問題を抱えている．それは，琵琶湖・淀川水系以西に生息する同種の固有亜種ニッポンバラタナゴと容易に交雑することである．日本で独自に進化してきた亜種ニッポンバラタナゴの歴史が今，消滅しつつある．

腹びれ前縁にある白線の有無が，本亜種とニッポンバラタナゴを容易に見分ける特徴である．しかし大阪府内では，1970年代の半ば頃から，両亜種の中間的特徴を持つ交雑個体らしきものが発見され始めた．八尾市の溜め池で遺伝的マーカーを用いて調べた結果，交雑により本亜種の遺伝子頻度が増加する傾向が示された．

現在，交雑個体群は，四国や九州では拡大しつつあるが，大阪府においては環境の悪化に伴って減少する傾向にある．一方，八尾市で保護されているニッポンバラタナゴは約20の個体群が現存している．

●近縁種との競争

本種のもう一つの影響として，在来種との競争が問題となる．関東の平野部の浅い池や河川の淀みに生息し，ドブガイを産卵母貝とするゼニタナゴが，本種が侵入してから数年後にほぼ絶滅した事例が，神奈川県鶴見川水系の池から報告されている．ゼニタナゴは秋に産卵（9～11月）するので，本種とは産卵期が異なるが，一時的に競争関係が生じる可能性はある．しかしながら，関西地域では近縁種との競争関係はあまり知られていない．

現在のところ対策は，池干しをして在来種を移殖し保護する方法もあるが，在来種が生息する地元の理解と協力を得ながら，人為的な分布拡大をできる限り抑え，在来種が生息しやすい環境を保全することが重要である．

タイリクバラタナゴ．腹びれ前縁に鮮明な白線がある．ニッポンバラタナゴにはこれがない

参考文献

加納義彦（1994）バラタナゴ，*Rhodeus ocellatus*，の2亜種間における雑種化について．THF研究助成報告 **9**: 7-15.

勝呂尚之（1997）淡水魚の危機．かながわの自然 **59**: 20-21.

長田芳和（1980）タイリクバラタナゴ．「日本の淡水生物—侵略と撹乱の生態学」（川合禎次ほか編），pp.147-153．東海大学出版会．

Kanoh, Y. (2000) Reproductive success associated with territoriality, sneaking, and grouping in male rose bitterlings, *Rhodeus ocellatus* (Pisces: Cyprinidae). *Env. Biol. Fish.* **57**: 143-154.

ソウギョ ～水草をバクバク喰う大食漢

立川賢一

●原産地と生態

アジア大陸の東部が原産地である．中国の長江（揚子江）では，4月から7月頃が繁殖期で，産み出された卵は川を下りながら孵化し，流れの緩やかな河岸や湖沼で成長する．3～4歳になると体重が5kgに増え，成熟する．寿命はおよそ7～8年とされ，体重は最高で35kgにも達する．国内でも，利根川で全長1.4mの大物が釣り上げられたことがある．

「草魚」の名の通り好んで水草を食べ，その量は1日で体重の1～1.5倍にもなるとの報告がある．日本でも，セキショウモ，クロモ，イバラモ，ヒルムシロなど，多くの種類の水草類を食べている．ただし，ホテイアオイのように空気を含んだ浮嚢を持つ植物を食べるのは苦手のようだ．

●導入の経緯と分布拡大のしくみ

食糧増産対策として，内務省などが1878年以降，関東以西の養魚地，湖沼や河川に繰り返し導入を試みた．農林省が茨城県を通じて1943年に利根川と霞ヶ浦に放流したソウギョが，5年後に初めて自然繁殖に成功した．以後，毎年6月から7月にかけて，渡良瀬川が利根川の本流と合流する辺りから東北新幹線の鉄橋付近までの流域で，5～20kgの大きな魚の群れが水しぶきを上げながら産卵行動をするのが目撃できる．ただし，この群れは，個体数のうえでは別の巨大外来魚ハクレンのほうが本種よりも圧倒的に多い．自然繁殖が確認されてからは，流下卵を採集して孵化させたものがソウギョ種苗として販売された．

ところが，利根川と霞ヶ浦をつなぐ常陸利根川に常陸川逆水門が設置され，また上流の産卵場近くに利根大堰が，下流に利根河口堰が完成したことで状況が変わった．河川を横断する人工構造物の設置により，本種の産卵回遊の経路が部分切断されたのである．また，湖岸や河岸の浅瀬の埋め立てや水質汚染等により，餌となる水草類が衰退したために，自然増加率が低下したと考えられ，種苗の生産も低迷した．現在では，ホルモン注射による人工催熟採卵法で人為的に種苗が量産されるので，再び各地に販売・放流されている．

●影響と対策

最近では，本種は食糧増産が目的ではなく，淡水大魚釣りや水草除去のために放流されている．これらの放流により分布域は拡大傾向にあり，北海道の湖沼でも発見されている．

しかし，本種はしばしば過剰に放流されて水域の水生植物群落を壊滅させ，生態系に大きな影響を与える事例も知られている．自然繁殖しなくとも，長命ゆえに本種の影響は長期間に渡って持続する．したがって，絶滅が危惧されている水草が分布する水域への放流は厳重に禁じられるべきである．利根川水系以外では自然繁殖はないので，漁獲により根気強く駆除を試みることや，放流のための販売を止めることで，分布拡大や被害は抑制されるであろう．

ソウギョ

参考文献

川那部浩哉・水野信彦編・監修（1989）山渓カラー名鑑．日本の淡水魚．山と渓谷社．
伍献文ほか（1980）中国鯉科魚類誌．上巻（中島経夫・小早川みどり共訳）．たたら書房．
立川賢一（1984）利根川水系の四大家魚—定着のための受難の歴史．淡水魚 **10**: 59-66.
土屋実（1967）草魚，蓮魚．養殖講座2．緑書房．
土屋実（1980）ソウギョとハクレン—長江生まれのそう食魚．「日本の淡水生物—侵略と攪乱の生態学」（川合禎次ほか編），pp.79-86．東海大学出版会．
丸山為蔵ほか（1987）外国産新魚種の導入経過．水産庁研究部資源課・水産庁養殖研究所．

ニジマス　〜放流の前に代替案を……

谷口義則

●原産地と生態

原産地はカムチャツカ半島・アラスカからバハカリフォルニアに至る太平洋側である．明瞭なパーマークを持つ幼魚はヤマメと似るが，背びれや尾びれにまで黒点があり，口吻がやや丸い点で区別できる．一般に速い流れを好むが，湖やダム湖等にも生息するほか，海に下り海洋生活期を経た後河川に遡上して産卵する個体群もあり，その生活史は変異に富む．食性は他の河川性サケ科魚類と同様に動物食で，陸生・水生昆虫，ヨコエビなどの無脊椎動物のほか，小魚など利用可能な餌生物は何でも食べる．産卵期は本州で11月から3月，北海道では1月下旬から5月頃である．

●侵入の時期，経緯および現状

1877年以降数回にわたり米国から導入され，養殖技術が在来マス類よりも早く確立された．そのため，九州以北の全国各地の冷水域で養殖され，1980年代前半まで盛んに放流された．しかし，本州では，たび重なる放流にもかかわらずほとんど定着しなかったこと，また在来マス類の養殖が成功したことなどから，近年では本種の養殖・放流は少なくなった．それでも一部の漁業協同組合がヤマメ・イワナに混ぜて放流しているほか，地域の市町村が地元の経済活性化をねらって遊漁資源としてダム湖に放流したり，一部の釣り団体が継続的に私的放流したりすることも指摘されている．北海道では，1996年までに70を超える水系で本種の生息が確認されており，自然繁殖して優占種となっているところもある．

北米では，本種が西海岸から内陸部の山間渓流へ移植された結果，近縁な在来サケ科魚類との競争および交雑が起こり，後者の分布域が大きく減少した例がある．北海道でも，イワナ属魚類と同所的に生息する河川で，ニジマスの産卵がイワナ類よりも遅れて行われるため，ニジマスがイワナの産卵床を掘り返してしまい，卵や孵化仔魚の死亡が起こる可能性が示唆されている．

●対策

まず，ニジマス放流の代替案の検討が必要で，遊漁資源として価値の高いヤマメやイワナなどの在来サケ科魚類を見直し，個体群の回復をめざした生息環境の改善が求められる．ただし，これら在来魚の移植・再移植に際しても，個体群の遺伝的背景などを充分に配慮する必要がある．

近年の研究結果から，ニジマスの定着成功の条件として，仔魚の浮上時期である初夏に発生する増水などの撹乱が，より小規模で，短期間かつ低頻度であることが挙げられている．したがって，本種をこのような条件を備えた水域に安易に放流することは特に危険である．

ニジマスの移植はブラックバスなどと異なり，水産庁主導の「正規ルート」で行われた経緯があるため，わが国におけるニジマスの生息に肯定的な見方を示す人が多いことも問題である．一般の人を含め，本種の生態的影響等に関する知識の普及が必要である．

参考文献

加藤憲司・柳川利夫（2000）熊野川水系上流部，山上川におけるニジマスの自然繁殖個体群．水産増殖 **48**: 603-608.

鷹見達也・青山智也（1999）北海道におけるニジマスとブラウントラウトの分布．野生生物保護 **4**: 41-48.

谷口義則（2001）北米の遊漁資源管理制度から学ぶ．アメリカと日本の似て非なるゾーニング論．週刊釣りサンデー．3月4日号: 54-56.

Fausch, K. D. et al. (2001) Flood disturbance regimes influence rainbow trout invasion success among holarctic regions. Ecol. Appl. **11**: 1438-1455.

Taniguchi, Y. et al. (2000) Redd superimposition by introduced rainbow trout, Oncorhynchus mykiss, on native charrs in a Japanese stream. Ichthyol. Res. **47**: 149-156.

北海道西別川水系で捕獲されたニジマス（体長12cm）

ブラウントラウト　〜ヨーロッパからのハンター　　　　　　　　　　帰山雅秀

●原産地と侵入経路

　ブラウントラウトは，ヨーロッパから西アジアを原産地とし，1883年に北アメリカへ移殖された後，アフリカ，ニュージーランドおよび南アメリカにも広く移殖された．わが国への侵入は，明治時代に北アメリカから増殖目的のニジマスやカワマスの卵に混じって導入されたのが最初とされる．北海道では，1980年に新冠ダムでの初記録以来，2002年時点では道内36河川・48カ所で確認されており，最近の分布拡大は発眼卵の私的な放流によるとみなされている．北海道以外では，中禅寺湖で繁殖しているほか，黒部川でも記録されている．

●形態と生活史

　本種は大西洋サケと同様にサケ科サルモ属に含まれる．ニジマスに似るが，体側に虹色の縦条がなく，大型の黒い斑点と，白や青色で縁どられた朱赤色の大型斑点が散在する．背面はやや緑がかった褐色，腹部は銀白色である．

　本種がニジマスと同所的に生息する支笏湖の流入河川では，若い個体の微生息環境の使い分けが見られる．流線型でより広い視角と大型の眼を持つニジマスが表中層に分布して，流下動物や落下昆虫を中心に摂餌するのに対して，本種は底層に生息し，主に底生動物を摂餌する．

　両種とも体長20cm以上になると，降湖して湖沼生活へ移る．湖では，ニジマスが生産力の高い表層や沿岸域に生息し，主に落下昆虫や水生昆虫を摂餌するのに対して，本種は同じ沿岸域ではあるがもっぱら中底層に生息し，魚食性が強い．このように，成魚になると魚食性を強めていく本種により，支笏湖ではヒメマス，アメマスおよびイトヨの3種，道東河川ではシマウキゴリへの捕食が確認されている．

　産卵行動は，支笏湖では12月から翌年1月に，中禅寺湖では9月から11月初めに観察されている．多回産卵で，4〜5歳魚で2000〜3000粒，4〜5mm程度の卵を産む．体長40〜50cmで成熟し始め，大型の個体では100cm近くに達する．支笏湖では浮上直後の稚魚が翌年の6月に観察され，受精から浮上までの初期発育期間は約6カ月とかなり長い．本種は降海するばかりでなく，母川とは異なる河川へも遡上することが北海道でも確認され，水系を越えた分布域の拡大が懸念される．

●影響と対策

　本種は水圏食物連鎖の頂点に位置し，直接魚類群集を撹乱する．支笏湖では，ニジマスとともに生産力の高い沿岸域を占有し，ヒメマスやウグイ類などの分布が生産力の低い沖合域に限られたり，流入河川ではアメマスが生活できない状況が生じている．また，千歳川では本種が在来種アメマスに置き換わったことが報告されている．

　分布の拡大は，ほとんどの場合，養殖業者により生産された発眼卵や幼稚魚の私的放流に起因していると推測される．よって，これを断つことが早急に求められる．また，降海した個体が母川以外の河川へも産卵遡上することから，秋冬季の産卵期に親魚を捕獲することも重要な対策である．

産卵のために集群したブラウントラウト（支笏湖美笛川，2002年1月20日）

参考文献

Aoyama, T. et al. (1999) Occurrence of sea-run migrant brown trout (*Salmo trutta*) in Hokkaido, Japan. *Sci. Rep. Hokkaido Fish Hatchery* **53**: 81-83.
川那部浩哉・水野信彦（1989）日本の淡水魚．pp.148-151.山と渓谷社．
三沢勝也ほか（2001）外来種ニジマスとブラウントラウトが支笏湖水系の生態系と在来種に及ぼす影響．国立環境研究所研究報告 **167**: 125-132.
Scott, W. & Crossman, E. J. (1973) Freshwater fishes of Canada. *Fish. Res. Bd. Can. Bull.* **184**: 197-201.
鷹見達也・青山智也（1999）北海道におけるニジマスおよびブラウントラウトの分布．*Wildlife Conser. Jap.* **4**: 41-48.

カワマス ～放流と雑種形成

北野　聡

●原産地と生態

　カワマスは北アメリカ東岸原産のイワナ属魚類である．淡水の冷水域を主な生息場所とするが，その生活史は変異に富み，河川で一生を過ごす河川型のほか，降海（湖）型を含む個体群もある．完全な動物食性で，水生昆虫や落下してくる陸上性無脊椎動物を流れに定位しながら捕らえることが多いが，時には小魚や両生類なども餌とする．

　遊漁の対象として人気があることから，1800年代より北アメリカ西岸をはじめ，本来の生息域以外の場所に積極的に放流された．しかし，水域によっては，競争や交雑を通じて在来のサケ科魚類と置き換わるなど，深刻な影響を与えている．

●放流と交雑のしくみ

　日本には，1902年に日光湯ノ湖に移殖された．以降，国内各地に移殖され，特に湧水の豊富な場所で定着に成功している．北海道の西別川，栃木県の日光湯ノ川，長野県の梓川などが定着河川として有名である．

　本種は，在来のイワナやヤマメ（地域によってはアマゴ）と生息空間や餌をめぐって競合することも指摘されるが，種間相互作用の中でも顕著なのは交雑である．歴史的に異種の侵入を受けた経験をもたない淡水魚では異種認知が未発達なことが多く，近縁種間での交雑が起こりやすい．

　イワナとカワマスは系統的にも近く，繁殖時期も重なるために，同所的に生息する場所では容易に交雑してしまう．交雑個体は完全な不稔ではないものの，交雑が進むにつれて繁殖能力が極端に低下することから，不稔交雑の一種と考えられる．しかも，種間交雑においては，カワマス雄がイワナ雌と配偶する組み合わせが多く，イワナ個体群が一方的に不利益を被る結果となる．また，雑種がイワナの配偶に参加することも多く，これも在来種の再生産を撹乱する要因として無視できない．

●対策

　カワマスが定着した場合でも優占するのは湧水域や止水域に限られ，淵と落ち込みが連続するような山岳渓流まで進出することは少ないようである．しかし，何らかの要因で在来魚類個体群の存続可能性が低下している場合には，カワマスの存在は大きな脅威となる．このような場合には，北アメリカでしばしば行われるような，カワマスの選択的除去，侵入阻止のための小堰堤の設置などによる個体群管理も必要となるだろう．

参考文献

上原武則（1976）大正池の魚相異変—イワナの雑種化をめぐって．淡水魚 4: 146-150.

川那部浩哉・水野信彦編（1989）日本の淡水魚．山と渓谷社．

環境庁（1982）上高地・梓川上流域におけるイワナに関する検討会報告書．

吉田利男（1992）上高地のイワナのゆくえ．「川と湖と生き物—多様性と相互作用—」（林秀剛ほか編），pp.72-76．信濃毎日新聞社．

Fuller, P. L. et al. (1999) Nonindigenous fishes introduced into inland waters of the United States. American Fisheries Society, Special Publication 27, Bethesda, Maryland.

Suzuki, R. & Kato, T. (1966) Hybridization in nature between salmonid fishes *Salvelinus pluvius* × *Salvelinus fontinalis*. Bulletin of Freshwater Fisheries Research Laboratory 16: 83-90.

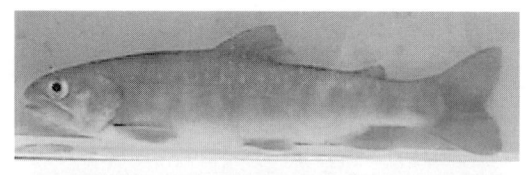

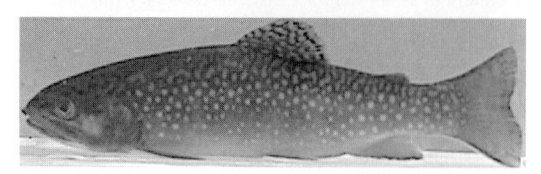

上から，イワナ，雑種，カワマス．イワナの背鰭には斑紋は見られないが，カワマスには黒くはっきりした虫食い斑がある．雑種は親種の中間的特徴をもつ．

カダヤシ 〜ボウフラ退治で世界各地に撒かれる

佐原雄二

●原産地と生態

カダヤシの原産地は北米大陸のミシシッピ川流域からメキシコ北部までで、これより東部には、かつて同種の別亜種として扱われていた近縁種の *G. holbrooki* が分布する。流れの緩い河川下流や灌漑用水路などにすみ、雑食性で落下昆虫や水生昆虫、動植物のプランクトンを食う。塩分耐性も高い。体長はメスで5cm、オスではせいぜい3cm程度である。

オスは尻びれが変形して交尾器となり、メスは卵でなく稚魚を産む。繁殖期は関東では5月から10月頃、低緯度地方ではより長期間にわたる。体長3cmのメスは、1回の産仔で数十の仔魚を産み、およそ月1回のペースで産み続ける。関東では、繁殖期の初めに生まれた個体が年内に自身の子を産む。一度交尾したメスは精子を体内に蓄えているので、極端な場合には、ただ1尾のメスの侵入からでも個体群を確立することが可能である。

●侵入時期と分布の拡大

本種は「蚊絶やし」の和名が示すように、ボウフラの駆除を目的としてハワイやカリフォルニアなど米国内はもちろん、東南アジアやニュージーランドなど世界各地に導入された。一方、オーストラリアなどには *G. holbrooki* が導入された。

日本には、1916年に台湾経由で持ち込まれたものが最初である。1970年頃までは分布は限られていたが、ボウフラ駆除を目的として、さらに東日本・西日本の各地に放流された。現在、平野部の水路や池に広く生息している。

●在来種への影響と対策

本種は世界各地で在来種との間に問題を起こしている。例えば、交雑によって土着のカダヤシ科の別魚種の減少や、競争や捕食によって土着の小型魚種の減少を招いている。IUCNが選んだ世界の侵略的外来種ワースト100にも挙げられている。

日本の場合、在来魚種のメダカへの影響が考えられている。確かに、どちらも雑食性で、水面を群泳し、生息環境も似かよっている。ただし、両種の摂食内容は同じ雑食性とはいえかなり異なっており、共存域での餌をめぐる競争の可能性は低いことが予想される。むしろ、本種によるメダカ仔魚・稚魚への直接の捕食の影響が考えられるが、実態は明らかではない。

近年におけるメダカの全国的減少の主要因が、水路のコンクリート化、パイプライン型水田の普及、水田と水路との落差の設定など、水田の水管理のあり方の変化であることはよく知られている。一方、メダカと異なりカダヤシには特別の産卵基質も必要でない。このような「どちらの側に有利か」という、環境の変化が両種の盛衰につながっていると思われるが、カダヤシの野放図な放流は慎むべきであろう。

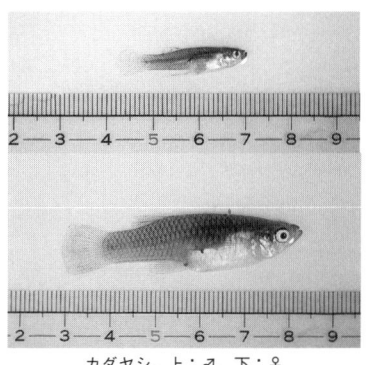

カダヤシ．上：♂，下：♀

参考文献

児玉慰智郎 (2001) 山口県内のメダカとカダヤシの分布と両種の種間関係．遺伝 55: 88-91.

佐々学監修，大久保新也・広瀬吉則編 (1979) 舶来メダカによる蚊の駆除．新宿書房．

佐原雄二・幸地良仁 (1980) カダヤシーメダカダヤシの生態．「日本の淡水生物—侵略と撹乱の生態学」(川合禎次ほか編), pp.106-117. 東海大学出版会．

Courtenay, W. R. & Meffe, G. K. (1989) Small fishes in strange places: A review of introduced poeciliids. In: *Ecology and Evolution of Livebearing Fishes (Poeciliidae)* (eds. Meffe, G. K. & F. F. Snelson, Jr.), pp.319-331. Prentice Hall.

Lever, C. (1996) Naturalized Fishes of the World. Xxiv+408pp. Academic Press.

Sawara, Y. (1974) Reproduction of the mosquitofish (*Gambusia affinis affinis*), a freshwater fish introduced into Japan. *Japan. J. Ecol.* 24: 140-146.

タイリクスズキ 〜種苗として侵入した外来海産魚——————波戸岡清峰

●形態と成長

タイリクスズキの最大の特徴は体に分布する鱗より大きな黒斑である．形態が類似するスズキではたいてい黒斑はなく，全長25cm以下の個体に出ることもあるが，その大きさは鱗よりも小さい．また，本種の吻は短く，脊椎骨数は多くが35で，36のスズキより少ない．スズキに比べて警戒心が薄いらしく，このためルアーフィッシングの対象とされるようだ．成長は本種のほうがスズキより早く，黄海・渤海産のものは1歳から2歳にかけて体長が約24cmから38cmになり（仙台湾産のスズキでは20cmから30cm），4歳で60cm（同43cm），8歳で72cm（同59cm）になる．スズキの産卵期は冬であるが，本種の産卵期は黄海・渤海産では春と秋であるとされている．

●侵入と現況

本種は1989年頃から，成長が早いということで，主に渤海沿岸，台湾周辺産の稚魚が養殖用に「スズキ」として輸入されている．養殖地は主に西日本，九州沿岸で，小割生け簀を使って飼育されているが，輸送中などに網から逃げ出したものや，台風などによって壊れた生け簀から逃げ出したものが周辺海域に定着したと思われる．

1992年頃から頻繁に釣り人に捕獲されるようになった本種の散逸魚には「ホシスズキ」の俗称が与えられ，注目されるようになった．当初，スズキが北海道南部以南の日本各地，朝鮮半島南岸に分布していることから，その変異であるとも考えられたが，その後の研究により，本種は，黄海，渤海沿岸，東シナ海と北部南シナ海の中国大陸沿岸に分布域を持つ別種として，1995年に現在の和名が与えられた．さらに，本種は集団遺伝学的にもスズキとは異なることが確認されているが，学名はまだ与えられていない．現在では，房総半島から宇和海までの太平洋沿岸，瀬戸内海，日本海側の丹後地方沿岸に生息すると言われる．

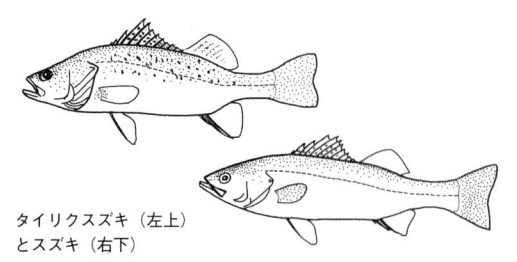

●影響と対策

本種は，長崎や下関などでは1960年頃にすでに東シナ海以西での底曳網の漁獲物として水揚げされていた．しかし，自然分布域で捕獲した鮮魚の水揚げと，種苗の輸入とは全く異なる．

今のところ，在来種への影響は報告されていない．本種とスズキの混成域である朝鮮半島南西部では雑種は見当たらず，交雑が起こる可能性は少ないとの見解もある．しかし，生態的環境の異なる日本沿岸での安全性を保証するものではない．また，放流により分布域が急速に拡大することも心配され，たとえ交雑しなくとも，スズキなどとの過度の競争的関係が生じる可能性がある．

本種の場合，在来種とは外見上容易に区別できるために，養殖地や分布域の拡大が把握できた．しかし，沿岸棲の水産生物の中には，同一種とされる大陸産の種苗までもが放流されているのが実情である．その背後には，過剰な漁獲や環境の劣化などによる在来個体群の疲弊があるが，外国産の水産物に安易に依存してまで贅沢な食生活を求める消費者や，目先の利益からそれを支える水産業界や水産行政のあり方を見直す必要性がある．

タイリクスズキ（左上）とスズキ（右下）

参考文献

小西英人（1993）第三の鱸，ホシスズキ．週刊釣りサンデー．1月24日号 **18**(3): 63-70.

中坊徹次（1995）タイリクスズキ（新称）．「新さかな大図鑑」（小西英人編），pp.304-305．週刊釣りサンデー社．

中坊徹次（1998）スズキ科．「日本動物大百科第6巻 魚類」（中坊徹次・望月賢二編），pp.102-103．平凡社，．

波戸岡清峰（2000）スズキ科．「日本産魚類検索第2版」（中坊徹次編），pp.683．東海大学出版会．

Yokogawa, K. & Seki, S. (1995) Morphological and genetic differences between Japanese and Chinese sea bass of the genus *Lateolabrax*. *Japan. Jour. Ichthyol.* **41**(4): 437-445.

オオクチバス 〜自然との関わり方の試金石

淀 太我

●原産地と侵入・分布域拡大の経緯

オオクチバス（通称ブラックバス）は北米原産のスズキ目サンフィッシュ科に属する淡水魚である．日本へは1925年に釣りの対象，また食用として，神奈川県芦ノ湖に初めて導入された．湖の選定は，他の水系と隔離され流出による分布拡大の恐れが少ないことなどを考慮して，当時としてはかなり慎重に行われたようである．

しかし，1965年頃から徐々に生息水域が増加し，特に1970年代に分布域が急激に拡大した．本種は2001年7月までに全都道府県から生息が確認されており，山上湖，ダム湖，平地の天然湖沼，小規模な溜め池から河川中〜下流域・汽水域に至るまで，極めて多様な水域に定着している．

●生態と現状

本種は典型的な肉食性の魚類であり，通常はオイカワやヨシノボリ類などの魚類やエビ・ザリガニ類などの甲殻類を主食とし，その他水生昆虫や水面に落下した陸生昆虫や鳥の雛まで捕食する．産卵は水温16〜20℃前後の春〜初夏で，オスが作ったすりばち状の巣で産卵が行われ，その後オスが卵および孵化後の仔魚・稚魚を保護する．その後の成長は気候や餌の豊富さなどによって違いがあるが，中部日本での一般的な湖では，満1歳で全長18cmほど，満2歳で25cmを超えて成魚となる．

本種はその肉食性から，導入当初より水産有用魚種への食害が懸念され，害魚論が展開されてきた．近年では生物多様性保全の概念が一般にも広がり，本種に関しても有用種への食害だけではなく，無秩序な放流とその後の侵入水域における在来生物群集に対する影響そのものが問題視されるようになりつつある．本種は，IUCNが選んだ世界の侵略的外来種ワースト100の一つであり，日本の水域への影響も大きいと考えられる．

その一方で，本種は釣り，特にルアー（疑似餌）釣りの好対象魚である．日本のバス釣り人口は300万人にも達すると考えられており，バス釣り需要に依存した産業が形成されている．このように本種（およびコクチバス）に関して，"排除"と"利用"という相反する立場が存在する．こうした社会的側面を併せ持つことが，他の外来種にはあまりみられない大きな特徴であろう．

●対策

滋賀県の琵琶湖では，1984年から稚魚のすくい捕り，産卵床の破壊，地曳網などの方法で駆除が試みられ，漁獲物の買い取りも行われている．近年は全国各地で，駆除目的の釣り大会や刺網・地曳網による漁，溜め池の水抜きなどが実施され，釣人には食用として持ち帰るよう啓蒙活動が行われているが，寄生虫感染の恐れがあるため生食は厳禁である．また2002年現在，内水面漁業調整規則によって沖縄県を除く全都道府県で移殖放流禁止措置がとられている．

一方，政策方針原案として，特定の水域にのみ生息を認める隔離政策案が一時浮上した．日本生態学会は生物多様性保全の観点からこれに強く反対し，2001年3月，「ブラックバス等の管理方針に関する要望書」を水産庁に提出した．現在この隔離政策案は取り下げられている．

オオクチバス（琵琶湖産）

参考文献
赤星鉄馬（1996）ブラックバス．イーハトーヴ出版．
金子陽春・若林務（1998）ブラックバス移植史．つり人社．
滋賀県水産試験場（1989）滋賀県水産試験場研究報告第40号　昭和60〜62年度オオクチバス対策総合調査研究報告書．
日本魚類学会自然保護委員会編（2002）川と湖沼の侵略者ブラックバス—その生物学と生態系への影響．恒星社厚生閣．
淀太我・木村清志（1998）三重県青蓮寺湖と滋賀県西の湖におけるオオクチバスの食性．日本水産学会誌 **64**: 26-38.
Yodo, T. & Kimura, S. (1996) Age and growth of the largemouth bass *Micropterus salmoides* in Lakes Shorenji and Nishinoko, central Japan. *Fisheries Science* **62**: 524-528.

コクチバス 〜それでも放される第二のブラックバス────淀 太我

●原産地と侵入・分布域拡大の経緯

　北米原産のスズキ目サンフィッシュ科に属する淡水魚で，オオクチバスと同属の近縁種である．アメリカでは上記2種を含む同属7種の総称として"black bass"が用いられている．

　北米での分布域はオオクチバスよりやや北方に偏り，清澄な環境に多いとされる．日本には1925年に，オオクチバスと同時に神奈川県芦ノ湖へ最初の導入が行われたが，定着しなかったようである．その後日本での生息は知られていなかったが，1992年頃から長野県野尻湖や木崎湖，福島県檜原湖で相次いで確認された．その後の分布拡大は急激で，2001年7月までに37都道府県から採捕の報告がなされている．また，それまでの生息水域から遠く離れた場所で突然採捕される例が多く，極めて短期間に分布を拡大していることからも，人為的な放流が行われていることは疑いようがない．各都道府県で漁業調整規則によってブラックバス類の移殖が禁止された後にも，こうした放流が続いていることは明らかであり，極めて悪質である．

●形態と生態，および生態系への影響

　オオクチバスとの識別点は，1）背びれ最長棘の長さと最短棘の長さの比は2倍以下（オオクチバス：2倍以上），2）成魚でも上あごの後端が眼の後縁よりも後にならない（オオクチバス：成魚では眼の後縁を超える），3）体色は黄褐色で十数本の背〜腹方向の暗色横帯（オオクチバス：オリーブグリーンで頭〜尾方向に暗色斑が一列に並ぶ）．

　長野県野尻湖と山梨県本栖湖では，食性はオオクチバスとほぼ同様で，主に魚類と甲殻類である．産卵期は5〜7月で，オスが産卵床を作って卵および仔魚を保護する．その後1年で全長15cm，2年で22cm程度に達し，成熟すると考えられる．

　原産地では，本種はオオクチバスに比べて流水域に生息することが多いとされている．そのため，これまでオオクチバスがあまり侵入していなかった河川にも定着して生態系を攪乱する可能性があり，警戒が必要である．しかし，日本での生態はいまだ不明な点が多く，実態の解明が早急の課題である．

●現状と対策

　本種もオオクチバスと同様，ルアー（疑似餌）釣りの好対象魚であることから，利用派と排除派が対立している．しかし，多くの自治体や漁業協同組合は駆除の姿勢を示しており，生息数削減を目的として遊漁の際の再放流を禁じたり，逆に他水域への拡散を防止するために再放流を推進する（持ち出しを禁止する）など，水域ごとに対応が考えられている．栃木県中禅寺湖や山梨県本栖湖では，本種が確認された直後から，ヤス・水中銃・延縄・刺網などを駆使した駆除を行い，成果を上げている．こうした侵入初期における早期の徹底的な駆除が，有効な手段と考えられる．その他，本種の産卵に適した人工産卵床（底質と遮蔽物）を設置するなどして，親魚を誘引して効果的な駆除を行うことも検討されている．

参考文献

赤星鉄馬（1996）ブラックバス．イーハトーヴ出版．
井口恵一朗ほか（2001）移植されたコクチバスの繁殖特性．水産増殖 **49**: 157-160.
望月賢二（1984）日本産魚類大図鑑．東海大学出版会．
長野県水産試験場（2000）平成10年度長野県水産試験場事業報告書．
武田維倫（2001）内水面外来魚密放流防止体制推進事業―コクチバス生態調査―（平成9年度〜11年度）．栃木県水産試験場研究報告第44号: 49-54.
山梨県水産技術センター（1998）平成9年度内水面外来魚密放流防止体制推進事業報告書．
山梨県水産技術センター（1999）平成10年度内水面外来魚密放流防止体制推進事業報告書．

コクチバス（長野県青木湖）

ブルーギル ～強力な雑食魚

中井克樹

●原産地と生態

ブルーギルは,北アメリカ東部を原産地とし,米国の"開拓"の歴史とともに中部から西部へと分布を拡大した.現在では,米国の大部分の地域とカナダ南東部に生息している.

オスには繁殖に関わる多型が知られる.「なわばりオス」は全長15～30cm程度で,通常,コロニーと呼ばれる繁殖集団を形成し,全長より少し大きな直径を持つすり鉢状の産卵床を作る.そこにやや小型の産卵メスが訪問して放卵・放精が始まるが,その現場にメスとほぼ同じサイズの「メス擬態オス」が加入したり,全長4～6cmしかない「スニーカー」が突入することもある.

仔の保護はなわばりオスのみが行い,卵から孵化した仔魚が卵黄を吸収して稚魚になる直前まで続けられ,その期間は1週間から10日程度である.未成魚として定着するまでの稚魚期の生態は未解明だが,相当に高い分散能力を持つ可能性がある.

食性は基本的に動物食で,様々な底生動物を利用するほか,動物プランクトンを専門についばむ個体も出現する.日本では水草や藻類を大量に食べる個体も多く確認されている.

●導入と分布拡大の経緯

1960年,当時の皇太子殿下が訪米の際の手みやげとして持ち帰ったものを,水産庁の試験研究機関が全国各地の試験場等に分与したことが知られている.また,民間レベルでも「おめでたいプリンスフィッシュ」として,各地で放流が行われたことも記録に残されている.

1970年代に入ってからは,オオクチバスと類似した分布拡大を示しており,身近な釣りの対象として意図的に放流されている可能性が示唆される.そのほか,放流種苗に混入していた事例もある.現在では,北海道南部から沖縄県まで,ほぼ全国に分布し,主に止水環境や流れの緩やかな河川の下流域に生息する.

●影響と対策

本種は,魚卵や仔稚魚を好んで食べることが知られ,多くの在来魚種に大きな打撃を与えている.琵琶湖や霞ヶ浦,深泥池など多くの水域では沿岸域で最も優占する魚種になっており,生態系において甚大な影響を与えていることが推測される.

現在,沖縄県を除く都道府県において,本種はブラックバス類とともに移殖放流が漁業調整規則により禁止されている.その幅広い食性から,特定の餌資源生物を食い尽くしても,別の餌資源を利用して生き延びることが考えられるため,在来水生生物を保護する立場からブラックバス類とともに排除することが緊急課題とされる水域もある.

駆除に際しては,捕獲率を高めるために,浅場でコロニーを形成する繁殖様式など,特定の生活史段階や季節に集合する習性の利用,様々な種類の刺激など,捕獲対象を積極的におびき寄せる方法の開発が望まれる.単純な方法ではあるが,もんどりでの捕獲が効果を上げている深泥池の例(p.269参照)もあり,魚との柔軟な"知恵比べ"が試されている.

ブルーギル

参考文献

全国内水面漁業協同組合連合会編(1992)ブラックバスとブルーギルのすべて.「外来魚対策検討委託事業報告書」.全国内水面漁業協同組合連合会.

寺島彰(1980)ブルーギル―琵琶湖にも空いていた生態的地位.「日本の淡水生物―侵略と攪乱の生態学」(川合禎次ほか編),pp.63-70.東海大学出版会.

Azuma, M. (1992) Ecological release in feeding behaviour: the case of bluegills in Japan. *Hydrobiologia* **243/244**: 269-276.

Yonekura, R. *et al.* (2002) Trophic polymorphism in introduced bluegill. *Ecological Research* **17**: 49-57.

カムルチー ～大陸からの消えゆく移住者

前畑政善

●原産地と生態

カムルチーの原産地は、黒竜江(こくりゅうこう)水系から長江周辺までの中国大陸および朝鮮半島である。全長70～80cmに達する大型の肉食魚で、主に小型の魚類やカエル類を下方から襲って食べる。湖沼や河川の淀みなどの止水域、特に水草帯に好んですむ。最近では、ルアー釣りの対象としても人気がある。

本種は空気中の酸素を直接呼吸することができるため、汚れた水や無酸素状態の水域にも生息可能である。特に夏季の高水温時には空気呼吸を不可欠とし、それが行えない状況下では死亡する。生息可能な水温域は0～30℃と極めて広い。

産卵期は5～8月で、親魚は浮遊物を集めて直径1m前後のドーナツ状の巣をつくり、雌雄が共同で卵および仔稚魚を守る習性がある。

本種は、近縁種であるタイワンドジョウと、鰭(ひれ)の条数、鱗数などの計数形質に重なりが見られることから、これらを連続的変異とみなし、両種を別種扱いすることには疑義も出されている。和歌山県内からは、両者の交雑が報告されている。

●侵入経路と分布拡大のしくみ

カムルチーの国内への移殖は、1923～24年に朝鮮半島から奈良県に持ち込まれたのが最初とされる。その後、1950～60年代までに本州、四国、九州の各地の池沼に生息するようになった。

水系がつながった水域間における分布の拡大は、増水時における移動によるものと考えられる。一方、水系間の移動は、本種が海水中を移動できないことを考慮すれば、すべて意図的な移殖によるものと推測される。1990年代には北海道にも侵入し、近年、自然繁殖も確認されている。

●影響と対策

本種の分布域は、琉球列島を除く日本のほぼ全土に及んでいる。しかし、生態的な情報は極めて少なく、現時点における国内各地における個体群の動態については不明であるが、減少傾向にある水域が多いとも聞く。少なくとも琵琶湖周辺では、1980年代以降個体数が激減しているようである。また、溜め池などの小規模な水域であっても、本種はブラックバス類やブルーギルと異なり、在来の小型魚種と共存していたとの証言も少なくないことは生態学的に興味深い。

本種の琵琶湖水系への移殖は、1933年、滋賀県野洲町(やすちょう)の住人が奈良県より親魚18尾を溜め池に入れたのが最初とされる。本種に限らず、魚類の移殖は個人レベルで行われることも少なくなく、その実態を把握することは極めて困難である。滋賀県では本種が琵琶湖に侵入した当初の1937年、漁業調整規則によって本種の移殖や活魚販売をいっさい禁止し、捕獲を奨励したこともあるが、実効がなかったという経緯もある。こうした外来魚は天然水域へ一度拡散してしまうと、除去することはたいへん難しい。今後の対策としては、国や地方レベルによる生物の移殖がもたらす弊害（地域生態系の攪乱）を啓発すること、および条例等による規制を強化すること以外、有効な手段はないといってよいだろう。

参考文献

環境庁自然保護局（1993）第4回自然環境保全基礎調査動植物分布調査報告書（淡水魚類）．

中谷義信・吉田誠（1998）タイワンドジョウ *Channa maculata* とカムルチー *Channa argus* の自然交雑について．和歌山県立自然博物館報 16: 23-28.

松田尚一ほか（1991）湖国びわ湖の魚たち．第一法規出版．

宮地伝三郎ほか（1983）原色日本淡水魚類図鑑（全改訂新版）．保育社．

山川雄大（2001）北海道砂川市でカムルチーの自然繁殖を確認．ワイルドライフ・レポート 19: 2-4.

カムルチー

Column

トンボも食べるオオクチバス

須田真一

オオクチバスの侵入と分布拡大

オオクチバス（ラージマウスバス）は北米原産の肉食性淡水魚である（p.117参照）．釣り，特にルアーフィッシングの対象魚として最も重要な魚種の一つとされており，現在では世界各地に持ち込まれ，定着している．止水域を中心に生息し，魚類や甲殻類を主食としている．

日本へは1925年，実業家赤星鉄馬氏によってオレゴン州より神奈川県芦ノ湖に導入されたのが最初である．幼魚のうちから強い魚食性を示すために，芦ノ湖からの持ち出しは禁じられていたが，1965年頃から他の場所でも見られるようになり，その後急速に分布を拡大した．現在では全国に分布しており，湖，池沼，溜め池等を中心に普通に見られるようになった．特に容易にアクセスできるような場所では，オオクチバスのいない場所を探すほうが困難な状況である．本種が侵入した水域では，捕食圧によって小型魚類や甲殻類をはじめとする水生生物群集全体が単純化してしまう例が多いことが知られている．さらに近年，オオクチバスの生息に適さない流水域や冷水域にも生息可能な近縁種コクチバス（スモールマウスバス）も各地で確認されており，その影響が心配されている．

トンボを食べるオオクチバス

トンボに対する捕食圧については未だ研究例が少ないが，新潟県の事例では，調査地の池（面積約4900㎡）で5月から10月まで計6回，胃内容物の調査を行っている．5月上旬には調査した9匹のうち8匹が合計70頭ほどの成虫を捕食しており，開水面を低く飛翔する種が多く捕食されていた．この中には各地で減少著しいトラフトンボやオオトラフトンボなども含まれる．試算では少なめに見積もって1匹当たり2頭捕食したとしても，池全体で1日当たり1000頭の成虫が捕食されるとされている．また，開水面が広がる春季と秋季には成虫を，浮葉植物に覆われる夏季にはヤゴを捕食しており，調査期間を通じてトンボが主食となっていた．

兵庫県では，絶滅危惧種オオキトンボの連結産卵個体が襲われるのが観察されている．また，長野県でも，多数のクロイトトンボが捕食されている事例が報告されている．

池の環境や他の餌資源との関わりなどによってトンボに対する捕食圧は変わると推測されるものの，従来にない恒常的な捕食圧を受けることにより，場所によっては種やトンボ群集の存続に壊滅的打撃を与えることも考えられ，特に生息基盤の脆弱な種には相当なダメージを与える危険性がある．

早急な対策を！

これまでブラックバス類がもたらす生態的な影響として，小型魚類など水中の在来種を捕食することが強調されてきた．しかし，上記の例のように水面近くを飛翔するトンボ成虫のほか，鳥の雛までを補食する例が報告され始め，本種の影響は水生生物だけでなく水辺の生物全般に及んでいることが強く示唆される．水辺の生物多様性保全のためにも，ブラックバス類の駆除・根絶，侵入防止は緊急課題であり，早急な対策が必要である．

参考文献

苅部治紀（2001）ブラックバス問題について．*Pterobosca* **7A**: 27-29.
苅部治紀（2002）オオクチバスが水生昆虫に与える影響—トンボ捕食の事例から．「川と湖沼の侵略者ブラックバス—その生物学と生態系への影響」（日本魚類学会自然保護委員会編），pp. 61-68．恒星社厚生閣．
川那部浩哉・水野信彦編・監修（1989）山渓カラー名鑑日本の淡水魚．山と渓谷社．

昆虫類
（植物寄生性ダニ，クモ，センチュウを含む）

2002年現在，植物寄生性ダニ，クモ，センチュウを含む日本の外来昆虫類は計469種，国内移住種を除いても441種であり（p.306〜319の付表6，7，9も参照），その数は年々増加している．今後もこの傾向は続くであろう．天敵・送粉・ペット昆虫および少数の気流に乗って侵入定着した種を除けば，昆虫類はほとんどが物資の移動に随伴して侵入してきている（非意図的導入）．

わが国は四方を海に囲まれているうえ，江戸時代の鎖国政策により海外との貿易が閉ざされていたことが，病害虫の侵入を阻んできた．外来昆虫はしばしば害虫化し農林水産業などに経済的被害をもたらすため，1914年に植物検疫の制度が設けられ，その侵入が阻止されてきた．国内に侵入定着後も，一部の昆虫類では，南西諸島および小笠原群島でのミバエ類の根絶作戦をはじめ（p.155），キンケクチブトゾウムシ（p.132），アリモドキゾウムシ（p.133），ミカンキイロアザミウマ（p.142），スイセンハナアブ（1953年，横浜），ミカンネモグリセンチュウ（1967年，八丈島）などの根絶が地域的に行われ，成功している．

一方で昆虫には「天敵導入」という意図的な導入がある．侵入害虫に対して適切な天敵種を選び導入・放飼する生物的防除法は，将来も積極的に活用されるであろう．導入天敵が外来種であっても，それによって大幅に農薬の使用量が減り，環境への負荷が軽減されるとすれば，導入を選ぶべきであろう．ただ，どのような天敵であれば導入による環境負荷を回避できるかの判定基準は未だ論議中である．

農作物の輸入の増加が外来昆虫の増加に拍車をかけているが，国際的な自由貿易の流れの中，一方的な処置は難しい．1996年の植物防疫法の改正以来，植物検疫の対象となる昆虫は，「自国に未発生の害虫，あるいは既発生であっても分布が一部に限られ，かつ公的防除の対象となっている害虫」に限定された．このため，本書の各所で指摘されているように，天敵，送粉昆虫，ペット昆虫の導入種の扱い方，衛生害虫や生態系に影響を及ぼす侵入昆虫に対する対策など，植物防疫法では対処できない重大な問題が次々と生じている．これは海外からの侵入だけでなく，南西諸島や小笠原群島への本土からの外来あるいは在来種の侵入をどう防ぐかも同様で，経済的被害のみならず島嶼の生物多様性保全の観点からも早急に施策を立てる必要に迫られている．

（桐谷圭治）

日本の外来昆虫 ～外来昆虫総論

桐谷圭治

●外来昆虫とは

　哺乳類や鳥類，魚類は，意図的に外国から導入した種が，国内で外来種として定着したものが多いのに対して，昆虫では天敵や送粉昆虫などごく一部を除いて，主に偶発的に侵入・定着したもので占められている．侵入の手段は各種の交通機関によるところが大きいが，時には飛翔による自然分布拡大とみなされるケースもある．時間区分は，原則として日本が開国された明治（1868年）以降に侵入もしくは導入したものを対象とする．

　わが国の外来昆虫種数について前ページで触れたが（p.306も参照），侵入確認種412種についてその内訳を目別に見ると，多いものから順に，コウチュウ目38％，ヨコバイ目20％，チョウ目13％，ハチ目8％，ハエ目8％，アザミウマ目4％，その他9％となり，前者3目で全体の70％を占める．

●侵入の経路と定着場所

　日本への侵入手段は，分類群によって特徴が見られる．コウチュウ類では飛翔によるものはなく，すべて輸入物資に付随しての侵入である．チョウ，ヨコバイ，ハエ類では輸入物資のみならず，南西諸島などでは飛翔（時には気流）により自力侵入した種も見られる．ヨコバイ類はそのほとんどがカイガラムシやアブラムシ類で，苗木などに付着して侵入している．ハチ類は，天敵あるいは花粉媒介虫として人為的に導入された種もかなり多い．

　外来昆虫の約半数は，種苗，球根などの栽培資材とともに侵入している．また外来昆虫の74％は害虫，22％は非害虫，12％は有益虫であるのに対し，在来昆虫相で害虫が占める割合はわずか8％であることから，外来昆虫には経済的に被害をもたらす種が多いことがうかがえる．これらの事実は，外来昆虫の定着場所は何らかの人為が加わったいわゆる撹乱地が多いことを示している．

●外来昆虫種数の経時的変化

　外来種の207種については，その侵入時期がほぼ特定できる．10年を単位に過去150年間の種数の変化を見たのが図1である．

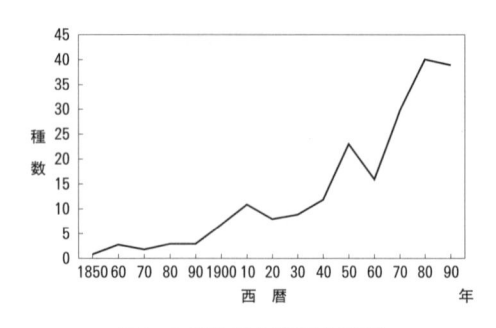

図1．年代別に見た外来昆虫の種数

　明らかに1910年代，1950年代，1980～90年代に種数の増加の山が見られる．これは，1914年にわが国でも輸出入植物取締法が施行され外来昆虫の侵入・定着に関心が高まったこと，1950年代は戦後の食糧不足を補うために大量の米麦，飼料が輸入され，それに伴って多数の貯蔵穀物害虫が侵入したためである．1980～90年代は，近年における切り花，野菜，果実の輸入増加に伴う施設害虫の侵入によるところが大きい（p.139参照）．製粉・精麦所，飼料工場，グリーンハウスなどは典型的な人為環境であり，冬季も比較的高温で食物もある．そのため，侵入害虫の多くは非休眠性の熱帯産の昆虫が多いこともその特徴である．

●外来昆虫種数の国際間比較

　表1は，主に植物検疫関係の資料に基づいた各国における昆虫ないしは節足動物の外来種数／年である．一見して島嶼は，大陸や日本本土に比べて，面積の割に外来種数が多いことがわかる．この理由として，島嶼の「Ecological Island」としての生態学的脆弱性が挙げられるが，島嶼の多くは経済的にも食糧などの輸入に頼っており，物流に伴う侵入と生態学的な理由による侵入とを区別して考えることが必要である．

　面積がおよそ日本と同じカリフォルニア州は日本よりかなり多いが，これは陸続きで他の州と接していること，昆虫以外の無脊椎動物を含んでい

表1．各国において毎年侵入・定着が確認される昆虫・ダニの種数比較

国名	外来種数／年		調査期間(年)	著者
米国	昆虫とダニ	11.0	60	Sailer, 1983
カリフォルニア州	無脊椎動物	6.1	34	Dowell & Gill, 1988
ハワイ	節足動物	3.5	40	Beardsley, 1991
オランダ	害虫	0.8	95	van Lenteren, 1995
オーストラリア	昆虫とダニ	0.55	20	Swincer, 1986
グアム	害虫	2.5	10	Schneiner, 1991
カロリン，マーシャル諸島	害虫	0.6〜1.4	10〜15	Nafus, 1991
日本	昆虫	3.7	30	本報告
沖縄県	昆虫	1.5	50	Kiritani, 1997

ることに留意する必要がある．日本に関しては過去150年間に外来種は年間2種となる．最近30年間ではその2倍の3.7種の昆虫が毎年侵入・定着している．

● 潜伏期間（侵入後発見されるまでの期間）はどれくらいか

施設害虫と露地害虫の外来種について，発見後5年間の分布拡大を県を単位に見たところ，拡大率は両グループで変わらず，発見時の既発生県数が施設では7.2県にも及ぶのに，露地では1.4県で，この違いは両者の発見しやすさの差と考えられた．また侵入後発見されるまでには，施設では6年，露地では1年経過していると推定された．

外来昆虫がある県または島で発見されてから，それが隣県あるいは近接の島での発生が報告されるまでの期間は，県では4.3±2.3年，島では9.5±9.7年というデータを得た．他方，侵入時期について類推を加えて報告されている35例についてみると，単純平均では11.8年となる．しかし25例は10年以内で，その平均は3.8±2.4年であった．10年以上では多回侵入の可能性も排除できない．以上より外来昆虫の侵入時期は，通常発見された時点からさかのぼって最低約5年前であると結論できよう．施設害虫ではこの潜在期間中に薬剤抵抗性が発達し，発見時には農薬による難防除害虫になっている可能性もある．

● 外来種の土着化

外来昆虫の土着化に至る過程は，「侵入→定着→分布拡大→土着化」の4段階に分けることができる．これに対し我々は，検疫による侵入阻止，定着を阻止するための根絶作業を対抗手段としている．外来昆虫は天敵を伴わずに侵入するため，しばしば大発生する．定着後の分布拡大は大発生によって加速される場合が多い．また，その防除のため害虫の原産地からの天敵導入が古くから試みられてきた（p.53参照）．ＩＰＭ（総合的害虫管理）による害虫密度の管理が，急速な分布拡大を防ぐ手段である．

他方，外来種の近縁種を攻撃していた土着の各種の天敵は，まず食性の広い捕食者，次いでより種特異的に反応する捕食寄生者が外来種を攻撃するようになり，外来種を巡る生物間の関係も在来種と変わらなくなる．また分布拡大に伴い，季節適応に必要な休眠のための臨界日長の適応的変化も見られる．こうして外来種の土着化が完成する．

● 外来昆虫のもたらす問題と対策

貿易の拡大に伴って，昆虫相の世界的等質化が起こりつつある．貿易自由化は，農産物輸出国から輸入国への外来種の侵入を促進する．輸入国はその結果，防除費用や虫害の損失を負担することになるので，侵入阻止は根絶や防除の費用を考えると安上がりである．侵入を警戒すべき昆虫種を特定するとともに，その種が与える影響予測，予想される侵入経路と侵入阻止の手法の確立，一般市民への広報と協力の要請が必要である．他方，避けられない侵入に備えて，早期発見と情報の公開，それに基づく緊急の防除体制など事前の準備も欠かすことができない．

参考文献

桐谷圭治・森本信生（1993）日本の外来昆虫．インセクタリゥム **30**：120-129.

Kiritani, K. et al. (1963) Characteristics of mills in faunal composition of stored product pests: their role as a reservoir of new imported pests. *Jap. J. Appl. Ent. Zool.* **7**: 49-58.

Kiritani, K. (1998) Exotic insects in Japan. *Entomol. Sci.* **1**: 291-298. 115.

Kiritani, K. (2001) Invasive insect pests and plant quarantine in Japan. *FFTC Extension Bull.* **498**: 1-12.

Morimoto, N. & Kiritani, K. (1995) Fauna of exotic insects in Japan. *Bull. Natl. Inst. Agro-Environ. Sci.* **12**: 87-120.

アメリカシロヒトリ ～分布拡大と生活史の変化 五味正志

●原産地と生態

和名が示すように，北米原産で成虫が白色をしたヒトリガ科に属するガである．現在，日本以外にも，ヨーロッパ，中国，韓国などに分布を拡大している．本種が加害する植物は，北米，韓国，日本からの記録を合わせると600種以上もある．プラタナス，アメリカフウ，サクラなどによく発生し，街路樹や公園の樹木の重要害虫となっている．

本種の幼虫はいわゆる毛虫であるが，毒はない．若齢幼虫は巣網を張ってその中に集合して葉を食べているが，老齢幼虫になると食樹上に分散し，巣網を張らずに単独で生活する．幼虫は蛹になる時に食樹から離れ，近くの建造物の隙間などに粗い繭を作って蛹になる．成虫は羽化後すぐに交尾して産卵する．卵は薄い黄緑色で，食樹の葉の裏側にひと塊に産み付けられる．

●侵入経路と分布拡大

アメリカシロヒトリは，米軍の物資に蛹が付着して侵入したと考えられているが，終戦直前に米軍機からまかれた宣伝ビラに付着していたという説もある．本種は，終戦直後に東京で最初に発見された．その後，日本での分布域を拡大し，現在ではおよそ北緯32度から42度の範囲に位置するほとんどの県で発生が認められている．つい最近まで北海道には分布を拡大していなかったが，2000年に函館市で発生が確認された．

●日本の環境への適応

アメリカシロヒトリの生活史は，侵入後およそ30年間は日本での分布域全域で，1年当たり2世代を経過する2化性であった．その後，およそ北緯36度以南の太平洋側では，1年当たり3世代を経過する3化性に変化した．この変化に伴って，休眠誘導の光周反応などの生活史形質が変化したことが明らかになっている．

本種は光周期（昼と夜の長さの周期）に反応して，日長が短くなると蛹で休眠することが知られている．3化性の個体群は，2化性の個体群よりも季節的に遅い時期に休眠に入るため，より短い日長で休眠が誘導される．これは2化性から3化性への変化に関係して，侵入後に起こった生活史形質の変化である．本種はこれ以外の生活史形質についても新しい環境に対する様々な適応を見せており，昆虫の生活史の進化を実証する貴重な例となっている．

クワに発生したアメリカシロヒトリの幼虫と巣網

●対策

本種の防除時期を決定する場合に，2化性地域の個体群の生活史形質は，侵入直後になされた調査結果からあまり変化していないので，野外の発生経過を推定するにあたって，その時のデータを適用することができる．しかし，3化性地域の個体群については，休眠誘導の光周反応だけではなく発育速度なども変化しているため，化性の変化後に調査されたデータを用いる必要がある．近年，本種の防除用に合成性フェロモンを使った交信攪乱剤も開発されている．

参考文献
伊藤嘉昭編（1972）アメリカシロヒトリ．中央公論社．
五味正志（1997）アメリカシロヒトリの日本への侵入と季節適応．インセクタリウム 34：320-325．
中田正彦（1996）米国から侵入したアメリカシロヒトリの防除事業の経過．植物防疫資料館史料9．日本植物防疫協会植物防疫資料館．
Gomi, T. (1997) Geographic variation in critical photoperiod for diapause induction and its temperature dependence in *Hyphantria cunea* (Lepidoptera：Arctiidae).*Oecologia* 111：160-165.
Warren, L. O. & Tadic, M. (1970) The fall webworm, *Hyphantria cunea* (Drury). *Arkansas Agricultural Experimental Station Bulletin* 759：1-106.

オオモンシロチョウ 〜大陸から飛来？

藤井 恒

●アブラナ科蔬菜類の害虫

オオモンシロチョウはヨーロッパ〜中央アジア，中国南部に広く分布するが，日本周辺に分布を広げたのは最近のことである．成虫はモンシロチョウに似た斑紋をしているが，一回り大型で，鱗粉の形態や幼虫の斑紋などに大きな違いがある．

モンシロチョウと同じくキャベツなどアブラナ科蔬菜類の害虫だが，産卵は卵塊で行われ，若齢期の幼虫は集合して成長するため，幼虫による食害はモンシロチョウの場合より顕著である．

成虫は，春〜秋まで3回ほど世代を繰り返すと考えられる．越冬態は蛹である．

●日本への侵入と分布の現状

日本では1996年に北海道で初めて確認されたが，その後の調査で1995年頃に北海道京極町で採集されていたことがわかっている．人為的な持ち込み説もあったが，ロシア沿海州でも1993年以降オオモンシロチョウが増えていたことなどから，日本海を渡って直接飛来した可能性が高いと考えられている．1996年には，北海道の日本海側（利尻島，奥尻島などを含む）と青森県北部（下北半島，津軽半島北部）で確認された．

その後，北海道では急速に分布を拡大し，2000年には全市町村で記録されるに至ったが，現時点では山地や道東部では分布は局地的である．1998年には長崎県対馬でも採集記録が出たが，その後記録されていないので，大陸から直接飛来した個体がたまたま発見されたものと思われる．

●農作物への被害の現状

日本に侵入したオオモンシロチョウは薬剤散布により容易に駆除することができるので，管理が行き届いた畑では，ほとんど被害は出ていないと思われる．

北海道では，オオモンシロチョウの防除は特に行われていないこともあり，分布を拡大したが，主な発生源は家庭菜園などの小規模なキャベツ，ブロッコリーなどの畑と，放棄されたり半野生化したダイコンやワサビダイコンなどに限られている．青森県では侵入後，分布の拡大を防ぐ努力が行われていることもあり，下北半島北部を除き，本種の発生はあまり見られない状態が続いている．

●今後の対策

オオモンシロチョウの幼虫は高温多湿に弱いという報告があることや，食草のアブラナ科植物が夏に少なくなることなどから，青森県よりも南の地域へ急に分布が広がる可能性は少ないと思われる．しかし，対馬でも記録されているので，今後も大陸から直接西日本の日本海側に飛来したり，人為的な放蝶が行われる可能性がある．これ以上の分布拡大を防ぐためには，早期発見に努め，直ちに駆除を行う必要があろう．

上：オオモンシロチョウ幼虫による食害
左：オオモンシロチョウ成虫

参考文献

上野雅史（1997,1999,2001）オオモンシロチョウについての一考察．やどりが **169**：25-41, **182**：31-38, **189**：14-19.

白水隆（1997）沿海州のオオモンシロチョウはどこから来たか．蝶研フィールド **12**（1）：18-19.

藤井恒（1997）オオモンシロチョウの記録一覧．やどりが **169**：47-53.

藤井恒・渡辺康之（1997）オオモンシロチョウを探せ―北海道・青森での調査記録―．やどりが **169**：2-6.

Feltwell, J.（1982）*Large white butterfly*, Jr. W. Junk Publ.

イネミズゾウムシ ～分布拡大と近隣諸国への侵入　　　　　森本信生

　イネミズゾウムシは，イネの害虫のうち明治以降侵入した唯一の種であり，1976年に愛知県知多半島で確認後，1986年には全国に分布が拡大した．1998年には144万haの水田で発生が見られた．原産地のアメリカ南東部のものは両性生殖型であるが，1959年にカリフォルニアに分布を拡大させたのは単為生殖型で，それが日本に侵入した．

●生活史

　雑木林の林縁部などで越冬した成虫は，春に越冬地周辺で単子葉類の雑草を摂食することにより，飛翔筋が発達し飛行可能となる．田植えとともに水田に移動してイネを摂食することにより，卵巣が発達し産卵する．孵化した幼虫はイネの根に移動し，根を摂食する．幼虫は土の中で蛹化し，羽化した成虫は，南のごく一部を除く大部分の地域では，そのまま越冬地に移動し越冬する．

●日本国内での分布拡大

　侵入が確認されて以来9年で全国に広がったが，地域によりその状況は異なっている．各都府県別に本種の分布拡大の速度を求めてみたところ，分布拡大速度と緯度には正の相関が見られ，北の地域は，南に比べ分布拡大が速かった（図）．

　偏西風が飛翔成虫による東北方向への分布拡大を助けたと思われる．また，本種の増殖にはイネが必要不可欠なので，田植えが早く行われ，越冬地から繁殖場所である水田にスムーズに移動できる場合，高い生存率と産卵数を実現しうる．一方，田植えが遅い地域では，イネをなかなか摂食することができないので，その間に生存率が低下し，個体当たりの産卵数も減少するだろう．その結果，増殖率は低くなる．

　日本におけるイネの作付は，北では早く，南では遅い．例えば，東北地方の田植えは5月上中旬だが，九州地方では6月中旬に行われる．このため，北のイネミズゾウムシはイネを早い時期から摂食でき，個体数を増やすことができる．それに対し南では，あまり増えることができない．増殖率が高ければ高いほど分布拡大には有利なので，本種は北での分布拡大が速かったと考えられる．

●アジアへの分布拡大とその対策

　本種は，東アジアにも分布を拡大し，アジアの稲作の脅威となっている．日本へ侵入・分布拡大後，朝鮮半島では1988年5月，中華人民共和国では1988年5月に唐山(タンシャン)市，台湾では1990年3月に本種の侵入が確認されている．

　本種は，イネの害虫であるにもかかわらず，家畜飼料として輸入した乾牧草に混入してカリフォルニアから侵入したと推定されている．近隣諸国への分布拡大もその経路は不明であるが，ヒッチハイクによる侵入を阻止することは技術的に困難な場合が多い．侵入当時の1975年度の日本の乾牧草輸入量は約4万トン，それが高脂肪乳を生産する必要から2000年度は180万トンに増加している．日本には約100万haの放牧地・採草地があるが，国内産の牧草利用増加に結びつかず，輸入牧草が激増している．農産物の自給率を向上させることも，外来種対策の一つとすべきであろう．

参考文献
都築仁ほか（1984）イネミズゾウムシの生態と防除に関する研究．愛知農総試研報 15：1-148.
名古屋植物防疫所（1978）イネミズゾウムシの侵入原因についての調査報告．特別調査資料 No.2：1-27.
森本信生（1992）イネミズゾウムシの分布拡大と田植えの時期との関係．農業環境技術研究所年報 10：68-72.

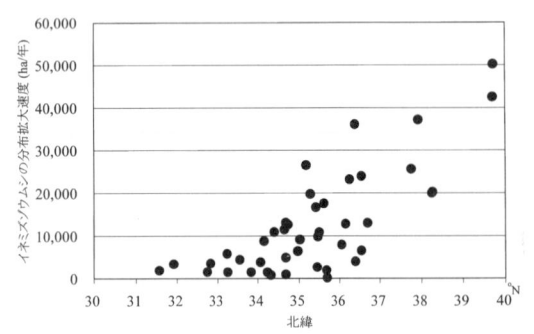

イネミズゾウムシの各都府県における分布拡大速度とその各都府県の緯度との関係（ただし沖縄県を除く）

アルファルファタコゾウムシ ～レンゲにとって脅威──末永 博

●原産地と生態

アルファルファタコゾウムシはヨーロッパ原産のマメ科牧草の重要害虫で，西アジア・南アジア，北アフリカ，北アメリカなどに広く分布している．このため，本種には多くの生態型が報告されている．例えばアメリカには，寄生蜂が産み付けた卵に対する包囲作用や，低温耐性，夏眠時の集合性，休眠誘起に関する光周反応などが異なる三つの生態型が定着している．わが国に侵入した個体群は包囲作用を示さない系統とされている．

成虫は，夏眠後11月頃からレンゲ，ウマゴヤシ，カラスノエンドウなどのマメ科植物に飛来し，1，2月を中心に12月から5月上旬まで産卵を続ける．4月中～下旬に幼虫密度がピークに達し，5月上旬頃から新成虫が羽化し始める．成虫はマメ科植物などを摂食した後，5月中旬頃から発生地周辺の樹皮下や建物の隙間，石の下などに移動し，集団で夏眠する．

●侵入の経緯と分布拡大のしくみ，および被害

本種は1982年に福岡県と沖縄県で発見され，その後分布を拡大し，現在，岐阜県以西の26府県と東京都に発生している．成虫が輸入貨物の隙間などに潜り込んで侵入したと考えられ，国内でもこのような習性や，新成虫の飛翔によって分布を拡大したようである．

成虫は産卵数が多く（600～800卵），しかも土着の有用天敵が存在しないため，条件さえよければ年々増加する傾向にある．しかし，4月頃に高密度，高湿度等の条件が揃うと，疫病が流行することがあり，幼虫密度が著しく低下する．わが国では鹿児島県で1998年4月に疫病が流行し，翌年の被害が減少した．

本種の侵入で大きな被害を被っているのは養蜂業者である．幼虫はレンゲの葉ばかりでなく蕾や花も食害するため，ミツバチによる採蜜量が激減している．レンゲは晩春の風物詩として馴染み深いが，緑肥や飼料としての栽培面積の減少に加え，本種による被害が大きいため，田園を一面のピンクに彩るような風景はあまり見られなくなった．さらに，多発生地では新成虫がキュウリ，メロンなどの農作物を食害した事例も報告されている．

●防除対策

本種を防除するため，門司植物防疫所は1988～89年にアメリカから4種の寄生蜂を導入した．現在，在来種への影響がないと判断されたヨーロッパトビチビアメバチを中心に増殖し，九州各県に放飼している．この寄生蜂の定着は北九州市と山口県の一部で確認されている．今後，レンゲ圃場での定着および寄生率の向上が研究課題であろう．

天敵としてはその他に，微生物（*Metarhizium*, *Bauveria* 属菌）の利用も試みられている．耕種的な方法としては，播種を遅らせること（11月中旬～12月上旬）が成虫の侵入量を減らし，被害軽減に有効である．

参考文献

木村秀徳・伊藤登（1992）侵入害虫アルファルファタコゾウムシ幼虫の血球による寄生蜂タコゾウチビアメバチ卵の包囲作用．植防研報 28：41-45.

木村秀徳・加来健治（1991）アルファルファタコゾウムシの輸入寄生蜂の飼育と放飼の現状．植物防疫 45：50-54.

桐谷圭治（1983）移住する昆虫-3．どんな性質が移住には必要か．インセクタリウム 20：310-317.

嶽本弘之（1993）レンゲの播種時期とアルファルファタコゾウムシ．今月の農業 37：99-102.

橋本孝幸ほか（1987）アルファルファタコゾウムシ *Hypera postica* (Gyll.)の生態に関する研究．2.生活史に関する野外調査結果．植防研報 23：27-32.

林川修二（1999）鹿児島県におけるアルファルファタコゾウムシの発生動向．植物防疫 53：419-422.

左：アルファルファタコゾウムシの成虫（体長約5mm）
右：レンゲの花を食害する老齢幼虫

イモゾウムシ ～アリモドキゾウムシと並ぶサツマイモ重要害虫

安田慶次

●原産地と生態

イモゾウムシはカリブ海の西インド諸島を原産とし，中南米，太平洋の島々，日本では奄美大島以南の南西諸島，小笠原諸島に分布するサツマイモの重要な害虫である．

成虫はサツマイモの葉，茎，塊根を食害するが，茎葉においては食害痕が残るものの，実害はほとんど認められない．産卵は地際部の茎および塊根の表皮の中に行われ，そこで孵化した幼虫は食入して内部を食い進む．幼虫の加害を受けた塊根は褐変し（写真参照），わずかな加害であっても強い苦みと臭気を伴うので，食用はもちろん，家畜の飼料にも適さなくなる．

本種は野生寄主であるノアサガオ，グンバイヒルガオ等で発生が認められるが，発生の中心となるのはサツマイモ畑である．当初サツマイモ畑へ侵入した雌成虫は，まず地際部の茎に産卵しそこで増殖し，羽化脱出した成虫が，地下部塊根を加害するようになる．そのため，地際部茎の様相から，ある程度，地中にある塊根の被害予測を行うことができる．

●侵入経路と分布拡大のしくみ

本種は1947年に沖縄本島中部の勝連半島のサツマイモで初めて発見され，3年後には沖縄本島中南部全域と北部の本部半島の一部に分布を拡大した．侵入の経路は，最初の発生地が米軍の物資集積所，および終戦に伴う太平洋の島々からの引き揚げ者の一時的な逗留場所であったことから，米軍の軍事物資に紛れ込むか，あるいは引き揚げ者の食料として発生地から持ち出されたサツマイモに被害塊根が含まれ，それによって持ち込まれた可能性が考えられる．

また沖縄本島周辺離島へは，種芋として配付された塊根により分布を拡大したと考えられる．1962年にはすでに侵入していたアリモドキゾウムシの被害と同率になるまで被害は増加し続け，分布もさらに拡大し，現在に至っている．

●対策

茎に産み付けられた卵が孵化し，幼虫が茎を加害し始めると，茎の一部が褐変する．この幼虫の加害を受けた茎をモニタリングし，被害茎率が5％を超えたら防除用薬剤を株元に施用する．茎の被害をそのまま放置し，その後塊根に被害が生じてから防除を行っても，効果は期待できない．そのため，茎に対する防除が重要となる．また，茎に成虫脱出孔が認められたら，雌成虫による産卵が塊根に行われ，被害が生じることが予想されるので，被害を回避するため，早急に収穫を行うべきである．

本種は貯蔵中の塊根に対しても重大な被害を与えるが，貯蔵中の防除技術に関する研究はまだなされていない．発育ゼロ点からみて，12℃以下に貯蔵すれば本種は発育できないだろう．ただし，9℃以下だとサツマイモ塊根が低温障害により腐敗するため，さらにくわしい検討が必要である．

イモゾウムシ成虫♂（左）と幼虫の加害を受けた塊根（右）

参考文献

栄政文（1968）奄美群島に発生する特殊病害虫．「鹿児島県農試大島支場65周年記念誌」，pp.50-57.

安田慶次（1998）イモゾウムシ・アリモドキゾウムシの総合的管理に関する研究．沖縄県農業試験場研究報告 **21**：80pp.

安田慶次（2000）アリモドキゾウムシ・イモゾウムシ．農業および園芸 **75**：203-209.

Akazawa, T. & Uritani, I. (1960) Isolation of Ipomeamarone and Two Coumarin Derivtives from Sweet Potato Roots Injured by the Weevil, *Cylas formicarius elegantulus*. *Arch. Biochem. Biophys.* **88**：150-156.

Sherman, M. & Mitchell, W. C. (1953) Control of sweet potato weevils and vine borer in Hawaii. *J. Econ. Entomol.* **46**：389-393.

ヤサイゾウムシ ～かつての害虫スターいまいずこ

松本義明

●原産地と種の概要

　原産地はブラジルとされ，成虫は体長9mm，灰褐色の翅鞘背面に白色V字型の斑紋をもつ．年1回の発生．雌だけが知られ，単為生殖により産卵増殖し，成虫は例の少ない短日性昆虫で，夏眠をする．28科120種以上の植物を加害する典型的な広食性で，乳白色のウジの幼虫は，夜間好んで野菜・花卉の芯部を食す．成虫は時に飛翔もする．

●日本での重要害虫へのデビューと転落

　岡山県南部の高梁川西岸に面する浅口郡船穂町（ふなおちょう）や隣接の吉備郡穂井田村（現 倉敷市玉島陶（たましますえ））では流域の砂地を利用して古くから採種用ニンジンが栽培されていたが，第二次大戦中の1942年頃より，秋季から翌春にかけて，ニンジンの幼苗や葉，葉柄，花蕾が，ある種の害虫に食害され，採種量が激減した．戦後の1946年には，1年間他の作物への転作による被害回避も試みられたが，被害は軽減しなかった．

　1947年，岡山県農試技師白神虎雄氏は来県した連合国軍最高司令部員に標本を提供し，翌年米国農務省昆虫部から，本種が米国，豪州，南アフリカなどに分布する野菜・花卉類の重要害虫であることを知らされた．農林省は全国各県に調査を依頼し，その結果，1952年までには関東南部の千葉，東京（＝八丈島，三宅島，大島），神奈川以西，鹿児島までの主に太平洋側の1都2府19県に発生が確認された．幸いに本種は薬剤に弱く，DDT，BHCなどの薬剤防除により被害は激減し，1955～60年頃までには害虫としての重要性は急速に低下した．なお，1940年，倉敷市の山川東平氏は船穂町対岸の中洲村（現 倉敷市）酒津で成虫1個体を採集していて，戦前の侵入を示唆するが，経路・経緯等については商船の貨物に付着しての侵入という推測はあるものの，いっさい不明である．

●マイナーな害虫として定着後の分布状況

　現時点までの筆者の知るところでは，関東およびそれ以西では，東海・近畿・中国・四国・九州・南大東島に至る1都2府25県と長野県南部，並びに北陸では石川・富山両県に分布の報告がある．また，東北地方では，1970年代に岩手県大船渡市，福島県，宮城県から発生の報告があったが，1990～91年ハルジオンを指標植物にした筆者の調査では，宮城県では仙台市以南の各市町，県北の金成町（かんなり），岩手県では一関市・平泉町・衣川村（ころもがわ）・水沢市でそれぞれ幼虫を採集した．水沢市より北の北上・花巻・盛岡各市では，未発見である．

　多くの温帯性昆虫の発育ゼロ点が11℃前後であるのに，本種では卵2.8℃・幼虫6.3℃・蛹6.6℃とかなり低く，幼虫は0℃でも摂食が可能で，かつ若干の耐凍性をもつ．他方で，ハウス栽培の普及・地球の温暖化による越冬の容易化などから，今後もその分布拡大，特に北上は注目されてよいであろう．

参考文献

上野輝雄（1961）ヤサイゾウムシの分布地は拡大傾向．神戸植物防疫情報．No.271：146.

白神虎雄・石井卓爾（1950）ヤサイゾウムシについて．農薬と病虫 4：277-283.

積木久明ほか（1993）ヤサイゾウムシの低温耐性．応動昆 37(1)：25-27.

松本義明（1963）日長温度調節によるヤサイゾウムシ成虫の休眠回避．農学研究 49：167-176.（農学研究 43(3)：144-152も参照）

松本義明（1999）昆虫と植物の有機硫黄化合物―寄主選択研究の一断面史．環境昆虫学（日高敏隆・松本義明監修），東京大学出版会．pp.301-320.

安江安宣・河田和雄（1959）ヤサイゾウムシの発育に及ぼす温湿度の影響．農学研究 47(1・2)：114-122.

ヤサイゾウムシ成虫（松本写す）

キンケクチブトゾウムシ 〜侵入経路の推定と撲滅の経緯 ————池田二三高

●原産地と生態

キンケクチブトゾウムシは本来は中央ヨーロッパの森林害虫であり，古くからブドウの重要害虫として知られている．現在では世界各地に広がり，施設栽培の花卉類，露地栽培イチゴなど多くの作物において，重要害虫になっている．成虫は葉を，幼虫は根部を食害する．

雌のみの単為生殖で，数百〜千粒以上も産卵するため幼虫の発生量も多くなり，被害も大きくなる．低温には強く幼虫は凍結土壌中でも生存できるが，成虫は特に高温に弱い．静岡県でこれまでに確認された発生地は標高800m以上のところであることから，夏季の最高気温の平均が1旬でもおおむね30℃以上となるところでは，成虫に対する影響が大きいので定着できないと推定される．

●発生の確認と侵入経路の推定

1980年10月，静岡県の種苗業者の研究農場（以下A農場）のシクラメンで幼虫が発見され，翌年に羽化した成虫から本種と同定された．これがわが国の農作物において発生が確認された最初の事例であった．その後の調査から，球根ベゴニアの観光施設のB農園，山野草の生産・販売のC農園でも発生が確認された．いずれも国内の同業者から持ち込まれたものと推定され，すでに本種の発生地はいくつかあると考えられたが，植物の流通ルートや本種の侵入ルートは解明できなかった．

●根絶防除対策の方法と経緯

本種は侵入を警戒する害虫であったので，1981年1月からA農場，順次B，C農園も根絶防除対策がとられた．A農場では，管理地約10haのうち温室2a，野外圃場2haで発生を確認し，この区域で根絶防除対策を実施した．温室内では植え換え時に捕殺と薬剤の土壌処理を行い，野外では寄主植物の調査をもとに，寄主雑草には除草剤の散布，寄主樹木周辺には薬剤の土壌処理を実施し，定期的に発生量を調査した．ここでの寄主植物はシクラメン，ヒメスイバ，アレチマツヨイグサ，コトネアスター，ピラカンサなど外来種が主体であった．幼虫には寄主植物の抜根調査および寄主植物のトラップ調査，成虫には落とし穴トラップ調査を用いた．

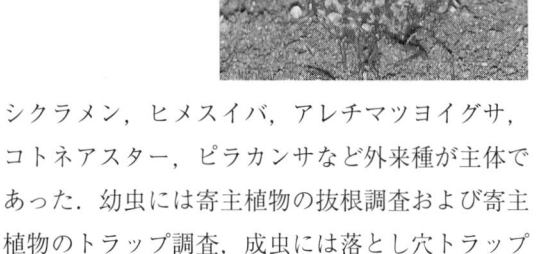

これら一連の調査により，1990年以降発生は認められなかった．B，C農園はともに温室内のみの発生であり，植え換え時に捕殺と薬剤の土壌処理を行った結果，発生は極少数で経過し，1992年以降発生は認められなかった．以上の結果から，静岡県は1995年に根絶宣言をし，現在に至るも県内での発生は認められていない．

なお，長野県では1981年に球根ベゴニア栽培の1温室で発見され，防除対策を講じ減少したが，現在でもごく少数発生している．北海道でも，1993年に札幌市の1農園のシクラメンで発生が認められた．その後の調査では，主に道央地帯で局地的に少数の発生が認められている．

キンケクチブトゾウムシ成虫(上)と幼虫によるシクラメン球根被害(右)

参考文献

池田二三高ほか (1983) 野外におけるキンケクチブトゾウムシの発生調査. 関西病虫報 **25**：38-39.
石川光一 (1977) キンケクチブトゾウムシ. 農水省横浜植防植物検疫資料第4号 ・害虫18
奥山七郎ほか (1996) 北海道におけるキンケクチブトゾウムシの発生と生態的知見. 北農 **63**(2)：59-72.
柿崎昌志 (2000) キンケクチブトゾウムシ成虫および幼虫の冷却点. 北日本病虫研報 **51**：205-207.
静岡県農政部 (1993) 侵入害虫キンケクチブトゾウムシ防除対策事業報告書. p.38.
Masaki, M. *et al.* (1984) Host Range Studies of the Black Vine Weevil, *Otiorhynchus sulcatas*. *Appl. Ent. Zool.* **19**：95-106.

アリモドキゾウムシ 〜高知県室戸市に侵入したアリモドキゾウムシの根絶〜

高井幹夫
藤本健二

●発生経緯

アリモドキゾウムシはアジア起源といわれており，熱帯から亜熱帯にかけて広く分布するサツマイモの重要害虫である．わが国では，これまで北緯30度を境にして，種子島や鹿児島県南端部などへの侵入，撲滅，再侵入が繰り返されてきた．

ところが，1995年11月，本種の発生地から遠く離れた高知県室戸市で発生し，関係者を驚かせた．室戸市への侵入経路は不明であるが，本種は飛翔力が弱く，自力での長距離移動は考えられず，サツマイモなどの寄主植物とともに人為的に持ち込まれた可能性が高い．最近は，検疫の目が行き届かない宅配便などによる輸送が日常化しており，本土で発生する危険性は確実に高まっていると言える．

●生態

主な寄主植物はイポメア（サツマイモ）属植物であり，室戸市ではサツマイモのほかハマヒルガオ，ノアサガオ，コヒルガオへの寄生が認められた．

室戸市で発生が確認された時には，すでにサツマイモだけでなく海岸線数キロに渡って自生するハマヒルガオにまで寄生が認められた．また発生圃場のイモでの幼虫の寄生密度は極めて高く，発生圃場周辺に設置したフェロモントラップには1日当たり100頭以上の成虫が誘殺されるといった状況であった．このような発生状況から，少なくとも侵入後数年を経過しており，この間繁殖を繰り返していたと考えられた．厳寒期の最低気温が5℃前後の室戸市での発生は，本種が予想以上に高い耐寒性を有し，本土でも温暖で寄主植物のある地域なら充分定着できることを示唆している．

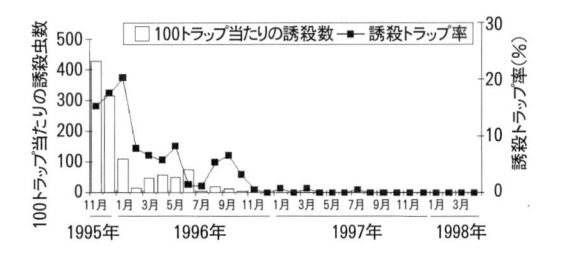

なお，4月上旬における調査で成・幼虫が認められたことから，室戸市における越冬態は奄美群島の場合とほぼ同様と考えられた．

室戸市におけるアリモドキゾウムシの誘殺消長（定点トラップ）

●根絶への取り組み

1995年11月17日の発生確認後，直ちに防除対策協議会を発足させ，フェロモントラップによる発生地域の特定作業に取りかかると同時に，初期防除対策として発生圃場のサツマイモおよび残渣の処理，発生地からのイモの移動禁止措置，寄主植物の除去を実施した．そして，1996年8月23日に植物防疫法に基づき780haが防除区域に指定されたことを受けて，防除区域内でのサツマイモ栽培の自粛を要請するとともに，徹底した放置イモの回収および野生寄主植物の掘り取り除去が行われた．その結果，1997年11月に捕獲された1頭を最後に，その後成虫の捕獲は認められなくなり，国と県による根絶確認調査を経て1998年12月31日付けで防除区域の指定が解除された．

アリモドキゾウムシの成虫

参考文献

アリモドキゾウムシ研究会編（1992）アリモドキゾウムシ根絶に向けて（最近の研究成果の概要）鹿児島県農業試験場大島支場．
高知県（1999）カンショ重要害虫緊急防除事業実績．
杉本毅（1990）アリモドキゾウムシの生物学．植物防疫 44：107-110．
杉本毅（1996）本土を脅かす「特殊害虫」アリモドキゾウムシとその根絶技術の現状．Makoto 94：2-7．
瀬戸口脩（1990）奄美群島におけるアリモドキゾウムシの発生生態と防除対策．植物防疫 44：111-114．
藤本健二ほか（2000）近年におけるゾウムシ類の緊急防除（2）高知県室戸市．植物防疫 54：453-454．

外来貯穀害虫 〜食料の交易で分布を拡大〜　　　　　中北　宏

●貯穀害虫の特徴と分布様式

貯穀害虫は，低水分食物を栄養源とするため，乾燥度の高い米，小麦，トウモロコシ，ダイズ等の一次農産物および小麦粉，飼料等の加工農産物，さらに，即席麺等の種々の乾燥加工食品を加害する．特に，穀物，豆類を食し，それの貯蔵・流通場所で繁殖するので，古い時代から民族移動や食料の交易を通じ，また栽培種子の伝播に伴い，全世界に分布を拡大した．

貯穀害虫の分布は，自力による飛行や歩行ではなく，食料や種子に混じって人為的に運搬されるため，貯穀害虫をヒッチハイカーとも称する．

●初期侵入貯穀害虫種

わが国は四海で大陸から隔離され，江戸時代の鎖国政策も加担して，他国に比べ貯穀害虫の侵入が少ない時代が長く続いたと考えられる．明治期の害虫図鑑では，8種の甲虫（コクゾウムシ，ココクゾウムシ，コナガシンクイムシ，ノコギリヒラタムシ，カクムネヒラタムシ，コクヌスト，アズキゾウムシ，エンドウゾウムシ）と3種の蛾（コメノシマメイガ，バクガ，イッテンコクガ）が記載されている．

明治以前の記録は定かでないが，遺跡からの遺骸として，コクゾウムシは弥生期の渡来が確認され，また，ノコギリヒラタムシ，コクヌスト，コクヌストモドキが，コクゾウムシとともに織田信長の居城清洲城の16世紀前後の地層より発見されている．

明治以降の貿易量の増加，特に，朝鮮，台湾，満州等の植民地を通じての農産物の流入で，大正〜昭和初期（第一次世界大戦中）にはジンサンシバンムシ等甲虫21種，スジマダラメイガ等6種の蛾の定着が確認された．

●輸入食糧の増大と貯穀害虫

戦後の食糧難による米麦緊急輸入期に続き，高度経済成長期の輸入農産物の増大を経て，現在飽食期のわが国は，年間3千万トン以上の穀物・豆類並びに香辛料，油脂原料，コーヒー等多くの農産物を多地域から恒常的に輸入しており，貯穀害虫の侵入チャンスは極めて高まった．現在，わが国では108種の貯穀害虫（貯蔵関連害虫も含む）の生息が確認され，問題種で定着が認められないのはヒメアカカツオブシムシ，グラナリアコクゾウ，オオコナナガシンクイと数種のマメゾウムシ類と，数は少ない．

また，時には珍種の侵入も確認される．カシミールコクヌストモドキは，1893年にインドのカシミールで1匹の雌が発見されて以来，100年近く見つからなかったが，1979年に横浜で再発見され，コクヌストモドキと雑種を作る兄弟種と確認された．インド起源のコクヌストモドキがコスモポリタンの大害虫種なのに，同じような性質の本種がなぜ害虫化しなかったのか？　再発見系統を用いて，国際的に害虫化や種分化の研究が進められている．

●対策

1950年（昭和25）の植物検疫強化で，輸入農産物混入害虫のくん蒸による完全撲滅が義務づけられたが，1997年（平成9）の改正植物防疫法の施行で，すでに定着しているコクゾウムシ等主要貯穀害虫22種は非検疫有害動物に指定され，撲滅規制が解かれた．同一種とはいえ薬剤抵抗性や繁殖力の違う系統の侵入が容易になるので，国内の貯穀害虫問題の拡大が懸念される．

参考文献
佐々木忠次郎（1900）日本農作物害虫篇第三版．学海指針社．
中北宏・池長裕史（1995）貯穀害虫に関する諸問題と防除の現状と今後の展望．家屋害虫 **17**：79-91．
森勇一（2001）先史—歴史時代の地中層より産出した都市型昆虫について．家屋害虫 **23**：23-40．
Nakakita, H. *et al.* (1981) Hybridization between *Tribolium freemani* Hinton and *T. castaneum* (Herbst), and some preliminary studies on the biology of *T. freemani* (Coleoptera: Tenebrionidae). *Appl. Entomol. and Zool.* **16**：209-215．

外来マメゾウムシ類 〜豆類の交流で広がった子実害虫　　　　梅谷献二

●原産地と生態

マメゾウムシ科に属する甲虫の総称で、いずれも成虫の体長2〜6 mmの小型種で占められ、幼虫がマメ科植物の種子の内部に寄生する。一般に、成虫は寄主の豆粒またはその付近に産卵し、幼虫は最初に食入した豆粒から出ることなく内部を摂食して育つ。4齢を経過して蛹になり、やがて豆の表皮に円形の穴を開けて羽化脱出する。人類が作物化に成功したマメ科植物を寄主とする種の中には、重要な害虫になっているものが多い。

マメゾウムシ類の生活様式には二つのタイプがある。①野外型：通常年1世代、休眠性を持つ。成虫は若い豆のさやに産卵して、幼虫が豆に食入して内部を食害する。幼虫は豆の生育とともに成長し、豆の完熟後に羽化する。しかし、完熟した豆だけで生活を繰り返すことはできない。②屋内型：多化性で、休眠性を持たず、耐寒性は弱い。成虫は完熟した豆だけで世代を継続し、未熟な豆では生育できない。生育期間は短く、25℃下で約1カ月で1世代を完了し、貯蔵豆の重要な害虫になっている種が多い。

日本における外来種として、野外型ではエンドウゾウムシ（エンドウ害虫、西アジア原産）とソラマメゾウムシ（ソラマメ害虫、地中海沿岸原産）がある。また、「屋内型」ではヨツモンマメゾウムシ（貯蔵アズキ類害虫、旧大陸の熱帯〜亜熱帯原産）があり、在来のアズキゾウムシ（貯蔵アズキ類害虫）も古い時代の史前帰化昆虫と考えられている。

●侵入経路と分布拡大のしくみ

これらの外来類は、いずれも豆類の世界的な交流に伴って比較的近代に世界の温帯地方に広がり、各地で重要な害虫になっている。エンドウゾウムシの侵入は、明治初期〜中期に、アメリカからの輸入エンドウが媒体になったと考えられているが、明治30年代には、全国のエンドウ畑に大害を与えるようになった。ソラマメゾウムシも、19世紀末にアメリカに侵入したのを皮切りに世界的に分布を拡大し、日本でも1926年に熊本県で初発見以来、短期間で全国的に広がった。1921年頃、アメリカまたはイギリスからの輸入ソラマメとともに侵入したとみなされている。一方、ヨツモンマメゾウムシは、近年千葉県以南の各地の港湾の倉庫で定着が確認された種類で、今後の成り行きが注目されている。

本来、完熟豆だけで世代を継続できる屋内型はもちろん、野外型も成虫が羽化脱出するのは豆の完熟後であるため、分布の拡大はすべて食用豆類の交流に由来するものである。

●対策

近年は、圃場における防除技術やくん蒸処理を含む収穫後の豆の管理技術の向上、および豆類の貯蔵期間の短縮などによって、往時のような大害は少なくなったが、日本ではこのような加害様式を持つ豆類の子実害虫は少なく、依然としてこれらのマメゾウムシ類が重要な害虫である点は変わりない。この仲間には、ほかにも世界的に分布を拡大した実績をもつ重要種が多く、侵入防止対策としては、まず輸入豆類に対する植物検疫のいっそうの強化が必要であろう。

参考文献
梅谷献二（1987）マメゾウムシの生物学―ある文明害虫の軌跡．築地書館．

エンドウゾウムシの成虫とエンドウの脱出孔

外来テントウムシ類 ～この15年間で9種ほど記録　　　　　桜谷保之

●原産地と生態

日本には現在まで約180種のテントウムシ類（科）が記録されており，多くの種はアブラムシやカイガラムシ等を捕食する肉食性であるが，植物に寄生するカビを食べる菌食性，葉を食べる植食性の種もある．この15年間で日本では十数種のテントウムシ類が新たに追加されたが，そのうち9種は外来種である．すなわち，ケブカメツブテントウ，ヨツボシツヤテントウ，ミスジキイロテントウ，ハラアカクロテントウ，ハイイロテントウ，クモガタテントウ，フタモンテントウ，ムネハラアカクロテントウ，植食性のインゲンテントウ等である．

いずれの種も原産地の特定は難しいが，インゲンテントウ，クモガタテントウ，フタモンテントウ等はヨーロッパまたは北米，ケブカメツブテントウ，ヨツボシツヤテントウ，ミスジキイロテントウ等は東南アジア，ムネハラアカクロテントウはオーストラリア（北米南部に導入，定着）と考えられる．なお，かなり以前に天敵としてベダリアテントウ，ツマアカオオヒメテントウ等が導入され，現在日本に定着している．

●侵入経路と分布の拡大のしくみ

分布の拡大は自力の場合と人為的な場合とがある．テントウムシ類は一般に飛翔力があり，特に繁殖地と越冬地間でかなりの距離を移動する種も知られている．また，繁殖を繰り返しながら連続的に分布を拡大する場合も考えられる．成虫が樹皮下等で集団で越冬する種が少なくない．越冬中は活動を休止し，数カ月間は餌を必要としないため，輸入木材等とともに集団で侵入してくる可能性が高い．この点が他の昆虫類と異なる点であろう．

外来種のうち，ハイイロテントウは沖縄県内で，ミスジキイロテントウは沖縄県や近畿地方で，クモガタテントウは関東や近畿地方を中心に分布を拡大している．しかし，フタモンテントウのように，最初の発見から7年経過した現在も大阪港に面した緑地（面積約25ha）に限定されている種もある．この原因は不明であるが，侵入生物すべてが分布を拡大するとは限らない例かもしれない．なお，インゲンテントウを除く他の4種も，今のところ分布はあまり拡大していないようである．

●対策

侵入後の対策は，テントウムシの生活史や食性等によって異なる．すなわち，インゲンテントウのように植食性で農作物の害虫であれば，早急に防除対策をとる必要がある．一方，捕食性の種は農作物に被害を与えることはないが，侵入先の在来テントウムシとの種間関係が問題になってくる．例えば，捕食性のフタモンテントウは，種間関係を通じて，在来種の個体数や行動に重大な影響を与える可能性もあり，分布が拡大していない現時点での根絶も考えられるが，根絶の根拠となるデータや根絶手段，それが生態系に与える影響に関する知見は乏しい．こうした問題の解決にはモニタリングを含む継続的研究が不可欠である．

樹皮下で越冬するフタモンテントウ成虫．ヨーロッパ，北米等では普通の捕食性テントウムシであるが，日本では1993年に大阪の湾岸地域で初めて発見された．今日まで分布の拡大は認められないが，在来種との種間競争が生じている

参考文献

桜谷保之（2000）外来昆虫の管理法．保全生態学研究 5：149-158．
佐々治寛之（1992）日本から最近新しく追加されたテントウムシ類．甲虫ニュース 100：10-13．
佐々治寛之（1998）テントウムシの自然史．東京大学出版会．
Hodek, I. & Honek, A. (1996) Ecology of Coccinellidae. Kluwer Academic Publishers.
Sakuratani, Y. *et al.* (2000) Life history of *Adalia bipunctata* (Coleoptera：Coccinellidae) in Japan. *Eur. J. Entomol.* 97：555-558．

インゲンテントウ 〜長野・山梨の高原地帯に留まるか？ ────── 白井洋一

●原産地と生態

インゲンテントウは中米（メキシコ，ガテマラ）の高原地帯原産で，19世紀後半にアメリカ合衆国に侵入し，現在は五大湖付近まで分布している．インゲン，ライマビーンなどインゲンマメ属の植物を特に好むが，多くのマメ科植物を加害し，アメリカではダイズの重要害虫の1種となっている．アメリカ南東部では1年に3〜4世代発生し，成虫で越冬する．中・北米以外での発生は今まで報告されていなかった．

●発見の経緯と侵入時期

本種が日本で確認されたのは1997年夏である．テントウムシの研究をしていた北海道大学大学院生が子ども向けの図鑑に載っていた写真から「見慣れない不審なテントウムシが日本にいるらしい」と連絡してきたのが発端である．現地調査の結果，長野県の諏訪湖周辺から山梨県の中西部にかけて広く発生していることが確認された．数年前からすでに両県で発生していたらしく，その後昆虫愛好者向けの雑誌から「1994年10月長野県塩尻峠産の本種の標本が存在すること」が報告された．侵入ルートや初発生地は特定できないが，1990年代半ばにはすでにこの地域に侵入し，定着していたことが確認された．

●現状と分布拡大の可能性および対策

2001年夏現在の分布域は，1997年の発生確認当時とほとんど変わっていない．1998年以降，長野県の2町村で新たな発生が確認されているが，顕著な分布拡大は見られない．生息地域は両県とも500〜1300mの標高の高い所に限られており，甲府盆地のように標高の低い所では全く発生が見られない．被害はインゲンマメ，ベニバナインゲンが主で，一部では葉を食い尽くすほどの激しい食害が見られるが，薬剤防除を行っている畑ではほとんど被害が見られない．ベニバナインゲンは美しい花とともに病害虫に強い食用マメとして近年高原地帯で栽培面積が増加しており，現在の分布地域の周辺でも広く栽培されている．

インゲンテントウは高温に弱いことがすでに報告されていたが，日本での分布可能地域を推定するため詳細な温度反応実験を行ったところ，27.5℃以上の高温に5日以上さらされると，雌成虫は正常な産卵ができなくなった．また30℃以上で幼虫の発育が大きく阻害された．これらの温度指標から，中部日本より南では生存できる地域は非常に少なく，中部日本の山間地や東北，北海道では大部分の地域で充分に生息可能と推定された．

現在の分布地は夏季冷涼な高原地帯で，繁殖にとって最も好適な地と言える．周辺の高原地帯も温度条件だけから見れば好適な場所である．本種がこの限られた地域に留まっている原因は不明であるが，ベニバナインゲンやインゲンマメは隣の群馬県や東北，北海道でも多く栽培されており，今後も分布の拡大や新たな侵入を警戒する必要がある．通常，局所的な小発生では，薬剤散布による防除が有効である．

インゲンテントウの成虫

参考文献

藤山直之・白井洋一（1998）インゲンテントウ．子ども用図鑑から見つかった侵入昆虫．インセクタリウム 35：40-45．

豊嶋悟郎・舟久保太一（1998）インゲンテントウの生態と発生地域．植物防疫 52：309-313．

Fujiyama, N. et al. (1998) Report of the Mexican bean beetle, *Epilachna varivestis* (Coleoptera : Coccinellidae) in Japan. Appl. Entomol. Zool. 33：327-331.

Shirai, Y. & Yara, K. (2001) Potential distribution area of the Mexican bean beetle, *Epilachna varivestis* (Coleoptera : Coccinellidae) in Japan, estimated from its high-temperature tolerance. Appl. Entomol. Zool. 36：409-417.

ブタクサハムシ ～ブタクサ防除の救世主か，新たな侵入害虫か？——— 守屋成一

●有用昆虫か侵入害虫か？

1996年8月，北アメリカ原産の外来植物であるブタクサやオオブタクサを好んで食べるハムシが千葉県で発見され，ブタクサハムシと命名された．花粉症の原因植物であるブタクサ類を枯死させるほど激しく食害することから，発見直後より生物的雑草防除の手段として注目を浴び，新聞・一般雑誌でも取り上げられた．一方，経済植物であるヒマワリ類も食べることが判明し，東京都と神奈川県の病害虫防除所や農林水産省横浜植物防疫所が「新害虫」として注意を呼びかけた．ブタクサハムシは，有用昆虫としての利用可能性と侵入害虫の性質を併せ持つ特異な外来昆虫である．

●国外の状況

原産地の北米大陸では，ブタクサハムシを含む多数の同属近縁種が各地で様々なキク科植物を食べることが知られており，進化生態学の格好の研究材料になっている．また，北米大陸内でのブタクサの新たな分布拡大に伴い，カナダでは本種をブタクサの生物的防除に積極的に利用する動きがある．

一方，オーストラリアでもブタクサ類の生物的防除を目的に本種の導入が検討されたが，事前調査でヒマワリ類での発育が確認されたため，導入は断念された．また，1997年には台湾でも発見され，2000年には韓国への侵入が確認されている．

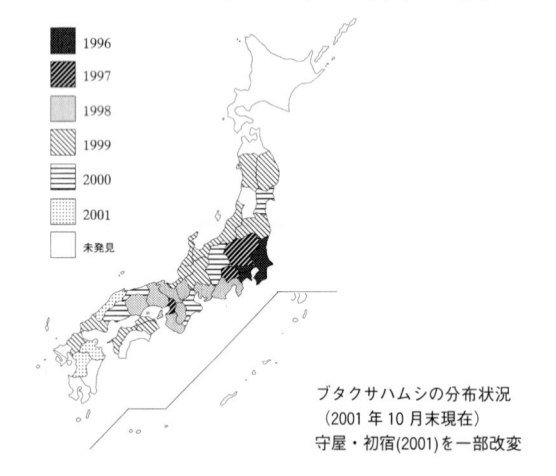

●国内の分布拡大状況

輸入品の梱包材や輸入干し草に紛れて侵入した可能性が指摘されているが，侵入時期を含めて推測の域を出ていない．ただし，1995年以前の国内採集個体はこれまでに知られていない．1997年には大阪府で発見され，関東地方と近畿地方における発見直後の調査から，本種が両地域を中心として急激に分布を拡大したことが明らかになった．ブタクサは北海道旭川から沖縄本島に至る全都道府県に分布しており，本種は発見3年後の1999年にはすでに盛岡市と北九州市で発見された．累積発見県数は1996年4県，97年9県，98年17県，99年29県，2000年35県，2001年（10月末現在）38県となって，直線的に増加している．

ブタクサハムシ成虫は比較的高い分散能力を持つことが示唆され，交通機関等による人為的分散の機会も充分考えられるので，地理的に隔離された北海道や南西諸島を含めて，寄主植物が存在する国内ほぼ全域への短期間での分布拡大が起こり得る．オーストラリアでは見送られたブタクサハムシによるブタクサの生物的防除の試みが，偶然にも日本国内では非意図的に開始されたことになる．今後は個体数変動やブタクサ類以外の摂食加害植物にも注目し，本種が花粉症の救世主となるのか，あるいは新たな侵入害虫になるのかを注意深く見守る必要がある．

ブタクサハムシの分布状況
（2001年10月末現在）
守屋・初宿（2001）を一部改変

参考文献

江村薫（1999）有害帰化雑草を食害するブタクサハムシについて．植物防疫 **53**：138-141．

江村薫（2000）ブタクサハムシ．農業および園芸 **75**：210-214．

滝沢春雄ほか（1999）侵入昆虫ブタクサハムシ―関東地方での分布拡大と生活史―．月刊むし **338**：26-31．

守屋成一・初宿成彦（2001）外来昆虫ブタクサハムシ（コウチュウ目：ハムシ科）の日本国内における分布拡大状況．昆蟲（ニューシリーズ）**4**：99-102．

LeSage, L. (1986) A taxonomic monograph of the Nearctic galerucine genus *Ophraella* Wilcox (Coleoptera: Chrysomeridae). *Memoires of the Entomological Society of Canada* **133**：3-75．

施設の侵入害虫 〜世界共通化した施設の害虫相 桐谷圭治

●背景

過去130年間に3回の大きな侵入の波がある．最初は果樹の苗木の輸入に伴うカイガラムシ類の侵入で，検疫制度が発足（1914年）する1900年以前である．次の波は戦後の食糧難時代で，大量の穀物輸入に伴って1945〜55年の期間に多種類の貯穀害虫が侵入した．第3回目は1975〜1990年間の施設害虫の侵入である．

わが国の農産植物の輸入は，質，量ともに増加の傾向にある．最近では生果実，野菜，切り花が多数の国から輸入されている．これは日本に限ったことでなく，米国でも季節はずれの野菜，果物の75％は，メキシコ，中央アメリカからの輸入品である．また輸送手段も，海上貨物のコンテナー化，冷蔵コンテナーの使用，航空貨物輸送などにより，これまで輸入が不可能であった生鮮植物が世界各地から短時間に輸入できるようになった．

表1．輸入植物の検査数量の推移（1970〜1998年）

栽培用植物		1970	1975	1980	1985	1990	1994	1998（年）
草花苗など	10^6個	10	12	7	23	67	166	221
花卉球根	10^6個	13	42	78	79	191	395	632
野菜等種子	10^3 t	12	11	21	28	31	28	25
切り花	10^6個	—	9	84	122	358	808	1,376
生果実	10^3 t	997	1,268	1,254	1,323	1,487	1,756	1,528
野菜	10^3 t	35	72	256	278	470	975	1,203
穀類	10^6 t	16	20	26	28	28	31	28
豆類	10^6 t	4	4	5	5	5	5	5
嗜好食品・油脂原料等	10^6 t	2	2	3	5	8	8	9
木材	10^7 t	4	4	4	3	3	2	2

●輸入が急増した産品

農産物の中でも切り花は過去20年間に輸入量が150倍にも増えている．次いで野菜，栽培用植物資材である．輸入量では生鮮果実が最大で，切り花，野菜，栽培用植物資材，中でも球根が多い（表1）．これらの輸入農産物の激増は当然，各種の外来昆虫のわが国への侵入・定着をもたらしている．特にアザミウマ，アブラムシ，コナジラミ，カイガラムシ，コナカイガラムシ，ハモグリバエ類で施設害虫になっているものが多い．

表2．日本，欧州，米国間の施設害虫相の均質化

種名	日本	欧州	米国
アザミウマ類			
ミカンキイロアザミウマ	○#	○#	○
ヒラズハナアザミウマ	○	○	○
ミナミキイロアザミウマ	○#	○	○
グラジオラスアザミウマ	○#	○#	○#
コナジラミ類			
オンシツコナジラミ	○#	○	○
シルバーリーフコナジラミ	○#	○#	○
ハモグリバエ類			
マメハモグリバエ	○#	○	○
ナスハモグリバエ	○#？	○	×
レタスハモグリバエ	×	○#	○
アブラムシ類			
ワタアブラムシ	○	○	○
モモアカアブラムシ	○	○	○
食植性ダニ類			
ナミハダニ	○	○	○
トマトサビダニ	○#	○	○#
ゾウムシ類			
キンケクチブトゾウムシ	○#	○	○#

○：分布する，×：分布しない，#：海外からの侵入種，？：不確実

●日本，北米，欧州間の施設害虫相の比較（表2）

各種の野菜や花卉の施設栽培は，外来昆虫に対し新しいニッチとしての"Ecological island"を提供した．特に，冬期の高温・短日条件は温帯圏の休眠を持つ昆虫には不利であるが，熱帯起源の休眠を持たない昆虫の侵入・定着に適している．国際的規模で起こっている施設害虫相の均質化を日本，欧州，米国の間で比較すると，明らかに，侵入・定着による国際的均一化がみられる．

●施設害虫の特性

施設害虫は一般的な特徴として次のようなことが言える．すなわち，小型の吸汁性昆虫で，雑食性，冬期非休眠型で増殖能力が高く，単為生殖が可能な種類が多い．また殺虫剤に対する耐性も強いものが多い．

参考文献

桐谷圭治（2000）日本に毎日持ち込まれるミバエ．保全生態学研究 **5**：187-189.

矢野栄二（1986）オンシツコナジラミとミナミキイロアザミウマ—施設園芸害虫の新参者たち．「日本の昆虫—侵略と撹乱の生態学」（桐谷圭治編），pp.71-79. 東海大学出版会．

Hedberg, C. W. et al. (1994) The changing epidemiology of foodborne disease : a Minnesota perspective. Clinical and Diseases **18**：671-682.

Kiritani, K. (1998) Exotic Insects in Japan. Entomological Science **1**：291-298.

ハモグリバエ類 〜施設栽培で猛威をふるう侵入害虫

小澤朗人

●原産地とわが国における発生状況

わが国への侵入が確認されたハモグリバエ類には，マメハモグリバエ，トマトハモグリバエおよびカーネーションハモグリバエの Liriomyza 属3種がある．このうち前2種は寄主作物の範囲がたいへん広く，様々な野菜・花卉類で幼虫の加害（潜孔という）による深刻な被害が発生している．

マメハモグリバエは北米・フロリダ地方が原産と言われ，1980年代にはヨーロッパに侵入して施設栽培の野菜・花卉類に大きな被害を与えた．わが国では1990年に静岡県浜松市のキクで発見され，翌年から翌々年にかけて県西部のキク，トマトなどの施設栽培地帯で大発生した．その後全国にも分布が拡大し，2001年8月現在44都府県で発生が確認されている．

トマトハモグリバエは北米南部から南米にかけて分布しており，1990年代にアフリカからアジア各地に侵入したと考えられている．わが国では1999年に京都府のトマトで発見され，2002年2月現在，21都府県で発生が確認されている．

カーネーションハモグリバエは地中海地方が原産で1996年に北海道のカーネーションで発見されたが，その後の分布拡大は報告されていない．

加温により冬期も一定の温度が保たれるハウスや温室などの施設内は，これらハモグリバエ類の増殖にとってたいへん好適な環境であり，休眠性を持たないマメハモグリバエではキクやトマトなどの施設内で周年発生が見られる．

●侵入経路と分布拡大のしくみ

マメハモグリバエについては，初発時の状況調査などから，海外（主にヨーロッパ）から輸入されたガーベラなどの苗に寄生して侵入したと考えられる．野菜・花卉類の苗は国内でも産地間の移動があり，既発生地域から未発生地域への人為的な苗の移動により分布が拡大したと考えられる．

また，ハモグリバエ類成虫の飛翔能力は高く，発生源からの成虫の広範な分散によっても分布面積が拡大したと考えられる．

●対策

マメハモグリバエとトマトハモグリバエは，各種殺虫剤に対する薬剤抵抗性が発達しており，農薬によって完全に駆逐することは難しい．いずれの種も比較的低温には弱く，寒冷地では冬期にハウスの被覆を外して寒気にさらすことにより根絶できる可能性がある．

また，近年薬剤に頼らない防除方法として，大量増殖した寄生蜂を用いる生物的防除法が実用化され，被害を抑制する技術として施設トマトなどで普及しつつある．

マメハモグリバエ幼虫によるトマトの被害

参考文献

岩崎暁生・水島俊一（1997）日本におけるカーネーションハモグリバエ（Liriomyza dianthicola (Venturi)）の新発生．植物防疫 **51**：424-428．

岩崎暁生ほか（2000）日本におけるトマトハモグリバエ（Liriomyza sativae Blanchard）の新発生．植物防疫 **54**：142-147．

小澤朗人（2001）侵入害虫マメハモグリバエの発生動態と寄生蜂による生物的防除法に関する研究．静岡農試特別報告 **23**：77pp．

西東力（1992）マメハモグリバエの我が国における発生と防除．植物防疫 **46**：103-106．

西東力（1993）マメハモグリバエの最近における発生と防除．植物防疫 **47**：123-124．

徳丸晋・阿部芳久（2001）新害虫トマトハモグリバエの京都府における発生生態．植物防疫 **55**：64-66．

コナジラミ類 〜施設栽培にまん延し，新しいウイルス病を媒介──── 松井正春

●原産地と生態

　近年，わが国に侵入し農作物に被害を及ぼしたコナジラミ類としては，オンシツコナジラミ（口絵参照，以下，オンシツと略す．他も同様），イチゴコナジラミおよびシルバーリーフコナジラミの3種類がある．オンシツは北米ないし中南米原産，イチゴは北米原産とされ，シルバーリーフは1986年頃に米国フロリダ州でトマト果実の着色異常症やカボチャの葉の白化症などを起こすタバコナジラミ新系統として報告された．その後，この新系統とタバコナジラミ旧系統とは，DNAやアイソザイム分析結果の違い，交雑しないこと，微妙な形態的な違いなどから別種であるとされ，新系統には新しく学名が付けられた．

●侵入経路と分布拡大のしくみ

　オンシツとイチゴは1974年に，シルバーリーフは1989年に日本に侵入していることが確認された．発見初年目に，オンシツはすでに9県に，シルバーリーフは22県に分布が拡大していた．オンシツとシルバーリーフは寄主範囲が広く，観賞用鉢物や苗等に寄生した状態で，人為的な輸送等により急速かつ広域に分布拡大したと言われている．特に，シルバーリーフについては，当時盛んに米国から輸入され，栽培されていた好適寄主植物であるポインセチアに寄生し分布地域を拡大したと推定され，世界的にも1990年前後に急速に分布拡大した．イチゴは，施設栽培では寄主作物がほぼイチゴに限られ被害が目立たないせいか，静岡，栃木，埼玉，三重，広島県など少数の県でしか発生が確認されていない．

●コナジラミ類の媒介するウイルスの侵入

　オンシツはキュウリ黄化ウイルスを，シルバーリーフはトマト黄化葉巻ウイルス（TYLCV）を媒介する．両ウイルスは日本に存在しなかったことから，媒介虫である両コナジラミがそれぞれのウイルスを伴って日本に侵入したか，あるいは感染植物が入りすでにまん延していたコナジラミによってウイルス病が広がったかの両方が考えられる．TYLCVの塩基配列から，日本に発生しているウイルスは東地中海の系統であると推定されている．フロリダに発生したシルバーリーフが東地中海地方のウイルスを媒介している経緯についてはよくわかっていない．

●環境影響と防除対策

　コナジラミ類が侵入した結果，施設栽培野菜・花卉を中心に新たに薬剤防除が必要となり，環境負荷が確実に増加した．特に，シルバーリーフは当初からオンシツ用の薬剤に対して抵抗性を示したため，有効薬剤が発見・普及するまでの数年間，トマトでは地域によって着色異常果の発生により大きな被害を蒙った．最近では，TYLCVが九州，東海の一部地域にまん延しつつある．

　防除対策として，有効な殺虫剤，防虫ネット，幼若ホルモン様剤を塗布した黄色シート，天敵等の防除素材が開発，利用されている．

参考文献

加藤公彦（1999）トマトの新しいウイルスTYLCVの発生．植物防疫 **53**：308-311.

土生昶毅ほか（1990）ポインセチアに異常発生したタバコナジラミ．関東東山病害虫研究会年報 **37**：207-208.

松井正春（1995）タバコナジラミ新系統（仮称：シルバーリーフコナジラミ）の発生とその防除対策．植物防疫 **49**：111-114.

宮武頼夫（1975）侵入害虫イチゴコナジラミ（新称）の発生．植物防疫 **29**：223-226

Bellows, T. S. Jr. et al. (1994) Description of a species of Bemisia (Homoptera: Aleyrodidae). Annals of the Entomological Society of America **87**. 195-205.

シルバーリーフコナジラミ

アザミウマ類 〜世界各地の施設と露地で重要害虫化　　　　　　　河合　章

●原産地と生態

わが国のアザミウマ目の昆虫のうち十数種は外来種と考えられる．ここでは，その中でも多食性であり，世界各地で害虫として問題となっている次の2種を取り上げる．

ミナミキイロアザミウマ（以後，ミナミ）は東南アジア，ミカンキイロアザミウマ（以後，ミカン）はアメリカ合衆国西部が原産地と考えられている．雌成虫の体長は前者が約1.2mm，後者も約1.5mmと小さい．原産地での生態は明らかではないが，両種とも原産地では重要害虫ではなかった．両種とも成虫および幼虫が植物体から吸汁し，吸汁部が傷となり，多発すると生育が阻害される．また，植物ウイルス病を媒介する．

なお，ミカンは温帯地域でも露地での越冬が可能であるが，ミナミは日本本土のような温帯地域では低温のため露地での越冬は不可能であり，冬期の生存は加温施設内のみとなる．

●侵入経路と分布拡大のしくみ

ミナミは1978年に日本のピーマン栽培施設で重要害虫化し，さらに多種の野菜・花卉の施設および露地栽培でも重要害虫となった．その後，原産地の東南アジアを含め，太平洋地域，カリブ海地域，オーストラリア北部等の熱帯・亜熱帯の露地栽培の野菜類，アメリカ，西ヨーロッパの施設栽培においても，野菜類・花卉類の重要害虫となった．

ミカンは，1980年代前半に北アメリカ，西ヨーロッパの施設の野菜・花卉類の重要害虫となり，その後，アジア，オセアニア，南アメリカ等にも分布を拡大し，わが国には1990年に侵入し，施設および露地の野菜・花卉類の重要害虫となった．

両種ともわが国への侵入経路は明らかではない．国内での分布の拡大には，植物体の移動と風による分散が大きな役割を果たしているものと考えられる．すなわち，小型であるため植物体上での発見が困難であり，さらに卵は植物組織内に産み込まれ，蛹は土壌中で蛹化するため，これらの発見も困難である．よって，野菜や花卉の苗あるいは鉢植え植物の移動により，分布を拡大した例が多いと考えられる．

またアザミウマ類は小型であり，風により飛ばされるため，上空でも捕獲される．台風の通過後に大面積にわたり分布が拡大した例もあり，これらの個体が強風により運ばれたものと考えられる．

●対策

両種とも種々の殺虫剤に対し強度な抵抗性を獲得しており，殺虫剤のみによる防除は困難である．このため，物理的防除手段，耕種的防除手段を組み合わせて，発生密度を抑制し，殺虫剤の散布を必要最小限に抑える総合管理体系が行われている．その中では，ヒメハナカメムシ類等の天敵が密度抑制に有効に働いている．

ミナミキイロアザミウマ♀成虫

参考文献

片山晴喜（1998）ミカンキイロアザミウマ：野菜と花き類における発生実態と防除対策．植物防疫 **52**：176-179.
河合章（1990）施設野菜栽培における害虫管理：ミナミキイロアザミウマの管理．植物防疫 **44**．341-344.
河合章（2001）ミナミキイロアザミウマの個体群管理．応動昆 **45**：39-59.
永井一也（1993）ミナミキイロアザミウマ個体群の総合的管理に関する研究．岡山農試臨報 **82**：1-55.
早瀬猛・福田寛（1991）ミカンキイロアザミウマの発生と見分け方．植物防疫 **45**：59-61.

温室にすむカイガラムシ類 〜温室，花卉害虫として侵入──河合省三

●植物に固着するやっかいな害虫

カイガラムシはカメムシ目・ヨコバイ亜目に属し，アブラムシと近縁の昆虫である．大部分は1mm内外で，多くの種は体表から分泌したワックスや樹脂状物質で虫体被覆物，いわゆる「介殻」を形成し，寄主植物に固着して寄生生活を営む．口は腹面にあって，庭木，果樹，観葉植物などの果実や葉，枝・幹，時には根などから養分を吸い取る．また，しばしば「すす病」を誘発して大害をもたらす．

これまでに日本から記録された400種以上のカイガラムシのうちおよそ40〜50種は外来，あるいはその可能性の高い種と考えられる．これは他の昆虫群と比べて極めて高い値であり，カイガラムシは移住に有利な特性を備えた昆虫といえる．

●カイガラムシは温室が好き

外来カイガラムシには熱帯地方原産のものが多く，冬季の低温条件を避けるため，温室特有の害虫となっているものが少なくない．温室はまた，天敵から隔離された環境をつくるため，しばしば大発生をもたらす．これらの大部分は，果樹苗木や観葉植物などの輸入が盛んになった明治以降に侵入したものと考えられるが，正確な原産地や侵入の経緯が明らかな種はほとんどない．中には外来種か否かを判別する手がかりさえ失ってしまった種や，ハンエンカタカイガラムシやミカンコナカイガラムシなどのように世界中に広がり，原産地の推定さえ困難な種も少なくない．

新たに侵入が確認され，その拡散が心配される種に中南米地域の原産のマデイラコナカイガラムシがある．この種は1987年から1990年代の初めにかけて小笠原と南西諸島から相次いで見つかった．極めて多食性の種で，沖縄では野外の草本や樹木類などに寄生するが，急速に分布を広げ，本土でも施設栽培の花卉・野菜類にも発生が確認されている．

●人間に依存して世界中に拡散

一般に，広食性は新天地に移動・定着を果たすうえで有利であるが，一方で，ランシロカイガラムシ，サボテンシロカイガラムシ，アナナスシロカイガラムシなど，寄主植物が限定されている種も少なくない．寄主植物はいずれも多年生で，栄養繁殖によって増殖され，人の手で手厚く肥培管理がなされている．そのため，これらの植物に寄生するカイガラムシが狭食性であっても，移住に不利な条件とはならないと考えられる．

カイガラムシは自力での移動能力を欠くが，植物に固着・寄生することにより，逆に，人為的な力を利用して長距離の移動を可能にした．同時に，虫体被覆物の形成による耐農薬性，耐汚染性や環境変化に対する耐性など，カイガラムシに一般的にみられる特性も，侵入地での定着を助ける要因となっていると考えられる．

イセリアカイガラムシとベダリアテントウのように，侵入カイガラムシには原産地からの天敵導入が有効な例が数多く知られている．しかし，いったん侵入したカイガラムシを制圧することは容易ではない．カイガラムシの付着した植物を不用意に持ち込むことのないよう教育を徹底することと，検疫の強化が望まれる．

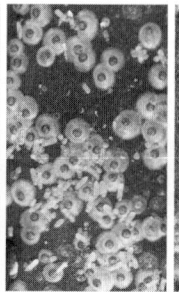

ハンエンカタカイガラムシ　サボテンシロカイガラムシ　マデイラコナカイガラムシ

参考文献
河合省三（1981）日本原色カイガラムシ図鑑．全国農村教育協会．
河合省三（1986）カイガラムシ—天敵の導入による制圧．「日本の昆虫—侵略と撹乱の生態学」（桐谷圭治編），pp.61-70．東海大学出版会．

果樹を加害するカイガラムシ類 〜生物的防除の探索と実施——— 古橋嘉一

●侵入カイガラムシ類と侵入経路

　わが国の果樹類は外国からの品種が多く，苗木や穂木の状態で導入されるため，それとともにもたらされた，定着性のカイガラムシ類が多く知られている．果樹を加害する侵入カイガラムシを侵入年代の古い順から挙げると，サンホーゼカイガラムシ，リンゴカキカイガラムシ，ルビーロウムシ，ヤノネカイガラムシ，イセリアカイガラムシ等があり，いずれも明治時代に侵入した．貿易の盛んな港町で発見されているが，これら害虫の侵入の経緯は明らかでない場合が多い．

　イセリアカイガラムシは1911年清水市興津の井上伯爵家の柑橘園において発見され，調査の結果すでに近隣にまん延していた．1908年に，貿易業者がアメリカから輸入したオレンジやレモンの苗木に寄生して侵入したものとされている．

　1923年農商務省農務局刊行の『矢根介殻虫及びルビー蝋虫に関する研究』には「果樹特に柑橘の二大害虫と称せられ被害激甚にして駆除最も困難なる害虫なり」と記されており，天敵が導入されるまで，これらカイガラムシ類は，果樹，特に柑橘類の最も重要な害虫だったことを示している．

●侵入カイガラムシ類の生物的防除

①イセリアカイガラムシ

　本種の防除は当初，寄生樹の果実や苗木の焼却処分で，さらに，立木については青酸ガスくん蒸が行われた．こうした徹底した根絶対策とともに，1911年，アメリカで防除に利用し成功したベダリアテントウ100頭が台湾より導入され，静岡県立農事試験場において農商務省の補助により大量飼育が開始された．1912〜1916年の5年間に配布された頭数は，県内へ56000頭，県外12県に43000頭であった．増殖配布はその後も無料で続けられ，1970年にその業務は柑橘試験場に移管，現在も農水省の補助事業として続けられている．

②ルビーロウムシ

　青酸ガスくん蒸や松脂合剤によって防除されてきたが，九州大学の安松京三教授により発見されたルビーアカヤドリコバチの放飼による防除効果は顕著で，放飼後はほとんど薬剤防除の必要のない害虫となった．安松教授は，この寄生蜂をツノロウヤドリコバチの突然変異種としたが，その後の調査により，ルビーロウムシの原産地であるインドや中国にはこの種が存在することがわかり，害虫とともに侵入したものが，その分布が局限されている時に発見されたものと考えられている．

③ヤノネカイガラムシ

　外国からの重要な侵入害虫がその原産地の天敵によって防除された中で，本種だけは，侵入後80年経過しても有力な天敵が存在しないために，薬剤防除に頼らねばならなかった．本種が中国からの侵入害虫であることから，1980年，静岡県と農水省果樹試験場は共同でヤノネカイガラムシの天敵探索を，中国四川省で重点的に行い，ヤノネキイロコバチとヤノネツヤコバチの2種の採集とその導入に成功した．1980年以降，増殖された2種の寄生蜂は全国の柑橘栽培地帯に放飼された．その結果，2種の寄生蜂が導入されてから20年目の2000年3月には発生予察事業における指定病害虫から指定外病害虫となり，普通の害虫となった．

イセリアカイガラムシ

参考文献
川村貞之助（1964）見えない密航者—植物防疫官のメモ—．家の光協会．
静岡県内務部（1917）いせりあ介殻蟲驅除之顛末．農商務省農務局．
立川哲三郎（1964）農業及園芸 39(10): 1591-1592．
立川哲三郎（1981）農業及園芸 56(12): 1522-1524．
野口徳三（1954）図解柑橘害虫駆除法．明文堂．
安松京三（1970）天敵—生物制御へのアプローチ．日本放送出版協会．

外来アブラムシ類 〜遠来の客アラカルト

宮崎昌久

●多彩な顔ぶれ

　外来昆虫のリストには16種のアブラムシが名を連ねている．一方，1987〜1994年に植物検疫によって輸入植物から見出されたアブラムシは60種に上った．生鮮農作物や園芸植物の輸入の増加に伴って，海外から日本に入ってくるアブラムシはかなり多彩である．最近では，ユリノキヒゲナガアブラムシ，マメクロアブラムシ，マツヨイグサアブアラムシなどの国内での発生が新たに報告されている．今後とも，新顔の侵入には警戒の必要がある．

●在来種？　それとも外来種？

　日本にすむ昆虫が外来種か否かを判断することは，それほどたやすいことではない．三十数年前，私は北海道のセイヨウタンポポから採集されたアブラムシの標本をヨーロッパの高名な分類学者に送り，種の鑑定をお願いした．彼はこれをタンポポヒゲナガアブラムシと回答する手紙で，日本の標本はヨーロッパの標本と形態的差異が極めて小さいことを指摘し，最近日本に侵入したものではないか，との所感を伝えてきた．形態を読む目の深さに感銘を覚えたことであった．

●二度やってきた外来種

　栽培植物の場合は，見る人の目が多い分だけ，新たに発生した害虫種が外来かどうか判断しやすい．ジャガイモやナスなどの害虫であるチューリップヒゲナガアブラムシは北米原産で，20世紀の初め頃ヨーロッパに入ったとされている．日本からの最初の記録は1954年なので，この頃日本に定着したのかもしれない．

　ところで，このアブラムシは北米ではバラに寄生するが，ヨーロッパではバラには見られない，という記述がある．日本でも永らくバラからの記録はなかったが，1985年に茨城県下でバラに寄生しているコロニーが発見された（写真）．それまでとは別の，バラに寄生する系統が新たに侵入したのかもしれない．

●定着の成功，不成功

　セイタカアワダチソウヒゲナガアブラムシは1991年に千葉県で発見された．その頃，私の住むつくば市でも分布拡大の勢いを感じさせるような発生ぶりを見せ，今では国内に広く健在である．

　一方，1989年につくば市で発見されたジンチョウゲヒゲナガアブラムシは，発見当初ジンチョウゲに大きな被害を引き起こすほどであったが，その後つくば市でも見られなくなり，またジンチョウゲそのものも大部分が枯れて除去された．

●対策

　農作物の害虫として重要なアブラムシの多くは，世界共通種である．近年の外来種の侵入経路はほとんどの場合不明であり，侵入阻止のためにはその解明が待たれる．また，外来種の中に外来雑草を寄主とする場合もある．地球温暖化とともにアブラムシが重要害虫になる可能性が指摘されており，主要作物での外来種の発見とその防除対策の確立が望ましい．

バラに寄生するチューリップヒゲナガアブラムシ

参考文献

桐谷圭治（1991）地球の温暖化は昆虫にどんな影響を与えるか．インセクタリュウム 28(7): 4-15.

杉本俊一郎・北川憲一（1994）輸入植物から発見されたアブラムシ・追補．植物防疫所調査研究報告 30: 127-129.

鳥倉英徳（1994）マメクロアブラムシ（新称）の北海道からの発見．北日本病害虫研究会報 45: 153-155.

Morimoto, N. & Kiritani, K. (1995) Fauna of exotaic insects in Japan. *Bulletin of National Institute of Agroenvironmental Sciences* **12**: 87-120.

Sugimoto, S. (1999) Occurrence of *Illinoia liriodendri* (Monell) (Homoptera: Aphididae) in Japan. *Entomological Science* 2(1): 89-91.

ギンネムキジラミ　～気流に乗って侵入　　　　　　　桐谷圭治

●瞬く間に分布を拡大

沖縄や小笠原に群落を作って自生しているギンネムは，沖縄では1910年に緑肥用に導入され，昭和の初期には薪木材として県下に広がったという．ギンネムはアジア，太平洋地域に広く分布し，ココア，コーヒー栽培のときの被覆植物，家畜飼料，薪，緑肥，土壌の侵食防止など多目的に利用されているマメ科の灌木である．

1980年代に発生したギンネムキジラミは，中央アメリカ原産でカリブ海の島に分布していた．1983年フロリダでの発生を契機に，ハワイに1984年，1985～86年にはオーストラリアから沖縄，小笠原を含む太平洋，東南アジア全体に分布拡大がみられ，1987～88年には南アジアにも広がり，アフリカにも拡大が心配されている．この急速な分布拡大は気流によってもたらされたものと考えられている．

●生態

ギンネムキジラミは体長2mmの小型のセミ目の昆虫である．卵は新梢成長点の葉の表面に産み込まれる．5齢を経過し，産卵数は約400卵，2週間で生活史を完結する．

発育ゼロ点は10.6℃，有効積算温度は199日℃で，30℃では羽化率の低下などの高温障害が見られる．したがって，石垣島では旬別平均気温が28℃を超える7月後半から9月末まではほとんど発生が見られないが，その期間に旺盛に生育したギンネムは，10月頃から増え出したキジラミの加害を受け，しばしばギンネム群落が丸坊主になる．

落葉が繰り返されると株の枯死に至るが，普通は新梢部の枯死だけに終わる．被害は10～翌6月に見られる．

●防除

1980年後半はキジラミの急激な分布拡大とその被害に，侵入を受けた地域は驚いたが，現在はほとんど問題にされることがない．テントウムシ類がキジラミの卵を捕食するため，生物的防除に有効で，特にハワイではココナツのコナジラミの防除にメキシコから導入した *Curinus coeruleus* がギンネムキジラミの大発生を効果的に抑圧したという．太平洋地域では侵入雑草のオジギソウの生物的防除に，ギンネムキジラミに近縁の別種が有望で，その導入が検討されている．*Curinus coeruleus* はインドネシアなど数カ国に導入されているが，この場合，オジギソウの生物的防除を阻害することになる．

また，ギンネム属にはキジラミに抵抗性の種類もあり，種間交雑も可能なため，抵抗性品種の育成が期待される．農薬では，ジメトエート，スプラサイドが有効であるが，ギンネムの経済的価値が農薬散布の費用に見合うほど高くないことや，ギンネムを家畜の飼料とする場合の残留性からも利用は限られよう．

ギンネムキジラミの成虫と幼虫

参考文献
安田耕司・鶴町昌市（1988）石垣島におけるギンネムキジラミの発生と温度の関係．九病虫研会報 **34**：208-211.
Banpot Napompeth & MacDicken, K. G. (eds.) (1990) *Leucaena psyllid*: Problems and Management. Proc. Int. Workshop, Bogor, Indonesia. Jan.16-21,1989.
Waterhouse, D. F. & Norris, K. R. (1987) Biological control: Pacific prospects. ACIAR, Inkata Press.

クリタマバチ 〜クリの芽に虫えいを作って大被害　　　　　　　　村上陽三

●原産地と生態

クリタマバチは中国原産で，クリ属植物の芽に虫えい（ゴール）を作る．被害芽からは新梢が出ないので着花せず，果実の減収をもたらす．

年1世代で，単為生殖によって増殖し，雄を生じない．産卵数は最大約300であるが，野外では平均50卵程度と思われる．卵は芽内に卵塊として産み付けられ，約1カ月で孵化する．幼虫は芽の組織内に食入して虫房を形成し，その中で越冬する．早春クリの芽が発育し始める頃，被害芽は異常肥大して虫えいとなり，それとともに幼虫は急速に発育してやがて蛹化し，初夏に成虫が羽化して虫えいを脱出する．

●侵入経路と分布拡大

クリタマバチは1941年に岡山県で発見されたが，当時その起源は不明であった．その後原産地が中国であると判明し，現在では，日中戦争当時に中国河北省に駐留していた日本軍兵士が，穂木または苗木とともに持ち込んだ可能性が高いと考えられている．

1946年まで岡山県内で分布を広げていたが，1947年以降，隣接する兵庫・広島・鳥取各県から，さらに本州・四国・九州全域に分布を拡大し，1962年には北海道に侵入し道南各地へと広がった．その結果，全国各地の果樹園・山林や野生のニホングリに多大な被害が生じた．

●防除対策

当初は抵抗性品種の育成と普及によって被害が回避されたが，やがてこれらの品種にも虫えいを形成するバイオタイプが生じた結果，天敵利用による生物的防除の可能性が模索されるようになった．わが国から18種の寄生蜂と数種の捕食者が土着天敵として記録されたが，いずれも有効でなかった．しかし，1979年と81年に中国河北省から輸入された寄生蜂，チュウゴクオナガコバチの放飼が1982年に茨城県と熊本県で行われ，茨城県では定着3年後に，熊本県では定着17年後にそれぞれ被害芽率が10％台に低下した．熊本県で効果の発現が遅延したのは，主として在来種の随意的高次寄生者の二次寄生の影響によるものであろうと思われている．

●生態系への影響

クリタマバチはクリ属植物に虫えいを作る唯一のタマバチであり，かつクリ属以外の植物には虫えいを形成しないので，野生グリ以外の植物相に直接的な影響を与えることはなかったと考えられる．しかしクリタマバチの侵入に伴って，コナラ属植物に虫えいを作るタマバチ類を攻撃していた寄生蜂のあるものが，新たな寄主資源となったクリタマバチにも寄生するようになり，それによってこれらの寄生蜂の密度が増加し，コナラ属植物に依存するタマバチ類とその寄生蜂群集に何らかの影響を与えた可能性がある．

クリタマバチ（左）とその虫えい（右）

参考文献

白神虎雄（1951）クリタマバチ及びその防除．農業及園芸 **26**：167-170．

村上陽三（1997）クリタマバチの天敵—生物的防除へのアプローチ．九州大学出版会．

村上陽三・戸田世嗣・行徳裕（2001）クリマタバチ輸入天敵チュウゴクオナガコバチの放飼実験(7)熊本県における18年目の成功．九州病害虫研究会報 **47**：132-134．

Kamijo, K. (1982) Two new species of *Torymus* (Hymenoptera, Torymidae) reared from *Dryocosmus kuriphilus* (Hymenoptera, Cynipidae) in China and Korea. *Kontyû* **50**：505-510.

Yasumatsu, K. (1951) A new *Dryocosmus* injurious to chestnut trees in Japan (Hym. Cynipidae). *Mushi* **22**：89-92, 1 pl.

アルゼンチンアリ ～在来種を駆逐し，生態系を脅かす脅威のアリ

杉山隆史
伊藤文紀

●分布と被害

アルゼンチンアリは南米原産で，人間の移動に付帯して分布を拡大する典型的な放浪種である．現在まで，北米，南アフリカ，オーストラリア，ハワイ，ヨーロッパの地中海地方などに侵入・定着している．アジア地域からは従来記録がなかったが，広島県廿日市市で遅くとも1993年には定着していることが最近になって報告された．

本種は農業害虫であるアブラムシやカイガラムシを保護することによって，これらの個体数を増加させ被害を助長する．アルゼンチンアリ自身が，果物，柑橘類などを加害する農業害虫としても知られる．また，家屋内にもしばしば多数の個体が侵入し，居住者に対し不快感や恐怖感を与える．さらに大きな問題は，侵入地の在来アリを駆逐し置き換わることで，アリ類およびそれと相互作用を持つ生物群に重大な影響を及ぼす点である．

●侵入経路と生息状況

アルゼンチンアリの日本への侵入経路は明らかではないが，廿日市市で最初に発見された場所が港のそばであったことを考えると，おそらくコンテナーや木材などの交易物資に入り込んだものが，偶然に持ち込まれたものと推測される．

本種は，現在では廿日市市内各地で普通に見ることができ，隣接する広島市，佐伯郡大野町でも数カ所で分布が確認されている．市街地や公園などの開けた場所で特によく目立つ．巣は，石や朽ち木の下，放置された空缶内，コンクリート壁のひび割れの中，ベランダに敷かれた人工芝の下など，さまざまな場所で見られる．さらに，家屋内のわずかな空間を利用して営巣することも多い．分布の中心部では，まさにアルゼンチンアリだらけと言っても過言ではないほど個体数は多く，他種の在来アリはサクラアリなど小型種を除くとほとんど見かけることはない．

●分布拡大の可能性

アルゼンチンアリは多女王多巣制種で，女王アリは結婚飛行せず，巣内でオスと交尾した後，母巣に居残り繁殖する．巣分かれによって巣が増殖し，徐々に生息域を拡げる．女王アリの繁殖力は高く，働きアリの成長速度も速いことから，条件さえ揃えば加速度的に個体数が増加し，生息域を拡大できる．女王アリが結婚飛行しないため，長距離分散は自然状態では困難であるが，駐車中の自動車内に侵入し営巣した例が数例観察されていることから，交通機関等を利用して飛び火的に分布を拡大する可能性も高い．

●今後の課題

本種は不快害虫としてだけでなく，農業害虫として，また最近，種子散布者である在来アリを駆逐することで植生にも影響を与えることが報告され，世界的に問題となっている．日本国内において，今後，生息域を拡大するか否かについては現時点では不明であるが，近い将来，他国と同様の重大な問題が生じる危険性は高い．今後は早急にその分布の実態を把握し，在来の生物相に対する影響を明らかにすると共に，根絶を含む防除対策を講じる必要があろう．

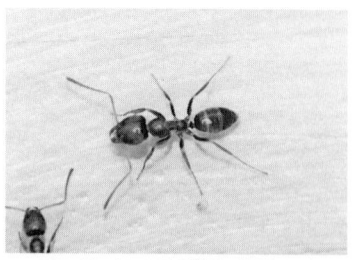

アルゼンチンアリの職蟻．体長2.5mm

参考文献

杉山隆史（2000）アルゼンチンアリの日本への侵入．応動昆 **44**(2)：127-129.

Vander Meer, R. K. *et al.* (eds.)(1990) *Applied myrmecology: a world perspective.* Westview Press, USA.

Williams, D. F. (eds.)(1994) *Exotic ants.* Westview Press, USA.

Christian, C, E. (2001) Consequences of a biological invasion reveal the importance of mutualism for plant communities. *Nature* **413**：635-639.

アオマツムシ ～アメリカシロヒトリの側杖を食った先住侵入者──────桐谷圭治

● 原産地と生態

　明治以前に日本に渡来したバッタ目の種には，カマドコオロギ，シマスズ，カンタンがあるが，明治以降に日本に侵入したのはアオマツムシだけである．30mmのやや大型の虫で，メスは全体が緑色，オスは背中に茶色の斑紋がある．1898年（明治31）に東京赤坂のエノキで発見された．原産地は中国である．樹上生活種で街路樹などでリィーリィーと甲高くよく透る声で鳴くので，その存在はすぐわかる．気温が15℃以下になると鳴きやむ．寄主植物として29科68種が記録されている．

　年1回の発生で，小枝の組織内に産まれた卵で越冬し，翌春孵化した幼虫は8～9齢を経過して8月下旬から9月下旬にかけて羽化する．産卵は10月下旬頃まで続く．発育ゼロ点は10℃，有効積算温度は1300日℃である．

　1980年頃から，カキやナシの害虫として注目され出した．被害はクヌギ，カシなどの雑木林で生育した成虫が秋に果樹園に飛来するためで，吸蛾類やカメムシによる被害パターンに似ている．果実の袋かけが有効な防除手段である．

● 分布の拡大の手段と経路

　街路樹の害虫アメリカシロヒトリの発生が1945年に東京で確認され，1950～1970年の間に数年にまたがる大発生が2回あり，それに伴う分布拡大に合わせて，補助金による防除も拡大していった．戦前はアオマツムシの分布は東京都内に限られていたが，1955年頃にはアメリカシロヒトリの防除のため都内から姿を消した．農薬によるアメリカシロヒトリの防除が下火になった1970年代から密度の回復が見られ，それと同時に関東以西でも分布を拡大し出した．

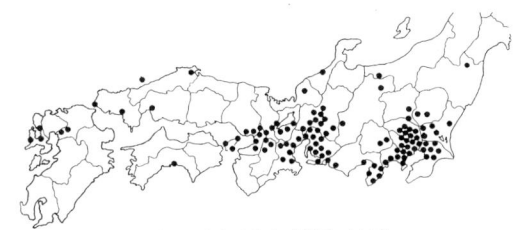

　東海地方では1950年初期には分布は局限していたが，1970年後半から1980年代に爆発的に分布拡大した．1986年には福島以西の28都道府県に分布するが，南西諸島や九州南部には見られない．その後現在に至るまで分布範囲はあまり広がっていないようで，1998年には福島以西に当たる栃木県日光市でその発生が初めて確認された．また，鹿児島，宮崎，熊本の九州南部では，その発生を確認する報告は見られない．

　アオマツムシの最初の侵入や遠隔地への飛び火的分布拡大は苗木などに産卵された卵の持ち込みによると思われるが，通常は木から木への短距離の飛翔移動と正の走光性に助けられて，幹線道路沿いに連続的な線状の分布拡大をする．走行中の車のフロントガラスに張り付いた本種は，30kmぐらい走行した後でも，ガラス面にしがみついて振り落とされなかったという観察報告があるほどである．さらに，アメリカシロヒトリへの防除圧の弱まりが本種の増殖を促し，分布拡大を助けたと考えられる．

アオマツムシの分布（大野，1986）

アオマツムシ成虫．左：♂，右：♀

参考文献

石川千秋ほか（1981）カキ及びナシの果実を加害するアオマツムシ．植物防疫 **35**：73-75.

大野正男（1986）「アオマツムシの分布調査」に寄せて．インセクタリゥム **23**：304-305.

杉本武ほか（1985）拡がるアオマツムシの分布．インセクタリゥム **22**：262-270.

武田亨（1985）東海地方におけるアオマツムシの分布拡大とカキおよびナシの被害　植物防疫 **39**：314-317.

松浦一郎（1989）鳴く虫の博物誌．文一総合出版．

植物寄生性および天敵ダニ類 ～あるものは大害虫，あるものは有効利用——天野 洋

●外来性の植物寄生性ダニ類

　ダニ類は小型の動物であるため，たとえ外来であっても気づきにくい．また，一部の害虫を除いてその知見も乏しいために，その外来性を明確に判定することは困難である．したがって，外来性の可能性が高いとされている種まで含めて議論する必要がある．

　わが国に生息する植物寄生性ダニ類の外来性については，ハダニ上科88種の中で8種（タイリクハダニ，モクセイハダニ，サトウキビハダニ，マンゴーハダニ，オンシツヒメハダニ，サボテンヒメハダニ，パイナップルヒメハダニ，ランヒメハダニ）が，またフシダニ上科52種の中の10種（コノテフシダニ，マンゴーサビダニ，イチジクモンサビダニ，レイシフシダニ，チューリップサビダニ，カーネーションサビダニ，モモサビダニ，リンゴサビダニ，トマトサビダニ，マンゴーケブトサビダニ）が，ホコリダニ科4種の中の1種（シクラメンホコリダニ）が外来もしくは外来の可能性が高い．これら外来性の判定では，寄主植物の外来性や，急速な分布拡大などといった生態的な知見が利用されている．

　その後も，侵入の可能性が高い種として，ナンセイハダニやルイスハダニ，トウヨウハダニなどが，主として南西諸島から次々と見つけられている．

●侵入経路と分布拡大の推測

　どの種に関しても，確実な侵入過程が示された例はない．しかし，多くの種で餌となる寄主植物（栽培作物の場合が多い）が限られることから，寄主植物（もしくは収穫物）の移動とともに侵入した可能性が高い．中には植物検疫システムの網をかいくぐって入ってきたものもあるだろう．国内での分布拡大においても，寄主植物の移動は大きな役割を果たしていることは間違いない．

　侵入と分布拡大の実態をくわしく述べるため，最近報告された沖縄県におけるマンゴー寄生性ダニ類3種と，トマトサビダニを例に挙げて以下に説明する．

　① マンゴーハダニ

　マンゴーの葉表に寄生し，葉をかすり状に枯らす赤色系のハダニが，1996年に初めて沖縄県那覇市のハウスで発見された．1997年に本種と同定され，本邦初記録と認められた．

　既知の分布は，中国，東南アジア，オセアニア，インド，中近東，アフリカ，アメリカなど広汎なうえに，チャやコーヒー，ワタ，レイシ，クリ，キャッサバ，カンキツ，モモ，ブドウなど多くの重要作物を加害することが知られている．特にインドやスリランカでは，古くからチャの害虫として恐れられてきた．

　本種は非休眠性である．沖縄でのマンゴーの寄生では，若葉よりも硬化した葉の表に好んで寄生し，卵は主脈沿いに多く産卵された．発育とともに集団は葉全体に広がり，退色・白化を伴うかすり状の被害も葉全体に及ぶ．

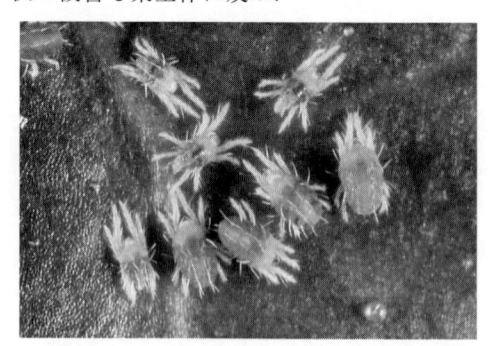

マンゴーハダニ．右下の4頭が♀成虫，上の3頭が♂成虫

　② マンゴーサビダニ

　マンゴーの葉表に白い膜状の物質を形成し，その下で生息し，葉を黒褐色に変色させる．著しい場合は，葉が黄化し早期落葉する．1966年にケニヤのマンゴーから新種記載されたダニで，インド，エジプト，スーダン，南アフリカなどでも分布が確認されている．わが国では，1994年に沖縄県那

覇市で初めて確認された.

③ マンゴーケブトサビダニ

本種は，主としてマンゴーの葉裏に生息する．加害部は淡褐色に変色し，サビ症状を引き起こす．サモアでの分布が確認されているが，わが国では，1994年に沖縄県那覇市で初めて確認された．

④ トマトサビダニ

1986年沖縄県下の施設栽培トマトで発生が初めて確認された．その後被害は急速に北上し，10年余りで関東以西の広い範囲に及び，現在では重要な難防除害虫となっている．ナス，ジャガイモ，ペチュニアなど他のナス科植物も加害するが，被害は乾燥下の施設トマトで最も顕著である．柔らかい葉の裏面の毛間に寄生し，寄生された株は下位葉の先端から黄変し，裏面にカールし落葉する．

世界的には，アフリカ，南北アメリカ，ヨーロッパ，中近東，オセアニアなどの亜熱帯地域を中心に分布する．風などにダニが乗り飛散する移動分散もあるが，わが国での急速な分布拡大は，本種に寄生されたナス科植物の苗の移動が一因と考えられる．

●防除対策

これらの種は南方系のものが多く，休眠性を持たない種がほとんどである．したがって，当面は南西諸島や施設栽培の現場で問題が大きいと考えられる．しかし，地球温暖化に伴う分布域の北上は避けられない現状でもある．

また，多くの寄主植物が作物であり，経済的栽培を継続する必要がある以上，これらの侵入種を絶滅させることは困難である．防除作業が周辺環境も含めた生物相に大きな影響を及ぼさないようにするためには，まずは土着天敵の有効な利用を考えることが先決である．一方で，経済的被害の急激な拡大を防ぐ目的から，原産地で有効な天敵類の人為的導入も選択肢の一つである．また，農薬を使った化学的防除が必要な場合には，他の生物には影響の少ない選択性のものを使う．

●導入天敵チリカブリダニ

わが国で天敵資材として市販されている外来性カブリダニは，チリカブリダニ（ハダニ類対象）

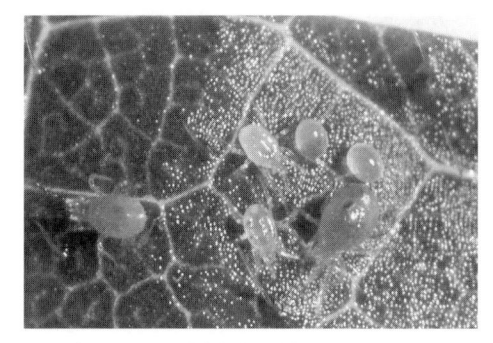

チリカブリダニ．両脇に♀成虫（2），中央が若虫（2），右上が卵（2）

とククメリスカブリダニ（アザミウマ類対象）である．ここでは，1966年に研究目的で初めて導入され，1995年に市販が開始されたチリカブリダニについて述べる．

本種の原分布は，地中海式気候を持つ地域や南米，オーストラリアである．1957年にアルジェリアで採集された個体群から初記載された本種は，高いハダニ探索・捕食能力を有することから，生物的防除素材として利用され，世界各国に導入された．研究期間を含め，わが国の施設や露地栽培の現場に放飼された頭数は想像を絶するものがあろう．

しかし，研究者の予想した通り，現在までに本種がわが国の生態系内で定着した形跡はない．日本の気候条件（温湿度など）が越冬などの定着条件を満たさないようである．筆者がこの数年間に日本各地（北海道から八重山諸島まで）から採集した1万頭を超えるカブリダニ標本でも，本種の定着を示唆するものは含まれていない．的確な基礎研究と資料収集に基づいた，適切な導入天敵利用例を示すものである．

参考文献

天野洋ほか（1998）わが国に生息する植物寄生性ならびに捕食性ダニ類の在来性．千葉大園学報 **52**: 187-196.

江原昭三ほか（1997）沖縄本島における *Oligonychus coffeae*（マンゴーハダニ）の存在．植物防疫 **51**: 25-28.

上遠野冨士夫（1994）最近のフシダニ類の作物における発生と被害．植物防疫 **48**: 294-296.

仲宗根福則ほか（1996）沖縄県で発生したマンゴーの害虫．九病虫研会報 **42**: 122-124.

根本久（1991）園芸作物を加害するダニ類の生態と防除に関する研究．埼玉園試特報 **3**: 1-85.

森樊須編（1993）天敵農薬—チリカブリダニ その生態と応用—．日本植物防疫協会．

ゴケグモ類 〜港湾地帯に定着，分布拡大も

夏原由博
西川喜朗

●毒グモ，日本に上陸

1995年9月に大阪府高石市の埋立地において採集されたクモが，西川によって，セアカゴケグモと同定された．また，同年12月に神奈川県横浜市，沖縄県および大阪市の港湾地帯で熱帯地域に広く分布するハイイロゴケグモが発見された．さらに，2000年10月には山口県の米軍岩国基地において北アメリカ原産のクロゴケグモが発見された．

これらのクモはα-ラトロトキシンという神経毒を持ち，かまれると人が死ぬこともある．「ゴケグモ」の名は，メスが交尾後オスを食べることが多いことに由来し，これは捕食性の節足動物では珍しい習性ではないが，この名前によって毒性を持つことへの恐怖をあおる結果となったようだ．

大阪府のセアカゴケグモがどこから来たかは明らかではないが，腹部背面の模様はオーストラリアに生息する個体とほとんど同じであった．本種は東南アジアから沖縄県にも分布するとされているが，これは別種のヤエヤマゴケグモである．

●生活史からみた今後の予測

営巣場所は，開けた日当たりのよい場所にある側溝，造成地の水抜きパイプ，フェンスの基部，駐車場，墓石の隙き間などである．穴や隙き間に強い糸で不規則な網を張り，地上を徘徊したり落下してきた節足動物を捕獲する．セアカゴケグモは室内飼育（30℃）では2齢の幼体が産卵後約20日で出嚢し，出嚢後メスは平均73日，オスは40日で成熟する．野外では生涯に最大7〜8卵塊程度を産み，1卵塊当たり卵数は数十から200個で，増殖率は大きい．発育ゼロ点は15℃であるが，5℃で42日，10℃で175日生存することから，関東地方以西の低地では充分に生息可能と考えられる．

●分布の拡大と対策

これまでセアカゴケグモの多くは，港湾地域や造成地で見つかっていることから，自動車やコンテナー，建築資材等と共に運ばれた可能性が高い．大阪湾岸における本種の分布は局所的だが，確実に拡大しているとともに，最初に発見された高石市でも2001年7月に多数の生息を確認しており，この地域に定着したと考えてよいだろう．他の2種は，今のところ分布は拡大していない．

本種の場合はまだ，わが国の自然生態系へ侵入していないが，海岸植生などに侵入する可能性はある．分布の拡大には船，飛行機，自動車などによる輸送が深く関わっているので，それらや貨物を本種が生息しそうな場所に長時間放置しないことが重要である．しかし，空港の滑走路周辺は本種の生息適地でもある．万一侵入を発見した場合には，個体や卵嚢を軍手をはめた手で取り除くことが最も確実である．殺虫剤に対する抵抗性はなく，ピレスロイド系の殺虫剤が効果があるが，卵嚢内の個体を殺すことは難しい．1カ月程度の間隔で繰り返し駆除することが必要である．

参考文献
大利昌久ほか（1996）日本へのゴケグモ類の侵入．日本衛生動物学会誌 **47**: 111-119.
下謝名松栄（1996）沖縄県下のゴケグモ類について．*Acta arachnol.* **45**: 182-183.
夏原由博（1996）セアカゴケグモの生態と刺咬傷への対応．生活衛生 **40**:13-21.
西川喜朗・金沢至（1996）セアカゴケグモの発見とその毒性に対する対策．環動昆 **7**: 214-223.
吉田政弘（2000）侵入毒グモのゆくえ．公衛研ニュース **12**: 3-4.
Matsuse, I. T. *et al.* (1997) Tolerance of *Latrodectus hasseltii* (Araneae: Theridiidae) to low temperatures in Japan. *Med. Entomol. and Zool.* **48**: 117-122.

セアカゴケグモの分布拡大状況

マツノザイセンチュウ ～日本の景観を変えた線虫 富樫一巳

●原産地と生態

マツノザイセンチュウは北アメリカ原産であると考えられており，*Monochamus* 属のカミキリ成虫によって伝播され，感受性のマツに材線虫病（激害型の松枯れ）を引き起こす．カミキリ成虫が健全木の枝の樹皮を食べ，枯れて間もない幹や枝に傷を付けて産卵すると，この線虫はカミキリの摂食と産卵の時にできた傷を通して木に伝播される．木の中に侵入した線虫はマツの細胞や糸状菌を食べて増殖して，カミキリ幼虫の蛹室に集まり，カミキリが成虫になるとその気管の中に侵入する．新たに発生したカミキリ成虫によって線虫の伝播が繰り返される．

日本では，アカマツやクロマツが材線虫病によって枯れる．無防除の場合，600本の林でも7〜8年間でマツはほとんど枯れる．実際，材線虫病によるマツ林の消失は枚挙にいとまがない．ところが，北アメリカにおけるマツ，モミ，トウヒ属などの木が自然分布する地域では，材線虫病の発生は見られず，この線虫は，ヤドリギ等によって枯れ始めた枝や幹の中で繁殖する．

●侵入経路と分布拡大のしくみ

マツノザイセンチュウは1905年頃長崎県長崎市に，続いて1921年頃兵庫県相生市に，造船用に輸入された木材に付いて侵入したと考えられている．その後この線虫は分布を広げ，1982年までに青森県と北海道を除く全都府県で発生するようになった．青森県の場合，秋田県の被害地から媒介者マツノマダラカミキリ成虫の飛び込みはあるが，2001年7月現在，材線虫病の発生は確認されていない．世界的には，この線虫の分布は東アジアだけでなくポルトガルにまで広がっている．

このため，材線虫病によって枯れたマツが，製材所，パルプ工場，土木工事現場，造船所，炭坑等に運ばれると，その中の線虫と媒介昆虫によって材線虫病が新たに発生する．沖縄県ではダム工事のために被害材が九州から運び込まれ，1973年から材線虫病が発生するようになった．また，工業製品の梱包用のマツ材からも被害が広がることがある．

人為的な分布拡大のほかに，媒介昆虫の飛翔に伴う分布拡大がある．マツノマダラカミキリ成虫は，マツ林内を通常は週当たり数十mしか移動しないが，風に乗って長距離移動することがある．この場合の分布拡大速度は数km／年である．

●対策

本種と媒介昆虫を駆除するために，マツを伐って薬剤処理や焼却などが行われてきた．また，この線虫の伝播時期に媒介昆虫を殺すため，殺虫剤の空中散布や地上散布が行われてきた．しかし，種々の理由による駆除の不徹底と被害材の人為的移動によって，多くの地域でこの線虫の駆除に失敗した．現在，材線虫病の対策として上記の方法とともに，殺線虫剤と抵抗性のマツ系統が利用され，天敵微生物の利用技術が研究されている．

参考文献

岸洋一（1988）マツ材線虫病―松くい虫―精説．トーマス・カンパニー．

全国森林病虫獣害防除協会編（1997）松くい虫（マツ材線虫病）―沿革と最近の研究―．全国森林病虫獣害防除協会．

富樫一巳（1996）松枯れをめぐる宿主―病原体―媒介者の相互作用．「昆虫個体群生態学の展開」（久野英二編著），pp.285-303．京都大学学術出版会．

山本奈美子ほか（2000）マツ枯れシステムのダイナミクスと大域的伝播の数理解析．日本生態学会誌 **50**：269-276．

Rutherford, T. A. & Webster, J. M. (1987) Distribution of pine wilt disease with respect to temperature in North America, Japan, and Europe. *Canadian Journal of Forest Research* **17**：1050-1059.

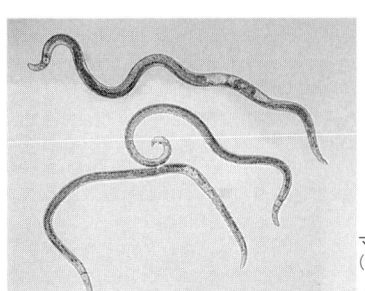

マツノザイセンチュウ
（中央の1頭が♂成虫，上下の2頭が♀成虫）

ジャガイモシストセンチュウ ～耐久性の高いシストで南米から世界各国へ── 佐野善一

●原産地と生態

ジャガイモシストセンチュウは南米のアンデス山麓が原産の植物寄生性線虫である．ナス科の多くの植物に寄生するが，作物ではジャガイモの最も重要な有害線虫である．ジャガイモでは根ばかりでなく，塊茎やストロン（匍匐茎）にも寄生する．雌成虫は交尾後に体内に卵を形成してやがて死亡するが，表皮はタンニン化し，200～500個の卵を内蔵するシスト（包囊）となる．シストは褐色，球形で直径約0.5mm，環境耐性が高く，乾燥，低温のほか，薬剤にも強い．10年以上生存するため，定着すると根絶は非常に難しい．冷涼な気候を好み，発育適温は20℃前後，暖地の有害線虫に好適な24～25℃では増殖が非常に抑制される．

●侵入経路と分布拡大のしくみ

線虫の自力による移動はせいぜい数十cmである．しかし，感染した種子，球根，いも，苗等によって受動的に容易に移動・分散する．

本種は，ジャガイモ疫病抵抗性育種のために南米で収集した塊茎とともに，19世紀の半ば以降にヨーロッパに持ち込まれたとされている．現在では世界に広く分布している．日本では1972年に北海道の真狩村で初めて発生が確認された．南米ペルーからテンサイの育苗用に輸入されていたグアノに混入して持ち込まれた可能性が大きい．北海道では発見に伴って，行政，普及，研究一体となった対策がとられたが，毎年分布が拡大し，現在道内の6支庁に発生するに至っている．

ところが，1992年に長崎県島原半島でも発生が確認され，暖地用種ジャガイモの産地であることから非常に大きな問題となった．線虫のレースは北海道と同じRo1であることが確かめられたが，侵入経路は明らかでない．発生地域は年を追って拡大している．

シストという非常に耐久性の高い虫態を持つことが，この線虫が容易に分布を拡大する重要な要因である．圃場間や地域内は風水といった自然要因によって広がっていく．作業靴や農機具，輸送車両等に付着した土壌中に混入するシストも，重要な伝染源である．特に塊茎は，外見的には異常が確認できない場合にも内部に線虫が寄生していて，貯蔵や輸送中に発育してシストを形成することがあり，広域的な伝染源となる危険性が高い．

●対策

国際的には検疫体制がとられ，国内でもジャガイモの種いもに関しては，生産圃場と生産された塊茎を対象に，厳しい線虫検診が行われている．しかし，大量に流通している食用のジャガイモについては全く規制がなく，問題は大きい．地域内では，作業機や自家用種いもによる伝搬の防止が重要で，農家に充分啓蒙する必要がある．しかし，島原半島のような傾斜地の産地では，流水による線虫の分散を防ぐことは困難である．防除の基本は，抵抗性ジャガイモ品種や別の作物の栽培，殺線虫剤の施用等，線虫密度を減らす対策である．

参考文献

相原孝雄ほか（1998）長崎県産ジャガイモシストセンチュウの病原型に関する調査．植物防疫所調査研究報告 **34**：71-79．

相場聡・稲垣春郎（1992）ジャガイモシストセンチュウ．「線虫研究の歩み」（中園和年編），pp.121-124．日本線虫研究会．つくば．

稲垣春郎（1984）ジャガイモシストセンチュウ（*Globodera rostochiensis*）の生態並びに防除に関する研究．北海道農業試験場報告 **139**：73-144．

長崎県病害虫防除所（1992）ジャガイモシストセンチュウの発生について．平成4年度病害虫発生予察特殊法 第3号．

Mai, W. F. (1976) World wide distribution of potato-cyst nematodes and their importance in crop production. *Journal of Nematology* **9**：30-34．

ジャガイモの根に寄生したジャガイモシストセンチュウ♀成虫（黄金色を呈する）

ミバエ類 〜根絶と再侵入防止

久場洋之

●原産地と生態

ミバエはTephritidae科に属するハエの総称であるが，果実だけでなく花や茎，虫えいを利用する種も多い．その中で特にミカンコミバエ，ウリミバエは，これらの幼虫がほとんどの熱帯・亜熱帯果樹，果菜類の有用果実を食害するため，世界的な重要害虫となっている．両種の原産地はインド周辺と考えられ，東南アジアに広く分布する．

●侵入経路と分布拡大

ミカンコミバエは1919年沖縄島の嘉手納（かでな）で確認されたが，当時すでに沖縄全域に発生していたと考えられる．奄美群島では1929年に発生を確認，小笠原諸島には1925年頃に侵入した．ウリミバエ（p.251参照）は1919年に八重山群島で発生が確認され，1929年には宮古群島に侵入，その後約40年間は分布拡大は見られなかったが，1970年に久米島，1972年に沖縄島に侵入，1974年には奄美群島まで分布域を急速に拡大した．

●根絶防除と再侵入防止対策

両ミバエは植物防疫法上の検疫対象害虫であることから，これらの寄主植物である柑橘類や熱帯果実，ウリ類などは発生地から未発生地域への出荷が禁止または制限されていた．そこで，両ミバエ類の根絶を目指した防除が開始された．

ミカンコミバエでは雄を強力に誘引するメチルオイゲノールと殺虫剤を併用した誘殺板による「雄除去法」が用いられた．1968年に鹿児島県喜界島（きかいじま）から始まった防除は，沖縄県でも開始され，1986年の八重山群島を最後に根絶が達成された．なお，小笠原諸島では後述の不妊虫放飼法により根絶が達成された．

ウリミバエでは「不妊虫放飼法」が用いられた．まず，人工的にハエを飼育・増殖して，大量の蛹を生産する．この蛹にコバルト60から出るガンマ線を照射し，不妊化する（交尾は正常に行うが妊性のないハエとなる）．こうして作られた不妊虫を野生虫よりも多く野外に放すと，野生雌は不妊雄と交尾し，野生虫同士の交尾機会が減少する．なお，不妊虫と交尾した野生虫が産む卵は孵化しないため，次世代は育たない．大量の不妊虫を継続的に放飼すると，野生虫間の交尾機会はますます減少し，最終的には根絶に至る．久米島における根絶実験事業（1972〜78年）の成果を踏まえ，島あるいは群島別に不妊虫放飼法による防除が開始され，1993年の八重山群島を最後に，わが国から本種が根絶された．

両ミバエの根絶事業完了後，沖縄県では再侵入・発生を防止するため，ミカンコミバエでは誘殺板防除を，ウリミバエでは不妊虫放飼防除を継続している．沖縄県域ではミカンコミバエは根絶後も毎年のように再侵入が見られるが，防除により再発生を阻止している．ウリミバエは幸いにも今日まで再侵入・発生はほとんど起こっていない．

参考文献
伊藤嘉昭・垣花廣幸（1998）農薬なしで害虫とたたかう．岩波ジュニア新書．
久場洋之（2001）ミバエ類の根絶と侵入防止．「沖縄県植物防疫協会のあゆみ．創立30周年記念誌」，pp.118-130．
小山重郎（1984）よみがえれ黄金（クガニー）の島．筑摩書房．
小山重郎（1994）530億匹の闘い．築地書館．

表．ミカンコミバエ・ウリミバエ根絶防除の概要

対象ミバエ種	ミカンコミバエ			ウリミバエ	
防除地域	沖縄県	奄美群島	小笠原諸島	沖縄県	奄美群島
防除法	雄除去法	雄除去法	雄除去法・不妊虫放飼法	不妊虫放飼法	不妊虫放飼法
防除開始年	1977	1968	1975	1972	1981
根絶年	1985	1980	1984	1993	1989
所要年数	9	13	10	22	9
直接経費（億円）	25.8	9.5	14.3	170	34.1
延べ従事者数（万人）	11	4.2	4	31.8	12.2
総放飼頭数（億頭）	—	—	—	530	93

セイヨウオオマルハナバチ ～研究者有志による監視活動──

鷲谷いづみ
松村千鶴

●温室トマトの授粉昆虫として導入

1996年の秋に北海道日高地方門別町の民家の床下でセイヨウオオマルハナバチの自然巣が見つかった．セイヨウオオマルハナバチは，在来のオオマルハナバチやクロマルハナバチに近縁なヨーロッパ産のマルハナバチである．温室トマトの授粉昆虫として利用するため，1992年頃から人工増殖されたコロニーが，ベルギーやオランダから輸入されている．

本種は，マルハナバチ類の中でもとりわけ大きな競争力をもつ種であり，導入当初から野生化して生態系に影響及ぼすことが危惧されていた．花資源や営巣場所を巡る競争，新規病害生物の持ち込みなどを通じて在来のマルハナバチを衰退させ，野生植物の繁殖にも悪影響を及ぼすことが心配される．そのような理由から，カナダやアメリカ合衆国では輸入が禁止されている．

1996年に見つかった巣は，直径が25cmもある大きなもので，民家の床下に放置された断熱材のグラスウールのかたまりの中につくられていた．保全生態学研究会（現在の事務局 東京大学農学生命科学研究科生圏システム専攻保全生態学研究室）は，野生化の事実を重視し，その直後から，

この問題に関心を寄せる生態学・進化学の研究者に呼びかけて監視活動に取り組んできた．その活動は，(1)セイヨウオオマルハナバチの目撃情報と標本の収集，および(2)マルハナバチの一斉調査である．

●全国で監視活動

目撃情報の収集は，インターネット等で広く呼びかけてセイヨウオオマルハナバチの分布を全国的に把握することをめざす．一斉調査では，研究会が用意したマニュアルに基づき，全国十数カ所で毎年春と夏～秋にマルハナバチのセンサス（単位時間当たりの訪花個体数によって種類ごとの量を評価）を行う．その結果は，翌年に発行される『保全生態学研究』誌に発表される．2001年には，静岡県における一斉調査で本種が記録された．

●今後の対策

セイヨウオオマルハナバチの野生化・定着は，残念ながら危惧された通り，各地で進行している模様である．特に目撃情報の多い北海道の日高地方は，温室トマトの栽培に多くのセイヨウオオマルハナバチコロニーが使用されている地域でもある．2002年の6月，研究者有志がこの地域に集まって駆除活動を行ったが，2日間で女王蜂や雄蜂を含む500頭以上が捕獲された．また，本種が広範な野生植物，栽培植物を利用し，盗蜜を高頻度で行うことが明らかにされた．温室からの逸出が続いている限り，駆除による制御も充分に有効なものとはなりえない．逸出をもたらすような条件のもとでの利用を規制することが強く求められている．

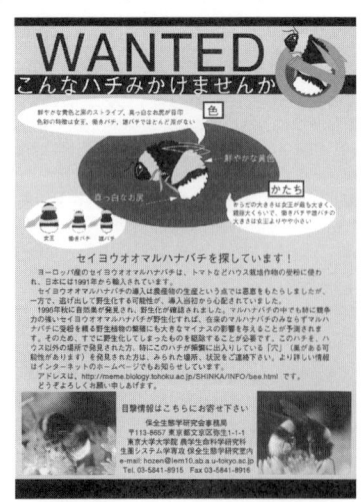

セイヨウオオマルハナバチの目撃情報の提供を呼びかける保全生態学研究会のポスター

参考文献
保全生態学研究会（1997a）マルハナバチの一斉調査について／セイヨウオオマルハナバチの帰化問題に関するインターネットを用いた情報収集．保全生態学研究 2：36-41．
保全生態学研究会（1997b）セイヨウオオマルハナバチの目撃・標本採集についての情報．保全生態学研究 2：103．
鷲谷いづみ（1998）保全生態学からみたセイヨウオオマルハナバチの侵入問題．日本生態学会誌 48：73-78
鷲谷いづみほか（1997）マルハナバチ・ハンドブック．文一総合出版．

ホソオチョウ 〜人為的な持ち込みと放蝶で分布拡大？

藤井 恒

●ホソオチョウの形態や特徴

本種は，朝鮮半島〜中国，沿海州に分布するアゲハチョウで，明るい草原を非常にゆっくり飛翔する．日本には類似した種はおらず，容易に同定が可能である．

雄の翅は白いが，雌は黒っぽい翅をしているので，雌雄の識別も簡単である．多化性で春〜秋まで数回世代を繰り返し，発生地では多数の個体が見られることも多い．幼虫の食草はウマノスズクサで，雌成虫は食草の葉裏に数個〜数十個の卵を産み付ける．若齢幼虫は集合しているが，終齢幼虫は単独でいることが多い．越冬態は蛹である．

●日本への侵入とその後の経緯

日本では，1978年に東京都で初めて発生が確認された．その後，山梨県や神奈川県，栃木県，埼玉県などの関東地方に分布を広げたが，1993年になって京都府でも発見され，兵庫県や滋賀県，奈良県，大阪府などのほか，岐阜県や山口県，岡山県，福岡県でも記録された．

ホソオチョウの成虫は飛翔力も弱く移動性もほとんどないと考えられることから，外国（おそらく韓国）から違法に持ち込まれた個体が放蝶されたものと考えられている．国内での分布の拡大も，ほとんどが人為的なものと推定される．

●棲息地と在来種への影響

幼虫の食草であるウマノスズクサが生える明るい草地が棲息地で，大きな河川の周辺に棲息していることが多い．農業害虫になることは考えられないが，幼虫が同じウマノスズクサを食べる在来種のジャコウアゲハへの影響も心配されている．

美しいチョウであるためか，山梨県大月市では，ホソオチョウが発見された直後に市の天然記念物に指定する動きがあったし，最近も岡山県でホソオチョウの保護増殖の動きが報道されるなど，困った問題も生じている．

●今後の対策

ホソオチョウは農業害虫ではないため，駆除は一切行われていない．したがって，今後も人為的な放蝶により分布が広がっていく可能性が高い．在来種などへの影響を考えると，これ以上の分布の拡大を防ぐとともに，すでに分布している地域での駆除も検討すべきであろう．幸いにして，ホソオチョウは移動性がほとんどないと考えられるので，集中的な採集除去によって駆除することが可能だと思われる．

なお，本種に限らず，外来昆虫の持ち込みの増加が問題となっている．例えば，愛好家が持ち込んだと思われる中国産のアカボシゴマダラが埼玉県で発生した事例があるし，2000年に北海道で発見され発生を続けているカラフトセセリは，DNAの分析から，北米産のものが牧草といっしょに持ち込まれたと推定されている．愛好家やペット業者への啓蒙・教育とともに，随伴侵入を防ぐための対策などを早急に検討する必要がある．

ホソオチョウ成虫(♀)．後翅の長い突起が目立つ．

参考文献

小路義昭 (1997) 持ち込まれたホソオチョウ．「日本動物大百科9 昆虫Ⅱ」（石井実ほか編・日高敏隆監修), pp.33. 平凡社．
松香宏隆・大野義昭 (1981) ホソオチョウ時代．やどりが 103/104 : 15-21.
福田晴夫ほか (1982) 原色日本蝶類生態図鑑（Ⅰ). 保育社．
Tani, S. (1994) The growth response to temperature and photoperiodic induction of pupal diapause in the introduced butterfly, *Sericinus montela* Grey(Lepidoptera, Papilionidae). *Nat. Enviro. Sci. Res.* **7** : 35-40.

外来カブトムシ・クワガタムシ ～人気ペット昆虫の新たなる脅威──荒谷邦雄

●人気の高いペット昆虫

　カブトムシやクワガタムシの仲間は，アジア熱帯域を中心に全世界に分布するコガネムシ上科の昆虫である．オスがりっぱな角や大腮（おおあご）を備えたこれらの仲間は，日本でも昔から人気が高かった．1999年以降，それまで植物防疫法によって有害動物として輸入が禁止されていた外国産種の生きたクワガタムシやカブトムシの輸入が大幅に規制緩和され，全国的な外国産カブト・クワガタの一大ブームを巻き起こしている．また，規制緩和によって大量の外国産種が日本に持ち込まれるようになったことで，新たな外来種問題が生じつつある．

●急増する外来種の採集記録

　規制緩和以前に日本で定着が確認されていた明らかな外来種は，ヤシの大害虫として悪名高いタイワンカブトムシのみだった．ここ数年，南西諸島各地で新記録が相次いだクロマルコガネも外来種の可能性があるが，確実な証拠はない．この他，カブトムシではスジコガネモドキの1種，クワガタムシではクシヒゲヒラタクワガタのいずれも灯火に飛来した個体に基づく一例報告に過ぎなかった．しかし，輸入規制緩和後わずか3年の間に，アトラスオオカブト，ヘラクレスオオカブト，オニツヤクワガタ，ダイオウヒラタクワガタ，パラワンヒラタクワガタ，ベルティヌスサビクワガタ，アンタエウスオオクワガタなど，日本各地から様々な外国産カブト・クワガタの採集記録が次々と報告されるようになった[注1]．外国産ではないが，サキシマヒラタクワガタなど南西諸島独自の亜種が本土で採集される例も多数報告されている．これらはいわば氷山の一角で，実際の採集・目撃例はもっと多いはずである．これらのほとんどが飼育中や運搬途中の個体の逃亡と思われ，飼育放棄の末に意図的に放虫された可能性も高い．

●輸入規制緩和の経緯と現状

　農林水産省による規制緩和は，1999年6月のニジイロクワガタの輸入許可を皮切りに合計10度にわたって行われ，現在は熱帯産を中心に，カブト・クワガタ合計500種以上の輸入が許可されている．各方面からの規制緩和慎重論の訴えも空しく，2001年12月，2002年3，6，9月，2003年3月と連続して大幅な規制緩和が行われた．1999年から2001年の3年で，日本各地の国際空港を経由して生きたまま輸入されたカブト・クワガタの総数は120万頭にのぼる．年別に見ると，1999年には8000頭に過ぎなかったものが，2000年には44万頭，2001年は75万頭に達し，輸入量は指数関数的に増加している．輸入許可対象種が一気に増えた現在，輸入量はさらに増加していると予想される．

　しかも，これら輸入可能な種に紛れて多くの輸入禁止種が半ば公然と日本に持ち込まれ，販売されているという事実も見逃せない．人気が高く，さかんに売買されている熱帯産の大型ハナムグリ類などは，みな輸入が許可されていないものであり，オニツヤクワガタやベルティヌスサビクワガタは発見当時は輸入許可対象外だったものである．

●外来種のもたらす危険性

　農林水産省による一連の輸入規制緩和は，ブームを背景に，ペット業者や愛好家の執拗な要望に半ば押し切られ，性急に行われた感が否めない．

　例えば，「有害動物には当たらない」ことが判断基準であるはずの規制緩和対象に，アボガドの害虫の南米産クビホソツヤクワガタ属の各種や，ヤシの大害虫タイワンカブトムシにごく近縁なパンカブトやメンガタカブト，キク科植物の茎を切断して流れ出る汁を吸うパプアキンイロクワガタなど，定着すれば害虫になり得る可能性が極めて高い種が多数含まれている．その他の種も，生活史や生態が充分に解明されていないため害虫か否かの判断を下す材料はほとんどなく，害虫化の可能性は決して否定できない．植物防疫法の理念が「予防の原則」にあるならば，疑わしきは許可せ

ずという態度が本来必要だったのではなかろうか．

熱帯産のカブトやクワガタといっても，実際に多くの種が生息しているのは比較的標高の高いカシ林で，気候的には日本の温暖な地方とあまり変わりない．しかも幼虫や蛹が暮らす腐朽材や腐葉土の中は冬の温度変化も穏やかで，熱帯産の種でも定着・拡散する可能性は充分にある．事実，本来の生息地よりも寒冷な地域への定着例として，50年ほど前に八重山諸島に侵入した後，徐々に北上し現在は奄美大島にまで定着し，緑化樹として重要なヤシ類に多大な被害を与えているタイワンカブトムシや，北海道にペットとして持ち込まれた個体が野生化し，今や道北・道東地方にも完全に定着し個体数を増加させているカブトムシ（日本本土亜種）などの例もあり，油断できない．大型外来種が定着すれば在来種との競合も懸念される．また最近，外国産種によって持ち込まれた可能性のあるダニの寄生による在来種の死亡例が多数報告されるなど，在来種への寄生虫や病疫伝染の恐れも表面化している（p.219参照）．

定着しなくともごく短期間で生じ得る遺伝子汚染の問題はさらに深刻である．厄介なことに，人気の高いオオクワガタ（パリーオオクワガタやグランディスオオクワガタを含む）やヒラタクワガタなどでは，輸入規制緩和は「種レベル」を対象に行われたために，日本の個体群と交雑が簡単に起こり得る外国産亜種の大量輸入に拍車をかけ，在来個体群への遺伝子汚染の危険性は極めて高い．実際，ペットとして持ち込まれた本土産の個体群が野生化し沖縄本島独自の亜種（オキナワカブト）への遺伝子汚染が懸念されているカブトムシや，外国産のブームに先立って大量に本土に持ち込まれた結果，すでに日本各地で在来個体群との間で交雑が生じている可能性が高いサキシマヒラタクワガタなど，今後の外国産個体群による遺伝子汚染の動向を暗示するかのような例もある[注2]．

● 新たな国際問題の火種

最近，大量のカブトやクワガタを原産国で違法に採集し，持ち出そうとした日本の業者が逮捕される事件が相次いでいる．日本への「輸入許可種」であっても原産国では採集禁止や保護の対象となっている種は数多い．特に2002年3月の規制緩和対象に，CITES（附属書Ⅲ）にリストアップされ，原産国でも手厚い保護を受けている南アフリカのダルマクワガタ属の各種が含まれていることは，国際的に日本の信用を失墜しかねない．地域個体群の維持に影響を与えかねないほどの規模で行われている大量採集もまた，大きな問題である．

● 対策

何よりもまず，ペット業者や一般の愛好家に対して，生物多様性新国家戦略の意図や保全生物学の基礎概念に関する教育・啓蒙活動を充分に行い，責任と自覚をもって販売や管理，飼育にのぞむよう徹底していくことが急務である．輸送中は逃亡の危険性が高く，特に留意すべきである．

現在，日本昆虫学会，日本鞘翅学会，日本甲虫学会，日本昆虫分類学会の4学会が連名で農林水産省や環境省をはじめとする関係省庁に対し，一連の輸入規制緩和における明らかな検討不足を抗議するとともに，今後の慎重な対応を要望する要望書を作成中である．

過剰なブームが生み出すこうした様々な弊害を減少させるために，場合によっては何らかの法的措置を含む対策を検討する必要もあろう．

注1）2003年7月末までにクワガタムシ23例，カブトムシ27例の合計50例が報告されているほか，神奈川県ではアフリカ産の大型ハナムグリが採集されている．
注2）静岡県では外国産との交雑個体とみなされるヒラタクワガタが採集された．

参考文献

荒谷邦雄（2002）クワガタムシ科における侵入種問題．昆虫と自然 37(5): 4-7.
五箇公一（2002）農業用マルハナバチとペット用クワガタをめぐって．昆虫と自然 37(3): 8-11.
坂口浩平（1983）世界のカブトムシ．小学館の学習百科図鑑40．小学館．
平田剛士（2002）里山のクワガタたちに大脅威．週刊金曜日 403: 34-37.

日本への輸入量が最も多いアトラスオオカブト．いまやイベントの景品として配布されるほどの存在となったが……

サンカメイガ ～農薬によって駆除された外来昆虫 ──────── 桐谷圭治

●原産地と生態

わが国にはイネ茎の内部を加害する，いわゆるズイムシといわれるものに2種類ある．本州の北端まで分布するニカメイガと，和歌山南部と淡路島までを北限とするサンカメイガである．共に熱帯アジアの原産である．

サンカメイガ（別称：イッテンオオメイガ）の幼虫はイネしか食べない単食性で，日本では普通3回発生するのでこの名がつけられている．本来浮稲で生活していたのが，水稲に進出してきたと考えられている．

●日本での発生と分布拡大

サンカメイガの日本での発祥は，熊本県から福岡県にかけて1750年頃までさかのぼることができる．明治を区切りにして外来種か否かを区別する限りにおいては，サンカメイガは在来種の範疇に入る．本種の被害はイネ穂が真っ白に変色するので文献上からも追跡しやすい．九州に約100年遅れて，1850年代に愛媛県から四国に分布が拡大した．そして，1800年代末までには分布を本州北限にまで広げた．

本種の侵入経路は不明であるが，おそらく中国大陸南部から直接九州に侵入したと思われる．日本国内の分布拡大は，近年では鉄道の沿線沿いに発生の拡大が報告されている．50年前には西日本ではニカメイガをしのぐ害虫で，13万haに発生していた．

●姿を消したサンカメイガ

1970年まで使用されていたＢＨＣは，その残効性も加わって，水田で全生活環を閉じるサンカメイガに決定的なダメージを与えた．事実，佐賀県では1952年のニカメイガの大発生に呼応して実施された大規模なＢＨＣ防除以来急速に発生量は減少し，翌年には被害はほとんどゼロとなり，それ以後もその状況は変わらなかった．現在は日本列島から姿を消し，絶滅したと考えられる．農薬が害虫を絶滅した数少ない例である．

参考文献
織田富士夫（1935）日本における稲三化性螟虫の研究（1）．応用動物 **7**：15-87.
桐谷圭治（1986）サンカメイガ：幻の大害虫．「日本の昆虫─侵略と攪乱の生態学」（桐谷圭治編），pp.88-95．東海大学出版会．

サンカメイガ♀成虫

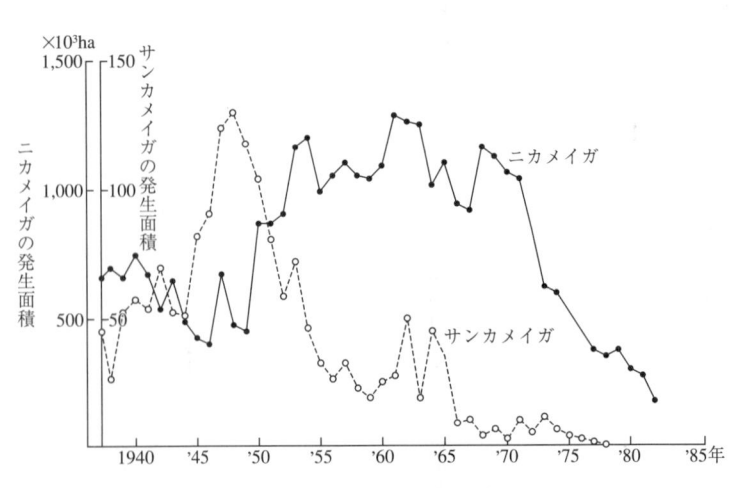

日本におけるサンカメイガの発生面積の年次変動．
ニカメイガはサンカメイガの1/10の縮尺で画いた

ヒトスジシマカとネッタイシマカ ～世界で起こる置き換わり── 桐谷圭治

●ヒトスジシマカとネッタイシマカの陣取り合戦

ヒトスジシマカは東南アジアの人間の居住環境には古くからすみ着いている．庭や公園で昼間刺しにくる黒白模様のこの蚊は，雨ざらしの古バケツや空き缶などの水溜まり，墓地の花立てなど，ちょっとした溜まり水を利用して繁殖する．この蚊はネッタイシマカとともに17種以上のウイルス病を媒介する．アジアでは毎年50～60万人が感染し，2万人以上が死亡しているデング熱も媒介する．

ヒトスジシマカとネッタイシマカの2種は，世界中で激しい陣取り合戦を繰り広げている．米国南東部では，先住者のネッタイシマカがヒトスジシマカによって置き換わりつつある．ハワイでも寄航船によって持ち込まれたネッタイシマカが19世紀末には普通に見られたが，現在では後から来たヒトスジシマカがネッタイシマカを完全に駆逐している．日本本土では1944～1952年にかけて熊本県天草で一時的にネッタイシマカが発生し，デング熱を流行させた．他方沖縄では，20世紀初め頃まではネッタイシマカは普通にいたが，現在はヒトスジシマカに置き換わっている．

●何が優位種を決めるのか

なぜ，米国，ハワイ，沖縄ではヒトスジシマカが優位に立ち，東南アジアではネッタイシマカが優勢なのか．ネッタイシマカには森林亜種と都市亜種があり，森林亜種は森林の樹洞の溜まり水で繁殖し，野生動物を吸血対象にしている．これとは対照的に，都市亜種は水がめなどの人工容器で繁殖し，吸血も人家もしくは集落内でヒトを吸血する．ネッタイシマカの都市亜種は，1915年には東南アジアのほとんどの港町にすみ着いた．吸血寄主の人間と発生場所の飲料用水槽などが近接する東南アジア的条件はネッタイシマカに有利に働き，一方米国や沖縄のように水道の普及により繁殖場所が少なくなったことや，防蚊対策によってネッタイシマカが吸血宿主（ヒト）に恵まれなくなったことは，ヒトスジシマカに有利に働いたと考えられている．これは，将来の両種の勢力関係を暗示しているようにも思える．

●アジアのトラカ

ヒトスジシマカは，コンテナーで運ばれる古タイヤとともに世界に分布を拡大し，Asian tiger mosquitoとして恐れられている．日本は世界一の古タイヤの輸出国で，1986年度に米国に輸入されたアジアからの中古タイヤの93％，またニュージーランドでも，1989年から1992年にかけて輸入された中古タイヤのうち86～97％を日本が占めている．タイヤの中に溜まった水に，生きたヒトスジシマカとヤマトヤブカが発見され，輸入品倉庫でも発生をみたため，ニュージーランドでは1993年からすべての輸入古タイヤを検査するとともに，輸出国にメチルブロマイド処理を義務づけることとした．1985年に米国での定着が公式に確認されたが，1996年には南東部25州にまで分布を拡大した．米国産のヒトスジシマカが日本産であることは，日長に対する卵の孵化反応やアイソザイムの比較研究から証明されている．このほか，アルバニア，北イタリア，ナイジェリア，ブラジル，オーストラリア，南アフリカにも分布を広げている．この蚊の侵入経路は，本来直接関係のない古タイヤを媒体としてのヒッチハイクであり，侵入阻止の最も難しいケースに当たる．

1916年に米国に侵入したマメコガメはジャパニーズビートルとして有名になったが，日本産のヒトスジシマカの急速な分布拡大は，外来生物の問題は日本への侵入だけでなく，その逆もあることを認識しなくてはならない．

参考文献

桐谷圭治（2000）世界を席捲する侵入昆虫．インセクタリウム 37：224-235．

和田義人（1989）衛生昆虫の害虫化をめぐって．「病気の生物地理学」（上本馬具一・和田義人編），pp.164-183．東海大学出版会．

ウンカとセイヨウミツバチ　～日本に定着できない外来昆虫　　　　　桐谷圭治

●トビイロウンカ，セジロウンカ

1．中国大陸から飛来するウンカ

　徳川時代の三大飢饉の一つにウンカによってもたらされた1732年（享保17）の飢饉がある．その後もウンカの大発生は何回も記録されている．

　梅雨前線が北上し九州南部で停滞すると，それに伴って湿った南西の強風が吹き豪雨をもたらす．このような気象条件のとき，ウンカの異常飛来がある．トビイロウンカにはイネ品種によって加害性が違う系統があるが，中国，日本に発生する系統と共通の系統が見られるのは，周年発生地域の北限に近いベトナム北部である．ここでは華南と同様に二期作が行われ，1～2月に田植えがなされる．4～5月にウンカの密度が高まり，長翅虫が発生する．これが，梅雨前線が停滞している華南の移植直後の早期イネに侵入する．6～7月には，華南の早稲から華中および日本の稲に飛来する．4～7月までの約4カ月間にウンカはおよそ3000kmを移動し，その発生面積も100万から1000万haに拡大するのである．

2．日本に定着できないウンカ

　トビイロウンカもセジロウンカも休眠性がなく，ほとんどイネだけに寄生する単食性のウンカである．したがって，イネがなくなる日本の冬は越せない．また，両種とも1月の平均気温が12℃以上でないと越冬できない．

　ウンカのように非休眠の昆虫が，選抜によって休眠性を獲得したという研究はない．休眠支配の遺伝子がない以上，選抜が不可能である．それが期待できるのは突然変異だけであるが，その頻度は非常に低い．たとえ実現しても，わが国には毎年，量の多少はあっても，休眠を獲得した個体を圧倒するだけの多数のウンカが飛来する．これら移住者と自由に交雑する結果，獲得した休眠の遺伝子も失われてしまうだろう．日本本土に大量飛来が続く限り，この2種のウンカは永久に日本での定住者にはなれない．

●セイヨウミツバチ

1．ニホンミツバチを駆逐するセイヨウミツバチ

　日本の養蜂は在来種のニホンミツバチを使って行われてきたが，欧州原産のセイヨウミツバチが1876年に導入されてからは，蜜の収集力に優れ管理も容易なセイヨウミツバチに取って代わられた．蜜源を巡る競争ではセイヨウミツバチが有利なばかりか，両種の巣が接近していると，セイヨウミツバチの攻撃を受けてニホンミツバチの巣は蓄えた貯蜜を奪われ，全滅する．

2．オオスズメバチに弱いセイヨウミツバチ

　養蜂業の最大の外敵はオオスズメバチである．ニホンミツバチはオオスズメバチが来ると，巣の中に引きこもり反撃しない．スズメバチが引き上げない場合は，他の出入り口から出た多数の個体が偵察個体に球状に群がり，胸部筋肉を振動させ発熱により相手を熱死させる．

　一方セイヨウミツバチは，原産地の欧州ではモンスズメバチに襲われるが，このハチはオオスズメバチの半分ぐらいの大きさで，攻撃も単独で1匹ずつミツバチをくわえて持ち去る．そこでセイヨウミツバチはオオスズメバチに対しても，原産地でモンスズメバチに対して取っていたの同様に，積極的に迎撃する．しかし全く歯が立たず，1～2万頭からなる群れも20～30頭のオオスズメバチの攻撃を受けると2,3時間で全滅状態になる．このためセイヨウミツバチは，人間によって保護されない限り，日本本土には定着できない．

参考文献
桐谷圭治（1984）移住する昆虫：定着から土着へ．インセクタリゥム **21**: 248-262.
桐谷圭治（1984）移住する昆虫：ウンカはなぜ日本本土に定着できないのか．インセクタリゥム **21**: 136-143.
桐谷圭治（2001）昆虫と気象．成山堂書店．
松浦誠（1983）社会性ハチ類の生態：スズメバチの狩り．インセクタリゥム **20**: 190-195.

非海産無脊椎動物

ここで取り上げた「非海産無脊椎動物」には，陸生の昆虫・クモ類を除く無脊椎動物と，淡水生の無脊椎動物が含まれる．具体的な種の選定に際しては，在来種や生態系への侵害的影響が現認・推測されることを基準としたため，例えば陸生等脚類のオカダンゴムシなど，身近な種でありながら掲載されていないものもある．

陸生種の場合，戦前に食用目的で持ち込まれたアフリカマイマイと，その後，天敵として導入されたヤマヒタチオビガイ，陸生プラナリアの1種以外は，本書に掲載されていない多くの種を含め，混入・随伴などによって非意図的に侵入・定着したと推測される．これら大多数の種は農耕地や住宅地など人為的影響を強く受けた環境に生息し，現在のところ顕著な侵害的影響は確認されていないが，これは新たに持ち込まれる種の安全性を保証するものではない．

淡水生種に関しては，わが国は貿易大国でありながら，河川・湖沼伝いの内陸航路がほとんど発達していないため，ヨーロッパや北アメリカの淡水域のように，船舶のバラスト水に混入する形での外来種の侵入事例は知られておらず，今後もその危険性はそれほど高くはないと予測できる．その一方で，養殖目的で持ち込まれたスクミリンゴガイや，近年，食用に生きた個体の輸入量が飛躍的に増大している大陸産シジミ類では，逸出・遺棄が問題となっている．生物の逸出を飼育・畜養の現場から完全に防ぐことは，技術的にも経費面からも極めて難しい．また遺棄についても，さらなる手間と出費を要する殺処分を，当事者が適正に行うことには期待できない．大陸産の貝類に混入して侵入したと考えられているカワヒバリガイは，中間宿主として新たな魚類の寄生虫をもたらしたようだ．これらの事例は，安易に生物を生きたまま持ち込むべきではないことを示している．特に，用途が多岐に渡る貝類は，生かしたまま輸送しやすく，外来種問題を招来しやすい．

最近では，珍奇性を求める観賞・愛玩生物への人気の高まりに伴い，新たな無脊椎動物自体の輸入や他の生物への随伴侵入も激増しており，それらが野外で確認される事例も後を絶たない．また，釣り餌として生きたまま輸入される淡水エビも，エビそのものの問題だけでなく，思いもかけぬ魚類や昆虫類の混入が指摘されている．無脊椎動物の侵入防止のために検討すべき課題は多い．

（中井克樹）

チャコウラナメクジ 〜ナメクジ類の置き替わり　　　　　　　黒住耐二

●原産地と侵入経過

　チャコウラナメクジ（以下，チャコウラ）は体長5cm程度の中型の外来ナメクジで，ナメクジ類の中で現在，最も普通に人家の周辺で見られる．別の科に属するナメクジとは，体の前方背面が甲羅状になっている点が異なる．甲羅には，灰黒色の2本のすじを持つ．

　最近の調査で，この種群で世界の温帯域に定着した外来種は，チャコウラとニヨリチャコウラナメクジ（新称：$L.\ nyctelia$，以下，ニヨリチャコウラ）の2種であることが知られている．前者は生殖器の陰茎に突起を持つのに対し，後者はそれを持たない．両種とも，ヨーロッパが原産とされる．チャコウラの日本への侵入は，はっきりしていないがアメリカ軍物資由来で，1950年代後半の本州で生じたと考えられている．その後，本州・四国・九州と周辺島嶼で分布が確認されている．さらに，近似の別の外来種の日本での存在や，今後の定着の可能性も充分考えられる．

●撹乱された場所でのナメクジ類の置き替わり

　明治以前の本州から九州の人家周辺には，元々ナメクジという種が生息していた（この種自体も外来種の可能性も指摘されている）．明治の開国に伴って，コウラナメクジ（別名：キイロナメクジ，以下，コウラ）が牧草に紛れるなどして本州に持ち込まれた．コウラはヨーロッパ原産で体長が10cm近くにもなり，チャコウラと同じ科で，甲羅に黄色いまだら模様を持つ．この種は，分布域と個体数を確実に増大させ，1960年代までは本州から九州の各地で頻繁に見られたようである．第二次世界大戦前後にコウラが人家内でよく見られたという観察があることから，ナメクジがコウラに置き替わった可能性がある．そして，戦後チャコウラが侵入し，コウラは分布域のほぼ全域で姿を消した．ナメクジは現在，林縁などのやや撹乱の程度の低い場所に生息している．

　このように，次々と新たな侵入者が定着することにより，嫌われ者のナメクジ類の世界でも，撹乱地では種の置き替わりが生じている．そして，新たな外来種ほど，様々な被害を増加させているようである．ただ，これら3種の中型ナメクジ類の置き替わりに関しては，詳細な経過調査やその要因の実証的研究は行われていない．

●農業被害と対策

　チャコウラは，透明で長卵形のゼリー様の卵を1回に約20〜30個ほど，まとめて石の下などに産む．野外では1年で成熟・死亡するようである．野菜や柑橘を直接摂食する農業害虫で，特に家庭菜園や鉢植えでの被害が大きい．防除法としては，メタアルデヒド剤やボルドー液の使用がよく知られており，現時点ではこれらが効果的であろう．

　陸産貝類の多くは植物防疫法で国外からの持ち込みが禁止されており，この法に基づく農作物などの検疫によって現在でも多くのナメクジ類が発見され，国内への侵入が抑えられている．この検疫強化が侵入防止の最大の対策だと考えられる．

参考文献
狩野泰則・後藤好正（1996）横浜市の陸産貝類．神奈川自然保全研究会報告書 **14**：43-106．
藤田卓（1959）ナメクジの生態．遺伝 **13**：15-18．
Barker, G. M. (1999) *Naturalised terrestrial Stylommatophora (Mollusca: Gastropoda)*. Manaaki Whenua Press.
Herbert, D. G. (1997) The terrestrial slugs of KwaZulu-Natal: diversity, biogeography and conservation (Mollusca: Pulmonata). *Ann. Natal Mus.* **38**: 197-239.
Kerney, M. P. & Cameron, R. A. D. (1979) *A field guide to the land snails of Britain and North-West Europe*. Collis.

チャコウラナメクジ

アフリカマイマイ　〜薬用・食用として人為的に導入　　　　　冨山清升

●原産地と生態

原産地は東アフリカのモザンビーク付近のサバンナ地域とされている．アフリカマイマイ科はアフリカ大陸で多種多様に適応放散した陸産貝類のグループで，サバンナ地帯の環境に適応した種の一つがアフリカマイマイである．原産地では，疎林の草地や林縁部に生息しており，雑食性で，落ち葉や生葉のほか，動物の死骸や菌類も摂食する．成貝で殻高15cmを超える大型のカタツムリであるため，現地では古くから食用とされてきた．

本種は，気温20℃以上の条件下では100〜1000個以上の卵を約10日の周期で年に何回も産卵し，非常に繁殖力が強い．雌雄同体であるが，自家受精はできない．日本では孵化後，約半年から1年で繁殖を開始する．乾燥耐性が極めて強く，半年以上の仮眠に耐える．また分散能力も高く，半年で直線距離にして約500m移動した記録もある．

本種は，熱帯・亜熱帯地域の各地で爆発的な発生をし，農作物に深刻なダメージを与える害虫として認識されている．なぜか，開発直後のプランテーションなどで大発生する事例が多く，森林が安定してくると減少する．畑地に隣接する林縁部に昼間のねぐらがあり，夜間に這い出してきて被害を与えることが知られている．これは，本来の生息地が環境の不安定なサバンナ地帯の林縁部であり，不安定な生息地を渡り歩きながら発生消長を繰り返す生態型に帰因すると推定されている．広東住血線虫という寄生虫の中間宿主としても知られ，衛生害虫という性格も持っている．

●侵入経路と分布拡大のしくみ

本種は，1760年頃に食用としてマダガスカル島に導入され，繁殖していた．1800年頃，モーリシャス諸島に結核治療薬として導入されたことが，世界的な分散のきっかけになったとされている．その後，世界各地の熱帯・亜熱帯地域へ人為的に導入されていった．

日本への導入は，1932年にシンガポールから台湾に持ち込まれた12匹が起源となった．その後，1936年に特殊病害虫指定されるまで，全国各地で養殖が行われた．現在は養殖場から逸出した貝の子孫が，琉球列島や小笠原諸島などの亜熱帯地域に定着している．本種は基本的には人為分散であり，人が持ち込まない限り，長距離移動をしない．

●対策

小笠原や琉球列島では，一時期爆発的な大発生を示したが，現在は散発的な発生を繰り返している程度で，農作物への深刻な被害は回避されている．特に，小笠原諸島では1987年頃から激減しているが，その正確な原因は不明である．本種は基本的に夜行性で，畑地に隣接した草むらや林縁のやぶをねぐらにしているため，そのような場所を狙って集中的に捕殺を繰り返すだけでも効果がある．メタアルデヒド剤などの陸産貝類用の農薬を使用する場合でも，林縁部などに限って散布することで，農薬散布を最低限度に抑えることが期待できる．本種は特殊病害虫指定を受けており，発生地からの移動は厳重に禁じられている．

参考文献

小谷野伸二（1993）小笠原諸島におけるアフリカマイマイの生態に関する研究．東京都亜熱帯農業センター報告書．
大林隆司（2001）小笠原諸島におけるアフリカマイマイの生態と防除に関する研究．東京都亜熱帯農業センター報告書．
冨山清升（1987）小笠原のアフリカマイマイ．小笠原研究年報 11：2-16.
Tomiyama, K. (1993) Growth and maturation pattern of giant African snail, *Achatina fulica* (Fersac) (Stylommatophora ; Achatinidae). *Venus* 52(1) : 87-100.
Tomiyama, K. & Nakane, M. (1993) Dispersal patterns of the giant African sanil, *Achatina fulica* (Gastropoda, Pulmonata), equipped with a radio-transmitter. *J. Moll. Stud.* 59 : 315-322.

アフリカマイマイ

ヤマヒタチオビガイ ～天敵として人為導入された肉食性カタツムリ——冨山清升

●原産地と生態

ヤマヒタチオビガイは殻高5cm程度の細長い中型のカタツムリで、夜行性、原産地は北米フロリダ地方である。森林や草原地帯に生息し、カタツムリやナメクジ類を専門に捕食する。本来、亜熱帯産であるため、寒冷には弱く、有霜地帯では越冬できない。

●侵入経路と分布拡大のしくみ

第二次世界大戦終結後、太平洋地域を占領した米国は、各地で大発生し農作物に深刻なダメージを与えるアフリカマイマイの駆除に悩まされていた。特に、プランテーションでの発生が著しく、貝類生態学の専門家によって防除方法が検討された。アフリカマイマイに決定的効果のある農薬が開発されていなかったこともあり、この頃から注目を集めていた天敵防除に力点が置かれた。特にハワイ諸島を実験場にして、各種の肉食性陸産貝類や肉食性コウガイビルなどが天敵として導入された。ヤマヒタチオビガイはその中の一つである。

日本へは、1960年代に、A. R. Meadの指導で当時米軍占領下だった小笠原諸島父島に導入され、現在も父島に定着し、ほぼ島の全域で見られる。

●天敵導入の失敗

しかし、本種は自分より小型の貝しか捕食できず、大型のアフリカマイマイ成貝には全く効果がなかった。本種が注目されるようになったのは、導入された各地で貴重な陸産貝類を捕食し、数多くの陸産貝類固有種を絶滅させる最大の原因になっている事実が明らかにされてからである。

陸産貝類は移動能力が極端に低いために、隔離された島嶼などでは種分化が生じやすく、極めて限られた地域にしか生息しない固有種が数多く知られている。ハワイ諸島のハワイマイマイ類などはその典型例で、小さな島の谷ごとに分化している。また、小さな地域内での適応放散も著しく、日本の小笠原諸島では同属の複数種が各種の生態型に分化しているが、ヤマヒタチオビガイは導入地でこれらの固有種を絶滅させつつある。ハワイ諸島では、ハワイマイマイ類の大半が絶滅し、ポリネシア諸島では、ポリネシアマイマイ類の多くの種が絶滅に追い込まれている。日本でも、小笠原諸島父島のカタマイマイ類など固有種陸産貝類の絶滅要因の一つになっている。

●対策

ヤマヒタチオビガイの侵入は基本的には人為分散であるので、新たな場所への導入を阻止するしかない。本種の例を見るまでもなく、安易な天敵導入はすべきではない。ロンドン動物園では、原産地では絶滅したポリネシアマイマイ類の各種を飼育繁殖させ、原産地のヤマヒタチオビガイを根絶させた後に、野生復帰させるプロジェクトが進行中である。小笠原父島では、本種のほかに1987年頃、ニューギニアヤリガタリクウズムシ(p.167)という強力な肉食性コウガイビルが定着し、固有陸産貝類の絶滅を加速させている。いったん、定着したこれらの天敵を根絶することは非常に困難であるので、固有種に脅威的な影響が出ていない侵入初期に制御することと、これ以上の他地域への分散を防ぐしか手立てはない。

ヤマヒタチオビガイ

参考文献
冨山清升 (1998) 小笠原諸島の移入動植物による島嶼生態系への影響. 日本生態学会誌 **48**: 63-72.

Murray, J. *et al.* (1988) The extinction of *Partula* on Moorea. *Pacific Science* **42**: 3-4.

Mead, A. R. (1979) *Economic malacology with particular reference to Achatina fulica. Pulmonates 2B.* Academic Press.

ニューギニアヤリガタリクウズムシ 〜小笠原の固有陸産貝類の脅威——大河内 勇

●原産地と生態

ニューギニアヤリガタリクウズムシは扁形動物門渦虫綱三岐腸類に属し，淡水棲のプラナリアや陸棲のコウガイビルの仲間である．本種は，農業に被害を与える外来種アフリカマイマイの天敵で，インドネシアのイリアンジャヤ（ニューギニア）のマノクワリで発見された．

夜行性で主に雨の日に活動する．飼育下では3週間で成体になるものもいる．ちぎれた体の破片からも再生し，1個体となる．また，50～85日の絶食にも耐え，共食いはしない．様々な陸産貝類を捕食し，大型のアフリカマイマイには数個体で攻撃することもある．

●侵入経路と分布拡大のしくみ

本種は太平洋・インド洋の島嶼に広く分布を広げた．アフリカマイマイ駆除のために故意に導入した例（フィリピンやモルディブなど）もあるが，多くの島では導入経路は明らかでない．

わが国では，琉球列島の沖縄本島，久米島，宮古島，伊良部島，伊計島，平安座島，小笠原諸島の父島で発見されているが，天敵として故意に放された記録はなく，侵入経路は不明である．小笠原では琉球産のセミ，クロイワニイニイが侵入したことがあるが，これは沖縄からの樹木の移植によると考えられている．セミが移動するほどの土壌が持ち込まれれば，そこに紛れた本種の移動は簡単であろう．土付きの苗や樹木の移動が続けば，今後も各島嶼に分布を広げるのは確実である．

ニューギニアヤリガタリクウズムシ（右）とカタマイマイ類幼貝（左）

●問題

本種はアフリカマイマイの効率的な天敵であり，防除という点では効果がある．しかし，最大の問題は，アフリカマイマイ以外の固有陸産貝類をも，効率的に滅ぼしてしまうことである．

小笠原ではかつて80種を超える固有陸産貝類が生息していたが，今後本種の各島への移動を考えると，すべてが絶滅の危機にさらされている．また，太平洋・インド洋の各島嶼で，それぞれ独自に進化した陸産貝類相が，次々に消滅しつつある．

●対策

一般に天敵利用では，土着の天敵をまず考慮すべきで，天敵導入は安全面の慎重な検討が必要である．かつて，アフリカマイマイの天敵・陸貝ヤマヒタチオビガイを太平洋の島々に導入した結果，島嶼の陸産貝類が滅ぼされた苦い経験を忘れてはならない．本種をはじめ，生態系への影響が著しい種を放すことは禁止されるべきである．

土壌に紛れた非意図的な侵入は，対策を講じなければ今後も増加するだろう．農業用・観賞用苗の移動，公共工事の資材の運搬，増殖した希少植物の移植等は，すべて本種を移動させる危険がある．よって，島嶼間の土壌の移動をしないことが重要である．現在，小笠原の無人島では，たとえ植生回復のためであっても，苗の土を洗い落とす等の対策を実施している．

参考文献

川勝正治ほか（1993）琉球列島で大量発見された陸棲三岐腸類．陸水学報 **8**：5-14.

冨山清升（1995）小笠原諸島の自然破壊略史と固有種生物の絶滅要因．環境と公害 **25**(2)：36-52.

Eldredge, L. G. & Smith, B. D. (1995) Triclad flatworm tours the Pacific. *Aliens* (A journal published by the Invasive Species Specialist Group, IUCN) **2**：11.

Kaneda, M. *et al.* (1990) Laboratory rearing method and biology of *Platydemus manokwari* de Beauchamp (Tricladida：Terricola：Rhynchodemidae)．*Appl. Ent. Zool.* **25**(4)：524-528.

Muniappan, R. (1983) Biological control of the giant African snail. *Alafua Agric. Bull.* **8**(1)：43-46.

ウチダザリガニ 〜摩周湖から放逐によって北海道東部・北部に分布拡大── 斎藤和範

●原産地と生態

　原産地は北米のコロンビア川周辺およびミズーリ川源流部で，河川湖沼に生息する．雑食冷水性で，魚類・底生生物・水草・落葉などを食べる．体長15cmを超え，北海道内最大級の底生動物である．近縁種にタンカイザリガニなどがある．原産地では漁獲対象種となり，輸出されている．

●侵入過程と分布

　ウチダザリガニおよびタンカイザリガニは1926〜30年に5回，水産庁が優良水族導入の名目でオレゴン州ポートランドより1都1道1府21県に移殖した．

　北海道にはウチダザリガニが1930年に摩周湖に475尾放流され，現在も生息している．その後人為的持ち出しにより，釧路川・阿寒川水系をはじめ道東域全域に分布が拡大している．丸瀬布町の武利川（丸瀬布町昆虫館の喜田氏私信），2001年8月に中川町の天塩川でも生息が確認され，道内全域への分布拡大が懸念される．道外では，福島県小野川湖とその周辺にも生息しているという．タンカイザリガニは滋賀県淡海池，長野県（北海道原子力環境センター川井氏私信）に生残している．

●在来種への影響

　直接的被害報告はないが，釧路湿原国立公園にはニホンザリガニだけでなく，天然記念物のキタサンショウウオ，絶滅危惧種Ⅱ類のエゾホトケドジョウ，希少種のエゾトミヨ・マルタニシなどが生息し，分布が重なっている．捕食者として湿原生態系を撹乱している可能性が高い．欧州各国では在来種を駆逐したり，ミズカビ病（ザリガニペスト）を媒介し絶滅させることから，Signal Crayfishと呼ばれ危険性が指摘されている．例えば，英国では1980年代初期からミズカビ病が蔓延し，在来種のAustropotamobius pallipesが絶滅の危機に瀕した．日本固有種のニホンザリガニもミズカビ病に感染すると，100%致死することが明らかになっている．

●対策

　分布拡大の一番の要因は人為的な放逐である．道内でも，本種が外来種であるという認識が低い．原因として和名が在来種と勘違いされやすいことや，ニホンザリガニを見た経験がなく，ニホンザリガニと誤認している場合もある．

　放逐防止には教育現場での啓蒙が肝心で，副読本等で取り上げる必要がある．阿寒湖・塘路湖では漁業権がかけられ漁獲対象種のため問題も多いが，分布拡大の防止には早急な有害魚種指定が必要と考えられる．湖沼では漁獲圧による撲滅や個体数の減少も有効な手段と考えられるが，河川・湿原域では難しく，莫大な予算と年月が必要である．現在環境省などにより釧路湿原・阿寒湖で生態を調査中であるが，具体的な対策はとられていない．千葉県や茨城県などのホームセンターでペットとして高値で売られているという情報もあり，活魚やペットとしての売買規制も必要である．

参考文献

上田常一（1970）日本淡水エビ類の研究（改訂増補版）．園山書店．
斎藤和範（1996）北海道におけるザリガニ類の分布とその現状．北方林業 **48**(4)：77-81．
町野陽一（2000）ヨーロッパのザリガニとその保護の問題．帯広百年記念館紀要 **18**：25-43．
Hiruta, S. (1999) The present Status of Crayfish in Britain and the Conservation of the Native Species in Britain and Japan. *J. Environmental Education* **2**(1)：119-132.
Unestam, T. (1969) Resistance to the crayfish plague in some American, Japanese, and European crayfishes. *Res. Inst. Freshw. Res. Dorttnigholm* **49**：202-209.

ウチダザリガニ

アメリカザリガニ ～四大陸と日本全土を制覇した侵略者の老舗——— 伴　浩治

●アメリカ南部原産

　甲殻綱十脚目アメリカザリガニ科に属し，アメリカ合衆国南部の比較的温暖な湿地に生息する．雑食性で，天敵はウシガエル，魚類，鳥類など．鰓で空気から直接呼吸もでき，低い溶存酸素にも耐える．短距離ならば陸上の移動も可能である．

　オスが腹部に持つ交接脚で交尾し，メスは1繁殖期に1回，数百個の受精卵を発達した腹脚に付着させ，掘った穴などに潜んで孵化後2齢幼生まで保護する．幼生は淡茶褐色でニホンザリガニと誤認しやすいが，日本に現存する3種の中では唯一温暖な水域を好み，体型が最もスマートである．成熟すると硬い外骨格と大きなはさみを持ち，赤と黒の派手な体色となる．乾期，寒冷期には穴を掘って休眠し，寿命は数年．北海道では，合衆国原産のウチダザリガニも「アメリカザリガニ」と呼ぶことがある．

●外来種定着の「教科書」

　諸説があるが，1920～30年頃に数回持ち込まれ，神奈川県あたりから自力および養殖魚などに紛れ込んだり，ペットや食用に飼われたものが逃げて分布拡大したらしい．有力な競争種や天敵がいなかったため，上記のような生理・生態・繁殖特性を発揮して，水田を中心に撹乱された温暖な湿地で，全国的な分布拡大と個体数の増加を生じた．沖縄でも1980年頃から本島中部に定着していることが確認されている．北海道でも数カ所の温泉排水などに生息しており，今後寒冷な気候に適応できる形質を獲得すると，ニホンザリガニとの競合など，深刻な問題が生じる危険性がある．

　主に1970～90年代に，アメリカ合衆国内はもとより，世界各地に食用目的で意図的に，または偶発的に導入され，今ではオーストラリア（水際作戦展開中）と南極を除く四大陸や島に進出し，生態系に少なからぬ影響を与え，世界で最も繁栄かつ悪名を馳せたザリガニとなった．

　国内では初期の爆発的な増殖期を終え落ち着きを見せているが，場所によっては，水生小動物への直接加害，水草の食害，それによる他の生物への間接的加害，捕食者（オオクチバスなど）の導入によるザリガニの減少と水草の増加，サギなど鳥類の重要な餌となる一方，他の餌（魚類など）を減らすなどの問題も生じている．

●対策は困難

　直接的対策としては，ごく小さな池なら全数捕獲．本種が穴を掘れない三面コンクリートの水路では，絶好の隠れ家となる波形トタン・空き缶・ビニル袋などのゴミを一掃することが有効である．このように，ある程度の局所的なコントロールは可能である．

　本種は，日本では多くの人間にとって，生まれたときから身近な存在であるため，学校現場でも手頃な教材として無批判に利用されたり，ビオトープに侵入しても問題意識なく扱われたりしている．ペットとしての人気も高く，飼育放棄されて分布を拡大させている．野外から排除すべき種という認識を強化・普及すべきである．

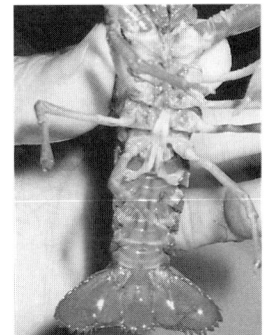

アメリカザリガニ♀の成体（上）
と♂の交接脚（右：中央部白い4本の腹脚，他の腹脚は♀より短い）

参考文献
沖縄県立博物館編（1996）沖縄の帰化動物．沖縄県立博物館．
斎藤和範・蛭田眞一（1995）北海道に生息していたアメリカザリガニ *Procambarus clarkii*．旭川市博物館研究報告 **1**．
伴浩治（1980）アメリカザリガニ—侵略成功の鍵．「日本の淡水生物—侵略と撹乱の生態学」（川合禎次ほか編），pp.37-43．東海大学出版会．

カブトエビ類 〜水田を生息地として分布域を拡大

浜崎健児

●分布と生態

　カブトエビ類は，ミジンコやホウネンエビと同じ鰓脚類に属する淡水産の甲殻類である．日本には，アメリカカブトエビ，アジアカブトエビ，ヨーロッパカブトエビの3種が生息する（以下，アメリカ，アジア，ヨーロッパと記す）．ヨーロッパは山形県や長野県，栃木県に局所的に分布するだけであるが，アメリカとアジアは関東地方から九州北部にかけて広く分布する．本来は，乾燥・半乾燥地帯に一時的に生じる水溜りなどに生息するが，日本での生息場所は水田に限られている．

　卵は乾燥に強く，水のない時期は土の中で休眠状態にある．水分や温度，光の条件が整うと素早く孵化し，幼生は短期間で産卵できるまでに成長する．約1カ月の寿命の間に，1000〜2000個もの卵を産む．また，卵の孵化は不揃いで，一部は次の好適環境が来るまで休眠を続ける．このような生態的特性は，変化の激しい不安定な環境に対して極めて適応的である．

●侵入の時期と経路

　日本で最初にアメリカの生息が確認されたのは1916年である．その後，1948年にはヨーロッパ，1966年にはアジアの生息が確認された．明治から昭和初期にかけて，アメリカ合衆国や中国への大規模な移民が行われていたことから，この時期に農産物や資源などに紛れて卵が持ち込まれたのではないかと考えられている．

●分布拡大のしくみ

　土の中で休眠状態にある卵は，乾燥した状態で数年間，場合によっては10年以上も生存する．また，卵は乾燥すると水に浮きやすくなる性質をもつ．このため，圃場整備などに伴う土壌の移動や雨による田面水の流出，水鳥への付着などによって卵が運ばれることで，分散や分布拡大が可能となる．最近ではペットとして飼育キットが販売されたり，雑草防除への利用を意図して未発生水田に導入されるケースもあり，これらも分布の拡大に関与している可能性がある．

　また，水田の環境は1960年代以降の圃場整備事業や農薬・化学肥料の普及によって大きく変化した．乾田化やそれに伴う捕食者の減少は，撹乱環境に適応したカブトエビが分布を拡大するうえで好都合であったと考えられる．

●水稲に及ぼす影響

　カブトエビ類は摂餌や産卵に伴う土壌の撹拌作用によって，植物の芽生えの生育を阻害する．このため，湛水した水田に直接種籾を播くアメリカ合衆国カリフォルニア州では，イネの初期生育を妨げる有害生物となっている．一方，ある程度生育した苗を水田に植え直す日本では，イネが害を受けることはほとんどない．むしろ，雑草防除への利用が試みられている．しかし，日本でも省力化に向けた直播栽培の研究が進められており，その普及によって，有害生物化する危険性がある．雑草防除のための利用の制限や，本種の除去などの対策を検討しておく必要がある．

ヨーロッパカブトエビ（栃木県産）

参考文献

秋田正人（2000）生きている化石〈トリオップス〉―カブトエビのすべて．八坂書房．

片山寛之・髙橋史樹（1980）カブトエビ：日本への侵入と生態．「日本の淡水生物―侵略と撹乱の生態学」（河合禎次ほか編），pp.133-146．東海大学出版会．

浜崎健児（1999）慣行農法水田と有機農法水田におけるアメリカカブトエビ Triops longicaudatus (LeConte)の発生．日本応用動物昆虫学会誌 43：35-40．

Hamasaki, K. & Ohbayashi, N. (2000) Effect of water pH on the survival rate of larvae of the American tadpole shrimp, Triops longicaudatus (Notostraca: Triopsidae). Appl. Entomol. Zool. 35：225-230.

スクミリンゴガイ ～人のいとなみに翻弄される水田の外来種──────和田　節

●原産地

スクミリンゴガイ（俗称：ジャンボタニシ）は南米原産の淡水巻貝である．南緯37度以北のラプラタ河，パラナ河，パラグアイ河の流域などに生息し，南緯15度付近までの分布が確認されているが，北限はよくわかっていない．南米では，河川の雑草防除や住血吸虫の中間宿主貝 *Biomphalaria* の競争種として注目されたが，稲の害貝となることは知られていなかった．

しかし，1990年代後半にブラジル南部やアルゼンチンで本種による稲の被害が顕在化した．近年まで南米で稲に被害が生じなかった理由は明らかでないが，少なくとも鳥類が有効な天敵として機能していたらしい．

●導入の経緯とその後の害貝化

本種の養殖はアジアの貧困な農民のタンパク源として，また現金収入を得る副業として奨励され，1980年代に東南アジアや東アジアの各国に食用として導入された．しかし，販路が拓けずほとんどの国で商品価値を失った．アジアでは野生化した貝が稲やレンコン，タロイモなどの水田作物を加害して深刻な問題が生じている．わが国にも1981年に台湾を経由して導入された．最盛期には全国に500カ所ほどの養殖場があったが，1985年頃にはほとんどの業者が廃業した．同じ頃から水稲への被害が顕在化した．2000年には茨城以西の約66000haの水田で本種が生息し，毎年，九州を中心に2～5000haの水田で被害が発生している．

分布の拡大には，貝自身の移動や洪水などのほか，基盤整備の際の土壌混入，ペットとして飼育された貝の逃亡，釣餌用貝の放置，後述する意図的な放飼など，人為的要素も大きく関与している．

●生態

本種は雌雄異体で，鰓と肺様器官を持つ．雌貝は夜間に水上に出て植物体や水路壁に鮮紅色の卵塊を産む．卵は約10日で孵化して水中に落下し，条件がよいと約2カ月で殻高約3cm程度に成長し，成熟する．池やクリークでは，最大殻高8cmぐらいまで成長する．野外での寿命は殻高から推定して3年以上だが，水田では耕耘などの機械的破砕や冬季の低温などの環境抵抗により，2シーズン以上は生存できないと思われる．

●被害対策と新たな動向

本種は若く柔らかい植物のみ摂餌するので，水田では田植え後2～3週間だけ被害が発生する．この期間，水田を浅水に管理（理想的には水深1cm）すると，貝は土に潜ったり不活発になり，稲の被害は回避される．浅水管理と場合によっては制貝剤などを使用することにより，日本では被害面積の拡大が抑えられている．しかし，近年普及が推奨されている湛水直播水田では貝の加害が激しく，その普及の障害になっている．

一方，水田の雑草防除に本種を活用する農家が増えており，除草剤散布の代替として本種の利用を不可欠とする有機栽培農家もみられる．農家による放飼が，分布拡大の一因となった例もある．本種の生態系への影響は不明の部分が多いので，未発生地域への導入を行わないようにする必要がある．

畦波シートに産卵するスクミリンゴガイ

参考文献

平井剛夫（1989）スクミリンゴガイの発生と分布拡大．植物防疫 43：498-501．
和田節（1999）南米のスクミリンゴガイ．植物防疫 53：273-277．
和田節（2000）スクミリンゴガイ．農業および園芸 75：215-220．
Halwart, M.（1994）The golden apple snail *Pomacea canaliculata* in Asia rice farming systems: present impact and future threat. *Int. J. Pest Management* 40(2)：199-206．

サカマキガイ 〜日本の水田や水路にすっかり定着

増田 修

●原産地と生態

サカマキガイはヨーロッパ原産の淡水巻貝で,原産地では比較的清冽な水域に棲息している.日本では年間を通して水深が浅い水田や,汚濁がある程度進んだ水路などの粗悪な環境下で多産し,在来種のすみにくい環境下にうまく入り込んでいる.川の緩流域や池沼にも比較的普通に産するが,こういった場所での密度は低い.

ある程度の水温があれば断続的に産卵し,ゼラチン状の卵嚢を基質に産み付ける.孵化後の稚貝の成長は早く,短期間に成熟し,繁殖を繰り返す.

●侵入経路と分布拡大のしくみ

1945年に現在の神戸市灘区魚崎町の溝で採集されたのが信頼のおける最初の記録であり,同じ頃に大阪と東京でも採集されていたようである.

侵入経路としては,1935〜1940年頃の観賞淡水魚の流行時に,淡水魚や水生植物とともにヨーロッパなどから持ち込まれたと考えられている.当時,輸入港および多くの淡水魚愛好家が存在したとみなされる大都市近郊で発見されたことから,年代的にもほぼ間違いないと推察される.その後の重なる非意図的な導入(淡水魚や水生植物に混入して)も加わり,全国的に分布拡大していったと考えられる.

本種の分布は,北海道南部から沖縄県与那国島の広い範囲にわたり,水田やある程度の水域があれば,小さな島嶼(トカラ列島の島々など)にも分布している.また,自然分散のみならず,熱帯魚や水草の販路の拡大に伴って,日本国内だけでなく世界各国に分布を拡大しつつある.

●影響と対策

サカマキガイが国内で繁殖していることによって,在来種の存続を脅かしたり,人間に対して健康上あるいは経済的な影響を与えたという事例は特にない.瀬戸内海地方の水田では,ヒメモノアラガイと混生していることも多いが,これを駆逐しているようには見受けられない.ただし,その局所的な多産性のため,場所によっては在来の底生生物群集を圧迫している可能性がある.

農薬や汚濁に対しては,他の貝類に比べて抵抗性が強く,殺貝剤を使用しての駆除は,他の生物に対する影響のほうがかえって大きいであろう.水田では,本種の生育・繁殖最盛期の6,7月頃に干し上げて,高温乾燥下の条件下に置けば,一時的に相当数が死滅するであろう.しかし,稲へのダメージが大きく,その後通水や増水を行うと周辺からすぐに侵入し,再度繁殖することは避けられず,有効な対策は今のところない.

現状では発症例がないようであるが,実験的に肝蛭症(かんてつしょう)や広東住血線虫(かんとんじゅうけつせんちゅう)の中間宿主になりうる.今後,外国から様々な輸入生物に付随して新たな吸虫・線虫類が入り込んだ場合,本種が宿主になる危険性は充分にあるため,注意が必要である.

参考文献

黒住耐二(2000)日本における貝類の保全生物学―貝塚の時代から将来へ―. 月刊海洋,号外 **20**: 42-56.
天狗生(1950)2種の淡水帰化貝. ゆめ蛤 **50**: 90-91.
肥後俊一・後藤芳央(1993)日本及び周辺地域産軟体動物総目録. エル貝類出版局.
古川博二(1949)サカマキガイについて. 兵庫生物 **3**: 27.
室井綽・清水美重子(1985)汚水でも生きるサカマキガイ―汚い水の指標生物(七月二〇日)―. 観察が生んだ生活の知恵「室井ひろしの自然百科」,pp.114-115. 地人書館.

サカマキガイ 左:正面,右:背面

カワヒバリガイ 〜利水施設に悪影響をもたらす二枚貝

松田征也
中井克樹

●原産地と生態

カワヒバリガイは，中国中南部原産の二枚貝である．現在では香港，台湾，韓国，そして日本にも分布を広げている．

本種は，殻底から足糸という繊維状の分泌物を出して石や木片などの固い基質に固着する習性があるため，水道施設や発電施設などの水利用施設に悪影響をもたらす．21〜27℃の水温で繁殖すると考えられ，水中に放卵・放精して体外で受精する．受精卵は水中を浮遊しながら幼生へと変態し，その後1〜2週間で着底して稚貝となり，石や木材などの固い基質に固着する．幼貝は固着後もしばらく自由に匍匐することがあるとされるが，成貝は強く固着して死ぬまで離れることはない．

●侵入経路と分布拡大のしくみ

本種が日本国内で最初に報告されたのは1980年代後半のことで，中国から輸入されたシジミ類に混入していた．自然水域では，1990年に揖斐川で確認されたのが最初であり，その後1992年には琵琶湖でも確認されている．日本国内での分布域は，揖斐川・長良川・木曽川の木曽川水系の下流部と，琵琶湖・淀川水系に限られている．

本種は，生息域からの貝類や土砂など固い基質に固着したまま持ち込まれた可能性がある．また，水の移動によっても，浮遊幼生が混入する可能性がある．侵入した水域では，産卵が行われると，浮遊幼生が水流に乗って分散し，分布域を著しく拡大すると推定される．個体が密生するようになると，受精の確率が格段に高まるため，分布域の拡大が急速に進むと思われる．

●対策

本種は水中に生息し，水底の岩石など固い基質に固着していることから，駆除は極めて困難である．成貝には移動能力がほとんどなく，長期間にわたる乾燥には弱いことから，水位を下げたり水を抜くことができる水域であれば，個体群にダメージを与えることができる．しかし，本種は水深10m付近まで生息できることから，琵琶湖や木曽川などの大きな水域で，水位が自然に変動する程度では，個体群に決定的な影響を与えることはできない．

したがって，何よりもまず分布域をこれ以上拡大させないことが肝要である．そのためには，現在の分布域である木曽三河川と琵琶湖・淀川水系から物資や種苗を移動する際には，本種の混入を防止する必要がある．また繁殖期には，水を移動する際にも本種が混入していないか注意することが必要である．水道施設などでは，固着個体を物理的に除去しているという．また，状況により本種が固着しづらい塗料を管内に施したり，薬品による防除も考えられるであろう．

カワヒバリガイ（殻長19.7mm，殻高8.7mm）．
小型の個体では，前方腹側の部分は黄土色を呈している

参考文献

岩崎敬二・瓜生由美子（1998）京都・宇治川におけるカワヒバリガイの生活環．Venus 57(2)：105-113.

木村妙子（1994）日本におけるカワヒバリガイの最も早期の採集記録．ちりぼたん 25(2)：34-35.

中井克樹（2001）カワヒバリガイの日本への侵入．「黒装束の侵入者—外来付着性二枚貝の最新学」（日本付着生物学会編），pp.71-85. 恒星社厚生閣．

中井克樹・松田征也（2000）日本における淡水貝類の外来種—問題点と現状把握の必要性—．月刊海洋，号外 20：57-65.

西村正・波部忠重（1987）輸入シジミに混じっていた中国産淡水二枚貝．ちりぼたん 18：110-111.

松田征也・上西実（1992）琵琶湖に侵入したカワヒバリガイ（Mollusca; Mytilidae）．滋賀県立琵琶湖文化館研究紀要 10：45.

松田征也・中井克樹（2000）滋賀県で大切にすべき野生生物(2000年版)．滋賀県自然保護課，解説書（CD-ROM）．

タイワンシジミ ～世界中に進出したアジア起源の淡水産二枚貝 ─── 古丸 明

●雌雄同体で卵胎生

タイワンシジミはアジア原産の淡水産二枚貝である．本種は雌雄同体で，自家受精による繁殖も可能である．卵胎生であり，幼生は足を出して這い回れる状態の幼貝になるまで保育嚢内で成長してから，体外に放出される．

また，これらの特徴はマシジミと同様であり，マシジミは本種の異名ではないかという指摘もされている．本種は，在来のマシジミとは色彩等で区別できるが，集団によっては貝殻形態での区別が難しい場合がある．本種の分類については，今後再検討の必要がある．

●雄性発生と倍数性

本種はマシジミと同様に雄性発生する．すなわち，第一減数分裂時に卵由来染色体はすべて2個の第一極体として放出され，精子由来の雄性前核のみで発生が進行する．精子核は減数しておらず体細胞と同じ染色体数をもっており，雌性前核が発生に関与しなくても，染色体数は不変である．

本種には色彩多型および倍数体が存在し，台湾のキールン川には貝殻の色彩の異なる3タイプが同所的に生息しており，二倍体と三倍体が混在していた．また，中国四川省安岳県には三倍体，四倍体が同所的に生息している．いずれの倍数体も雌雄同体で非減数精子を作っていることから，雄性発生している可能性が高い．

●分布

現在，中国，台湾，タイ，日本，北米，南米，ヨーロッパ，オーストラリアの淡水域に幅広く分布する．本種は1920年代初頭，北米西海岸に人為的に持ち込まれたが，全米に分布が拡大するまでに数十年しか要しなかった．原子力発電所の冷却水系に大発生して問題になるなど，北米では有害性の高い「ペスト種」扱いを受けている．新天地に侵入し，分布を拡大する能力が高い．稚貝は粘液状の糸を分泌し，物に絡みつくことができる．分布の拡大は自らの運動能力によるのではなく，人間の活動に付随したものと考えるのが自然であろう．

●対策

本種は日本国内では，1985年頃に見出されている．おそらく，輸入シジミに由来するものであろう．国内のヤマトシジミ漁場（汽水域）で混獲されることがあり，競争的な置換や食物の競合などの可能性があるため，問題となっている．現状では積極的な対策はとられていないが，漁獲された本種を漁場に再び戻さない，あるいは積極的に漁場から除去する等の対策が必要である．

台湾で採集されたタイワンシジミ貝殻の変異．二倍体と三倍体が存在するが，外観からは区別できない

参考文献

増田修ほか（1988）西日本におけるタイワンシジミ種群とシジミ属の不明種2種の産出状況．兵庫陸水生物 **49**: 22-35.

Komaru, A. *et al.* (1998) Cytological evidence of spontaneous androgenesis in the freshwater clam *Corbicula leana*. *Dev. Genes Evol.* **208**: 46-50.

Komaru, A. & Konishi, K. (1999) Non-reductional spermatozoa in three shell colour types of the freshwater clam *Corbicula fluminea* in Taiwan. *Zool. Sci.* **16**: 105-108.

Kraemer, L. R. & Galloway, M. L. (1986) Larval development of *Corbicula fluminea* (Müller)：an appraisal of its heterochrony. *Amer. Malac. Bull.* **4**: 61-79.

McMahon, R. F. (1982) The occurrence and spread of the introduced Asiatic freshwater clam, *Corbicula fluminea* (Müller) in North America: 1924-1982. *The Nautilus* **96**: 134-141.

Column

アフリカマイマイの殻によるオカヤドカリ類の巨大化～生態系撹乱の一例

林 文男

オカヤドカリ類とは

ヤドカリ類は主に浅海域に生息し，深海に生息するものは少ない．一方，ごくわずかながら陸産種も知られており，これらをオカヤドカリ類と呼ぶ．陸産種といえども浮遊幼生を海に放すため，海岸沿いの陸部に多い．日本では，小笠原諸島や琉球列島を中心に6種のオカヤドカリ類が生息する．これらはすべて，1970年11月12日付けで国の天然記念物に指定された．

アフリカマイマイの貝殻を利用

「宿借り」の名に表されるように，ヤドカリ類は貝殻を背負って暮らしている．オカヤドカリ類の場合，海岸に打ち上げられた海産の貝殻のほか，陸産貝類（主にカタツムリ類）の貝殻もよく利用する．腹部が柔らかいため，もし貝殻がなければ，陸上ではすぐに乾燥してしまうと考えられる．また，天敵に襲われたとき，しっかりと貝殻の中にもぐり込んで，硬いはさみの甲でふたをしないと食べられてしまうだろう．しかし，乾燥と天敵から身を守るために必要な貝殻は，取り替えられないと成長が止まってしまうため，成長とともに少し大きいものに取り替えていかなくてはならない．

小笠原諸島のように急峻な地形の海洋島では，浅海部を欠くためか，海産の貝類相が著しく貧弱で，打ち上げられる貝殻が少なく，特に大きな貝殻はほとんど見当たらない．陸産貝類にも大型のものはいない．ところが，外来種のアフリカマイマイは大型のカタツムリである．小笠原諸島では父島と母島にアフリカマイマイが定着している．そこでは，ムラサキオカヤドカリの56～100%がその貝殻を背負っており，成熟個体の前胸の長さの平均値はオスで16～22mm，メスで13～19mmであった（調査地点7カ所）．それに対し，アフリカマイマイの侵入していない弟島，兄島，平島，向島では，前胸の長さの平均値がオスで9～12mm，メスで8～9mmと，著しく小さかった．また，理由はよくわからないが，父島と母島のほうが，体の大きさに関する性的二型がより顕著で，性比に関してはオスが多い傾向が認められた．このように，アフリカマイマイの侵入と定着が，そこに生息するオカヤドカリ類の生態に大きな影響を及ぼしたと考えられる．それがさらに長期的にどのような効果をもたらすか，今の段階では不明である．

黒海でも同様のことが

海産のヤドカリ類の話であるが，黒海に大型の巻き貝である日本のチリメンボラを水産上の目的で導入した結果，そこに生息する種がこの貝殻を利用するようになり，体が大型化した．地中海産の同種に比べ，これまで黒海産のものは地理的矮小型（亜種）と考えられてきたが，この結果によって，その種における体サイズの可塑性の大きさが認識されることになったという．これも外来種による撹乱の一例である．

アフリカマイマイの殻を背負うムラサキオカヤドカリ（小笠原諸島父島産）

参考文献

朝倉彰（1984）ヤドカリの個体群生態学（総説）．日本ベントス研究会誌 **27**: 1-13.
仲宗根幸男（1992）陸上のヤドカリ．週刊朝日百科 動物たちの地球 **68**: 232.
林文男ほか（1990）小笠原諸島のオカヤドカリ類：とくにムラサキオカヤドカリの巨大化と矮小化．小笠原研究年報 **14**: 1-9.

海産・汽水産生物

世界の海は，塩分濃度や水温の違い，潮流の存在などによって局所的に分断されがちではあっても，海水という単一の媒体でつながっている．また，海洋生物には，長距離・長時間の移動と分散が可能な卵や浮遊幼生期を持つ種類がたいへんに多い．水中を浮遊する物体に付着して生活できる海藻・フジツボ・二枚貝などの固着性生物や，その隙き間に潜んで生活する間隙性の生物も豊富である．

そのため，外来の海洋生物には，人為・自然の両面で様々な侵入経路が存在する．また，分類・地理・生態・保全に関する情報も，その研究に従事する研究者の数も，日本ではかなり不足している．人為由来の外来種として疑われている種はかなりの数に上るが，このような事情で，その確認例はまだまだ少ない現状にある．

この事例集では，在来種や人間活動への影響が大きいと考えられる人為由来の外来動物を，14種だけ取り上げた．いずれも底生または付着性の動物である．その侵入経路として，国際貨物船のバラスト水への混入と船体への付着，養殖・放流のための輸入，釣りなどの餌料生物としての持ち込み，などが推定されている．

14種の生息環境には，共通点が多い．東京湾や大阪湾，伊勢湾など，大都市を抱えた大きな湾の奥部や港湾周辺の汚濁した水域環境，あるいは，コンクリートで固められた生物相の貧困な人工護岸などに生息している種が多いのだ．特に湾奥の港湾では，優占種のほとんどが外来種である海岸生物群集が形成されて，「多国籍群集」の様相を呈している場所さえある．磯浜や砂浜には，自然環境が残された所がまだ多いが，今後，そういった場所でも人工護岸化や水質汚濁がさらに進めば，「多国籍群集」の分布が広域に拡大し，在来の海岸生物群集を強く圧迫していくことが懸念される．

海洋プランクトンでは，人為由来の外来種は，今のところ確認されていない．しかし，麻痺性の貝毒を作り出す渦鞭毛藻類の在来種で，外国産の遺伝子型を持つタイプが，バラスト水によって日本に持ち込まれ，定着していることが，ごく最近，明らかになった．外来の海洋プランクトンが船舶によって日本に運ばれていることも，確実である．

今後，こういった分野での詳細な研究が日本でも進められれば，かなりの数の人為的外来種が確認され，在来生物群集への深刻な影響が明らかになる可能性は，極めて高い．

（岩崎敬二）

マンハッタンボヤ 〜塩分濃度低下や水質汚濁に強く，河口域や港湾で繁栄── 西川輝昭

●原産地，生態，分散

　北大西洋原産とされる．北米やヨーロッパの冷温〜暖水域では，外海から多少とも保護された穏やかな場所の潮間帯から深さ約90mまでの海底で基盤を選ばず，時に高密度で群生する．塩分濃度の大幅な変化（通常の海水濃度の3分の1に相当する約1％程度までの低下）や水質汚濁に耐えるため，河口域や港湾で繁栄する．体は球形で直径1〜3cm．水中懸濁物を餌としてろ過することにより，二次処理レベルの水質浄化に貢献している．基盤への付着力が弱いので，容易にそこから離脱する．本種は有性生殖のみを行い，体外受精してオタマジャクシ型幼生として浮遊するが，ごく短時間で変態して固着生活に入るので，自力による長距離分散は考えにくい．船による分散が世界的な広域分布の主因であろう．

　なお，大西洋に生息するアカウミガメ（しかも比較的冷たい海域にすむ集団）の背甲に，本種が確認された例がある．これは，広域分布が人為だけによらない可能性を示している．

●日本では1972年に発見

　明確な記録に限ると，太平洋沿岸では1950年代にサンフランシスコ湾で繁栄しており，1967年にはオーストラリア南東岸の河口域で初めて採集された．中国大陸沿岸では，1970年代にすでに汚損生物になっていたようである．

　日本列島における初記録は1972年，広島県竹原市にある海岸沼沢地である．ここは瀬戸内海に面し，降雨による塩分濃度低下と，有機物で汚濁した排水とに見舞われる環境であった．翌1973年には浜名湖，1975年に東京湾晴海埠頭，1976年に大阪湾泉大津港，1977年に同泉北港（以上2件，山西良平氏採集），1978年に瀬戸内海東与市河原津漁港（石川優氏），そして1984年に知多半島の漁港（福本理氏）に出現した．1986年には名古屋港貯木場，さらに1992年には北九州洞海湾の最奥部（流入河川の河口域）で確認された．以上の断片的な記録をまとめると，発見後十数年の間に，東京湾以南の太平洋岸と瀬戸内海の港湾施設に広く生息するようになったと言える．在来種や他の外来種との間の生態的関係は，よくわかっていない．

●旺盛な繁殖力，および対策

　本種の繁殖盛期は春から秋で，短期間のうちに成熟に達し，約1年とされる寿命の間に繰り返し繁殖するらしい．名古屋港内で塩ビ板を沈めて月ごとに調査したところ，本種は6〜10月に付着した（写真）．1987年7月には，板を覆い尽くしたばかりか，板を吊す細いロープの回りに直径約10cmの円筒形に群生した．こうした旺盛な繁殖力が，低塩分・高汚濁への高い耐性とあいまって，港湾への侵入を促したものと考察される．

　侵入防止対策としては，港湾の汚濁防止と，船のバラスト水の規制が考えられる．

参考文献
西川輝昭・日野晶也（1988）名古屋港における付着生物の周年変化─1986〜87年試験板浸漬調査の報告─．「名古屋圏の構造と特質」（名古屋大学教養部編），pp.17-34.
Abott, D. P. & Newberry, A. T. (1980) Urochordata : The Tunicata. In : *Intertidal Invertebrates of California*, pp.177-226. Stanford University Press.
Kott, P. (1976) Introduction of the North Atlantic ascidian, *Molgula manhattensis* (De Kay) to two Australian river estuaries. Mem. Qd Mus. **17** : 449-455.
Nakauchi, M. & Kajihara, T. (1981) Notes on *Molgula manhattensis* (a solitary ascidian) in Japanese waters : Its new localities, growth, and oxygen consumption. Rep. Usa Mar. Biol. Inst. **3** : 61-66.
Tokioka, T. & Kado, Y. (1972) The occurrence of *Molgula manhattensis* (De Kay) in brackish water near Hiroshima, Japan. Publ. Seto Mar. Biol. Lab. **21** : 21-29.

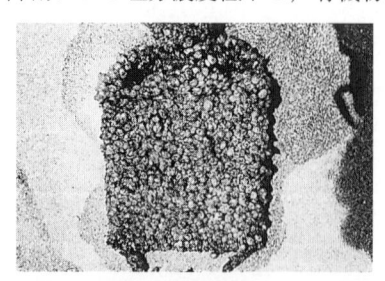

マンハッタンボヤ．名古屋港貯木場における生息状況

クロマメイタボヤ　～1991年に侵入し，旺盛な無性生殖能力を秘める——西川輝昭

●世界的分布と日本への侵入

本種は，南米チリで1867年に採集された標本に基づいて，1931年に新種として発表された群体ボヤである．その後に作られた新種で本種と同一とみなされるものの情報も含め，各地の初記録をたどると，以下のようである（発見場所の大部分は港湾施設）．1949年オーストラリア，1951年南アフリカ，1958年（以前？）にブラジル，1974年に地中海のイタリア北西岸，1986年には同じく地中海のスペイン北東岸，そして遅くとも1985年には北米南東岸での採集記録がある．1992年にはハワイ・オアフ島で小山洋道氏が採集し，1994年には北米西岸で生息が確認された．

日本列島沿岸における出現は1991年のことで，高知県浦之内湾で9月，そして北九州洞海湾で10月に，いずれも湾口部で認められた．浦之内湾では1993年6月時点で，体長2.5cm程度までの長円筒形の個体がブイやロープに多数群がり（写真），最大密度は芽体を除き1cm²当たり2.4個体であった．さらに，1994年には伊豆半島下田市沖で流木に付着しているのが，石井照久氏によって発見された．1999年に入ると，富山新港発電所取水路で山下桂司氏，そして宇部港岸壁と大阪湾内の人工島で大谷道夫氏によって，相次いで採集された．

●有性生殖と無性生殖の両刀使い

群体ボヤの常として，クロマメイタボヤの生殖方法には有性と無性の両方がある．有性生殖においては，本種の繁殖期は夏で，体内受精した受精卵は親の体内で発生を進め，孵化してオタマジャクシ型幼生となった段階で初めて外に泳ぎ出す．短時間の遊泳の後，基盤に付着して変態するところは，マンハッタンボヤと同じである．したがって，長距離分散の手段として幼生の独力は考えにくく，船のバラスト水を経由する可能性がある．

無性生殖は，体の後半部から出る紐状に伸びた多数の突起による．この「紐」が所々で膨らんで芽体となり，これが新しい個体に育つ．その結果，条件さえ整えば，オタマジャクシ型幼生1匹が変態した1個体を出発点に，無性生殖によって多数のクローン個体が群生することになる．先の下田市沖の流木のように，船舶を含む浮遊物体に群体が付着すれば，無性生殖と有性生殖の両刀使いによって，長距離分散の可能性は高まるであろう．

在来種や他の外来種との間の関係は未解明だが，旺盛な無性生殖能力は他種にとっても，また汚損対策にとっても，潜在的脅威かもしれない．船のバラスト水の規制が，当面の対応策となろう．

●分散経路を形態変異からたどる試み

世界各地の標本を調査しているうちに，体の両側にある生殖腺の数が採集場所によって異なる傾向が見えた．例えば，片側の最大数は，チリやオーストラリア産で6，洞海湾やハワイ産で9，高知・北米東岸・地中海産で11～12，等々．しかし，試料の数を増やすと差異は次第に不明瞭となり，分散・侵入経路を形態変異から推定しようとするこの試みは頓挫している．

クロマメイタボヤ．高知大学海洋生物教育研究センター専用桟橋付近での群生

参考文献

Brunetti, R. (1978-79) *Polyandrocarpa zorritensis* (Van Name, 1931), a colonial ascidian new to the Mediterranean record. *Vie Milieu*, sér. AB, **28-29**: 647-652.

Lambert, C. C. & Lambert, G. (1998) Non-indigenous ascidians in southen California harbors and marinas. *Mar. Biol.* **130**: 675-688.

Nishikawa, T. *et al.* (1993) Probable introduction of *Polyandrocarpa zorritensis* (Van Name) to Kitakyushu and Kochi, Japan. *Zool. Sci.* **10**, Suppl.: 176.

カサネカンザシ ～カキ養殖関係者の大敵 ─────西　栄二郎

●原産地と生態

　体長2～4 cm，白い石灰質の管（棲管）に棲む．正確な同定のためには，頭部にある鰓ぶたの形態と胸部の剛毛を観察する必要がある．世界中の暖温帯域に生息し，原産地は特定されていない．

　国内では，北海道を除く各地の内湾の人工構造物上や，カキ殻上などに普通に見られる．発電所の冷却水排出口付近の温水が流れ込むような場所や，屋内水槽の壁などにも大量に発生し，同属のエゾカサネカンザシとともに汚損生物として有名である．

　本種は，エゾカサネカンザシよりも暖かく濁った場所を好むようである．成長は非常に早く，幼生は受精から1週間ほどで定着し，定着から成熟まで30日から50日，成熟後は1月に3回ほどの産卵を繰り返すことが知られている．

●侵入経路と国内での分布

　国内の個体群はオーストラリアからバラスト水などを通して侵入したのではないかと推測されているが，確証はない．

　カサネカンザシやエゾカサネカンザシは，日本から海外へ侵入した例がある．これらの種が日本から欧州へ侵入した経路の一つとして，海藻やホヤなどに固着した個体を起源とする説がある．外国から日本への侵入経路と同様に，船底や人工構造物，カキ殻や海藻，ホヤなどに固着した親個体と，バラスト水中に生存した幼生の両方の可能性があると思われる．

　国内では1930年代にすでに記録があり，主要な湾内において汚損生物としての地位を確立している．カニヤドリカンザシほどではないが，塩分耐性も高く，かなり濁った海水中でも生存可能である．

●被害状況と対策

　1969年から1970年代初頭に瀬戸内海のカキに大きな打撃を与えた例が有名であるが，ほかにも養殖網やブイなどへの固着による被害は後をたたない．また，船舶や発電所等の施設において，これらカンザシゴカイ科の除去作業の大変さは，つとに広く知られるところであろう．

　カキの殻上で本種の個体数が少ない時は，カキの実入りがいいと言われ，重宝される．しかし個体数が多くなると，カキと餌をめぐって競争し，また棲管を伸ばすことでカキの殻の開閉を圧迫し，ついには窒息死させることもある．その被害額は数十億円にも達するという．幼生の定着場所選択等に関する実験は多くなされているが，幼生の忌み嫌う物質が知られていない現在では，棲管を剥ぎ落とす以外の方法で駆除することは難しいようである．

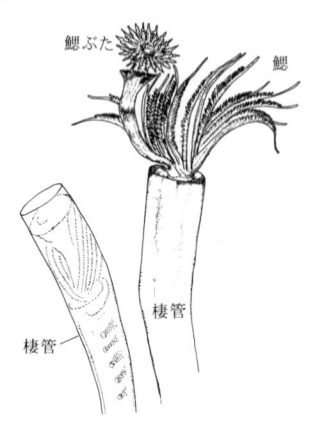

右：棲管から頭部（鰓ぶたと鰓）を出しているカサネカンザシ
左：薄い棲管を通して管内に入るのが見える

参考文献

荒川好満（1985）食用カキ―移植にともなう付着生物の侵入．「日本の海洋生物―侵略と撹乱の生態学」（沖山宗雄・鈴木克美 共編），pp.69-78．東海大学出版会．

Carlton, J. T. (1987) Patterns of transoceanic marine biological invasions in the Pacific ocean. *Bull. Mar. Sci.* **41**：452-465.

Knight-Jones, P. E. *et al.* (1975) Immigrant Spirorbids (Polychaeta, Sedentaria) on the Japanese *Sargassum* at Portsmouth, England. *Zool. Scr.* **4**(4)：145-149.

Nishi, E. & Nishihira, M. (1997) Spacing pattern of two serpulid polychaetes, *Pomatoleios kraussii* and *Hydroides elegans* revealed by the nearest-neighbour distance method. *Nat. Hist. Res.* **4**(2)：101-111.

Thorp, C. H. *et al.* (1987) *Hydroides ezoensis* Okuda, a fouling serpulid new to British coastal waters. *J. nat. Hist.* **21**：863-877.

カニヤドリカンザシ ～石灰質の管に棲む河口の汚損生物   西　栄二郎

●原産地と国内での分布

　原産地は欧州大西洋岸またはインド洋・豪州周辺海域と推測されているが，確証はない．日本に産するものは豪州周辺海域から船舶のバラスト水等を通して，または船底に付着するなどして侵入したと推測されている．現在，世界中の温帯域の河口部周辺で分布が確認されており，日本での最初の発見は瀬戸内海の児島湾であり，東京湾では1976年以前に侵入・定着したとされている．

　体長10～20mm程度で，殻（棲管）は白または茶色，輪状のはり出し部を持ち，棲管のふたの役目をする鰓ぶたの上部に多くの刺を持つ．日本産の個体群の侵入元とされている豪州では，カニヤドリカンザシのほかに同属の F. uschakovi の分布が確認されており，前者の豪州の汽水域での分布のほとんどは後者 F. uschakovi の間違いであることが指摘されている．では，日本の個体群はどこから来たのか？　今後の調査が待たれる．

●カキへの被害とその他の影響

　静岡県の浜名湖では，異常繁殖して養殖カキに大きな被害を与えた例があり，その後も同海域では大きな個体群が毎年観察されている．それ以外の場所でも，カキ殻や人工構造物に固着しているのが確認されているが，今後主要な汚損生物としてさらに悪名を馳せる可能性も充分に考えられるため，各地でのモニタリングが必要であろう．汽水域に出現する種類であり，今後の調査によっては，国内の多くの河川の河口域での分布が確認されるはずである．

　本種は非常に広い塩分耐性を持つことが知られており，汽水域以外での生息も可能である．本種の分布が拡大することによって，国内に産する同科の種の多くが分布域を狭められる可能性もある．

●駆除できるか？

　浜名湖の例では，幼生は1週間から10日の浮遊期を経て定着し，定着後3～4週間で成熟する．成熟した親個体は，干出したり，体をつつくなどの刺激を与えると，容易に放卵，放精する．このことは，カキ殻や養殖筏に固着している個体を剥ぎ落とす際は，陸上で行わなければ，かえってその後の個体数を増やすことになりかねない．

　本種の幼生定着のピークは，浜名湖周辺においては5月を中心とする5～8月と，10月を中心とする8月下旬～12月初旬までとされ，夏場には急に成熟個体が消えてしまうことがあるという．幼生の忌避物質が特定されていない現在は，繁殖と幼生定着のピークの終わり頃，または成熟個体の最も少ない時期に剥ぎ落とすことが，最も効率の良い駆除方法であろう．

マガキの殻上に付着したカニヤドリカンザシの棲管

参考文献
岡本研・渡辺修治（1997）カンザシゴカイの生態と幼生の変態メカニズム．Sess. Org. **14**(1): 31-41.
Carlton, J. T. (1985) Transoceanic and interoceanic dispersal of coastal marine organisms: the biology of ballast water. Oceanogr. Mar. Biol., Ann. Rev. **23**: 313-371.
Hutchings, P. et al. (1987) Guidelines for the conduct of surveys for detecting introductions of non-indigenous marine species by ballast water and other vectors and a review of marine introductions to Australia. Occ. Rep. Austr. Mus. **3**: 1-147.
ten Hove, H. A. (1974) Notes on *Hydroides elegans* (Haswell, 1883) and *Mercierella enigmaticus* (Fauvel, 1923), alien serpulid polychaetes introduced into the Netherlands. Bull. Zool. Mus., Univ. Amsterdam **4**(6): 45-51.
ten Hove, H. A. & J. C. A. Weerdenburg (1978) A generic revision of the brackish water serpulid *Ficopomatus* Southern 1921 (Polychaeta Serpulidae), including *Mercierella* Fauvel, 1923, *Sphaeropomatus* Treadwell, 1934, *Mercierellops* Rioja, 1945 and *Neopomatus* Pillai, 1960. Biol. Bull. **154**: 96-120.

ヨーロッパフジツボとアメリカフジツボ ～外国から日本に侵入したフジツボ類――山口寿之

●ヨーロッパフジツボ

ヨーロッパの大西洋岸の河口域に生息する種で，19世紀に北米大西洋岸，続いて北米太平洋岸に分布を拡げ，また地中海，黒海，カスピ海や紅海にも侵入した．第二次世界大戦後にはオーストラリア，ニュージーランドにも分布した．日本での確認は，1952年に英虞湾で採集した標本および1957年に英虞湾での付着試験板上に付着した標本による．日本では1959年に名古屋，四日市，1962年に紀伊水道から浜名湖に，1963年に利根川，茨城県涸沼から鹿島灘への水路にまで拡がった．現在北海道を除く本州北部以南の港湾に生息する．

●アメリカフジツボ

米国北部東岸から南米北岸に生息する種で，ヨーロッパ沿岸，スエズ運河，黒海，カスピ海に侵入したが，北米西岸には知られていない．日本での初記録は1963年の利根川河口からの標本により，「アメリカ産の種ガキに付着して侵入」，または「米国から船の底に付着して移住」と推論された．侵入の経緯は海洋生物の場合，不明なことが多い．1964年に山形県加茂港，1966年に佐渡加茂湖，その後日本海，九州，瀬戸内海の港湾，1970年代に太平洋岸の港湾に拡がった．現在，北海道を除く本州北部以南の港湾に生息する．

●両種の生態・分布特性・生殖特性

両種とも内湾種で，低塩分や塩分濃度の変化の激しい河口域に生息する．他のフジツボが侵入したことのない宍道湖や，日本海から長さ1.5km，幅約30mの川でつながった神西湖にも侵入した．塩分濃度は宍道湖で海水の6分の1，神西湖で20分の1と，極端に低い．

繁殖は，在来の内湾種では春から秋に行われ，夏の高水温期に低下し，冬には中断する．ヨーロッパフジツボ・アメリカフジツボではほぼ周年，繁殖が観察された．つまり，外来種が，在来種よりも生殖効率が優れていた．

●外来種の侵入による影響，および対策

フジツボ類は海洋の汚損生物の代表格である．外来フジツボは，広温性，広塩性で，在来の内湾種がいない低塩分の内湾域，河川流域にも生息できる生態的特性を備え，繁殖期はほぼ通年に及ぶ生殖的特性を持つ．このことが外来フジツボの個体群増加，および地理的分布の拡大の重要な原動力となっている．また，内湾のフジツボ類の群集組成が1980年代以前と以後とで大きく変わったことは，外来種の侵入や分布の拡大に関係するのかもしれない．

外来フジツボは，在来フジツボよりもより淡水性が強い環境下にも生息できるため，内湾や河口域で，海水・淡水を冷却水に用いる発電所や他の臨海工場の冷却水系統内へ付着して冷却効率の低下をもたらしている．その除去には操業の停止や多額の経費がかかる．付着防止のための塗料の開発，化学的・電気的防汚対策がとられているが，これまた莫大な経費がかかっている．

参考文献

伊賀哲朗（1973）宍道湖・中海および神西湖のフジツボ類．山陰文化研究紀要 **13**：59-69.
岩城俊昭（1981）本邦で一般的なフジツボ数種の繁殖生態．付着生物研究 **3**：61-69.
内海富士夫（1966）外国産フジツボの最近における日本への移入．動物分類学会誌 **2**：36
山口寿之（1989）外国から日本に移住したフジツボ類，特に地理的分布および生態の変化．神奈川自然誌資料 **10**：17-32.
Kawahara, T. (1963) Invasion into Japanese waters by the European barnacles *Balanus improvisus* Darwin. *Nature* **198**：301.

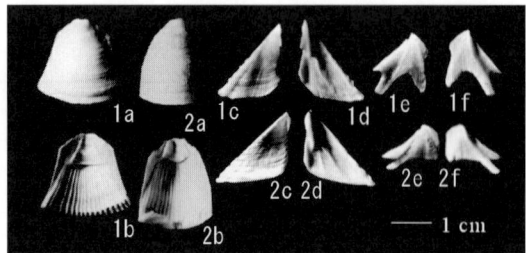

アメリカフジツボ(1a-f)およびヨーロッパフジツボ(2a-f)
a-b：周殻の一部の外・内，c-d：蓋板の楯板の外・内，
e-f：蓋板の背板の外・内

イッカククモガニ ～一年中の繁殖と素早い成長により汚濁海域で生き抜く──風呂田利夫

●原産地と生態

　イッカククモガニは甲幅が1～2cmの小型のカニで，原産地は北アメリカのカリフォルニア（サンフランシスコ）から南米コロンビアにかけての太平洋岸である．カリフォルニアでは河口域の桟橋橋脚などで観察されるが，その生態に関する研究はない．

　本種が侵入した東京湾では，一年中繁殖しており，産卵されてから約4カ月くらいで成熟する．主に潮下帯の砂泥底や固形物の表面に生息し，潮間帯に出現することはほとんどない．

●侵入経路と分布域，汚濁内湾での繁栄機構

　日本近海では，本種の分布は仙台湾から東京湾，伊勢三河湾，大阪湾，瀬戸内海，油谷湾，博多湾に及び，東京湾や伊勢三河湾，大阪湾など，富栄養化による夏季の底層貧酸素化の著しい大型内湾で，特に豊富に見られる．原産地を除き外国では，韓国の日本海沿岸，並びにブラジルからアルゼンチンの大西洋沿岸から報告されている．東京湾への侵入は1960年代頃と推定され，大型貨物船バラスト水（船のバランスを保つための海水貯留）中に生き残っていた浮遊幼生が，沿岸で放出されることにより持ち込まれたのであろう．

　東京湾の研究では，このカニは湾奥部で秋から春にかけて多いものの，夏季には貧酸素化により消滅する．しかし，秋の酸素回復と同時に素早く個体群を回復させる．この秋の回復は，湾口部に生き残っていた親から放出された幼生の侵入と着底によるもので，着底したカニは冬までに成熟して繁殖を開始し，春には多くの幼生を放出する．放出された幼生は湾口部にも分散し，夏に親となる．

　こうして貧酸素化が起こる夏季に，貧酸素化が生じにくい湾口部に個体群を残留させることで，湾奥部における個体群を維持している．このような素早い成長と幼生分散による湾奥と湾口間の個体群回復支援機構が，このカニが貧酸素化の著しい大型内湾で繁栄できる理由と考えられている．

●被害と対策

　このカニの性格は極めておとなしく，ハサミで探り当てた小型の動物ベントスを捕食するものの，在来の海生生物の脅威となることはない．また，底生魚類や大型動物ベントスの餌となることも多く，これらの捕食者が多い海域では安定的な個体群を維持することは困難である．

　したがって，貧酸素化により大型動物の生息が制限されていることが，このカニの侵入・定着成功理由の一つであり，環境が回復し大型捕食者を含む本来の動物群集が回復すれば，このカニの生息は困難になるだろう．

参考文献

風呂田利夫・古瀬浩史（1988）移入種イッカククモガニの日本沿岸における分布．日本ベントス研究会誌 **33/34**: 75-78.

風呂田利夫（1990）東京湾奥部におけるイッカククモガニ *Pyromaia tuberculata* の個体群構造．日本ベントス学会誌 **39**: 1-7.

Furota, T. (1996) Life cycle studies on the introduced spider crab *Pyromaia tuberculata* (Lockington) (Brachyura: Majidae). Ⅰ. Egg and larval stages. *J. Crus. Biol.* **16**(1): 71-76.

Furota, T. (1996) Life cycle studies on the introduced spider crab *Pyromaia tuberculata* (Lockington) (Brachyura: Majidae). Ⅱ. Crab stage and reproduction. *J. Crus. Biol.* **16**(1): 77-91.

イッカククモガニ

チチュウカイミドリガニ ～冬季繁殖で汚濁海域を生き抜く──風呂田利夫

●原産地と生態

原産地はその名の通り地中海である．甲幅は雌で4cm，雄では7cmに達する．イタリアでは春から秋の成長期には潟湖などの海岸部で生活し，秋から冬の繁殖期には沖合いの海域に移動することが知られている．近縁種のヨーロッパミドリガニ（*Carcinus maenus*）はヨーロッパの大西洋岸に生活し，これら2種のミドリガニはヨーロッパを代表するカニとなっている．

また，これら2種のカニは，現在世界各地に侵入・定着している．北アメリカではヨーロッパミドリガニが大西洋並びに太平洋の海岸に侵入・定着し，ともに在来生物の生息にとって脅威となっている．

本種はわが国では，1980年代に東京湾で初めて出現が記録された．その後1990年代に入り，分布域は大阪湾，洞海湾など各地の汚濁海域に拡大するとともに，東京湾では爆発的な増殖が起こった．湾内でも，河口部など淡水の影響を強く受ける海岸の転石下で多く見られる．

●侵入経路と汚濁海域に侵入・定着した理由

本種は，貨物船のバラスト水中で生き残った幼生が沿岸で放出されることにより持ち込まれたものであろう．

東京湾では11月から5月に抱卵雌が見られ，この繁殖期間は主に湾の潮下帯で過ごしている．繁殖が終わると海岸へと移動し，夏と秋を河口部の潮間帯やその直下で生活する．浮遊幼生は冬から春に多く，春には稚ガニの着底が見られ，着底した稚ガニはその年の繁殖期には繁殖を開始する．寿命は3年程度と推定されている．

東京湾など，夏季の底層水の貧酸素化が著しい汚濁海域で侵入・定着できた理由としては，幼生を貧酸素化が見られない冬を中心に放出し，繁殖を終えたカニや着底した稚ガニは夏季を酸素条件の良好な海岸部で過ごすため，生活史を通して貧酸素化の影響を受けずにすむためと考えられている．多くの在来のカニ類は春から夏に繁殖するため，幼生は湾の貧酸素化の影響を受けやすく，結果として汚濁海域では冬季に繁殖する動物のほうが有利な状況にある．

●被害と対策

チチュウカイミドリガニは，イソガニやケフサイソガニなどの在来のカニと同じような環境で生活する．したがってこれらのカニと何らかの競合が生じている可能性もあるが，現在のところこれらのカニは共存しており，本種の侵入・定着による在来のカニへの影響は明らかでない．また，大型の捕食者として海岸部の生物に与える影響も懸念されるが，餌となる動物相はムラサキイガイ，コウロエンカワヒバリガイなど外来動物に占められており，このことも在来生物への影響が認めにくい原因となっている．

わが国における出現域は汚濁海域やその近隣の河口部に限定されており，汚濁海域の存在が本種の存続に貢献している．したがって本種の侵入を防ぐには，海域の環境保全と修復が必要である．

参考文献
渡辺精一（1995）外来種のチチュウカイミドリガニが東京湾に大発生．*Cancer* **4**：9-10.
渡辺精一（1997）チチュウカイミドリガニの日本への侵入と繁殖．*Cancer* **6**：37-40.
Furota, T. *et al.* (1999) Life history of the Mediterranean green crab, *Carcinus aestuarii* Nardo, in Tokyo Bay, Japan. *Crust. Res.* **28**：5-15.

チチュウカイミドリガニ

シマメノウフネガイ　～他の貝類を覆いつくし付着する外来の巻貝──江川和文

●原産地と生態

シマメノウフネガイは，北米太平洋沿岸（カリフォルニア，モンテレー～パナマ）を原産とする小形の腹足類（巻貝）である．潮間帯下から30mまでの海域に生息し，サザエ，アワビ類，アカニシ，ミガキボラ，ムラサキイガイ等の，主に海産貝類の貝殻上に付着する．貝殻は偏平な長円形の皿状で，内側が仕切板状に区切られる．

幼個体時を除き，一度付着した個体は移動することがなく，また通常，皿を重ねたように5,6個体が着生するため，宿貝の原形がわからないほどに貝殻全体を覆いつくすこともある．複数の個体が重なり合うことで，下方の個体は雄から雌へ，上方の個体は雄となる雄性先熟の現象をもつ．食餌は着生した貝の排泄物や海水中のデトリタス（生物由来の有機破片等）などで，二枚貝のように鰓で漉し集めて口吻に運ぶ．

●侵入経路と分布拡大のしくみ

わが国でシマメノウフネガイが確認されたのは，1968年7月，神奈川県三浦半島岩浦であるが，最初，本種は北米大西洋岸に分布するネコゼフネガイ Crepidula fornicata として誤って報告された．侵入経路は不明であるが，船舶のバラスト水への幼生の混入，あるいは船底にフジツボ類とともに付着して，入ってきたことが推定される．

本種は，付着した貝の上にほぼ通年にわたって卵嚢を産み，ベリジャー幼生に成長し海水中に放出されるまで，雌個体は貝殻の内側で卵嚢を保護する．ベリジャー幼生は微小な貝殻をもち，海水中に浮遊し，沿岸流に乗って分布域を拡大する．

●分布拡大の状況

最初の確認後，東京湾周辺では個体数も増し，巻貝類以外にカニ類や無生物まで付着が確認されるようになった．1972年頃までには相模・東京湾に定着し，1976年頃までに北は福島県，南は伊勢湾まで分布域を拡大した．

太平洋沿岸での分布の拡大とは別に，大阪湾南部でも1977年頃に産出が確認され，海岸に大量の個体が打ち上げられていた．1984年頃に，南は和歌山県中部域および瀬戸内海東部までの分布が確認されている．さらに1989年までには，瀬戸内海東部から山口県日本海側，九州東岸の大分県沿岸および有明海にも生息するようになり，1999年には鹿児島県八代湾岸でも確認されている．日本海側は山口県のほか，富山湾でも産出が知られている．

●対策

本種は他の貝類を覆い尽くすほどに付着し，その宿貝の移動を妨げる．また養殖カキの場合，同じ海域での食餌が競合する．しかしながら，本種は直接宿主となった貝類を食べたり，あるいは餌の横取りを行ったりしないため，生育阻害等の影響は少ないと見られる．

対策は，付着個体の物理的な除去しかないのが現状である．

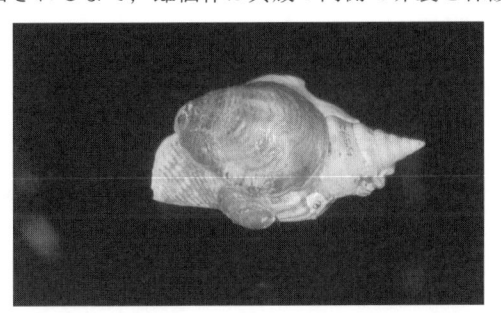

シマメノウフネガイ．シドロガイの貝殻上に付着した個体

参考文献

江川和文（1985）シマメノウフネガイの分布とその伝播状況．ちりぼたん **16**(2)：37-44.

黒住耐二（2000）日本における貝類の保全生物学─貝塚の時代から将来へ─．月刊海洋，号外 **20**：42-56.

間瀬欣弥（1969）相模で採れたネコゼフネガイ．ちりぼたん **5**(6)：156-157.

間瀬欣弥（1975）シマメノウフネガイ・その後．ちりぼたん **8**(6)：143-145.

Oldroyd, I. S.（1927）*The Marine Shells of the West Coast of North America* **2**(3)：339p.pls.73-108.

ムラサキイガイ　〜地中海から全世界へ侵入した代表的外来海岸生物　　　　　桒原康裕

●原産地と生態

ムラサキイガイは地中海周辺を原産とし，全世界の温帯域に人為的に分布した代表的な付着性二枚貝である．殻は扁平な扇形で暗紫色を呈し，タンパク質の多数の糸（足糸）で固着する．

殻の形態が類似した2種類の近縁種ムラサキイガイとキタノムラサキイガイが存在し，これら近縁種が同時に分布する海域では異種間で雑種が形成される．日本には在来のキタノムラサキイガイが北海道から千島列島に分布しており，北海道太平洋沿岸からオホーツク海沿岸にかけてムラサキイガイとキタノムラサキイガイの分布域が重なり，異種間雑種が形成される．

●日本への侵入

日本への最初の侵入は，1920年代と考えられており，最初の報告は神戸港である．次いで1930年前後に東京湾から記録された．侵入経路として，船底付着による侵入や，船舶のバラスト水による浮遊幼生の侵入が考えられる．1950年代から60年代にかけて，北海道から九州に至るほぼ日本全域の浅海域に分布を拡大した．侵入当時から1980年代初頭まで，やや寒冷な海域を好むヨーロッパイガイと混同されていたが，生化学的研究により，日本に侵入した種は今日のムラサキイガイであると確認された．最近も生きたムラサキイガイが付着した中国製ブイの漂着報告があり，現在も新規に侵入している可能性が高い．

●影響と被害

ムラサキイガイの侵入は，在来の沿岸生物群集に対して，特に生息域が重なる在来のカキ類や近縁種キタノムラサキイガイ群集に多大な影響を与えたと考えられ，日本の沿岸生態系は急速な変貌を遂げたことは想像に難くない．

人間社会に対する影響は益害の両面がある．本種は欧米の代表的な食用二枚貝「ムール貝」の別名で知られており，養殖も行われる有用種としての一面をもつ．反面，日本を含めた食用にする習慣の少ない地域では，その繁殖力の高さと成長の速さから，付着被害を引き起こす有害種のイメージが強い．事実，船底，発電所・工場・船舶の取水施設，魚貝類の水産増養殖施設，定置網への付着による直接的被害および除去にかかる経済的被害は甚大である．本種が日本全国に広がった1950年代以降，他の付着性生物も含め，防除対策として全国的に有機スズ系防汚剤が大量に使用され，現在世界的に問題となっている巻貝類の雌の雄化に代表される内分泌撹乱物質による環境汚染をもたらしたことも特記に値する．

●急ぎたい対策

本種の新たな侵入経路として，海外から水産養殖用に移入される貝類種苗への付着も確認されており，水産増養殖の国際化に伴う種苗導入の禁止等，法的整備が望まれる．また，ムラサキイガイ同様，世界各地に侵入している近縁種ヨーロッパイガイの侵入の可能性もあり，沿岸生物群集のモニタリング調査の必要性は高まっている．

参考文献

沖山宗雄・鈴木克美編（1985）日本の海洋生物―侵略と撹乱の生態学．東海大学出版会．
梶原武・奥谷喬司監修（2001）黒装束の侵入者―外来付着性二枚貝の最新学．恒星社厚生閣．
久保田信・林原毅（1995）慶良間列島，阿嘉島へ漂着した多数のチレニアイガイ（軟体動物門，二枚貝綱）．みどりいし **6**：17-19.
桒原康裕（1993）ムラサキイガイの正体．北水試だより **21**：14-18.
Gosling, E. M. (ed.) (1992) *The mussel Mytilus*: *ecology, physiology, genetics and culture*. Elsevier.
Wilkins, N. P. et al. (1983) The Mediterranian mussel *Mytilus galloprovincialis* Lmk. in Japan. *Biol. J. Linnean Soc.* **20**: 365-374.

三重県産ムラサキイガイ．左：左殻表面．右：右殻内面．スケールは10mm．

ミドリイガイ ～熱帯海域から日本へ侵入したイガイ科二枚貝 ――――― 植田育男

●原産地と生態

ミドリイガイはイガイ科 *Perna* 属に属し、インド洋から西太平洋の熱帯海域を原産地とする付着性二枚貝である。潮間帯下部から潮下帯の岩や石、人工構造物に足糸で付着し、濾過摂食により海中の植物プランクトン、動物プランクトン、デトリタス（生物由来の有機破片物）を摂餌する。東南アジア諸国を中心として養殖が盛んに行われ、重要産業種となっている。

●生息状況

日本での最初の発見は1967年兵庫県御津町で、1980年代に入ると、大阪湾、東京湾で相次いで見つかり、1990年代には伊勢・三河湾を含め、三大都市圏に面した内湾および周辺海域に出現するようになった。私信の情報などを総合すると、2001年現在、主に瀬戸内海を含めた関東以西の太平洋岸に見られる。これらの海域では、夏季に新生個体の着生が観察されることから、国内で繁殖しているものと考えられる。

熱帯原産のため、冬季の低水温が日本における定着の障壁と考えられる。大都市周辺の内湾部では、越冬が温排水の流出する場所にほぼ限られる。一方、黒潮の影響を受ける相模湾、駿河湾、紀伊水道などでは、冬季の水温条件が相対的に高く、温排水がなくとも越冬が可能である。

●影響と今後の対策

本種に先んじて日本に侵入したムラサキイガイは、分布を拡大するにつれ、港湾施設や海水取水口・排水口への付着が顕著となり、付着汚損の被害を生じるようになった。同様の被害は本種の場合にも考えられる。さらにカキ養殖をはじめ、漁業の場面でも付着による収量低下が懸念され、駆除対策が検討されている。東京湾では、夏季に新生個体が高密度で付着した後、冬季に大量斃死が見られ、水質の悪化が危惧される。

付着性の大型動物の造る構造物は、他の生物の生息場所として利用される。本種は有機汚濁の進行した内湾部でイガイ床を形成するため、そこには同様の環境によく耐える外来の生物がすみ込む。相模湾内の江の島での観察によると、本種の殻表面にはヨーロッパフジツボやムラサキイガイが優占して付着する現象が見られ、外来種優占の群集が形成された。

本種は、外航船舶に付着、またはバラスト水に混入して日本に渡来した可能性が指摘されている。日本には多数の外航船舶が入港し、*Perna* 属種の侵入の可能性は依然存在する。イガイ科二枚貝の中には近縁種間で交雑し、雑種を形成するものがある。*Perna* 属には3種あり、種の識別点は分布域の違いに基づいており、外部形態を含めた形質の違いは少ないとされる。本種と同属別種が出会った場合、雑種を形成することも考えられ、分布域の変容に加え、種としての遺伝的構造が撹乱される恐れもある。このため、現地で取り入れたバラスト水をそのまま日本に持ち込めないなどの規制の必要があろう。

参考文献

日本付着生物学会編（2001）黒装束の侵入者―外来付着性二枚貝の最新学. 恒星社厚生閣.

羽生和弘・関口秀夫（2000）伊勢湾と三河湾に出現したミドリイガイ. *Sessile Organisms* **17**(1): 1-11.

原田和弘（2001）ミドリイガイの生残に及ぼす干出の影響. 水産増殖 **49**(2): 261-262.

Siddall, S. E. (1980) A clarification of the genus *Perna* (Mytilidae). *Bull. Mar. Sci.* **30**: 858-870.

Vakily, J. M. (1989) *The biology and culture of mussels of the genus Perna*. ICLARM Studies and Reviews Vol.17. The International Center for Living Aquatic Resources Management.

東京湾で採集されたミドリイガイ

コウロエンカワヒバリガイ ～二次的な移出が心配される内湾の外来二枚貝——木村妙子

●出現と分布の拡大

コウロエンカワヒバリガイはオーストラリア・ニュージーランド原産のイガイ科二枚貝である．この貝は1970年代に浜名湖（静岡県），大阪湾，瀬戸内海の一部地域で生息が確認された．1980年代には東京湾から浦戸湾（高知県）までの太平洋岸の主要な港湾に広がり，1990年代にはさらに瀬戸内海の広い範囲と日本海側の富山湾から洞海湾（福岡県）にまで広がった．現在では，本種が海岸動物群集の優占種となっている場所も多い．

侵入当初は，ムラサキイガイやミドリイガイで起こったような温排水口への付着被害が懸念されたが，今のところ付着被害の報告はない．

●生態

本種は内湾や河口の潮間帯に生息している．足から分泌する糸で石などに付着したまま，水中の懸濁物を漉して食べている．港湾のコンクリート壁面に，集団でべったりと黒いマット状に付着していることも多い．汚染された環境や塩分の変化にも強い．卵は水中に放出され受精し，浮遊幼生になる．幼生は約半月の間に足が形成され，着底する．幼貝の付着は夏に観察される．その後の成長は早く，最短1年で成熟すると思われる．

●まちがっていた分類的位置

当初，本種はアジア産の淡水性イガイ類，カワヒバリガイ（1990年代日本に侵入）の亜種として，貝殻の形態のみをもとに記載されたが，その後，内臓の形態やその生物が作り出すタンパク質の比較研究によって，オーストラリアやニュージーランド原産の別属別種であることが明らかになった．

●侵入経路と今後の対策

本種は，日本への侵入当時，オーストラリアやニュージーランド以外には分布していなかったので，この水域から直接侵入してきたと考えられる．1970年代以降，日本とオーストラリア・ニュージーランド間の貿易量は急激に増大しており，貝の侵入はこれと時を同じくする．このことから，流通量の増加に伴い，原産国で大型輸送船のバラスト水に混入した浮遊幼生が，日本の内湾や河口域に侵入し，定着したと考えられる．日本に侵入後は幼生の浮遊や船体に付着した成貝の移動により，徐々に分布を拡大したと思われる．

本種は1990年代になり，ヨーロッパのアドリア海にも侵入したことが報告された．一大貿易国である日本に侵入したことで，日本が供給源となり，世界中の内湾河口域にこの貝がまき散らされている可能性がある．しかし，国内ではバラスト水内の浮遊幼生の実体は全く把握されていない．バラスト水による外来種のこれ以上の侵入を防ぐために，また日本が外来種の供給源にならないためにも，まず，バラスト水内の海洋生物の実態を明らかにするとともに，バラスト水の放出規制に向けての取り組みが最重要課題である．

参考文献

木村妙子（2001）コウロエンカワヒバリガイはどこから来たのか？——その正体と移入経路—．「黒装束の侵入者—外来付着性二枚貝の最新学」（日本付着生物学会編），pp.47-69．恒星社厚生閣．
木村妙子ほか（1995）淡水および汽水域に生息するイガイ科カワヒバリガイ属の塩分耐性と浸透圧調節．日本海水学会誌 49（3）：148-152．
Abdel-Razek, F. A. et al. (1993) Life History of *Limnoperna fortunei kikuchii* in Shonai inlet, Lake Hamana. *Suisanzoshoku* 41(1): 97-104.
Kimura, T. et al. (1999) *Limnoperna fortunei kikuchii* Habe, 1981 (Bivalvia: Mytilidae) is a synonym of *Xenostrobus securis* (Lamarck, 1819): Introduction into Japan from Australia and/or New Zealand. *Venus* 58(3): 101-117.
Kimura, T. & Sekiguchi, H. (1996) Effects of temperature on larval development of two mytilid species and their implication. *Venus* 55(3): 215-222.

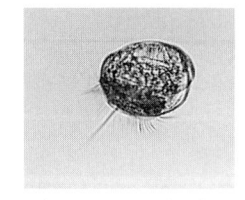

コウロエンカワヒバリガイの浮遊幼生
（遊泳中，殻長0.08mm）

成貝の殻（殻長27mm）

イガイダマシ 〜カリブ海原産のカワホトトギスガイ科二枚貝 ——————— 鍋島靖信

●原産地と分布域

本種はメキシコ湾カリブ海を原産地とするカワホトトギス科の二枚貝で，インド，台湾，フィジー，アフリカ西岸，ベトナム，香港など，主に熱帯から亜熱帯域に分布している．日本では1974年静岡県清水港，1983年東京湾隅田川河口，月島埠頭とその上流6kmの言問橋と白髭橋，千葉県市川市新浜湖，1984年北九州洞海湾奥，1991年大阪市道頓堀川，1994年大阪市南港貯木場，堺市出島港，岸和田市春木港，1998年堺市土居川，1999年堺市出島，淀川河口で生息がみられた．

また，1999年に淀川大堰（河口から約10km）から下流4kmまでの汽水域上部で，近縁種のアメリカイガイダマシの疑いがある種が新たに発見されている．

●生態

貝殻はやや薄く汚白色で，黒い絣模様が貝の内側からも透視される．殻皮を被り，細い成長脈が多数刻まれ，右殻の縁が張り出し，左殻に被さるものが多い．岸壁等に足糸で付着して群生する．形態もイガイ科の貝と紛らわしいが，成貝ではやや長いものが多く，殻頂部内側に隔板があり，その下に三角形の突起がある．生息場所は岸壁や橋脚の潮間帯下部（清水港では最高潮線下0.75〜3.00m），浮桟橋，垂下されたロープなど水面から−1m以浅と，水中や浸水時間の長い場所に多い．生息域の塩分濃度は1〜31‰で淡水に近い場所からやや塩分が高い汽水域に生息し，塩分が常に高い海域には生息しない．生息域は貧酸素化しやすい海域であるが，水面近くや植物プランクトンが酸素を供給する浅い層に付着し，貧酸素水の影響を回避している．

熱帯種であり，高水温には強いが低水温に弱く，限界水温は6〜8℃付近と推測される．大阪湾では暖冬年には春の生存数が多いが，寒冷年には壊滅状態となる．同一年級群の殻長範囲が大きいことや，1994年11月に卵を持った個体がみられたことから，大阪湾での産卵は初夏から秋に行われ，約1年で殻長20mm前後に成長すると推定される．

●侵入経路と今後の対策

大阪湾では岸和田港や大阪南港の貯木場やその上流の道頓堀川で発見された．大阪湾にはアメリカ，カナダなどから多量の原木が輸入され，船倉下部の湿った木材に付着しての侵入や，外航船のバラスト水による侵入が考えられる．

付着場所を巡る競争においては，ムラサキイガイやミドリイガイ，コウロエンカワヒバリガイなどが優勢であると個体数は少なく，クロダイ等が好んで捕食するなど，河口域や汽水域で継続的に優占する可能性は低いと思われる．しかし，温暖化が本種の定着に拍車をかけることも予想され，監視が必要と思われる．駆除対策としては，寒冷年の最寒冷期に発電所や工場等の熱排水施設に排水停止や排水流路の変更を要請し，凍死させる．

なお，これまで日本でイガイダマシ（*Mytilopsis sallei*）と報告されていた種に，アメリカイガイダマシ（*M. leucophaeata*）が混入している可能性もあり，種の査定について，再検討がなされている．

大阪南港貯木場で採集したイガイダマシ

参考文献

鍋島靖信（1995）大阪府沿岸に分布を広げるイガイダマシ．Nature Study **41**(10)：3-6.
波部忠重（1980）新移入二枚貝イガイダマシ（新称）．ちりぼたん **11**(3)：41-42.
山西良平ほか（1992）道頓堀川で見つかったイガイダマシ．Nature Study **38**(7)：8-10.

シナハマグリ 〜在来種ハマグリ衰退との関係は？

小菅丈治

● 原産地と生態

シナハマグリは，北朝鮮，韓国，中国からベトナム北部までの内湾干潟に生息する二枚貝である．大きさは殻長約15cmに達し，各地で食用にされている．日本産のハマグリより殻の質は厚く，膨らみは弱く，大型個体では身がやや固い．

● 侵入の経路

日本では食用ハマグリ類の需要を満たすために，1960年代から中国・韓国・北朝鮮産のシナハマグリを輸入するようになった．1999年現在国内のハマグリ類の消費量は3万トンで，このうちの9割以上が輸入シナハマグリによって賄われていると推定される．シナハマグリは活かしたまま輸入され，しばらく海辺の養殖場で飼育される．この際に放出された浮遊幼生が，野外にも定着したと考えられる．潮干狩り用に，小型のシナハマグリを干潟に放流した場所もある．

● 在来種ハマグリとの関係

もともと日本にはハマグリが分布し，伊勢湾や八代海が主要な産地だった．シナハマグリと比べて殻が薄く，前後に長くなる特徴を持っていた．

ハマグリは1960年代以降，各地の干潟から姿を消した．野外で中間的な形質を持った貝が採れることから，シナハマグリと交雑した可能性が指摘されている．しかし，殻の形態からでは決定的なことは言えず，遺伝学的手法による解明が望まれる．野外でシナハマグリとハマグリの交雑が実際に起こり，それが子孫を残しているのかどうか，現時点では不明である．

ハマグリは内湾干潟でも細砂質で底質のきれいな場所を好み，大陸に多い泥っぽい干潟を好むシナハマグリとは異なる生息場所選好性を持つ．全国の内湾干潟で富栄養化と水質の悪化が進んだ過程で，環境の変化に敏感な在来のハマグリが激減した．国内産ハマグリの生産が需要を満たせなくなったことが，シナハマグリを大量に輸入することへとつながった．

なお日本にはもう1種，外洋に面した砂浜を生息場所とするチョウセンハマグリが分布する．茨城県（鹿島灘）産が有名で，千葉（外房），新潟，高知，宮崎などに産する．「地ハマグリ」として売られているハマグリの多くはこれである．シナハマグリ，ハマグリとは生息場所が異なるため，交雑などの影響は受けていないものと考えられる．

● 対策

シナハマグリが日本に持ち込まれる以前に国内で採集されたハマグリの標本に基づいて，純系のハマグリの遺伝子情報を解明したうえで，現在野外に生息するハマグリの遺伝子組成と比較し，交雑が起こっているかどうかを確認するのが第一歩である．広範な交雑がみられた場合，すでに手遅れの可能性もあるが，国内でシナハマグリが一時的に飼育されている蓄養池から本種の浮遊幼生が流出しないよう，排水溝にフィルターを設置するなどの対策が考えられる．

上：シナハマグリ
中：ハマグリとの中間型？
下：ハマグリ

参考文献

池田尋紀（1988）相模のハマグリ．相模貝類同好会会報 みたまき 22: 16-17.

小菅丈治（1995）資源研究の現場から（5）ハマグリはどうなっているのか．水産の研究 14(6): 33-37.

田中邦三（1994）ハマグリ．「日本の希少な野生生物に関する基礎資料（I）」,pp.69-78. 水産庁研究部漁場保全課・日本水産資源保護協会．

植物

鎖国が解かれて西欧との物資や人の交流が盛んになった頃から，ヨーロッパや北アメリカをはじめとする世界各地の植物が日本列島にもたらされて野生化するようになった．それに伴い，市街地，農耕地，空き地など，人為的な干渉の大きい場所の植物相の中では，外来種が占める割合が次第に増した．その象徴とも言えるのが，在来タンポポの外来種タンポポによる置き換わりである．

さらに，昭和30年代に始まる「列島改造」の土木工事に伴う緑化工事とアメリカ合衆国からの大量の穀物輸入が，シナダレスズメガヤ，オニウシノケグサなどの外来牧草，ハリエンジュやイタチハギなどの緑化樹，オオブタクサ，アレチウリなどの撹乱された土地を好む一年草をはじめとする「厄介な」侵略的外来植物のまん延をもたらした．それらは広域的に分布して河原や造成地などに群生し，在来種との競争や生育場所の物理的な条件の改変を通じて，生態系や生物多様性に大きな影響を及ぼしている．また，風媒花として大量の花粉を生産するイネ科牧草やブタクサ類は，花粉症の原因植物として人の健康をも害する．

現在では，至るところに，それらを含めた多様な外来種の大きな種子供給源（シードソース）が維持されており，また，土壌シードバンク中にも多量の種子が蓄積している．そのため，植生遷移の初期相，すなわち，土地が造成されて裸地ができたときなどにその場で優占するのは，必ずと言ってよいほどそれら外来植物である．

さらに，砂礫質河原にシナダレスズメガヤなどの外来牧草が大量に侵入して，カワラノギクなど河原固有の絶滅危惧種を絶滅に追い込むなど，外来種が在来種の局所的な絶滅をもたらす深刻な事態が進行している．一方で，「郷土種」と銘打って，在来種の海外系統の種子が大量に緑化材料として利用されることに伴い，キク科植物などで系統間の雑種が形成されるという問題が生じている．これらいずれもが「生物多様性の保全」にとって，誠に由々しき事態であると言える．そのため，次のような対策がぜひとも必要である．①無用な緑化は行わず，どうしても緑化が必要な場合には同じ地域に由来する植物を材料とする．②侵入性の高い外来植物のシードソースを放置しない．③駆除においては，土壌シードバンクの消滅をめざす．

（鷲谷いづみ）

外来種タンポポ ～身近な野草の代表となってしまった植物──────小川　潔

●侵入の経緯と種概念

外来種タンポポは，1904年の植物学会誌に札幌で生育中との記事があるので，日本には19世紀末に渡来したと考えられる．飼料として導入されたという説があるが，食用タンポポとして種子が市販されたり，緑化材としての輸入もある．形態などに多様性が認められるので，複数系統が，必ずしも意図的導入だけでない複数の侵入時期・経路で渡来した可能性もある．

日本ではセイヨウタンポポ，アカミタンポポと呼ばれるが，原産地と推定されるヨーロッパでは，これらは多数の種を含む節レベルの種群とされ，個別の種名としては用いられなくなってきた．したがって，日本に生育する外来種は未同定の複数の種と考えるほうがよい．

●都市部での分布拡大と在来種駆逐説

外来種タンポポは，薬用や飲用の対象として有用であるが，畑の作物の害草として嫌われることもある．無融合生殖という受精なしの生殖で種子をつくるほか，根の切れ端からも再生するので，撲滅に手を焼く植物である．

1960年代には，全国の大都市などで普通に見られるようになり，現在では多くの都市部で在来種をしのいでしまった．1970年代より外来種が在来種を駆逐しているとの見方がマスコミなどで広められ，身近な植物となった外来種タンポポは悪者扱いをされてしまった．

各地での市民参加によるタンポポ調査の結果や実験研究により，駆逐説の誤りや，在来種の生育拠点が農地の周辺などであるのに対し，外来種は道路，駐車場や大規模開発後の未利用空間など，植物が少ない場所であることが明らかにされた．実生の大部分は初夏に発生し，在来種のように夏に葉を落として休眠的に過ごす特性がない外来種は，背丈が高い植物との長期の共存ができない．他の植物の存在が希薄な都市ではこれらのハンディも小さく，無融合生殖という種子生産特性が繁殖を有利にした．それで，外来種タンポポは開発や都市化の指標植物といわれる．しかし，駆逐説によりひとたび形成されてしまった「強い外来種」という人々の自然観が完全に是正されたとは言いがたい．

●雑種形成と遺伝子レベルの多様性

日本で繁殖している外来種タンポポは3倍体で，花粉がないか，生殖能力がない花粉をつくるが，まれに受精能力をもった花粉ができ，2倍体種との間に雑種をつくることがある．近畿圏，名古屋圏，南関東などでは，もともとの外来種より，雑種起源と思われる個体が圧倒的に多い．この雑種は3倍体あるいは4倍体なので，無融合生殖により子孫を残すことができる．また，雑種形成では2倍体種個体群に遺伝子が浸透することはないので，いわゆる遺伝子汚染とは異なる．

しかし外国の2倍体種を持ち込むと，在来2倍体種との間で遺伝子交流を起こし，遺伝子汚染を引き起こす可能性があり，倍数性チェックによる導入2倍体種（個体）排除の必要がある．

外来種タンポポ
（在来2倍体種との雑種かもしれない）

参考文献
小川潔（2001）日本のタンポポとセイヨウタンポポ．どうぶつ社．
小川潔・倉本宣（2001）タンポポとカワラノギク．岩波書店．
森田竜義（1997）世界に分布を広げた盗賊種──セイヨウタンポポ．「雑草の自然史」（山口裕文編），pp.192-208．北海道大学図書刊行会．

ハルジオン　〜除草剤抵抗性の獲得

伊藤一幸

●生態

ハルジオンは種子から増えるほか，栄養繁殖（クローン成長）もする．前年の親株の根茎から生育したいくつかのシュート（地上茎）は，親株が枯れて，それぞれが独立した個体になっていく．種子による繁殖様式は他殖で，自分の株の花粉はもちろん，同一クローンの花粉で交配しても種子がほとんどできない．ミツバチ，ハナアブ類などの訪花昆虫により，他個体の花粉が送粉されて初めて種子が生産される．したがって，本種が日本に初めて侵入したときも，一株だけで入ってきたものではないことが想像される．

種子の寿命は比較的短く，休眠性もない．本種は，耕耘されるような不安定な環境では切れた根茎によって栄養繁殖し，開花できるような環境ならば遺伝的に異なった種子をつくるという両面を兼ね備えている．

●侵入経路と分布拡大

ハルジオンは大正中期に園芸植物として北アメリカから渡来し，野生化して関東地方に細々と分布していた．しかし，第二次世界大戦前はあまり目立った存在ではなかったようである．1965年頃より耕耘機が普及し，1967年から除草剤パラコートの使用が始まった．ハルジオンが爆発的に増えてきたのはこの頃からである．また，都市化の波の中で造成後の宅地などにも好んで侵入した．

パラコート剤をまくと，散布直後から葉が枯れ始めるので，高度成長期の労力不足と速効性を求める農家の要求に合って，幅広く受け入れられた．パラコート剤の出荷量は1960年代後半から右肩上がりに伸びたが，80年代初頭に除草剤抵抗性タイプの雑草が出現し，横ばいとなった．この頃までに北日本全体に本種の分布が拡大し，樹園地，水田畦畔，休耕田などに普通に見られるようになった．

1990年以降，パラコート剤の散布は少しずつ減少し始め，1987年からはジクワット剤との混合剤に切り替えられた．最近はパラコート剤の使用量も減少し，国内ではパラコート抵抗性雑草の問題もあまり聞かれなくなった．この頃からハルジオンは，農耕地もさることながら都市の街路樹の植えマス，校庭などの主要な雑草となっていった．

●対策

特定の除草剤に抵抗性を持った雑草の防除は，それと同じ作用性の除草剤を使わなければその雑草が爆発的に増えることはない．よってハルジオンが大発生したところでは，異なる作用性の除草剤を活用すれば増加を抑制することができる．しかし，除草剤の使用によって除草剤抵抗性雑草が出現する問題がある．裸地を作らないことや除草剤を使わずに生態的に安定した植生の維持が，最良の侵入の防止策である．

参考文献

伊藤一幸（2000）マングースとハルジオン．岩波書店．
埴岡靖男（1997）桑畑におけるパラコート抵抗性雑草の分布拡大．「雑草の自然史」, pp.79-90. 北海道大学図書刊行会．
Itoh, K. & Miyahara, M. (1984) Inheritance of paraquat resistance in *Erigeron philadelphics* L. *Weed Res. Japan* **29**: 301-307.
Itoh, K & Matsunaka, S. (1990) Parapatric differentaion of paraquat resistant biotypes in some compositae species. In: *Biological Approaches and Evolutionary Trends in Plants*. (eds. Kawano, S.) Academic Press.
Watanabe, Y. *et al.* (1982) Paraquat resistance in *Erigeron philadelphicus* L. *Weed Res. Japan* **27**: 49-54.
Yamaguchi, H. *et al.* (1996) Diffusion of paraquat resistant gene by pollen flow in the natural and designed population of *Erigeron philadelphicus* L. *Weed Res. Japan* **41**: 189-196.

ハルジオン

ヒメムカシヨモギとオオアレチノギク ～寒冷地に侵入できた種とできなかった種

佐野成範
吉岡俊人

●原産地と生態

ヒメムカシヨモギは，明治時代初期に日本への侵入が確認された北米原産の植物である．これと同属で南米原産のオオアレチノギクは，大正時代に渡来したとされる．形態や生態的特性がよく似た両種は，大きな個体では10～100万個もの種子を風散布し，空き地，路傍，休耕地など，人手が加わった立地へいち早く侵入して群落を形成する．

●寒冷地での分布と生活環との関わり

ヒメムカシヨモギとオオアレチノギクは，秋に種子が発芽してロゼットで越冬し，翌秋に開花，結実する生活環を示すので，越年生植物に分類されることが多い．ところが，ヒメムカシヨモギの集団をよく観察してみると，春に発芽してその年のうちに開花に至る一年生型の生活環を示す個体も見受けられる．つまり，オオアレチノギクは越年生植物だが，ヒメムカシヨモギは，実際には，一・越年生植物ということができる．

さて，北海道と東北地方各地のヒメムカシヨモギ集団における一年生型個体と越年生型個体の生育状況を調べたところ，その個体数の比率には地域差があることがわかった．越年生型個体の比率が低かった地域は冬季の無積雪日における日最低気温の平均値が0℃を下回る北海道東部や東北地方内陸部などであり，その地域にオオアレチノギクは分布していなかった．冬の厳しい低温と乾燥にさらされる環境では，秋に形成されたロゼットが枯死してしまうので，両種とも越年生型の生活環を成立させるのは難しい．しかし，春に発芽した個体が当年中に種子を形成するヒメムカシヨモギは，そのような地域でも集団を維持できるのである．

ヒメムカシヨモギは，秋に散布された種子が冬の低温に会うことによって，翌春の発芽個体の速やかな開花が可能となる．この現象はオオアレチノギクでは見られない．つまりヒメムカシヨモギは，未発芽の種子が低温を感じて開花反応を誘導することで，一年生型生活環を成立させ，オオアレチノギクに比べてより寒冷な地域に進出したと考えられる．

●除草剤抵抗性と植生管理

1980年，大阪府内の樹園地の一部に除草剤パラコートに対する抵抗性を持つヒメムカシヨモギが出現し，翌々年には園全体で大群落を形成するに至った．除草剤抵抗性が，その除草剤散布によって生じる生態的空白地に急速に拡散する様子がうかがえる．

パラコート単剤は1987年に使用禁止となったが，現在では，多くの除草剤で抵抗性植物の出現が報告されている．ヒメムカシヨモギやオオアレチノギクのように大量の種子を形成する外来植物は，1種類の除草剤連用など特定の防除手段に対する抵抗性を獲得しやすいと考えられる．これらの植物の管理に際しては，生態的，化学的な複数の方法を組み合わせた対策を考慮する必要がある．

休耕田に群生するヒメムカシヨモギ．大きな株は秋に発芽した越年生型個体，小さな株は春に発芽した一年生型個体である．稲の刈株の様子から，この水田は前年の稲刈り後に休耕されたことがわかる．もしこの休耕田が冬季に耕耘されたなら，一年生型個体のみで構成される集団となっただろう．岩手県北上市，7月撮影

参考文献
長田武正（1975）帰化植物の種類調べ．「帰化植物」（沼田真編），pp.135-142．大日本図書．
加藤彰宏・奥田義二（1983）パラコート抵抗性のヒメムカシヨモギについて．雑草研究 **28**(1): 54-56.
吉岡俊人ほか（1998）未発芽種子バーナリゼーション，ヒメムカシヨモギの生活史と分布域の成立に関与する新たに見いだされた生態現象．植調 **32**(6): 204-210.
吉岡俊人ほか（2001）地下で感じる季節の訪れ―冬季一年生雑草の埋土種子による生活環制御―．雑草研究 **46**(1): 66-69.

ヨモギ属とキク属 〜法面緑化による在来個体群攪乱の恐れ ———— 中田政司

●種類と現状

法面緑化によって定着した外来種として，ヨモギ属ではヨモギのほかに，イワヨモギ，ヤブヨモギ，カワラヨモギ，オトコヨモギ，ヒメヨモギ，クソニンジン，ハイイロヨモギ，タカヨモギが記録されている．普通，数種が混生して見られる．クソニンジン，ハイイロヨモギ，タカヨモギはアジア大陸原産の外来植物であるが，その他は日本にも自生するので，外来種というより外来個体とするほうが正確である．キク属ではキクタニギクと広義のイワギク（狭義ではチョウセンノギクの型）が，前記のヨモギ類に混じって発見されている．両種とも日本に自生するが，その分布域や産地は限られている．

外来のキクタニギクは，標本や各地の植物情報によると，青森，富山，中国・四国地方などこれまでに11府県で確認されており，法面緑化による侵入が全国的であることがうかがえる．県レベルでの分布状況としては，愛媛県でのイワヨモギの調査例があり，43市町村の118カ所から確認されている（伊藤，私信）．これは調査地域全域に分布していたことを意味する．

●侵入の経緯

法面緑化のヨモギに，本来その周囲に自生しないヨモギ属が混じることは，1990年頃から指摘されていた．その後，キクタニギクやイワギクがヨモギ類に混じって自生地外の各地で発見されるようになり，改めて注目されるようになった．かつてはイネ科の外来種が法面緑化の主役であったが，国立公園内等では在来種の野草による植栽が指示され，ヨモギ，ハギ，メドハギなどが使用されるようになった．

ヨモギは当初国内産が使われていたが，1985年頃から韓国産の輸入ヨモギに切換えられ，その後中国東北部からも輸入されるようになったという．これらの種子（痩果）は山採りであったため，ヨモギ以外のヨモギ属やキク属が混入したものと思われる．

●問題点と対策

施工法面以外への分布の拡大や，在来個体群，近縁種との交雑による遺伝的汚染が懸念される．この点に関して早急な実態調査が望まれる．特にヨモギは，輸入された種子が大量に撒かれているため，危機的な状態にあると考えられる．キク属に関して言えば，自生のキクタニギクや交雑可能な固有種リュウノウギクの分布域では，輸入ヨモギを使った法面緑化は避けるべきである．

イワヨモギやキクタニギクは，これまで記録のない地域で新分布とみなされたり，希少種として県レッドリストに入れられたりしている例がある．本来の生育地も法面であるので紛らわしいが，比較的新しい法面に発見された場合は外来を疑ってみる必要がある．

法面に出現したイワヨモギ（上）とキクタニギク（右）

参考文献

伊藤隆之（1996）最近，東予地方周辺の林道法面に出現するキク類とヨモギ類について．愛媛高校理科 33：59-63.

梅原徹ほか（1990）箕面川ダム貯水池周辺の植生と植物相の変化．平成元年度箕面川ダム自然回復工事の効果調査報告書，pp.9-24, i-ii. 大阪府.

長田武正（1976）原色日本帰化植物図鑑．保育社.

中田政司ほか（1995）最近道路法面に発見されるキクタニギクとイワギクについて．植物地理・分類研究 43：124-126.

セイタカアワダチソウ　〜刈り取りが有効な植生管理法　　　　服部　保

●原産地と生態

　北アメリカ北東部原産のセイタカアワダチソウは明治中期に国内に持ち込まれ，第二次世界大戦後急激に分布を拡大したキク科の多年生草本である．繁殖は，種子および地中を密に走る地下茎による．地上茎は密生し，高さ3mにも達する．国内では沖縄県から北海道まで広く分布し，特に大都市近辺の空き地や河川での密度が高い．

●分布拡大のしくみ

　本種がこれほど短期間に全国各地で優占種となったのには，いくつかの要因がある．第一は，種子および地下茎による繁殖力の旺盛さである．種子から発芽した個体でも条件がよければ，その年に10万程度の花を付けることもある．また本種は虫媒花なので，結実するためには訪花昆虫が必要であるが，その役割をイエバエ，ニクバエ，キンバエといった衛生害虫類，ミツバチ，ハナアブ類などの都市近郊にも生息できる昆虫が担っている．結実後の種子散布は風によるので，広い地域に拡散可能となる．一度定着すると地下茎によって急激に広がり，2〜3mという高茎によって先住者を駆逐し，完全な優占群落を形成する．他の種が生育できないのはアレロパシー（他感作用）ではなく，光をめぐる競争で優位に立つことによる．

　第二は，乾燥に対する抵抗力の強さである．このため，河川敷や都市の空地など夏季に水分が極端に低下するような立地でも生育可能となる．

　第三はセイタカアワダチソウの繁茂できるような立地が用意されたことである．戦後，河川敷の整備，都市域の空き地，各種造成などによって撹乱された立地が各所に形成されたことが，本種が繁茂した大きな要因であろう．

●植生管理

　セイタカアワダチソウは新しく造成された撹乱立地に侵入して優占するほか，既存の様々な草原にも侵入し，在来種を駆逐する．本種を除草することは，各種草原の種多様性を維持するうえでもたいへん重要である．

　薬剤による除草や抜根除草は，安全性や経済性の点で問題が残る．淀川（大阪府）において，刈り取りによる本種の駆除を試みた例がある．2カ年にわたる実験結果を見ると，年1回の刈り取りでは草丈は低くなるものの優占状態は変わらないが，年2回では草丈の低下が著しくなると共に優占程度の減少が目立つ．年3回では草丈，優占状態とも著しく低下し，年4回でその傾向はさらに強くなる．よって年3回以上の刈り取りはセイタカアワダチソウの繁茂を充分抑え込むことが可能で，年2回でも他種の生育が可能となり，優占化を阻止できると思われる．国管理の河川の堤防で，近年本種の繁茂が極端に減少したのは，年2回以上の草刈りが施されていることによっている．

　なお本種は虫媒花であり，ヨモギやブタクサのような花粉症の原因とはならない．

参考文献
浅井康宏（1993）緑の侵入者たち―帰化植物のはなし．朝日新聞社．
榎本敬・中川恭二郎（1977）セイタカアワダチソウに関する生態学的研究．雑草研究 **22**: 26-32.
服部保（1973）侵略植物．*EDA* **0**: 17-18.
服部保ほか（1993）河川草地群落の生態学的研究Ⅰ．セイタカアワダチソウ群落の発達および種類組成におよぼす刈り取りの影響．人と自然 **2**: 105-118.
松岡清久ほか（1979）セイタカアワダチソウの対策研究．（財）日本科学協会．

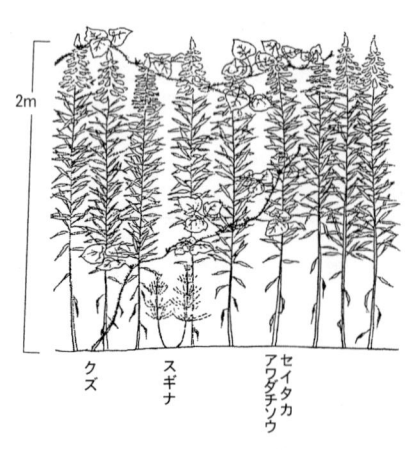

セイタカアワダチソウ群落の植生断面図

オオブタクサ　～河原に侵入して在来種を駆逐　　　　　　鷲谷いづみ

●原産地と生態

　オオブタクサは北米原産の一年草である．本来の生育場所は氾濫原の水はけのよい立地とされるが，原産地でも農耕地に侵入して厄介な害草となっている．また，空き地などに群生し，その風媒花が大量の花粉を飛散させることから，北アメリカにおける代表的な花粉病である枯草病の最も重要な原因植物とされている．

●侵入経路と分布拡大のしくみ

　そのオオブタクサが日本に入ってきたのは，戦後間もない昭和20年代であるとされる．敗戦後，日本はアメリカから大量の穀物や豆類を輸入するようになった．雑草として畑に生育するオオブタクサの種子が輸入大豆や飼料用の穀物に混ざって日本国内に持ち込まれ，異物として捨てられることによって河原や造成地などに広がったものと考えられている．

　種子が大きく，動物や風などによる分散のしくみを持たないため，水で運ばれるか，工事などで土が動かされるときにだけ，分散や分布拡大が可能である．そのため，この植物がよく見られるのは河原や造成地などに限られる．もともと氾濫原で進化したと考えられるこの植物にとって，富栄養化した河原は，特に好適な生育場所のようである．オオブタクサは，しばしば増水の撹乱に見舞われ，しかも生産性が高く植物間の競争の激しい生育場所に優占するにふさわしい生態的な特性を持つ．一年生で永続的な土壌シードバンクをつくり，種子が大きく，他種に先駆けて春早く発芽するといった特性である．

　土壌シードバンクをつくることで，定期的な撹乱にも予測不能な撹乱にも耐えることができる．大きな種子から大きな芽生えが生育期の早い時期に生じ，しかも成長も速いため，一年生にもかかわらず，多年草との競争にも太刀打ちできる．そのため，オオブタクサは，ときどき増水によって撹乱を受けるようなオギ原にも侵入することができる．

●対策

　広葉植物であるオオブタクサが侵入したオギ原は，群落内が暗くなり，他の植物が生育しにくい．さいたま市の荒川河川敷にある田島ヶ原サクラソウ自生地において1993年に実施された調査では，オオブタクサの個体密度の高い場所ほど植物の種多様性が低いことが示された．自生地の植生を保全するために，芽生えの抜き取りによるオオブタクサの駆除が実施された．その際，土壌シードバンクを考慮した個体群動態のモデルを用いて，芽生えをどの程度抜き取れば個体群を抑制できるか検討された．

オオブタクサ

参考文献

長田武正（1976）原色日本帰化植物図鑑．保育社．
西山理行ほか（1998）オオブタクサの成長と繁殖に及ぼす光条件の影響．保全生態学研究 3：125-142．
宮脇生成・鷲谷いづみ（1996）土壌シードバンクを考慮した個体群動態モデルと侵入植物オオブタクサの駆除効果の予測．保全生態学研究 1：25-47．
鷲谷いづみ・森本信生（1993）日本の帰化生物．保育社．
鷲谷いづみ（1996）オオブタクサ，闘う―競争と適応の生態学．平凡社．
Washitani, I. & Nishiyama, S. (1992) Effects of seed size and seedling emergence time on the fitness components of *Ambrosia trifida* and *A. artemisiaefolia* var. *elatior* in competition with grass perennials. *Plant Species Biology* 7：11-19.

オオマツヨイグサ 〜減少しつつある外来植物　　　　　　　　　　可知直毅

●侵入の経緯と生態

　オオマツヨイグサの系統的起源は明らかではなく，北アメリカ原産の野生種をもとにヨーロッパで作られた園芸品種と推定される．明治初期に北アメリカ経由で日本に入り，野生化して全国に広がった．開けた痩せ地，路傍，鉄道線路沿いなどにみられるが，耕地の強害雑草にはならない．

　花期は6月から9月．夕刻に開花し，花は翌朝日光に当たると萎れる．自家和合性であるが，開花時は柱頭が葯から離れているため，スズメガなどによる他家受粉も起こりやすい．ただし，花がしぼむ際に自家受粉が起こるため，ポリネータ（花粉の運び手）がいなくても稔実率は高い．

●可変性二年草としての生活史

　本種は，秋か春に発芽し，ロゼットで数年間栄養成長期を過ごした後，夏に開花結実して枯死する1回繁殖型の生活史を示す．開花中のオオマツヨイグサの群落の中には，その年には繁殖しない様々な大きさのロゼット個体が見られる．これは，ある一定以上の大きさに成長したロゼットのみが抽だい（花茎が急激に伸びること）するというサイズ依存的な繁殖様式のためである．

　ロゼットが抽だいするには，冬の低温を経験した後に長日のもとに置かれる必要がある．オオマツヨイグサに見られるサイズ依存的な繁殖は，長日の日長刺激を受けるために，ある一定以上のロゼット葉を必要とすることによる．したがって，オオマツヨイグサは，肥沃な土壌ではロゼットの成長が早まるために越年草になり，痩せた土壌では三〜六年草になるというように，生育地の環境に応じてその生活史を変える．

●他のマツヨイグサ属植物との関係

　『Flora of Japan』（1999）にはマツヨイグサ属が11種記載されているが，すべて外来植物である．マツヨイグサ属は種間での雑種形成がみられるのに加え，減数分裂の際に染色体が環状に連結し相互転座が起こるため，様々な遺伝的変異が生ずる．そのため分類が難しい．

　オオマツヨイグサは土壌シードバンクを作らないため，撹乱頻度の高い生育地では個体群を維持できない．耕作跡地や土地造成跡地には，土壌シードバンクをつくり，かつ繁殖臨界サイズが小さいため，世代期間が短いアレチマツヨイグサが優占する．また，かつてオオマツヨイグサが優占していた海岸砂丘には，匍匐性のコマツヨイグサが侵入し勢力を拡大している．

●生育の現状と生態的影響

　オオマツヨイグサが優占する生育地は，海岸砂丘や海岸埋立て地のように痩せた開放地であるが，近年こうした生育地が減少するのに伴い本種は減少傾向にある．現在オオマツヨイグサは都市域やその郊外ではほとんど見られなくなり，分布の中心は山間部に移ってきている．生育地を共有する在来種（カワラヨモギなど）に対する生態的影響は小さいと考えられる．

参考文献
長田武正（1972）日本帰化植物図鑑．北隆館．
可知直毅（1986）二年生草本の生活史の進化．日本生態学会誌 **36**：19-27．
Iwatsuki, K. *et al.* (1999) *Flora of Japan vol. II c Angiospermae Dicotyledoneae Archichlamydeae (c)*. Kodansha, Tokyo.
Kachi, N. (1990) Evolution of size dependent reproduction in biennial plants: a demographic approach. In: *Biological approaches and evolutionary trends in plants* (eds. Kawano, S.), pp.367-385. Academic Pres, London.

オオマツヨイグサ

シナダレスズメガヤ ～鬼怒川砂礫質河原への侵入と影響

村中孝司
鷲谷いづみ

●鬼怒川の河原への侵入状況と予測される影響

利根川水系鬼怒川は関東地方有数の急流河川である．中流域には砂礫質河原が広がり，カワラハハコやカワラノギクなどの河原固有の植物が多く生育する．しかし近年，外来牧草シナダレスズメガヤの侵入が目立ち，砂礫質河原の植生が大きく変化しつつある．

1996年に鬼怒川中流の5カ所の河原でトランゼクト法による植生調査を行ったところ，河原固有種が優占する植生が残されている中流域の上流側（利根川合流点から88～104 km上流）でシナダレスズメガヤの出現頻度が高く，河原固有植物が競争によって排除されつつあることが示唆された．

●シナダレスズメガヤの分布拡大と生態的特性

本種は，南アフリカの乾燥・半乾燥地域の草原に自生するイネ科の多年生草本である．根，茎，葉のいずれも細く密生して株立ち状となるため，不安定な土壌を固定する効果があり，砂防用の緑化植物として広く用いられている．日本では戦後に導入されて，中山間地域の道路法面の緑化・浸食防止，砂防工事などに広く用いられてきた．

現在，多くの河川に生育が見られるが（国土交通省直轄の123河川中105河川で分布），工事で使われた場所で生産された種子が水などで分散して分布を広げているものと思われる．

鬼怒川の河原では，シナダレスズメガヤは7～8月頃に種子を生産する．種子には特別な休眠は認められず，散布直後から現地で実生が観察される．シナダレスズメガヤが比較的高い密度で生育

シナダレスズメガヤ

している河原では，1 m^2 当たり平均約16000，最大では約87000もの種子が生産される．

●洪水に対する抵抗性

1998年の秋に台風で河原一帯が冠水して，シナダレスズメガヤ侵入初期の植生が破壊された．トランゼクト法による植生調査を実施したところ，多くの植物種の出現頻度が洪水前に比べて低下したのに対し，本種の出現頻度は翌年以降むしろ著しく増加し，洪水に対する大きな耐性を持っていることが示された．また洪水後，本種の実生が河原一帯に見られた．河川の上流域に本種が生育すると，そこが種子の供給源となって，周囲，特に下流側に種子が供給されることが考えられる．

●河川植生への影響と対策

シナダレスズメガヤが河原に侵入すると，冠水時に砂を堆積して河原の微地形を改変すると言われている．洪水にも強い本種は，いったん優占すると被陰や基盤環境を変化させることで，河原固有種の衰退をもたらしている可能性がある．実際に，河原で本種が優占するハビタット（生育環境）では，カワラノギクの実生の生存率や開花個体率が有意に低下することが，野外実験から明らかとなっている．

すでにシナダレスズメガヤが侵入した河川において河原本来の植生を取り戻すためには，本種を機械的に除去し，砂礫質の基盤環境を回復させた上で，河原固有の植生の回復をはかるなどの対策が必要であると思われる．

参考文献

外来種影響・対策研究会（2001）河川における外来種対策について［案］．リバーフロント整備センター．

中坪孝之（1997）河川氾濫原におけるイネ科帰化草本の定着とその影響．保全生態学研究 **2**: 179-187.

村中孝司・鷲谷いづみ（2001）鬼怒川砂礫質河原の植生と外来植物の侵入．応用生態工学 **4**: 121-132.

鷲谷いづみ（2000）生物多様性を脅かす「緑の」生物学的侵入．生物科学 **52**: 1-6.

Matsumoto, J. et al. (2000) Whole plant carbon gain of an endangered herbaceous species Aster kantoensis and the influence of shading by an alien grass Eragrostis curvula in its gravelly floodplain habitat. Ann. of Bot. **86**: 787-797.

ケナフ ～「環境ブーム」がもたらす善意の自然破壊 ─────── 畠　佐代子

●生態

　原産地はアフリカ西部．大型の一年草で高さ2m以上に生育する．国内では草丈6m，下部の直径10cmという記録がある．時に多年草化し，根茎でも繁殖する．茎の繊維は固く，布・ロープ・製紙等に利用できるため，世界各地で栽培されている．原産地およびアジア諸国では畑地の害草として知られている．また，アフリカ・アジア・北米で栽培地から逸出し，路傍・荒れ地等で野生化している．

●侵入の経緯と現状

　栽培作物として意図的に導入され，1930年代に宮崎県で試験栽培されたが，本格的な導入には至らなかった．1990年代に地球温暖化が深刻化すると，「CO_2の吸収能力が高い」「繊維が木材パルプの代替えになる」等の性質から，「温暖化防止の救世主」「環境に優しい植物」として注目され始めた．90年代後半には，インターネットの普及やマスコミの宣伝もあり，全国に栽培が広がった．ケナフ普及団体・学校・自治体・企業が積極的に植栽・種子の無料配布・販売運動を展開し，道路脇・田畑の畦・河川敷の自然植生を刈り取ってケナフを植える行為も目立ち始めた．

　現在までに国内では野生化の報告はないが，露地栽培の株から発芽能力のある種子が採取されており，その可能性は否定できない．亜熱帯原産で種子の越冬は不可能と言われていたが，2001年，静岡県清水市で露地栽培の株から種子が「さや」に包まれたままの状態で自然落下・発芽し，野生化の可能性が確認された．同年，宮崎県では屋外の放置株が越冬後に新芽を出したという報告もあり，国内でも多年草化の兆候が見える．種子が大きく初期成長が早いため，いったん定着すると群落内の優占種になり得る．種子の分散方法はよくわかっていないが，風・雨・動物・人間等によるようである．特に河川敷では発芽種子がさやごと落下して徐々に分布を拡大し，オギ・ヨシ群落に侵入する危険性がある．

●対策

　洪水等による種子の分散以外に，故意に自然環境下に種子が散布される場合もあるため，種子の管理を確実にする必要がある．耕作地・校庭・自宅の庭等の管理できる場所以外では，絶対にケナフを植えないこと．すでに植えてしまった場合は，完全に種子を回収する．沖縄・奄美・小笠原諸島の亜熱帯地域では多年草化の恐れもあり，特に厳重な管理が必要である．環境教育やイベント等でケナフを扱う場合は，野生化について注意を喚起するとともに，これ以上自然植生を犠牲にするような安易なケナフ栽培を行わないよう啓蒙する．「環境にやさしい」というイメージだけで，個人や自然保護グループが種子を無差別に河川敷等にばらまくケースもあるので，種子の販売・配布をする場合は，必ず「河川敷等管理できない場所には蒔かない」という管理上の注意書きを付ける．

　筆者は上記の呼びかけを1999年から行っているが，2001年現在，「ケナフを管理すべき」という認識が栽培推進派にも受け入れられ始め，徐々に成果は上がっている．

ケナフの花

参考文献

上赤博文・畠佐代子 (2000) ケナフが日本の生態系を破壊する？！. 佐賀自然史研究 **6**: 27-30.

竹松哲夫・一前宣正 (1993) 世界の雑草Ⅱ. 離弁花類. 全国農村教育協会.

Hutchinson, J. & Dalziel, J. M. (1958) Flora of West Tropical Africa. I, 2. London.

Wilson, F. D. (1978) Wild Kenaf *Hibiscus cannabinus* Malvaceae and Related Species in Kenya and Tanzania. *Econ Bot.* **32**(2): 199-204.

コカナダモとオオカナダモ 〜広い地域で普通種になった外来水草　　　角野康郎

●原産地と生態

コカナダモは北米原産の沈水植物で，湧水のように低温で貧栄養の水域から，やや富栄養化が進んだところまで幅広く生育する．日本への侵入年代を裏付ける資料はないが，1961年に琵琶湖で確認されたのが野生化の最初の記録である．

一方，南米原産のオオカナダモは，暖地のやや富栄養な水域で繁茂する沈水植物である．大正時代に植物生理学の実験材料として日本に導入され，古い論文には「カナダモ」の名前で登場する．金魚鉢に入れる藻としてもよく使われていた．

両種とも雌雄異株で，日本に野生化しているのはともに雄株のみであり，国内では「切れ藻」(植物体の断片)からの栄養繁殖によって増えている．

●全国への分布拡大

コカナダモは1960年代から70年代初頭にかけて琵琶湖全域に急速に広がり，オオカナダモにとって替わられる1980年代までは琵琶湖の優占種であった．その後，各地に分布を拡大したが，琵琶湖から出荷されるアユの稚苗といっしょに広がったと推測されている．尾瀬沼に侵入し，在来種を消滅に追いやるのではないかと騒がれたこともある．

一方，オオカナダモの野生化は1940年代に遡るが，注目されるようになったのは1970年代後半から80年代にかけての琵琶湖における異常繁茂以降である．現在，主に東北地方南部以南に分布するが，温泉からの温排水があるような特別な場所ではさらに北方でも生育が見られ，水温が分布の制限要因になっていることを示している．

コカナダモとオオカナダモでは，侵入・定着後に大繁茂した後，数年経つとしばしば群落が衰退する例が知られている．その要因についてはいくつかの説があるが，各地に分布する集団は栄養繁殖によって広がった同一のクローンであることが示唆されており，遺伝的変異の欠如が急速な衰退の一因になっている可能性がある．

●両種の今後の予測と対策

西日本における河川・水路などの流水域では，コカナダモとオオカナダモの出現頻度は在来種のエビモに次いで高い．ここまで広がった外来水草は他に例がない．今や日本の水生植物群集の構成員になりきった感がある．

今後は，在来種を圧迫するような過繁茂状態が起こらないようにコントロールする術が重要であろう．河川改修工事等によって環境構造が単純になった場所では，これらの種だけが繁茂して他種を排除するおそれが大きい．完全な防除は困難でも，早目の対応が肝要である．

参考文献

生嶋功 (1972) 水界植物群落の物質生産Ⅰ 水生植物．共立出版．
生嶋功 (1980) コカナダモ，オオカナダモ—割り込みと割り込まれ．「日本の淡水生物—侵略と攪乱の生態学」(川井禎次ほか編), pp.56-62. 東海大学出版会．
角野康郎 (1988) 西日本におけるオオカナダモとコカナダモの分布．水草研会報 **33・34**: 47-51.
角野康郎 (1994) 日本水草図鑑．文一総合出版．
角野康郎 (1997) 中池見湿地の水生植物の保全．関西自然保護機構会報 **19**: 103-108.
栗田秀男・峰村宏 (1985) 尾瀬沼におけるコカナダモの侵入と在来水生植物群落の変化．水草研会報 **20**: 11-15.
Kadono, Y. et al. (1997) Genetic uniformity of two aquatic plants, *Egeria densa* Planch. and *Elodea nuttallii* (Planch.) St. John, introduced in Japan. *Jpn. J. Limnol.* **58**: 197-203.

オオカナダモ

ボタンウキクサ ～ホテイアオイをしのぐ繁殖力 　　　　　　　　　角野康郎

●原産地と生態

ボタンウキクサ（別名ウォーターレタス）は，世界の熱帯～亜熱帯地域に広く分布する多年草で，ロゼット状に葉を広げて水面に浮遊する水生植物である．走出枝を伸ばして次々と子株，孫株をつくり，温度，光，栄養の3条件がそろうと急激に増殖する．熱帯や亜熱帯地域では湖沼や河川の水面を覆い尽くし，船の航行や漁労を不可能にする「害草」となり，各地で問題を引き起こしてきた．

●侵入経路と分布拡大の背景

日本へは，観賞植物として大正末から昭和初期にかけて沖縄県に入っていたという記録がある．そのボタンウキクサが，ここ数年，西日本を中心に各地で野生化し，異常な繁茂ぶりを見せている．

1枚の葉が30cmを超えるお化けのようなボタンウキクサが水面を覆い尽くす現場を見れば，その増殖力のすさまじさに驚くほかはない．かつて西日本の各地域でホテイアオイが繁茂し，その除去のために莫大な費用と労力が費やされたが，今やボタンウキクサが主役にとって替わる勢いである．パワーショベルで何度すくい上げても一向に水面が開けないほどのボタンウキクサの密度は，その繁殖力のすごさを物語っている．分布の拡大は，「世界で最も厄介な水生雑草」と呼ばれたホテイアオイ以上の速さで進んでいる．

このように急速に分布を拡大した理由は，最近の水辺ブーム，あるいは「ビオトープ」の流行と無縁ではない．身近なホームセンターや園芸店の店頭の水辺コーナーの定番商品の一つがボタンウキクサなのである．しかも，極めて安価である．

形の珍しさから気軽に購入したボタンウキクサが，自宅で増えて水槽いっぱいになる．そこで近所の池か川に捨てる．捨てる本人に悪気はなく，むしろどこかで元気に生き延びてほしいという気持ちからの行動なのだろうが，このような不用意な行為が野生化の発端になっている．

ボタンウキクサは寒さには弱いので冬を越せず，翌年には消えてしまう場合も少なくない．しかし，草の陰や温排水のある場所で越冬した植物体から再び広がるケースも増えている．また，結実した種子が越冬して発芽した事例も報告されている．

●早くに歯止めを

ボタンウキクサの分布拡大を防ぐ手だては二つある．一つは野放しになっている流通を規制すること，特に，「ビオトープ」の流行に便乗した商法は即刻止めてもらいたい．

もう一つは，不用意な逸出を防ぐための啓発である．これらの問題は，いずれの外来生物にも共通する課題だが，一度，ボタンウキクサの繁茂の現場でどのようなことが起こっているかを実見するのが，問題認識の第一歩かもしれない．

参考文献

淺井康宏（1993）緑の侵入者たち 帰化植物のはなし．朝日新聞社．
持田誠・三浦善裕（2001）淀川ワンドのボタンウキクサ．水草研会報 **72**: 1-4.
山本博子・藤井伸二（1996）ボタンウキクサの種子越冬と発芽の記録．水草研会報 **59**: 17-18.
Cook, C. D. K. (1990) Origin, autecology, and spread of some of the world's most troublesome aquatic weeds. In: *Aquatic Weeds-The Ecology and Management of Nuisance Aquatic Vegetation* (eds. A. H. Pieterse and K. J. Murphy), pp.31-38. Oxford Univ. Press.

ボタンウキクサ

イチイヅタ ～キラー海藻，日本海へ侵入

小松輝久

●原産地と生態

イチイヅタはインド洋，沖縄以南からオーストラリア北部までの太平洋，カリブ海の熱帯・亜熱帯海域のサンゴ礁の浅い海に分布する緑藻である．仮根，匍匐茎，葉状部からなり，雌雄同株で，有性生殖と栄養生殖の両方を行う．

●地中海およびアメリカ西岸への侵入

1984年，モナコ海洋博物館の排水口直下の海底で，1 m^{2}の本種の群落が初めて地中海で発見された．その後，アンカーや漁網により西部地中海のクロアチア，イタリア，フランス，スペイン，チュニジアに拡大し，2000年末では131km^{2}に及んでいる．モナコ海洋博物館のイチイヅタは，ドイツのシュツットガルト動植物園で1970～80年代に輸入され栽培されていた株が，フランスの熱帯水族館を経由して，1983～84年に贈られたものである．長期間の水族館での栽培により，低水温に耐性のある株に変異したか，選抜されて残ったものが流出したと考えられている．2000年にはアメリカ西岸でも確認されたが，これは水槽で栽培されていた株が自然界に流出したものと推定されている．

●地中海－水槽栽培型株の生態学的特徴と海域への影響

地中海－水槽栽培型株の特徴は，丈が50～80 cmにまで達すること（熱帯域のものは2～25cm），栄養生殖でしか増殖しないこと（したがって遺伝的な変異が小さい），致死最低水温が9～10℃以下と耐寒性が高いこと，どんな基質でも生育できること，海ではコーレルペニンという毒の含有量が熱帯のものよりも10倍も多いことである．

地中海での分布深度はおよそ1～100mと非常に広い．毒性を持ち，藻食性の動物から自己防御しているので，侵入した地中海では本種を食べる動物がおらず爆発的に増殖している．繁茂していた海草との競争に勝ち，海草藻場は本種の群落に置き換わっている．このため，海産動物の産卵・保育・生息の場である藻場および本来の食物連鎖を破壊するので「キラー海藻」と呼ばれている．

●日本海への侵入

本種は見栄えがよく水質をよくするという理由から，日本でも1980年代後半から熱帯魚店で販売され，水族館で展示され始めた．能登島水族館では1991年に入手した海藻片を増やし，1992年頃から約2年間，夏季に限って海水を直接排出する屋外水槽で栽培したところ，排水口付近に2年続けて1～2m^{2}程度の群落が生じたが，冬季水温が8℃近くまで下がったため消滅した．この株の遺伝子解析の結果，地中海－水槽栽培型であった．

●影響と対策

わが国でも冬季最低水温が10℃を下回らない海域でこのような株が流出した場合には，地中海と同様の問題が生じる可能性がある．本種が侵入・増殖すると，海底の在来植生が失われるため，そこにすむ魚介類の数や種類の減少が予測される．経済的被害も含め，影響は非常に大きいと考えられる．外国では，ダイバーによる除去や黒いシートで覆う方法がとられているが，完全に除去する方法はまだ見つかっていない．したがって，水族館や個人の水槽で栽培しているイチイヅタの海への投棄や流出を防ぐとともに監視を続けること，および一般の人々への啓蒙普及が最重要である．

参考文献

内村真之（1999）地中海のイチイヅタ．藻類 **47**: 187-203.
Jousson, O. *et al.* (2000) Invasive alga reaches California. *Nature* **408**: 157-158.
Komatsu, T. *et al.* (1997) Temperature and light responses of alga *Caulerpa taxifolia* introduced in the Mediterranean Sea. *Mar. Eco. Prog. Ser.* **146**: 145-153.
Meinesz, A. (1997) Le roman noir de l'algue " tueuse ". Belin. Paris. ("Killer algae" translated by D. Simberloff, 1999, Chicago Univ. Press. Chicago.)

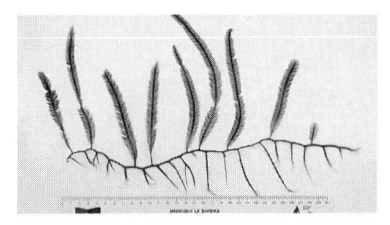

イチイヅタ

ハリエンジュ ～かつての救国樹種が山・川・農地に逸出，厄介者に————前河正昭

●導入の経緯

ハリエンジュ（ニセアカシア）は北米東部原産の高木である．初夏に咲く白い花房と甘い匂いは，「アカシアの雨が止む時」，「アカシアの大連」など，詩や小説にも登場し，多くの人に親しまれている．また，養蜂・薪炭用樹種としての有用性も持っている．日本には1873年に持ち込まれ，その後，砂防樹種，街路樹等の緑化樹種として利用された．特に戦後の国土復興に際しては，救国樹種とまで呼ばれ，盛んに緑化に利用された．現在では，山腹，渓流，河原，海岸，放棄耕作地など実に様々な立地へ侵入しているが，それらは過去の緑化施工地からの逸出によるものと考えられる．しかし，過去の導入履歴の記録が残っていることは少なく，その侵入経路や分布拡大のパターンを特定することはむずかしい．

●様々な侵入立地と生態

長野県の梓川では，上流部のダム建設の後に急激に河川内の森林化，すなわちハリエンジュ群落およびハリエンジュとヤナギの混交林が増加していることがわかり，今後，植生景観の多様性が低下することが予想されている．石川県安宅の海岸林では，ハリエンジュの純林化が進むにつれて群落の種多様性が低下することや，植生の成帯構造が特異なものになることなどが示唆されている．

また，砂防緑化で本種が導入された山地渓流部においては，ハリエンジュが高木性の在来種に比べて樹幹の傾斜が大きく，根返り後の根萌芽による更新が見られる．このように本種は，樹形の可塑性の大きさによって不安定な立地への適応性を高めていると考えられる．

●除去および分布拡大阻止の対策

治山・砂防地で植栽され分布拡大・定着したハリエンジュを除去して，在来樹種主体の森林に誘導する林相転換事業が，1996年から松本市牛伏川で事業化されている．除伐したハリエンジュの萌芽・根萌芽による再生や，シカ，カモシカによる植栽苗木の食害など，解決すべき課題はあるが，長期的な施業計画と，状況に応じたきめ細かい対応ができるかどうかが，事業の成否を左右するであろう．荒廃渓流に限らず，河川内，放棄された耕作地や農用林（里山）など，様々な侵入立地での植生管理事例の蓄積が望まれるところである．

国土交通省は今後排除すべき有害な外来種のリストの中にハリエンジュを挙げているが，このような植生管理を国家レベルで実現するためには，分布動態を把握するためのモニタリングが不可欠であろう．しかし，環境省で現在整備されている現存植生図は，図化精度の関係からハリエンジュ群落の小規模なパッチの分布情報は欠落しており，そのままでは植生管理計画のためのベースマップとして利用できない．高解像度衛星などによる広域的な分布動態の把握や地理情報システムを用いた分布拡大予測は，今後の植生管理のための重要な課題である．なお，養蜂業等の既得の地域産業との合意形成も，検討すべき課題である．

参考文献

倉田益次郎（1949）造林学全書第4冊 特用樹種．朝倉書店．
前河正昭・中越信和（1996）長野県牛伏川の砂防植栽区とその周辺における植生動態．日本林学会論文集 **107**: 441-444.
前河正昭・中越信和（1997）海岸砂地においてニセアカシア林の分布拡大がもたらす成帯構造と種多様性への影響．日本生態学会誌 **47**: 131-143.
前河正昭（2001）GIS,現存植生図および重回帰モデルを用いたニセアカシア群落の分布推定—長野県東信地域の事例—．長野県自然保護研究所紀要 4 別冊 **1**: 343-349.
Maekawa, M. & Nakagoshi, N. (1997) Riparian landscape changes over a period of 46 years on the Azusa River in Central Japan. *Landscape and Urban Planning* **37**: 37-43.
臼井英次（1993）アカシア—花降る木陰 植物文化史157．遺伝 **47**: 58.

アカギ 〜小笠原で在来樹種に置き換わり，猛威を振るう

山下直子

●原産地と導入の経緯

アカギは，雌雄異株の，トウダイグサ科に属する常緑または半常緑広葉樹で，沖縄，東南アジア，ポリネシア，熱帯オーストラリアが原産地である．

小笠原への本種の導入は1900年代初めと言われている．開拓により森林の大部分が畑に転換され，鰹節や砂糖製造の燃料材として山から大量の木が切り出された．その結果森林は荒廃し，薪炭材用の代替樹種を造林する必要が生じ，本種を含む熱帯原産の成長の速い樹種がいくつか植栽された．

当初アカギは，小笠原の気候に最も適した将来有望な造林樹種と期待されていた．しかし，やがて始まった第二次世界大戦を経て，返還後も利用されないまま放置され，その間，造林地から鳥散布によって運ばれた種子が天然林で次々と更新し分布を拡大していった．現在では，林冠ギャップ（風倒，老化などで林冠が断続されてできた空間）や撹乱地を中心に在来樹種に置き換わり，純林を形成しつつある．中には胸高直径が1m近くまで育った大木もあり，通直な幹と青々とした複葉を持つその悠然とした姿は，島に太古から存在しているような風格さえ感じさせる．

●増加のメカニズム

小笠原では，本種は比較的湿潤な立地に好んで分布し，特にシマホルトノキやウドノキ，オガサワラグワなどで構成される湿性高木林で侵入が著しい．12月から1月にかけて大量の果実をつけ，それがヒヨドリなどによって散布される．

アカギは在来種に比べて，発生する実生の数とその生存率が高く，林内で大量の実生バンクが形成されている．光の変化に対しても高い生理的馴化能力を持ち，台風などの撹乱によって林冠ギャップが形成されて光条件が好転すると，一斉に成長しギャップを埋め尽くす．湿性高木林を構成する多くの在来樹種が林冠ギャップに依存した更新様式を持つため，本種によるギャップの占拠は，在来樹種の個体数を減少させる．また在来樹種と比べ外来種のクマネズミによる種子食害が少ないことも，侵入成功に貢献している．

アカギの成木

●対策

森林を構成する樹木の約75%が固有種である貴重な小笠原の森林生態系は，今，アカギの侵入によってその生物多様性の維持が脅かされている．本種の繁殖抑制と在来樹種の保全には，まず種子源である雌木の駆除が不可欠である．種子散布の停止後に発生する実生の駆除も欠かせない．地上部が刈り取られてもすぐに萌芽再生するので，確実な枯殺方法の確立が急務である．現在，環状剥皮や萌芽抑制剤を用いた方法が検討されている．

しかし，本種は急峻な山の斜面にも生育しているため，全島を対象とした駆除は容易ではなく，かえって崖崩れなどを起こしかねない．よって，アカギの優占度や在来樹種の分布，土地の利用形態などから，アカギを駆除する地域としない地域に区画分けを行い，駆除した地域においては積極的に在来種を育成する必要がある．原植生の復元には自然の再生力を生かした天然更新に期待したいが，天然更新が困難な樹種では，植栽や埋土種子が形成されている土壌を用いる方法も取り入れるべきである．在来樹種の種子を食害するクマネズミの個体数を減らすことも，一つの手段である．

参考文献
清水善和（1988）小笠原諸島母島桑の木山の植生とアカギの侵入．地域学研究 **1**: 31-46.
田中信行・桜井尚武（1996）アカギ．「熱帯樹種の造林特性 第1巻」（森徳典ほか編），pp.126-131. 国際緑化推進センター．
Yamashita, N. *et al.* (2000) Acclimation to sudden increase in light favoring an invasive over native trees in subtropical islands, Japan. *Oecologia* **125**: 412-419.

ギンネム(ギンゴウカン) ～南西諸島と小笠原諸島で繁茂する樹木——山村靖夫

●原産地と生態

ギンネムはメキシコおよび中央アメリカ原産のマメ科の小高木であり，肥料木や被陰樹，家畜の飼料など農用のほか，砂防用，小用材，薪炭材，パルプ用材などのため，世界の熱帯，亜熱帯地域で栽培されている．また世界中で植栽地から逸出して野生化し，土壌の薄い岩盤地では高さ1m前後，適湿土壌の平坦地では10mを超える密生した林分を形成している．原産地では，中湿ないしやや乾燥した立地の二次遷移初期種であり，陽地性で成長が速く，大量の埋土種子と強い萌芽再生能力により撹乱された土地に侵入する．

●侵入の経緯と分布拡大のしくみ

アジアへのギンネムの導入は古く，500年以上前に遡ると言われており，日本のギンネムは熱帯アジアから導入された．江戸時代末期（1862年）に小笠原にギンネムが植樹された記録があるが，砂防や小用材，緑肥などのために本格的に造林されるようになったのは，小笠原では明治時代初期（1879年）以降，沖縄では明治時代末期（1910年）以降とされている．

その後植栽地から周辺の空き地や道路沿いの撹乱地などに侵入し，特に戦中戦後には放棄された畑や宅地などに急速に分布を広げた．ギンネムは一度定着すると，強い再生能力のために駆除するのが難しく，問題視されてきた．

一般に，先駆的な樹種の森林は齢が揃っており，寿命により一斉に枯死して崩壊する性質を持つことが知られているが，戦後成立したギンネム林でも林齢30年を過ぎた頃から林分の崩壊が始まることが確認された．

これに追い打ちをかけたのが1985年以降のギンネムキジラミの大発生である（p.146参照）．この害虫は，毎年11月から4月頃にかけて大発生し，全面落葉させて新梢の成長や種子生産を著しく低下させる．これを契機に，ギンネムの勢力は衰えたが，1990年代以降はキジラミの発生も当初ほど激しくなくなっており，ギンネム林が再生したところもある．

土壌の不安定な斜面や風衝地，道路沿いなどの頻繁に撹乱される場所では，萌芽や実生更新によってギンネム林が維持されている場合が多い．

●自然保護上の問題と今後の対策

ギンネムは耐陰性が弱く，また種子散布力が弱いため，在来林に侵入する能力は低い．しかし，ギンネム林に近い場所での植生の破壊や裸地の造成は，新たな侵入を引き起こし，道路沿いの裸地は侵入の経路となる．このような場所での在来樹種の保護や植栽・育成が，ギンネムの侵入防止に効果的である．新たな侵入を防止できれば，既存のギンネム林の衰退によってギンネムの分布範囲は縮小するであろう．ただし，ギンネム林の崩壊後，他の外来性の植物が繁茂し，在来植生への遷移が進みにくいのが問題である．

小笠原では崩壊したギンネム林に侵略的な外来種であるアカギが侵入し，勢力を拡大している点に注意を要する．

参考文献

鈴木美津子ほか（2001）小笠原諸島父島の二次林における外来樹種ギンネムの動態．小笠原研究年報 **24**: 41-52.

中須賀常雄ほか（1990）ギンゴウカン群落に関する研究V．虫害後の林相回復．日本生態学会誌 **40**: 27-33.

船越眞樹（1989）小笠原諸島におけるギンネム林の成立—移入と分布の拡大をめぐる覚書　その3．小笠原研究年報 **13**: 59-72.

山村靖夫ほか（1999）小笠原におけるギンネム林の更新．保全生態学研究 **4**: 152-166.

吉田圭一郎・岡秀一（2000）小笠原諸島母島においてギンネムの生物学的侵入が二次植生の遷移と種多様性にあたえる影響．日本生態学会誌 **50**: 111-119.

ギンネム

緑化用外来牧草 ～全国の河原，空き地，造成地に広がる　　　　鷲谷いづみ

●広がる緑化用の外来牧草

今日，河原，造成地，空き地，道ばたなど明るい場所で外来牧草が目立つ．シナダレスズメガヤ，オニウシノケグサ，ネズミムギ，ホソムギ，カモガヤ，オオアワガエリなどが，河原や空き地に繁茂し，山間の林縁などにはハリエンジュやイタチハギなどが多く生育している．人が踏みつけるような場所であればどこにでもシロツメクサが生えている．これらの植物は，法面（のりめん）の保護，砂防，緑化の材料として，あるいは牧草地に草地改良のために導入されたものが逸出したものであり，いずれも全国的に広く分布している．

●一般的には厳しい環境条件に適した生態的特性

緑化に用いられるマメ科およびイネ科のこれらの植物は，原産国の荒れ地，氾濫原，乾燥地などで進化し，頻繁な撹乱，強い日射，乾きがちで栄養に乏しく崩れやすい土壌など，一般には植物の生育に適さない厳しい環境条件に適応している．そのような生態的特性は，斜面崩壊の防止や裸地の緑化などの利用目的によく適うものである．そのため，大量に種子が輸入され，土木工事で生じる法面等の保護・緑化に広く用いられてきた．様々な開発に伴って土地造成や人工的な地形改変が多く行われた地域ほど，これらの牧草や緑化植物が

はびこっている．さらに，草地改良や新たな牧草地の開発では，かつての牧野であったススキ草原やササ原が，外来牧草の草地に変えられる．そのような地域では，周囲の明るい場所に，カモガヤ，オオアワガエリなどの牧草が多く見られる．

明るい河原は特に外来牧草が侵入しやすい場所である．国土交通省が実施している「河川水辺の国勢調査」の結果（平成 6～11 年度）を見ると，調査が行われた109水系123河川のうちシナダレスズメガヤは 105 河川，オニウシノケグサは107河川で確認され，全国の河川に外来牧草が広がっていることがわかる．

●影響と対策

風媒花を咲かせる外来牧草は花粉症の原因植物ともなる．そのため生活域にはびこると，人の健康に直接の被害を及ぼす．初夏の花粉症は，イネ科牧草の花粉によってもたらされるものである．

一方，外来牧草がまん延することで，地域の生態系に深刻な影響が及ぶ場合もある．すでにある程度把握されている生態系への影響としては，1) 土壌への窒素蓄積や陰など，砂礫質河原の環境改変による河原固有の植物群落の衰退（p.199およびp.211参照），2) 道路法面に広範に餌場が確保されることで，シカの餌条件向上を介して冬季の死亡率の低下に寄与し，他の要因とも相まってシカの増加をもたらす，という問題を挙げることができる．緑化においては，その場所だけに目が向けられがちだが，種子分散を介した生態系全体への影響についても充分に配慮することがのぞまれる．

参考文献
外来種影響・対策研究会（2001）河川における外来種対策に向けて〔案〕．リバーフロント整備センター．
鷲谷いづみ（2000）生物多様性を脅かす「緑の」生物学的侵入．生物科学 52: 1-6.
鷲谷いづみ（2000）外来植物の管理．保全生態学研究 5: 181-185.
鷲谷いづみ（2002）不可逆的に生態系が変化した時代—外来植物の侵入．科学 72: 77-83.

表．法面緑化・砂防等によく利用されている外来植物

科	和名	英名・商品名
マメ科	ハリエンジュ	
	イタチハギ	
	シロツメクサ	ホワイトクローバー
イネ科	コヌカグサ	レッドトップ
	ギョウギシバ	バミューダグラス
	カモガヤ	オーチャードグラス
	シナダレスズメガヤ	ウィーピングラブグラス
	オニウシノケグサ（交配品種）	ケンタッキー31フェスク
	オニウシノケグサ	クリーピングレッドフェスク
	ネズミムギ	イタリアンライグラス
	ホソムギ	ペレニアルライグラス
	アメリカスズメノヒエ	バヒアグラス
	オオアワガエリ	チモシー
	ナガハグサ	ケンタッキーブルーグラス

飼料畑にまん延する外来雑草 〜自然生態系への広がりの恐れ────清水矩宏

農林水産省草地試験場の外来雑草プロジェクトでは，最近，飼料畑で見慣れない雑草が急増しているという情報に基づき，1993年と1996年に全国的な発生状況の調査を行った．飼料畑とは，トウモロコシなど，家畜の飼料となる一年生作物が栽培されている畑のことである．調査の結果，予想以上に多様な外来雑草がまん延していることが判明した．これらの中には生態的にも未知の種が多数含まれており，作物生産に被害を与えるだけでなく，管理し得る農耕地から自然生態系への拡散も懸念され，生態系や生物多様性保全といった観点からも見過ごすことができない．

● 想像を超える広がりと被害

全国的にまん延しているものとしてはイチビが最たるもので，すべての都道府県で多発していた．さらに，ハリビユ，アレチウリ，ワルナスビ，シロバナチョウセンアサガオなどがほぼ全国的に発生していることがわかった．この他にも，オオケタデ，ヨウシュヤマゴボウ，ホソアオゲイトウ，カラクサガラシ，アメリカセンダングサ，アメリカオニアザミ，ハキダメギク，ショクヨウガヤツリ（キハマスゲ），セイヨウタンポポ，マルバルコウ，セイヨウヒルガオ，アメリカイヌホオズキ，オオクサキビもかなりまん延していた．

この中で注目すべき点としては，熱帯原産であるため従来西南暖地に限定されていたハリビユが，群馬県の河川敷の放牧草地に群生していたり，東北地方まで発生していた．また，栃木県で発見された多年生のショクヨウガヤツリの分布が，全国的にかなり広がっていることもわかった．

これら外来雑草の発生は，今のところトウモロコシやソルガムの栽培されている飼料畑が中心であるが，普通畑，転換畑，樹園地，野菜畑など農耕地全体に拡大してきている．特に，ワルナスビのように草地の多年生雑草と認識されていたものが，生態的環境の異なる飼料畑へも急速に拡大してきている点も注目される．以下に，代表的な種を挙げながら，繁茂・被害状況を紹介する．

1．イチビ〜わが国で今最もまん延する競合雑草

アメリカのみならずヨーロッパでも防除の難しい雑草とされている強害雑草である．

イチビそのものは，かなり古くから国内に入り，しばしば栽培もされ農家の近くに逸出していたが，畑雑草として認識されていなかった．本種は輸入穀物に混入して新たに侵入していることが確認されているが，それらは従来野生化していたものとは異なり，枝数が多く種子生産性も極めて大きく，早生で開花期間が長いなど，雑草として手強い特性をもっていることが判明した．

土壌中の出芽は10cm程度までだが，埋土種子は30cmまで均一に分布し，寿命は20年以上とも言われ，長期間発生が続く．さらに種子は，家畜の体内を通過しても死滅せず，本種の種子が混じった輸入穀物を食べた家畜の糞からも発芽する．堆肥に混入している場合，堆肥が完熟して温度が60℃以上に上がると死滅するが，近年は糞尿が未熟状態のまま圃場にまかれることが多く，侵入の一因となっている．一度圃場へ侵入すると急速に拡散することが多く，侵入1年目に4％の占有面積であったものが，翌年62％にもなった例がある．

また本種は，作物との競合による減収のほかに，牛乳などへの臭いの移行の可能性，茎がしなやかなため（もともと繊維作物として利用されていた）収穫機械に食い込んで収穫を不可能にするといっ

トウモロコシ畑に大発生したイチビ

た，思わぬ被害まで引き起こしている．

2．ヒユ類～鋭い刺が農作業や家畜の摂食障害を起こす

ヒユ類の生育は，ホソアオゲイトウ＞ハリビユ＞ホナガイヌビユ＞イヌビユ（在来種）の順に速く，外来種のほうが生育が勝っている．いずれの種も多量の種子を形成し，繁殖する．イヌビユ，ホナガイヌビユ，ハリビユなどは，トウモロコシより1カ月くらい遅れて出芽しても，種子生産まで到達する．休眠性がなく，成熟種子は容易に発芽する．このため一夏で世代交代が起こり，ホソアオゲイトウとハリビユは2回，イヌビユとホナガイヌビユは3回の世代交代が可能である．

ホソアオゲイトウおよびハリビユは出芽後の成長が速く，草丈もトウモロコシ並になることから，競合による減収が懸念される．ハリビユは鋭い刺を持っているため物理的に作業や採食の障害となる．放牧地では，牛が全く食べないため草地更新が必要となったケースもある．

3．ショクヨウガヤツリ（キハマスゲ）
～繁茂を支える塊茎の生態

北アメリカ原産で，1980年前後に栃木県那須の酪農家の圃場で初めて発生が見られた．それは輸入した乾草に，開花－結実期の植物体が混入していたことに由来することがわかっている．ハマスゲの仲間で，多年生であり，水陸両方で生育できるため，飼料畑だけでなく，九州では水田にも高密度で発生している例がある．

本種は，種子と塊茎により繁殖する．ハマスゲより草丈が大きく，小さな塊茎が密生する．1個の塊茎から600個の塊茎が生産されるほど，よく成長する．また，塊茎は短日条件で形成が開始され，直ちに休眠に入り，冬季の低温にさらされて休眠が解かれる．地下茎は切れやすく，抜き取ろうとすると切れて地中に塊茎が残ってしまう．ハマスゲの塊茎は20℃以下では萌芽しないが，本種は12℃でも充分萌芽する．水中でも出芽でき，塊茎が大きい場合は20cmの深さからでも出芽する．

本種は密生する傾向があり，初期の発生密度が400本/m^{2}あれば，トウモロコシは30％も減収する．

4．ワルナスビ～刺と毒で家畜を寄せ付けない

最近，急速に分布域が拡大し，北海道から沖縄まで全国に普通に見られるようになった．従来農耕地としての発生場所は草地に限られていたが，飼料畑にもまん延して問題雑草となっている．

本種は，地下茎と種子により繁殖するが，地下茎による繁殖が旺盛で，1cm以下の長さに細かく切断されても再生する．飼料畑で3個の根片を埋めたところ，翌年は21本，3年目には一挙に増えて219本，そして4年目には900本を超えた．放置すれば全面に拡散することが推測される．さらに，ロータリー耕などを行うと一気に拡散することになり，最近の機械農法の変化に適応して分布を広げていると考えられる．

茎や葉に鋭い刺があり家畜を寄せ付けないため，草地が荒廃する．果実には有毒成分のアルカロイド，ソラニンを含む有毒雑草でもある．

5．その他

このほかにも，カラクサガラシなどは極めて強い臭いを放つため，牛乳への臭いの移行が問題になっている．アメリカイヌホオズキやシロバナチョウセンアサガオなどのように有毒物質を含有するものも増加しており，単に量的な広がりを問題にするだけではすまないものも出てきている．

●侵入・拡散の防止と防除対策

これら外来雑草をこれ以上まん延させないためには水際防止が第一で，輸入元での混入検査や検疫が急務である（p.49参照）．また，すでに侵入してしまったものの拡散を防ぐには，糞の堆肥化処理の徹底が重要である．現在圃場にはびこっているものに対しては，除草剤の利用や種別の生態的特性を考慮した防除対策が開発されている．

参考文献
榎本敬（1997）日本の帰化雑草の渡来時期や原産地について．雑草研究 **42**(別)：204-205.
近内誠登ほか（1990）Yellow Nutsedge (*Cyperus esculentus*)の個生態に関する研究．雑草研究 **35**：175-179.
佐原重行（1992）トウモロコシ強害雑草・イチビの生態と防除．牧草と園芸．**40**(3)：9-12.
野口勝可（1994）ヒユの種子生産特性．雑草研究 **39**(1)：198-199.
村岡哲郎ほか（1996）飼料畑におけるショクヨウガヤツリ（*Cyperus esculentus*）の生態と防除に関する研究 第1報 塊茎の萌芽特性および除草剤に対する感受性．雑草研究 **41**(1)：68-69.

公共事業と外来水草 ～「自然復元」の勘違い　　　　　　　　角野康郎

●「自然」への関心の高まり

「多自然型川づくり」に象徴されるように，ここ10年あまりの間に水辺の自然に対する関心が高まった．各地の河川改修やため池整備の現場も，「自然復元」や「生き物との共存」を旗印にしているところが少なくない．しかし，その理念と現実があまりにもかけ離れていると感じるのは私だけだろうか．設計から事業完成後の管理に至るまで問題はいくつもあるが，ここでは無原則な生き物の持ち込みの問題に絞ろう．

●外来種導入に無頓着な公共事業の現場

最近，国土交通省や農林水産省などの国政レベルでは，外来種対策が真剣に検討されるようになっている．これはたいへん好ましいことだが，このような方針が公共事業の現場にはほとんど反映されていない．

「生態系に配慮した農業用水路」に植栽された大量のキショウブ（ヨーロッパ原産），「多自然型川づくり」の現場に植えられたオオフサモ（南米原産）やパピルス（アフリカ原産），などなど，また，在来種でも，もともと現地にない由来不明の植物がしばしば導入される（写真のコガマもその一例）．そして，これらの事業のPRには，必ずと言ってよいほど「人と自然との共生」を目指した「水と緑の回廊」といった美辞が並ぶ．花の美しさや「水質浄化作用」への期待からこれらの植物が選ばれたのだろう．しかし，これが「自然の復元」や「生態系」を守る行為と言えるのであろうか？

このような現実の背景として，事業を担当する行政側の認識の欠如もさることながら，植栽する植物を「納品」する造園業者やコンサルタント業界のあり方にも問題があるのではなかろうか．

業者のカタログやパンフレットを見ると，外来種，在来種を問わず様々な「商品」が並んでいる．絶滅危惧種が付加価値をつけて販売ルートに乗ることも問題であるが，ヨシ，マコモ，ヒメガマなどの普通種までが結構な価格でリストに挙がっている．そして産地不詳の株が，注文に応じて各地へ「出荷」されることになる．このようなことがまかり通れば，地域特有の生態系は様々な撹乱を受けることになる．

●目標を考えよう

自然を守り復元するという取り組みは，生物多様性の深刻な危機の認識から生まれてきたものである．その地域や環境に合った目標を設定してこそ意味がある．しかし，ちまたで行われている「自然復元」や「ビオトープ」づくりの現場を見ると，コンクリートの代わりに石や木を使ってはみても，緑のお化粧をしただけと言いたくなるような事業が少なくない．

今後，国は「自然再生型公共事業」に力を入れるという．個々の事業が正しく，かつ有効な再生の取り組みと言えるか否か，それが問われることになる．これらの公共事業が，外来，在来を問わず，生き物の導入や移動の問題にどのように対処するのか．その正しい方向が出るだけでも，状況は大きく変わるに違いない．

参考文献
角野康郎（2000）「多自然型川づくり」の課題．応用生態工学 **3**: 263-265．
レッドデータブック近畿研究会編著（2001）改訂・近畿地方の保護上重要な植物―レッドデータブック近畿 2001．（財）平岡環境科学研究所．

オオフサモ，コガマなどが植栽された河川整備の現場（兵庫県小野市）

河原から外来植物を除去したら ～選択的除去実験と効果——西廣 淳

わが国の河川にしばしば発達する丸石河原（円礫からなる河原）は，強光，高温，貧栄養などのストレスに耐性を持つ限られた植物からなる特有な植生が発達する（河原植生という）．しかし近年は丸石河原にも多くの外来種が侵入している．これはストレスの大きい環境でも旺盛に生育できる外来植物が存在すること，河川の富栄養化などにより丸石河原の環境が変化したことによると考えられる．

● 「自然共生研究センター」での実験

丸石河原に元来生育していた植物を保全し，丸石河原らしい景観を取り戻すためには，外来種の侵入を食い止めるとともに，すでに侵入してしまった外来種を駆除することが必要である．このような管理の意義を裏付けるため，（独）土木研究所の実験施設「自然共生研究センター」（岐阜県羽島郡川島町）では，丸石河原で外来種を選択的に除去する小規模な実験を行っている．

実験は，主に握りこぶし大の礫を基質に含む丸石河原で行った．まず2000年3月に2m×2mの方形調査区を20個設け，付近の河原で採取した5種の在来種（カワラサイコ，カワラヨモギ，カワラナデシコ，カワラマツバ，カワラハハコ）の種子を各調査区に等量ずつ播種した．2000年4月から8月まで，20個の調査区のうち10個では月に一度調査区内の外来植物をすべて抜き取り（「除去区」），残りの10個は除去を行わず「対照区」とした．成立した植生は，各調査区内に設けた20cm間隔の格子点と重なる位置にある植物をすべて記録する方法によって定期的に調査した．

● 河川管理手法としての「外来植物除去」

除去区と対照区とでは，明瞭に異なる植生が発達した（図）．除去区の植生で最も優占していたのがカワラヨモギであったのに対し対照区では外来種のオオフタバムグラで，構成種の半数，植被率の70％以上が外来種によって占められた．在来

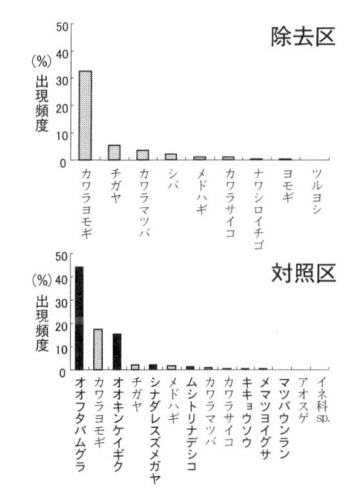

図．種ごとの出現頻度．ゴシック体は外来種（2001年6月調査）

表．コドラート（4㎡）当たりの個体数（2000年10月20日計測）

種名	平均個体数	
	除去区	対照区
カワラヨモギ	90.6	40.3
カワラサイコ	0.8	0.2
カワラマツバ	14.3	3.6
カワラナデシコ	0.4	0

種の個体数は，除去区のほうが対照区よりも多かった（表）．よって，外来種の選択的除去を行うことにより，これら植物の発芽率，あるいは発芽後の定着率が改善されることが示唆された．

さらに，播種した年の秋（2000年10月）におけるカワラヨモギのサイズ（推定乾燥重量）が，除去区では対照区の2倍以上になり，開花率も高く，1年で21％が開花した（対照区は開花率8％）．つまり，外来植物が繁茂した場所では本来の河原植生の発達が抑制される可能性も示唆された．

外来種を広範囲にわたって排除する簡便な方法が見出されていない今，絶滅危惧種の生育・生息場所など比較的良好な自然が残されている場所を優先して，外来種の選択的除去を行うことは，有効な河原植生の管理手法の一つといえるだろう．

参考文献

鷲谷いづみ（2002）不可逆的に生態系が変化した時代—外来植物の侵入．科学 72：77-83.

法面緑化における外国産種子の侵入 ～「在来郷土種」の誤解——佐々木 寧

土木工事の際，最も一般的に行われている緑化工法が，家畜飼料用に開発された外来牧草の播種である．イネ科草本種である牧草種は，一般に発芽率や環境適応性が高く，種子の生産・流通システム，工法の確立により早期緑化法として定着してきた．品種改良も進み，これまで導入された牧草種は数百種以上にも及ぶ．現在，市場に流通している主な牧草種（芝草）だけでも30種ほどあり，ゴルフ場の芝地にも広く利用されている．種子の輸入先はほとんどがアメリカで，クローバー類だけが主にニュージーランドから輸入されている．

しかし，昭和50～60年代に入ってからは，「在来郷土種」あるいは山野種と言われるものが盛んに用いられるようになった．ヨモギ，イタドリ，メドハギ，コマツナギ，ススキなどの広葉草本類である．同時にヤマハギ，ヤシャブシ，ヤマハンノキの在来木本類も取り入れられている．

● 種選別なしの緑化施工

私も大型の土木工事に際し環境委員会などで，環境対策の一環として，まん延する外来牧草種に代わる郷土種の使用を推奨してきた．しかし後日，緑化施工が完成した現場を視察して，唖然とした．現場には在来種など影もなく，見慣れない植物による異様な光景が展開していた．

現場は，目的種であるヨモギがほとんど見られず，姿格好は似るが，全く別種のイワヨモギ，カワラヨモギで占められていた．西日本ではアワコガネギクが多いという例が報告されている．ヨモギ類であるが全く別種のヒメヨモギ，ハイイロヨモギ，タカヨモギ，ヤブヨモギ，ハマヨモギ，オトコヨモギ，カワラニンジンの報告もある．材料の種選別がなされていないことを示している．上記のいくつかの種は，日本国内にも自生する「郷土種」であるが，分布域と生育立地が大きく異なっており，在来系とは明らかに異なる外国産の種子に由来すると判断される．

表．緑化材料の生産・輸入先

種名	生産・輸入国（取扱会社数）		
ススキ	韓国 (5)	中国 (1)	日本 (1)
コマツナギ	韓国 (1)	中国 (2)	日本 (1)
チガヤ		中国 (1)	
イタドリ	韓国 (3)	中国 (1)	日本 (1)
ヨモギ	韓国 (4)	中国 (1)	日本 (1)
イタチハギ	韓国 (4)	中国 (1)	
ヤマハギ	韓国 (1)	中国 (3)	
	アメリカ (2)		
ヤマハンノキ	韓国 (5)	中国 (1)	
ヤシャブシ	韓国 (3)	中国 (1)	
ヒメヤシャブシ	韓国 (1)		
メドハギ	アメリカ (5)		
ハリエンジュ	韓国 (1)	中国 (1)	日本 (1)
	オランダ (1)		
アカマツ		中国 (1)	日本 (2)
クロマツ		中国 (1)	日本 (2)

（複数回答あり）

● 「在来郷土種」の種子の生産国

なぜ，このようなことになるのか．緑化工事で一般に流通している種子について，その生産地についてのアンケート調査を行った．国内の種子販売メーカー主要5社から回答をいただいている．結果は，「在来郷土種」の種子は，主に韓国，中国からの輸入であった．日本産種子を取り扱う会社もあるが，少数派にすぎなかった（表）．

ヨモギをはじめ，ススキ，イタドリ，メドハギなど図鑑上の分類区分では，中国や韓国の種も日本と同種で，同じ学名で取り扱われている．しかし，種名が国内種と同一というだけで，実際は外来種にほかならない．「在来郷土種」の誤解である．生育状況を観察すると，コマツナギ，ヤマハギ，オトコヨモギなど明らかに形態が違っており，日本産の同一種とは異なった地域種あるいはエコタイプとされるべきものであろう．中国産コマツナギは種のカテゴリーを越えるほど，遺伝的同一

外来種と見られる生育形態の異なるオトコヨモギ

性が低いとされる．韓国，中国には他にも類似の近縁種が多数あり，これらが混在して持ち込まれている可能性も大きい．

種子販売メーカーのカタログによると，本来，れっきとした外来種にもかかわらず，「在来郷土種」のカテゴリーに選別されている種もある．その例は，ハリエンジュ，イタチハギ，エニシダである．日本でも比較的古くから使用されてきた種群で，商品名自体にも誤解の要因がある．

● 不純物の混入問題

緑化資材として流通する種子には，一般に果皮など若干の不純物が混入している．外来牧草種の純度は85～98％，「在来郷土種」では50～90％とされる．

緑化現場の観察で，ニシキハギナタコウジュ，タイワンハチジョウナ，カンランサイ，グンバイナズナ，アメリカイヌホオズキなどの外来植物混入が頻繁に認められることから，不純物として別種の種子が混入していることを示している．飼料用牧草地でもセイヨウノコギリソウ，ハイアオイ，ヒロハマンテマ，セイヨウヤマガラシ，セイヨウオニアザミなどの報告がある．

● これでもかの過剰緑化

種子吹付工法では，各牧草種の発生期待本数は1 m^2 当たり200～500本であるが，これに純度や発芽率などの安全率を加えて計算するので，実際の播種量は6000～14000粒になる．これを通常3～5種混合して施工している．5種混合の場合，発生期待本数は1000～2500本となるが，実際の播種量は1 m^2 当たり約1万粒に調整されている．

在来郷土種による緑化施工においても，牧草播種と同様，3～5種混ぜ合わせて施工されている．在来郷土種の利用とうたいながら，牧草種をさらに数種混植している例も少なくない．「これでもかの過剰緑化」が行われているのである．

● 山岳地から，海岸や港湾地まで

最近の大規模な緑化は，都市周辺では少なく，むしろ農山村や山岳地域で行われる例が目立っている．大型のダム工事，砂防ダム，林道，観光道路，農山村道路等の整備工事などである．自然公

国立公園内のブナ林を切り開いた緑化現場

園や国立公園内も例外ではない．日本の自然の聖域で，「在来郷土種」が大手を振って使用されている．これら山間地域は河川上流域に当たるため，河川水流によって下流域まで種子が運ばれる．「河川水辺の国勢調査」結果によると，カモガヤ，ネズミムギなど11種の外来牧草種が，全国109河川中半数以上で生育が確認されている．緑化施工場所から逸出し，分布を拡大したと考えられる．

同様な問題は，海岸，港湾地での緑化施工でも見られる．海岸砂地での緑化にハマニンニクが利用されているが，欧州の $Elymus\ arenarius$ が混在している現場が観察され，海岸砂丘草原にも外来種が使用されていることを物語っている．日本の草地生態系は，山岳地帯から海岸まで，いつの間にか変質してしまいつつある．

● 今後に向けて

緑化業界の中には，純粋に国内産の郷土種を扱い，緑化を試みる例もある．問題は工事発注者側に，生態系に対する認識・配慮が欠けている例が多いことである．こうした問題のある工事の多くは，公共事業である．緑化の内容や国内産か外来種かの吟味など，施工管理の徹底が望まれる．本来の在来郷土種による緑化を定着させるために，国内産種子の生産と流通体制の構築も必要である．

参考文献

阿部智明・倉本宣（2002）中国産コマツナギと日本産コマツナギの間の遺伝的差異．第49回日本生態学会講演要旨集．M413.

植村修二（1998）韓国うまれのアワコガネギク．近畿植物同好会会報 **73**: 5-10.

倉本宣（2000）「郷土種問題を考える」―保全生態学からみた郷土種問題―．日本緑化工学会誌 **26**(2): 84-88.

佐々木寧・小林幸次（2001）第48回日本生態学会講演要旨集.C212.

中野裕司（2000）「郷土種問題を考える」―切土法面の緑化現場からの郷土種問題―．日本緑化工学会誌 **26**(2): 92-100.

村田源（2000）イワヨモギについて．山梨植物研究 **13**: 1-5.

Column

緑化における植物導入で考慮すべき遺伝的変異性〜三宅島の緑化に向けて

津村義彦・岩田洋佳

導入植物種の遺伝的な背景

これまで治山緑化を行うために，その種子源の遺伝的な背景が問題視されたことはなかった．緑化のための種子は，採種が容易でコストがかからないことに主眼を置いて集められている．時には近縁種ではあるが在来種とは異なる外国産の種が導入されることもある．しかし，人為的な緑化では既存の生態系に影響を与えないことが重要である．既存の植生に生育する植物種を用いる場合には，導入集団と既存集団間の交配による，既存集団の遺伝的な汚染に充分配慮する必要がある．三宅島の緑化では，伊豆諸島および伊豆半島が採種候補地として挙がっているが，遺伝的汚染を考慮すると，三宅島と遺伝的に同質な集団から採種を行う必要がある．

緑化植物種の遺伝的変異性を調べる

三宅島は2000年7月の噴火後，現在でも火山ガスが噴出しており，島の多くの地域が被害を受けている．被害地域の緑化のために，火山被害に比較的強いハチジョウイタドリ，ハチジョウススキ，オオバヤシャブシの3種について，伊豆諸島および伊豆半島の各集団での遺伝的多様性および遺伝的分化を調査した．この場合，遺伝性の異なる二つのゲノム，すなわち両性遺伝する核ゲノムはアロザイム分析を行い，母性遺伝する葉緑体DNAは遺伝子間領域の塩基配列多型を調査した．

その結果，ハチジョウイタドリは核ゲノムレベルで集団間の遺伝的分化の程度が大きく（G_{ST}=0.18，G_{ST}は遺伝子分化係数で0〜1の値をとり，0ならば完全に同じで，1ならば完全に異なることを示す），また三宅島集団は，他の島や半島には見られない独特の葉緑体DNA変異を示していた（Iwata *et al.* 未発表）．ハチジョウススキは核ゲノムレベルの遺伝的分化は低く（G_{ST}=0.03）御蔵島集団と最も近縁で，葉緑体DNA変異も他の諸島と共有していた．オオバヤシャブシは染色体数が$2n=56=8x$の同質8倍種であるため，アロザイム分析では遺伝子型の判読が難しかった．そのため，優性遺伝マーカーではあるが，個体の持つ遺伝的な変異を一度に調べられるAFLP法を採用した結果，集団間変異は全体の4％で神津島集団が最も近縁であり，葉緑体DNA多型も伊豆半島を除いた集団と共有していた．

種子源の総合的な判断

結果的に，緑化対象種3種とも種子源とすべき集団が異なった．ハチジョウイタドリでは遺伝的分化が大きく，三宅島集団が特異な葉緑体DNA変異を保有していたことから，他地域からの導入は極力避けるべきである．またハチジョウススキは御蔵島から，オオバヤシャブシは神津島から導入するのが最も適切である．それぞれの植物種は異なる遺伝的背景と歴史を持っている．そのため緑化に用いる種の種子源の決定においては，その遺伝的変異性を調査したうえで，形態的特徴，分布域，過去の分布変遷などを考慮した総合的な判断が必要である．

三宅島で火山噴火後も生存しているハチジョウイタドリとその材料収集

参考文献

種生物学会編（2001）森の分子生態学—遺伝子が語る森林のすがた—．文一総合出版．

寄生生物

個人的な経験談ではあるが，自宅で金魚を飼っていたとき，その水槽に近くの川で採れたヨシノボリという魚を2匹入れたことがある．小さなヨシノボリは，自分たちよりもはるかに大きい金魚が泳ぐ中，水草や石の陰にはりついて身を隠し，金魚の餌のおこぼれをついばんでいた．ところがヨシノボリを入れてから1週間も経たないうち，金魚が次々に死んで水面に浮かび上がったのである．死んだ金魚をよく観察すると，体のあちこちに寄生虫らしき生き物がたくさんこびりついていた．どうやら，野外で採ってきたヨシノボリが寄生生物を持ち込んでいたらしい．金魚は全滅し，水槽の中はヨシノボリの天下となった．

外来生物がもたらす最も深刻な生物学的問題の一つに，寄生生物の持ち込みがある．野生生物には様々な寄生生物が宿っているが，それぞれの寄主と寄生生物との間には，独特の生物間相互関係が成り立っている．この関係は，増殖と分布拡大を続けようとする寄生生物と，寄生生物による毒性，すなわち病害に抵抗しようとする寄主生物の間の長きに渡る共進化の結果として存在する．ところが，外来生物とともに侵入する外来寄生生物は，この共進化という歴史的プロセスを経ていない．したがって，初めて出会う寄生生物の「毒性」に対して免疫や抵抗力を持たない在来生物種は，時として深刻な打撃を受けることになる．

例えば，1999年夏，旧大陸に分布するとされるウェストナイル脳炎が，突如アメリカで発生して，多くの鳥や動物を殺し，60人以上の感染者と7人の死者を出した．この病気は蚊によってウイルスが媒介されて感染するが，輸入された鳥が運んできた可能性が高いことが指摘されている．

わが国では昨今，特に産業用資材として，またペットとして大量の外来生物が輸入されている．生きた生物を持ち込むということは，その生物が生息していた地域・空間の生態系の一部をそのまま「切り出して」持ち込むことを意味し，その生物体内には無数の微生物・寄生生物のミクロ生態系が存在する．それらの正体も知らぬまま，我々は身近な生活圏にも様々な外来生物を持ち込んでいる．検疫システムの充実を図るとともに，少なくとも「輸入生物」に対する安易な接触やそれらの放逐は厳に慎むことを徹底させるなど，早急な対策が望まれる．侵入寄生生物に関する知見は乏しく，実態すらもつかみきれていないのが現状であり，本章で紹介する侵入寄生生物の事例は，いずれも貴重なケーススタディとなると考えられる．

（五箇公一）

パラブケファロプシス ～外来貝類とともに持ち込まれた寄生虫による魚病発生── 浦部美佐子

●ブケファルス科吸虫・パラブケファロプシスの生態

　パラブケファロプシスは，吸虫綱の二生類というグループに属する寄生生物である．二生類は，中間宿主（多くは2種類），終宿主と，順次宿主を変えることで生活環を完結する．

　京都府宇治川におけるブケファルス科吸虫の第一中間宿主は外来二枚貝のカワヒバリガイ（p.173参照）であり，本種はカワヒバリガイとともに原産地から侵入したと考えられる．

　卵から孵化したミラシジウム幼生は第一中間宿主に取り込まれて無性的に増殖し，一万あまりのセルカリア幼生を生産する．セルカリア幼生は11月から1月頃，水温約16℃から6℃の時に成熟し，貝から泳ぎ出して第二中間宿主へ感染し，メタセルカリア幼生へと発育する．第二中間宿主はオイカワ，コウライモロコ，タモロコ，モツゴ，ゲンゴロウブナ等のコイ科魚類である．終宿主はビワコオオナマズで，直腸に寄生する．

●魚病被害

　1999年12月から翌年1月頃にかけて，京都府宇治川・大阪府淀川本流で，本吸虫による感染症がオイカワ等のコイ科魚類に大発生した．これが国内における最初の発見である．

　病魚は，多数のセルカリア幼生の侵入によってひれや体表に傷や穴ができ，眼球は内出血のため赤くなり，衰弱して正常に泳げなくなる．寄生部位は全身に及ぶが，尾びれ基部と体側筋に最も多い．重篤に寄生された魚では，メタセルカリア幼生の数は数千から一万近くにも達する．

●分布の現状と今後の対策

　2000年夏の調査では，天ケ瀬ダムを境として下流側の宇治川および淀川本川の全域から，本種に感染したカワヒバリガイが見つかっている．幸いに琵琶湖内からはまだ発見されていないが，同湖には生活環に必要なすべての宿主生物が生息しているので，万一侵入した場合には容易に定着・まん延すると予測され，コイ科魚類の漁業被害や希少魚種への悪影響が生じる危険性が高い．現在までのところ，寄生虫がすでに侵入した地域での有効な対策は見つかっていないので，病魚・病貝を他水域に持ち出さないことが最も重要である．

　原産地からのカワヒバリガイの侵入が今後も継続した場合，本種のみならず，別の生活環を持つ吸虫が新たに持ち込まれる可能性もある．カワヒバリガイの侵入防止はもちろんであるが，カワヒバリガイは中国産シジミ類に混入して侵入したと考えられることから，カワヒバリガイが混入する恐れがある生鮮水産物の輸入の際には，混入を防止する何らかの対策が必要である．

　なお，大発生の翌2000年冬には，宇治川魚類のメタセルカリア感染濃度は前年の約1割程度で，衰弱魚はあまり見られなかった．しかし，大発生のメカニズムを明らかにするため，今後も注意深くモニタリングを継続する必要がある．

参考文献
浦部美佐子ほか（2001）宇治川で発見された腹口類（吸虫綱二生亜綱）：その生活史と分布，並びに淡水魚への被害について．関西自然保護機構会報 **23**: 13-21.

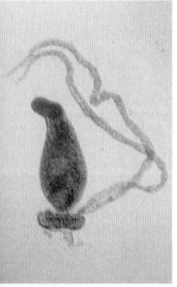

左：破砕したカワヒバリガイに充満するパラブケファロプシス
右：パラブケファロプシスのセルカリア幼生

輸入昆虫の寄生ダニ類 〜人為輸送によって世界制覇をたくらむ小さなエイリアン――五箇公一

●輸入昆虫の寄生生物

近年，農業用資材あるいはペットとして様々な昆虫の国際取引が盛んとなっている．こうした生きた昆虫の人為輸送は，当然，寄生生物の移動ももたらす可能性が高く，在来の昆虫がこれまで遭遇したこともない外来の寄生生物に感染する恐れも生じてくる．寄主－寄生生物間の共進化の歴史を介さない新たな寄生生物の出現は，在来の昆虫に深刻な打撃を与え，最悪の場合，絶滅も招きかねない重大な問題である．以下に事例を3例述べる．

●ミツバチヘギイタダニ
〜セイヨウミツバチと共に日本から外国へ

ヨーロッパ原産のセイヨウミツバチは古来より，そのコロニーの生産物（蜂蜜，ローヤルゼリー等）が食用として利用されてきた昆虫産業の老舗的存在であり，現在では世界中で養蜂されている．ミツバチの寄生生物は養蜂産業の生産性に関わる問題として古くから研究が進み，各国でコロニー流通に際しての検疫制度が整備されている．わが国でも「家畜伝染病予防法」において，ミツバチの法定伝染病および届出伝染病が指定されている．法定伝染病としてはアメリカ腐蛆病菌による腐蛆病が，届出伝染病としてはハチノスカビによるチョーク病，ミツバチ微胞子虫によるノゼマ病，ミツバチヘギイタダニによるバロア病，アカリンダニによるアカリンダニ症が挙げられる．特にミツバチヘギイタダニ（図1）は，世界中の養蜂家に恐れられている病原体である．本種は一部地域から人間の手により世界中にまん延した経緯があり，エイリアンパラサイト（寄生性外来種）の代表的事例としても有名である．

このダニは，1904年にインドネシアでトウヨウミツバチに寄生していたのが最初の発見である．その後の報告や標本などから，本種はロシアを含む東アジアから東南アジア一帯に生息するトウヨウミツバチに寄生していたと考えられる．その後，ミツバチコロニーの流通が世界的に活発になったのに伴い，このダニも世界中にまん延した．

このダニはハチの成虫や蛹，幼虫の体表面に付着し，その体液を吸って生きている．幼虫・蛹の時期に寄生するダニの数が多いと，ハチは羽化できなかったり，羽化しても奇形を生じる．また，数多くのダニに寄生された成虫のハチは寿命が短くなる．このダニの本来の寄主であるトウヨウミツバチは，ミツバチヘギイタダニとの共進化の結果としてダニを払い落とす「グルーミング行動」を獲得しているため，セイヨウミツバチほどには深刻な被害を受けない．

最近のDNA分析の結果を見ると，本種には5種の近縁種が含まれており，最初に発見されたインドネシアに分布する1種，日本，韓国，中国の広くアジア大陸全土に分布する1種，フィリピンに分布する3種に分けられることが明らかになった．このうちセイヨウミツバチに感染し，アメリカ，ヨーロッパなどで被害をもたらしているエイリアンパラサイトは，日本型のものとされる．

本種はこれまで殺虫剤のフルバリネート剤による駆除が行われてきたが，蜂蜜や巣板への薬剤残留やダニの薬剤抵抗性の問題もあり，各国とも感染コロニーの早期発見と除去に注力している．

●マルハナバチポリプダニ
〜マルハナバチ商品コロニーと共に日本へ

ヨーロッパ産のセイヨウオオマルハナバチは

図1．セイヨウミツバチに寄生するミツバチヘギイタダニ（矢印）

1970年にベルギーで大量増殖法が確立されて以来，農作物の花粉媒介用に商品化され，その後流通量は飛躍的に増加して，現在世界中の国々で利用されている．わが国でも，1992年よりハウストマトの授粉用に導入が始まり，現在年間約5万箱ものコロニーが輸入・販売されている．本種の導入により農家の授粉作業が大幅に軽減されたほか，生物資材の利用による省農薬も促進され，安全で質の高いトマトができるようになった．

しかし，一方で，本種の野生化による生態系への影響が懸念されている．わが国でも1996年に北海道で本種の野生巣が発見され，定着が進行しつつあることが明らかとなった（p.156参照）．日本には在来のマルハナバチ22種が生息しており，生態ニッチが似た本種と在来種の間に強い生物間相互作用が起こることが予測される．

そして，何よりも心配される生態的な影響は，国外の寄生生物の持ち込みである．セイヨウオオマルハナバチは先のセイヨウミツバチとは異なり，現行法では何の検疫も義務づけられておらず，ノーチェックですべてのコロニーが国内へと搬入され販売されている．しかし，マルハナバチ類に関わる寄生生物はウイルス，菌，原虫，センチュウ，昆虫類，ダニ類など，わかっているだけでも100種を超えるとされ，それらがマルハナバチに及ぼす影響などは充分には調べられていない．

野外に逃げ出したセイヨウオオマルハナバチが国外の未知の寄生生物を日本の在来種に伝搬した場合，在来種個体群にどのような影響が及ぶのかは予想もつかない．実際に輸入商品コロニーからハチの抜き取り調査を行ったところ，ハチの体内より日本未記載の寄生性ダニ，マルハナバチポリプダニが発見された（図2）．輸入商品を定期的に調べた結果，商品コロニーの約20％がこのダニに感染していた．マルハナバチポリプダニはマルハナバチ類だけに寄生する体内寄生性のダニで，ハチ体内の気嚢内部に寄生し，そこから血リンパ（ハチの血液）を吸汁して生活する．

このダニの分布は汎世界的で，北米，ヨーロッパ，中央アジアおよびニュージーランドに棲息するマルハナバチ類で寄生が確認されている．わが国では，セイヨウオオマルハナバチ輸入品から発見されるまで記載はなかったが，その後の野外サンプルの調査から，北海道のオオマルハナバチにわずかに寄生していることが明らかになった．DNA分析の結果は，日本のマルハナバチに寄生しているダニはセイヨウオオマルハナバチに寄生しているダニとは異なる遺伝子型を示し，日本の野外で見つかったダニは日本在来のものであることが明らかになった．しかし室内の感染実験では，セイヨウオオマルハナバチに寄生するヨーロッパ型のダニは，極めて短時間で日本産のマルハナバチに寄生することが示されている．よって，セイヨウオオマルハナバチの輸入を続けることは，ヨーロッパ産のダニのまん延を招く恐れがある．

また近年，外国産の商品に代わってクロマルハナバチやオオマルハナバチ等，日本産マルハナバチ類の商品化が試みられているが，日本国内に充分な生産工場がないため，日本で採集された女王バチがオランダの生産工場に移送され，そこで大量増殖されて商品となり，日本に逆輸入されている．そのため，日本とオランダの間で産地の異なるダニの「交換」を招く恐れがある．2000年における日本の野外調査およびセイヨウオオマルハナバチ商品コロニーの調査から，日本の野外からはヨーロッパ型のダニが検出され，オランダの工場では日本型のダニのまん延が始まっていることがDNA分析によって明らかになった．

本種のマルハナバチ個体やコロニーへの影響はくわしくは調べられていないが，重度に感染したハチ個体では下痢症状が見られ，飛翔できなくな

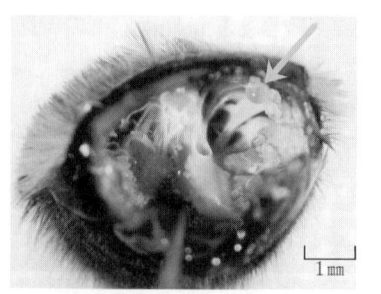

図2．セイヨウオオマルハナバチ体内より発見されたセイヨウオオマルハナバチポリプダニ（赤の矢印で示されたのが雌成虫で，周囲に卵が多数存在する）

るとされる．遺伝的に異なる外国産のダニが在来種に思わぬ病害をもたらす可能性も充分に考えられる．一刻も早い検疫体制の整備が望まれる．

● クワガタ寄生性ダニ～輸入クワガタブームと共に現れた正体不明のエイリアン？

1999年11月，植物防疫法の一部が改正され，48種類のカブトムシおよびクワガタムシ生体の輸入が解禁された．これらの種は日本の農林業に被害を与えることはないと判断された結果であり，背景には異常なまでの外国産昆虫のペットブームがあった．その後も輸入許可種は次々に追加され，2002年6月時点でカブトムシ35種，クワガタムシ248種の計283種の輸入が認められている．これらのクワガタムシ・カブトムシは国内の販売業者を通じて大量に輸入され，ペットショップやスーパーで普通に売られるようになった．

世界的にも類い希なるこの甲虫ブームは，様々な問題を引き起こしつつあるが（p.158参照），生きた昆虫を導入することによる生態リスクがやはり第一に懸念されるべきである．外国産のクワガタムシやカブトムシの生物学的特性に関して充分な調査もなされないまま，安易に輸入が認められていることは重大問題である．外国産の個体の野生化による在来種との競合や，交雑による遺伝的撹乱という生態的リスクはもちろんのこと，何よりも寄生生物の持ち込みの問題が心配される．

クワガタムシ・カブトムシの寄生生物に関する研究は世界的に見ても例は少なく，せいぜいクワガタナカセという，オオクワガタ類に特異的に寄生する共生的なダニしか主に知られていない．この種はクワガタの体表に付着して，吸血などはせず，クワガタの体表から分泌される物質を食べていると考えられている．

しかし，近年，異なる種のダニの寄生が，クワガタ飼育関係者の間で数多く報告されている．このダニはイトダニの1種で，クワガタムシやカブトムシの足の関節部分や腹部などに集中的に寄生して，最終的に寄主を弱らせ死に至らしめる（五箇・小島，未発表）（図3）．このダニは吸血性ではないため，寄主の死亡原因がダニの直接的加害

図3．正体不明の外部寄生性ダニに寄生されたカブトムシ雌成虫

によるものとは考えにくく，ダニが病原菌を媒介している可能性も考えられる．

このような強力な寄生性ダニはこれまで国内外とも報告例はない．このダニが果たして国内産の種か，海外から持ち込まれたものかは，今後の研究の進展を待たなければならないが，こうした未知の寄生生物が寄主であるクワガタムシ・カブトムシの流通および放逐によって，広く国内にまん延する可能性が強く示唆される．

● 今後の対策

生きた昆虫を導入するということは，様々な生物学的バックグランドが付随して持ち込まれるということである．特にわが国では，昆虫をはじめとする節足動物（サソリ，クモ，ムカデ，ザリガニなど）に対する検疫システムは皆無に等しく，早急に検疫体制を整備する必要がある．また同時に，商品として手軽に外国産の生物が手に入る現在の社会において，それらを飼育することの責任と自覚を持つことの重要性を，多くの人に伝える必要がある．

参考文献

五箇公一（1998）侵入生物の在来生物相への影響—セイヨウオオマルハナバチは日本在来のマルハナバチの遺伝子組成を汚染するか？—．日本生物地理 53: 91-101.

五箇公一ほか（2000）輸入されたセイヨウオオマルハナバチのコロニーより検出された内部寄生性ダニとその感染状況．応動昆 44: 47-50.

Anderson, D. L. (2000) *Varroa jacobsoni* (Acari: Varroidae) is more than one species. *Exp. Appl. Acarol.* 24: 165-189.

Goka, K. et al. (2001) Bumblebee commercialization will cause worldwide migration of parasitic mites. *Mol. Ecol.* 10: 2095-2099.

Schmid-Hempel, P. (1998) *Parasites in Social Insects*. Princeton University Press, New Jersey.

Shimanuki, H. & Knox, D. A. (1998) Recognizing honey bee diseases and mites. *Honeybee Science* 19: 99-108.

輸入ペットの寄生蠕虫類 〜宿主-寄生体関係の均衡を乱すエイリアン──浅川満彦

●ヘルミンス（helminth）とその病害

　獣医師が扱う家畜（特用家畜含む），動物園動物，実験動物，ペット動物などの多くは，もとは国外から輸入された動物で，人の管理下にあるのが原則である．しかし一般に，その寄生虫にまで監視の目は行き届かない．特に近年，多数の外来動物が日本に持ち込まれたことに伴い，その寄生虫に関わる問題もいっそう深刻化，複雑化している．ここでは，体内寄生する蠕虫類ヘルミンスが，自然生態系に与える悪影響について述べる．

　ヘルミンスを宿す動物を宿主と言い，成虫を宿す終宿主と幼虫を宿す中間宿主に大別される．また，蠕虫は蛆虫を細長くしたような外観を呈する動物群で，系統分類学的には扁形動物門（吸虫や条虫），鉤頭動物門（鉤頭虫），線形動物門（回虫や蟯虫など），類線形動物門（針金虫），環形動物門（ヒル），五口動物門（舌虫）などが含まれる．

　ヘルミンスの直接的病害には，物理的障害（吸着，通過障害，組織破壊と摂取），化学的障害（蠕虫の分泌する代謝物質，毒性物質などに起因），消化管寄生虫による養分奪取などがあり，間接的病害には，寄生蠕虫の組織破壊により他の病原体が感染しやすくなる（二次感染の誘引）などがある．

●エイリアン・ヘルミンス

　外来宿主から寄生蠕虫が発見された場合，その由来は，外来蠕虫（以下，エイリアン・ヘルミンス），在来蠕虫，由来不明の三つに大別される．

　日本の寄生蠕虫は，人，家畜（犬猫も含む），家鼠，野生動物間で，互いに授受されてきたため，概して生物地理学的考察が困難で由来がわかりにくい．しかし，対象宿主の吟味と丹念な野外調査により，由来が比較的明らかにされる蠕虫もある．例えば，外来蠕虫のヘリグモソームム科線虫 Heligmosomoides polygyrus（ユーラシア大陸中央部から西部地域原産），ヌートリア寄生の糞線虫 Strongyloides myopotami（南米原産），タイワンリス寄生のヘリグモネラ科線虫 Brevistriata callosciuri（東洋区原産）などは，外界で発育した感染幼虫が終宿主に直接感染する．よって，適当な環境条件（温度や湿度など）と充分な宿主個体数が確保されていれば新天地でも生存は容易である．輸入ペットの哺乳類（大陸産のナキウサギ，ムツオビアルマジロ，ミナミコアリクイ，フクロシマリス，フクロギツネなど）やリクガメ類にはこの型の線虫が普通に寄生しているので，近い将来，エイリアン・ヘルミンスの増加はほぼ確実である．

　一方，間接感染型蠕虫類では，中間宿主の存在が重要である．例えば，吸虫の中間宿主は淡水あるいは陸産貝類であるが，終宿主と吸虫成虫との関係に比べるとはるかに密接であるため，中間宿主も輸入されないと感染維持は難しい．しかし線虫の場合，幼虫の中間宿主に対する特異性は低く，容易にエイリアン・ヘルミンス化する．その候補の一つが，ペットのヌマガメ類から見つかった旋尾虫の1属 Serpinema である．調査の結果，旧大陸原産の S. microcephalus と新大陸原産の S. trispinosus が発見された．前種は日本在来カメ類にも寄生するが，今後，新大陸産宿主の野生化が進行すれば，S. trispinosus との混在，あるいは置換の可能性が指摘されている．

●固有蠕虫の消失と在来蠕虫の獲得

　外来動物の侵入先で，本来の寄生虫である固有蠕虫が消失し，在来の蠕虫が寄生することもある．とりわけ，消失蠕虫と獲得蠕虫とが系統的に近い場合，撹乱が生じやすい．アライグマ回虫の幼虫移行症は重要な人獣共通寄生虫症で，人の死亡例もある．日本でも動物園やペットのアライグマでは高率に，この回虫が寄生する（p.226参照）．しかし，北海道の野生個体について，これまで300個体以上を調べたが，アライグマ回虫は見つからない．一方，タヌキを宿主とするタヌキ回虫がア

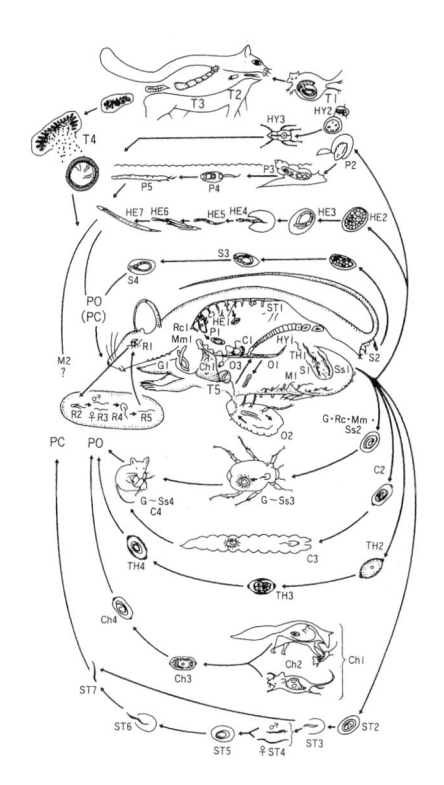

寄生蠕虫類の生活史（宿主がネズミの場合：浅川，1997を改変）
P：吸虫（中間宿主IMHは淡水産貝類），HY：膜様条虫（IMHは昆虫など），T：条虫科条虫（ネズミはIMH）。これら以外の略号は線虫類を示す。ヘリグモソームム（HE），蟯虫（S）あるいは糞線虫（ST）などは外界で発育した感染幼虫が終宿主に直接感染する。糸状虫（O）や食道虫・胃虫（G, Mmなど）はIMHが必要である

ライグマから発見されている。

このように外来宿主が在来蠕虫を獲得することは，在来蠕虫がこれまで到達不可能であった生息環境への侵入を意味する。例えば，アライグマは樹上や水系を利用するが，タヌキ寄生の在来蠕虫にとっては新しい環境である。当然そのような環境にいる動物にとって，タヌキ回虫は新たな寄生虫であるとともにエイリアン・ヘルミンス的存在で，新たな疫学的問題に発展する可能性もある。

● 宿主域の拡大と種保護計画での感染防止

ある宿主には特定蠕虫が寄生する傾向（宿主特異性）がある。それには免疫など生理学的な理由もあるが，宿主の「すみわけ」など生態学的な要因も考えられる。しかし，外来宿主が介在して本来の宿主－寄生体関係が崩れることも少なくない。

数年前，北海道洞爺湖周辺の畑で採集したヒメネズミから H. polygyrus の雄1虫体を検出した。農耕地ではハツカネズミとヒメネズミとの生息域は重複するので，H. polygyrus の感染幼虫がヒメネズミに摂り込まれる機会は確かにある。さらに，ヒメネズミはハツカネズミと生物学的性状が似ているので，感染が起き得る。

また2001年，ロンドン動物園で，英国産ヤマネの H. polygyrus による重篤な線虫症が発見された。これは飼育施設へ持ち込まれたハツカネズミに寄生していた線虫に起因すると考えられるが，ヤマネ科にこの線虫が寄生することはこれまで知られていなかった。この動物は野生復帰のために動物園で繁殖させていた個体で，本症例は希少動物の保護計画におけるエイリアン・ヘルミンス対策の重要性を再確認させた。日本での同様な計画においても，こうした問題への配慮が必要である。原産地では目立たない固有種である蠕虫も，新天地ではその宿主域すら予想がつかない。エイリアン・ヘルミンスはこの点でも不気味である。

● 今後の対策

固有蠕虫相保全の基礎となる在来蠕虫相の早期調査とその価値の認識が第一である。また，エイリアン・ヘルミンスのまん延を助長する「変わり種」動物の放逐禁止は無論，杜撰な野生復帰計画や安易な傷病鳥獣の放獣も厳禁である。一方，寄生蠕虫に対する過度な駆虫薬の使用を慎むことも重要である。体内残留による奇形発生，薬剤耐性蠕虫の出現，体外に排出され土壌動物を死滅させる，などが懸念されるからだ。このような領域を科学的に扱うには，動物個体と生態系とを同一視野に入れた野生動物医学のよりいっそうの発展が望まれ，生態学からの積極的な参入が希求される。

参考文献

浅川満彦（1997）鼠類に見られる寄生虫とその採集．「獣医寄生虫学検査マニュアル」（今井壮一ほか編），pp.242-256．文永堂出版．

浅川満彦ほか（1994）北海道南部および本州北部産野ネズミ類の寄生線虫相．日本生物地理学会会報 **49**: 51-59.

浅川満彦ほか（2000）北海道野幌森林公園を中心に生息する移入種アライグマの寄生蠕虫類ほか病原生物とその伝播に関わる食性．酪農学園大学紀要,自然科学 **25**: 1-8.

井手百合子ほか（2000）有袋目と貧歯目を中心とするペット用輸入哺乳類の寄生蠕虫類保有状況．野生動物医学会誌 **5**: 101-108.

長谷川英男・浅川満彦（1999）陸上動物の寄生虫相．「日本における寄生虫学の研究6巻」（亀谷了ほか監），pp.129-146．目黒寄生虫館．

Asakawa, M. et al. (2001) Parasitic nematodes of pet tortoises in Japan: clinical and ecological view points. In: *Proc. Assoc. Rept. Amph. Vet. 8th. Ann. Con.*, pp.139-143. USA.

ヤマネコとFIV(ネコ免疫不全ウイルス)感染症 ～貴重な野生動物を絶滅に追い込む──阿久沢正夫

●絶滅が危惧される2種のヤマネコ

わが国には，イリオモテヤマネコ（沖縄県の西表島）とツシマヤマネコ（長崎県の対馬）の2種類のヤマネコがいる．その生息地はいずれも周囲を海で囲まれた島である．

イリオモテヤマネコは特別天然記念物に，またツシマヤマネコは天然記念物に指定され貴重な動物であるが，いずれも生息数が少ないため常に絶滅が危惧され，いろいろな方面からの保護対策が必須である．さらに，ヤマネコが極めて少数であることは，生息地域にネコ科動物の感染症がまん延すれば，短期間に絶滅する危険性が極めて大きいことを示している．

これらのヤマネコは，過去に日本列島が大陸と地続きであった時代に，地峡を通り陸づたいに渡来したとされ，いずれもアジア大陸に生息するベンガルヤマネコの亜種と考えられている．

ツシマヤマネコの推定生息数は1980年代には90～130頭であったが，1990年代には65～85頭と減少したため，1994年に環境庁（当時）により「絶滅のおそれのある野生動植物の種の保存に関する法律」に基づいて国内希少野生動植物種に指定された．さらに，1993年に環境庁により，飼育下で人工繁殖を行う保護増殖計画が開始された．

FIVが検出されたツシマヤマネコ．発症していないため外見は元気であるが，感染源となる

●ツシマヤマネコからFIVが検出

ところが，1996年に繁殖に用いるために捕獲した成熟雄のツシマヤマネコからFIV（Feline immunodeficiency virus：ネコ免疫不全ウイルス）が検出され，生息数がさらに急激に減少する危険性が増加した．

一方，イリオモテヤマネコの推定生息数は，1980年代の調査以降ほぼ80～100頭が維持されている．西表島に生息するイリオモテヤマネコおよびイエネコからは，現在までのところ幸いにFIVの抗体は検出されていない．

●FIV感染症とは

FIV感染症はネコ科動物のウイルス性感染症で，通称ネコのエイズ（AIDS：後天性免疫不全症候群）と言われる．ヒトのエイズウイルス（HIV）感染症とよく似た病態を示し，現状では有効な予防および治療の方法はない．

FIVはHIVと同じレンチウイルスであるが，全く別のウイルスでヒトに感染することはない．ネコはFIVに感染しても通常は直ちには発病せず外見的には正常であるが，精液や唾液中にウイルスを排出するため感染源となる．その後体内でウイルスが増殖すると，それに伴い免疫機能が低下していろいろな感染症にかかることにより衰弱し，また腫瘍の発生頻度も増して，ついには死亡する．

●FIVの種類と感染の経路

イエネコから検出されるFIVは5種類（A, B, C, D, E）が知られているが，一方，野生種のネコ科動物に特有なFIVの存在も知られている．

今回のツシマヤマネコから分離されたのは野生型FIVではなく，イエネコ型FIVに属するB型であった．B型のFIVは，D型とともにわが国のイエネコから最も多く検出される種類であることから，このツシマヤマネコのFIVは対馬にすむイエネコから感染したことが示唆された．そ

のため，直ちにこの個体が捕獲された地域およびその周辺地域のイエネコについてＦＩＶの調査が行われ，複数のイエネコからＦＩＶ抗体が検出された．

この調査結果は，イエネコのＦＩＶがツシマヤマネコに感染したことをさらに強く示唆するものであった．ＦＩＶへの感染は感染動物による咬傷が主要な原因であると考えられており，今回のツシマヤマネコもイエネコとのケンカにより感染したと推測された．

●外国でのＦＩＶ感染症

野生のネコ科動物におけるＦＩＶの感染については，チベットにおいて野生のユキヒョウから検出されたＦＩＶが動物園で人工繁殖し野生復帰させた個体からの感染が疑われていること，ヨーロッパヤマネコはイエネコ由来のＦＩＶに感染する危険性が大きいこと，アフリカにおいて野生動物数の地域差をなくすために動物園間でライオンを移動させる計画があるが，ＦＩＶ陽性動物の多い動物園からＦＩＶが検出されていない動物園への移動は，感染動物を増加させる危険性があることなどの報告があり，ＦＩＶ感染症の拡散については世界的に危惧されている．

●感染症のヒトの生活との関わり

ツシマヤマネコにおけるＦＩＶをはじめとする感染症の対策として，感染の原因になりやすい飼い主のないイエネコを減らすこと，餌になる生ゴミを放置しないこと，野生動物の餌付けをしないこと，などが挙げられる．放置された生ゴミあるいは餌付けは，それを食べようとして多数の動物が集まるため，しばしば思いがけない遭遇によってケンカが発生し，咬傷によりＦＩＶなどが感染する原因となる．さらに，ある地域に動物が集中すれば，いろいろな疾病に感染する危険性も増大する．

このように，ツシマヤマネコのＦＩＶ感染の原因は，ヒトの生活との関連も少なくない．

●行政とボランティア運動

感染症への対策として，イリオモテヤマネコの生息地西表島の属する竹富町では，行政的にイエネコの登録制度を行っている（p.76参照）．また，イリオモテヤマネコおよびツシマヤマネコの生息地を持つ九州と沖縄の８県の獣医師会は，西表島と対馬で飼育されているイエネコについて無料で去勢，避妊を行い，飼い主のいない動物の増加を抑制する運動を，共同で2001年より行っている．

●地域住民の理解と協力が必要

野生動物の感染症は，対象動物が野生であるために治療は非常に困難である．よって，感染が拡がらないような予防策が第一に求められる．ヤマネコの生息する地域では，感染症の拡散を防ぐために動物を放し飼いしないことが必要であり，そのためには地域住民の理解と協力が不可欠である．

参考文献

伊澤雅子・土肥昭夫（1991）イリオモテヤマネコ・ツシマヤマネコ保護対策の現状．哺乳類科学 31(1): 15-22.
環境庁（1988）ツシマヤマネコ生息環境等調査報告書．
環境庁（1996）ツシマヤマネコ第二次生息特別調査報告書．
（財）自然環境研究センター（1994）平成５年度イリオモテヤマネコ生息特別調査報告書—第３次特別調査—．
Fromont, E. et al. (1997) Infection strategies of retroviruses and social grouping of domestic cats. Can. J. Zool. **75**: 1994-2002.
Hofmann, L. R. et al. (1996) Prevalence of antibodies to feline parvovirus, calicivirus, herpesvirus, coronavirus, and immunodeficiency virus and of feline leukemia virus antigen and the interrelationship of these viral infections in free-ranging lions in East Africa. Clin. Diagn. Lab. Immunol. **3**: 554-562.
Jordan, H. L. et al. (1999) Shedding of feline immunodeficiency virus in semen of domestic cats during acute infection. Am. J. Vet. Res. **60**(2): 211-215.
Leutenegger, C. et al. (1999) Viral infections in free-living populations of the European wildcat. J. Wildlif. Dis. **35**(4): 678-686.
Lutz, H. et al. (1996) Liberation of the wilderness of wild felids bred under human custody: Danger of release of viral infections. Schweizer Arch. Tierheilkunde. **138**: 579-585.
Masuda, R. & Yoshida, M. (1995) Two Japanese wildcats, the Tsushima cat and the Iriomote cats, show the same mitochondrial DNA lineage as the leopard cat Felis bengalensis. Zoolog. Sci. Tokyo **12**(5): 655-659.
Matteucci, D. et al. (1993) Detection of feline immunodeficiency virus in saliva and plasma by cultivation and polymerase chain reaction. J. Clin. Microbiol. **31**: 494-501.
Nishimura, Y. et al. (1998) Genetic heterogeneity of envgene of feline immunodeficiency virus obtained from multiple districts in Japan. Virus Res. **57**: 101-112
Nishimura, Y. et al. (1999) Interspecies transmission of feline immunodeficiency virus from the domestic cat to the Tsushima cat (Felis bengalensis euptilura) in the wild. J. Virol. **73**: 7916-7921.
VandeWoude, S. et al. (1997) Growth of lion and puma lentiviruses in domestic cat cells and comparisons with FIV. Virolog. **233**: 185-192.

エキノコックス 〜宿主の移動とともに広がる病原体

神谷正男
巖城　隆
横畑泰志

●北海道の多包条虫症

　エキノコックス属は成虫の体長が5mm前後の微小な条虫の仲間で，現在4種に整理されており，いずれも人獣共通の寄生虫である（図1,2）．北方圏諸国を中心にして汚染が拡大しているタホウジョウチュウ（多包条虫）と，世界的に分布するタンポウジョウチュウ（単包条虫）の2種が，公衆衛生上特に問題視されている．ここでは，北海道に分布する前者について述べる．

　この条虫は終宿主となる捕食者（アカギツネ，イヌ，ネコなど）と，中間宿主となる被食者（エゾヤチネズミなど）の関係に巧みに適応している．ヒトやブタ，ウマなどの家畜は，終宿主の糞に含まれる虫卵が混入した食べ物などを摂取することによってのみ感染する．ヒト以外には明らかな症状を示すことはなく，ヒトからヒトへも，ブタからヒトへも直接には感染しない（図3）．

　北海道でこの条虫症が最初に発見されたのは礼文島出身者からである．アカギツネが千島列島から輸入され，放逐されたことによる．1937年の初報告以来，この島の出身者だけで130人以上の犠牲者が出ている．北海道本島では，1965年の人体からの初報告以来，根釧地方を中心に道東だけで知られていた．

　礼文島での流行は，ノイヌと密猟によるキツネの減少，およびノイヌの撲滅によって終結した．本島では逆に，キタキツネの増加などに伴い全道的に広がっている．ヒトの多包条虫症は大半が肝臓寄生で，約10年で無性増殖して肝癌に似た症状を示し，脳や肺などにも寄生することがあるので症状は様々である．幼虫はそれら臓器組織内で増殖するため経口駆虫薬では治療できず，発症後の治癒は難しい．2002年度までに424例の患者が確認されているが，これには血清検査で陽性のみの者（2001年度10万人当たり110人）は含まれないので，この数は氷山の一角と見られる．

　北海道本島のものは以前から，自然分布であるという説と，アラスカのセントローレンス島を起源として，媒介動物の移送などにより千島列島経由で人為的に持ち込まれたという説があった（図4）．この島と北海道で採取された虫体のミトコンドリア遺伝子を比較したところ，391の塩基配列で地域および宿主の異なる分離株のすべてが一致した．この事実は北海道本島への侵入後，急激に短期間で分布を拡大させたことを示し，セントローレンス島起源説を支持するものである．

●本州へ分布拡大か？

　日本でタホウジョウチュウの生活環が維持されるのは北海道だけと考えられていたが，1999年8月，青森のブタから幼虫が発見され，本州への侵入が論議されるようになった．それ以前からも本州では患者が知られ，約80人に達している．この由来についてかつては，北海道から持ち込

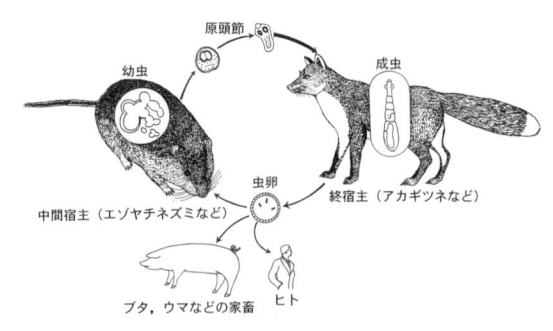

図3．北海道におけるタホウジョウチュウの生活環

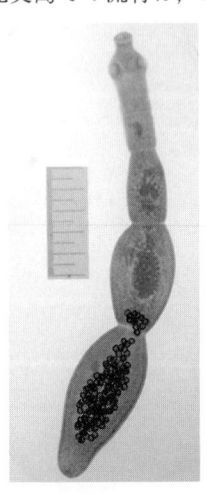

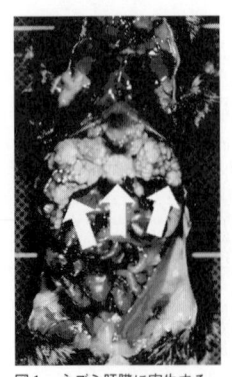

図1．ネズミ肝臓に寄生するタホウジョウチュウ幼虫（矢印）
図2．タホウジョウチュウ成虫（スケールは1mm）

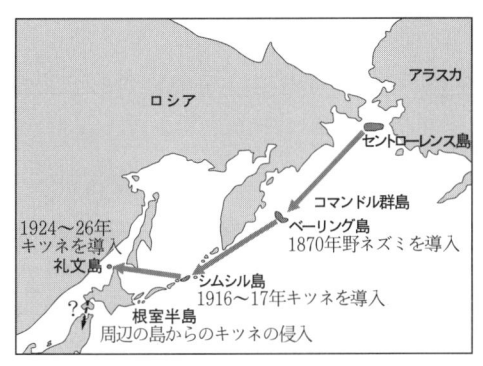

図4. タホウジョウチュウの北海道への侵入経路

まれる牧草などが問題になり，青函トンネルをキツネなどが通過する可能性が指摘されたこともあった．しかし現在では，飼い主の転居などに伴う国内移動によって多くの感染源動物が，北海道から本州などに持ち込まれていることのほうが大きな問題となっている．北海道ではキツネの感染率が5割に上昇しており，飼育されているイヌやネコからもこの条虫が検出されている．2001年度には，北海道から移送された飼いイヌから感染例が確認された．それ以外の地域からのものも含めて，年間1万頭以上のイヌが流行地から検疫なしで輸入されている事実は深刻である．これらを放置すると，この寄生虫は本州に定着，分布拡大し，患者は増加する．

●防除体制の確立が急務

1999年4月に施行された「感染症新法」で，ヒトのエキノコックス症は，病原体や抗体が検出された場合，医師に7日以内の届け出が義務づけられた．これは国際的にも評価されているが，より重要なのは，エキノコックスの監視とそれを絶つための施策である．虫卵を排出する動物の特定と，寄生虫の防除システムの確立は急務である．

かつて北海道では3分の1のキツネを除去すればこの寄生虫を制圧できるとして捕獲が実施されたが，成果はなかった．ナワバリの明確なキツネ社会では捕獲による空白は侵入個体によって補充され，その多くは若齢の個体である．1歳までの若齢個体の感染率はそれ以上の齢の倍であり，また狩猟圧は地域のキツネの齢構成を若齢化させる．そのため，捕獲が逆に感染キツネの拡散と感染率の上昇をもたらしたとも考えられる．

最近，北海道大学の研究グループにより終宿主の糞に出る抗原を検出して感染を確かめる診断法が開発され，飼育動物などの感染を把握し，駆虫薬で防除することが可能になった．1998年には，オホーツク海に面した地域で1年間毎月，延べ1万時間の「キツネ駆虫作戦」が展開された．駆虫薬を入れた魚肉ソーセージとこの診断法の組み合わせにより，キツネの糞における虫卵の陽性率は0％近くへ減少した．南ドイツでは，捕殺・解剖検査による同様の試みが実施されており，これら野外実験で防除の可能性が実証されたことになる．

1994年以来，国際獣疫事務局が感染源対策の研究拠点に指定した北海道大学獣医学部寄生虫学教室は，世界各国のFAOやWHO研究拠点との共同作業を始めている．欧州連合も，地域安全保障の観点から対策のネットワーク化を図っている．有害寄生虫の防除と同時に国際協力にも貢献できる課題であることから，次の3点を提言したい．

1) 「感染症新法」に感染源動物の届出義務を追加し，その診療・検疫体制を確立する．
2) 専門研究機関を設け，感染源動物を扱える人員・施設を配備し，地域の要請に対応した問題解決型研究を推進する．例えば，水産廃棄物を活用した駆虫薬入りのキツネ用餌やワクチンの開発，専門家の養成・研修，市民のための感染防止セミナーの開催，市民参加型の防止技術開発・普及・評価を行う．
3) 研究者の国際的な情報網と連携して，国の枠を超えて侵入・拡散防止に当たる必要がある．感染源情報・防止技術の公開や，流行地域への技術協力などが期待されている．

参考文献

神谷正男（1989）エキノコックスの分類・生活環・分布ならびに種分化．「病気の生物地理学―病原媒介動物の分布と種分化をめぐって」（上本棋一・和田義人編），pp.62-74．東海大学出版会．
神谷正男・奥祐三郎（1999）エキノコックス（1）生物学．「日本における寄生虫学の研究 7巻」（大鶴正満ほか編），pp.275-295．目黒寄生虫館．
山下次郎・神谷正男（1989）増補版 エキノコックス―その正体と対策．北海道大学図書刊行会．
※北海道の多包条虫症の最新の知見は，北海道大学獣医学研究科のホームページ（http://www.hokudai.ac.jp/veteri/organization/organization2.html）で見ることができる

Column

動物園動物に見られる外来寄生虫～人獣共通感染症までやって来た

宮下　実

動物園動物とは

日本には97の動物園があり，そこで飼育展示されている動物，例えば哺乳類は408種を数えるが，そのうちの28種が日本産野生動物であり，16種は家畜である．つまり，約90％の動物は外国原産の野生動物なのである．今から50年ほど前までは，野生由来の動物が直接動物園に入ることも多かったが，CITES（ワシントン条約）の締結以降，絶滅の危機に瀕する野生動物の入手には規制がかけられ，海外から輸入される動物のほとんどは動物園などで繁殖した個体である．

動物園への外来寄生虫の侵入対策

新しい動物が海外から輸入されれば，それに伴って日本には存在しない寄生虫がもたらされるのは当然のことである．しかし日本での輸入動物の検疫は，家畜を除いた野生動物では，アライグマ，スカンク，キツネ，サル類が2000年1月にやっと対象になったものの，それら以外はすべて検疫の対象とされない．つまり，動物の保有する病原微生物や寄生虫が何の検査もされずに，大手を振って国内に侵入しているのが現状であり，動物園や水族館の動物からは，多くの寄生虫が報告されている（巻末リスト参照）．必然的に動物園では受入れ前に検疫を実施し，寄生虫が検出されれば駆虫を行うとともに，他の飼育動物への感染防止にも努めている．

人獣共通感染症まで起こす外来寄生虫

北米原産のアライグマにはアライグマカイチュウが寄生している．この回虫卵をアライグマ以外の動物が誤って摂取すると，その幼虫が宿主の脳や中枢神経系などに侵入し，致死的な幼虫移行症を起こす．北米では本症によるリスなど野生動物の死亡例が数多く報告され，また1980年代初めには幼児2人が相次いで死亡したことから，極めて危険な寄生虫と認識されている．ところが日本ではテレビアニメ「あらいぐまラスカル」が人気を集め，動物園の飼育数も多い．本来，日本には存在しない寄生虫だが，1992年には国内の動物園で飼育されていたアライグマに約40％と高率に寄生していた（野外の外来アライグマではまだ発見されていない）．

一方，北海道で問題になっているエキノコックス症は（p.224参照），道内の動物園で飼育していたニホンザル，オランウータン，ローランドゴリラなどからも感染例が報告されている．これらは動物園に侵入した宿主動物（おそらくキツネ）の糞によって汚染されたと考えられる．その後対策が完了するまで，長期の閉園を余儀なくされた動物園もある．

以上の通り，管理された動物園でさえ外国産動物とともに持ち込まれる寄生虫の防御はなかなか困難である．したがって，外国産動物の無秩序な導入や家庭でのペットとしての飼育が，わが国の動物のみならず人にも感染する寄生虫の侵入の危険性を高めていることは明らかである．検疫強化はもちろん，安易なペット飼育に警鐘を鳴らすことが必要である．

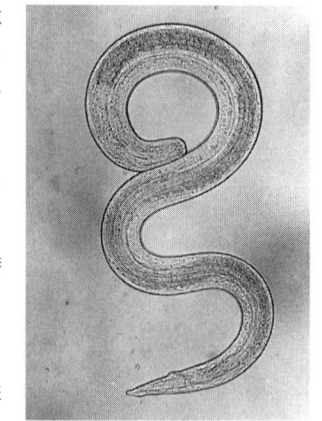

感染後10日目のマウスの脳から回収したアライグマカイチュウの第3期幼虫（体長1273μm，体幅63μm）

参考文献

小菅正夫ほか（1994）ローランドゴリラに見られたエキノコックス症について．第42回動物園水族館技術者研究会報告．
日本動物園水族館協会年報（2000）
宮下実（1993）アライグマ回虫の幼虫移行症．生活衛生 37(3): 137-151．

❷ 地域別事例集

島嶼

島嶼では，島に生物が到達する機会が限られるため，動物・植物ともに特定の分類グループに偏った生物相が形成される場合が多い．さらに，長距離分散や定着の困難さから生物相のニッチが空いている場合が多いこと，哺乳類・爬虫類の捕食者や大型草食獣の欠如のためにそのような動物に対する競争力や耐性を持っていない場合が多いこと，生態系の構成要素が貧弱なために食物連鎖が極めて単純であることなどの理由により，島嶼の生態系は一般に外来種導入などの外的撹乱に対して極めて脆弱である．IUCNのガイドラインでも，特に注意を要する生態系の一つに島嶼が挙げられている．

日本という地域自体が島嶼から構成されており，日本における外来種問題の多くは島嶼の外来種問題に置き換えて考えることが可能である．島嶼の場合，生態系そのものが単純で小さいために，外来種による固有生態系に対する影響が顕著に現れやすく，いったん失われてしまった島嶼生態系は永久に回復が望めない場合が多い．

しかし，外来種導入の時間が浅い場合，逆に，その除去による島嶼生態系の回復が短時間で観察できるという特徴もある．つまり，外来種の導入や除去によって生じる生態系への影響の研究や評価が，島嶼では比較的容易にできるのである．

実際，島嶼では外来種に対する具体的な対策事業が実施されており，奄美大島のマングースや小笠原のヤギなどで，行政による駆除事業が一定の成果を挙げつつある．国家プロジェクトとして実施された外来種である特殊病害虫のミカンコミバエやウリミバエの根絶事業も，島嶼部で行われたために短期間で成功したという側面がある．

このように，日本の島嶼部での外来種への対策の積み重ねと経験が，今後の日本における外来種対策に重要な情報を与えてくれる可能性が高い．その意味でも，日本各地の小島嶼で顕在化している外来種による固有生態系の撹乱問題は，日本における外来種問題の縮図としてとらえるべきであり，島嶼における外来種の管理は最優先すべき項目であろう．

（冨山清升）

島嶼における外来種問題 〜島嶼生態系への影響と対策——— 冨山清升

●大陸島と海洋島

島嶼は，生物地理学的には，大陸島と海洋島に分類される．

大陸島とは，大陸周縁部に位置する島を指し，地質学的時間スケールで大陸部と陸続きになった歴史がある島で，日本列島や琉球列島などがその例である．大陸島の動植物相は近隣の大陸と関連が深い場合が多いが，島の面積によって収容できる種数が限られてくるため，各ニッチにおいて種の欠落が生じる例が多い．例えば，日本の多くの島嶼において肉食獣が欠落している．逆に，琉球列島に生息するケナガネズミのように，大陸では絶滅してしまった遺存種が島に生き残っている事例も多い．

大陸島に対し，大東諸島や小笠原諸島のように，過去に他の大陸とつながった歴史のない島を海洋島という．海洋島では，生物が地質学的年代で長期間にわたって隔離される機会が多いため，何らかの手段で海を渡って島にたどり着いた生物は島内で独自な進化をとげ，多くの固有種が分布する例が多い．例えば，小笠原諸島では，自生樹木112種のうち，約7割が固有種もしくは固有変種で占められる．また海洋島では，同一起源の種群がニッチの細分化を起こしつつ適応放散することが多い．

したがって，島嶼の外来種問題を考える場合，このような大陸島と海洋島という二つの異なった生態系の性質を念頭に置かなければならない．

●外来種の島嶼生態系への影響

外来生物の侵入によって生じる島嶼生態系の撹乱にはいくつかの要因が挙げられ，日本の島嶼への外来生物の影響は複数の要因によってその被害が著しくなっている事例が目立つ．以下にその例をまとめてみる．

①繁殖力の低さ：島の生物は繁殖能力の低い生物が多い．一腹卵数が1個で，繁殖を毎年はしない動物も数多い．例えば小笠原に侵入したアフリカマイマイ（p.165）は一腹卵数が数百個もあるが，競合する固有種のカタマイマイ類は1個である．

②外来種との競争能力の低さ：大陸島における競争種の欠落や，海洋島における生態型の進化によって，外来種との競争に弱い種が多い．

③捕食回避能力の欠如：捕食者不在の環境で進化を遂げたために，捕食者に対する捕食回避能力が欠如している種が多い．例えば，飛べないヤンバルクイナがマングース（p.75）によって生息域が狭められている．

④大形捕食者の欠如：島嶼では大形肉食獣が欠落している生態系が多く，繁殖力の強い外来種が自滅に至るまで無制限に増殖する場合が多い．屋久島のタヌキ（p.244）や小笠原や尖閣諸島のヤギ（p.252）はこの例である．逆に，強力な肉食外来種によって島嶼固有種が圧迫される事例も多い．小笠原のノネコやネズミ類の影響（p.236）や，琉球列島の小島嶼へのイタチ導入による固有種爬虫類の絶滅（p.246）が挙げられる．

⑤極端なニッチの細分化：著しい適応放散を遂げた種群の各種は，生息環境の自由度が狭く，外来種との競争に弱い．

⑥他種生物との相互関係：共進化によって独自の生態型に進化した種は，パートナーとなる種が喪失することによって絶滅することが多い．小笠原の絶滅危惧種には全く受粉しておらず，種子繁殖をしていない種が知られている．これは固有の送粉昆虫が絶滅してしまっているためと推定されている．小笠原では，外来のセイヨウミツバチの定着によって送粉生態系が撹乱されている．

⑦島嶼の単純な生態系：島に生息できる種数が限られるため，島では似たようなニッチを占める種の数が少ない．そのため，外来種の侵入によって，生態系全体が激変する場合が多い．イタチの導入によって島の動物相全体が変化し，生態系全体に影響が及んでいる三宅島の事例（p.235）が

研究されている.

⑧個体数の少なさ：島嶼生物は生息個体数そのものが少なく，個体群内の遺伝的多様性も乏しい場合が多いため，外来の病原体や寄生虫の侵入によって絶滅する可能性が高くなる．明治期に日本列島の多くの島嶼でタヌキやイノシシが絶滅した事例は，外来のジステンパーや豚コレラの流行によるものとされている．

⑨遺伝子汚染：交配可能な種が島に侵入することによって島外種との交雑が進み，島固有の種が消滅してしまうことがある．小笠原に導入された外来のシマグワとの交雑によって，固有種のオガサワラグワが消滅しつつあることがDNA分析でも示されている．また，隔離されて別種に進化したものが交配するようになり，元の種の遺伝的まとまりが消滅してしまう可能性も指摘されている．琉球列島におけるハブとサキシマハブの交雑はその事例である（p.247）．

● 北方外来種と南方外来種

日本の亜熱帯域に位置する琉球列島や小笠原諸島などの島々は固有種の宝庫であり，独自の生態系を有することでも知られている．これら亜熱帯域の島々にも多くの外来の動植物が侵入定着しているが，その多くは南方の熱帯地域を原産地とする種が多い．

外来生物の定着例の分析で，一般に，動植物は北上する事例は多いが，南下の例は少ないことが経験的に知られてきた．外来種の島嶼への侵入も同様で，南方起源種の北上侵入の事例は多いが，北方起源種の南下侵入は少ない．これは，南方原産種は主に耐寒性を獲得するだけで北上が可能になるのに対して，北方原産種は植物や動物，特に昆虫は休眠や光周性を生活史に組み込んでいることが多いため，気温や日長の季節変動が少なくなる南方への生活適応には休眠や光周性を変化させる変異が要求されるので南下が難しい，と解釈できる．小笠原や大東島などの初期開拓で，ソバなど日長条件が要求される作物の導入の多くが失敗した事例はこうした原因によると考えられている．

地球温暖化が確実に進行しつつある現在の環境条件下では，南方外来種の北上，とりわけ熱帯域由来の外来種侵入の可能性がより高くなっている．例えば，小笠原にはおそらくミクロネシアからの自然侵入と思われるチャイロネッタイスズバチという大形のハチが1990年頃から定着しており，固有生態系への影響が危惧されている．

このように，特に，琉球列島や小笠原諸島などの亜熱帯域の島嶼では，南方系外来動植物のモニタリングの必要性があるだろう．

● 求められる早急な対策

日本の多くの島嶼には数多くの固有種が分布しているが，人間がその時どきの都合で開拓や戦争などによって島嶼の自然を破壊し続けてきた歴史がある．これは，日本の絶滅種の多くが島嶼原産である事実が如実に語っている．このような島嶼生態系の破壊と固有種絶滅に拍車をかけているのが外来生物の存在であり，今後もその圧力が弱まることはないであろう．

にもかかわらず，島嶼への新たな外来種の導入はむしろ増えているのが現状である．島嶼の外来種への対策は，本土の各地で行われている以上のより厳重な施策が求められる．これ以上の動植物の島嶼への持ち込みを規制する新たなルール作りと，外来動植物の動態を監視するモニタリングの確立，および，侵入した動植物の駆除方法の確立と実行が求められている．また，日本各地の島嶼への動植物の持ち込み規制に関する具体的な行政措置が早急に求められている．

面積の比較的狭い島嶼でも，いったん侵入してしまった外来生物の排除は非常に困難である．したがって，外来生物による影響が大きい島々では，その防除対策と生態系復元に重点を置き，島嶼本来の生態系が保存されている島々ではその厳重な保全と外来生物の侵入防止に重点を置くといったような，島によって現状に対応して保護施策を違えた細かな保全計画が強く求められるだろう．

参考文献

冨山清升（1998）小笠原諸島の移入動植物による固有生物相への影響．日本生態学会誌 48(1): 63-72.

冨山清升（2002）小笠原の陸産貝類－脆弱な海洋島固有種とその絶滅要因．森林科学 34: 25-28.

北海道に持ち込まれたカエル類 〜侵入・定着の多様な背景──斎藤和範

●分布の現状と侵入の過程

北海道在来のカエル類は，ニホンアマガエルとエゾアカガエルの2種だけである．しかし，様々な要因によって，アズマヒキガエル・トノサマガエル・トウキョウダルマガエル・ウシガエル・ツチガエルの5種が持ち込まれ，定着している．

1．アズマヒキガエル

道内では，1912年7月2日に，函館高等女学校（現：函館西高等学校）で初めて発見された．分布が集中している谷地頭温泉付近や，函館八幡宮で産卵が見られる．かつて北海道の固有亜種 *Bufo vulgaris hokkoidoensis* とされたが，その後の遺伝解析により，関東の個体群と同じであることがわかっている．侵入の過程については，憶測の域を出ていない．谷地頭地区から持ち出されたものが，見晴町の公園でも定着している．函館市ではいまだに「希少なエゾヒキガエル」として保護しているが，行政による在来でない野外集団の保護の妥当性は，甚だ疑問である．1995年には旭川市でも，埋蔵文化財発掘調査の際に多数目撃され，翌年，神居古潭のおう穴群で産卵しているのが確認された．聞き取り調査により，神居古潭に在住する人が1980年頃，埼玉県に出稼ぎに行った際に持ち込んだことが判明している．札幌市，福山町（現：松前町）でも記録があるが，現在は見られない．1997年9月には奈井江町でも記録があるが，詳細は不明である．

図1．北海道に持ち込まれたカエル類（ツチガエルを除く）の現在の生息地

2．トノサマガエル

道内では，1993年に初めて生息が確認され，現在も図1に示した地区の水田域に生息している．1990年頃，業者によって学校の実験教材として静岡県から持ち込まれたトノサマガエルの余りが放逐され，定着したらしい．1997年には，札幌市内の別の場所でも採集されたが，由来や定着の有無は不明である．

3．トウキョウダルマガエル

道内では1990年に初めて採集され，その後1997年には水田域での定着が確認された．本種もトノサマガエルと同様に，業者によって学校の実験用教材として，持ち込まれた可能性が高い．

トウキョウダルマガエル

ただし，業者が両種を明確に区別して扱っていないこともあって，詳細は不明である．定着した場所の周辺には大学や高校が多数あるが，教材としての使用や放逐などの情報は得られていない．

4．ウシガエル（写真は p.106 参照）

北海道における分布の詳細や持ち込み経路は，まだよく調べられていない．函館市内に見られる集団は，1947年頃養殖用として本州より持ち込まれたものに由来すると言われている．また大沼公園の個体は，西大沼に在住する人が本州より養殖用として持ち込んだものが逃げ出したとも言われるが，詳細は不明である．図1に示した場所以外，浦河町でも記録があるが，現在の生息状況は不明で，また北海道大学校内や旧東日本学園大学音別校内でも散発的に実験用個体の放逐が見られたことがあるが，現在は生息していないようである．

5．ツチガエル

1985年に札幌市南区藤の沢（小鳥の村六つが池）で記録されたのを皮切りに，同市内の各地で生息が確認されている．札幌市以外の道央圏では，1985年7月に長沼町馬追丘陵，1991年に由仁町古山溜め池で，1993年に滝川市江別乙，秩父別町，1999年に芦別市で生息が確認された．道北圏では，1986年に苫前郡羽幌町で，1990年には当麻町〜旭川市東旭川豊田にかけて生息が確認された．また道南では，1998年に七飯町大沼で，2000年には北檜山町でも生息が確認された．一部を除き，これらの地域では繁殖を繰り返し，安定して定着している（図2）．

北海道のツチガエルが在来か持ち込みに由来するかについては，最近まで論議があったが，1970〜1980年代にかけて，本州産のコイの導入に紛れ込んで侵入し，定着したことが明らかとなった．このようなことが生じた背景として，以下のことが挙げられる．

①物流革命

1972年に始まる日本列島改造論によって，道路交通網や物資輸送の体系が大きく変化した．北海道においても幹線道路が整備され，それに伴って貨物の流通も，列車からトラックを利用したものへと主流が移った．そのため1970年代に入ると，コイの輸送もトラックで行われるようになり，桶により比較的少数の稚魚を仕入れる方法から，生け簀積みで酸素を供給しながら，大量に仔魚または成魚を仕入れる方法へと転換した．

②コイの需要の増大と農業構造改善政策

1960年代半ばから政府は，冷害によって壊滅的な打撃を受ける北方域の稲作農家に対して，農村地帯の収入の安定増加を目的として，水田灌漑溜め池を利用したコイ養殖を積極的に推奨する対策をとった．当時養殖されていたコイは道内産のものが主で，道立水産孵化場や，古くから種苗生産を行っていた養鯉業者から稚魚を仕入れ，農業用の溜め池などに放流していた．また身近なレジャーとしてコイの釣り堀が流行し，コイ料理を出す料亭・割烹なども増えたために，需要が供給に追いつかなくなり始め，コイを養殖する農家が増加した．さらに戦後，生産効率の改善や品種改良などによる米の生産増加によって，米余りの状況が生じた．1971年から始まる農業基本構造改善の推進に伴い，米作農家に対する作付け制限や転作などの生産調整，減反政策が始まった．このため，稲作から転作奨励金を元に養鯉事業をする農家がさ

ツチガエル

図2. 北海道におけるツチガエルの生息地

③飼育コストの増大

北海道では，寒冷な気候のためコイの成長が悪く，成魚になるのに本州よりも1年余計にかかる．オイルショック以降，飼料代や燃料代の高騰によって，稚魚から飼育するのではなく，ある程度大きくなったものを本州から仕入れたほうが安上がりになった．

これらの諸事情によって，道外からのコイの導入に一段の拍車がかかり，ツチガエルのオタマジャクシが紛れて持ち込まれる頻度を増加させたのである．

現在，北海道のツチガエルは，単一の経路ではなく，複数の経路によって侵入したと考えられている．すなわち札幌市南区の集団は，この地域の釣り堀や養鯉業者が，秋田県，宮城県，福島県，岩手県などの複数の業者からコイを仕入れていることから，遺伝的にこれらの地域の集団の混ぜ合わせである可能性が高い．一方，当麻町～旭川市東旭川豊田の集団は，地元の農協のコイの仕入れ先である長野県産であることが推測される．長沼町16区～由仁町古山溜池の集団も，この地域の業者が長野県の佐久鯉を仕入れていたことから，同様に長野県由来であろう．

また滝川市の集団は，この地域の業者が茨城県出島村（現：霞ヶ浦町）・霞ヶ浦からコイを仕入れていることから，霞ヶ浦由来の可能性が高い．

大沼公園の集団は大沼漁業協同組合などで岩手県花巻市二枚橋からコイを仕入れていることから，岩手産の個体群と考えられる．これに対し，芦別市や北檜山町，秩父別町の集団については，今のところどの地域に由来するか推定できるだけの資料が得られていない．

●生態系に対する影響および対策

現在，これらの持ち込まれたカエル類による，在来の生物相や生態系に対する悪影響は，具体的に報告されておらず，そのため駆除等の対策は全くとられていない．

しかし，北広島市のトノサマガエルが多い水田では在来種であるニホンアマガエルが少ない傾向が認められる．これは，様々な水田の昆虫や，時にニホンアマガエルの幼体まで食べてしまうトノサマガエルの存在により，競争や捕食を通してニホンアマガエルが圧迫されていることを示唆している．また，大沼公園では捕食性の強いウシガエルによる，湖内のワカサギなど資源に対する食害や，こうした食害を通した湖沼生態系全体への悪影響が懸念されている．したがって何よりもまず，こうした持ち込まれたカエル類の影響の実態に対する早急な調査が望まれる．

こうしたカエル類が北海道に持ち込まれた経緯は，上述のように様々であるため，今後のさらなる侵入を防ぐための対策は容易ではない．ただ中でも，実験・教材用個体やペットの放逐が後を絶たないことから，まず学校教育における啓蒙等が必要であると思われる．

参考文献

岡田彌一郎 (1930) 日本産蛙総説. 岩波書店.
斎藤和範ほか (1996) 北海道におけるアズマヒキガエル *Bufo japonicus formosus* の新分布地. 旭川市博物館研究報告 2：21-23.
斎藤和範ほか (1998) 北海道におけるトノサマガエル及びトウキョウダルマガエルの新分布地. 旭川市博物館研究報告. 4：25-29.
斎藤和範 (2001) いかにして北海道にツチガエルが生息するようになったのか？—北海道のツチガエルの分布とその移入経路—. 両生類誌 6：13-17.
白井馨 (1989) 北海道に生息するカエル類. 北海道理科教育センター研究紀要 1：47-50.
竹中践 (1990) 爬虫類・両生類相とその分布, 北海道の動物相.「生態学から見た北海道」（東正剛ほか編）, pp.198-208. 北海道大学図書刊行会.
竹中践 (1997) 北海道に帰化したトノサマガエルの北広島市における分布. 北海道東海大学紀要理工学系 10：43-49.

イタチ放獣後の三宅島の動物相 〜在来種の減少のほか，行動の変化も —— 樋口広芳

● ネズミ駆除の目的で放獣

伊豆諸島の三宅島では，1970年頃からクマネズミやドブネズミ（以下，ネズミと略）による農林業被害が著しくなった．そこで三宅村は，ネズミの天敵となるニホンイタチ（以下，イタチと略）を放獣したい旨の要望を東京都に提出した．

一方，イタチによって島に生息する貴重な生物を減少させることが予想され，島内，島外ともに賛否両論が対立した．妥協案として，増殖が期待されない雄個体20頭の放獣が1976年から1977年にかけて実施された．しかし実際には，おそらく1982年頃に雌雄合わせて20頭前後が放獣されたために，1985年以降イタチは急増した（図，p.72参照）．

● 在来種の個体数の減少

イタチの導入はネズミを減らすことにはなったが，同時に島にすむいろいろな生物にも影響を与えた．オカダトカゲは，イタチ放獣前までは非常に高密度で生息していたが，1983年から減少し始め，1985年を過ぎてからはほとんど観察されなくなってしまった．オカダトカゲは地上徘徊性で，また動きがあまり速くないため，イタチの恰好の獲物になってしまったものと考えられる．

国の天然記念物アカコッコも，1980年代前半から減少し始め，1990年以降は70年代までの3分の1ほどまでに減少した（図）．アカコッコ以外で減少が著しい鳥類は，コジュケイ，ヤマシギ，サシバ，オオミズナギドリなどである．コジュケイは現在では1970年代の10分の1程度の密度になっている．ヤマシギとサシバもイタチ放獣前には普通種であったが，現在ではほとんど観察されない．オオミズナギドリは現在，三宅島では繁殖していないと考えられる．

アカコッコ，コジュケイ，ヤマシギは，地上性が強いので，採食中あるいは営巣中に捕食されることが多かったのではないかと思われる．サシバは，主食としていたオカダトカゲの減少によって生息できなくなったものと推定される．オオミズナギドリは海鳥であるが，島内の地表付近に穴を掘って巣をつくるため，営巣中にイタチに襲われたのではないかと思われる．

● 繁殖成功率の低下と行動の変化

アカコッコの繁殖成功率（産卵総数に対する巣だちヒナ数の百分率）は1973年には85％，第1回目のイタチ放獣後の1978〜1980年には71〜78％であったが，1991, 92両年の平均では7.3％にまで落ち込んでしまった．91, 92両年では発見した巣の合計25巣，産卵総数82個のうち巣立ちにまで至ったのは，3巣，6卵にしかすぎなかったのである．植生などの大きな変化はないので，イタチによる捕食の影響が大きいと考えられる．アカコッコやコゲラの巣が，イタチに襲われている現場も観察されている．アカコッコは人おじしない鳥で，開けた場所で身近に見られたが，現在では人が近づける距離が遠くなった．イタチによる捕食の影響で，警戒性が強くなったものと思われる．

イタチ放獣は，八丈島や青ヶ島などでも，三宅島同様，鳥類や爬虫類に多大な影響を及ぼしている．

参考文献
高木昌興・樋口広芳（1992）伊豆諸島三宅島におけるアカコッコ（*Turdus celaenops*）の環境選好とイタチ放獣の影響．*Strix* 11: 47-57.
長谷川雅美（1986）三宅島へのイタチの放獣 その功罪．採集と飼育 46: 444-447.
樋口広芳編（1996）保全生物学．東京大学出版会．

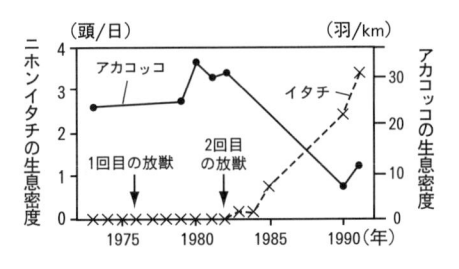

伊豆諸島三宅島でのニホンイタチ放獣に伴うアカコッコの生息密度の変化．樋口（1996）より

小笠原諸島のノネコとネズミ類 ～固有鳥類への影響と対策——川上和人

● ノネコとネズミ類の由来と分布

 小笠原諸島は海洋島であるため，コウモリを除く哺乳類は本来生息していなかった．しかし，1830年の入植以後，様々な陸生哺乳類が持ち込まれ，中でもノネコとネズミ類が在来種に大きな影響を与えていると考えられる．

 ノネコは愛玩用やネズミの駆除用に導入したものが野生化したと考えられ，父島，母島，兄島，弟島，硫黄島に生息している．向島では1995年には少なくとも1頭のノネコが生息していたが，現状は不明である．2001年には南島でノネコらしき鳴き声と足跡が確認されているが，その他に確実な観察記録はない．

 ネズミ類はドブネズミ，クマネズミ，ハツカネズミが確認されており，積み荷に紛れて船で運ばれてきたと考えられている．ドブネズミは父島ではすでに絶滅していると考えられ，母島，平島では現在も生息しているが，個体数は多くないようである．ハツカネズミは少なくとも父島と母島に生息しているが，主に農耕地や集落に生息するため，在来生態系への影響は大きくない．クマネズミは父島，母島以外に，聟島，媒島，聟島の鳥島，嫁島，兄島，弟島，南島，向島，平島，姉島，妹島，北硫黄島，硫黄島での生息が確認されている．本種は小笠原では森林内に生息し，木登りを得意とし，飢餓や乾きにも比較的強いため，在来種に対する影響が心配されている．

● ノネコの影響と対策

1．ノネコによる捕食

 小笠原諸島では，19世紀に固有種のオガサワラマシコとオガサワラガビチョウが絶滅している．その原因の一端は，捕食哺乳類に対する防御が進化していないために，ノネコに捕食されやすかったことにあると考えられている．オガサワラカワラヒワ（環境省：絶滅危惧ⅠB類），アカガシラカラスバト（環境省：絶滅危惧ⅠB類）は，それぞれ個体数が200羽程度，50羽未満と推定され，絶滅が心配されている．両種は地上採食性であるため，ノネコによる捕食の危険性が非常に高い．1998年9月～1999年11月の期間に，母島沖村集落内の飼いネコが捕食時にむしった鳥の羽毛を調べたところ，メジロ，メグロ（環境省：絶滅危惧Ⅱ類），ホオジロ，オガサワラカワラヒワがそれぞれ31, 5, 2, 1個体含まれていた．

 ノネコは海鳥も頻繁に捕食している．1995年から1997年に母島で見つかった鳥の死体120個体のうち，51個体にノネコに捕食された痕があり，そのうち5種18個体がオナガミズナギドリ，シロハラミズナギドリ（環境省：絶滅危惧Ⅱ類），オーストンウミツバメ（同）などの海鳥であった（図1, 2）．地上に下りた海鳥は，素早く飛び立つことができないため，捕食されやすいと考えられる．また，上記51個体には，ムナグロやツバメチドリ（環境省：絶滅危惧Ⅱ類）など4種9個体の渡り鳥が含まれていた．これらは渡りの途中で疲労していたため，ノネコに捕食されやすかったと考えられる．

 母島ではノネコは原生状態の森林を維持する石門地区や島の最高標高地である乳房山山頂近くで

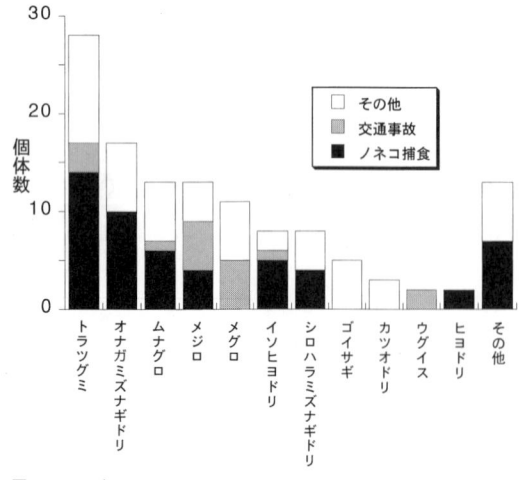

図1．1995年4月～1997年8月に小笠原諸島母島で発見された鳥の死体数と推定死因．その他は，ノスリ，オーストンウミツバメ，ツバメチドリなど12種．川上（2000）を改変

図2．ノネコの食痕の残るシロハラミズナギドリ

図3．クマネズミに食害されたシマホルトノキの実

も生息が確認されており，その影響は全島に及ぶと考えられる．

2．ノネコへの対策

小笠原村では，天然記念物鳥類への捕食および衛生面の悪化を背景に，1996年からノネコ対策事業を開始した．本事業により，父島と母島で，1996年：51頭，97年：17頭，98年：51頭，99年：68頭，2000年：73頭のノネコが捕獲されている．捕獲個体は原則として不妊去勢手術を施し，再度放獣されている．この事業の継続により，ノネコの個体数の漸減が期待されている．

1999年には，環境衛生の保持および自然環境の保全を目的として，飼いネコの登録を義務づける「小笠原村飼いネコ適正飼養条例」が施行された．条例施行後，村内では110頭余りの飼いネコが登録されている（2001年6月現在）．

●ネズミ類の影響と対策

1．クマネズミによる捕食

クロウミツバメ（日本版RDB：絶滅危惧Ⅱ類）は北硫黄島と南硫黄島でのみ繁殖の記録がある種だが，2000年の調査では北硫黄島での繁殖は確認されていない．本種は地面に穴を掘り営巣するため，クマネズミにより卵が捕食され繁殖地を放棄した可能性が指摘されている．また，聟島属島の鳥島でも，ネズミ類によるオーストンウミツバメの捕食の可能性が指摘されている．そのほか，樹上営巣するメグロなどの卵も捕食している可能性があるが，これまでに確実な証拠は得られていない．

2．食物を巡る競争による影響

アカガシラカラスバトの主な生息地である母島桑ノ木山で行われた調査では，地上に落下したシマホルトノキの実の90％以上にネズミの食痕が見つかった．アカガシラカラスバトは，林内に落下したシマホルトノキやムニンシロダモの種子などを食物としているため，クマネズミと競争関係にあると考えられる．

オガサワラカワラヒワも同様に種子食者であり，食物を巡る競合が心配されている．

3．ネズミ類への対策

現在，小笠原諸島においてクマネズミの駆除対策は行われていない．駆除手段としては殺鼠剤の使用が考えられるが，他種による誤食や二次的な捕食による被害の可能性も含めて検討する必要がある．ノネコの個体数が減少すると，被食者であったネズミ類が増加する可能性もあり，早急に対策を進める必要がある．

参考文献

岡輝樹（1991）小笠原父島におけるネズミ類の生息状況．「第2次小笠原諸島自然環境現況調査報告書」（東京都立大学編），pp.133-134．

川上和人（2000）小笠原の鳥とヒト―死体が語る共存の道―．どうぶつと動物園 **52**: 160-164．

関東森林管理局東京分局計画第二部（1999）アカガシラカラスバト希少野生動植物種保護管理対策調査報告書．

佐藤文夫（2001）消えたクロウミツバメ．山階鳥研 NEWS **143**: 3．

東京営林局森林管理部（1996）オガサワラカワラヒワ希少野生動植物種保護管理対策調査報告書．

日本自然保護協会（2001）平成12年度小笠原村南島自然環境調査報告書．

長谷川博（1992）海洋性鳥類の現状及びノヤギによる影響の評価．「小笠原諸島における山羊の異常繁殖による動植物への被害研究調査」調査報告書（日本野生生物研究センター編），pp.84-99．

Kawakami, K. & Higuchi, H. (in press) Predation by domestic cats on birds of Hahajima Island of the Bonin Islands, southern Japan. *Ornithol. Sci.*

Yabe, T. & Matsumoto, T. (1982) A survey on the Murine Rodents on Chichijima and Hahajima, the Ogasawara Islands. *J. Mamm. Soc. Jap.* **9**: 14-19.

小笠原のメジロ，トラツグミ，モズ ～小笠原産繁殖陸鳥類の新参者── 鈴木惟司

●小笠原に定着したのは20世紀

日本本土ではメジロ，トラツグミ，モズの3種は普通種の部類に入る．絶滅危惧種の多い小笠原でも（本稿では，聟島・父島・母島各列島を合わせた小笠原群島を指し，火山列島は含めない），これら3種は現在普通種となっている．

しかしこの鳥たちは，1900年以前の小笠原の鳥の記録には出てこない．彼らは小笠原で見られる鳥ではなかったからである．

●小笠原へのメジロの侵入時期と経緯

メジロは，現在小笠原に広く分布し，個体数も多い．小笠原（少なくとも父島）に定着し，その個体数を増やしたのは，20世紀に入ってからわずか十数年の間のことらしく，1914年には「甚だ多く繁殖せり」との記述が文献に現れる．

現在，小笠原のメジロは，火山列島（亜種イオウジマメジロが生息）や伊豆七島（亜種シチトウメジロが生息）から人為的に持ち込まれたメジロの子孫と言われる．

これが事実なら，小笠原のメジロは国内外来種である．しかし，人為的導入があったとしても，それとあい前後して，火山列島や伊豆七島のメジロが，メジロの自然分布の空白地であった小笠原へ分布地を拡大し，その子孫が現在の小笠原メジロ個体群の核になっている可能性もある．

いずれにせよ，小笠原のメジロについては，今後，分子系統学的な検討が必要である．

●トラツグミとモズの小笠原進出

小笠原では，トラツグミは第二次世界大戦前に採集記録が一度あるだけだったが，日本復帰直後1968年の調査において，繁殖陸鳥として初めて記録された．したがって，本種は戦中から米国占領時代にかけ，小笠原に定着したと考えられている．

一方モズは，1980年代半ばに父島列島に定着した．しかし，母島列島には現在まだ定着していないようだ．

このモズとトラツグミについては，自然分布域拡大という形で小笠原進出を果たしたことは間違いないと考えられる．

●小笠原陸上生物群集におけるメジロの位置と今後の対策

小笠原の陸上の生物相は概して貧弱で，現在の繁殖陸鳥もわずか10種に過ぎない．その中で，国内外来種と考えられるメジロは現在小笠原陸鳥類の優占種となり，花粉媒介者，種子散布者，花蜜/果実食者，小動物の捕食者として活動している．そこから，小笠原固有生物や他の外来生物との関係，農作物への加害といった問題も生じる．メジロは良くも悪くも小笠原の生物と複雑に絡み合った生活を送っている．本種に対しどのような対策をとれば良いのかは，今後の検討課題である．

メジロは，人為的導入がなくても，遅かれ早かれ小笠原に分布拡大した可能性のある鳥である．しかしたとえそのような種でも，人為的導入による分布拡大は許されない．小笠原固有生物相の保全のためにも，今後，他地域からの鳥の持ち込みや放鳥はいっさい行われるべきでない．

メジロ（小笠原・母島）

参考文献

小野幹雄ほか編（1991）第2次小笠原諸島自然環境現況調査報告書. 東京都立大学.
高野伸二ほか（1970）小笠原諸島の鳥類．「小笠原の自然—小笠原諸島の学術・天然記念物調査報告書」，pp.61-87. 文化庁.
豊島恕清（1914）小笠原島の概況及森林．小笠原島庁.
籾山徳太郎（1930）小笠原諸島並に硫黄列島の鳥類に就いて．日本生物地理学会報 1：89-186.
Seebohm, H. (1890) On the birds of the Bonin Islands. Ibis. 2：95-108.

小笠原の外来昆虫 〜東洋のガラパゴスを脅かす昆虫たち 大林隆司

● 小笠原の外来昆虫の歴史

　小笠原諸島は島々の成立以来，大陸と一度も接したことのない海洋島であり，1830年に人間が定住し始めるまでは無人島であった．定住開始直後からカボチャ，メロン，豆類，タマネギ，サツマイモなどが栽培されていたので，小笠原の外来昆虫の歴史はこの頃から始まったといえよう．その後1876年に日本領となり，明治から昭和初期にかけての入植政策により多くの植物が沖縄や本土から多数持ち込まれ，現在でも分布する外来昆虫の多くがこの頃に侵入したと推定される．

● 小笠原の昆虫相の特徴

　小笠原諸島が人間との関わりを持つまでは，海流や季節風などの自然の力により侵入したものが小笠原固有の昆虫相を形成してきたと考えられる．したがって小笠原の昆虫相は，(1) 固有種が多く，(2) 分類群の構成が不均衡であり，(3) 面積に比べ種数が相対的に少ない，ことが特徴である．江崎 (1930) は，小笠原諸島の昆虫相は本来はオーストラリア並びにポリネシア系統で，これにその後東部アジア系統が（人為的に）加わって現在に至ったと推定している．

　小笠原の昆虫の記載種はわずか800種ほどしかないが，それらのうちで，幼虫や成虫が樹木中などで生活するコウチュウ目（固有種率30%）や，風により運ばれるハエ目（36%）やカメムシ目（33%：うち，ウンカ・ヨコバイ類60%）などの固有種率が特に高い．固有種は昆虫全体の30%を占め，残りの70%のうち，かなりの種が外来昆虫であると推察される．

● 戦前（1945年以前）の外来昆虫

　戦前の昆虫相の数少ないリストとして，江崎(1930) や Monzen (1950：1937年の記録) の報告がある．前者には105種，後者には261種が挙げられているが，後者には現在でも分布する外来昆虫の多く（ワモンゴキブリ，クロトンアザミウマ，ネギアザミウマ，ワタアブラムシ，モモアカアブラムシ，タケノホソクロバ，ナミアゲハ，アリモドキゾウムシ，セイヨウミツバチ（1880年頃に本土より導入），イエバエなど）が挙げられている．

　なお，1925年頃に，サイパン方面より果実と共にミカンコミバエが侵入したが，東京都などの根絶事業（1969〜1985年）により1983年に根絶されている．

● 戦後（1945年以降から現在）の外来昆虫とその由来

　小笠原諸島は戦後1945年から1968年まで米国の統治下に置かれ，その後日本に復帰した．夏期の夜間に現在でも大発生するイエシロアリは統治下の1955年頃に北米南部（フロリダ）からの建築資材と共に持ち込まれたとされる．

　日本復帰以降の1970年代にはハイイロハナムグリやツシマムナクボカミキリが記録された．1980年代以降，復興・振興事業に伴う物流量並びに入島者数の増加によるものか，記録される外来昆虫の種類が飛躍的に増加している．また，そ

表1．1945年以降の主な外来昆虫

記録年	種名	備考
1955頃	イエシロアリ	北米南部（フロリダ）から？
1972	ハイイロハナムグリ	
1972	ツシマムナクボカミキリ	
1982	ミナミキイロアザミウマ	野菜の害虫．東京都初記録
1983	ギンネムキジラミ	気流により侵入？
1989	チャノキイロアザミウマ	果樹の害虫
1989	キムネクロナガハムシ	ヤシ類の害虫．沖縄方面より？
1990	チャイロネッタイスズバチ	大型の狩りバチ，由来不明．外国航路の船舶に付いて入ったともいわれる．
1990年代初頭？	ガジュマルコバチ	ガジュマルの授粉昆虫．火山列島（硫黄島）などにも侵入の情報あり．
1994	アオバハゴロモ	果樹の害虫．天敵のカマバチなどにより現在は激減
1994	アメリカシロヒトリ	街路樹の害虫．国内最南端記録
1994	マメハモグリバエ	野菜の害虫
1995	ニジュウヤホシテントウ	野菜の害虫
1996	クロイワニイニイ・クマゼミ	沖縄より導入した街路樹から発生
2000	ガジュマルクダアザミウマ	ガジュマルの害虫．沖縄より？　火山列島（硫黄島）などにも侵入の情報あり

の多くがいわゆる農業害虫であることが特徴である．表1に，1945年以降記録された代表的な種を挙げる（記録順）．

現在，小笠原への物流経路はほぼすべてが本土からの定期船であり，以上の昆虫のほとんどが物流と共に侵入したものといってよいだろう．したがって，これらの侵入昆虫の由来はおおよそ以下の四つが推定される．(1) 本土由来の種が侵入（アオバハゴロモなど），(2) 国内亜熱帯地域由来の種が本土経由で侵入（クロイワニイニイなど），(3) 国外由来の種が本土経由で侵入（マメハモグリバエなど），(4) 国外由来の種が本土を経由せずに侵入（ギンネムキジラミ，チャイロネッタイスズバチなど）．(1)～(3)はいずれも本土からの園芸用・緑化用苗や生活物資（野菜・果実・花卉）などに付着して侵入したものと考えられる．

● 今後の問題～急ぎたい持ち込み規制

2001年に入り，父島内で定期的に開催されているフリーマーケット会場などで，マレーコーカサスカブト（コーカサスオオカブトムシ）などの外国産カブトムシ類が販売されている．1999年の植物防疫法の改正による一部の外国産甲虫類の輸入解禁の影響は"東洋のガラパゴス"小笠原にまで及んでいる．小笠原諸島には植物防疫法上の指定害虫（アリモドキゾウムシなど）が分布するため，小笠原からのこれらの害虫並びに寄主植物の持ち出しは厳しく規制されているが，逆に小笠原への生物の持ち込みにはほとんど規制がない．今後早急に自治体（小笠原村など）による外来種規制の条例でも作らない限り，小笠原の固有昆虫の多くが絶滅に追いやられる日もそう遠くはないだろう．

幸いなことに，小笠原村では1998年4月に「母島へのイエシロアリ等の侵入防止に関する条例」が施行されている．この条例は，イエシロアリ未侵入の母島に，本種がすでに分布している父島や，本土の発生地域からの樹木などの移動や持ち込みの禁止を柱とする条例である．したがって，昆虫を含む様々な生物の持ち込みを規制する条例の制定と施行も不可能ではないだろう．

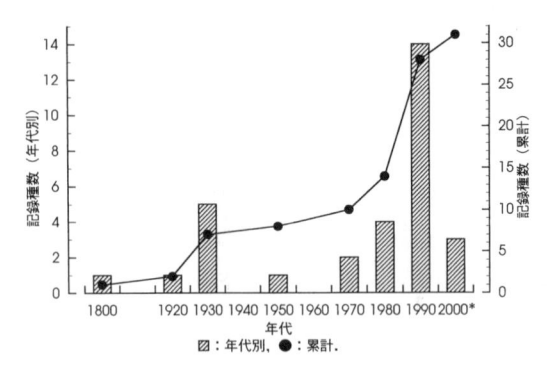

図1．小笠原諸島の外来昆虫の年代別記録種数(ダニを含む)
（＊：2000年代は2000および2001年）

● 追記

2001年11月8日付で硫黄島でアカカミアリ（諸外国で農業害虫とされている）の発生があったとの通達が農林水産省よりあった．硫黄島はアメリカ占領下にあった時期があるので，輸送物資に紛れて入り込んだ可能性が指摘されている．本種は1967年にも沖縄本島の米軍基地周辺で見つかったことがある（現在定着しているかどうかは不明）．なお，硫黄島－父島間には自衛隊などの行き来があるので，今後父島への侵入が懸念される．

また，2001年11月下旬には，父島の市街地内でアトラスオオカブトのオスが1個体採集された．すでに本土から多数の外国産カブトムシが持ち込まれている（ペット用に）との情報もある．

参考文献

江崎悌三 (1930) 小笠原諸島の昆蟲相に就いて．日本生物地理學会会報 1: 205-226.
大林隆司・竹内浩二 (1998) クロイワニイニイとクマゼミが小笠原諸島父島に侵入．Cicada 13: 49-53.
加藤眞 (1991) 小笠原諸島産昆虫目録．小笠原研究 17/18: 32-59.
神奈川新聞 (2001) 硫黄島で毒アリ繁殖（2001年11月6日付記事）．
久保田政雄 (1983) アリに関する記録 (3)．蟻 11: 7-8.
田中弘之 (1997) 幕末の小笠原 欧米の捕鯨船で栄えた緑の島（中公新書 1388）．中央公論社．
東京新聞 (1994) シロアリ 小笠原の島（中）（1994年10月31日付記事）．
農林水産省生産局植物防疫課 (2001) 硫黄島におけるアカカミアリの発生について．
土生昶申 (1986) 小笠原の移住昆虫・海洋島の生物相の成り立ち．「日本の昆虫―侵略と撹乱の生態学」（桐谷圭治編），pp.107-114. 東海大学出版会．
山崎柄根 (1999) チャイロネッタイスズバチ（今月の虫）．インセクタリウム 36: 305.
Monzen, K. (1950) A revision of the insect-fauna of the Bonin Islands with some unrecorded species. 岩手大學學藝學部研究年報 2: 21-33.

食い尽くされる固有昆虫たち ～外来種グリーンアノールの脅威——苅部治紀

●固有昆虫の激減が進行する父島・母島

　小笠原諸島は東京の約1000キロ南方に位置する海洋島であるが，この20年ほどの間に，人間の住む父島・母島両島で固有昆虫類の絶滅・激減が顕著である．この両島は戦前の開拓や返還後からの各種開発により，その自然は相当に痛めつけられてきた．また，アカギなどの導入植物が各所に広がり，在来植生に深刻な影響を与えている．

　こうした中，天然記念物に指定されているオガサワラシジミやオガサワラトンボ，シマアカネなどはすでに父島で絶滅状態にあり，母島でも近年激減している．同様に，かつては立ち枯れで多数見られたトラカミキリ類やタマムシ類などの小型昼行性甲虫類も，現在ではほとんど見ることができない．そしてこれまで，これらの絶滅・激減の理由は「全般的な環境の変化」と説明されてきた．

●グリーンアノールの侵入との関連

　しかし，父・母両島と隣接する属島の昆虫相を比較した結果，父島に隣接する兄島では，現在も固有トンボ類や小型昼行性甲虫類が普通に見られ，母島と数百メートル離れただけの向島や妹島でも，小型甲虫類が普通に見られることが明らかになった．父・母両島は面積も大きく，標高も高いために環境は多様であり，現在でも昆虫の生息地としては属島に比べはるかに恵まれている．しかも，ヤギの食害によって全島で草地化が進行した聟島（むこじま）でさえも，小型甲虫類やシマアカネ・オガサワライトトンボは生き残っている．つまり，開発による環境悪化だけでは，固有昆虫類が壊滅的ダメージを受けるとは考えにくい．

　そこで浮上してくるのが，強力な捕食者で外来種の「グリーンアノール」である（p.99参照）．父・母両島と属島との最も大きな違いがアノールが分布するかどうかだからだ．アノールは主に昆虫を捕食する．実際に野外でオガサワラゼミを捕食していた例が観察されており，飼育実験下では体長5mmほどのカミキリ類から体長7cmほどのアキアカネまで，与えた動く昆虫すべてが捕食された．また，母島に侵入したグリーンアノールの胃内容物を調査したところ，相当数の小笠原固有の昆虫類が捕食されている事例が確認された．アノールは現在父母両島の至る所で多産しており，固有昆虫類はこれまで経験したことのない捕食圧を受け，現在のような危機的状況に追い込まれたものと考えられる．

　なお，アノールが捕食できない大型昆虫（オガサワラタマムシなど），アノールと活動時間が異なる夜行性昆虫（ヒメカミキリ類など）などは今も父・母両島で生き残っていること，アノールの増加と固有昆虫類の減少時期がほぼ一致していることも，アノール犯人説を裏付ける．

●小笠原の教訓を生かせ

　小笠原固有昆虫の中にはこの両島にしか記録のなかった種も多く，これらのうちのいくつかはすでに絶滅した可能性が極めて高い．いったん定着・繁殖してしまった外来種を完全に駆除することは非常に困難で，ましてやそれが小型で生息範囲が極めて広いトカゲ類では対策は限られよう．しかし，残存している固有種を守るためには生息地の囲い込みを含めた対策が早急に必要であり，島民や観光客に対しては現在侵入していない島にアノールを絶対に持ち込まないこと，小笠原からの持ち出し禁止などのアピールが必要であろう．

グリーンアノールにつかまったオガサワラゼミ（♂）

参考文献
大林隆司（2001）オガサワラゼミを襲うグリーンアノール．*Cicada* **16**(1)：1．
苅部治紀（2001）小笠原諸島における固有トンボ類の危機的状況について．月刊むし **369**：22-32．

小笠原の外来樹木 〜回復不能なダメージ　　　　　　　　　　　清水善和

　小笠原は島の成立以来，海洋中に孤立した海洋島である．広大な海を渡る長距離散布と到着後の定着の困難さから，一般に海洋島の生物相は種数が少なく，生物間のつながりも単純である（ただし，隔離による独自の進化が進み，固有種の割合は高い）．また，強力な捕食者や大型の草食動物を欠くことから，海洋島の生物は性質が穏やかで競争力に劣ると考えられている．

　このような海洋島に外来種が侵入すると，生物相の豊かな大陸では考えられないような深刻な事態が引き起こされる．すなわち，大陸ではそれほど目立たない種が海洋島では異常に勢力を拡大し，在来種を駆逐してしまうのである．小さな島の中で逃げ場のない在来種は絶滅し，一度絶滅した固有種は回復のしようがない．ただし，侵入のあり方は外来種の性質ばかりでなく，侵入先の環境条件や在来生物群集の内容等によって様々な形をとるので，すべての外来種が回復不能なダメージを及ぼすわけではない．以下に，多様な侵入のあり方を示す小笠原の代表的な外来樹木について紹介する．

●ギンネム（詳細は p.206参照）

　ギンネムは，有用材として明治時代に導入された．種子は重力散布のため散布力は大きくないが，群落の近くに裸地ができるといち早く侵入し他種を圧倒して数年のうちにギンネム林をつくってしまう．萌芽能力にも優れ，切っても切っても再生する．一度ギンネム林が成立すると，純林状態のまま植生の遷移が進まなくなる．一方，発芽と初期成長に充分な光を必要とするため，林冠の閉じた在来林にはほとんど侵入が見られない．主に人為によって地表が撹乱された土地で親木が近くにある場合にのみ，分布を拡大すると考えられる．

　東京都立大学のグループが1970年代後半から固定試験地で行ってきた継続調査によれば，この20年間多くのギンネム林で老齢化が進み，寿命に近づいた親木が一斉に枯死する現象が見られた．一斉枯死した場所に再びギンネム林が再生した例は希であり，ほとんどはアカギや外来雑草類の繁茂する疎林へと変化した．ギンネムが衰退傾向にあるとしても，別の外来種に置き換わるだけで在来林の回復につながらないのは問題である．

●リュウキュウマツ

　薪炭材として戦前に沖縄から導入されたリュウキュウマツ（マツ科）は，各地に植林された後，三つの経路で分布を広げた．まず，陽樹で先駆種のマツは路肩や地滑り地などの裸地に侵入してマツ疎林を形成した．二つ目に，戦前の農地が終戦により放棄され裸地になったところにマツと在来先駆種のムニンヒメツバキが一斉に侵入し，広大なマツーヒメツバキ林をつくった．三つ目として，乾性立地に成立する乾性低木林は樹冠に隙き間が多く林床が明るいため，風散布のマツの種子は林内で発芽・成長し，各所で在来種の樹冠を越えて突出するようになった．ただし，マツの樹冠が在来種を覆い尽くすまでには至っていない．小笠原にはもともとマツの仲間は存在しなかったため，在来種にそれほど悪影響を与えることなく，この空ニッチにうまくはまり込んだように見える．

　1970年代末に本土からマツノザイセンチュウが侵入し，1980年代初めにマツの親木は軒並み枯れてしまった．一時はマツーヒメツバキ林が，枯れたマツの樹冠で真っ赤に染まって紅葉を見るようであった．その後，枯れたマツは倒木となり，マツーヒメツバキ林からマツの抜けたヒメツバキ林へと相観が変わった．ただし，若木はあまり被害を受けなかったので，マツが全滅してしまったわけではない．戦前の畑跡に成立した広大なマツーヒメツバキ林は歴史的に形成された特異な存在であり，それがなくなってマツは先駆種としての本来の位置に戻ったともいえる．

図1.「アカギ山」と化した桑ノ木山，大きく目立つ樹冠がアカギ

● アカギ（詳細は p.205参照）

　東南アジア原産のアカギは，戦前に造林樹種として導入された．在来種との競争に有利な性質を備えたアカギは，わずかな植林地から徐々に分布を広げ，今では父島や母島の広い範囲に分布する．

　返還直後には鬱蒼とした湿性高木林の名残をとどめていた母島の桑ノ木山は，アカギの優占度が高まりほとんど「アカギ山」と化してしまった（図1）．桑ノ木山では，在来林にあった希少種のセキモンノキやオオヤマイチジクなどが消滅しつつある．これらは分布が限られており，ここで失われれば種の絶滅に結びつく．仮に将来アカギが衰退しても一度絶滅した種はよみがえらない．アカギは在来林に回復不能なダメージを与えつつある．

　原産地の東南アジアや沖縄ではアカギはギャップ依存型の更新をしており，在来種を駆逐して純林をつくるような勢いはない．おそらく，より耐陰性の高い樹種との競争やアカギを利用する昆虫や菌類などの影響によって勢いが抑えられているのだろう．新天地の小笠原では，そうした好敵手や天敵がいないので，原産地では考えられないような力を発揮していると考えられる．

● ガジュマル

　熱帯アジア原産のクワ科イチジク属のガジュマルは，鳥の糞に含まれた種子が他種（宿主）の樹上で発芽すると，気根を垂らしながら成長する．地表に達した気根は集まって太い幹と化す．また，気根は宿主の幹を覆って締め上げ，上方では大きな樹冠が宿主を圧迫するので，最終的に宿主は枯れてガジュマルの巨木が取って代わる．熱帯林にはこのような生態を持つ種がいくつもあり，「絞め殺し植物」と呼ばれている．宿主から独立した後も，樹冠の周辺部からの気根が地表に達して幹化することを繰り返すので，1個体でありながら何本もの幹で支えられた巨大な樹冠を形成するようになる．

　イチジク属にはもう一つのユニークな性質がある．それは受粉の媒介にイチジクコバチ類の助けが必要であり，かつ種ごとに特定のコバチが対応していることである．ガジュマルにはガジュマルコバチが対応し，このコバチがいないと稔性のある種子をつくることができない．小笠原では緑陰樹として戦前に導入されたガジュマルが各地の旧集落周辺に巨大な樹冠を見せているが，ガジュマルコバチが不在であったため，多くの果実が落下しても発芽することはなかった．

　ところが1990年代中頃，園芸用のガジュマル苗木の導入の際にガジュマルコバチが侵入し，路肩の石垣や在来種の樹幹上で発芽して，気根を伸ばしつつある幼個体が目に付くようになった（図2）．野生を取り戻したガジュマルが「絞め殺し植物」の本領を発揮しないことを祈るばかりである．

図2．石垣の隙き間から気根を伸ばすガジュマルの稚樹

　以上の代表例にみられるように，侵入後の外来種の挙動は一様ではないが，本土と比べて海洋島では在来種や在来生態系に取り返しのつかない影響を与えるケースが多い．また，一度広がってしまったものを排除することは極めて難しく，海洋島への外来生物の導入は極力避けるべきである．

参考文献
清水善和（1988）小笠原諸島母島桑ノ木山の植生とアカギの侵入．地域学研究 1: 31-46.
清水善和（1998）小笠原自然年代記．岩波書店．
豊田武司（1981）小笠原植物図譜．アボック社．
山村靖夫ほか（1999）小笠原におけるギンネム林の更新．保全生態学研究 4: 152-166.
Shimizu, Y. & Tabata, H. (1985) Invasion of *Pinus lutchuensis* and its infuluence on the native forest on a Pacific island. *J. Biogeogr.* 12: 195-207.

屋久島のタヌキ ～世界遺産の島の新たな脅威

東 滋

　世界自然遺産地域に指定されている屋久島は豊かな生物相を持つが，哺乳類の種類は少ない（13種）．中型以上の哺乳類は，ヤクシマザル，ヤクシカだけで，食肉目ではコイタチだけが知られ，カワウソはかつて生息したといわれるが絶滅した．

●タヌキ侵入の経緯と分布の拡大

　この島にもともといなかったタヌキを見かけるようになったのは1992～93年頃からである．人によって持ち込まれたものと思われるが，原産地，侵入のいきさつははっきりしない．30年前にも目撃，16年前には脱柵の証言があるが，これらが現在の個体群につながるかどうかは明確ではない．

　1996年までの目撃例は島の北部から西部に限られ，年に1～2例があるだけだった．その後，西北部の永田から西部林道にかけての一帯で定着が進んだらしい．1996～97年以降，目撃数は年々急増し，島の一部に限定されていた分布も，1999年から2年ほどの間に南部から東部まで拡大し，島の全周を取り巻くようになった．年ごとの目撃数は，1年当たり2.5倍以上の速度で増え続けている．これは，タヌキの増加率を反映するものと考えられる．

　島には有力な天敵（イヌ・キツネ・ワシタカ類）や競合種はいない．厳しい冬がなく，食物も豊かな屋久島の低地部では，爆発的な増加はまだしばらく続くと考えられる．分布は現在までは低地部が中心だが，そのうちに中央部の山地にも侵入するものが出てくることが予想される．

●影響

　農業被害としては，放し飼い・舎飼いの家禽の捕食がすでにあり，イモ類や夏作物に手をつけた例もある．経験のないことなので，被害に気づかないか，加害種が特定できないでいる場合が多い．

　懸念されるのは，屋久島の在来生物相への影響である．屋久島には，南西諸島ほどではないにしても，固有種または希少種とされる小動物が少なくない．タヌキは小哺乳類・鳥類・両生爬虫類・甲殻類・貝類・昆虫類のほか，植物の根茎・塊茎・果実など，日本の哺乳動物の中では最も広い食性の幅を持つ．そのうえ，手に入りやすいものなら何でも食べるため，生息密度の高まりとともに，入手しやすい特定の種に強い捕食圧をかける可能性は高い．また，冬季に林床の落下果実の採食を巡る競争に優勢なタヌキ個体群が割り込む結果，サルによる柑橘害が再燃し，対策如何によってはヤクシマザルの個体群維持をも危うくする恐れがある．ヤクシカの死亡が増えることも予想される．

●対策

　世界遺産屋久島の生態系全体に大きな影響を与えうるので，根絶を図る必要があろう．できるだけ早く着手することが望ましい．屋久島の急峻でアプローチの悪い山岳部に侵入する前に対策に着手できれば，根絶は可能であると考えられる．

参考文献
朝日稔（1980）タヌキの島．「日本の野生を追って」（朝日稔編）．東海大学出版会．
池田啓（1984）タヌキ あいまいさで環境に適応するタヌキのルーズな社会．「季刊アニマ」，pp.84-94.
Bannikov, A. G. (1964) Biologie du chiens viverrin en U.R.S.S. *Mammalia* 28 : 1-39.
Duchene, M. J. et M. Artois (1988) Le chien viverrins. Les Carnivores introduits. Encyclopedie des Carnivores en France No.4.
Ikeda, H. (1982) Socio-ecological study in the racoon dog, *Nyctereutes procyonoides viverrinus*. with reference to the habitat utilization pattern. Kyushu U.

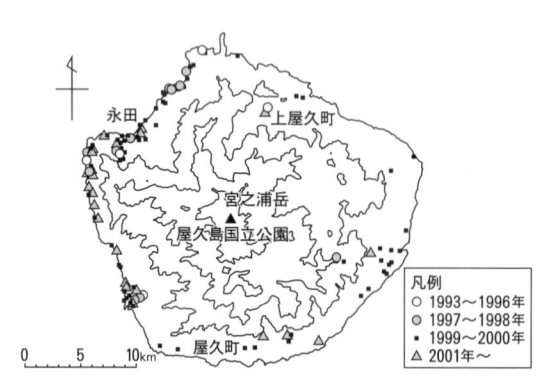

屋久島におけるタヌキの分布域の拡大（1993～2001年）

琉球列島の爬虫・両生類と外来種 〜人間活動に伴う島嶼性の喪失がもたらしたもの——太田英利

● 島嶼性がもたらした独自の生物相

琉球列島には，世界中でここにしか見られない固有生物が多く，その中には，周辺地域では絶滅してしまった系統の生き残りである遺存種も少なくない．まずその理由について考えてみよう．

現在琉球列島が横たわる地域では，海水面の上昇・下降や地殻そのものの変動に伴い，地域全体の陸橋化や大陸・台湾との接続，そしてこうした陸橋の分断に伴う島嶼化が，これまでに一度ならず生じたと考えられている（図1）．大陸との接続は多くの陸生生物に琉球地域への分散の機会をもたらし，それに引き続く島嶼化はこうした生物と周辺の陸域の生物との生殖的交流や相互作用を断ち切った．島嶼化によって物理的に隔離された陸生生物は，閉じ込められた島嶼の環境に適応し，あるいは生存上のメリットとは無関係の突然変異を蓄積することによって，もともと同一であった周辺地域の生物とは異なった種へと分化していった．また周辺の大陸では，強力な捕食者や競争相手の登場で滅びてしまった系統も，こうした新参者の侵入が海によって阻まれた島嶼では，命脈を保つことができた．

つまり，琉球の島々は，四方を海に囲まれることによって，そこにすむ陸生生物（陸水の生物を含む）に種分化・系統進化・遺存固有化の機会と場所を提供してきたのである．しかし人間による外来種の持ち込みや島嶼間での生物の移動は，琉球列島のこうした島嶼性を急速に失わせつつある．

● 外来種はなぜ，どのようにして持ち込まれるのか

これまでに定着が確認された外来種の中には，愛玩動物，展示動物，あるいは食材として人気の高いものが少なくない．これらは商取り引きや展示，養殖を目的として持ち込まれた後，逃走や放逐を経て野外で繁殖集団を形成するに至ったのであろう．また，石垣島のオオヒキガエルのように種によっては，その摂食活動を通して害虫や害獣を駆除する「生物農薬」としての期待のもと，本来の生息地でない場所に積極的に導入・放逐されることもあった．さらにヘビ類やヤモリ類，それにカエル類の一部は，生まれながらに「密航」の名人で，しばしば人間の意図とは関係なく，船荷などの移送物資に混じって長い距離を移動してしまうことが知られている．最近のシロアゴガエルの宮古諸島への分布拡大などは，こうした「密航」によるものであろう．

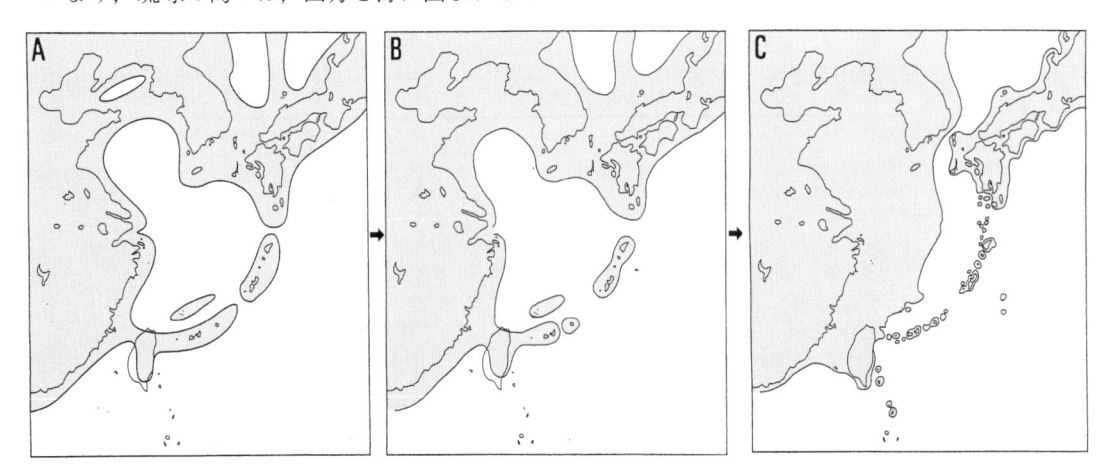

図1．爬虫・両生類の系統地理に関するこれまでの情報を総合して推定された，琉球における第四紀更新世の水陸分布の変遷．
A：前期，B：中期，C：後期

● 外来の爬虫・両生類の定着の現状

このように経緯は様々であるが，結果として外来種が従来の分布地以外の場所で繁殖集団をつくってしまったケースは，爬虫・両生類に限ってみても琉球列島では珍しくない．列島外から持ち込まれて，すでに列島内に野外繁殖集団として定着している種・亜種は，現在までにわかっているものだけでも12に上る（表1）．これらに加え，琉球列島内のある地域から別の地域に持ち込まれたことがわかっている種も少なくない（表2）．

では，こうした外来の爬虫類や両生類と琉球列島の在来野生生物との関係は，現在どうなっているであろうか？　残念ながらあまり「友好的」な関係は期待できない．例えば，その貪欲な食性でサトウキビ害虫を駆除することが期待され，意図的に石垣島に導入されたオオヒキガエルは，現在ではサトウキビ畑外の山地や森林にも高密度に生息し，こうした環境に生息する多くの固有の小動物に高い捕食圧を及ぼしていると考えられている．

また食用として久米島に導入され，現在では同島の至るところに見られるウシガエルの胃からは，この島の固有種で，国や県のレッドリスト／レッドデータブックでも危急種として扱われているクメジマミナミサワガニが発見されている．

● 外来種の在来の爬虫・両生類への影響

1．外来種に食われる在来爬虫・両生類

爬虫・両生類は，外来種として加害者となるだけではない．琉球列島に見られる爬虫・両生類の在来種の多くが，人間の持ち込んだ外来種の被害者ともなっている．

例えば，戦後10〜30年の間にイタチが導入・放逐された八重山諸島の波照間島，宮古諸島の伊良部島，沖縄諸島の座間味島や阿嘉島，奄美諸島の沖永良部島(おきのえらぶ)や喜界島，それにトカラ諸島の北半分の島々では，トカゲ類をはじめとする在来の爬虫・両生類の個体数が，周辺のイタチのいない島のものに比べて著しく少ない．悪石島（トカラ諸島）のトカゲの1種のように，固有の未記載種である（であった）可能性を残しながら，充分な研究と保護策の施行を待たず完全に消滅してしまった集団さえある．

2．遺伝的撹乱・独自性の消失

こうした「食う−食われる」の関係による影響に比べると目に触れにくいが，地域固有の生物相への悪影響という点では同じくらいに深刻と思われるのが，外来個体との交雑によって生じる在来集団の遺伝的撹乱・遺伝的独自性の喪失である．人間が外来性の捕食者や競争相手の持ち込みを通して「捕食者や競争相手から逃れるための避難場所」としての島嶼性を奪った結果が，上記のような食害や競争による固有種の減少や消失であり，一方遺伝的撹乱は，「生殖隔離・種分化の場」としての島嶼性の喪失の結果と言えよう．

例えばセマルハコガメは，飼育下でリュウキュ

表1．外部から琉球に持ち込まれ，すでに定着していると思われる爬虫・両生類．このほか現在，琉球内で広域に見られるホオグロヤモリやメクラヘビなども，外部からの人為的導入に起源する可能性があるが詳細は不明．

種／亜種	原産地	琉球列島内での現在の分布
爬虫類		
スッポン（基亜種）	台湾，大陸東部	沖縄県側の島々
スッポン（本土産亜種）	本土	鹿児島県側の島々
ミシシッピアカミミガメ	北アメリカ	沖縄島
クサガメ	本土，台湾，大陸東部	喜界島，沖縄島
キノボリヤモリ	オセアニア，東南アジア	宮古・八重山諸島
オガサワラヤモリ（クローンC）	オセアニア，東南アジア	沖縄県側の島々*
グリーンアノール	北アメリカ	沖縄島
タイワンスジオ	台湾	沖縄島
タイワンハブ	台湾，大陸東部	沖縄島
両生類		
シロアゴガエル	東南アジア	沖縄・宮古諸島
ウシガエル	北アメリカ	奄美・沖縄・八重山諸島
オオヒキガエル	中央・南アメリカ	大東諸島，石垣島

＊ただし大東諸島のオガサワラヤモリ集団は多数の固有クローンから成り，在来と考えられる．

表2．琉球内の自然分布地から分布しない島嶼に持ち込まれ，すでに定着していると思われる爬虫・両生類．このほか現在，琉球内で広域に見られるミナミヤモリやヌマガエルなども，いくつかの島嶼集団は他の島嶼からの人為的導入に起源する可能性があるが詳細は不明．

種／亜種	自然分布地	持ち込みにより定着した島嶼
爬虫類		
ヤエヤマミナミイシガメ	八重山諸島	沖縄諸島，宮古島
サキシマハブ	八重山諸島	沖縄島
両生類		
サキシマヌマガエル		多良間島，黒島，与那国島
ヒメアマガエル	琉球の中部および南部	諏訪之瀬島，多良間島，黒島
ミヤコヒキガエル	宮古島	沖縄島*，大東諸島

＊沖縄島の北部で一時，個体数の増加が認められたが，最近は目撃例がない．現状を確認する必要があろう．

ウヤマガメと交雑することが確認されているが，最近沖縄島の野外でも，両種の雑種と思われる個体が発見されている（p.95参照）．同様に沖縄島では，ハブとサキシマハブの雑種と思われる個体も捕獲されている（p.101参照）．こうした種間雑種の出現は，リュウキュウヤマガメやハブが自然分布する沖縄島に，本来分布しないはずのセマルハコガメやサキシマハブが人為的に持ち込まれたために生じたと考えられ，島嶼隔離によって生じた固有の遺伝集団保全の観点からは，極めて深刻な事態として受けとめられるべきである．

我々は野生生物の保全を考える際，種や亜種といった分類群を最小単位として扱うことに慣れている．しかし琉球列島のように，様々なレベルの隔離を経た島嶼の集合体では，一つの種や亜種の中にさえ，様々なレベルで分化した集団が存在すること，こうした集団は人為的な島嶼間での生物の移動に伴う遺伝的撹乱によって人知れずその独自性を失ってしまい得ること，こうした遺伝的独自性の喪失も捕食による絶滅と同様に固有生物相の消失の一面であることが，きちんと認識されるべきである．百歩譲って保全を考える際の最小単位を種・亜種までとするとしても，現行の分類自体がどれほどに完全なものであるのかは，全く保障の限りではない．

例えばここ20年ほどの間だけでみても，10以上の種・亜種が琉球列島の爬虫・両生類相に加えられ，さらにはそのほとんどが，発見されるやいなや非常に分布の限られた保全上重要な存在として認識されてきたのである．我々は上記の「悪石島のトカゲの1種」に象徴される愚行を繰り返してはならない．

●望まれる対策

世界に誇るべき生物多様性・独自性に富んだ琉球列島の自然は，失われてしまってからでは取り返しようがない．自然林の伐採や汚水の排出といった物理的・化学的な環境破壊とともに，島嶼への生物の持ち込みに伴う生物的な環境破壊にももっと目が向けられるべきである．生物の移動や放逐に対しては，より高いモラルの確立とともに，場合によっては厳しい罰則を伴う法的規制が必要であろう．オオヒキガエルやイタチなど，特に深刻な影響を及ぼしつつあると考えられるものについては，大規模な駆除の実施が急務である．

参考文献

太田英利（1996）トカラ列島における爬虫・両生類の分散，分化と保全．「日本の自然：地域編-8，南の島々」（中村和郎ほか編），pp.161-163．岩波書店．

太田英利（1997）両生類と爬虫類たち．「沖縄の自然を知る」（池原貞雄・加藤祐三編），pp.109-128．築地書館．

大谷勉（1995）沖縄島で保護されたリュウキュウヤマガメとセマルハコガメの異属間雑種と思われる個体について．*Akamata* **11**: 25-26．

当山昌直（1997）爬虫類・両生類・他の島から持ち込まれた動物．「沖縄の帰化動物―海をこえてきた生ものたち―」（嵩原建二ほか），pp.36-67, 206-223．沖縄出版．

Ota, H. (1998) Geographic patterns of endemism and speciation in amphibians and reptiles of the Ryukyu Archipelago, Japan, with special reference to their paleogeographical implications. *Res. Popul. Ecol.* **40**: 189-204.

Ota, H. (1999) Introduced amphibians and reptiles of the Ryukyu Archipelago, Japan. In: *Problem Snake Management: The Habu and the Brown Treesnake* (eds. G. H. Rodda, Y. Sawai, D. Chiszar and H. Tanaka), pp. 439-452. Cornell University Press, Ithaca, New York.

Ota, H. (2000) The current geographic faunal pattern of reptiles and amphibians of the Ryukyu Archipelago and adjacent regions. *Tropics* **10**: 51-62.

Ota, H. (2000) Current status of the threatened amphibians and reptiles of Japan. *Popul. Ecol.* **42**: 5-9.

Yamashiro, S. *et al.* (2000) Clonal composition of the parthenogenetic gecko, *Lepidodactylus lugubris*, at the northernmost extremity of its range. *Zool. Sci.* **17**: 1013-1020.

沖縄島の外来魚類 ～様々な熱帯魚が河川に定着

立原一憲
徳永桂史
地村佳純

沖縄島では，267河川の724カ所における魚類相調査の結果，これまでに20目57科126属186種の魚類が採集されている．そのうち純淡水魚は8目13科22属27種で，総種数に占める割合は14.5％である．ところが，この27種の74.1％に当たる20種が本来沖縄島には生息していなかった外来種である（国外起源17種，国内起源3種）．実際に採集したものに写真での確認種を合わせると，2001年8月までに沖縄県下で確認された国外外来種は22種に及び，そのうち81.8％に当たる18種が自然水域に定着している（表1）．ここでは，これらのうちカワスズメ，マダラロリカリア，グッピーの現状と沖縄島の外来魚の今後の課題について述べる．

●カワスズメ（図1）

沖縄島には，カワスズメ，ナイルティラピア，ジルティラピアの3種のティラピア類が定着しているが，最も広範に定着しているのが本種で，沖縄島全域のほとんどの河川で普通に見られる（267河川中110河川で確認）．アフリカ大陸西部やイスラエル原産の口内保育魚で，体長約30cmに達する．沖縄島における産卵期は，生殖腺指数の周年変化から4～11月であると考えられる．成長はオスがメスに比べ早く，4年でオス平均25cm，メス17.5cmに達する．寿命は雌雄ともに約9歳と推定される．

本種は，台湾を経由して1954年に養殖対象種として導入された．海水中でも生存可能であるため，冬季の水温低下時には水温の高い汽水域に侵入することも珍しくなく，海域の流れ藻から稚魚が見つかったこともある．この耐塩性の強さゆえに海域を通じて分布を拡大している可能性が高い．

図1．カワスズメ

●マダラロリカリア（図2）

ナマズ目ロリカリア科の魚類で，南米アマゾン川の支流マデイラ川が原産である．ロリカリア科6亜科のうち本種を含む4亜科の魚は，一般に「プレコ」という通称で，観賞魚として広く取り引きされている．体長は最大約50cmに達する．体長の約2.3倍の長さの消化管を持ち，付着藻類やデトリタス（生物由来の有機破片物）を食べる．沖縄島における産卵期は，生殖腺指数の周年変化と稚魚の出現時期から5～10月と考えられ，卵巣卵から推定される産卵数は，体長30cmの個体で2000～4000粒である．冬季の水温低下に比較的弱く，標準体長8cm以下の個体は，水温が15℃以下の期間が長く続くと斃死する．

表1．沖縄県下の自然水域で確認された外国産魚類　＊は繁殖確認　※は写真確認　＋は沖縄島で確認

和名		学名	原産地	初確認年代
シルバーアロワナ	＋	Osteoglossum bicirrosum	南アメリカ	1996年
コロソマの1種	＋	Colossoma sp.	南アメリカ	1996年
イエローピラニア	※＋	Serrasalmus gibbus	南アメリカ	1999年
ヒレナマズ	＊※＋	Clarias fuscus	フィリピン～中国南部	1960年代
マダラロリカリア	＊＋	Liposarcus disjunctivus	南アメリカ	1991年
ゼブラダニオ	＊＋	Danio rerio	インド・ミャンマー	2001年
パールダニオ	＊＋	D. albolineatus	タイ・スマトラ	2001年
カダヤシ	＊＋	Gambusia affinis	北アメリカ	1919年
グッピー	＊＋	Poecilia reticulata	南アメリカ	1960年代
ムーンフィッシュ	＊＋	Xiphophorus maculatus	中央アメリカ	1960年代
ソードテール	＊＋	X. helleri	中央アメリカ	1960年代
ブルーギル	＊＋	Lepomis macrochirus	北アメリカ	1963年？
オオクチバス	＊＋	Micropterus salmoides	北アメリカ	1963年？
ジルティラピア	＊＋	Tilapia zillii	アフリカ赤道以北	1962年
カワスズメ	＊＋	Oreochromis mossambicus	アフリカ東南部	1954年
ナイルティラピア	＊＋	Or. niloticus	アフリカ西部	1960年代
シクリッドの1種	＊＋	Otopharynx lithobates	アフリカ	1996年
シクリッドの1種	＊＋	Cichlasoma nigrofasciatum	中央アメリカ	2000年
ジャガーシクリッド	※＋	Parachromis managuensis	中央アメリカ	1988年
グラスフィッシュ	＊＋	Pseudambassis ranga	東南アジア	2000年
タイワンドジョウ	＊※	Channa maculata	ベトナム～台湾	1960年代
コウタイ	＊※	C. asiatica	中国南部，台湾	1960年代

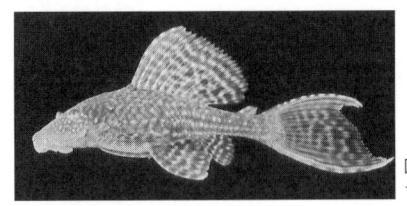

図2. マダラロリカリア

図3. グッピー

本種は1989年に牧港川，1991年には比謝川での生息が確認されている．おそらく観賞用に飼育していたものが野外に放流されたのが最初であろう．現在，沖縄島の5河川（比謝川・屋部川・天願川・牧港川・国場川）で定着が確認されている．

本種は塩分耐性をほとんど持たず，17‰以上の塩分条件下では3時間以内に斃死することが多い．そのため，海域を通じて分散する可能性は極めて低く，短期間で複数の河川に定着したことは，個別に人為的な放流が行われたことを示唆する．比謝川では優占種の一つとなっており，体長も大きいため，生態系に与える影響も危惧される．

● グッピー（図3）

体長3～5cmに達する卵胎生メダカである．原産地は，アマゾン川北部，トリニダート島，バルバドス島で，小川，池，湿地，河口付近の汽水域に生息する．交尾後4～6週間で，卵ではなく稚魚を一度に20～100個体産む．熱帯魚飼育入門の代表的な種であり，わが国では1955年頃から愛好家が増え，1965年頃には爆発的なブームとなり，シンガポールから養殖グッピーが大量に輸入された．

沖縄島への侵入は1960年代の飼育ブーム時に野外に放流されたものに始まると考えられ，1970年代にはすでに定着していたと言われている．当初は沖縄島の中南部に分布が限定されていたが，年々分布を広げ，現在では北部の河川からも生息が確認されている（267河川中65河川で確認）．本種は塩分耐性が高く，海水中でも短期間の生存が可能である．沖縄島周辺の流れ藻から稚魚が採集されたこともあり，海域を通じて沖縄島北部の河川に分布を広げつつあると推測される．

沖縄島では，かつて同じカダヤシ科のカダヤシが侵入したことで，在来のメダカの分布が狭まったとされているが，最近ではカダヤシの生息域が狭くなり，代わって本種が分布を広げつつある．本種は水質の汚濁に強く，沖縄島中南部の汚染が進んだ河川では，優占種となっていることも多い．

● 沖縄島における外来魚問題と将来

亜熱帯気候の沖縄県では，冬季の最低気温が本土ほど下がらないため，熱帯魚と呼ばれる観賞魚の多くが，容易に自然水域に定着しうる条件を備えている．すでに野外で繁殖し，優占種となった外来魚を人為的に除去することは極めて難しい．アオバラヨシノボリやキバラヨシノボリなど沖縄島や琉球列島の固有種を守るためには，これ以上の外来種の増加を防ぐことが急務である．また，外来種が沖縄島の河川生態系に及ぼす影響はほとんど研究されておらず，今後の大きな課題である．

沖縄島の淡水魚類相の特徴の一つは，豊富な周縁性魚類（本来は海産魚であるが，夏期を中心に淡水域に侵入してくる魚類）にある．現在，河川水の汚濁や魚道を持たない河川構造物によって，これら魚類の河川への遡上が阻まれている．

しかし，河川環境が改善され，再び周縁性魚類が遡上し始めた河川では，優占種であった外来魚のカワスズメが著しく減少する傾向が認められる．これは，肉食性の周縁性魚類であるギンガメアジ，ゴマフエダイ，コトヒキ等によるカワスズメ稚魚の捕食が原因であると考えられている．沖縄島の河川は流程が短く，汽水域が占める割合が相対的に大きいため，周縁性魚類による捕食圧は予想以上に大きい．すなわち沖縄島の本来の河川環境を復元することにより，その魚類相が本来の姿を取り戻す可能性を期待したい．

参考文献

池原貞雄・諸喜田茂充編（1994）琉球の清流—リュウキュウアユがすめる川を未来へ．沖縄出版．

池原貞雄・加藤雄三編（1997）沖縄の自然を知る．築地書館．

幸地良仁（1991）トーイユからリュウキュウアユまで—とっておきの話—沖縄の川魚．沖縄出版．

幸地良仁（1992）おきなわの川．むぎ社．

沖縄県の外来昆虫 〜急がれる外来昆虫対策

小濱継雄

●激増する沖縄の外来昆虫

沖縄県で最初に記録された外来昆虫は1903年に報告されたアリモドキゾウムシである．それ以来，2000年までに8目105種の外来昆虫が沖縄県で記録されている（表1）．

目別でみると，最も多いのがコウチュウ目，次いでカメムシ目，チョウ目，ハチ目の順で，これら4目で全体の85％を占める．105種のうち物資などに紛れて非意図的に持ち込まれた昆虫が94種，害虫の天敵など意図的に導入された昆虫が11種である．日本本土との共通種は42種で，残りの63種は本土に分布していない．侵入経路が推定されている101種についてみると，59種が台湾・東南アジアなどの南方地域から，26種が日本本土から，16種がハワイ・マリアナを含む米国から持ち込まれている．

1940年代以前に発見された外来昆虫はわずか16種であったが，1950年代に9種，1960年代に10種，1970年代，1980年代，1990年代にはそれぞれ20，23，21種が発見されている．外来昆虫の数は1970年代以降に急増していることがわかる．特に，台湾・東南アジアなどの南方地域から持ち込まれた外来昆虫の増加が著しい．これには熱帯果樹やヤシ類など緑化植物の輸入量の増加が関係していると考えられる．本土から侵入した外来昆虫も，1970年代以降に増加している．これは本土復帰に伴い，本土から沖縄への植物の移動が容易になったことによると考えられる．

●外来昆虫による経済的な損失

沖縄県に非意図的に導入された外来昆虫94種のうち83種（88.3％）が何らかの害虫である．この中にはカンシャコバネナガカメムシやタイワンカブトムシなど重要な農業害虫が多数含まれており，これらの害虫を防除するため毎年多額の費用がかかっている．沖縄県では新たな外来害虫が毎年のように見つかっており，農家をはじめ農業関係者はその対策に追われている．

かつてウリミバエが生息していたため，沖縄県から本土にニガウリなどを自由に出荷することができなかった．このように，害虫種によっては農作物の移出が制限される．この問題を根本的に解決するには，対象となる害虫を根絶するしか方法はない．ウリミバエは170億円の費用と22年の年月をかけ，沖縄県から根絶された（p.155参照）．

表1．沖縄県の外来昆虫：目別種数*

目	非意図的侵入種			意図的導入種			合計	構成比（％）
	国外外来種	国内外来種	計	国外外来種	国内外来種	計		
ゴキブリ目	3	0	3	0	0	0	3	2.9
ナナフシ目	0	1	1	0	0	0	1	1.0
アザミウマ目	5	0	5	0	0	0	5	4.8
カメムシ目	20	0	20	0	0	0	20	19.0
チョウ目	16	0	16	0	0	0	16	15.2
コウチュウ目	35	2	37	1	1	2	39	37.1
ハエ目	7	0	7	0	0	0	7	6.7
ハチ目	2	3	5	9	0	9	14	13.3
合計	88	6	94	10	1	11	105	100.0

*1903年〜2000年に記録された外来昆虫を示す．小浜（1997）およびKiritani（1999）のリストから抜けていた種およびその後に発見された種を追加した．根絶されたウリミバエなども種数に含まれている．

現在，サツマイモの害虫であるイモゾウムシとアリモドキゾウムシに対して根絶防除が進められているが，いったん定着した昆虫を根絶するためには膨大な経費と数十年にも及ぶ年月を要し，かなり困難な事業となる．

● 外来昆虫による遺伝的撹乱の恐れ

琉球列島においては多くの昆虫が，諸島ごとに，あるいは島ごとに種・亜種分化している．したがって，近縁種や同種内の別亜種が侵入し，在来種との間で交雑が起これば，それぞれの地域個体群が持つ遺伝的な多様性が失われることになる．

沖縄島と久米島にはカブトムシの固有亜種であるオキナワカブトムシとクメジマカブトムシがそれぞれ生息しているが，本土産亜種によりこれら固有亜種の存在が脅かされつつある．ペットとして沖縄島に導入された本土産カブトムシが野外で繁殖しており，これが分布拡大することになれば，在来亜種との間に交雑が起こることが予想される．そうなると，沖縄島と久米島のカブトムシは将来絶滅してしまう可能性がある．

● 急がれる外来昆虫対策

日本全体で2002年現在，415種の外来昆虫が知られている．これに対し，面積が国土のわずか0.6％しかない沖縄県で記録された外来昆虫は実に105種にのぼる．沖縄県においては1970年代以降，平均して年に2種の割合で外来昆虫が発見されており，その数は増え続けている．沖縄県における外来昆虫対策，すなわち侵入防止と定着防止は緊急の課題となっている．

台湾など国外からの植物の輸入が増えれば，侵入する外来昆虫も増加する．昆虫ばかりでなく，沖縄県で問題になっているカンキツグリーニング病のような作物の病気も，植物とともに持ち込まれる．したがって，外来の病害虫の侵入を減らすためには，苗木はなるべく県内で生産するなど，植物の輸入を極力減らすための努力が必要である．

復帰後，本土から沖縄県へ侵入する外来昆虫が増加しているので，経済的に重要な害虫については，本土からの農産物の移入に伴う非意図的な持ち込みを規制する必要がある．また，沖縄在来種

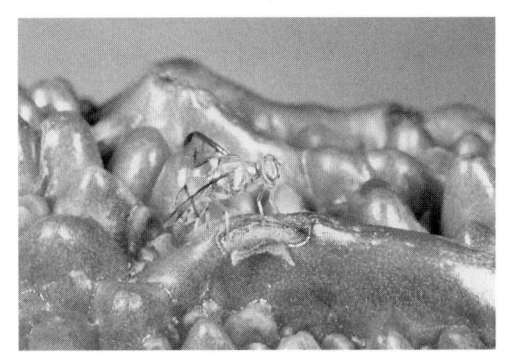

ウリミバエ♀成虫

の遺伝的汚染をまねく恐れのある種，例えばペット昆虫のクワガタムシ類なども規制の対象に含めるべきである．

外来昆虫の定着を防止するためには，早期発見と迅速な対応が求められる．沖縄県ではウリミバエやミカンコミバエの根絶後，定期的に侵入警戒調査を行い，これらミバエの早期発見に努めており，ミバエが検出された場合は，直ちに必要な防除措置をとって，再定着を阻止している．

1999年6月にミカンキイロアザミウマが沖縄島名護市で発見されたが，殺虫剤散布や寄主植物の除草など発見直後の徹底した防除により，本種は発見から約2カ月で根絶された．当時，本種による被害がすでに本土で問題になっていたので，沖縄県では本種について情報を収集するとともに，定期的に侵入警戒調査を行っていた．このような事前の備えが，本種の早期発見，早期根絶につながったと思われる．

参考文献
沖縄県病害虫防除所（2001）平成11年度植物防疫業務年報. pp. 91.
小浜継雄（1997）沖縄の帰化昆虫.「沖縄の帰化動物ー海をこえてきた動物たち」（嵩原建二ほか編著），pp.136-184. 沖縄出版.
小山重郎（1994）530億匹の闘いーウリミバエ根絶の歴史. 築地書館.
堀繁久（1987）カブトムシ.「沖縄昆虫野外観察図鑑（2）」（東清二編著），pp.82-83. 沖縄出版.
村上興正（1998）移入種とは何か，その管理はいかにあるべきか？. 遺伝 **52**(5)：11-17.
森本信生（1998）外来昆虫の現状と対策. 遺伝 **52**(5)：23-27.
Kiritani, K. (1999) Formation of exotic insect fauna in Japan. In: *Proceedings of an international workshop on biological invasions of ecosystem by pests and beneficial organisms.* (eds. Yano, E. *et al.*), pp.49-65. National Institute of Agro-Environmental Sciences.

尖閣諸島魚釣島の野生化ヤギ ～政治を超えた外来種問題 横畑泰志

●魚釣島の生物相

 東シナ海に浮かぶ尖閣諸島は他の陸地から遠く隔たり，孤立していた期間が極めて長いことなどによって固有の生物が多い．魚釣島はこの諸島の最大の島嶼で（面積4.3㎢），他の島より豊富な生物相が認められ，生物地理学上極めて重要な島である．

 動物については，この島を基産地とする固有種にセンカクモグラ（絶滅危惧ⅠA類），センカクナガキマワリ，タカラノミギセル（希少種）がある．国内固有種にはセスジネズミ（絶滅危惧ⅠA類）があり，陸生貝類のアツマイマイも希少種に指定されている．維管束植物は339種が記録され，沖縄県版レッドデータブックには絶滅危惧種9種，危急種21種，希少種4種が記録されている．魚釣島の固有種には，センカクカンアオイ，センカクオトギリ，センカクハマサジ，固有変種にセンカクツツジ，ムラサキチヂミザサ，国内固有種にマルバコケシダなど5種がある．キク科とラン科に未記載の固有変種が発見されているが，調査が断片的なため，動植物ともに多くの未記載種がいると予想される．最終氷期には大陸と地続きであったため，中国南部や台湾と関連の深い種が多い．

●侵入の経緯とその後の経過

 魚釣島には現在多数のヤギが生息し，島の生物相や生態系に及ぼす影響が心配される．これは日本の民間政治団体によって1978年に与那国島から持ち込まれ，故意に放逐された雌雄各1頭に由来する．尖閣諸島は，日本，中華人民共和国並びに中華民国の間で領有権に関する認識が異なり，長く国際的な問題となってきた．ヤギ放逐の目的も「領有権の主張のための既成事実づくり」とされている．

 その後ヤギは爆発的に増加し，1991年の調査では洋上から島の南斜面だけで約300頭が目撃されている．食害を受けた植物は24種にのぼる．海岸付近や崖の上のような不安定な場所を中心に，裸地が多く見られ，これらは食害による樹木の更新の阻害と，草本植生の消滅によるものと考えられる．ヤギは主として海岸に近い場所で活動しており，海岸風衝植生などへの影響が最も心配される．政治的な問題によって上陸調査が難しいため，人工衛星画像による現状把握が試みられ，影響が島のほぼ全域に及んでいることが判明している．

●とられるべき対策と問題点

 現状を放置すれば，小笠原諸島媒島などと同じように，多くの固有生物の絶滅を含む生態系全体に及ぶ壊滅的な影響が生じると考えられる．対策にはヤギの根絶が不可欠であるが，領有権問題のために上陸を伴う調査や除去は難しく，国際的な環境整備が必要である．この問題は国内や台湾の新聞報道で繰り返し取り上げられ，研究者による関係機関への要望書も出されているが，日本政府は国会議員質問書に対する答弁として「ヤギの生息状況およびその影響を具体的に把握しておらず，除去の要否について判断できる状況にない」と表明しており，積極的な対策は現在とられていない．

魚釣島に放逐されたヤギ

参考文献
横田昌嗣（1998）沖縄県の絶滅危惧種．プランタ 55：10-18.
横畑泰志・横田昌嗣（2000）尖閣諸島魚釣島の野生化ヤギ問題について．野生生物保護 5：1-12.
Yokohata, Y. (1999) On the"Urgent appeal on the conservation of natural environment in Uotsuri-jima Island in Senkaku Islands". In : *Recent Advances in the Biology of Japanese Insectivora — Proceedings of the Symposium on the Biology of Insectivores in Japan and on the Wildlife Conservation* (eds. Yokohata, Y. & Nakamura, S.), pp. 79-87, Hiba Society of Natural History and Hiwa Museum for Natural History, Shobara and Hiwa.

陸水域
（湖沼・河川など）

　日本の生物相の独自性は，島国という隔離された地理的特性と，温暖湿潤な気候に負うところが大きい．豊かな降水のおかげもあって，山がちの国土にもかかわらず多様な陸水環境（河川・湖沼）が存在するが，それらは島の中でさらに半閉鎖的な環境であるために，生物相の固有性はいっそう高い可能性がある．ところが，陸水域は様々な人為的影響を直接・間接に受けるため，生物多様性が最も脆弱とされる環境でもあり，同様に閉鎖的環境である島嶼と並んで典型的な外来種問題が顕在化する舞台ともなっている．

　日本最大の湖・琵琶湖は世界有数の歴史を持つ古代湖であり，生息種数だけでなく固有種数も多い．この豊かな幸に恵まれた湖も，明治以来，様々な外来種の侵入を経験してきた．特に戦後に定着した種のなかには深刻な侵害的影響を及ぼすものがあり，その生態系は激変している．

　琵琶湖以外の日本の主要湖沼の多くは，火山活動によって主に山地に形成された湖か，河川下流や海岸線沿いの平野部に形成された水深の浅い湖に大別される．火山性の湖は集水域が狭く山がちのため，湖水が貧栄養であることが多く，火山活動による成因も相まって，通例生物相が貧弱である．このような湖では，新しく生物資源を開発すべく，外来魚介類が放流される傾向が顕著である．本書では北海道の湖沼と河口湖を紹介している．仁科三湖も火山性ではないが，類似の特徴を備えている．一方，平野部の湖は主に縄文海進以降に成立した若い湖で，海水の影響を受ける汽水湖も多く，霞ヶ浦はその代表例である．こうした湖の周辺は古来より拓け，漁業など人間活動との関わりが緊密であった．しかし，富栄養化や干拓・淡水化が進み，在来の生物相やそれに依存した漁業が大きな打撃を受け，それを補うために水産資源の移殖放流が続けられる湖も多い．

　日本の陸水域は「内水面」として，漁業のための養殖池，あるいは遊漁のための釣り堀のように利用され，外来種であっても「放流は無条件に善行である」かのごとく，不用意に導入されてきた．しかし，各地で外来種問題が顕在化してきた現在，ブラックバス類やブルーギル，ブラウントラウトなどで目立つ私的放流を厳しく抑止することは，緊急の課題である．さらに，地域の行政官や漁業者にも，これまで経済性や効率性を重視した放流を見直し，長期的視野から陸水生態系の持続的な維持・管理を主軸に据えた取り組みが期待され，それを実現するためには関連諸法令を生物多様性保全に適う内容に改善することも不可欠である．

（中井克樹）

北海道の湖沼 ～ブラウントラウトとウチダザリガニの分布拡大

高山 肇
菊池基弘
若菜 勇

北海道の淡水域で確認された国外および国内起源の外来種は魚類と甲殻類が主で，本州以南と異なり，水生植物に関する情報はほとんどない（表1）．確認種のうち，特にサケ科魚類のニジマス，ブラウントラウトおよび甲殻類のウチダザリガニは，在来生物群集へ深刻な影響を及ぼす可能性が高い．ニジマスは1920年に北海道に移殖され，1996年までに72水系で確認されている．ブラウントラウトは1980年に初めて見つかり，1997年の確認水系数は18に及ぶ．ウチダザリガニは1930年に摩周湖に移殖され，1970年代以降，釧路湿原や阿寒湖など北海道東部を中心に分布を拡大しつつある．

2001年7月には，北海道南部の大沼国定公園内の湖沼でオオクチバスとコクチバスの生息が確認されたが，北海道は内水面漁業調整規則を改正し，バスとブルーギルの放流を禁止する措置をとった．さらに，北海道立水産孵化場，大沼漁協などでは，駆除を目的とした調査も実施している．外来種問題に関する社会的認知が進んだことが奏功し，行政・研究機関・地域が一体となって速やかな対策を講じることができた事例と言えよう．

ここでは，現在，北海道において分布を拡大しつつあり，在来生態系に対する影響が大きいとされるブラウントラウトとウチダザリガニに注目し，支笏湖と阿寒湖における事例を紹介する．

表1．北海道で記録された国外外来種および国内外来種．国内外来種は，北海道に自然分布しない種を示した

	種	判明している状況
国外外来種	ヨーロッパウナギ Anguilla anguilla	1990年代後半，札幌市中島公園の池で採集された．
	カワマス Salvelinus fontinalis	西別川に定着した．
	ブラウントラウト Salmo trutta	北海道各地で生息水域が拡大している．
	ギンザケ Oncorhynchus kisutch	
	ニジマス Oncorhynchus mykiss	北海道全域に広く生息する．
	アオウオ Ctenopharyngodon piceus	
	カムルチー Channa argus	石狩川水系，天塩川水系で採集例がある．1998年以降，札幌・石狩周辺の茨戸湖やモエレ沼などで，生息数が増加している兆候がある．
	タイリクバラタナゴ Rhodeus ocellatus ocellatus	石狩川水系などに定着した．
	ブルーギル Lepomis macrochirus	函館市五稜郭の堀池に定着した．
	オオクチバス Micropterus salmoides salmoides	2001年に大沼国定公園の湖沼で採集された．
	コクチバス Micropterus dolomieui	2001年に大沼国定公園の湖沼で採集された．
	ウチダザリガニ Pacifastacus leniusculus trowbridgii	釧路湿原全域に定着した．北海道東部を中心に生息水域が拡大している．
	アメリカザリガニ Procambarus clarkii	北海道の一部に生息する．
国内外来種	琵琶湖産アユ Plecoglossus altivelis altivelis	余市川などで放流された．
	アマゴ Oncorhynchus masou ishikawae	
	オイカワ Zacco platypus	
	タモロコ Gnathopogon elongatus elongatus	空知郡北村の雁里沼に定着した．
	モツゴ Pseudorasbora parva	石狩川水系などに定着した．
	シナイモツゴ Pseudorasbora pumila pumila	
	コイ Cyprinus carpio	北海道各地に定着した．
	ゲンゴロウブナ Carassius cuvieri	北海道各地に定着した．
	ナマズ Silurus asotus	石狩川水系などに定着した．

その他
温泉水が流入する河川で，グッピー Poecilia reticulata，コクチモーリー Poecilia sphenops，ティラピア類など熱帯性淡水魚が繁殖している例が知られている．

●支笏湖～ブラウントラウトの脅威

支笏湖は最大水深363m，秋田県田沢湖に次ぐ日本第2位の水深と，琵琶湖に次ぐ日本第2位の水量を誇るカルデラ湖で「日本最北の不凍湖」の異名を持つ．在来魚種はアメマスとハナカジカの2種のみだが，現在では移殖されたヒメマス・ニジマスのほか，10種類以上の魚類が確認されている．

湖で最初にブラウントラウトが確認されたのは1988年頃である．1997年に体長840mmの個体が捕獲され，その胃から300mm近いヒメマスが出てきたことで，にわ

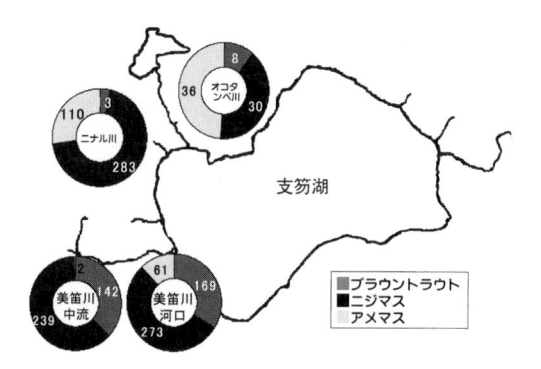

図1．支笏湖流入河川におけるサケ科魚類3種の採集状況．
1999年4〜11月，毎月1回，投網と電気ショッカーを用いて採集した．
川ごとに，採集した総個体数と3種の出現率を示した

かに注目されるようになった．

1．外来魚の影響

支笏湖最大の流入河川であり，サケ科魚類の産卵場所として重要と考えられる美笛川では，ブラウントラウトの自然繁殖が確認され，6月頃には多数の浮上稚魚が観察される．現在，美笛川で採捕されるサケ科魚類はほとんどがニジマスとブラウントラウトであり，以前は生息していたといわれるアメマスは，ほとんど採捕されない（図1）．

また，ブラウントラウトやニジマスは湖内での生息数もかなり多いと推測され，これらの魚種が沿岸域を占め，アメマスやヒメマスの生息域は従来より沖合に制限される傾向が見られる．

湖のブラウントラウトは強い魚食性を示す（p.113参照）．ニジマスが，特に初夏〜秋季は主に陸生落下昆虫を摂餌するのに対し，ブラウントラウトは季節と関係なく魚類を捕食し，胃内容物中の比率も高い．胃内容物中の魚類の多くはイトヨであり，アメマス，ヒメマスも確認されている．さらに，1990年代初期には沿岸に多数生息していたトウヨシノボリが，現在はほとんど確認できず，ダイバーが湖底で見かける頻度も激減しているという．中禅寺湖ではブラウントラウトが主にヨシノボリを捕食することからも，支笏湖に侵入したブラウントラウトがトウヨシノボリを主たる摂餌対象とし，消失させた可能性も考えられる．

2．予測と対策

支笏湖の在来種であるアメマスは，他水系の降海型個体群と比べて鰓耙数が多いなどの形態的特徴を持ち，遺伝的にも固有性が高い可能性があり，生物学的にも重要である．このアメマス個体群が，ブラウントラウトの侵入により，捕食のみならず，産卵や生息場所の競合，また交雑などによって衰退することが懸念されている．ブラウントラウトの分布拡大により，多くの水域で在来のサケ科魚類が同様の影響を受ける危険性が極めて高い．

現在，北海道ではブラウントラウトの侵入に関しては様々な意見があり，遊漁者の間でも是非が分かれている．支笏湖の事例からも，本種が在来魚種に影響を与えていることは明らかであり，分布拡大を防ぎ生息数を抑制するための対策を早急に検討すべきである．そのためには，調査結果を広く公開し，様々な立場の参加のもと，合意形成を促進する努力が必要である．

●阿寒湖〜ウチダザリガニによる激変

阿寒湖は北海道東部の内陸に位置し，湖面積12.96km²，最大水深44.8mの阿寒カルデラ内に形成された堰止湖で，特別天然記念物「阿寒湖のマリモ」の生育と，ヒメマスの原産地として有名である．水系としては，上流からペンケ湖，パンケ湖，阿寒湖と3湖沼が河川でつながり，パンケ湖から流出するイベシベツ川が主な涵養水源となっているほか，十数本の小河川が直接流入する．流出河川は，南端に源を発する阿寒川があるだけで，114 kmを流下した後，太平洋へと注ぐ．

ウチダザリガニは，1970年代の初めに摩周湖から導入されたと言われる（p.168参照）．持ち込まれた個体数はわずかであったと考えられるが，1980年代前半には阿寒湖に定着したことが確認された．やがて，漁獲物として利用できるまでに数を増やし，1993年には本種に対する漁業権が設定された．それ以降年間3〜4トン前後の漁獲が続いており，減少の兆しはない．

1．生態系の変化

1998〜2000年に湖岸全域における調査を実施した結果，体長約50mm以上のウチダザリガニは，水深15m以浅の沿岸部に広く分布し，砂泥底域より岩礫底域で高密度であること，一方体長50mm以下

の小型個体は，汀線に近い岩礫底やヨシの密生した根茎の間隙を主な生息場所として利用していることがわかった．流入河川では，一部河川の流れの緩やかな下流域で採集されただけで，流れの速い上流域では採集されなかったことから，分布の制限要因として，礫石やヨシの根茎のような隠れ家の存在と流動環境の関与が想定される．

阿寒湖には，かつて在来種であるニホンザリガニが生息していたが，現在ではウチダザリガニが侵入していない流入河川の上流部にわずかに残存しているだけで，湖内の個体群は絶滅したと考えられる．在来の底生動物相の変化は巻貝にも及び，上流のペンケ湖やパンケ湖では現在も普通に見られるマルタニシやモノアラガイが，10年ほど前からほとんど見られなくなった（図2）．

ウチダザリガニが，ニホンザリガニやマルタニシ，モノアラガイを捕食することは，飼育実験でも確認された．阿寒湖では，ヒメマス，アメマス等のサケ科魚類が生息する水質が保たれ，湖岸の大部分が自然のまま残されていることから，人為的な環境改変によってこれらの底生動物が絶滅したとは考えにくい．ウチダザリガニが見られない周辺の水系でこれらの個体群が存続していることを考え併せると，阿寒湖における一連の絶滅がウチダザリガニによってもたらされた可能性は高い．同様の例は釧路湿原の塘路湖でも知られ，1980年代後半まで数多く生息していたオオタニシ（？）が見られなくなったことが報じられている．

2．今後の対策

侵入したザリガニ類が在来の生物に影響を与えることは，ヨーロッパや北米で数多くの事例が知られており，その対象は，水草，藻類，巻貝や在来のザリガニ類などの無脊椎動物，魚類，両生類など多岐に及ぶ．わが国ではこれまで，ウチダザリガニによってニホンザリガニが駆逐される可能性が指摘されていたが，侵入水域の生態系全体に影響を与える可能性に関する議論はほとんどなかった．しかし，ウチダザリガニは淡水生態系において最大級の底生動物であり，雑食性で移動性が高く，底生生物群集の食物網の最上位に位置する．

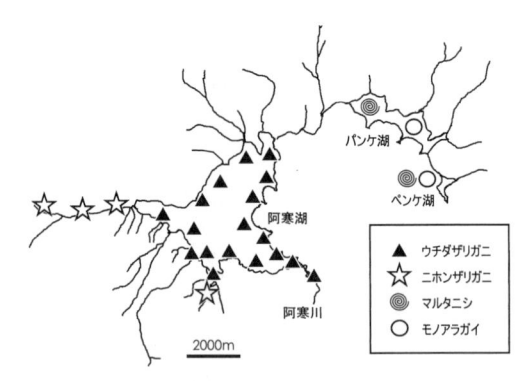

図2．阿寒湖水系におけるザリガニ類・巻貝類の分布．
1997〜2001年に確認したザリガニ類，巻貝類の分布を示した．ニホンザリガニの分布は斎藤・川井（未発表）による

また，強力な鉗脚（ハサミ）を持つことに加え，メス親が卵および孵化直後の幼体を保護するため，捕食者に対する抵抗性も高い．これらの特質から，本種が在来生物系に甚大な影響を与えうることは容易に予測でき，それが正しいことを現在の北海道東部における状況は物語っている．

今後の対策として最重要課題は，これ以上の分布拡大を防ぐことである．ウチダザリガニが最初に導入され定着した摩周湖には流入・流出河川はなく，それ以降の分布の拡大は，もっぱら意図的な移動や放流によるものと考えられている．ウチダザリガニは一部の地域では水産資源としての価値が認識され，一方で生態的悪影響に関する知識の普及が充分でないため，今後も不用意に広められることが懸念される．意図的な分布拡大によって在来の生態系が撹乱される危険性を社会が広く認識し，さらに積極的な駆除を含めた対策に向けて合意形成を図ることが急務であろう．

参考文献

川井唯史・若菜勇（1998）ウチダザリガニは在来種を捕食する．釧路市立博物館館報 **366**: 3-5.

斎藤和範（1996）北海道におけるザリガニ類の分布とその現状．北方林業 **48**（4）: 77-81.

白石芳一・田中実（1967）中禅寺湖におけるブラウンマスの食性について．淡水区水産研究報告 **17**（2）: 87-95.

鷹見達也・木下哲一郎（1990）北海道支笏湖および茂辺地川産アメマスの形態比較．北大水産彙報 **41**（3）: 121-130.

蛭田眞一・斎藤和範（1998）釧路湿原とその周辺域におけるニホンザリガニとウチダザリガニの生態．希少野生生物種とその生息地としての湿地生態系の保全に関する調査研究報告書, pp.209-227．環境庁自然保護局・財団法人日本鳥類保護連盟．

Nystrom, P. (1999) Ecological impact of introduced and native crayfish on freshwater communities: European perspectives. In: *Crayfish in Europe as alien species*, pp.63-85. A. A. Balkema, Rotterdam.

霞ヶ浦 ～水資源開発事業と外来魚問題

浜田篤信

●外来魚移殖放流の歴史

　霞ヶ浦(西浦)および北浦は，淡水魚の宝庫であった．水資源開発事業によって下流に常陸川水門が，そして湖岸に直立コンクリート護岸が建設され，その影響を受けて漁獲量が減少し始めるまでの間は，漁獲量全国第1位の座を占め続けた．

　この水域では，漁業は水戸藩の時代から重要な経済政策と位置づけられ，1672年には，早くもシラウオ，タナゴ，フナ，アユの移殖放流が行われた．明治時代に入ると，有用魚種の増殖対策が積極的に実施されるようになる．1918年にヒガイが琵琶湖から移殖放流されたのを皮切りに，現在までに国内外来魚のホンモロコ(1936年)，タモロコ(1951年)，スゴモロコ(1990年)，ツチフキ(1960年頃)，ゼゼラ(1960年頃)，ハス(1962年頃)，ワタカ(1960年)，ゲンゴロウブナ(1930年)，国外外来魚のアオウオ，ソウギョ，コクレン，ハクレン，タイリクバラタナゴ(以上5種，1943年)，カムルチー(1937年)，オオクチバス(1975年頃)，ブルーギル(1970年頃)，ペヘレイ(1992年頃)，アメリカナマズ(1981年頃)等が放流されてきた．

　これらの外来魚の中で，放流後に繁殖に成功して顕著に増加した典型例は，ハクレンを中心とするレンギョ類およびカムルチーである．これらの種は，在来種には見られない産卵生態によって増殖した．レンギョ類は利根川中流域を回遊し水中に放卵，霞ヶ浦・北浦に侵入した．1966年には1582トンにも達する漁獲を記録している．カムルチーは，ヨシ，マコモの間に水生植物の茎や葉で浮巣をつくって産卵する生態を持ち，定着に成功した．しかし，放流直後に大増殖した後，1970年頃までの期間に数十トンの漁獲量を維持したが，それ以後，ほとんど見られなくなっている．

●特定の外来魚の増加

　以上のように，霞ヶ浦・北浦では，多くの外来魚が移殖放流されてきたが，それらの中で定着に成功し激増した例が少なかったために，外来魚による生態系撹乱については関心が高くなかった．しかし，最近では，従来とは異なる特定の外来魚が爆発的に増える現象が続いており，漁業は危機的状況に立たされている．

　湖岸の代表的漁業である定置網の漁獲物組成を「販売対象」と「非対象」に大別すると，販売の「非対象」であるブルーギルのような魚種が最近10年間に急激に増えている．

　図に，国外外来魚4種，国内外来魚のハスおよび常陸川水門の閉鎖によって陸封されたアユに関して，現存量相対値である定置網1日1ヵ統当たりの採捕尾数を示した．オオクチバスを除くすべての種で，現存量相対値が1995年頃を境に急激に増加している．

　ブルーギルとオオクチバスについては，霞ヶ浦・北浦の15地点で定置網による調査が継続されていて，現存量が推定されている．それによれば，ブルーギルは，1995年には湖内の推定現存量が1200トンとピークに達したが，その後やや減少し，現在では800トン程度の水準を変動している．ブルーギルが漁獲量の大部分を占めるようになったために，県は漁業振興の目的で害魚として買い上げ，大部分を畑の肥料にするなどして廃棄している．

　オオクチバスは，すでに1992年頃に増殖のピークに達し，その時点の現存量は400トンと推定された．漁獲されたバスは河口湖への出荷が続けられている．最近の現存量は約200トン程度と見積もられ，稚魚の新規加入が続いていることから，現在の水準を維持していくものと考えられる．

　1994年頃から，アメリカナマズが継続して漁獲されるようになり，稚魚が定置網に数百単位で入網するようになった．水域内での繁殖が示唆され，今後の大増殖の兆しも見られる．また，国内外来魚のハスも，定置網で漁獲される尾数が年々増えるとともに，流入河川でも生息密度を増大させ優

占種となっている．

このように，沿岸に生息する魚類では，特定の外来魚が種の交代を伴いながら相対的に高密度を維持し続けているのに対し，フナ類，タナゴ類，ハゼ類など多くの在来魚は，生息密度を低下させている．

沖合いの代表的漁業であるトロール漁業では，ワカサギ・シラウオに混じって，南米原産のペヘレイが，1988年以来，混獲されるようになった．1994年頃から混獲される量が増え，1999年にはトロール漁解禁日（7月21日）に，ワカサギ1，ペヘレイ2と両者の比率が初めてペヘレイ優位に転じ，終漁期の12月上旬にはペヘレイ10〜20 kgの中から，数尾のワカサギを拾い出す状態となった．2000年以降やや下降気味であるが，なお混獲は続き，今後の資源動向に注目が集まっている．

ニゴイやウグイ，1990年頃に陸封化されたアユなど一部の在来魚は，これらの外来魚とほぼ同傾向で増えている．ここで問題となるのは，放流された時期が異なる外来魚や，従来生息密度の低かった在来魚が，1993年頃を境に一斉に生息密度を高めた原因は何か，ということである．

● 魚類群集はなぜ激変したか？

霞ヶ浦では，1972年から水資源開発と治水を目的とした開発事業が始まり，自然湖岸は大規模に直立コンクリート護岸で置き換えられるようになった．それに伴って，抽水植物群落が直接破壊されるだけでなく，直立コンクリート護岸化によって，護岸に衝突・反射した波浪が湖底を洗掘するために，水際の抽水植物を倒壊させるなど，さらなる打撃を与えている．

霞ヶ浦では，フナ類，ナマズ，コイの産卵床は，ヨシ，マコモ，ガマ等の抽水植物帯の間に繁茂する緑色糸状藻類であった．1972年当時と比較して，1996年には抽水植物帯の面積は約40％に減少し，コイ，フナ類の産卵床となる糸状藻類が全く見られなくなっている．抽水植物群落は，稚仔魚の成育の場としても重要であり，産卵が行われたとしても，稚仔魚の生残はなお厳しい．

また，マハゼを除くハゼ類は，湖岸に近い浅場で産卵する．ジュズカケハゼは自ら底泥に掘った竪穴を，ヌマチチブやウキゴリ，アシシロハゼは湖岸の石や貝殻の下面を産卵場所とする．直立コンクリート護岸化がもたらす反射波による湖底の撹乱は，泥を流出させ，石を砂に埋没させ，貝殻を沖側へ移送するなど，ハゼ類の産卵の場を著しく奪っていると考えられる．

さらに，タナゴ類が卵を産み付けるイシガイ科二枚貝の生息密度も急激に低下した．その原因としては，湖底付近の酸素量の低下や，コンクリート護岸の建設による湖底の撹乱などが想定される．

フナ類の漁獲量が最盛期の10分の1以下に減少し，タナゴ類も少なくなっているのは，こうした状況を反映しているものと推測される．かつて湖岸に産卵し，生活の一部あるいは全体を湖岸で過ごした在来種のほとんどの種が，産卵場や稚仔魚の生育の場を奪われ，生息密度を低下させたものと考えられる．

一方，外来魚のオオクチバスやブルーギルは，湖岸の砂質の湖底に産卵できるので，直立コンクリート護岸化による湖底の撹乱の影響を受けにくいと推測される．

霞ヶ浦で一斉に外来魚が増え始めた背景には，前述のように霞ヶ浦水資源開発事業に伴う自然湖

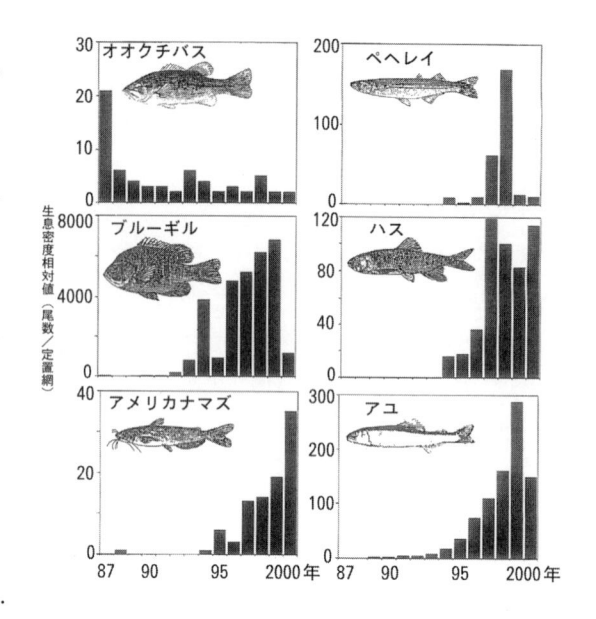

霞ヶ浦における外来魚の密度の推移．
アユは，常陸川水門閉鎖に伴う陸封化アユ

岸の喪失，特に，在来種の産卵場，稚仔魚の成育の場である抽水植物群落の減少がある．多くの外来魚が大増殖し始めた1990年代前半には，抽水植物群落の面積が，当初（1972年）の50％程度に減少していたことも影響していると考えられる．

● 外来魚定着の条件

霞ヶ浦は汽水湖起源の富栄養湖で，生息する種が多様であり，しかも各種が高密度に生息している．産卵や稚仔魚成育の場所や餌種の利用も多様であり，これほど多くの外来魚の侵入を易々と許すとは考えにくい．多くの在来種の存続基盤が弱体化していたことが，外来魚の定着を容易にし，その影響を顕在化させることにつながったことは想像に難くない．

現在の霞ヶ浦で，現存量が多いか，もしくは増加傾向にある魚種は，抽水植物が失われ泥や貝もなくなった湖底の砂泥に産卵できるブルーギルやオオクチバスと，河川に遡上してそこで産卵するハスとニゴイである．最近アユが霞ヶ浦で陸封化され増加傾向にあることは，普段の生活を湖内で送りながら，産卵には河川を利用することと関係がありそうである．

● 霞ヶ浦の望ましい将来に向けて

かつて霞ヶ浦には，ワカサギ，シラウオやハゼ類やエビが高密度に生息していた．湖面は漁船で埋め尽くされ，漁獲量は全国一．最盛期には，北浦を含めて2万トン近くに達した．

ところが，1975年頃から漁獲量が減少し始め，1998年には，漁獲量が3000トンを割り込むほどの危機的状況に陥っている．その原因は，水資源開発事業がもたらした環境改変によるところが大きいが，その影響を受けにくい特定の外来魚が増殖し，切迫した在来種をさらに著しく捕食することで，在来種を対象とした漁業を壊滅状態に追いやっている．

霞ヶ浦の漁業が海夫と呼ばれる専門家によって担われるようになったのは，平安時代末期である．その間，約千年に及ぶ時間の流れの中で海夫は，霞ヶ浦と付き合いながら漁業や航海の技術を開発し，地域固有の生活習慣を生み出した．また，海夫の生活の拠点となった湖岸の村々は四十八津と呼ばれ，霞ヶ浦を媒体に相互に結ばれて，自由都市的性格を帯び，活気に満ちていたと言われる．そうした活動の中から，固有の制度や文化が生まれた．

このように，湖の恵みが育んできた漁業は地域文化の土台でもあったが，今，未曾有の存続危機に直面している．失われた自然湖岸をできる限り復元することは，在来魚の資源回復を促すために最重要の課題であることは論を待たない．

ただ霞ヶ浦は，全国的に見ても最も多くの外来魚が侵入・定着を続けた，今や「外来魚の巣窟」とも言える状況にある．こうした状況をもたらした原因は，思慮のない外来魚の意図的放流や，容易な逸出を招く外来魚の飼養にあることから，安易な導入は厳禁すべきである．

また霞ヶ浦の湖水は，霞ヶ浦開発事業，霞ヶ浦用水事業，霞ヶ浦導水事業で各地に送水されている．送水された水域である流入河川上流部や溜め池でオオクチバスやブルーギルが確認されることは，送水と同時に稚仔魚が他水系に送り込まれて増殖する危険性が高いことを示唆している．外来魚の管理のためには，移殖放流の禁止だけでなく，こうした導水事業を見直し，異水系間の河川水の相互交換等を規制する法令も整備しなければ，外来魚の放流を規制することの意味が希薄となる．早急な対応が必要である．

しかし最も基本的なことは，失われた湖岸環境を復元することであり，このことが，在来魚の回復，ひいては外来魚の減少に向けての最大の課題である．

参考文献

網野善彦（1984）日本中世の非農業民と天皇，pp.366-391．岩波書店．
加瀬林成夫ほか（1994）霞ヶ浦のさかなたち，pp.12-133．霞ヶ浦情報センター．
久保田次郎（2001）霞ヶ浦情報マップ・生物生態編，pp.26-28．霞ヶ浦市民協会．
桜井善雄（1994）湖沼沿岸帯の環境変化と植生保全．用水と排水 **36**: 28-32．
西廣淳・藤原宜夫（2000）湖沼沿岸の植生帯の衰退と土壌シードバンクによる再生の可能性．土木技術資料 **42**: 34-39．
沼澤篤ほか（1997）霞ヶ浦・北浦における貝類生息調査報告．霞ヶ浦研究 **6・7**: 105-115．
浜田篤信（2000）外来魚類による生態影響—霞ヶ浦はなぜ外来魚に占拠されたか．生物科学 **52**: 7-16．

河口湖 〜オオクチバスを公認した湖

平林公男

●オオクチバスを公認する湖

　わが国の多くの湖沼においては，オオクチバスは「ゲリラ放流」，「外来種」，「生態系攪乱」などの代名詞として取り上げられ，湖内の在来種を保護し湖沼生態系を保全するために，駆除対象種として扱われている．しかし，これとは逆に，本種を漁業権魚種に指定し，増殖義務を課して積極的に放流し，スポーツフィッシングによる経済効果を期待する湖沼もある．現在，芦ノ湖，河口湖，山中湖，西湖の4湖が地域振興策の一環として，バス釣りを積極的に奨励している．特に河口湖では，県内で養殖した稚魚や，琵琶湖や霞ヶ浦で捕獲された個体を継続的に放流して，積極的に事業化することにより，遊漁料を支払う年間の遊漁者数が近年全国トップとなっている．

●オオクチバス導入の経緯

　河口湖では，1980年代以前は春季から秋季にかけてゲンゴロウブナを，冬季にはワカサギを遊漁の対象種として遊漁料収入を得てきた．しかし，1973年に湖内で初めて確認されたオオクチバスが急激に増加し，1985年頃からはワカサギの極端な不漁が続いた．その結果遊漁料収入が激減し（年間数十万円程度），漁協の経営も危機的状況に陥った．この窮状を打開すべく，河口湖漁協は1989年の漁業権切り替えに際し，遊漁人口の多いオオクチバスを遊漁の対象とすることを申請し，山梨県はそれを許可した．

　漁業権魚種の指定を受けたことから，1990年からは人為的にオオクチバス稚魚の大量放流を開始し，ルアー釣りおよびフライ釣りを中心としたゲームフィッシングの奨励に努めた．また，1994年には，冬季のワカサギ不漁による遊漁料収入の減少を打開するために，ニジマスを漁業権魚種に指定し，37.3万尾の放流を開始した．

　この頃より，1985年に初めて湖内で確認されたブルーギルの個体数が急激に増加し，河口湖魚類相の8割を占めるに至った．遊漁者数は年々増加し，1992年に年間24,219人であったものが，1996年には374,283人に急増し，1995年には，芦ノ湖漁協を抜いて売上高が全国トップとなった．その後も，河口湖漁協の遊漁料収入は年間3億円台を維持し，名実ともに「バス釣りの湖」として全国各地から遊漁者が訪れるようになった．

　1994年には，天然湖沼では初めてのケースとなるフライフィッシング専用区域（フライ専用区）を沿岸帯に4カ所設定し（図），翌年には「第1回河口湖バスの祭典」が開催された．山梨県がフライ専用区を公式に認定したのは1995年である．さらに河口湖漁協は，コスト削減のために，他県業者から購入し放流していたブラックバス稚魚を山梨県内で大量に養殖する試みを試験的に開始し，1997年10月には養殖オオクチバスの放流（体長28 cm，重さ350 g前後のもの）を行い始めた．

　このように，河口湖では遊漁の対象魚種をゲンゴロウブナ・ワカサギからオオクチバス・ニジマスへと大きく転換した結果，今日のような大きな経済効果が生み出された．現在では，毎年，養殖ブラックバス稚魚の放流を3〜5万尾行うとともに，こうした肉食性魚種育成のためか，それらの餌となる小型雑食性魚種やプランクトン食性魚種（ウグイ，オイカワ，ヨシノボリやモツゴなど）も，大量かつ多種類放流している．

●生態系の変化

　河口湖生態系における生態ピラミッド頂点に位置する魚類が，経済効果を最優先に，人為的かつ無計画に放流がなされているために，湖の釣り堀化と水界生態系の攪乱が懸念され，他生物への影響に注目が集まっている．「山梨自然湖沼研究会」では，1993年より毎月1回，湖内の定点で，透明度，水温，溶存酸素量，栄養塩類などの物理化学的調査と，動植物プランクトン類，底生動物，大型水生植物などの生物学的調査を継続的に行って

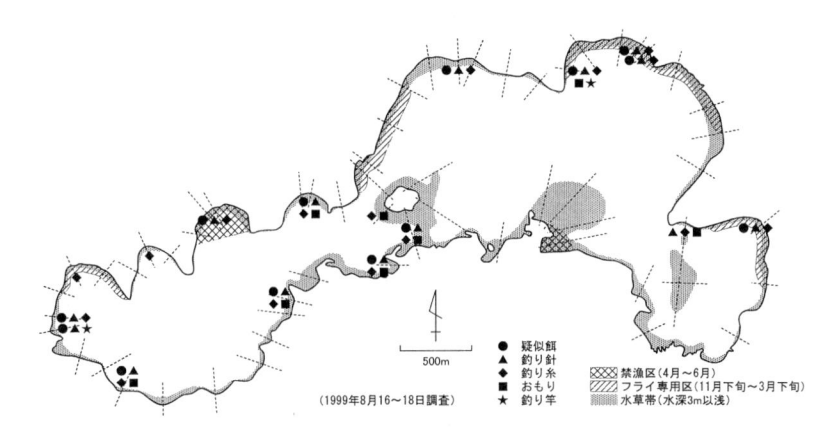

河口湖沿岸帯における釣り具採取状況．点線は調査地点（イカリを引いたところ）を示す．禁漁区からも釣り具が採取されている．ルアーフィッシングの影響は湖全域に及んでいることが示唆される．

いる．河口湖にオオクチバスやニジマスなどの大型肉食性魚類が放流され始めた頃から，湖内に様々な変化が起きてきた．動物プランクトンでは，1950〜60年代には普通に見られた枝角類のBosmina fatalis, Bosminopsis deitersiが1990年代に入ってほとんど見られなくなり，ワムシ類やカイアシ類の種組成や発生パターンが毎年大きく変化した．植物プランクトンでは，1993年6月に，渦鞭毛藻類のPeridinium bipesによる淡水赤潮現象が部分的に観察され，1995年6月には湖面全域で発生した（最高で5,000 cells／ml）．

魚類では，1960年代には14種の在来種が報告されていたが，現在では放流により種数が増加し，湖内で20種が確認されている．ただしこのうち，定着しているものはごくわずかであると推測される．現存量では，オオクチバス，ブルーギル，ニジマスなどが圧倒的に多く，特にブルーギルの増加は著しい．また，導入の際に混入したと思われるシラウオの増加も近年注目されている．同じ富士五湖の一つ本栖湖では，意図的に放流されたと思われるコクチバスが新たに確認され，他の湖沼や周辺河川の生態系への影響が懸念されている．

● 社会的な影響と問題

湖周辺に多くの人々が集まることにより，湖を取り巻く環境の汚染やゴミの投棄なども大きな社会問題となっている．特に，釣り客による釣り針，釣り糸，擬似餌のおとりなどの投棄は，沿岸域を利用する動植物に大きな影響を与えている．日本野鳥の会富士山麓支部によると，1993年，わが国で初めて河口湖で繁殖が確認されたシジュウカラガンの親鳥の足に釣り糸が絡まって泳げなくなっているのが発見されたり，モズが釣り糸を巣作りの材料にしたためにひなの足に絡まって巣立ちできないなど，様々な事例が報告されている．

河口湖全域にわたる沿岸帯55地点で，水草捕獲用のイカリを用いて1地点で平均4回，湖底を約10m引いて，イカリに掛かってきたものを調査したところ，釣り針，釣り糸，おとり，おもり，釣り竿などの釣り具を55地点中17地点（全体の30.9%，フライ専用区内の17地点では6地点(35.5%)）で発見した（図）．1995年の秋に行われた地元住民による2時間の湖畔清掃でも，釣り客が多く集まる大池公園，八木崎公園，大石公園周辺だけで釣り糸のみで約50kg（総延長約166km）が集められた．

こうした状況を踏まえ，周辺町村では2001年より全国に先駆けて釣り客から200円／人の法定外目的税「遊漁税」を徴収し，駐車場増設や湖畔清掃など，河口湖畔の環境整備に役立てようと試みている．しかし釣り客からは「実質的な遊漁券の値上げ」と反発が起き，また，2000年に公となった河口湖漁協内部での「不正釣り券疑惑」や「不明朗会計」なども，現在大きな問題となっている．

参考文献

高橋一孝（1999）富士五湖と四尾連湖の生息魚類の変遷．山梨県水産技術センター事業報告書 **26**: 57-80.

平林公男ほか（1995）河口湖における淡水赤潮の発生について（予報）．日本陸水学会甲信越支部会報 **21**: 40.

平林公男・吉田雅彦（1998）河口湖における魚類相の変遷とそれをとりまく環境．陸水学雑誌 **59**(3): 341-351.

山梨県水産技術センター（2001）コクチバスの生息・生態調査及び駆除．平成12年度 内水面外来魚管理等対策事業報告書: 1-11.

Arakawa, N. et al. (1998) Annual and seasonal changes of zooplankton community structure in Lake Kawaguchi, Japan. Jpn. J. Limnol. **59**: 69-78.

信州の湖沼 〜魚食魚ブラックバスと草食魚ソウギョによる撹乱

林　秀剛

　山国信州では，淡水魚は良質のタンパク源として貴重であり，湖沼は漁場という重要な食料供給の場として古くから利用されてきた．そのため，湖を利用した養殖も盛んに行われ，水産増殖の観点からの研究が盛んに行われてきた．それに伴い，魚類の放流も活発に行われ，その歴史も長い．

　しかし，最近は侵入した生物が，生態系の根幹をつき崩すような影響を及ぼすこともわかってきた．ここでは，木崎湖，野尻湖，諏訪湖などについて近年の外来種の問題を概観する．

●木崎湖

1．コカナダモの増加とソウギョの導入

　図1に，1980年以降の生物相の変遷を，湖の状況を示す指標の一つである透明度の変化と対応させて示す．

　筆者は，1979年夏，環境庁（当時）主催の第2回全国湖沼調査の一環として，初めて仁科三湖（木崎湖・中綱湖・青木湖）を調査した．この調査は，全国の湖沼の富栄養化の実態を明らかとすることを目的としたもので，木崎湖でも富栄養化が進行していることが判明した．富栄養化の象徴でもある藍藻（シアノバクテリア）類アナベナの大量発生が起こっており，諏訪湖と大差ない透明度の低さに驚かされた．後日，アナベナを専食するアメーバが大発生し，大量の浮遊物が浮上する珍しい現象も起こった．

　この調査の際，外来種コカナダモをわずかに1片だが見つけた．その侵入を知った筆者らは，湖の全域を丹念に調べたが，それ以上の採取はできなかった．しかし，翌年には分布が湖全域に拡大し，数年後には沿岸部全域がマット状に覆われて，在来の沈水植物はほぼ壊滅した．

　大繁殖するコカナダモ対策として，1983年，地元漁協によりソウギョ2000尾が放流された．ソウギョが木崎湖の水生植物を早晩食べ尽くすことは，飼育実験からも予測されたにもかかわらず，1985年，さらに追加放流が行われた．その効果は著しく，コカナダモ群落は1987年頃には消滅，さらにソウギョは沈水植物のみならず，抽水植物のマコモやヨシ類までも活発に食べ始め，木崎湖の沿岸帯は見事に丸裸となった．この現象は，付随的に大量のソウギョの糞を湖底に送り込むこととなり，底水層の急激な脱酸素を促進し，硫化水素の発生までが観察されるに至っている．

2．ブラックバスの侵入

　こうした変遷と並行して，木崎湖では1982年にオオクチバスが初めて確認された．釣り大会の捕獲魚調査では，1982年には全捕獲魚に対するバスの割合がわすか0.3％であったのが，1983年には8.4％，1984年には32.5％と急増しており，魚類相の急激な変化を示している．1983年の捕獲個体は体長21cm以上の個体がほとんどであったが，1984年の個体は体長12cm以下の1年魚が半数を

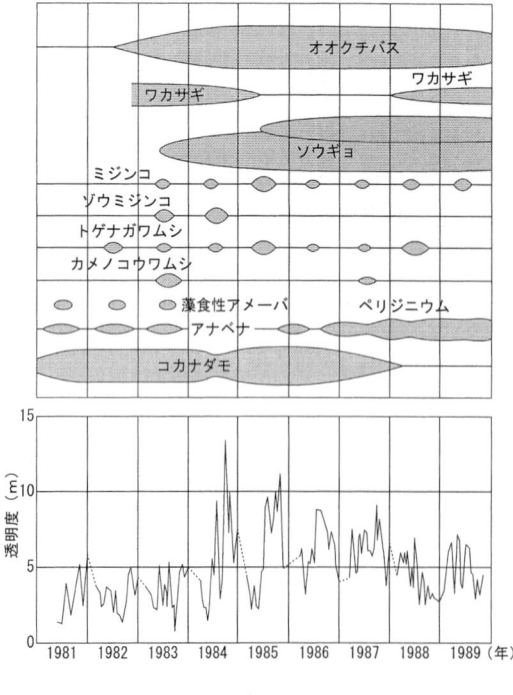

図1．木崎湖における1980〜1989年の生物相の変遷と透明度の変化

占めており，放流に引き続いて湖内での繁殖に成功したことが示唆された．

近年，また新たな変化が起きている．筆者らが1998年4月から12月までに得た，釣りによる捕獲魚体の調査結果によると，全捕獲個体数のうち，オオクチバスが26.1％，コクチバスが73.9％であり，コクチバスが急増していることが明らかとなった．コクチバスはオオクチバスに比べて，低水温，流水域での活動が活発と言われており，木崎湖のような寒冷地の湖沼ではより大きな影響があると予測される．

3．魚類相と生態系の変化

オオクチバスの増加に伴い，それまで見られていたいわゆる雑魚類は激減した．木崎湖では，1930年代から魚類相が調査されており，当時の魚類種数は28種であったものが，1986年には14種と激減し，オイカワ，タモロコ，ヤリタナゴなどが姿を消している．バスによる雑魚の捕食は，沿岸帯に隠れ家としての水草帯が貧弱な場合は，ことに顕著である．木崎湖の場合は，ソウギョの摂食により，水草帯はほぼ壊滅していた．

魚類の変化は，被食者であるプランクトンにも影響している．図2に，湖内で起こった生物相の変化の相互関係を示した．ブラックバスの影響は，その強い魚食性により雑魚が激減する現象で，いわゆるトップダウン効果である．これにより，被食圧が低下した動物プランクトンは増加し，その結果，植物プランクトンは減少し，透明度が上がっている．

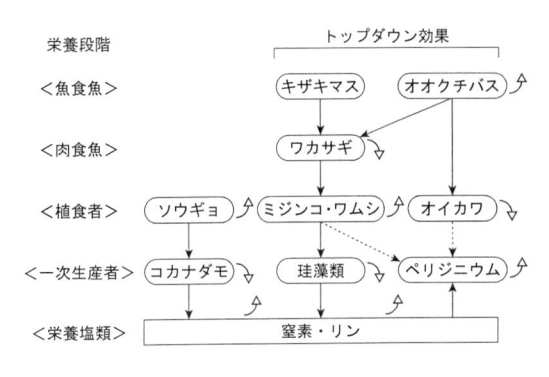

しかし，この一時的な透明度の改善は富栄養化の抑制を意味するのではない．こうした場合，利用されていない栄養塩類は水中に残存したままであるから，動物プランクトンに食べられない植物プランクトンが存在すれば，栄養塩類を利用して大量増殖する可能性が生ずる．木崎湖では，これに相当する種として，大型の渦鞭毛藻類ペリジニウムの増殖が始まった．1986年頃から始まった淡水赤潮の発生である．

この種は，大型のオオミジンコには食べられるが，木崎湖に生息するミジンコ類やワムシ類には食べられないことが実験でわかった．捕食者探しの結果，フナやコイなども食べるが，オイカワが選択的にペリジニウムを食べることがわかった．バスの侵入による雑魚の激減は，結果として，淡水赤潮の原因種であるペリジニウムを大量増殖させる結果となった．

●野尻湖

野尻湖では，順序や時間的な相違はあるが，木崎湖と類似の生物相の変遷が見られる．

ここでも，1970年代に水草の大繁殖が起こり，その対策として1978年にソウギョを放流した．1982年には水草は壊滅状態となり，毎冬の発電用取水による減水がそれにとどめを刺すこととなった．環境省のレッドデータ種であるシャジクモ藻類ホシツリモも湖内から完全に消失したが，幸いにも実験室に緊急避難させていた株があった．現在，ソウギョの捕食を免れるよう金網で囲んだ保護水域が湖内の何カ所かに設置され，復元が試みられている．

この野尻湖にも，1980年代末にはオオクチバスとブルーギルが侵入し，1991年にはさらにコクチバスが確認された．1994年に行われた建設省（当時）による調査では，全捕獲魚類の19％がオオクチバスであった．その後，バス類は大幅に増えたと推定され，近年では木崎湖の場合と同様，かつて優占していたオオクチバスがコクチバスに置き換わっている．地元漁協は，1996年には，ルアー釣りを解禁しており，多数のバス釣り客が湖上に

図2．木崎湖における食物連鎖．
　　　はトップダウン効果による増減を示す

ボートを浮かべている（ただし，漁業権魚種としての指定にまでは至っていない）．

一方，かつて盛んであった冬季のワカサギ釣りは，近年，極端に不漁となっており，バス類の捕食圧によると推定されている．また，木崎湖と同様，魚類相の激変に伴い，1983年には黄金色藻類ウログレナによる赤潮現象が起こったことが報告されている．

● 諏訪湖

諏訪湖では，1980年代にバス捕獲の情報があったが，あまりにも水質が悪く底質に砂地の部分がほとんどないため，増殖しないと考えられていた．実際長らくの間，湖内ではオオクチバスが捕獲されない状況が続いた．

しかし，1997年になって，「相次ぎ捕獲．ワカサギの食害を心配．密放流の可能性，漁協は静観の構え」（信濃毎日新聞）と報道されるなど，増加の兆しが認められるようになった．そして，2001年にはおびただしい個体数の生息が確認され，駆除対策事業が始まっている．

● ブラックバスは信州の湖沼に似合わない

わが国はつい最近まで物資的に豊かではなく，特に山国信州では食べ物の苦労は深刻で，山野の動植物は重要な命の糧であった．県下各地に残る"いかもの食い"の風習は，こうした状況の反映である．信州においては，湖沼や河川に生息する魚類は良質なタンパク質の供給源であり，資源の維持や増産が様々なレベルで工夫・研究されてきた．仁科三湖の場合も，水産資源の確保のために様々な施策が行われ，導入魚種の放流もそうした努力の一環であった．1930年代には，富国強兵策の一環として，湖の生産性を高めるために，施肥による「富栄養化」促進の実験すら行われた．

これまでの放流は，こうした背景による止むに止まれぬ要求であった．しかし，ブラックバスの問題は大いに趣を異にし，全くの"遊び"を目的とした放流であり，木崎湖の例でも明らかなように，在来魚種の局所的絶滅を容易に引き起こす．

近年，各地の湖沼でルアー釣りを解禁する例が見られる．長野県の漁場管理委員会がどのような対応をしたかは不明であるが，野尻湖では1996年，木崎湖でもそれに続いて漁業協同組合が遊漁料の徴収を始めている．

しかし，自然の水域管理は，水産資源の生産という経済的利益の観点からだけでなく，環境問題を含めて行うべきではなかろうか．かつての放流の対象魚にも，ブラックバスのように劇的な打撃を与える素地を持つものがいたかもしれない．しかし，ブラックバスがそれまでの外来種と決定的に異なるのは，特定の利益者が自らの私利私欲を満たすために，社会的合意を得ることなく密かに放流された外来種である点である．結果としてもたらされる小型在来魚種への深刻な影響を考えると，ブラックバスの放流は，我々人間社会の問題に例えるならば，強大な軍事力を背景とした侵略にも値するほどのものである．生態系の保全や多様性の維持の立場からは，犯罪的な行為であるとすら言えよう．

利用したい立場の者が，地域の歴史や文化を無視して，気候風土や生態系にも配慮せず，密かに一方的に持ち込んだブラックバスが生息することで，その湖沼はバス釣り人や業者など特定の受益者たちにより私物化されている．こうした理不尽な既成事実を仕方のないものとして容認するのではなく，原状の回復をめざして積極的にブラックバスの排除を行うのが筋ではないだろうか．

参考文献

川尻稔ほか（1940）鱒の湖中養殖試験（木崎湖における鱒の養成）．水産試験調査資料 7: 17-80.
田中武夫（1969）長野県水産史．長野県漁業協同組合連合会．
中村一雄（1984）大町市の動物（魚類）．「大町市史」，pp.898-962. 大町市．
中村一雄（1985）養魚池におけるソウギョの飼育．水産資源研究 4: 49-54.
長野県（1979）第2回自然環境保全基礎調査 湖沼調査報告書（環境庁委託）．
船越真樹（1984）大町市の植物（仁科三湖の水生植物）．「大町市史」，pp.632-639. 大町市．
細野淳（1971）魚類．「北安曇誌 第1巻 自然」，pp.898-915. 北安曇誌編纂委員会．
Li, J.-H. *et al.*(1996)Sulfate reduction in profundal sediments in Lake Kizaki, Japan. *Hydrobiologia* 333: 201-208.

琵琶湖 〜外来種に席巻される古代湖

中井克樹
浜端悦治

　琵琶湖は総面積670km²に及ぶ日本最大の湖で，北湖（平均水深44m，面積614km²の中栄養湖）と南湖（平均水深3.5m，面積56km²の富栄養湖）とに区分される．琵琶湖はまた，世界有数の歴史を持つ「古代湖」として，長い歴史を通じて進化した多くの固有種を育んでいる．しかし，世界的にも固有性の高い琵琶湖の生態系はここ30〜40年にわたって，物理・化学的環境の劣化や外来種の増加などにより，大きく変容しつつある．

1．水生植物

●沈水植物の概要

　沈水植物は夏季の透明度の約2倍の水深まで生育し，2000年の沈水植物の生育湖底面積は70.7km²，湖の総面積の1割を超えた．特に，1994年9月に観測史上最低の水位（−123cm）を記録して以降，浅い南湖側で生育面積が著しく拡大した（1994年の11%から2000年の52%）．

　沈水植物の種数は1980年代から25種前後で安定し，在来種で優占するセンニンモやクロモのほか，4種の外来種を含む．

●外来種の変遷

　北アメリカ原産のコカナダモ（p.201参照）は，1961年に湖の北端，マキノ町海津付近で初確認された後，分布域を急速に拡大し，1960年代半ばには湖岸沿いのほぼ全域で大群落を形成した．

　一方，南アメリカ原産のオオカナダモ（p.201参照）はコカナダモより約10年遅れて，1970年前後に湖内で初めて確認された．1974年冬季の調査では，南湖の南部および北湖の北部を中心に広く分布していることが確認され，南湖では沈水植物群落の総現存量の93%（面積268ha，現存量乾重577t）を占めるに至った．しかし，1980年代になると著しく衰退し，流れのある河口付近でしか優占群落を見ることができなくなった．

　1980年代には，衰退したオオカナダモに代わってコカナダモが再び勢力を盛り返した．1994年の水位低下以降は，オオカナダモも南湖の南部（近江大橋より下流側）などで群落を拡大している．

　ハゴロモモは，1970年代半ばに南湖東岸で初めて記録され，1980年代に野洲川南流の廃川や西ノ湖などの内湖で大発生したことがある．しかし，それ以後，生息域にほとんど変化はない．

　オオフサモ（写真1）は，外来種では最も早く戦前から記録があるが大発生は知られず，現在の分布も湖へ流入する小水路の出口付近に限られる．

　近年，沈水植物以外にも，温暖域で生育が問題視される浮葉植物のホテイアオイやボタンウキクサが，夏季に湖周辺の内湖やクリーク（水路）の水面を大規模に覆う事例が確認され始めている．

写真1．水路などの河口部に生育するオオフサモ

●影響と対策

　コカナダモは，北湖の北岸から西岸，および東岸の沖島の南東部など，冬季の北西風の影響を受けにくい地域の，水深3m以深でほぼ純群落を形成している．しかし，それより浅い水深域には，通常，クロモなどの在来種が優占している．

　コカナダモは夏季に群落高が2m程度にまで育つと成長を止め，一斉に「流れ藻」（写真2）となるか，水底に倒伏する．倒伏した旧茎から秋季に新芽が伸び始め，群落高数十cmの状態で越冬する．この越冬方法は，丈夫な地下茎や殖芽・塊茎などの越冬器官を作る在来種のセンニンモやクロモと大きく異なる．このため，浅水域では波浪耐性のある在来種が波浪に弱いコカナダモを排除し，深水域では春先にすでに高い群落高を持つコカナダモが競争的に優位になると考えられる．

写真2．湖岸に漂着したコカナダモの流れ藻
写真3．藻刈り船による刈り取り風景

コカナダモの大発生には，夏〜秋季の台風襲来の有無や，冬季の水温・照度などの環境条件が影響していると推測される．大量の流れ藻は湖岸に漂着して異臭を放ったり，船舶の航行障害や下流のダムの閉塞などの弊害をもたらすため，専用の藻刈り船による刈り取りも行われている（写真3）．

2．水生動物（魚類以外）

●貝類

琵琶湖からは計48種が記録されており，そのうち，スクミリンゴガイ，サカマキガイ，カワヒバリガイ，タイワンシジミ？の4種が外来種である．

スクミリンゴガイは，滋賀県内では1986年の発見以来，集水域の家棟川（やなむねがわ）流域に限られ，農業被害は生じていない．湖内では家棟川河口周辺の北湖東岸で散見されるほか，2000年に南湖の1地点で本種の卵塊が見つかったが，定着は未確認である．

その他の外来種3種は，湖内で定着している．

全国的に分布域を拡大したサカマキガイは，遅くとも1980年代には湖内で確認されている．湖岸の礫や水草などに見られるが，生息密度はそれほど高くなく，顕著な影響は知られていない．

カワヒバリガイは，琵琶湖では1992年の初確認以後，北湖の北西岸を除くほぼ全域の湖岸から下流の淀川（よどがわ）にかけて生息域を拡大した．利水活動への影響が懸念されるほか，下流の宇治川（うじがわ）では本種が中間宿主となる寄生虫・パラブケファロプシスが，在来魚にしばしば重篤な影響を与えている（p.216参照）．しかし，魚類の捕食圧のためか，湖内での生息密度は比較的低く抑えられている．

タイワンシジミ？（大陸系のシジミ類）は1980年代半ば以降，全国各地で野生化し始め，1990年代末には琵琶湖や瀬田川（せたがわ）にも侵入した．在来のマシジミやセタシジミとの競合が懸念される．

固有種のイケチョウガイを母貝とする淡水真珠養殖には，母貝の成長・生存の悪化への対策として，中国産の同属種・ヒレイケチョウガイやそれとイケチョウガイとを交雑させた「改良母貝」も用いられているという．こうした貝の利用によって，それらの野生化だけでなく，イケチョウガイとの交雑による遺伝的攪乱も危惧される．

●大型甲殻類

アメリカザリガニは1930年代にウシガエルの餌として滋賀県にも持ち込まれ，現在では県内各地で野生化している．琵琶湖でも内湾的な環境や内湖ではよく見られ，西ノ湖などではオオクチバスの主要な餌生物となっている．溜め池など小規模な止水域では水草群落等に大きな影響を与えうる本種だが，琵琶湖での影響は調べられていない．

代表的な水産資源の一つ，テナガエビも琵琶湖では国内外来種であり，1917〜23年に霞ヶ浦から移殖されたものに由来する．意図的に導入された種のうち唯一，有効利用されている事例であろう．

●両生・爬虫類

両生類の外来種には1920年に食料資源として県内に導入されたウシガエルがあり，1922〜36年には積極的に養殖された記録がある．野生化の過程は定かでないが，現在は琵琶湖水系に広範に定着している．活動期には湖岸の道路で相当数が轢死するが，具体的な生態的影響は不明である．

爬虫類では，ミシシッピアカミミガメが1970年代前半に湖内で初確認され，現在も生息するが密度は高くない．近年はペット由来と考えられるカミツキガメやマタマタなど大型のカメ類がたて続けに捕獲され，その野生化が懸念されている．

●その他

寒天状分泌物により球形の群体を形成するオオマリコケムシ（クラゲコケムシ）も，余呉湖（よごこ）や琵

琶湖内で発見されたことがある．時に直径50cmほどに達する本種の生態的な影響は未解明である．

3．魚類
●外来魚の激増以前
　琵琶湖への魚類の移殖放流は，1883年の国内産サケ種苗の放流に始まる．以後，数多くの魚種が持ち込まれたが，1960年代までは，随伴あるいは逸出の事例を含め，定着に成功したものは少ない．

　湖内で定着に成功した外来種は，1933～34年に移殖されたカムルチーと，随伴的に侵入した中国原産のタイリクバラタナゴ，および国内外来種のツチフキのみであった．カムルチーは戦後の一時期，かなり増加したが，現在の生息密度は非常に低い．タイリクバラタナゴは1970年代に著しく増加したものの，1980年代後半には，他の小型魚種とともに激減した．ツチフキは1948年から確認され始めたが，近年は採取されていない．

　中国原産の大型魚，ソウギョとハクレンも沿岸域へ移殖されている．自然繁殖はしないものの長命であるため，かなりの年数にわたって生息し続けることに留意すべきだが，広大な琵琶湖で大きな影響を与えるほどの生息数ではないようだ．

●ブルーギルとオオクチバスの激増
　1960年代初頭，琵琶湖周辺では，淡水真珠母貝の歩留まりを高めるべく，イケチョウガイのグロキディウム幼生の寄生相手が求められていた．ブルーギルはその実験で好成績を収めたため，県内各地の真珠養殖場に分配された．その後間もない1965年に内湖の一つ西ノ湖で，1968年には西ノ湖から流出する長命寺川河口の琵琶湖でブルーギルが確認され，1970年代は湖全体に分布を拡大した．

　湖内で初めてオオクチバスが捕獲されたのは1974年のことで，意図的に放流されたものと推測される．1983年には本格的に増え始め，翌年からは県による駆除が始まった．しかし充分な効果が得られないまま，1980年代後半に激増し，それを境に在来の魚類群集は著しく変化した．特に沿岸域を主な生息環境とする小型魚種では，カワバタモロコやイチモンジタナゴなど，湖内で確認さ

写真4．えりの漁獲物．ブルーギル，オオクチバス等の外来魚がほとんどである

れなくなっているものもある．

　その後，1990年頃から湖内のオオクチバスは減少し，1990年代後半以降は漁獲統計上も安定しており，生息密度も大きく変動していないことが推測される．一方，オオクチバスが減少・安定化し始めた1995年頃から，南湖でブルーギルの増加が顕著となった．大津市のえり（定置網）漁獲物の継続データでは，オオクチバスをしのぐ圧倒的な現存量に達している．

　1994～95年，琵琶湖の沿岸域での調査では，オオクチバスとブルーギルは個体数でそれぞれ2位と4位，重量では1,2位を占めていた（図1）．その後の変化を考慮すると，現在，沿岸域の魚類群集は，オオクチバスとブルーギルという動物食の外来魚2種が圧倒的に優占していると推測される．そして，沿岸域を産卵・生育の場とする多くの在来魚種は減少を続けている．外来種の優占と在来種の減少との間には強い因果関係があるものと考えられる．

●近年の外来魚
　1989年，国内の河川に広く分布するヌマチチブが琵琶湖で見つかり，1990年代前半には湖の沿岸域全体に急速に分布域を拡大した．ハゼ科の在来種などへの影響が懸念されたが，1990年代後半以後は個体数が減少傾向にある模様である．

　もう一つ注目すべき国内外来種はワカサギである．集水域での放流が継続された結果，1992年に流入河川で自然繁殖が確認され，漁獲量も増え始め，2000年にはアユに次ぐ第2位の魚種別漁獲量を示すに至っている．ワカサギは，湖の沖合域に生息する唯一の外来種である．

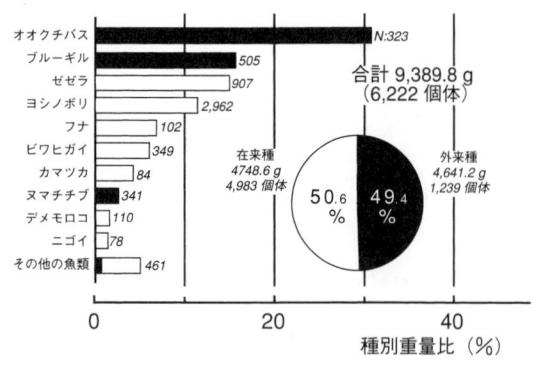

図1．琵琶湖沿岸域における魚類調査の結果（1994～1995年，小型底曳網で66回の調査の合計）．捕獲された魚類の種組成を重量比で示した．棒グラフ右の数値は個体数，■は外来魚（滋賀県水産試験場，1996より）．

4．外来種問題の今後と対策

●予防的措置の必要性

かつては琵琶湖でも水産資源としての有用性に期待して，様々な国内・国外産の魚介類が放流された．しかし，その多くは定着に成功せず，期待通りに利用されている種はテナガエビのみである．最近では，そうした資源開発を目的とした外来種の放流は手控えられるようになった．

一方で，観賞・愛玩用に外国産の様々な水生動植物が簡単に飼育できるようになったため，それが新たな外来種の侵入経路となりつつある．これらの動植物は，飼育管理下から逸出するだけでなく，意図的に放逐される場合すらある．したがって，野外での定着の可能性およびその場合に予測される生態系への影響の程度に基づいて，流通（輸入や販売），さらには保持（飼育）の可否を厳正に判断することが必要である．

●放流行為の見直し

1924年に出荷され始めた琵琶湖産のアユ苗は，1981年には全国の放流用種苗流通量の70%以上を占めるに至った．現在，琵琶湖水系産の多くの魚種が全国各地で国内外来種として定着しているが，これは大規模に各地へ出荷されたアユ苗への混入が原因であると考えられる．

その後，外来魚が激増したこともあり，種苗の捕獲・畜養・出荷の際には，対象の魚種を慎重に選別するようになったという．しかし，魚類だけでなく，植物体の断片からでも個体が成育・増殖できる水生植物や，動物プランクトンの時期があ

るカワヒバリガイなども存在することから，こうした外来種の混入を想定し，それを防止するための充分な配慮が求められる．

●現状への対策

琵琶湖で積極的な駆除の対象となっている外来種は，コカナダモとオオクチバス，ブルーギルである．コカナダモに対しては，これまでは夏季に増殖した群落や流れ藻を刈り取るだけであったが，今後は，内湖で草食性在来魚のワタカを利用する試みや，沿岸域で春先に貝曳網（かいびき）で新芽を刈り取る事業なども検討され始めている．外来魚に対しては，生息密度の抑制を目標に，1999年度から始まった緊急対策を2002年度からは予算規模を拡大して継続している．

こうした外来種の駆除活動には，駆除による直接的な抑制効果だけでなく，同時に「特定の外来種は駆除する必要がある」ことを市民に周知させる効用も期待できる．

参考文献

生島功 (1966) びわ湖の水生高等植物．「びわ湖生物資源調査団中間報告」，pp.313-341．びわ湖生物資源調査団．

生嶋功 (1980) コカナダモ・オオカナダモ―割り込みと割り込まれ．「日本の淡水生物―侵略と撹乱の生態学」（川合禎次ほか編），pp.56-62．東海大学出版会．

今本博臣ほか (1998) 琵琶湖の湖岸環境に関する研究（特）．沈水植物の種組成と分布．応用生態工学 1(1): 7-20．

滋賀県 (2001) 滋賀県で大切にすべき野生生物（2000年版）．滋賀県琵琶湖環境部自然保護課．

滋賀県水産試験場編 (1996) 琵琶湖および河川の魚類等の生息状況報告書．滋賀県水産試験場．

寺島彰 (1980) ブルーギル―琵琶湖にも空いていた生態的地位．「日本の淡水生物―侵略と撹乱の生態学」（川合禎次ほか編），pp.63-70．東海大学出版会．

中井克樹 (1996) 琵琶湖における外来種の現状と問題点～とくにカワヒバリガイと「バス問題」について～．関西自然保護機構会報 18: 87-94．

浜端悦治 (1991) 琵琶湖の沈水植物群落に関する研究 (1) 潜水調査による種組成と分布．日生態会誌 41: 125-139．

古川優・粟野圭一 (1969) 水産生物の移植記録（資料）．滋賀県水産試験場報告 22: 245-250．

Hamabata, E. (1997) Distribution, stand structure and yearly biomass fluctuation of *Elodea nuttallii*, an alien species in Lake Biwa -Studies of submerged macrophyte communities in Lake Biwa (3). Jpn. J. Limnol. 58: 173-190.

Hamabata, E. & Kobayashi, Y. (2001) Present status of submerged macrophyte communities in Lake Biwa- Effects of water level decline in summer on the areal distribution, "Toward sustainable management of lake-watershed ecosystems, Proceedings of the Shiga-Michigan Joint Symposium 2001 ", S5-8.

Nakai, K. (1999) Recent faunal changes in Lake Biwa, with particular reference to the bass fishing boom in Japan. In: *Ancient Lakes: Their Cultural and Biological Diversity*. (eds. Kawanabe, H. et al.), pp.227-241. Kenobi Production, Ghent.

深泥池 〜外来魚の捕獲調査と駆除事業

竹門康弘
細谷和海
村上興正

●深泥池の特徴と事業の背景

深泥池は，京都市内にある面積約9ha，周囲約1kmの小さな池である（写真1）．池の中央部には，元来冷温帯に成立するはずの高層湿原や浮島が残されており，ミズゴケ類やミツガシワなど湿性植物や，ミズグモやハナダカマガリモンヒメハナアブといった北方系の希少種が生息している．

一方，岸辺にはヨシやマコモなどの暖帯域の池沼に典型的な抽水植物が繁茂し，キボシチビコツブゲンゴロウやオオマルケシゲンゴロウなど暖帯の希少種が生息している．さらに開水域には，ヒシ，ジュンサイ，ヒメコウホネなどの浮葉植物やタヌキモなどの沈水植物が生育し，ミドロミズメイガなどが暮らしている．このように深泥池は，北方系と南方系の多様な動植物が共存する点が極めて特異であることから，生物群集指定の天然記念物となっている．

ところが，1994〜98年度に京都市文化財保護課の行った「天然記念物深泥池生物群集保全事業」の過程で，水生動物の種組成が1970年代のものから激変しているのがわかった．その原因として，1980年代に増加したオオクチバスとブルーギルの影響が問題視され，1998年から外来魚駆除とその効果測定を目的とした事業が実施されている．

●市民参加の事業形態

深泥池における外来魚捕獲調査・駆除事業は，京都市が市民団体事業依託する形で行われてきた．こうした事業形態が可能となった背景には，NGOの代表者が市の深泥池保全活用委員に加わって計画立案したことや，委員会の答申を受けて1999年度から京都市で事業費を継続的に予算化したことが挙げられる．市民参加型の活動には，既存のNGO間の連繋，研究者や学生の協力，地元の退職年齢層の方々の協力が重要な要素である．

●魚類の個体数推定と駆除

この事業では，外来魚の個体数推定・駆除・水生動物相調査を繰り返す方式を採っている．魚類の捕獲には，えり・投網（とあみ）・もんどりなどを用いている．えりは，障害物に沿って泳ぐ魚の習性を利用した小型定置網で，魚を中央の袋網（つぼ網）に追い込むものである．これを2〜4統用いて，3〜10月の期間に，毎週2〜3回のペースで捕獲されている．

個体数推定時には，体長5cm以上のブルーギル，体長10cm以上のオオクチバス・カムルチーに，マークをつけて放逐し，再捕率を計算する．また駆除時には，オオクチバスとブルーギルを対象に，体長5cm以下の仔稚魚も含めすべて標本にしている．

●魚類相の変化

1970年代から2000年までの4半世紀の間に，深泥池に生息する在来魚の種数は15種から7種となり，9種が絶滅もしくは激減したことがわかった（表1）．

一方，調査のたびに外来魚の種数が増えており，1972年に8.3％だった外来種率は，2000年には60.0％にも達している．ニッポンバラタナゴやメダカの局所的絶滅には，タイリクバラタナゴやカダヤシの外来魚の影響が考えられる．また，カワバタモロコ，タモロコ，タイリクバラタナゴ，シロヒレタビラなどの消失には，オオクチバス，ブルーギル，大型のコイやヒゴイなど国内外起源の外来魚の影響が考えられる．

写真1．深泥池におけるえり網設置風景．遠方に浮島が見える

表1. 深泥池における魚類相の変化（細谷（2001）に竹門（2000）を加えて改変）

○：在来種, ●：国内外来種, ▲：国外外来種, ＊：深泥池に注ぐ細流にて採取

科名	種名	1972	77	79	85	97	98	99	2000（年）
コイ科	カワムツ	○							
	オイカワ	○		○					
	カワバタモロコ	○	○	○					
	タモロコ	○	○						
	ホンモロコ		●						
	モツゴ	○	○	○	○		○	○	○
	コイ	○	○	○	○		○	○	○
	ドイツゴイ／ヒゴイ						●	●	●
	ゲンゴロウブナ		●	●		●	●	●	●
	ギンブナ		○	○	○	○	○	○	○
	オオキンブナ？						○		
	キンギョ						●	●	●
	タイリクバラタナゴ		▲	▲					
	ニッポンバラタナゴ	○							
	シロヒレタビラ		○						
ドジョウ科	ドジョウ	○	○	○			○	○	○
	ホトケドジョウ	○*							
ロリカリア科	セイルフィンプレコ								▲
ナマズ科	ナマズ	○	○				○	○	○
メダカ科	メダカ	○	○	○					
カダヤシ科	カダヤシ				▲	▲	▲	▲	▲
タイワンドジョウ科	カムルチー	▲	▲				▲	▲	▲
バス科	オオクチバス				▲	▲	▲	▲	▲
	ブルーギル				▲	▲	▲	▲	▲
カワスズメ科	カワスズメ科の1種								▲
ドンコ科	ドンコ	○	○						
ハゼ科	トウヨシノボリ	○	○	○	○	○	○	○	○
	総生息種数	14	15	13	9	6	14	13	15
	在来種数	11	10	9	5	3	7	6	6
	外来種数	・	1	4	4	4	3	7	7	9
	外来種率（％）	7.1	26.7	30.8	44.4	50.0	50.0	53.8	60.0

●底生動物相の変化

　京都市の行った「天然記念物深泥池生物群集保全事業」における現況調査の結果，深泥池には120種を超える底生動物が生息していることがわかったが，その種組成は1979年から1995年の16年間で大きく変容していた．

　まず，個体数密度が減少した動物は，ギンヤンマ・コミズムシ科・フサカ科・スジエビ・ヌマエビなどのように水中を泳ぐ生活型（遊泳型）や，ヒメカゲロウ・イトトンボ科・ヒゲナガトビケラ科などのように植物体や砂礫表面を歩行する生活型（歩行匍匐型）であった．一方，増加した動物は，水生ミミズ類・ユスリカ科・ヌカカ科のように底質の隙き間に棲む埋没型，サカマキガイのように緩慢な動きの匍匐型，そしてミズムシのように落葉などの隙き間に隠蔽的に暮らす緩慢匍匐型であった．

　このように，移動性の高い動物が集中的に減少したことは，この期間に増加したブルーギルやオオクチバスによる捕食の影響が大きかったことを示唆している．

●外来魚の推定個体数と駆除実績

　1998年〜2000年の3カ年に，えり網漁と投網による捕獲調査結果，外来魚の個体数は以下のように推定された（1999年までは竹門他未発表，2000-2001年は安部倉他未発表）．

　ブルーギル：標識再捕法によって推定された体長5cm以上の個体数は，1998年には約11,000個体，1999年約4,000個体，2000年4,300個体，2001年4,400個体であった．また，1998・1999・2000・2001年には，稚魚も含めてそれぞれ5,008個体・3,475個体・14,358個体・9,599個体

写真2. 改良型もんどりに入ったブルーギル

写真3. 市民グループによる外来魚駆除作業

が駆除された.

オオクチバス（ブラックバス）：標識再捕法によって推定された体長10cm以上の個体数は，1998年には約84個体，1999年約48個体，2000年34個体，2001年推定不能であった．1998・1999・2000年には，稚魚も含めてそれぞれ1,306・629・682・290個体が駆除された．

カムルチー（ライギョ）：標識再捕法によって推定された体長10cm以上の個体数は，1998年には約539個体，1999年には約498個体，2000年には366個体であった．外来魚除去の効果を考えるとき，除去するものを限定しておかないと除去効果の影響評価が難しくなることや，近年における底生動物相の激変以前の1970年代にカムルチーがすでに定着していたことから，本種については捕獲計測後全個体を再放逐した．

カダヤシ：えりでは1個体捕獲されただけであるが，岸辺や抽水植物群落内に高密度で生息しており，深泥池での生息総数は莫大なものと推測される．本種については，未だ効果的な駆除方法が見つかっていない．

以上をまとめると，深泥池の魚類群集および底生生物群集は，オオクチバスやブルーギルなどの外来魚の心ない放流により明らかに変化して，在来種の減少が生じた.

そこで1998年以来，外来魚の駆除に取り組んだ結果，オオクチバスは2001年の時点でサンプル数不足のために標識採捕による個体数推定が不能になる程度に減少した．一方，ブルーギルは一時オオクチバスの減少につれて増加したが，稚魚も捕獲できる改良型もんどりを用いた駆除を行った結果，顕著に減少している．

このように，オオクチバスやブルーギルなどの外来魚の根絶に向けての駆除が成功しつつあるが，駆除の効果がどのような形で現れるかは，先行事例がなく予測は困難である．したがって，まずは魚類群集や底生動物群集などがどのように回復するかを，モニタリングすることが重要である．

個体数が極度に減少してからの駆除が非常に困難となると予測されるが，両種とも産卵床を作り仔稚魚を親が一定期間保護するので，これを対象に徹底した根絶作業を加えるなどの対応が必要であろう．これには後数年かかると予測されるが，ねばり強い努力が必要である．根絶が成功した暁には，状況に応じて在来種の野生復帰なども必要と考えられる．また，オオクチバスに関しては駆除期間中に明らかに違法放流が行われた形跡があり，これらを今後どのように取り締まるかが重要な課題である．

ここでは触れなかったが，深泥池にはアメリカミズユキノシタやナガバオモダカのような外来植物も急増しつつあり，この駆除に対しても現在同志社大学の光田助教授や市民グループが協力して取り組み始めた．また，これら外来種の増加だけでなく在来種であるマコモが急増しつつあり，深泥池の水の循環や水質の悪化を生じさせる原因となりつつある．したがって，深泥池の生態系保全に関して総合的な取り組みが必要となっている．

参考文献

細谷和海（2001）日本産淡水魚の保護と外来魚．水環境学会誌 **24**: 273-278.

深泥池学術調査団（1981）深泥池の人と自然．京都市文化観光局．

深泥池水生動物研究会（1999）天然記念物「深泥池生物群集」保全事業にかかる生物群集管理中間報告書～市民参加型の外来動物対策の試み～．深泥池水生動物研究会．

竹門康弘（2000）深泥池（みぞろがいけ）における外来魚の影響と防除．「環境動物調査手法10」，pp.48-64．日本環境動物昆虫学会．

Column

侵入生物の拡がりを測る尺度

重定南奈子

侵入生物の分布拡大様式

侵入生物の空間的伝播パターンは，個々の個体が新天地の中でいかに増殖し，分散するかによって決定づけられる．分散には，一般に近距離移動と長距離移動が含まれるが，近年，特に後者が侵入の時空間パターンに極めて重要な役割を果たしていることが明らかになってきている．近距離移動は，たいてい，自ら歩いたり，泳いだり，飛ぶことにより行われるのに対して，長距離移動は気流や水流に乗って，動物や鳥に付着して，あるいは人間の交通機関に紛れて，運ばれるものが多い．

一般に，長距離移動は極めて低い頻度でしか起こらないが，親集団から遥か離れた場所に着地するため，侵入は飛び火的に進行する．図1は，短距離移動と長距離移動を組み込んだ階層的拡散モデルの結果を示している．

伝搬距離の評価法

このように侵入域がパッチ状に点在する場合，その拡がりの大きさ（伝播距離）を評価するのは必ずしも容易でない．以下に，これまでに出されている典型的な三つの尺度を紹介しよう．

①最遠距離（farthest distance）：最初の侵入地点から一番遠くのコロニーまでの距離

②分散距離（scattering distance）：最初の侵入地点から各コロニー（親集団を除く）までの距離をコロニーの面積で重みを付けした平均距離

③動径距離（radial distance）：全分布域の面積をπで割った値の平方根

最遠距離は，飛び火が確率的に起こること，また，大多数のコロニーは親集団の周りに分布していることを考えると，実際的な尺度にはなりにくい．他方，動径距離は全コロニーの面積と等しい面積を持つ円の半径に対応していることから，コロニーがどんなに散らばっていても総面積が同じであれば同じ値を取るという欠点を持つ．それに対して，分散距離は各コロニーの位置と大きさを考慮に入れた拡がりの尺度であり，コロニーの総面積が同じならより遠くへ散らばっているほどその値は大きい．

図2は階層的拡散モデルにおける，動径距離と分散距離の時間変化を示している．分散距離は動径距離より常に大きく，また，その差はコロニーの散らばりの程度を表している．しかし，どちらの距離も初期の過渡的な時期を過ぎると，やがてほぼ同じ傾きを持つ直線に漸近していく．勾配は拡がる速度を表していることから，侵入速度はどちらの距離を用いても変わらないことがわかる．

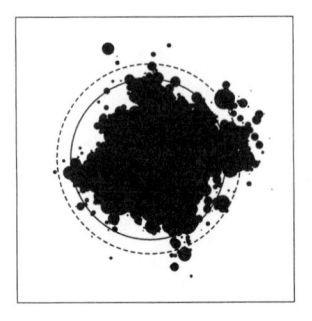

図1．階層的拡散モデル．最初に侵入した個体は短距離移動により同心円状に分布域を拡げると同時に，時々，長距離移動個体を放出し飛び火を作る．飛び火は親集団と同様に同心円状に拡がりながら，さらに飛び火を放出する．この繰り返しにより親集団の周りに子集団のコロニーがパッチ状に拡がっていく．
実線が動径距離，点線が分散距離

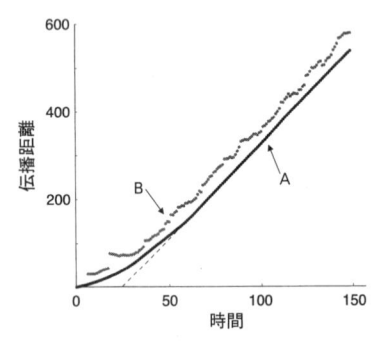

図2．動径距離（A）と分散距離（B）の時間変化

参考文献

重定南奈子（1992）UPバイオロジー 侵入と伝播の数理生態学．東京大学出版会．
Shigesada, N. & Kawasaki, K. (1997) Biological Invasions: theory and practice. Oxford Series in Ecology and Evolution. Oxford University Press.
Shigesada, N. & Kawasaki, K. (2002) Invasion and species range expansion.In: *Dispersal* (eds. J. Bullock *et al.*). pp.350-373. Blackwell Scientific Publication, Oxford.

海洋

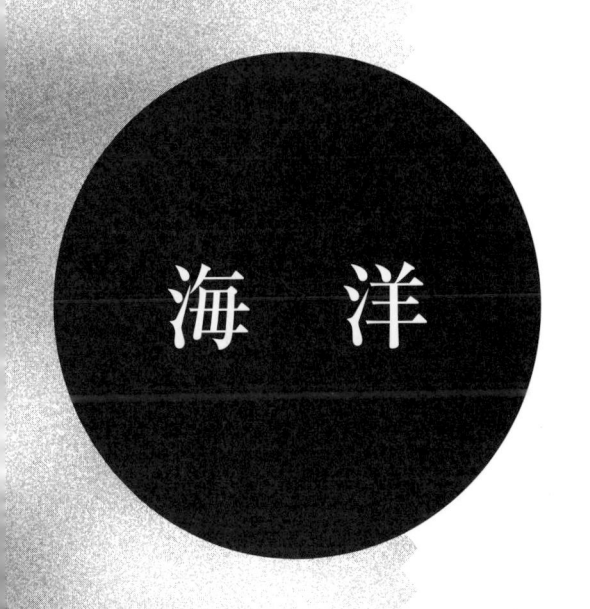

休日に港に釣りに行くと，引き潮時に岸壁が黒っぽい塊で覆われているのに気づく．引きむしってみると，三角形の二枚貝がたくさんの糸でくっつき合ってできた塊だとわかる．それが外来種ムラサキイガイである．その中には，やはり外来種であるコウロエンカワヒバリガイやアメリカフジツボが混じっているかもしれない．

海洋の外来種は陸上や陸水ほど話題に上らないが，その生息圏は人間の生活圏に意外なほど密着しており，場所によっては，外来種に占拠されていると言ってもいい状態である．海洋の外来種が多く見つかるのは内湾の沿岸で，特に太平洋岸の東京湾，大阪湾，伊勢湾など大都市圏の湾港を擁する内湾は，出現種数が多い．これは海外からの船舶の出入りが多く，主な移入手段となるバラスト水や船体付着からの定着のチャンスが多いためであろう．また，これらの湾の出現種はほぼ共通している．これは主な貿易相手国が一致しているのと，港湾の間の往来によるもの，これらの湾の環境が似ていることの三つの理由が考えられる．外来種の多くは港湾にまず出現し，その後全国の内湾に広がっていくことが多い．

海洋の外来種は種別事例にもあるように，軟体動物，節足動物，環形動物，脊索動物など様々な動物門にわたっている．その多くは浮遊幼生期を持つ付着生物である．これらの性質が，前述のバラスト水や船体付着による移動を可能にする．高度成長期以後，船舶の流通が増大したことと，内湾の干潟を大量に埋め立て，在来の生態系を破壊し，生態的ニッチの空いたコンクリート護岸の付着基盤が作られたことが，これらの侵入を許した大きな理由であろう．また水質汚濁やそれに伴う無酸素水塊の形成が在来種を減少させ，より環境耐性が高く，競争種や天敵のいない外来種が増加したことも無視できない．

これまで海洋の外来種の害は，付着による汚損被害の報告例が多かった．しかし近年は，輸入水産物の放流による近縁在来種への遺伝子汚染，アメリカにおけるバラスト水内のコレラ菌の発見などその被害の可能性は多様化し，ヒトへの直接の被害の懸念さえある．

日本の内湾は外来種が優占するだけでなく，日本の在来種や日本に侵入した外来種の二次的な移出の発信地にもなっている．また，港は海洋のみならず，多くの陸上や陸水の外来種の侵入経路にもなっている．日本の外来種の玄関口として港湾の現状を明らかにし，管理体制を強化することは，今後もっと注目されてよい課題であろう．

（木村妙子）

東京湾 ～環境悪化が外来種を招き入れる

風呂田利夫

●内湾の水質汚濁

東京湾は海岸構造の人為的改変が進み、海岸は護岸化されている。周辺都市からは産業・生活排水が注ぎ込まれ、排水に含まれる栄養塩類により、植物プランクトンが盛んに増殖する。その増殖でつくられた有機物は海水中の酸素を大量に消費し、夏季になり表面水温が上昇すると海水の鉛直混合が止まり、海底近くの酸素濃度は大きく減少する。この酸素欠乏のため、湾の約半分の海底では、動物は夏季にはほとんど死に絶える。

●東京湾の外来種

東京湾では様々な外来動物が侵入・定着し、繁栄している。護岸は、地中海原産のムラサキイガイ、オセアニア原産のコウロエンカワヒバリガイ、東南アジア原産のミドリイガイ、北米大西洋原産のアメリカフジツボやマンハッタンボヤに被われている。これら外来動物の間を、地中海原産のチチュウカイミドリガニが歩き回る。また、沖合いの海底では、酸素の豊富な時期には中北部太平洋原産のイッカククモガニがたくさん見られる。このほかにも、東京湾では20種近くの外来動物が発見されている。

このような外来種は、主に船によって運ばれる。付着動物は船底に付着し、浮遊動物はバラスト水とともに持ち込まれる。バラスト水は船のバランスを取るための巨大水槽で、その中にはプランクトン、ベントスの浮遊幼生、稚魚などが生息でき、寄港先で放出されている。このため、今では世界中の海洋生物が日常的に各地に運び込まれている。

外来種は汚濁内湾で多いものの、外洋に面したきれいな海岸ではほとんど見ることはない。また、内湾でも、干潟など自然海岸でも極めて少ない。その理由は、(1) 開発により在来動物の生息場が消失し、新たに出現した人工護岸が外来性の付着動物の生息場を用意した、(2) これらの付着動物は植物プランクトンを食べるため、餌には困らない、(3) 貧酸素化により在来動物の生息が阻害され、そこが貧酸素化の影響を受けにくい生態を持った動物の生息場となった、などである。いずれも、人為的影響により在来生物の生息が損なわれ、外来種を排除する能力が低下したことに、外来種の侵入を許す基本的原因があると考えられる。

●被害と対策

外来動物による水産生物や、その他の在来種に対する被害は顕著ではない。しかし、諸外国では深刻な環境問題となっていることもあり、例えばオーストラリアでは日本原産のヒトデによるカキへの食害が起こっている。東京湾や日本の海岸で被害が顕著でないのは、環境変化による在来の動物がすみにくくなっているところで外来種が繁栄しているため、在来種との関係が明らかでないためであろう。

しかし、外来種が多いことは環境が劣悪化したことの表れである。外来種の侵入阻止、そして侵入した動物の排除には、環境そのものの保全修復により在来生物の生息を支援することが、最も効果的な手段である。

参考文献
朝倉彰 (1992) 東京湾の帰化動物、都市生態系における侵入の過程と着底成功の要因に関する考察. 千葉中央博自然誌研究報告 2: 1-14.
木村妙子 (2000) 人間に翻弄される貝たち、内湾の絶滅危惧種と帰化種. 月刊海洋、号外 20: 66-73.
風呂田利夫 (2001) 東京湾における人為的影響による底生動物の変化. 月刊海洋 33: 437-444.

護岸を埋めつくすムラサキイガイ

大阪湾 〜異常気象による南方系種の激増

鍋島靖信

　大阪湾は日本有数の貿易港を持ち，湾奥河川からの都市排水が赤潮を誘発し，夏の成層期に貧酸素水塊が発生する．特に湾奥部は富栄養化による生物の大発生と貧酸素化による激減を繰り返し，生物相が単純化しやすく，一方で餌生物が豊富に存在するため，外来種が入り込みやすい．

　東京湾では夏季に大規模な青潮発生により，湾奥が無生物化することがあるが，大阪湾は友ヶ島・明石海峡での内・外海水の交換や，時計回りの恒流，湾奥河川からの出水による海水流動により，深く掘られた港湾や航路筋を除いて無生物化することは少なく，湾奥でも漁業が行われている．

● 大阪湾への侵入状況

　大阪湾に定着した外来種には，1950年代にすでに侵入していたムラサキイガイを皮切りに，1970年代にはイッカククモガニ（湾奥主体に全域），コウロエンカワヒバリガイ（湾奥汽水域1976年〜），1980年代にはシマメノウフネガイ（1980年から全域に），カニヤドリカンザシ（湾奥河川下流1987年〜），ミドリイガイ（1984年に侵入し湾全域），イワホリガイ科未同定種（湾奥部に1987年〜），アメリカフジツボ（湾奥主体に全域1987年〜），ヨーロッパフジツボ（湾全域の河口に1980年〜），マンハッタンボヤ（湾奥部1986年〜），カタユウレイボヤ（湾奥部1980年〜），1990年代にはイガイダマシ（湾奥から中部汽水域1991年〜），チチュウカイミドリガニ（1996年湾奥に侵入，湾の東北岸から2000年に明石海峡から播磨灘へ），アメリカイガイダマシ？（淀川汽水域上部1999年，種確認中）などが記録されている．また単発的な外来種の出現としては，ブルークラブ（1981年）がある．

　大阪湾で繁殖する外来種の多くは，汽水域，港湾域，内海などに生息する種で，環境悪化に対する抵抗力が強く，カニ類を除いてプランクトンなどを食べる懸濁物食者が多い．

● 近年の異常気象（温暖化）による生物の侵入

　1994〜99年には猛暑や暖冬が相継ぎ，1996年冬は厳寒と，温暖化（寒暖の差が大きく平均気温が徐々に上昇）の影響が取り沙汰された．高水温は夏季の底層水の貧酸素化を激化させ，漁業生物をはじめ在来種を激減させる一方，チチュウカイミドリガニやイガイダマシ，ミドリイガイなどの外来種に生息域を与え，繁殖を助長した．本来の生息域を越えて大阪湾や瀬戸内海に侵入した生物も多くみられた．モンツキイシガニやアミメノコギリガザミ，メナガガザミなど，熱帯域や外海域に生息する多種多様な生物の発見数が例年より激増し，温暖化を確信させた．

　逆に，1996年の厳冬時にはオットセイが来遊したほか，侵入した南方系種は激減した．大阪湾はその海域特性や生産力により，水質環境に対する生物反応を増幅し，外来種や域外生物を涵養しやすい海域と考えられる．

● 今後の動向と対策

　世界各国の港湾に外来種の侵入が相継ぎ，生物相の国際化が進行するとともに，あるものは侵入地で大繁殖し，在来種のニッチを侵略するなど，深刻な影響を与えている．外来生物の侵入を防ぐ対策として，国際貨物船のバラスト水に対する早急な対策と国際的な法令の整備が強く望まれる．

参考文献

朝倉彰（1992）東京湾の帰化動物―都市生態系における侵入の過程と定着成功の要因に関する考察―．千葉県立中央博物館自然史研究報告 2(6)：1-14．

大阪湾海岸生物研究会（1981,'86,'93,'96）大阪湾南東部の岩礁海岸生物相とその特徴（1）．大阪市立自然史博物館研究報告 35：55-72，自然史研究（大阪市立自然史博物館）2(2)：35-49, 2(9)：129-141, 2(12)：167-179．

鍋島靖信・西座真二（1996）大阪湾におけるメナガガザミ・ケブカツノガニなどの外海生物の出現と1994年の高水温と高塩分の影響(1)・(2). Nature Study 42(6)：7-9, (7)：3-5.

鍋島靖信（1997）大阪湾で見つかったチチュウカイミドリガニ. Nature Study 43(7)：3-6.

鍋島靖信・福井康雄（1999）大阪湾に侵入した外来種 Charybdis (Charybdis) lucifera (Fabricius) モンツキイシガニについて. Nature Study 45(7)：7-12.

付録

参考資料

IUCNガイドライン

外来侵入種（侵略的外来種とほぼ同意）によってひきおこされる生物多様性減少防止のためのIUCNガイドライン

IUCN GUIDELINES FOR THE PREVENTION OF
BIODIVERSITY LOSS CAUSED BY
ALIEN INVASIVE SPECIES

村上興正・監訳

種保全委員会　侵入種専門家グループ作成
2000年2月，IUCN理事会第51回会合（スイス，グラン市）にて承認

目次

1. 背景
2. 目標と目的
3. 用語の定義
4. 理解と認識
5. 予防と導入
6. 撲滅と制御
7. 種の野生復帰との関連
8. 知識と研究課題
9. 法律と制度
10. IUCNの役割
11. 参考文献と関連情報
12. 謝辞

補遺

1．背景[1]

　生物多様性は世界中で多くの脅威にさらされている．現在科学者や政府は，固有の生物多様性が直面している大きな脅威の一つが外来侵入種によって引き起こされる生物学的侵入である，と認識している．外来侵入種の影響は測り知れず，油断ならないもので，たいていは取り返しがつかない．生息地の損失や劣化と同様に，外来侵入種は地球規模で在来種や生態系に損害を与える可能性がある．

　何千年もの間，海洋，山岳，河川，砂漠といった自然の障壁により，特有の種や生態系が進化してきた．ほんの数百年の間に輸送能力などの人為が発達し，外来種が新しい生息地へと広大な距離を移動して，外来侵入種となることが可能となり，自然の障壁は，無効なものとなってしまった．国際化と貿易，観光の成長は，自由貿易への傾斜とあいまって，かつてのいずれの時期よりも，より多くの種が偶発的，あるいは故意に広がる機会が増加した．人々や経済活動を病気や害虫から防ぐために，税関の設置や検疫が早い段階から実行されてきたが，固有の生物多様性を脅かすような種の持ち込みを回避するには不充分な防御策であった．このようにして，数百万年にわたる生物学的隔離が不注意にも消失したことにより，先進国，発展途上国の双方に今後も継続するような問題が作り出された．

　生物学的な外来種の侵入の規模と経費は，生態学的に，また経済的にみても，全世界的であり膨大である．外来侵入種はすべての分類群にみられる．すなわち，導入されたウイルス，菌類，藻類，コケ類，高等植物，無脊椎動物，魚類，両生類，爬虫類，鳥類，そして哺乳類にわたっている．これらは事実上，地球上のあらゆる生態系における在来生物相に侵入し，影響を与えている．外来侵入種によって，何百もの種が絶滅している．そして，在来の種および生態系の不可逆的な喪失といった生態学的な代償が生じているのである．

　さらに，外来侵入種の直接的な経済被害額は年間数十億ドルに達する．耕地では，雑草により作物の収穫高が減り，費用がかさむ．雑草は水利に影響を与え，淡水生態系を劣化させる．観光客と居住者は，知らず知らずのうちに，野生生物保護区や自然地域に外来植物を持ち込んでいる．作物や家畜，森林は，害虫と病原体のために，収穫高が減少し，制御の費用がかさむ．バラスト水は船体の汚れとともに放出され，海洋生態系ならびに淡水生態系に，疾病，バクテリア，ウイルスを含む有害な水生生物が，無計画かつ望まれずに導入された．バラスト水はいまや，浅海沿岸性生物の太洋間や太洋内での移動の最も重要な汚染源とみなされている．環境汚染や生息地の破壊といった因子は，外来種が侵入しやすい状況をもたらしている．

　世界中でみられる原生生息地や生態系，農業用地の劣化（例えば，植生や土壌の喪失，土壌汚染や水路の汚染）によって，外来種は，より容易に定着し侵入してきた．多くの外来侵入種は，生息地が劣化し競争が弱まることによって有利となる，いわば「開拓者」の種である．地球の気候変動もまた，外来侵入種の拡散と定着を補助する重要な因子である．例えば気温の上昇により，外来の病気を媒介する蚊が，その生息域を拡大するかもしれな

1）用語の定義は p.282 の第 3 章を参照．

い．

　新しい導入種が持つ潜在的な危険性について管理当局に警告すべき情報が，しばしば知られていない場合がある．しかし仮に，資源，必要なインフラ，責務と訓練されたスタッフが揃っているとしても，多くの国においては，早急な対応策をとるのに役立つ情報が広く共有されたり，適切な形で準備されていない場合が多い．

　物品や旅行者，「ヒッチハイカー」と呼ばれる付着種の新しい移動形態に有効に対抗できる能力を持つ包括的な法律，制度的なシステムを持つ国はほとんどない．多くの市民やキーとなる専門グループ，政府は，問題の重要性と経済的コストについての認識が乏しい．その結果，対応があまりにも途切れ途切れで遅く，効果的でないことが多い．このような状況において，IUCNは外来侵入種の問題を地球レベルでの主要な課題の一つとして取り上げた．

　大陸地域のすべてにおいて，生物学的な外来種の侵入が起こり，その結果として生物多様性が減少したとはいえ，問題は一般に，特に島で，中でもとりわけ小さい島国で緊急となっている．問題はまた，南極圏といった他と隔離された生息地や生態系でも生じている．数百万年もの間，島が物理的に隔離されていたことは，特有の種や生態系の進化に好都合であった．その結果，島やその他の隔離された地域（山や湖など）では，通常，固有種（他の場所では見られない種）の割合が高く，重要な生物多様性の核となっている．隔離とともに生じた進化過程により，島の種は，特に他の地域からの競争者，捕食者，病原体，そして寄生種に脆弱となった．政府は，多くの知識，法改正，管理能力の向上，外来侵入種を見つけ出し，阻止することができる検疫や税関の設置により，外来侵入種の到来を妨げ，島が隔離されていることを有利なものとすることが重要である．

2．目標と目的

　このガイドラインの目標は，外来侵入種の有害な影響からさらなる生物多様性の減少を防止することである．そして，生物多様性条約第8条（h）の規定に効果をもたらし，政府や管理当局を援助することを意図するものである．
「各々の締約国は，可能な限り，そして適宜：・・・
(h) 生態系，生息地，若しくは種を脅かす外来種の導入を阻止し，又はそのような外来種を制御し，若しくは撲滅すること」
　このガイドラインは，1987年のIUCNによる生物の移動に関する見解声明の関連部分を取り入れているが，1987年の声明よりもより包括的な視野を持つものである．関連するガイドラインは，再導入に関するIUCNガイドラインであるが，それとの関係は第7章でくわしく述べている．

　このガイドラインは外来侵入種の生物学的な侵入によって引き起こされる生物多様性の減少を防止するものである．遺伝子組み換え生物については触れていないが，ここで述べている多くの問題や原理は適用可能である．また，外来侵入種の生物学的な侵入により引き起こされる経済的な影響（農業，林業，養殖業）や，人の健康と文化に与える影響についても取り上げていない．

このガイドラインでは，このような背景から明らかにされた生物学的な外来侵入種問題について，次の四つの本質的な事項を取り上げている．

◆理解と認識の向上
◆管理対応の強化
◆適当な法的，制度的メカニズムの提供
◆知識と研究努力の強化

この四つの事項はすべて重要であるが，このガイドラインでは特に管理対応の強化に焦点を当てている．これは，外来種の侵入の予防，あるいは定着した外来侵入種の撲滅や制御がすぐにできるように，管理上の情報を広めるといった緊急な必要性を反映したものである．他の事項への対処，特に法的，そして研究については，必要となる変化が生じるには長期的な戦略が必要となるであろう．

このガイドラインでは以下の七つを目的とする：

1. 外来侵入種が生物多様性に与える影響について先進国，開発途上国を問わず，また世界のあらゆる地域で認識を高めること
2. 外来侵入種の導入阻止を国としても国際的にも最重点問題とする
3. 外来種の非意図的導入を最小化し，承認を得ない外来種の導入を阻止する
4. 生物的防除を含めた意図的導入の生物多様性に与える影響を事前に評価する
5. 外来侵入種の撲滅と制御の宣伝とそのためのプログラムの開発・実施
6. 外来種の導入の規制と外来種の撲滅と制御のための立法と国際的な枠組みの開発
7. 外来侵入種への対処のために必要な研究や適切な知識の開発と共有

3．用語の定義[2]

"外来侵入種（Alien invasive species）"：自然または半自然の生態系または生息地に定着した外来種のこと．生物多様性を変化させ，脅かす要因となる．

"外来種（Alien species）"（非固有の(non-native)，非土着の(non-indigenous)，外国の(foreign)，異国の(exotic)）：種，亜種，またはそれ以下の分類群で，その（過去または現在の）自然分布域と分散能力域の範囲外に生息・生育するもの（すなわち自然に占有している生息域以外に存在するもの，あるいは人間による直接的，間接的な導入，あるいは世話なしには存在できないであろうもの）．また，生息・生育した結果として再生産された種の生殖体または胚芽といったすべての部分も含む．

"生物学的多様性（Biological diversity）"（生物多様性(biodiversity)）：陸上生態系，海洋生態系，そして他の水域生態系やそれらが構成している複合的な生態系における生物の多様性のこと．種内の，種間の，そして生態系の多様性が含まれる．

"生物安全保障上の脅威（Biosecurity threats）"：ある国の生態系や人間，動物あるいは植物に与える生物学的な危険性を個別にあるいはまとめて検討する事項や活動のこと．

"政府（Government）"には，政府の権限の範囲内における事項について，地域的に協働できるグループを含む．

"意図的導入（Intentional introduction）"：人間によって意図的に持ち込まれたも

---

[2] このガイドラインがIUCNによって採択された時には，外来侵入種に関する標準用語は，生物多様性条約締約国会議では定められていなかった．本文書で使用している用語は，IUCNが外来侵入種による固有の生物多様性の減少に関してまとめる中で定めたものである．

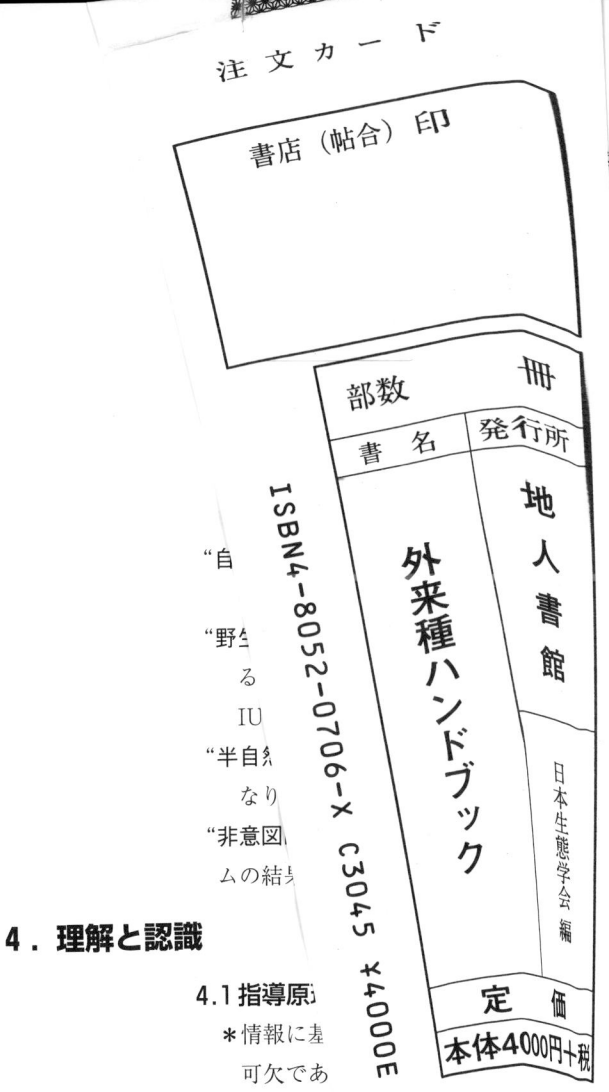

分布域と分散能力域外へ移動させることを含
る場合と，承認されていない場合がある）．
，種，亜種，またはそれ以下の分類群（生息・
生殖体または胚芽といったすべての部分も含む）
以外へ移動させること（この移動には，国内の

digenous))）：（過去または現在の）自然分布域
亜種，またはそれ以下の分類群のこと（すなわ
するもの，あるいは人間による直接的，間接的
るであろうもの）．

認識できるほどには，人間によって改変されて

歴史的に生息範囲の一部であったが，壊滅あ
せようという試みのこと（野生復帰に関する

m)"：人間の活動によって改変されたが，か
る生態系のこと．

tion)"：人の利用や人が創り出したシステ
外に非意図的に導入されること．

4．理解と認識

4.1 指導原

* 情報に基   題が最優先課題であるとして認識するために不
  可欠であ
* 外来侵入   教育，その脅威を周知させることは非意図的な
  導入や未承認の導入のリスクを防ぎ，意図的導入の評価・承認をするうえで非常に重
  要である．
* 外来侵入種の制御や撲滅は，各地方の組織や適切な部門グループの協力や支援により
  成功の可能性が高くなる．
* 情報や研究の知見を充分に伝達することは，教育や理解と認識にとって不可欠である．

4.2 推奨される行動

1. 外来種問題に係わる部門や組織の関心や役割を確認し，それらに適切な情報を提供し推奨される行動に向かわせること．それぞれの目標グループごとに対応した情報伝達戦略が外来種のリスクを下げる．
2. 意識啓発の鍵は，入手が容易で至近で正確な情報が広く利用可能であること，電子情報，マニュアル，データベース，科学雑誌，一般出版物などによる広報を図ることである．
3. 生物の輸出入業者に注目して外来種問題の理解を深め，侵入防止や可能な解決策を探るための教育活動などを行うこと．
4. 私的な活動分野に関しても実行ガイドラインを開発し，それに従った活動やモニターをすること．

5. 国内・国外双方の旅行者に〔...〕ること。旅行〔...〕が外来種問題を引き起こす〔...〕だけでなく対〔...〕費用効果にもよい。
6. エコツーリズムの業者への注〔...〕生態系（湖沼，山岳地域，自然保護区，野生〔...〕〔...〕など）への外来植物（特に種子）や動物〔...〕〔...〕ち込み防止のための指針を作成させること〔...〕
7. 検疫，水際制御やその他の関連〔...〕識し，同時に外来種の同定や制御などにつ〔...〕
8. 予防的措置，制御，撲滅のすべ〔...〕また，地域ごとの組織や関心の高い団体によ〔...〕決・調整すること．
9. 学校教育やプログラムに外来種問〔...〕
10. 意図的・非意図的な外来種の導入に〔...〕けでなく物やサービスを輸入する外国人や旅行〔...〕確認すること．

5．予防と導入

5.1 指導原理

＜外来種の導入の予防的措置に関する事項＞

* 外来侵入種の導入の阻止は最も安価で，効果的で最優先の措置である．
* 潜在的外来侵入種の長期的な影響が科学的に不確かであっても，導入阻止の行動は迅速でなければならない．
* 脆弱な生態系の生物多様性の価値が危険にさらされている時は，侵入防止の行動を最優先しなければならない．
* 多くの外来種で生物多様性への影響は予測が困難であるので，意図的導入・非意図的導入にかかわらず予防原則に基づくこと．
* 外来種に関しては導入が無害であることが充分に見込めない限り，有害であろうという取り扱いをすべきである．
* 外来種は生活の発展や質に負の影響を与える生物的汚染源として働く．外来種の導入規制の一方法として，外来種が生物多様性に影響を与えた場合に汚染者負担の原則を適用するのがよい．
* 外来種は生物安全性への脅威があるので，包括的な法律や枠組みを作り，履行することは正当なことである．
* 非意図的な導入のリスクは最小化すべきである．

＜外来種の意図的導入に関する事項＞

* 意図的な導入は，適切な関係機関や当局からの許可を得た場合のみに行われるべきである．許可は生物多様性（生態系，種，ゲノム）に基づいて，包括的に行わなければいけない．無許可の導入は防止すべきである．
* 環境へのよい影響が，実際の悪影響または潜在的な悪影響を上回る場合に限って許可すべきである．この原則は，島，淡水生態系，固有種の集中的な分布場所など，隔離

された生息地や生態系に適用されるときは特に重要である.
* その種が他の場所で生物多様性の絶滅や著しい減少を起こしたことがある場合には許可すべきでない.
* 導入の目的に適合した在来種がいない場合のみに考慮すること.

5.2 非意図的導入──奨励される行動

　残念ながら,多様な方法や手段で生じる非意図的な導入を制御することは極めて困難である.非意図的な導入には,その経路を特定し,制御し,予防することがたいへん難しい場合がある.このため,非意図的な導入を最小化する最も実際的な手段は,主要な経路を特定し,規制をかけ,監視することである.国や地域でその経路は異なるが,最もよく知られているのは国際的,国内的な貿易と観光ルートであり,それらを通じて非意図的な導入と多くの外来種の定着が起こっている.

非意図的な導入の可能性を低減させるための奨励される行動：

1. 非意図的な導入の経路の特定と管理. 主な経路：国内・国際取引,観光,船積み,バラスト水,漁業,農業,建設プロジェクト,陸上輸送,航空運輸,林業,園芸,景観,ペット,水生生物の観賞業
2. 生物多様性条約締約国やその影響を受ける国は,広範な関連する国際貿易や企業とともに,外来種の導入や拡散を促進させる貿易のリスクを減少させる行動をすること.
3. 非意図的な導入を最小化またはなくすために,共同して産業のあり方のガイドラインや行動の規範を作成すること.
4. 同様の目的で地域の貿易機関や協定の調査を行うこと.
5. 次の点に関する処置を定めよ：外来侵入種の導入を起こさせる経済的動機の消失. 無過失が立証できない場合の外来種導入の法的な罰則規定. 国または地域が,外来侵入種に関する国際的な情報の提供に基づいて,国境や防疫で予防措置や撲滅や制御の活動をすること.
6. バラスト水の放出と船底汚染に起因する外来侵入種の問題を減少させるために適切な主導をすること. これには,バラスト水の管理,船の設計変更,国によるバラスト水のプログラムの作成,研究,サンプリング,モニタリングの体制作り,港湾当局と船員へのバラスト水の危害の情報提供,バラスト水についての国のガイドラインや法的な規制（例：オーストラリア,ニュージーランド,アメリカ）を入手可能にすること,国,地方,国際的レベルで国際海事機関が作成したバラスト水や堆積物放棄に関するガイドラインや勧告を広報すること,などが含まれる.
7. 検疫や水際管理のための規則を設け,スタッフを訓練せよ. 検疫と水際制御の規則は,農業や人の健康に係わる狭い経済的な見地だけでなく,各国がさらされている特異な生物安全保障上の脅威にも立脚すべきである.
8. ある種の商品や包装に伴って入ってくる非意図的導入のリスクについて,国境管理の立法と手続きを通じて対処すること.
9. 無視や悪い慣行による非意図的導入の責任者に,罰金,罰則や他の処罰を科すこと.
10. 生物の輸送と移動を扱う企業へ,輸出入両国の政府が定めた生物安全性基準に準ずることを保証させること. それらの活動に適切なレベルでのモニタリングと規制を付与すること.

11. 外来種に対して高い危険性と脆弱性を持つ島嶼国では，外来種の制御のために必要な高いコストを避けようとする政府は，最も費用対効果の高い手段を開発せよ．これらには生物安全保障上の脅威に関して全体的なアプローチで，より強力な検査と遮断効果を持つ検疫と国境規制への資源配分が含まれる．
12. 運河，トンネル，道路といった過去には隔離されていた動植物相を混入し，地域的な生物多様性を撹乱させるおそれのある生物地理区をまたがるような大規模な工事計画について評価すること．このような計画の環境影響評価を要求する法律は，外来侵入種の非意図的導入に伴うリスク評価を要求すべきである．
13. 非意図的導入が起きた場合には，市民との協議を含む迅速で有効な行動がとれるために必要な規定を定めておくこと．

5.3 意図的な導入——奨励される行動

1. 侵入に対する法的な改正を行い，生物安全に関する機関あるいは当局などの制度を国のメカニズムとして確立すること（このガイドラインの第9章参照）．現在のところ，多くの国の法律的な枠組みでは，意図的な導入を全体論的なやり方で，すなわち，導入されそうなすべての生物と，そのすべての環境への影響を考慮して扱っていることが稀であるため，このことは極めて優先度が高い．通常このような方針は，例えば農業といった特定の部門向けのものである．それゆえ，行政的，構造的な協定では，通常，入ってくる生物すべてに対し導入される環境への影響を考慮することや，危機的な状況となった場合に迅速に対応することなどが不充分である．
2. そのメカニズムに，申請された導入を許可するかどうか，輸入と放逐のガイドラインを策定し，必要な場合に特別の条件を付けることができるようにすること．
3. 有効な評価と意思決定過程が最も重要である．外来種の導入を決定する前に，環境評価とリスク評価を行うこと．
4. 輸入を意図する者に，申請している導入が生物多様性に悪影響を与えないことを保証させる．
5. 評価の過程で政府内の適切な機関，NGO，適切な場合には隣国との協議を含むようにすること．
6. 適当な場合には，評価過程として特定の実験的な試行を行うこと．このような試行は生物防除に関連してよく要求され，適切なプロトコルの開発と準拠が必要である．
7. 輸入国の生物安全保障当局が，ありうべき環境影響評価，リスク，コスト，利益および代替案を認識し評価していることを確保すること．当局は利益と思われるものが起こりそうな不利益を上回るかどうかを決定する立場にある．当局は，関連する情報とともに暫定的な案を公布し，最終決定を行う前に関係諸団体が意見を述べる時間をとらねばならない．
8. 適当な場合，導入についての封じ込めの条件を付与すること．加えて管理の一環として，放逐後のモニタリングの要求がしばしば必要である．
9. 法的規定にかかわらず，輸出入業者に対し貿易に伴ういかなるリスクも最小化し，起こり得るいかなる逸出も封じ込めるように奨励せよ．
10. 検疫や国境管理の規則と施設を設置し，無許可の意図的導入を遮断するようスタッフを訓練せよ．
11. 無許可で行われた意図的な導入後の撲滅や制御の費用の刑事罰と民事賠償責任を開発

せよ．
12. 許可なしの導入または許可を受けた導入が予想外あるいは偶発的に生物多様性を脅かすおそれがある場合，撲滅と制御の迅速で有効な行動がとれる能力を含む規程が設置されていること（このガイドラインの第6章と第9章を参照）．
13. 全世界で，地域レベルで非意図的な導入を促進するであろう貿易のリスクを低減させる努力を行うと同様に，意図的導入に影響する貿易に関連する国際的な手段や慣行を改善する機会を利用すること．例えば，CITESの締約国は外来種問題も条約に包含することを述べている．同様な国際取引に関する発議が適切な国際取引機関や企業協会からもなされるべきである．

6．撲滅と制御

潜在的にあるいは実際に外来種の侵入が認められた場合，言い換えれば，予防が成功しなかった場合，有害な影響を緩和する措置には，撲滅，封じ込めと制御などがある．撲滅は外来侵入種を完全に除去することを目的とする．制御は外来侵入種の数量や密度を長期的に削減することを目指す．制御の特別なケースが封じ込めで，その目的は外来侵入種の分散を制限し，一定の地理的な境界の中へ封じ込めるものである．

6.1 指導原理

＊導入の予防が最初の目標である．
＊潜在的なまたは明らかな新規の侵入を早期に探知し，迅速に行動をとる能力は撲滅を成功させ，費用対効果を高める鍵である．
＊潜在的な外来種について，科学的，または経済的に不確かであることを，撲滅や封じ込め，その他の制御を遅らせる理由にしてはならない．
＊意図的・非意図的に導入される外来種に対して適切な手段を講じることができるように法的な整備をしておくべきである．
＊外来種の撲滅や封じ込めができる最大の機会は，個体数が少なく分布が局在する侵入初期である．
＊新しい外来侵入種または定着している外来侵入種に対しても撲滅が望ましいが，特に新しい場合には長期的な制御よりも費用対効果が高い．
＊撲滅は，それが生態学的に実施可能であり，完了するまで必要な資金的・政治的援助がない限り試みるべきではない．
＊撲滅に当たり戦略的に重要な点は，モニタリングや撲滅活動のために，国際的港湾や国際空港といった主要な経路での脆弱な点を押さえることである．

6.2 撲滅――奨励される行動

1. 外来種の予防に失敗したら，もし実行可能ならば，撲滅が最良の管理手段である．それは現行の制御に比べ，経済効果もあり環境にもよい．技術的な改良により，特に島嶼で撲滅が可能な場合が多くなっている．撲滅が成功するために必要な判定基準は補遺に記した．
2. 潜在する外来種が探知されたら，直ちに充分な資源と知識を動員し活性化すべきである．いたずらな遅延は成功の機会を著しく減ずる．地域での知識や人々の意識は新たな侵入の検知に役立つ．状況に応じて，国の対応は国内で行われたり，他国との国際

的協力が必要な場合もある．
3. 新しい侵入種が見つかった場合には，撲滅を最優先すること．
4. 撲滅の手法は，非標的在来種に対して，長期的な影響を与えないよう，可能な限り種特異的なものであること．若干の偶発的な非標的種の損失は撲滅の避けがたいコストであろうが，在来種への長期的な利益とのバランスを考慮すべきである．
5. 撲滅に毒物を用いる場合には，環境に残存しないようにすること．長期的な制御には受容できない毒物の使用でも，短期的・集中的な撲滅活動では正当化できるかもしれない．このような条件下では，毒物使用のコストと利益は注意深く評価されるべきである．
6. 動物の駆除法は，できる限り倫理的で人道的でなければならないが，当該外来侵入種を永久に根絶する目的に合致する必要がある．
7. 関心のあるグループが，撲滅に倫理的または自己中心的な理由で反対するかもしれないので，いかなる撲滅提案でも，プロジェクトの一環として，撲滅についての社会的な支持が得られるようにする．
8. 生物多様性が高く特異か，または固有種に絶滅のおそれのある島嶼や隔離された地域における外来侵入種の撲滅を優先すべきである．
9. 適切に行えば，ネズミ，ネコ，イタチ，イヌなどの主要な外来捕食性哺乳類を撲滅することは，島嶼や重要な固有種を有する他の孤立した地域の生物多様性の保全に有効である．同様に，絶滅危惧状態の在来の動植物の有効な保全のために，ウサギ，ヒツジ，ヤギ，ブタなどの野生化哺乳類や外来哺乳類を撲滅することは主要な目標となる．
10. 適当な場合，専門家の助言を求めよ．複数種が対象となる撲滅作戦では，撲滅の最良の順番の決定も複雑である．野生復帰に関するIUCN指針が推奨している選択肢決定的なアプローチが最適であろう．

6.3 望ましい制御効果とは

　制御が成功したかどうかの判断基準は，制御の目的であった種，生息地，生態系または景観がよくなったかどうかである．単に外来侵入種の個体数を減少させることだけに努力を集中するのではなく，外来侵入種の被害を軽減し回復させることにある．この関係は，害虫の数とその影響のように簡単ではない．このため，外来侵入種の密度の減少が見込まれても，それは必ずしも脅威を受けている在来種，生息地，または生態系が満足いくまで回復していることを示すものではない．成功したかどうかを確認し，また充分に検討することは極めて困難である．しかしながら，生物多様性の減少を予防しようという，本質的な目的を達成するには，成功したかどうかの基準を定義することは重要である．

6.4 制御法の選択

　制御は，社会的，文化的かつ倫理的に受容され，効率的で非汚染的で，在来の動植物相や人の健康や家畜・作物に悪影響のないものでなければならない．それらすべての基準を満たすのが困難な場合でも，その成果を防除の費用と利益のバランスのうえで適宜目標を設定する必要がある．

　個別の状況は多様なため，一般的な指針しか示すことはできない．生物的防除は，物理的化学的方法より好まれるが，導入に先立って厳密なスクリーニングとモニタリングが必要である．物理的除去は侵入植物の区域を一掃するのに有益な選択肢である．化学的方法

は，できる限り種特異的で，環境に残存せず食物連鎖に滞留しないものでなければならない．有機塩素系化合物のような残存性の有機汚染物質は使用すべきでない．動物に対する制御方法は，その目的から矛盾しない範囲で，できるだけ人道的に行われるべきである．

6.5 制御戦略──奨励される行動

撲滅と異なり，制御は異なった目標と目的を持つ継続的な行動である．制御には採用できるいくつかの異なった戦略的アプローチがあるが，それらには二つの共通した要素がある．第一に，目標は在来種に利益を与え，明確に説明でき，広く支持を得られるものでなければいけない．第二に，成果を得るためにはある一定期間資源を使うので，管理と行政的関与が必要である．目標のピントがずれていたり，身の入らない制御の努力は，資源を無駄に使うことであり，むしろ何かほかのことに使ったほうがよい．

奨励される行動は以下の通り：
1. 望まれる成果にしたがって，外来侵入種に優先順位を付ける．これには，生物多様性の価値が高い地域と，外来侵入種のリスクが高い地域を明確にすることも含まれる．この分析は，制御技術の進展によるものであり，その時々において見直しが必要である．
2. 主要な標的種，制御面積，方法，時期について確認し，合意を含む公式の制御戦略を策定すること．戦略は国の一部または全体に適用でき，例えば生物多様性条約の第6条（保全と持続可能な利用の一般的尺度）に適切に準拠すること．このような戦略は公的に入手可能で，公表され，定期的に見直されるものでなければならない．
3. 撲滅がうまくいかないときに，現在以上の拡散防止を適切な戦略と考えるのは，侵入種の分布域が限定され一定の境界内に封じ込めが可能な場合にのみ考える．封じ込めた境界外では，すべての新規の移出も直ちに撲滅できるようにモニタリングが必要である．
4. 侵入種の長期的削減が，単一の制御活動だけか，複数の制御活動によるのか評価せよ．単一制御法の最もよい例は生物的制御の例である．このような性格の意図的導入は適切な制御とモニタリングを必用とする．排除フェンスもある状況下では，効果的な単一制御法である．複数制御法は複数の天敵を物理化学的方法と組み合わせて使用する方法で，害虫の総合防除などがこれに該当する．
5. 侵入種だけでなく制御法についても，科学者と管理当局との情報交換を盛んにすること．技術は絶えず進歩し，改良されるから，情報を管理当局に渡すことは重要である．

6.6 外来侵入種となった狩猟対象種および野生化種──奨励される行動

野生化した種は，自然環境，特に島嶼において，最も攻撃的で損害を与える外来種の一つである．たとえ何らかの経済的，遺伝的価値があるにしても，野生化した種で脅かされている場合，原生の動物相と植物相の保全は常に優先する．とはいえ，在来の生物多様性に深刻な損害をもたらす外来侵入種には，しばしば狩猟や釣りで文化的価値を持つものがある．その結果，管理の目的や利益団体および地域社会の間で衝突が生じる可能性がある．このような状況では，問題の解決に時間がかかるが，外来種の侵入が与える損害についての公の認識と情報キャンペーン，地域社会が支援する相談と順応的管理アプローチを通じて解決に至ることが多い．リスク分析と環境影響評価も，適切な対策と解決を促すであろ

う．

奨励される行動は以下の通り：
1. 公共の土地における狩猟との軋轢の管理に対し，ある特定の区域では狩猟を，一方，他の区域では生物多様性の価値を保護するためにより厳格な規制を実施することを検討せよ．この選択肢は，外来種に高い価値があり，一方，生物多様性の価値が地域的な活動で保護されている場合にのみ適用される．
2. 野生下での撲滅を計画した場合，野生化種の代表的な数種を野外から除去し飼養下におくか家畜化するという選択肢も評価せよ．
3. ネコやヤギといった野生動物となれば損害を与えることが知られている家畜動物の放逐や逸出を予防するため，適正な管理をするよう，所有者と農夫を強く奨励すること．
4. 経済的な費用がかかる，あるいは結果的に生態系に損害を与えるような場合に，そのような放逐や逸出を妨げる法的な罰則を設定せよ．

7．種の野生復帰との関連

7.1 指導原理

外来種の撲滅や制御に成功することは在来種の野生復帰を成功させやすくするので，固有の生物多様性の初期における消失を回復することにもなる．

7.2 撲滅や制御活動と野生復帰との関連

撲滅活動の結果，外来侵入種を成功裏に除去できた場合，あるいは制御活動により密度レベルを著しく下げることができた場合，その生息場所に棲んでいたか過去に棲んでいた在来種の生息条件は改良されるのが通常である．多くの海洋島でこれは確かで，撲滅はしばしば野生復帰の準備の一部として行われる．

IUCNの外来種に関するガイドライン（May,1995）は"野生復帰の計画と実施を保証する"ために用意された．この指針は予備的研究，場所の選択基準，社会・経済的または法律的な必要条件，対象個体の健康と遺伝的な検査，飼育または野生復帰センターからの動物の放逐に伴う諸問題，などの要求や条件について詳細に述べている．野生復帰が適切で関連性がある場合，撲滅または制御計画の一環としてこの指針を参照すべきである．また，野生復帰の提案を検討する際にも参照すべきである．

野生復帰に当たっても，撲滅と制御に向けられる社会経済的配慮，つまり地域社会での意義や政治的支持，財政的な関与，市民の意識などが必要である．

撲滅の目的と野生復帰の提案を結合させることは費用対効果が上がる．撲滅の負の面（価値ある動物を殺すこと）を在来種の野生復帰という正の面（遺産，リクリエーションまたは経済的価値の回復）で相殺するという利点もある．

8．知識と研究課題

8.1 指導原理

すべてのレベル（地球規模，国，地方）における侵入種についてのキャンペーンで必須の要素は，適切な情報と経験を効率よくタイムリーに集め，共有することであり，それは研究を前進させ，よりよく侵入種を管理することにつながる．

8.2 奨励される行動

1. 世界的に侵入種に対処する主要な要求事項は，適切な知識基盤の発展に早急に取り組むことである．多数の種とその制御について多くのことが知られているが，この知識は不完全で多くの国と管理当局にとってその情報を得ることが困難である．
2. すべての既知の侵入種について，生息状況，分布，生物的情報，侵入特性，影響と制御の方法を含む世界的に容易に入手できるデータベースの開発に貢献すべきである．また，政府，管理当局，その他関係するすべての組織が係わることが重要である．
3. すべての関心のあるグループが容易に入手できる国別，地域別，地球レベルでの侵入種のブラックリストを作成すること．ブラックリストは既知の侵入種に焦点を絞るためには有効であるが，リストされていない外来種が潜在的に有害でないことを意味することではない．
4. 国内・国際研究を主導することは，以下の知識を向上させる：時間遅れの影響を含んだ侵入の過程に関する生態学，侵入種間での生態学的諸関係，どのような種やグループが侵入する可能性を持っているかについての予見，およびその条件，地球温暖化の侵入種への影響，顕在または潜在する媒介動物，経済的な損失と費用，人間活動がもたらす外来種の源および経路．
5. 貿易品，包装材料，バラスト水，個人の荷物，航空機や船舶からの外来種の排除や除去のためのよりよい方法の開発と普及．
6. 以下の管理のための研究の推進：外来種の撲滅や制御で有効で，目標が明確で，人道的で社会的に受容可能な方法，早期発見と迅速な対応システムの開発，管理組織の人のための情報の収集と効果的な普及．
7. 侵入種管理の実践から得られたすべての経験が知識基盤に貢献できるように，モニタリング，記録，報告を奨励すること．
8. 侵入種問題についてより広い理解と認識を推進するために，既存の情報と経験を活用すること．このガイドラインの第4章と第8章の行動と強く関連する必要がある．

9．法律と制度

9.1 指導原理

* 侵入種の脅威を受けている国は，国，地方，地球レベルで生物多様性保全のための前提条件として，包括的な政治的，法的，制度的な整備が必要である．
* 有効な対応策は，予防的，かつ修復的措置のために有効な法的整備に依存する．このような法律は，明確な説明責任，包括的な運用上の委託事項,侵入種からの実際上，または潜在的な脅威に対する有効な総合的な対応を保証するものである．
* 潜在的な侵入種からのリスクを予防しまたは最小化するため，国間の協力が必要である．このような協力は，国内での権限や活動が他国の環境に損害を与えないこと保証するという責任を持つことに基づくべきである．

9.2 奨励される行動

9.2.1 国レベル

1. 生物多様性の保全とその構成要素の持続的利用に関する国家戦略と計画の流れの中で，侵入種の実際上のまた潜在上の脅威に対して対応する国家戦略や計画を優先せよ．

2. 国の法整備が適切であり，外来種の意図的・非意図的導入が制御され，その種が侵入種となった場合の修復措置ができているか確認すること．これらの法律対応の主な点は，このガイドラインの第5章と第6章で触れた．
3. そのような法律が，潜在的侵入種の探知や国内での生物地理学的な境界を越えての意図的・非意図的導入が生物多様性の脅威となったという緊急事態に対処する必要な行政力を持っているかどうかを確認すること．
4. 可能な場合には，明確な権限と機能を持って，法の施行と実施ができる単一の行政機関または当局が選定されていることを確認せよ．これが不可能なときは，この分野での行政行為を調整するメカニズムが存在し，そして関係する機関の間で明確な権限と責務が存在すること（注：このような実施と試行に関する運営上の役割は，第5章3で奨励された「生物安全保障」機関の特定の機能とは異なる）．
5. 侵入種のすべての問題が状況に応じて対処され，法律が履行され強化されていることを確保するために，制度的，行政的構造を含め定期的に国の法律を見直すこと．

9.2.2 国際的レベル

1. 外来侵入種問題を取り扱い，締約国に義務的な付託事項を与える国際条約の条項を，全世界的にしろ地域的にしろ，履行せよ．これらの取り決めの間で最も卓越しているものは，生物多様性条約および多くの地域的な協定である．
2. 例えば，国際海事機関のバラスト水に関するガイダンスのように，外来種の導入に関連する決議，行動規範，あるいはガイドラインといった締約国によって取られた決定を履行せよ．
3. 外来種の導入の予防または制御に関して，二国間または複数国間でのさらなる条約の締結あるいは既存の条約の改正について，その妥当性や，場合によっては必要性を検討せよ．これには，特に，世界貿易機関の後援によるもののような貿易に関する国際条約の検討が含まれる．
4. 隣接する国については，例えば，警報を通じた情報の共有，境界の侵犯の場合に備えた協議と迅速な応答といった国境を越える侵入種の移動を防止する協力行動の妥当性について検討せよ．
5. 一般に，侵入種によって引き起こされる損害を予防しこれに対抗する国際的な協力を発展させ，リスク評価と環境技術に関する支援と技術移転，加えて能力形成について準備すること．

10. IUCNの役割

1. IUCN は，今後も継続して，国際 CAB（CABI），国連環境計画（UNEP）および環境問題科学委員会（SCOPE）とともに「侵入生物に関する国際プログラム」（GISP）[3]に貢献するものである．
2. IUCN は，生物多様性条約（CBD）の第8条 (h)の実施のためのプロセスと会合に活発に参加し，科学的，技術的そして政策的助言を提供するものである．

---

3) SCOPE，UNEP，IUCNとCABIは，侵入種の理解および取り扱いに対して新しいツールを提供するという目的を持ち，侵入種プログラムに着手した．この先駆的取り組みは，地球侵入種プログラム（GISP）と呼ばれている．GISPには，本問題に関して，科学者，法律家，教育者，資源管理者と企業，政府など多くの人々が参加している．GISPは，外来種の問題に関してCBDの事務局と強い協力関係を保っている．

3. IUCNの構成要素（委員会，プログラム，そして地域オフィスを含む）は，共同作業によりIUCN侵入種グローバルイニシアティブを支援するものである．
4. IUCNは，国連環境計画，食糧農業機関，環境問題科学委員会，世界貿易機関といった国際機関，そして国際NGOといった国際機関とともに連携と協力のプログラムを維持し発展させるものである．IUCNは，ワシントン条約（CITES）の締約国，生物多様性条約（CBD）の締約国，ラムサール条約の締約国，そして南太平洋地域環境プログラム（SPREP）といった地域プログラムなどとともに作業するものである．
5. IUCNの地域ネットワークは，侵入種の問題，固有の生物多様性への脅威と経済的な意味合い，そして制御の選択肢といった問題のすべてのレベルにおいて，市民の意識啓発に相当重要な役割を演じるものである．
6. 種保全委員会（SSC）のIUCN侵入種専門家グループ（ISSG）は，その国際的なネットワークを通じて，侵入種，予防と制御の方法，そして外来種の侵入に特に脆弱な生態系に関する情報を継続して収集し，整理し，公表するものである．
7. 絶滅に脅かされている種と，高いレベルの固有性と生物多様性を持つ地域の確認に関するIUCN／SSCの別の作業は支援されるものである．この作業は，侵入のリスク，行動の重点分野，そしてこれらの指針の実際的な実施の重点分野を評価するときに有意義である．
8. 侵入種の制御と撲滅に関する専門的助言者のリストの作成と管理，侵入種問題ネットワークの拡張，ニュースレターや他の刊行物の発行と配布といった現行のISSGの作業は支援されるものである．
9. IUCNは，他の協力機関とともに，能力構築プログラム（例えばインフラ，行政，リスクと環境評価，政策，法律）の開発と移転や，その作成支援を要請している，あるいは既存，提案されている侵入種プログラムを点検しようと望んでいる国の支援に主導的役割を果たすものである．
10. IUCNは，外来侵入種に伴う生物多様性と財務コスト，経済損失への脅威を考慮に入れた国際貿易と財務取り決め，実行コード，条約が確保されるよう，各国や貿易機関，財務機関（世界貿易機関，世界銀行，国際通貨基金，国際海事機関）との共同作業に活発な役割を果たすものである．
11. ISSGは，侵入種問題に関する国々の法的，制度的枠組みを点検し向上させるIUCN環境法プログラムの作業を支援するものである．
12. ISSGは，侵入種に関する地域データベースと早期警報システムを作成し，他の協力機関とともに，要求するグループに効果的で適切な情報の提供を行うものである．

11. 参考文献と関連情報

ガイドラインの指導原理と本文は，特に以下の重要な文献に基づいている．

◆IUCNによる生物の移動に関する見解声明，1987年，IUCN，スイス，グラン市
◆再導入に関するIUCNガイドライン，1995年．IUCN，スイス，グラン市
◆異国の生物学的制御資材を輸入する際の行動規範，国連食糧農業機関，1995年，FAO，イタリア，ローマ市
◆米国での有害な非在来種，米国議会技術評価局，OTA-F-565，1993年，米国政府印刷局，ワシントンDC
◆ノルウェー／国連移入種会議会議録，生物多様性トロントハイム会議，1996年7月15

日，ノルウェー，トロントハイム市，自然研究ノルウェー研究所
◆船舶のバラスト水と底質の放出からの望まれない水生生物と病原体導入の防止に関する指針，国際海事機関（IMO）決議A.774(18)（4.11.93）（付録）

12. 謝辞

IUCNは，侵入種専門家グループ（ISSG）および侵入種に関するその他の専門家が協力して，本ガイドラインの政策を可能にするための献身と努力に感謝の意を表明する．IUCN環境法プログラムからの情報提供に対しても深く感謝の意を表す．

補遺

1．環境影響評価（EIA）

EIAにおける一般的な質問事項には，提案されている導入種が環境に及ぼす影響について以下が含まれる．

- ◆提案されている導入種は，他の場所において侵入した歴史があるのか．もしそうであれば，再び同様の可能性があるので，導入を検討すべきではない．
- ◆導入される生態系に対して，外来種が増え，損害を与える可能性はどれくらいであるか．
- ◆分散の場合，外来種が広まり，その他の生息地に侵入する可能性はどれくらいであるか．
- ◆生物学的および気候の多様性の自然サイクルが，提案されている導入にどのような影響を与える可能性があるのか（火災，干ばつ，洪水は，実質的に外来種の行動に影響を与える）．
- ◆外来種が，交配により在来種の遺伝子プールを遺伝子的に損ない，汚染する可能性はどれくらいであるか．
- ◆外来種が在来種と交配し，攻撃的な倍数体の新種が作り出される可能性があるか．
- ◆外来種は，導入が提案されている地域において，在来の植物相や動物相，人間，作物，家畜に伝染する病気，寄生虫の宿主となるか．
- ◆提案された導入が，肉食動物や食物の強者や植生としてなど，いかなる方法であっても，在来種の継続的な存在や密度の安定性を脅かす可能性はどれくらいであるか．
- ◆封鎖された区域に，放逐の意図なしに導入された場合，偶発的に逸出する可能性はどれくらいか．
- ◆以上のいずれかの結果が，人の幸福，健康または経済活動に否定的な影響を与える可能性はどれくらいあるのか．

2．リスク評価

ここでは，提案された導入に関連したリスクを識別し，そのリスクを評価するためのアプローチについて述べている．リスクを評価することは，実際に起こる可能性と同様に，提案された導入の潜在的な悪影響の大きさと実態を調べることである．提案された導入に対してリスクを減らし，代替案を検討する有効な手段を識別しなくてはならない．輸入しようとするものは，意思決定機関からの要請としてリスク評価を行う場合が多い．

3．撲滅の成功を判断する基準

◆すべての密度において，個体群の増加率はマイナスでなければならない．
　また，非常に低い密度では，最後の数個体の位置を確認し，除去することは，さらに困難で経費がかかるものとなる．

◆他地域からの移動はなくさなければならない．これは通常，沖合または大洋島，あるいは非常に新しい侵入種に対してのみ可能である．

◆集団の中のすべての個体が，通常は撲滅の技術に対するリスクにさらされる．しかしもし，おとりや罠にかからないようになれば，一部の個体は，もはやリスクにさらされなくなる．

◆非常に低い密度の種をモニタリングすることは可能である．これが不可能であれば，生き残りの個体を検知することはできないであろう．植物の場合，土壌中のシードバンクの生存を確認しなければならない．

◆求められる期間内に撲滅を完了するには，適正な資金と委託が継続的に必要である．モニタリングには，撲滅が達成されたと確信された後にも，疑いのない充分な成果が出るまでは資金が必要である．

日本の外来種リスト

　本リストは，2002年8月現在で，日本で侵入・定着の可能性が高く外来種と判断された種を分類群別に示したものであるが，リストごとに掲載基準は若干異なっている．また，分類群によっては，研究者不足や人目に付きにくさなどから，侵入・定着の充分な裏付けがとれないものが多数生じた．それらは定着未確認種として扱い，参考リストに記載した．各リストとも，今後情報を追加し，改訂していく．

付表1-1. 外来種リスト（哺乳類）

　下記の参考文献を基礎として，さらに哺乳類研究者から寄せられた生息情報を加味し，現時点で定着情報が確実と考えられる外来哺乳類を記載した．この表では，国外から侵入した国外移動と，在来種であっても従来の自然分布地以外の地域に移動させられた国内移動を分けて記載してある．なお，定着情報の不確実なものについては，付表1-2で参考リストとして記載した．最終的な判断は池田透が行った．

目名	科名	和名	学名	備考（原産地ほか／文献）
国外移動				
モグラ目	ハリネズミ科	ナミハリネズミ	Erinaceus europaeus	ヨーロッパ／2,3,5,7
	トガリネズミ科	ジャコウネズミ	Suncus murinus	東南アジア／1,2,3,7
サル目	オナガザル科	タイワンザル	Macaca cyclopis	台湾／1,2,3,5,7
ウサギ目	ウサギ科	カイウサギ	Oryctolagus cuniculus	ヨーロッパ／1,2,3,5,7
ネズミ目	リス科	キタリス	Sciurus vulgaris	北海道に同種が分布，ヨーロッパ・ロシア・中国東北部・朝鮮半島／4
		タイワンリス	Callosciurus erythraeus thaiwanensis	台湾／1,2,3,5,7
		プレーリードッグ類	Cynomys sp.	北米／2,5,7
		シマリス	Tamias sibiricus	複数亜種の定着可能性あり，ロシア・中国・朝鮮半島・北海道が原産であるが，主に中国・朝鮮半島から移動／1,2,3,5,7
	ネズミ科	マスクラット	Ondatra zibethicus	北米／1,2,3,5,7
		ナンヨウネズミ	Rattus exulans	東南アジア，太平洋の島々／8
		ドブネズミ	Rattus norvegicus	1,2,3,5,7
		クマネズミ	Rattus rattus	東南アジア／1,2,3,5,7
		ハツカネズミ	Mus musculus	1,2,3,7
	ヌートリア科	ヌートリア	Myocastor coypus	南米／1,2,3,5,7
ネコ目	アライグマ科	アライグマ	Procyon lotor	北米／1,2,3,5,7
	イヌ科	イヌ	Canis familiaris	ノイヌと同一種／1,2,3,5,7
	イタチ科	フェレット	Mustela furo	ヨーロッパケナガイタチの家畜種，ヨーロッパ／2,5,7
		チョウセンイタチ	Mustela sibirica	ロシア・中国・朝鮮半島・台湾・対馬／1,2,3,5,7
		ミンク	Mustela vison	北米／1,2,3,5,7
	ジャコウネコ科	ハクビシン	Paguma larvata	東南アジア，中国，台湾／1,2,3,5,7
		ジャワマングース	Herpestes javanicus	アラビア北部から中国南部，東南アジア／1,2,3,5,7
	ネコ科	ネコ	Felis catus	ノネコと同一種／1,2,3,5,7
ウマ目	ウマ科	ウマ	Equus caballus	2,3,5,7
ウシ目	イノシシ科	イノシシ・イノブタ	Sus scrofa	2,3,5,7
	シカ科	キョン	Muntiacus reevesi	中国東部・台湾／1,2,3,5,7
		マリアナジカ	Cervus mariannus	1980年代に定着先から絶滅，フィリピン／2,3,5,7
		タイワンジカ	Cervus nippon taiouanus	亜種，ハナジカは別名，台湾／2,3,5,7
	ウシ科	ウシ	Bos taurus	2,3,5,7
		ヤギ	Capra hircus	ノヤギと同一種／1,2,3,5,7
国内移動				（移動地）
ネコ目	イヌ科	キタキツネ	Vulpes vulpes shrencki	亜種，北海道から本州へ／2,5,7
		タヌキ	Nyctereutes procyonoides	各地の島へ定着／2,5,7
	イタチ科	ニホンイタチ	Mustela itatsi	本州から北海道・各地の島へ定着／2,5,7
		ニホンテン	Martes melampus melampus	亜種，本州から北海道・佐渡へ／2,5,6,7
ウシ目	シカ科	ニホンジカ	Cervus nippon	本州・九州から各地へ／2,5,7
		ケラマジカ	Cervus nippon keramae	亜種，九州から沖縄県慶良間諸島へ／2,5,7

付表1-2. 哺乳類・参考リスト（定着未確認種）

目名	科名	和名	学名	備考（原産地ほか／文献）
フクロネズミ目	オポッサム科	オポッサム類	属・種情報詳細不明	2,5,7
サル目	オマキザル科	リスザル	Saimiri sciureus	南米／2,7
	オナガザル科	カニクイザル	Macaca fascicularis	東南アジア／2,7
		ヤクザル	Macaca fuscata yakui	亜種，日本（国内移動）／5,7
ネズミ目	カピバラ科	カピバラ	Hydrochaerus hydrochaeris	南米／2,7
ネコ目	イタチ科	スカンク類	属・種情報詳細不明	2,7
ウシ目	シカ科	マゲジカ	Cervus nippon mageshimae	亜種，日本（国内移動）／5,7

参考文献

1) 安部永ほか（1994）日本の哺乳類．東海大学出版会．
2) 池田透（1998）移入哺乳類の現状と対策．遺伝 **52**(5): 37-41.
3) 環境省野生生物保護対策検討会移入種問題分科会（移入種検討会）（2002）移入種（外来種）への対応方針．
4) 繁田真由美ほか（2000）狭山丘陵で発見されたキタリスについて．リスとムササビ **7**: 6-9.
5) 自然環境研究センター（1998）野生化哺乳類実態調査報告書．自然環境研究センター．
6) 細田徹治・鑪雅也（1996）テンとエゾクロテン．「日本動物大百科 1」, pp.136-139．平凡社．
7) 哺乳類保護管理専門委員会（1999）移入哺乳類への緊急対策に関する大会決議．哺乳類科学 **39**(1): 115-129.
8) Motokawa,M., Kau-Hung Lu, M.Harada & Liang-Kong Lin (2001) New records of the Polynesian rat *Rattus exulans* (Mammalia: Rodentia) from Taiwan and Ryukyus. *Zoological Studies* **40**(4): 299-304.

付表2．外来種リスト（鳥類）

『日本産鳥類目録 改訂第6版』の情報と環境省（2002）をもとに，江口和洋と天野一葉が行ったアンケート調査，および五百沢（2000）の情報を加え，江口和洋が作成した．アンケートでは繁殖の確認まで至らなくても，繁殖期に群で目撃されるなど繁殖している可能性が非常に高い種も多数あったが，今回は省いた．

カササギは北部九州については江戸時代以前の移入であるが，九州以外で最近繁殖個体が目撃されており（北海道，長野，東京など），これらは最近国外から持ち込まれた可能性が高いので取り上げた．

鳥類の場合，国内での人為的移動と自然移入の区別をすることが難しいので，国内移動は省いた．

目名	科名	和名	学名	備考
カモ目	カモ科	コブハクチョウ	Cygnus olor	
キジ目	キジ科	コジュケイ	Bambusicola thoracica	
		コウライキジ	Phasianus colchicus karpowi	亜種
		コリンウズラ	Colinus virginianus	
ハト目	ハト科	カワラバト（ドバト）	Columba livia	
インコ目	インコ科	セキセイインコ	Melopsittacus undulatus	
		オキナインコ	Myiopsitta monachus	
		オオホンセイインコ	Psittacula eupatria	
		ホンセイインコ	Psittacula krameri	亜種ワカケホンセイインコを含む
		ダルマインコ	Psittacula alexandri	
スズメ目	ヒヨドリ科	コウラウン	Pycnonotus jocosus	
		シロガシラ	Pycnonotus sinensis	自然移入の可能性もあり
	チメドリ科	カオグロガビチョウ	Garrulax perspicillatus	
		カオジロガビチョウ	Garrulax sannio	
		ガビチョウ	Garrulax canorus	
		ソウシチョウ	Leiothrix lutea	
	ホオジロ科	コウカンチョウ	Paroaria coronata	
	カエデチョウ科	ホウコウチョウ	Estrilda melpoda	
		カエデチョウ	Estrilda troglodytes	
		シマキンパラ	Lonchura punctulata	
		ギンパラ	Lonchura malacca	
		キンパラ	Lonchura atricapilla	
		コシジロキンパラ	Lonchura striata	
		ヘキチョウ	Lonchura maja	
		ブンチョウ	Padda oryzivora	
		ベニスズメ	Amandava amandava	
	ハタオリドリ科	ホウオウジャク	Vidua paradisaea	
		テンニンチョウ	Vidua macroura	
		コウヨウジャク	Ploceus manyar	
		メンハタオリドリ	Ploceus intermedius	
		オウゴンチョウ	Euplectes afer	
		キンランチョウ	Euplectes orix	
	ムクドリ科	ホオジロムクドリ	Sturnus contra	
		インドハッカ	Acridotheres tristis	
		ハイイロハッカ	Acridotheres ginginianus	
		モリハッカ	Acridotheres fuscus	
		ハッカチョウ	Acridotheres cristatellus	
	カラス科	カササギ	Pica pica	北部九州では江戸時代以前に移入，他地域では明治以後．
		ヤマムスメ	Urocissa caerulea	

参考文献

天野一葉・江口和洋（未発表）

環境省野生生物保護対策検討会移入種問題分科会（移入種検討会）（2002）移入種（外来種）への対応方針

五百沢日丸（2000）日本の鳥550 山野の鳥．文一総合出版．

日本鳥学会（2000）日本産鳥類目録 改訂第6版．日本鳥学会．

付表3-1．外来種リスト（爬虫類）

　原則として，これまで論文などの学術出版物や，行政等の依頼で専門家が作成した調査報告書の中で，人為的な移動と移動先での定着が確認，ないし強く示唆されているものを挙げた．ただし，一部の種（ホオグロヤモリ，メクラヘビ，ニホンヤモリ）については，古い文献に散見される，かつての生息状況に関する間接的な情報や，国外隣接地域での人為的導入に関する知見に基づき外来種と判断した．最終的な判断は太田英利が行った．

目名	科名	和名	学名	備考
国外移動				
カメ目	カミツキガメ科	カミツキガメ	Chelydra serpentina	
	バタグールガメ科	セマルハコガメ	Cistoclemmys flavomarginata flavomarginata	国内に同種の別亜種が分布
		クサガメ	Chinemys reevesii	国内に同種が分布
		シロイシガメ	Mauremys mutica mutica	国内に同種の別亜種が分布
	ヌマガメ科	ミシシッピアカミミガメ	Trachemys scripta elegans	
	スッポン科	スッポン	Pelodiscus sinensis	国内に同種が分布
トカゲ目	ヤモリ科	オガサワラヤモリ	Lepidodactylus lugubris	大東諸島の集団は在来
		ホオグロヤモリ	Hemidactylus frenatus	琉球列島の一部の島嶼の集団には在来の可能性も残る（南太平洋の島々に広く分布）
		キノボリヤモリ	Hemiphyllodactylus typus typus	
	イグアナ科	グリーンアノール	Anolis carolinensis	
	メクラヘビ科	メクラヘビ	Ramphotyphlops braminus	琉球列島の一部の島嶼の集団には在来の可能性も残る（南太平洋の島々に広く分布）
	ナミヘビ科	タイワンスジオ	Elaphe taeniura friesi	
	クサリヘビ科	タイワンハブ	Trimeresurus mucrosquamatus	
国内移動				（移動地）
カメ目	バタグールガメ科	ヤエヤマセマルハコガメ	Cistoclemmys flavomarginata evelynae	本文 (p.95) 参照
		クサガメ	Chinemys reevesii	本州，四国，九州から北海道，喜界島へ
		ミナミイシガメ	Mauremys mutica kami	本文 (p.96) 参照
	スッポン科	スッポン	Pelodiscus sinensis	本文 (p.98) 参照
トカゲ目	ヤモリ科	ニホンヤモリ	Gekko japonicus	日本の集団全部が外来の可能性も残る
		ミナミヤモリ	Gekko hokouensis	九州，南西諸島から神奈川，静岡，八丈島へ
	ナミヘビ科	ヒバカリ	Amphiesma vibakari vibakari	
	クサリヘビ科	サキシマハブ	Trimeresurus elegans	本文 (p.101) 参照

付表3-2．爬虫類・参考リスト（定着未確認種）

　自然分布しない場所で発見された種・亜種で，発見頻度や耐寒性などの理由から定着は疑わしいもの．論文や専門家による報告書のほか，新聞等によって報道されたものを含む．

目名	科名	和名	学名	備考
カメ目	カミツキガメ科	ワニガメ	Macroclemys temmincki	
ワニ目	アリゲーター科	メガネカイマン	Caiman crocodilus	
	クロコダイル科	イリエワニ	Crocodylus porosus	
トカゲ目	イグアナ科	グリーンイグアナ	Iguana iguana	
	ナミヘビ科	サキシママダラ	Dinodon rufozonatum walli	南琉球には在来分布
		シュウダ	Elaphe carinata carinata	尖閣諸島には在来分布
		ミナミオオガシラ	Boiga irregularis	侵入・定着したグアム島では鳥類相に壊滅的打撃を与える
	ボア科	ビルマニシキヘビ	Python molurus bivittatus	
		ボアコンストリクター	Boa constrictor	
	コブラ科	タイコブラ	Naja kaouthia	

参考文献

太田英利（1995）琉球列島における爬虫・両生類の移入．沖縄島嶼研究 **13**: 63-78.
環境省野生生物保護対策検討会移入種問題分科会（移入種検討会）（2002）移入種（外来種）への対応方針．
千石正一・疋田努・松井正文・仲谷一宏（1996）日本動物大百科 第5巻 両生類・爬虫類・軟骨魚類．平凡社．
Ota, H. (1999) Introduced amphibians and reptiles of the Ryukyu Archipelago, Japan. In: *Problem Snake Management - the Habu and the Brown Treesnake* (eds. G. H. Rodda, Y. Sawai, D. Chiszar & H. Tanaka), pp.439-452. Cornell University Press, Ithaca, New York.

付表4．外来種リスト（両生類）

原則として，これまで論文などの学術出版物や，行政等の依頼で専門家が作成した調査報告書の中で，人為的な移動と移動先での定着が確認，ないし強く示唆されているものを挙げた．最終的な判断は太田英利が行った．

目名	科名	和名	学名	備考
国外移動				
カエル目	ヒキガエル科	オオヒキガエル	*Bufo marinus*	
	アカガエル科	ウシガエル	*Rana catesbeiana*	
	アオガエル科	シロアゴガエル	*Polypedates leucomystax*	
国内移動				(移動地)
カエル目	ヒキガエル科	ニホンヒキガエル	*Bufo japonicus*	亜種アズマヒキガエルを含む，本文 (p.103) 参照
		ミヤコヒキガエル	*Bufo gargarizans miyakonis*	本文 (p.104) 参照
	アカガエル科	ニホンアカガエル	*Rana japonica*	本州などから伊豆諸島へ
		トノサマガエル	*Rana nigromaculata*	本文 (p.232) 参照
		トウキョウダルマガエル	*Rana porosa porosa*	本文 (p.232) 参照
		ヌマガエル	*Rana limnocharis*	西日本から関東地方，大東諸島へ
		ツチガエル	*Rana rugosa*	本州から伊豆大島，北海道などへ
	アオガエル科	モリアオガエル	*Rhacophorus arboreus*	本州から伊豆大島へ
		アマミアオガエル	*Rhacophorus viridis amamiensis*	奄美諸島から八丈島へ
	ヒメアマガエル科	ヒメアマガエル	*Microhyla ornata*	南西諸島から諏訪之瀬島，多良間島，黒島へ

参考文献

太田英利 (1995) 琉球列島における爬虫・両生類の移入．沖縄島嶼研究 **13**: 63-78.
環境省野生生物保護対策検討会移入種問題分科会（移入種検討会）(2002) 移入種（外来種）への対応方針．
千石正一・疋田努・松井正文・仲谷一宏 (1996) 日本動物大百科 第5巻 両生類・爬虫類・軟骨魚類．平凡社．
前田憲男・松井正文 (1999) 改訂版 日本カエル図鑑．文一総合出版．

付表5-1. 外来種リスト（魚類）

　本リストの作成にあたっては，参考文献1)～3)を主要文献とし，各地方の魚類誌や都道府県のレッドデータ関連事業の出版物等4)～14)の文献からの情報を加えた．リストに含めるか否かの判断は，文献において定着・繁殖が記述されていることを主たる基準としたが，一部，自然繁殖をしているかどうか不明確にしか述べられていないものもある．また，飼育品種のコイ（色ゴイ），フナ（キンギョ）は，リストに含めていない．今回のリストには，主要な図鑑類で紹介されていないものも含まれ，観賞魚として流通しているものは流通名（あるいは英語名）を示し（*印），該当する名称のないものは学名のカナ表記を記した．
　このリスト化にあたっては，とりわけ，酒井治己（水産大学校），佐原雄二（弘前大学教養部），瀬能宏（神奈川県立生命の星・地球博物館），立川賢一（東京大学海洋研究所），波戸岡清峰（大阪市立自然史博物館），平林公男（信州大学繊維学部），細谷和海（近畿大学農学部），吉野哲夫（琉球大学理学部），淀太我（日本学術振興会科学技術特別研究員），渡辺勝敏（奈良女子大学理学部）の諸氏から貴重な情報ならびにご助言をいただいたが，リスト作成にかかる最終的な判断は中井克樹が行った．

目名	科名	和名	学名	備考（別称，生息地など／文献）
国外移動				
コイ目	コイ科	オオタナゴ	Acheilognathus macropterus	7
		コクレン	Aristichthys nobilis	1,2,3
		ソウギョ	Ctenopharyngodon idellus	1,2,3
		パールダニオ*	Danio albolineatus	1
		ゼブラダニオ*	Danio rerio	1
		ハクレン	Hypophthalmichthys molitrix	1,2,3
		アオウオ	Mylopharyngodon piceus	1,2,3
		タイリクバラタナゴ	Rhodeus ocellatus ocellatus	1,2,3
		テンチ	Tinca tinca	10
	ドジョウ科	カラドジョウ	Misgurnus mizolepis	1,2
ナマズ目	ヒレナマズ科	ヒレナマズ	Clarias fuscus	1,2,3
	イクタルルス科	チャネルキャットフィッシュ	Ictalurus punctatus	別称アメリカナマズ／1
	ロリカリア科	マダラロリカリア	Liposarcus disjunctivus	1,3
サケ目	サケ科	ギンザケ	Oncorhynchus kisutch	1
		ニジマス	Oncorhynchus mykiss	1,2,3
		ベニザケ(ヒメマス)	Oncorhynchus nerka nerka	1,2,3
		マスノスケ	Oncorhynchus tschawytscha	1
		ブラウントラウト	Salmo trutta	1,2,3
		カワマス	Salvelinus fontinalis	別称ブルックトラウト／1,2,3
		レイクトラウト	Salvelinus namaycush	1,2,3
	コレゴヌス科	シナノユキマス	Coregonus lavaretus maraena	1,2
トウゴロウイワシ目	トウゴロウイワシ科	ペヘレイ	Odontesthes bonariensis	1,2,3
カダヤシ目	カダヤシ科	カダヤシ	Gambusia affinis	1,2,3
		グッピー	Poecilia reticulata	1,2,3
		コクチモーリー	Poecilia sphenops	4
		ソードテール*	Xiphophorus helleri	1
		ムーンフィッシュ*	Xiphophorus maculatus	14
タウナギ目	タウナギ科	タウナギ	Monopterus albus	1,2,3
スズキ目	タカサゴイシモチ科	インディアングラスフィッシュ*	Pseudambassis ranga	1
	スズキ科	タイリクスズキ	Lateolabrax sp.	海産／1,3
	サンフィッシュ科	ブルーギル	Lepomis macrochirus	1,2,3
		コクチバス	Micropterus dolomieu	1,2,3
		オオクチバス	Micropterus salmoides	1,2,3
	カワスズメ科	コンヴィクトシクリッド*	Cichlasoma nigrofasciatum	1
		カワスズメ	Oreochromis mossambicus	別称モザンビークティラピア／1,2,3
		ナイルティラピア	Oreochromis niloticus	別称イズミダイ，チカダイ／1,2,3
		オトファリンクス・リトバテス	Otopharynx lithobates	1
		ティラピア・ブッティコフェリ	Tilapia buttikoferi	1
		ジルティラピア	Tilapia zillii	1,2,3
	ゴクラクギョ科	チョウセンブナ	Macropodus chinensis	1,2,3
		タイワンキンギョ	Macropodus opercularis	1,2,3
	タイワンドジョウ科	カムルチー	Channa argus	1,2,3
		コウタイ	Channa asiatica	1,2,3
		タイワンドジョウ	Channa maculata	1,2,3
国内移動				
コイ目	コイ科	ツチフキ	Abbotina rivularis	3
		イチモンジタナゴ	Acheilognathus cyanostigma	2,3
		カネヒラ	Acheilognathus rhombeus	3
		シロヒレタビラ	Acheilognathus tabira tabira	11
		アカヒレタビラ	Acheilognathus tabira subsp.2	9
		ゼニタナゴ	Acheilognathus typus	2,3
		ゼゼラ	Biwia zezera	3
		ギンブナ	Carassius auratus langsdorfii	8

(付表 5-1 の続き)

目名	科名	和名	学名	備考（別称，生息地など／文献）
国内移動				
コイ目	コイ科	ニゴロブナ	*Carassius auratus grandoculis*	12
		ゲンゴロウブナ	*Carassius cuvieri*	1,2,3
		コイ	*Cyprinus carpio*	2,3
		ホンモロコ	*Gnathopogon caerulescens*	2,3
		タモロコ	*Gnathopogon elongatus elongatus*	1,2,3
		ニゴイ	*Hemibarbus barbus*	8
		ズナガニゴイ	*Hemibarbus longirostris*	2,3
		ワタカ	*Ischikauia steenackeri*	1,2,3
		ハス	*Opsariichthys uncirostris uncirostris*	1,2,3
		カマツカ	*Pseudogobio esocinus esocinus*	8
		モツゴ	*Pseudorasbora parva*	1,2,3
		シナイモツゴ	*Pseudorasbora pumila pumila*	1,3
		ムギツク	*Pungtungia herzi*	5
		ビワヒガイ	*Sarcocheilichthys variegatus microoculus*	2,3
		スゴモロコ	*Squalidus biwae*	2,3
		イトモロコ	*Squalidus gracilis gracilis*	3
		ヤリタナゴ	*Tanakia lanceolata*	5
		アブラボテ	*Tanakia limbata*	8
		オイカワ	*Zacco platypus*	2,3
		カワムツB型	*Zacco temminckii*	1,2,3
		カワムツA型	*Zacco* sp.	3
	ドジョウ科	シマドジョウ	*Cobitis biwae*	8
		スジシマドジョウ大型種	*Cobitis* sp. L.	6
		エゾホトケ	*Lefua nikkonis*	1,3
		ドジョウ	*Misgurnus anguillicaudatus*	13
		フクドジョウ	*Noemacheilus barbatulus toni*	2,3
ナマズ目	ギギ科	ギギ	*Pseudobagrus nudiceps*	2
	ナマズ科	ナマズ	*Silurus asotus*	2
	アカザ科	アカザ	*Liobagrus reini*	9
サケ目	サケ科	サケ	*Oncorhynchus keta*	2
		サクラマス（ヤマメ）	*Oncorhynchus masou masou*	1,2
		サツキマス（アマゴ）	*Oncorhynchus masou ishikawae*	1,2
		ビワマス	*Oncorhynchus masou* subsp.	2,3
		イワナ	*Salvelinus leucomaenis*	2
	アユ科	アユ	*Plecoglossus altivelis altivelis*	1,2
		リュウキュウアユ	*Plecoglossus altivelis ryukyuensis*	2
	キュウリウオ科	ワカサギ	*Hypomesus nipponensis*	1,2
トゲウオ目	トゲウオ科	ハリヨ	*Gasterosteus microcephalus*	3
ダツ目	メダカ科	メダカ	*Oryzias latipes*	2
スズキ目	ケツギョ科	オヤニラミ	*Coreoperca kawamebari*	6
	ハゼ科	トウヨシノボリ	*Rhinogobius* sp. OR	2
		ヌマチチブ	*Tridentiger brevispinis*	1

付表 5-2．魚類・参考リスト（定着未確認種）

　魚類は古くから数多くの種が観賞目的で輸入され，近年は温帯魚への人気の高まりもあって，野外で偶発的に捕獲される観賞魚個体も多様化している．しかし，それらを網羅的に掲載するだけの情報集積は今後の課題であり，ここでは環境省による「移入種（外来種）のカテゴリー分類」において，備考欄で「一時的確認種＋」「要注意種＊」と記されている4種（すべてⅢ-a種のカテゴリー）のみを紹介する．

目名	科名	和名	学名	備考（別称，生息地など）
カラシン目	カラシン科	ピラニアナッテリー＋	*Serrasalmus nattereri*	
アミア目	アミア科	アミア＊	*Amia calva*	
セミオノータス目	ガー科	アリゲーターガー＊	*Lepisosteus spatula*	
		スポッテッドガー＊	*Lepisosteus oculatus*	

参考文献
1) 環境省野生生物保護対策検討会移入種問題分科会（移入種検討会）（2002）移入種（外来種）への対応方針
2) 川那部浩哉・水野信彦・細谷和海編・監修（2001）日本の淡水魚・改訂版．山と渓谷社．
3) 中坊徹次編（2000）日本産魚類検索－全種の同定　第二版（Ⅰ,Ⅱ）．東海大学出版会．
4) 尼岡邦夫・武藤文人・三上教史（2001）北海道白老町で自然繁殖しているコクチモーリー *Poecilia sphenops*. 魚類学会誌 **48**: 109-112.

5) 千葉県環境部自然保護課編（2000）千葉県の保護上重要な野生生物－千葉県レッドデータブック－動物編．千葉県環境部自然保護課．
6) 岐阜県健康福祉環境部自然環境森林課（2001）岐阜県の絶滅のおそれのある野生生物－岐阜県レッドデータブック－．岐阜県．
7) 萩原富司（2002）霞ヶ浦でオオタナゴが定着．魚類自然誌研究会会報「ボテジャコ」**6**: 19-22.
8) 板井隆彦（1982）静岡県の淡水魚類－静岡県の自然環境シリーズ－．第一法規出版．
9) 岩手県生活環境部自然保護課（2001）岩手県野生生物目録．岩手県生活環境部自然保護課．
10) 丸山為蔵・藤井一則・木島利通・前田弘也（1987）外国産新魚種の導入経過．水産庁研究部資源課．水産庁養殖研究所．
11) 竹内基・松宮隆志・佐原雄二・小川隆・太田隆（1985）青森県の淡水魚類相について．淡水魚 **11**: 117-133.
12) 田中晋編著（1993）とやまの川と湖の魚たち．シー・エー・ビー．
13) 吉郷英範（2002）小笠原諸島父島および母島で確認された陸水性魚類，エビ・カニ類．比和科学博物館研究報告 **41**: 1-39.
14) 吉郷英範・岩崎誠（2001）沖縄島で繁殖が確認された国内侵入種の魚類．比婆科学 **201**: 15-26.

付表6-1. 外来種リスト（昆虫類）

原則として明治以降の時点で侵入・導入した種を対象にしたが，一部それ以前の時期に侵入したものも確度の高いものは含めてある．外来種でも，現時点で種名が確定していないものは混乱を避けるため省いた．外来の可能性が高いが，その証拠が不充分なものは，その旨を記してリストに載せた．トビイロウンカなどの侵略的外来種でも日本に定着が確認されなかった種はリストから外した．リスト化に際しては，以下の参考文献をもとに桐谷圭治がリストを作成し，それを本書の執筆者の方々に回覧して再度のチェックをお願いした．また，それ以外にも，奥谷禎一（神戸大学名誉教授），野村周平（国立科学博物館），湯川淳一（九州大学）各博士にもご意見をいただいた．ただし，個々の種の外来種としての採否は，桐谷圭治の責任において行った．

目名	科名	和名	学名	備考
チョウ目	ハマキガ科	モモヒメシンクイ	*Grapholita dimorpha*	
		ナシヒメシンクイ	*Grapholita molesta*	
		レイシヒメハマキ	*Statherotis discana*	
	ミノガ科	オオミノガ	*Eumeta japonica*	
	ヒロズコガ科	コクガ	*Nemapogon granellus*	
		ヒロズコガの1種	*Opogona sacchari*	
		イガ	*Tinea translucens*	
		コイガ	*Tineola bisselliella*	
		ジュウタンガ	*Trichophaga tapetzella*	
	ホソガ科	レイシホソガ	*Conopomorpha litchiella*	
		レイシシロズホソガ	*Conopomorpha sinensis*	
	カザリバガ科	トウモロコシトガリホソガ	*Anatrachyntis rileyi*	
	スガ科	リンゴスガ	*Yponomeuta malinellus*	
	マルハキバガ科	コクマルハキバガ	*Anchonoma xaraula*	
	キバガ科	ジャガイモキバガ	*Phthorimaea operculella*	
		バクガ	*Sitotroga cerealella*	
	マダラガ科	タケノホソクロバ	*Artona martini*	
	イラガ科	ハスオビイラガ	*Darna pallivitta*	在来の可能性も否定できない
		ヒロヘリアオイラガ	*Parasa lepida*	
	メイガ科	コメノシマメイガ	*Aglossa dimidiata*	
		ガイマイツヅリガ	*Corcyra cephalonica*	
		ケブカノメイガ	*Crocidolomia binotalis*	
		ミドリツヅリガ	*Doloessa viridis*	
		スジマダラメイガ	*Ephestia cautella*	
		チャマダラメイガ	*Ephestia elutella*	
		スジコナマダラメイガ	*Ephestia kuehniella*	
		ナスノメイガ	*Leucinodes orbonalis*	
		サツマイモノメイガ	*Omphisa anastomosalis*	
		ツヅリガ	*Paralipsa gularis*	
		シバツトガ	*Parapediasia teterrella*	
		ノシメマダラメイガ	*Plodia interpunctella*	
		カシノシマメイガ	*Pyralis farinalis*	
		サンカメイガ	*Scirpophaga incertulas*	別称イッテンオオメイガ
	セセリチョウ科	バナナセセリ	*Erionota torus*	
		テツイロビロードセセリ	*Hasora badra badra*	
		クロボシセセリ	*Suastus gremius*	
		カラフトセセリ	*Thymelicus lineola*	
	アゲハチョウ科	ベニモンアゲハ	*Pachlopta aristolochiae*	
		ホソオアゲハ	*Sericinus montela*	
	シロチョウ科	タイワンシロチョウ	*Appias lyncida formosana*	
		クロテンシロチョウ	*Leptosia nina niobe*	
		オオモンシロチョウ	*Pieris brassicae*	
		モンシロチョウ	*Pieris rapae*	
	タテハチョウ科	シロミスジ	*Athyma perius*	
		タイワンキマダラ	*Cupha erymanthis*	
		ウラベニヒョウモン	*Phalanta phalantha*	
	スズメガ科	キョウチクトウスズメ	*Daphnis nerii*	
	ヒトリガ科	アメリカシロヒトリ	*Hyphantria cunea*	
	ヤガ科	ガンマキンウワバ	*Autographa gamma*	
		マンゴーフサヤガ	*Chlumetia brevisigna*	
		オオタバコガ	*Helicoverpa armigera*	在来の可能性も否定できない
		ミカンアシブトクチバ	*Parallelia palumba*	
		ホウオウボククチバ	*Pericyma cruegeri*	
ハエ目	ヒツジバエ科	ウシヒフバエ	*Hypoderma bovis*	
		キスジウシバエ	*Hypoderma lineatus*	
	クロバエ科	クロキンバエ	*Phormia regina*	
		ルリキンバエ	*Protophormia terraenovae*	
	イエバエ科	クチブトイエバエ	*Musca crassirostris*	

(付表6-1の続き)

目名	科名	和名	学名	備考
ハエ目	ヒメイエバエ科	ヒメイエバエ	*Fannia canicularis*	
	ショウジョウバエ科	キイロショウジョウバエ	*Drosophila melanogaster*	
		オナジショウジョウバエ	*Drosophila simulans*	
	ハヤトビバエ科	ハマベハヤトビバエ	*Leptocera fuscipennis*	
	クロコバエ科	カケメクロコバエ	*Milichiella lacteipennis*	
	ハモグリバエ科	カーネーションハモグリバエ	*Liriomyza dianthicola*	
		トマトハモグリバエ	*Liriomyza sativae*	
		マメハモグリバエ	*Liriomyza trifolii*	
	チーズバエ科	チーズバエ	*Piophila casei*	
	ミバエ科	ウリミバエ	*Bactrocera cucurbitae*	根絶
		ミカンコミバエ	*Bactrocera dorsalis*	根絶
	ハナアブ科	ハイジマハナアブ	*Eumerus tuberculatus*	
		スイセンハナアブ	*Merodon equestris*	根絶
	ノミバエ科	コシアキノミバエ	*Diploneura cornuta*	
	ミズアブ科	アメリカミズアブ	*Hermetia illucens*	
	ヤドリバエ科	オオミノガヤドリバエ	*Nealsomyia rufella*	
	タマバエ科	ソルガムタマバエ	*Allocontarinia sorghicola*	
		ランツボミタマバエ	*Contarina maculipennis*	
		スペイヤーキノコタマバエ	*Mycophila speyeri*	
		マンゴーハフクレタマバエ	*Procontarinia mangicola*	
	ニセケバエ科	ナガサキニセケバエ	*Scatpse fuscipes*	
		クロツヤニセケバエ	*Scatpse notata*	
	チョウバエ科	オオチョウバエ	*Clogmia albipunctatus*	
		ホシチョウバエ	*Tinearia alternata*	
	カ科	ネッタイシマカ	*Aedes aegypti*	
		チカイエカ	*Culex pipiens molestus*	
	ユスリカ科	ユスリカの1種	*Chironomus tainanus*	
ノミ目	ヒトノミ科	ニワトリフトノミ	*Echidnophaga gallinacea*	
		ヒトノミ	*Pulex irritans*	
		ケオプスネズミノミ	*Xenopsylla cheopis*	
ハチ目	ミツバチ科	セイヨウミツバチ	*Apis mellifera*	
		セイヨウオオマルハナバチ	*Bombus terrestris*	
	アナバチ科	セナガアナバチの1種	*Ampulex amoena*	
		オキナワアナバチ	*Prionyx viduatus*	
		ニッポンモンキジガバチ	*Sceliphron deforne nipponicum*	
		アメリカジガバチ	*Sceliphron caementarium*	
		キゴシジガバチ	*Sceliphron madraspatanum kohli*	
	ドロバチ科	チャイロネッタイスズバチ	*Delta pyriforme*	
	ベッコウバチ科	ツマアカベッコウ	*Tachypompilus analis*	
	アリ科	アルゼンチンアリ	*Linepithema humile*	
		イエヒメアリ	*Monomorium pharaonis*	
		ヒゲナガアメイロアリ	*Paratrechina longicornis*	
		ツヤオオズアリ	*Pheidole megacephala*	
		アカカミアリ	*Solenopsis geminata*	
		キイロコヌカアリ	*Tapinoma indicum*	
		アワテコヌカアリ	*Tapinoma melanocephalum*	
	アリガタバチ科	シバンムシアリガタバチ	*Cephalonomia gallicola*	
	セイボウ科	イラガセイボウ	*Chrysis shanghaiensis*	
	タマバチ科	クリタマバチ	*Dryocosmus kuriphilus*	
	ツヤコバチ科	ツヤコバチの1種	*Aneristus ceroplastae*	
		ワタムシヤドリコバチ	*Aphelinus mali*	
		ヤノネキイロコバチ	*Aphytis yanonensis*	
		ヤノネツヤコバチ	*Coccobius fulvus*	
		オンシツツヤコバチ	*Encarsia formosa*	
		シルベストリコバチ	*Encarsia smithi*	
	トビコバチ科	ルビーアカヤドリトビコバチ	*Anicetus beneficus*	
	ナガコバチ科	ナガコバチ科の1種	*Eupelmus sp.*	
	ヒメコバチ科	ヒメコバチの1種	*Tamarixia radiata*	
	オナガコバチ科	チュウゴクオナガコバチ	*Torymus sinensis*	
	カタビロコバチ科	クローバータネコバチ	*Bruchophagus gibbus*	
	コマユバチ科	ウリミバエコマユバチ	*Phyttalia fletcheri*	
	イチジクコバチ科	ガジュマルコバチ	*Blastophaga sp.*	
コウチュウ目	オサムシ科	コルリアトキリゴミムシ	*Lebia viridis*	
	エンマムシ科	クロチビエンマムシ	*Carcinops pumilio*	
	コガネムシ科	クロマルコガネ	*Alissonotum pauper*	在来の可能性も否定できない

(付表6-1の続き)

目名	科名	和名	学名	備考
コウチュウ目	コガネムシ科	タイワンカブトムシ	*Oryctes rhinoceros*	別称サイカブトムシ
		ハイイロハナムグリ	*Protaetia fusca*	
		シロテンハナムグリ	*Protaetia orientalis*	
	タマムシ科	アメリカアカヘリタマムシ	*Buprestis aurulenta*	
	カツオブシムシ科	シロオビマルカツオブシムシ	*Anthrenus nipponensis*	
		オビヒメカツオブシムシ	*Attagenus fasciatus*	
		ヒメカツオブシムシ	*Attagenus japonicus*	
		シラホシヒメカツオブシムシ	*Attagenus pellio*	
		トビカツオブシムシ	*Dermestes ater*	
		フイリカツオブシムシ	*Dermestes frischi*	
		カドマルカツオブシムシ	*Dermestes haemorrhoidalis*	
		オビカツオブシムシ	*Dermestes lardarius*	
		ハラジロカツオブシムシ	*Dermestes maculatus*	
		アカオビカツオブシムシ	*Dermestes vorax*	
		ヒメマダラカツオブシムシ	*Trogoderma inclusum*	
		ヒメアカカツオブシムシ	*Trogoderma granarium*	根絶
	シバンムシ科	タバコシバンムシ	*Lasioderma serricorne*	
		ケブカシバンムシ	*Nicobium hirtum*	
		ヒゲナガホソシバンムシ	*Oligomerus ptilinoides*	
		ジンサンシバンムシ	*Stegobium paniceum*	
	ヒョウホンムシ科	ニセマルヒョウホンムシ	*Gibbium psylloides*	
		カバイロヒョウホンムシ	*Pseudeurostus hilleri*	
		ヒメヒョウホンムシ	*Ptinus clavipes*	
		ヒョウホンムシ	*Ptinus fur*	
		ナガヒョウホンムシ	*Ptinus japonicus*	
	ナガシンクイムシ科	ヒメタケナガシンクイ	*Dinoderus bifoveolatus*	
		ホソナガシンクイ	*Heterobostrychus aequalis*	
		コナナガシンクイ	*Rhizopertha dominica*	
	ヒラタキクイムシ科	アフリカヒラタキクイムシ	*Lyctus africanus*	
		ヒラタキクイムシ	*Lyctus brunneus*	
		アメリカヒラタキクイムシ	*Lyctus planicollis*	
		ケブトヒラタキクイムシ	*Minthea rugicollis*	
	コクヌスト科	ホソチビコクヌスト	*Lophocateres pusillus*	
		コクヌスト	*Tenebrioides mauritanicus*	
	カッコウムシ科	ニセルリホシカムシ	*Korynetes caeruleus*	
		アカクビホシカムシ	*Necrobia ruficolis*	
		アカアシホシカムシ	*Necrobia rufipes*	
		ルリホシカムシ	*Necrobia vilacea*	
		シロオビカッコウムシ	*Tarsostenus unvittatus*	
		サビチビカッコウムシ	*Thaneroclerus buqueti*	
	ケシキスイ科	ガイマイデオキスイ	*Carpophilus dimidiatus*	
		ウスチャデオケシキスイ	*Carpophilus freemani*	
		クリヤケシキスイ	*Carpophilus hemipterus*	
		クリイロデオキスイ	*Carpophilus marginellus*	
		コメノケシキスイ	*Carpophilus pilosellus*	
	ネスイムシ科	ホソムネデオネスイ	*Monotoma longicollis*	
		トビイロデオネスイ	*Monotoma picipes*	
		ヨツアナデオネスイ	*Monotoma quodrifoveolata*	
		トゲムネデオネスイ	*Monotoma spinicollis*	
	ヒラタムシ科	サビカクムネチビヒラタムシ	*Cryptolestes ferrugineus*	
		ハウカクムネヒラタムシ	*Cryptolestes pusilloides*	
		カクムネチビヒラタムシ	*Cryptolestes pusillus*	
		トルコカクムネヒラタムシ	*Cryptolestes turcicus*	
	ホソヒラタムシ科	カドコブホソヒラタムシ	*Ahasverus advena*	
		モンセマルホソヒラタムシ	*Cryptamorpha desjardinsi*	
		チビセマルヒラタムシ	*Monanus cocinnulus*	
		オオメノコギリヒラタムシ	*Oryzaephilus mercator*	根絶/消滅
		ノコギリヒラタムシ	*Oryzaephilus surinamensis*	
		フタトゲホソヒラタムシ	*Silvans bidentatus*	
		ヒメフタトゲホソヒラタムシ	*Silvans lewisi*	
	チビナガヒラタムシ科	チビナガヒラタムシ	*Micromalthus debilis*	
	キスイムシ科	トゲムネキスイ	*Cryptophagus acutangulus*	
		ウスバキスイ	*Cryptophagus cellaris*	
	カクホソカタムシ科	パークホソカタムシ	*Euxestus parki*	
		チビマルホソカタムシ	*Murmidius ovalis*	

(付表6-1の続き)

目名	科名	和名	学名	備考
コウチュウ目	テントウムシ科	フタモンテントウ	*Adalia bipunctata*	
		ミスジキイロテントウ	*Brumoides ohotai*	
		ツマアカオオヒメテントウ	*Cryptolaemus montrouzieri*	
		テントウムシの1種	*Epilachna pusillanima*	
		インゲンテントウ	*Epilachna varivestis*	
		ヨツボシツヤテントウ	*Hyperaspis leechi*	
		ケブカメツブテントウ	*Jauravia limbata*	
		ハイイロテントウ	*Olla v-nigrum*	
		クモガタテントウ	*Psyllobora vigintimaculata*	
		ベダリアテントウ	*Rodolia cardinalis*	
		ハラアカクロテントウ	*Rhyzobius forestieri*	
		ムネハラアカクロテントウ	*Rhysobius lophanthae*	
	テントウムシダマシ科	ホソツヤヒメマキムシ	*Holoparamecus depressus*	
		ラグサスツヤヒメマキムシ	*Holoparamecus regusae*	
	ヒメマキムシ科	クビレヒメマキムシ	*Cartodere constricta*	
		キイロヒメマキムシ	*Cartodere elongata*	
		コブヒメマキムシ	*Cartodere nodifer*	
		オオヒメマキムシ	*Dienerella argus*	
		ムナグロヒメマキムシ	*Dienerella costulata*	
		ホソヒメマキムシ	*Dienerella filum*	
	コキノコムシ科	チャイロコキノコムシ	*Typhaea stercorea*	
	ゴミムシダマシ科	ガイマイゴミムシダマシ	*Alphitobius diaperinus*	
		ヒメゴミムシダマシ	*Alphitobius laevigatus*	
		フタオビツヤゴミムシダマシ	*Alphitophagus bifasciatus*	
		ムネミゾコクヌストモドキ	*Coelopalorus foveicollis*	
		オオツノコクヌストモドキ	*Gnathocerus cornutus*	
		コゴメゴミムシダマシ	*Latheticus oryzae*	
		ヒメコクヌストモドキ	*Palorus ratzeburgi*	
		コヒメコクヌストモドキ	*Palorus subdepressus*	
		チャイロコメノゴミムシダマシ	*Tenebrio molitor*	
		コメノゴミムシダマシ	*Tenebrio obscurus*	
		コクヌストモドキ	*Tribolium castaneum*	
		ヒラタコクヌストモドキ	*Tribolium confusum*	
		コクヌストモドキの1種	*Tribolium destructor*	根絶/消滅
		カシミールコクヌストモドキ	*Tribolium freemani*	
		コクヌストモドキの1種	*Tribolium madens*	根絶/消滅
	アリモドキ科	アトグロホソアリモドキ	*Anthicus floralis*	
	カミキリムシ科	イチジクカミキリ	*Batocera rubus*	
		ウスリーオオカミキリ	*Callipogon relictus*	消滅
		テツイロヒメカミキリ	*Ceresium sinicum*	
		マルクビヒメカミキリ	*Curtomerus flavus*	
		チャゴマフカミキリ	*Mesosa perplexa*	
		ラミーカミキリ	*Paraglenea fortunei*	
		キボシカミキリ（東日本型）	*Psacothea hilaris*	
		タイリクフタホシサビカミキリ	*Ropica dorsalis*	
		トゲムネミヤマカミキリ	*Trirachys orientalis*	
	カミキリモドキ科	ツマグロカミキリモドキ	*Necerdes melanula*	
	マメゾウムシ科	インゲンマメゾウムシ	*Acanthoscelides obtectus*	
		イタチハギマメゾウムシ	*Acanthoscelides pallidipennis*	
		ミヤコグサマメゾウムシ	*Bruchus loti*	
		エンドウゾウムシ	*Bruchus pisorum*	
		ソラマメゾウムシ	*Bruchus rufimanus*	
		アズキゾウムシ	*Callosobruchus chinensis*	
		ヨツモンマメゾウムシ	*Callosobruchus maculatus*	
		ブラジルマメゾウムシ	*Zabrotes subfasciatus*	消滅？
	ハムシ科	キベリハムシ	*Oides bowringii*	
		キムネクロナガハムシ	*Brontispa longissima*	
		ミカンカメノコハムシ	*Cassida obtusato*	
		ヒロヒゲツツハムシ	*Diaachus auratus*	
		ブタクサハムシ	*Ophraella communa*	
	ヒゲナガゾウムシ科	ワタミヒゲナガゾウムシ	*Araecerus fasciculatus*	
	ミツギリゾウムシ科	アリモドキゾウムシ	*Cylas formicarius*	
	ゾウムシ科	ヒラヤマナガメゾウムシ	*Aclees hirayamai*	
		ワタデオゾウムシ	*Amorphoidea lata*	
		イモゾウムシ	*Euscepes postfasciatus*	

(付表6-1の続き)

目名	科名	和名	学名	備考
コウチュウ目	ゾウムシ科	アルファルファタコゾウムシ	Hypera postica	
		オオタコゾウムシ	Hypera punctata	
		イネミズゾウムシ	Lissorhoptrus oryzophilus	
		ヤサイゾウムシ	Listroderes costirostris	
		キンケクチブトゾウムシ	Otiorhynchus sulcatus	
		フラーバラゾウムシ	Pantomorus cervinus	
		ホソクチブトサルゾウムシ	Rhinoncus albicinctus	
		ナガチビコフキゾウムシ	Sitona cylindricollis	
		サビチビコフキゾウムシ	Sitona flavescens	
		ケチビコフキゾウムシ	Sitona hispidulus	
		アカウキクサゾウムシ	Stenopelmus rufinasus	
	オサゾウムシ科	バショウオサゾウムシ	Cosmopolites sordidus	
		ヨツボシヤシコクゾウムシ	Diocalandra frumenti	
		サトウキビコクゾウムシ	Myocalandra exarata	
		バナナツヤオサゾウムシ	Odoiporus longicollis	
		バショウコクゾウムシ	Polytus mellerborgi	
		シロスジオサゾウムシ	Rhabdoscelus lineatocollis	
		カンショオサゾウムシ	Rhabdoscelus obscurus	
		ヤシオオオサゾウムシ	Rhynchophorus ferrugineus	
		ココクゾウムシ	Sitophilus oryzae	
		シバオサゾウムシ	Sphenophrus venatus	
カメムシ目	ナガキクイムシ科	トゲナガキクイムシ	Diapus aculeatus	
	ナガカメムシ科	カンシャコバネナガカメムシ	Caverelius saccharivorus	
	カメムシ科	キマダラカメムシ	Erythesina fullo	
	ヘリカメムシ科	ヒゲナガヘリカメムシ	Notobius meleagris	
	サシガメ科	ヨコヅナサシガメ	Agriosphodrus dohrni	
		ケブカサシガメ	Amphibolus venator	
		コメグラサシガメ	Pergrinator biannulipes	
	トコジラミ科	トコジラミ	Cimex letularius	
	グンバイムシ科	プラタナスグンバイ	Corythucha ciliata	
		アワダチソウグンバイ	Corythucha marmorata	
		ヘクソカズラグンバイ	Dulinius conchatus	
	カスミカメムシ科	ヨツボシキノコカスミカメ	Fulvius anthocoroides	
ヨコバイ目	セミ科	スジアカクマゼミ	Cryptotympana atrata	
	ウンカ科	クロツノウンカ	Perkinsiella saccharicida	
	アブラムシ科	ジンチョウゲヒゲナガアブラムシ	Acyrthosiphon argus	
		クサノオウヒゲナガアブラムシ	Acyrthosiphon chelidonii	
		ツメクサアブラムシ	Aphis coronillae	
		マメクロアブラムシ	Aphis fabae fabae	
		イヌホウズキクロアブラムシ	Aphis fabae solanella	
		キヅタクロアブラムシ	Aphis hederae	
		マツヨイグサアブラムシ	Aphis oenotherae	
		タンポポアブラムシ	Aphis taraxacicola	在来の可能性も否定できない
		チューリップネアブラムシ	Dysaphis tulipae	
		リンゴワタムシ	Eriosoma lanigerum	
		ホモノクロアブラムシ	Hysteroneura setariae	
		ツツジヒゲナガアブラムシ	Illinoia lambersi	
		ユリノキヒゲナガアブラムシ	Illinoia liliodendri	
		フウナガマダラオオアブラムシ	Longistigma liquidambarus	
		チューリップヒゲナガアブラムシ	Macrosiphum euphorbiae	
		ムギウスイロアブラムシ	Metopolophium dirhodum	在来の可能性も否定できない
		スミレコブアブラムシ	Myzus ornatus	
		アルファルファアブラムシ	Therioaphis trifolii	
		ヒメムカシヨモギヒゲナガアブラムシ	Uroleucon erigeronensis	
		セイタカアワダチソウヒゲナガアブラムシ	Uroleucon nigrotuberculatum	
		タンポポヒゲナガアブラムシ	Uroleucon taraxaci	在来の可能性も否定できない
	キジラミ科	マンゴーキジラミ	Microceropsylla nigra	
	ネッタイキジラミ科	ギンネムキジラミ	Heteropsylla incisa (cubana)	
	カタカイガラムシ科	フロリダロウムシ	Ceroplastes floridensis	
		ルビーロウムシ	Ceroplastes rubens	
		ナガカタカイガラムシ	Coccus longulus	
		ミドリカタカイガラムシ	Coccus viridis	
		カメノコロウカタカイガラムシ	Eucalymnatus tessellatus	
		マンゴーカタカイガラムシ	Milviscutulus mangiferae	
		クロカタカイガラムシ	Parasaissetia nigra	
		ミドリワタカイガラムシ	Pulvinaria psidii	

(付表6-1の続き)

目名	科名	和名	学名	備考
ヨコバイ目	カタカイガラムシ科	オリーブカタカイガラムシ	*Saissetia oleae*	
		ハンエンカタカイガラムシ	*Saissetia coffeae*	
	コナカイガラムシ科	チガヤシロオカイガラムシ	*Antonina graminis*	
		パイナップルコナカイガラムシ	*Dysmicoccus brevipes*	
		サボテンコナカイガラムシ	*Hypogeococcus spinosus*	
		マデイラコナカイガラムシ	*Phenacoccus madeirensis*	
		ミカンコナカイガラムシ	*Planococcus citri*	
		サボテンネコナカイガラムシ	*Rhizoecus cacticans*	
	コナジラミ科	ミカントゲコナジラミ	*Aleurocanthus spiniferus*	
		ウーリーコナジラミ	*Aleurothrixus floccosus*	
		シルバーリーフコナジラミ	*Bemisia argentifolii*	
		イチゴコナジラミ	*Trialeurodes packardi*	
		オンシツコナジラミ	*Trialeurodes vaporariorum*	
	タマカイガラムシ科	ビンオークタマカイガラムシ	*Kermoeoccus galliformis*	
	ネアブラムシ科	キナコネアブラムシ	*Aphanostigma iaksuiense*	在来の可能性も否定できない
		クリイガアブラムシ	*Moritziella castaneivora*	在来の可能性も否定できない
		ブドウネアブラムシ	*Viteus vitifolii*	
	フクロカイガラムシ科	サボテンフクロカイガラムシ	*Eriococcus coccineus*	
	マルカイガラムシ科	シュロマルカイガラムシ	*Abgrallapis cyanophylli*	
		ジャワマルカイガラムシ	*Abgrallaspis palmae*	
		マンゴーシロカイガラムシ	*Aulacaspis tubercularis*	
		ハワイカキカイガラムシ	*Andaspis hawaiiensis*	
		アカマルカイガラムシ	*Aonidiella aurantii*	
		キマルカイガラムシ	*Aonidiella citrina*	
		オスベッキーマルカイガラムシ	*Aonidiella orientalis*	
		クサギウスマルカイガラムシ	*Aspidiotus excisus*	
		アカホシマルカイガラムシ	*Chrysomphalus aonidum*	
		オンシツマルカイガラムシ	*Chrysomphalus dictiospermi*	
		ランシロカイガラムシ	*Diaspis boisduvalii*	
		アナナスシロカイガラムシ	*Diaspis bromeliae*	
		サボテンシロカイガラムシ	*Diaspis echinocacti*	
		コノハカイガラムシ	*Fiorinia fioriniae*	
		アナナスクロホシカイガラムシ	*Gymnaspis aechmeae*	
		クロイトカイガラムシ	*Ischnaspis longirostris*	
		ハワードシロナガカイガラムシ	*Kuwanaspis howardi*	
		ミカンカキカイガラムシ	*Lepidosaphes beckii*	
		カキノキカキカイガラムシ	*Lepidosaphes cupressi*	
		リンゴカキカイガラムシ	*Lepidosaphes ulmi*	
		パイナップルクロマルカイガラムシ	*Melanaspis bromiliae*	
		カシクロマルカイガラムシ	*Melanaspis obscura*	
		イチジクマルカイガラムシ	*Morganella longispina*	
		ナガクロホシカイガラムシ	*Parlatoria proteus*	
		ヒメクロカイガラムシ	*Parlatoria ziziphi*	
		ハイビスカスシロカイガラムシ	*Pinnaspis hibisci*	
		ランウスマルカイガラムシ	*Pseudoparlatoria parlatoriodes*	
		リュウガンコノハカイガラムシ	*Thysanofiorinia nephelii*	
		ヤノネカイガラムシ	*Unaspis yanonensis*	
	ワタフキカイガラムシ科	イセリアカイガラムシ	*Icerya purchasi*	
		キイロワタフキカイガラムシ	*Icerya seychellarum*	
アザミウマ目	アザミウマ科	カトレヤアザミウマ	*Dorcadothrips xanthius*	
		モトジロアザミウマ	*Echinothrips americanus*	
		ミカンキイロアザミウマ	*Frankliniella occidentalis*	
		クロトンアザミウマ	*Heliothrips haemorrhoidalis*	
		クリバネアザミウマ	*Hercinothrips femoralis*	
		アカオビアザミウマ	*Selenothrips rubrocinctus*	
		ナシアザミウマ	*Taeniothrips inoconsequens*	
		ハナアザミウマ	*Thrips hawaiiensis*	
		ミナミキイロアザミウマ	*Thrips palmi*	
		グラジオラスアザミウマ	*Thrips simplex*	
		ネギアザミウマ	*Thrips tabaci*	
	クダアザミウマ科	カジュマルクダアザミウマ	*Gynaikothrips ficorum*	
		カキクダアザミウマ	*Ponticulothrips diospyrosi*	
	メロアザミウマ科	フロリダメロアザミウマ	*Merothrips floridensis*	
		スベスベメロアザミウマ	*Merothrips laevis*	
	シマアザミウマ科	アリガタシマアザミウマ	*Franklinothrips vespiformis*	
チャタテムシ目	コナチャタテ科	ヒラタチャタテ	*Liposcelis bostrychophilus*	

(付表6-1の続き)

目名	科名	和名	学名	備考
チャタテムシ目	コナチャタテ科	ウスグロチャタテ	*Liposcelis crrodens*	
		カツブシチャタテ	*Liposcelis entomophilus*	
		ソウメンチャタテ	*Liposcelis kidderi*	
		コナチャタテ	*Liposcelis simulans*	
	コチャタテ科	ツヤコチャタテ	*Lepinotus reticulatus*	
		コチャタテ	*Trogium pulsatorium*	
	フトチャタテ科	トガリチャタテ	*Tapinella africana*	
バッタ目	カンタン科	カンタン	*Oecanthus longicauda*	
	コオロギ科	カマドコオロギ	*Gryllodes sigillatus*	
	マツムシ科	アオマツムシ	*Calyptotrypus hibinonis*	
シロアリ目	レイビシロアリ科	アメリカカンザイシロアリ	*Incisitermes minor*	
	オオシロアリ科	カンモンシロアリ	*Reticulitermes kanmonensis*	
		ネバダオオシロアリ	*Zootermopsis nevadensis*	
	ミゾガシラシロアリ科	イエシロアリ	*Coptotermes formosanus*	
ゴキブリ目	オガサワラゴキブリ科	オガサワラゴキブリ	*Pycnoscelus surinamensis*	
	ゴキブリ科	イエゴキブリ	*Neostylopyga rhombifolia*	
		ワモンゴキブリ	*Periplaneta americana*	
		コワモンゴキブリ	*Periplaneta australasiae*	
		トビイロゴキブリ	*Periplaneta brunnea*	
		クロゴキブリ	*Periplaneta fuliginosa*	
	チャバネゴキブリ科	チャバネゴキブリ	*Blattella germanica*	
		ヨウランゴキブリ	*Imblattella orchidae*	
		チャオビゴキブリ	*Supella longipalpa*	
	ハイイロゴキブリ科	ハイイロゴキブリ	*Nauphoeta cinerea*	
	ブラベルスゴキブリ科	メンガタブラベルスゴキブリ	*Blaberus discoidalis*	
シミ目	シミ科	セイヨウシミ	*Lepisma saccharina*	
		マダラシミ	*Thermobia domestica*	

付表6-2. 昆虫類・参考リスト（外来水生昆虫の定着未確認種）

　以下の水生昆虫は，飼育用のペットとして輸入されているものである．野外で発見された報告例はまだないようだが，水槽から逸出し，野外で繁殖・定着する可能性がある．こういった飼育用の外来昆虫の輸入は近年激増しており，飼育・取り扱いには多大な注意が必要とされる．竹門康弘氏（京都大学）から情報を提供していただき，岩崎敬二の責任において掲載した．

目名	科名	和名	学名	備考
カメムシ目	タガメ科	タイワンタガメ	*Lethocerus indicus*	
		南米産オオタガメ	*Lethocerus maximus*	
		南米産オオタガメ	*Lethocerus grandis*	
		メキシコタガメ	*Lethocerus uhleri*	
		フロリダタガメ	*Lethocerus griseus*	
	タイコウチ科	インドシナオオタイコウチ	*Laccotrephes* sp.	
コウチュウ目	ゲンゴロウ科	インドシナオオゲンゴロウ	*Cybister limbatus*	別称フチトリゲンゴロウ
		ヒメフチトリゲンゴロウ	*Cybister rugosus*	

参考文献

奥谷禎一（2002）外来動物と家屋害虫．家屋害虫誌 **24**(1): 1-9.
環境省野生生物保護対策検討会移入種問題分科会（移入種検討会）(2002) 移入種（外来種）への対応方針．
桐谷圭治・森本信生（1993）日本の外来昆虫（Exotic insects in Japan）．インセクタリウム **30**: 120-129.
桐谷圭治（2000）世界を席巻する侵入昆虫（Insect invasions in the world）．インセクタリウム **37**: 224-235.
小濱継雄・嵩原建二（2002）沖縄県の外来昆虫．沖縄県立博物館紀要 **28**: 55-92.
嵩原建二・当山昌直・小浜継雄・幸地良仁・知念盛俊・比嘉よし（1997）沖縄の帰化動物・海をこえてきた動物たち．沖縄出版．
都築一利・谷脇晃徳・猪田利夫（1999）水生昆虫完全飼育・繁殖マニュアル．データハウス．
吉田敏治・渡辺直・尊田望之（1981）貯蔵食品の害虫．全国農村教育協会．
鷲谷いづみ・森本信生（1993）日本の帰化生物．保育社．
渡辺直・時広五朗・尊田望之（1981）本邦における貯穀関連甲虫類及び蛾類について．植防研報 **17**: 9-17.
Kiritani, K. (1999) Formation of exotic insect fauna in Japan. In: *Biological invasions of ecosystem by pests and beneficial organisms* (eds. Yano, E., Matsuo, K., Shiomi, M. & D. A. Andow), pp.49-58. National Institute of Agro-Environmental Sciences, Tsukuba, Japan.
Morimoto, N. & Kiritani, K. (1995) Fauna of exotic insects in Japan. *Bull. Natl. Inst. Agro-Environ. Sci.* **12**:87-120.

付表7-1．外来種リスト（昆虫以外の節足動物）

　原則として明治以降の時点で侵入・導入した種を対象にしたが，一部それ以前の時期に侵入したものも確度の高いものは含めてある（在来の可能性あり）．外来種でも現時点で種名が確定していないものは混乱を避けるため省いた．外来の可能性が高いが，その証拠が不十分なものはその旨を記してリストに載せた．

　リスト化に際しては，下記の参考文献をもとにリストを作成し，それを執筆者の方に回覧して再度のチェックをお願いした．また，それ以外に，朝倉彰（千葉県立中央博物館），上田拓史（愛媛大学），大塚攻（広島大学），長縄秀俊（ロシア科学アカデミー地殻研究所），布村昇（富山市科学文化センター），花里孝幸（信州大学），和田恵次（奈良女子大学）の各博士にもご意見をいただいた．ただし，個々の種の外来種としての採否は，桐谷圭治（クモ綱）および岩崎敬二（甲殻類ほか）の責任において行った．

　なお，甲殻類の場合，水産業などの人間活動によって，少なからぬ在来種が国内の未分布地に移殖・放流されていると思われるが，移動先での定着が確認されたことを報ずる論文がほとんどないという現状にある．したがって，今後の調査によって，国内移動種の数が，かなり増える可能性がある．

綱名（亜門名）目名	科名	和名	学名	備考／数字は代表的文献
国外移動				
クモ綱				
ダニ目	ハダニ科	タイリクハダニ	*Aponychus firmianae*	1
		モクセイハダニ	*Panonychus osmanthi*	在来の可能性も否定できない／1
		ルイスハダニ	*Eotetranychus lewisi*	在来の可能性も否定できない／1
		トウヨウハダニ	*Eutetranychus orientalis*	在来の可能性も否定できない／1
		サトウキビハダニ	*Oligonychus orthius*	在来の可能性も否定できない／1
		マンゴーハダニ	*Oligonychus coffeae*	1
		ナンセイハダニ	*Tetranychus neocaledonicus*	在来の可能性も否定できない／1
	ヒメハダニ科	オンシツヒメハダニ	*Brevipalpus californicus*	1
		サボテンヒメハダニ	*Brevipalpus russulus*	1
		パイナップルヒメハダニ	*Dolichotetranychus floridanus*	1
		ランヒメハダニ	*Tenuipalpus pacificus*	1
	ナガクダフシダニ科	コノテフシダニ	*Trisetacus thujivagrans*	1
	フシダニ科	マンゴーサビダニ	*Cisaberoptus kenyae*	1
		イチジクモンサビダニ	*Aceria ficus*	在来の可能性も否定できない／1
		レイシフシダニ	*Aceria litchii*	1
		チューリップサビダニ	*Aceria tulipae*	1
		カーネーションサビダニ	*Aceria paradianthi*	在来の可能性も否定できない／1
		モモサビダニ	*Aculus fockeui*	在来の可能性も否定できない／1
		リンゴサビダニ	*Aculus schlechtendali*	在来の可能性も否定できない／1
		トマトサビダニ	*Aculops lycopersici*	1
		マンゴーケブトサビダニ	*Spinacus pagonis*	1
	ホコリダニ科	シクラメンホコリダニ	*Phytonemus pallidus*	在来の可能性も否定できない／1
クモ目	ユウレイグモ科	オダカユウレイグモ	*Crossopriza lyoni*	
	ガケジグモ科	クロガケジグモ	*Badumna insignis*	
	ヒメグモ科	ハイイロゴケグモ	*Latrodectus geometricus*	
		セアカゴケグモ	*Latrodectus hasseltii*	
甲殻亜門				
ポドコーパ目	Entocythere科	ウンキノキテレ属の1種	*Uncinocythere occidentalis*	淡水産：ウチダザリガニに寄生／15
背甲目	カブトエビ科	アメリカカブトエビ	*Triops longicaudatus*	淡水産／2,9
		アジアカブトエビ	*Triops granarius*	淡水産／2,9
		ヨーロッパカブトエビ	*Triops cancriformis*	淡水産／2,9
無柄目	フジツボ科	キタアメリカフジツボ	*Balanus glandula*	海産／10
		ヨーロッパフジツボ	*Balanus improvisus*	海産／3,17
		アメリカフジツボ	*Balanus eburneus*	海産／3,17
十脚目	アメリカザリガニ科	アメリカザリガニ	*Procambarus clarkii*	淡水産／5
	ザリガニ科	ウチダザリガニ	*Pacifastacus l. trowbridgii*	淡水産／5
		タンカイザリガニ	*Pacifastacus l. leniusculus*	淡水産／5
	クモガニ科	イッカククモガニ	*Pyromaia tuberculata*	海産／7
	ワタリガニ科	チチュウカイミドリガニ	*Carcinus aestuarii*	海産／3,8
倍脚綱				
オビヤスデ目	ヤケヤスデ科	ヤンバルトサカヤスデ	*Chamberlinius hualienensis*	陸産／16
フトヤスデ目	ミナミヤスデ科	ミナミヤスデ	*Trigoniulus lumbricinus*	陸産／16

（付表7-1の続き）

綱名（亜門名） 目名	科名	和名	学名	備考／数字は代表的文献
国内移動				
甲殻亜門 十脚目	テナガエビ科	スジエビ	*Palaemon paucidens*	淡水産／16
倍脚綱 ヒメヤスデ目	ヒメヤスデ科	エゾフジヤスデ	*Trichopachyiulus niponicus*	陸産／16

付表7-2．昆虫以外の節足動物・参考リスト（定着未確認種）

　移動先での定着・繁殖が確認されていなくとも，人間によって，日本に持ち込まれていることがほぼ確実な国外移動種を掲載した．朝倉彰（千葉県立中央博物館），上田拓史（愛媛大学），大塚攻（広島大学），長縄秀俊（ロシア科学アカデミー地殻研究所），布村昇（富山市立博物館），風呂田利夫（東邦大学），山口寿之（千葉大学），和田恵次（奈良女子大学）の各博士にご意見をいただき，またはチェックをしていただきながら，岩崎敬二が作成した．

亜門名 目名	科名	和名	学名	備考／代表的な文献
甲殻亜門				
鰓脚目	アルテミア科	ブライン・シュリンプ	*Artemia franciscana*	汽水産／6,13
		ブライン・シュリンプ	*Artemia parthenogenetica*	汽水産：人為的移入か不明／6,13
無柄目	フジツボ科	アカシマフジツボ	*Balanus venustus*	海産／11,17
		アミメフジツボ	*Balanus variegatus cirratus*	海産／11,17
		メガバラヌス属の1種	*Megabalanus tintinnabulum*	海産／17
		メガバラヌス属の1種	*Megabalanus zebra*	海産／17
十脚目	ワタリガニ科	アオガニ（ブルークラブ）	*Callinectes sapidus*	海産／4,14
	クルマエビ科	コウライエビ	*Penaeus orientalis*	海産：別称大正エビ／12
	イセエビ科	アメリカンロブスター	*Homarus americanus*	海産／12
		ヨーロッパロブスター	*Homarus gammarus*	海産／12

参考文献
＜クモ・ダニ類＞
1) 天野洋・上遠野富士夫・後藤哲雄・根本久・森本信生・桐谷圭治・宮崎昌久（1998）わが国に生息する植物寄生性ならびに捕食性ダニの在来性．千葉大学園芸学部学術報告 **52**: 187-196.

＜甲殻類・倍脚類＞
2) 秋田正人（2000）生きている化石，トリオップス：カブトエビのすべて．八坂書房．
3) 朝倉彰（1992）東京湾の帰化動物：都市生態系における侵入の過程と定着成功の要因に関する考察．千葉県立中央博物館自然誌研究報告 **2**: 1-14.
4) 有山啓之（1985）大阪湾でとれたアオガニ *Callinectes sapidus* RATHBUN について．南紀生物 **27**: 52.
5) 伴浩治（1980）アメリカザリガニ：侵略成功の鍵．「日本の淡水生物：侵略と撹乱の生態学」（川合禎次・川那部浩哉・水野信彦編），pp.37-43. 東海大学出版会．
6) Browne, R. & Macdonald, G. H. (1982) Biogeography of the brine shrimp, *Artemia*: distribution of parthenogenetic and sexual populations. *J. Biogeogr.* **9**: 331-338.
7) 風呂田利夫（1997）帰化動物．「東京湾の生物誌」（沼田真・風呂田利夫編），pp.194-201. 築地書館．
8) Furota, T., Watanabe, S., Akiyama, S. & Kinoshita, K. (1999) Life history of the Mediterranean green crab, *Carcinus aestuarii* Nardo in Tokyo Bay, Japan. *Crust. Res.* **28**: 5-15.
9) 片山寛之・高橋史樹（1980）カブトエビ：日本への侵入と生態．「日本の淡水生物：侵略と撹乱の生態学」（川合禎次・川那部浩哉・水野信彦編），pp.133-146. 東海大学出版会．
10) 加戸隆介（2000）フジツボ *Balanus grandula* Darwin の日本への侵入．日本ベントス学会第14回大会講演要旨集（東北大学）49.
11) 小坂昌也（1985）フジツボ類：岸壁面をめぐる争い．「日本の海洋生物：侵略と撹乱の生態学」（沖山宗雄・鈴木克美編），pp.61-68. 東海大学出版会．
12) 丸山為蔵ほか（1987）外国産魚種の導入経過．水産庁研究部資源課・水産庁養殖研究所．
13) 仁村義八朗（1985）ブライン・シュリンプ：種苗生産のための哀れな犠牲者．「日本の海洋生物：侵略と撹乱の生態学」（沖山宗雄・鈴木克美編），pp.79-86. 東海大学出版会．
14) 酒井恒（1976）日本産甲殻類に関する話題（Ⅵ）．甲殻類の研究 **7**: 29-40.
15) Smith, R. J. & Kamiya, T. 2001. The first record of an Entocytherid Ostracoda (Crustacea: Cytherroidea) from Japan. *Benthos Res.* **56**: 57-61.
16) 嵩原建二・当山昌直・小浜継雄・幸地良仁・知念盛俊・比嘉ヨシ子（1997）沖縄の帰化動物．沖縄出版．
17) 山口寿之（1986）フジツボ類．「付着生物研究法：種類査定・調査法」（付着生物研究会編），pp.107-122. 恒星社厚生閣．

付表 8-1．外来種リスト（軟体動物）

　この表では，何らかの人間活動にともなって，国外から侵入し（国外移動種），あるいは在来種であっても従来の分布地ではない場所に移動させられ（国内移動種），移動先で定着または繁殖していることが，論文などの形で報告されている種だけを掲載した．黒住（2000・2002）のリストを主として，下記の文献を参考にしつつ，朝倉彰（千葉県立中央博物館），大越健嗣（石巻専修大学），木村妙子（三重大学），黒住耐二（千葉県立中央博物館），小菅丈治（西海区水産研究所石垣支所），冨山清升（鹿児島大学），中井克樹（滋賀県立琵琶湖博物館），風呂田利夫（東邦大学）の各氏にチェックしていただきながら，最終的に岩崎敬二がこの表を作成した．
　なお，史前帰化種は，原則としてこのリストに加えていない．しかし，史前帰化であっても，栽培植物の移動などに附随して，人間によって移動させられた可能性が極めて高い種は，含めてある．また，水産業などの人間活動によって，かなりの数の在来種が国内の未分布地に移植・放流されていると思われる．しかし，その国内移動種について，移動先での定着・繁殖が確認されたことを報ずる論文が極めて少ない現状にある．したがって，今後の調査によって，国内移動種の数は，大幅に増える可能性がある．

綱名　目名	科名	和名	学名	備考／数字は代表的文献
国外移動				
腹足綱				
盤足目	リンゴガイ科	スクミリンゴガイ	*Pomacea canaliculata*	淡水産／7
	ミズゴマツボ科	トライミズゴマツボ	*Stenothyra* sp.	海産／13,14
	ミズツボ科	コモチカワツボ	*Potamopyrgus antipodarum*	淡水産／7
	カワニナ科	カワニナ属の1種	*Semisulcospira* sp.	淡水産／8
	トウガタカワニナ科	トウガタカワニナ	*Thiara scabra*	淡水産／7
		ヌノメカワニナ	*Melanoides tuberculata*	淡水産／7
	カリバガサ科	シマメノウフネガイ	*Crepidula onyx*	海産／7
	タマガイ科	サキグロタマツメタ	*Euspira fortunei*	海産／11
新腹足目	オリイレヨフバイ科	カラムシロ	*Nassarius sinarus*	海産／14
裸鰓目	オショロミノウミウシ科	オショロミノウミウシ類	*Cuthona perca*	海産／7
基眼目	サカマキガイ科	サカマキガイ	*Physa acuta*	淡水産／7
	モノアラガイ科	コシダカヒメモノアラガイ	*Galba truncatula*	淡水産／7
		ハブタエモノアラガイ	*Pseudosuccinea columella*	淡水産／7
		ナガヒメモノアラガイ	*Austropeplea* sp.	淡水産／7
		モノアラガイの1種	*Lymmanea* sp.	淡水産／8
柄眼目	オカモノアラガイ科	オカモノアラガイの1種	Succineidae gen. et sp.	陸産／7
	サナギガイ科	マルナタネガイ	*Pupisoma orcula*	陸産／7
		チャーリーサナギモドキ	*Pupoides albilabris*	陸産／7
		メリーランドスナガイ	*Gastrocopta procera*	陸産／7
		ナタネガイ類の1種	"*Punctum*" sp.	陸産／8
		キバサナギガイ属の1種	*Vertigo* sp.	陸産／8
	ミジンマイマイ科	ツヤミジンマイマイ	*Vallonia pulchella*	陸産：別称ウックシミジンマイマイ／7
	アフリカマイマイ科	アフリカマイマイ	*Achatina fulica*	陸産／7
	ネジレガイ科	ソメワケダワラ	*Gunella bicolor*	陸産／7
	オカクチキレガイ科	オカクチキレガイ	*Subulina octona*	陸産／7
		トクサオカチョウジガイ	*Paropeas achatinaceum*	陸産／7
		オオオカチョウジガイ	*Lamellaxis gracilis*	陸産／7
		オオクビキレガイ	*Rumina decorata*	陸産／7
	コハクガイ科	コハクガイ	*Zonitoides arboreus*	陸産／7
		ヒメコハクガイ	*Hawaiia minuscula*	陸産／7
		ウスグチベッコウ	*Oxychilus cellaria*	陸産／7
	イシノシタ科	ノハライシノシタ	*Helicodiscus inermis*	陸産／7
		モリイシノシタ	*Helicodiscus* sp.	陸産／7
		ヒナノイシノシタ	*Helicodiscus* sp.	陸産／7
	ナメクジ科	ナメクジ	*Meghimatium bilineatum*	陸産／7
	コウラナメクジ科	コウラナメクジ	*Limax flavus*	陸産／7
		ノハラナメクジ	*Deroceras laeve*	陸産／7
		チャコウラナメクジ	*Lehmannia valentiana*	陸産／7
		チャコウラナメクジの1種	*Lehmannia* sp.	陸産／7
	アシヒダナメクジ科	アシヒダナメクジ	*Eleutherocaulis alte*	陸産／7
	ヤマヒタチオビ科	ヤマヒタチオビガイ	*Euglandina rosea*	陸産：別称オカヒタチオビガイ／7
	ベッコウマイマイ科	ヒラコウラベッコウガイ	*Parmarion martensi*	陸産／7
	オナジマイマイ科	オナジマイマイ	*Bradybaena similaris*	陸産／7
二枚貝綱				
イガイ目	イガイ科	ムラサキイガイ	*Mytilus galloprovincialis*	海産／7
		ミドリイガイ	*Perna viridis*	海産／7
		コウロエンカワヒバリガイ	*Xenostrobus securis*	汽水産／4
		カワヒバリガイ	*Limnoperna fortunei*	淡水産／7

(付表8-1の続き)

綱名 目名	科名	和名	学名	備考／数字は代表的文献
国外移動				
二枚貝綱				
ウグイスガイ目 ウグイスガイ科		アコヤガイ	*Pinctada fucata*	海産：日本在来種（中国からも導入）／7
イシガイ目 イシガイ科		ヒレイケチョウガイ	*Hyriopsis cumingii*	淡水産／7
マルスダレガイ目 カワホトトギスガイ科		イガイダマシ	*Mytilopsis sallei*	汽水産／7
シジミ科		カネツケシジミ	*Corbicula fluminea* form *insularis*	淡水産／7
		タイワンシジミ	*Corbicula fluminea*	淡水産／7
シジミ科		シジミ類	*Corbicula* spp.	淡水産／7
マルスダレガイ科		ホンビノスガイ	*Mercenaria mercenaria*	海産／8
		シナハマグリ	*Meretrix petechialis*	海産／7
イワホリガイ科		ウスカラシオツガイ	*Ptericola* sp. cf. *lithophaga*	海産／7
オオノガイ目 コダキガイ科		ヒラタヌマコダキガイ	*Potamocorbula laevis*	汽水産／7
		ヌマコダキガイの1種	*Potamocorbula* sp.	汽水産／7
国内移動				
腹足綱				
古腹足目 ミミガイ科		エゾアワビ	*Haliotis discus hannai*	海産／10
盤足目 カワニナ科		タテヒダカワニナ	*Semisulcospira decipiens*	淡水産／中井私信
柄眼目 オナジマイマイ科		ナミマイマイ	*Euhadra sandai communis*	陸産／9
		ヒダリマキマイマイ	*Euhadra quaesita*	陸産／2
ケシガイ科		ケシガイ	*Carychium pessimum*	陸産／12
キセルガイ科		ヒロクチコギセル	*Reinia (Reinia) variegata*	陸産／6
		ヒカリセル	*Zaptychopsis buschi*	陸産／12
オカクチキレガイ科		オカチョウジガイ	*Allopeas kyotoense*	陸産／12
		ホソオカチョウジガイ	*Allopeas pyrgula*	陸産／12
ナメクジ科		ヤメクジ	*Meghimatium bilineatum*	陸産／6
ナメクジ科		ヤマナメクジ	*Meghimatium fruhstorferi*	陸産／12
二枚貝綱				
イシガイ目 イシガイ科		イケチョウガイ	*Hyriopsis schlegeli*	淡水産／2
		メンカラスガイ	*Cristaria plicata*	淡水産／中井私信
		マルドブガイ	*Anodonta calypigos*	淡水産／中井私信
マルスダレガイ目 シジミ科		セタシジミ	*Corbicula sandai*	淡水産／2

付表8-2. 軟体動物・参考リスト（定着未確認種）

　移動先での定着・繁殖が確認されていなくとも，人間によって，日本に持ち込まれていることがほぼ確実な国外移動種を掲載した．黒住（2000・2002）のリストを主な参考文献とし，朝倉彰（千葉県立中央博物館），木村妙子（三重大学），黒住耐二（千葉県立中央博物館），小菅丈治（西海区水産研究所石垣支所），冨山清升（鹿児島大学），中井克樹（滋賀県立琵琶湖博物館），風呂田利夫（東邦大学）の各氏からご意見をいただき，またはチェックをしていただきながら，岩崎敬二が作成した．

目名	科名	和名	学名	備考／代表的な文献
腹足綱				
古腹足目	ニシキウズ科	チョウセンキサゴ	*Umbonium thomasi*	海産／7
新腹足目	アッキガイ科	カキナカセ	*Urosalpinx cinerea*	海産／2
頭楯目	カノコキセワタ科	ヤミヨキセワタ？	*Aglaja*? sp.	海産／7
基眼目	モノアラガイ科	ハワイサカマキガイ	*Pseudisidora* sp.	淡水産／7
	サカマキガイ科	ウスカワヒダリマキガイ	*Physa fontinalis*	淡水産：別称ヒダリマキガイ／7
		サカマキガイの1種	*Physa heterostropha*	淡水産／7
		ホタルヒダリマキガイ	*Aplexa hypnorum*	淡水産／7
		サカマキガイの1種	*Physa* sp.	淡水産／7
	ヒラマキガイ科	インドヒラマキガイ	*Indoplanrobis exustus*	淡水産／7
		コビトノボウシザラ	*Pettancylus pettardi*	淡水産／7
		オリイレサカマキガイ	*Amerianna carinata*	淡水産／7
		アメリカヒラマキガイ	*Helisoma trivolvis*	淡水産／7
		ヒラマキガイの1種	*Biomphalaria*? sp.	淡水産／7
柄眼目	コウラナメクジ科	ニワコウラナメクジ	*Milax gagates*	陸産／7
		マダラコウラナメクジ	*Limax maximus*	陸産／7

(付表 8 - 2 の続き)

目名	科名	和名	学名	備考／代表的な文献
柄眼目	コウラクロナメクジ科	コウラクロナメクジ	*Arion ater*	陸産／7
	オナジマイマイ科	ウスカワマイマイの1種	*Acusta mighelsiana*	陸産／7
	Helicidae 科	プチグリ	*Helix aspersa*	陸産：とりあえず，根絶？／5
二枚貝綱				
フネガイ目	フネガイ科	アカガイ	*Scpharca broughtonii*	海産：日本在来種（中国からも導入）／7
	フネガイ科	アカガイの1種	*Anadara* sp.	海産／7
カキ目	イタボガキ科	ヨーロッパヒラガキ	*Ostrea edulis*	海産：別称フランスガキ／1
		オリンピアガキ	*Ostrea lurida*	海産／1
		ポルトガルカキ	*Crassostrea angulata*	海産／1
		アメリカガキ	*Crassostrea virginca*	海産：別称バージニアガキ／1
マルスダレガイ目	カワホトトギスガイ科	アメリカイガイダマシ	*Mytilopsis leucophaeta*	汽水産／4
	マルスダレガイ科	アサリ	*Ruditapes philippinarum*	海産：日本在来種（中国等からも導入）／3

参考文献

1) 荒川好満（1985）食用カキ：移植にともなう付着生物の侵入．「日本の海洋生物：侵略と攪乱の生態学」（沖山宗雄・鈴木克美編），pp.69-78. 東海大学出版会．
2) 肥後俊一・後藤芳央（1993）日本及び周辺地域産軟体動物総目録．エル貝類出版局．
3) 木村妙子（2000）人間に翻弄される貝たち：内湾の絶滅危惧種と帰化種．月刊海洋号外 **20**: 66-72.
4) 木村妙子（2001）コウロエンカワヒバリガイはどこから来たのか？／その正体と移入経路．「黒装束の侵入者：外来付着性二枚貝の最新学」（日本付着生物学会編），pp.47-69. 恒星社厚生閣．
5) 北川憲一（1993）植物加害性マイマイ（*Helix aspersa*）(Muller) の識別について．横浜植物防疫ニュース **617**: 3-4.
6) 黒田徳米（1930）小笠原諸島の陸産及び淡水産貝類．日本生物地理学会会報 **1**(3): 195-204.
7) 黒住耐二（2000）日本における貝類の保全生態学：貝塚の時代から将来へ．月刊海洋号外 **20**: 42-56.
8) 黒住耐二（2002）外来種と水界生態系：講演資料．第 43 回日本水環境学会セミナー（平成 14 年 2 月，社団法人日本水環境学会）．
9) 西邦雄（1982）宮崎県産貝類採集目録及び分布資料．宮崎県立高原畜産高等学校紀要 1982: 1-84.
10) 大場俊雄（1985）アワビ：同化する侵略者．「日本の海洋生物：侵略と攪乱の生態学」（沖山宗雄・鈴木克美編），pp.43-48. 東海大学出版会．
11) 酒井敬一（2000）万石浦アサリ漁場におけるサキグロタマツメタガイの食害について．宮城県水産研究開発センター研究報告 **16**: 109-111.
12) 冨山清升・黒住耐二（1992）小笠原諸島の陸産貝類の生息現況とその保護．地域学研究 **5**: 39-81.
13) 福田宏・溝口幸一郎・鈴木田亘平・馬堀望美（2002）佐賀県太良町田古里川河口の貝類相2：追加種．佐賀自然史研究 **8**: 47-55.
14) Tamaki, A., Mahori, N., Ishibashi, T. & Fukuda, H. (2002) Invasion of two marine alien gastropods *Stenothyra* sp. and *Nassarius* (*Zeuxis*) *sinarus* (Caenogastropoda) into the Ariake Inland Sea, Kyushu, Japan. *The Yuriyagai* **8**: 63-81.

付表 9-1. 外来種リスト（その他の無脊椎動物）

　この表では，何らかの人間活動にともなって，国外から侵入し（国外移動種），あるいは在来種であっても従来の分布地ではない場所に移動させられ（国内移動種），移動先で定着または繁殖していることが，論文などの形で報告されている種だけを掲載した．
　リスト化に際しては，下記の文献を参考としつつ，朝倉彰（千葉県立中央博物館），内田紘臣（海中公園センター鴨浦海中公園研究所），久保田信（京都大学），佐野善一（九州沖縄農業研究センター），西栄二郎（横浜国立大学），西川輝昭（名古屋大学），馬渡峻輔（北海道大学）の各氏にもご意見をいただいた．ただし，個々の種の外来種としての採否は，桐谷圭治（線形動物門）および岩崎敬二（その他の分類群）の責任において行った．

門名　　綱名				
目名	科名	和名	学名	備考／数字は代表的文献
国外移動				
刺胞動物門　ヒドロ虫綱				
ヒドロ虫目	ハナガサクラゲ科	マミズクラゲ	*Craspedacusta sowerbyi*	淡水産／6
扁形動物門　渦虫綱				
三岐腸目	ヤリガタリクウズムシ科	ニューギニアヤリガタウズムシ	*Platydemus manokwari*	陸産／3
	コウガイビル科	オオミスジコウガイビル	*Bipalium nobile*	陸産／4
		ワタリコウガイビル	*Bipalium kewense*	陸産／4
触手動物門　コケムシ綱				
掩喉目	ペクチナテラ科	オオマリコケムシ	*Pectinatella magnifica*	淡水産：別称クラゲコケムシ／9
線形動物門　線虫綱				
ハリセンチュウ目	ヘテロデラ科	ジャガイモシストセンチュウ	*Globodera rostchiensis*	
		タバコシストセンチュウ	*Globodera tabacum*	
	アフェレンコイデス科	マツノザイセンチュウ	*Bursaphelenchus xylophilus*	
環形動物門　多毛綱				
ケヤリムシ目	カンザシゴカイ科	カニヤドリカンザシ	*Ficopomatus enigmaticus*	海産／1,2
		カサネカンザシ	*Hydroides elegans*	海産／1,2
サシバゴカイ目	ゴカイ科	アオゴカイ	*Perinereis aibuhitensis*	海産：別称チョウセンゴカイなど／10
脊索動物門　ホヤ綱				
マボヤ目	モルグラ科	マンハッタンボヤ	*Molgula manhattensis*	海産／7
	ボトリルス科	クロマメイタボヤ	*Polyandrocarpa zorritensis*	海産／8
国内移動				
扁形動物門　渦虫綱				
三岐腸目	コウガイビル科	タスジコウガイビル	*Bipalium multilineatum*	陸産／4,5
環形動物門　多毛綱				
サシバゴカイ目	ゴカイ科	イソゴカイ	*Perinereis muntia*	海産／11

付表 9-2. その他の無脊椎動物・参考リスト（定着未確認種）

　以下の3種のイソギンチャクは，いずれも日本在来種だが，もともとの生息地から未分布地の水族館に持ち込まれ，水槽内で繁殖して，排水溝から分布を広げている可能性が強い種か，アサリとともに各地に放流されているものである．内田紘臣氏（海中公園センター鴨浦海中公園研究所）から情報を提供していただいた．
　わが国の水族館では，非常に多くの生物が外国や国内各地から持ち込まれ，飼育されており，その中には水槽内で繁殖して，排水とともに野外に逸出する危険性を持ったものが多い．今後，多大な注意が必要とされる．

門名　　綱名				
目名	科名	和名	学名	備考
刺胞動物門　花虫綱				
イソギンチャク目	セイタカイソギンチャク科	セイタカイソギンチャク	*Aiptasia* cf. *insignis*	海産
	タテジマイソギンチャク科	チギレイソギンチャク	*Aiptasiomorpha minuta*	海産
	ウメボシイソギンチャク科	クロガネイソギンチャク	*Anthopleura kurogane*	海産

参考文献

1) 荒川好満（1985）食用カキ：移植にともなう付着生物の侵入．「日本の海洋生物：侵略と攪乱の生態学」（沖山宗雄・鈴木克美編），pp.69-78. 東海大学出版会．
2) 朝倉彰（1992）東京湾の帰化動物：都市生態系における侵入の過程と定着成功の要因に関する考察．千葉県立中央博物館自然誌

研究報告 **2**: 1-14.
3) 川勝正治（1993）琉球列島で大量発見された陸棲三岐腸類．陸水学報 **8**: 5-14.
4) Kawakatsu, M., Ogren, R. E., Froeglich, E. M. & Murayama, H. (2001) On the origin of three, very large bipaliid land planarians from Japan. *Shibukitsubo* **22**: 39-52.
5) 久保田信・山本清彦・川勝正治（2001）和歌山県で初めて出現した3種のコウガイビル類（扁形動物門，渦虫綱，三岐腸目）．南紀生物 **43**: 6-10.
6) 馬渡静夫（1983）マミズクラゲ．「学研生物図鑑：水生動物」（内海富士夫編），p.311. 学習研究社．
7) 西川輝昭・日野昌也（1988）名古屋港における付着生物の周年変化：1986-87年試験板浸漬調査の報告．「名古屋圏の構造と特質」（名古屋大学教養部編），pp.17-34. 名古屋大学教養部．
8) Nishikawa, T., Kajiwara, Y. & Kawamura, K. (1993) Probable introduction of *Polyandrocarpa zorritensis* (Van Name) to Kitakyusyu and Kochi, Japan. *Zool. Sci.* **10** (Suppl.): 176.
9) 大串龍一（1980）クラゲコケムシ：無害無益．「日本の淡水生物：侵略と撹乱の生態学」（川合禎次・川那部浩哉・水野信彦編），pp.93-98. 東海大学出版会．
10) 内田紘臣（1992）アオゴカイ．「原色検索日本海岸動物図鑑Ⅰ」（西村三郎編），p.327. 保育社．
11) 内田紘臣（1992）イソゴカイ．「原色検索日本海岸動物図鑑Ⅰ」（西村三郎編），p.327. 保育社．

付表10．外来種リスト（維管束植物）

　備考欄の文献（1～19）に記載のある外来植物を記載した．ただし，江戸時代より前に導入されたと推測される外来種（史前帰化植物など），誤記載された種（同一種に二つ以上の和名が与えられた場合や同定の間違いなど），根拠となる標本がなく正体が不明と思われる種，品種レベルでの違いしか認められない種（白花品など）を除いた．
　さらに，文献（20～57）に掲載された外来種のうち，現在も生育していると思われる種を加え，村中孝司（東京大学）が作成した．リストの作成には，堀内洋氏，勝山輝男氏（神奈川県立生命の星・地球博物館）に多大なご協力とご助言をいただいた．
　和名・学名は文献（1～19）を参照して最も一般的なものを用いたが，和名のない種，学名の不明な種がある．また，数多くの種群を含み，個別の種名として用いられなくなってきているものについては，＊＊種群の表記とした（外来種タンポポ）．

科名	和名	学名	確認年代	備考（原産地／文献）
アカウキクサ科	アメリカアカウキクサ	*Azolla caroliniana* Willd.		南米・中央米／16,18
サンショウモ科	オオサンショウモ	*Salvinia molesta* Mitch.	1950年頃？	熱帯米／16
イワヒバ科	ツルカタヒバ	*Selaginella biformis* A. Br. ex Kuhn		4,5
	イヌカタヒバ	*Selaginella moellendorffii* Hieron		中国～東南アジア／9
	コンテリクラマゴケ	*Selaginella uncinata* Spring	1970年頃	中国南部／4,5,8,9,17,18
イノモトソウ科	ホウライシダ	*Adiantum capillus-veneris* L.	1970年頃栽培逸出	熱帯・暖帯（広域）／1,4,5,8
	ギンシダ	*Pityrogramma calomelanos* Link	栽培逸出	南米／4,5,18
モクマオウ科	トキワギョリュウ	*Casuarina equisetifolia* L.		豪州／8
クルミ科	シナサワグルミ	*Pterocarya stenoptera* DC.	明治初期	中国／8
ヤナギ科	セイヨウハコヤナギ	*Populus* × *canadensis*	栽培逸出	欧州南部／5,8,9,12
	カイリョウポプラ	*Populus* × *euramericana* (Dode) Guin.	栽培逸出	12
	ウラジロハコヤナギ	*Populus alba* L.	栽培逸出	欧州・西アジア・ロシア・ヒマラヤ・コーカサス／5,9,12
	カロライナポプラ	*Populus angulata* Aiton	栽培逸出	北米／9,12
	ウンリュウヤナギ	*Salix matsudana* Koidz. var. *tortuosa* Vilm.	栽培逸出	中国／9,12
ニレ科	マンシュウニレ	*Ulmus pumila* L.		中国／12
イラクサ科	ナンバンカラムシ	*Boehmeria nivea* (L.) Gaud. var. *tenacissima* (Gaud.) Miq.	栽培逸出	中国中南部／2,3,4,5,8,9,10,11,17,18,19
	カベイラクサ	*Parietaria diffusa* Mert. et Koch	1988年以前	欧州／9,18
	オオヒカゲミズ	*Parietaria pensylvanica* Muhl.	1976年	北米／9,18
	コゴメミズ	*Pilea microphylla* Liebm.	1977年以前	南アフリカ／4,5,13,18
	メキシコミズ	*Pilea serpyllifolia* Wedd.		18
	セイヨウイラクサ	*Urtica dioica* L.		欧州／16
	ヒメイラクサ	*Urtica urens* L.	1975年以前	欧州／5,16,18
タデ科	ハマベブドウ	*Coccoloba uvifera* L.		熱帯米／16,18
	イヌスイバ	*Emex spinosa* Campd.		地中海沿岸／16,18
	シャクチリソバ	*Fagopyrum cymosum* Meisn.	1947年以前	インド北部～中国／2,4,5,8,9,10,11,12,16,17,18,19
	ダッタンソバ	*Fagopyrum tataricum* Gaertn.		アジア／2,4,5,12,16,18,19
	ソバカズラ	*Fallopia convolvulus* (L.) A. Love	1910年以前	欧州～西アジア／1,2,3,4,5,8,9,10,12,16,17,18,19
	オオツルイタドリ	*Fallopia dentato-alatum* Fr. Schm.	1950年以前	アジア北東部／1,2,3,4,5,8,9,10,12,17,18,19
	ツルタデ	*Fallopia dumetorum* (L.) Holub	1950年以前	欧州～西アジア／4,5,8,9,12,17,18,19
	ハリタデ	*Persicaria bungeana* Nakai	1911年	中国・朝鮮・ウスリー／1,2,4,5,18,19
	ヒメツルソバ	*Persicaria capitata* (Buch.-Ham. ex D. Don) H. Gross	明治中期	ヒマラヤ／3,4,5,9,10,17,18,19
	キヌタデ	*Persicaria lapathifolia* S. F. Gray subsp. *lanigera* (Danser) Sugimoto		18
	オオベニタデ	*Persicaria orientalis* (L.) Assenov.	江戸時代	インド・マレーシア，中国南部／8,9,10,11,16,18
	アメリカサナエタデ	*Persicaria pennsylvanica* Small var. *pennsylvanica*		北米／9,12,18
	ビロードミゾソバ	*Persicaria thunbergii* H. Gross var. *stellatomentosa* Sm. et Ram.		10,18
	ニオイタデ	*Persicaria viscosa* (Hamilt.) H. Gross	江戸時代	東アジア／1,2,3,4,5,8,10,17,18,19
	ツルドクダミ	*Pleuropterus multiflorus* (Thunb.) Turcz.	江戸時代	中国／1,2,3,4,5,8,9,10,12,17,18,19
	ハイミチヤナギ	*Polygonum arenastrum* Boreau	1964年以前	ユーラシア（広域）／2,3,4,5,9,12,17,18,19
	チャボニワヤナギ	*Polygonum aviculare* L. var. *condensatum* Beck.		欧州？／16,18

(付表10の続き)

科名	和名	学名	確認年代	備考（原産地／文献）
タデ科	ヒロハミチヤナギ	*Polygonum aviculare* L. var. *monospeliense* Thiband.		欧州？／16,18
	ヤンバルミチヤナギ	*Polygonum plebeium* R. Br.		熱帯アジア／5,8,9,16
	ホザキニワヤナギ	*Polygonum ramosissimum* Michx.	1970年以前	北米／2,5,9,18,19
	ニセスナジミチヤナギ	*Polygonum* sp.		9
	ヒメスイバ	*Rumex acetosella* L.	1884年以前	欧州／1,2,3,4,5,8,10,12,16,17,18,19
	ヌマダイオウ	*Rumex aquaticus* L.		12,16,17,18,19
	カギミギシギシ	*Rumex brownii* Campd.	1921年	豪州／2,3,5,16,17,18,19
	アレチギシギシ	*Rumex conglomeratus* Murr.	1905年	ユーラシア（広域）／1,2,3,4,5,8,9,11,12,16,17,18,19
	ナガバギシギシ	*Rumex crispus* L.	1891年以前	ユーラシア（広域）／1,2,3,4,5,8,9,10,11,12,16,17,18,19
	ハネミヒメスイバ	*Rumex hastatulus* Muhl	戦後	北米／5,16
	ミゾダイオウ	*Rumex hydrolapathum* Huds.		ユーラシア（広域）／5,12,16,18,19
	コガネギシギシ	*Rumex maritimus* L.		欧州・北米／5,8,16
	エゾノギシギシ	*Rumex obtusifolius* L. var. *agrestis* (Fries) Celak.	1909年以前	ユーラシア（広域）／1,2,3,4,5,8,9,10,11,12,16,17,18,19
	ノハラダイオウ	*Rumex pratensis* Mert. et Koch		2,5,12,18
	ヒョウタンギシギシ	*Rumex pulcher* L.		欧州／5,16,18,19
	ニセアレチギシギシ	*Rumex sanguineus* L.	1965年頃	欧州／2,3,5,16,18,19
オシロイバナ科	ベニカスミ	*Boerhavia diffusa* L.		熱帯アジア／8,16
	タチナハカノコソウ	*Boerhavia erecta* L.	戦後	熱帯アジア／5,16,18
	フタエオシロイバナ	*Mirabilis jalapa* L. var. *dichlamydomorpha* Makino	1929年以前	熱帯米／1,5,8,16
	オシロイバナ	*Mirabilis jalapa* L. var. *jalapa*	江戸時代	南米／1,3,4,5,8,9,10,11,12,14,16,18
ヤマゴボウ科	ヨウシュヤマゴボウ	*Phytolacca americana* L.	明治	北米／1,2,3,4,5,8,9,10,11,12,17,18,19
	ヤマゴボウ	*Phytolacca esculenta* Van Houtte	江戸時代	中国／8,10,11,12,17,18,19
	ジュズサンゴ	*Rivina humilis* L.		18
ザクロソウ科	クルマバザクロソウ	*Mollugo verticillata* L.	江戸時代末期	熱帯米／1,3,4,5,8,9,10,12,16,17,18,19
ハマミズナ科	ハマスベリヒユ	*Sesubium portulacastrum* L.	1894年頃	南米／2,4,5,9,19
	スベリヒユモドキ	*Trianthema portulacastrum* L.	1998年	南米／4,5,9,16
スベリヒユ科	ツキヌキヌマハコベ	*Montia perfoliata* Howell		18
	マツバボタン	*Portulaca grandiflora* Hook.	1844〜47年頃	南米／2,3,5,8,14,16
	ヒメマツバボタン	*Portulaca pilosa* L.	1963年頃	熱帯米／2,3,5,9,10,16,17,18,19
	ハゼラン	*Talinum crassifolium* Willd.	明治初期	西インド諸島／4,8,9,10,16,18
ツルムラサキ科	ツルムラサキ	*Basella alba* L.	江戸時代	熱帯アフリカ〜アジア／5,8,9,15,18
	シンツルムラサキ	*Basella rubra* L.	明治時代	8,18
	アカザカズラ	*Boussingaultia cordifolia* Ten.	1905年	南米熱帯／1,2,4,5,9,18,19
ナデシコ科	ムギセンノウ	*Agrostemma githago* L.	1892年	欧州／1,4,5,8,9,12,16,18
	セイヨウミミナグサ	*Cerastium arvense* L.	戦後	欧州／9,12,16
	オランダミミナグサ	*Cerastium glomeratum* Thuill.	明治末期	欧州／1,2,3,4,5,,9,10,11,12,16,17,18,19
	タイリンミミナグサ	*Cerastium grandiflirum* Waldst et Kit.		欧州／12
	シロミミナグサ	*Cerastium tomentosum* L.		欧州／9,16
	ノハラナデシコ	*Dianthus armeria* L.	1966年	欧州／2,3,4,5,9,10,12,17,18,19
	アメリカナデシコ	*Dianthus barbatus* L.	江戸時代末期	欧州／8,12,14,16
	セキチク	*Dianthus chinensis* L.	江戸時代	中国／8,12,14,16
	ヒメナデシコ	*Dianthus deltoides* L.		欧州／12,14
	オムナグサ	*Drymaria cordata* (L.) Willd. ex Roem. et Schult. var. *pacifica* M. Mizush		南米？／8,9
	ヤンバルハコベ	*Drymaria diandra* Blume		熱帯米／5,8,16
	ヌカイトナデシコ	*Grysophila muralis* L.	1997年以前	欧州／9
	カスミソウ	*Gypsophila elegans* M. B	大正	コーカサス／5,8,9,16
	コゴメビユ	*Herniaria glabra* L.		欧州／2,5,18,19

(付表10の続き)

科名	和名	学名	確認年代	備考（原産地／文献）
ナデシコ科	ハナハコベ	*Lepyrodicris holosteoides* Fenzl	1952年	小アジア・中国／3,4,5,9,18,19
	アメリカセンノウ	*Lychnis chalcedonica* L.		シベリア・西アジア／8,12,16
	スイセンノウ	*Lychnis coronaria* (L.) Desr.		欧州南部／4,9,12,16,17,18
	イヌコモチナデシコ	*Petrorhagia nanteuilii* (Burnat) P. W. Ball et Heywood	1960年	欧州／2,3,4,5,9,17,18,19
	コモチナデシコ	*Petrorhagia prolifera* Ball et Heyw.	1952年	欧州／2,3,4,5,18
	ヨツバハコベ	*Polycarpon tetraphyllum* (L.) L.	1953年	欧州・アフリカ・南米？／2,3,4,9,11,18,19
	イトツメクサ	*Sagina apetala* Ard.		16,18
	アライトツメクサ	*Sagina procumbens* L.		欧州／4,9,12,16,18
	サボンソウ	*Saponaria officinalis* L.	明治	欧州／1,2,3,4,5,8,9,12,14,16,17,18,19
	シバツメクサ	*Scleranthus annuus* L.	戦後	欧州／3,12,16,18,19
	ムシトリマンテマ	*Silene antirrhina* L.	1951年以前	中南米／2,5,9,10,16,17,18,19
	ムシトリナデシコ	*Silene armeria* L.	江戸時代	欧州／1,4,5,8,9,10,12,14,16,17,18,19
	コムギセンノウ	*Silene coeli-rosa* (L.) Gordon		欧州／12,14
	ヒメシラタマソウ	*Silene conica* L.		2,3,5,16,18
	オオシラタマソウ	*Silene conoidea* L.	1912年以前	欧州～西アジア／2,3,4,5,9,12,16,17,18,19
	アケボノセンノウ	*Silene deiica* (L.) Clairv.		欧州／12
	ホザキマンテマ	*Silene dichotoma* Ehrh.	1950年	欧州／4,5,9,12,16,17,18,19
	ヒロハノマンテマ	*Silene dioica* (L.) Clairv.	1986年以前	欧州／1,2,3,5,8,9,12,17,18
	シロバナマンテマ	*Silene gallica* L. var. *gallica*	江戸末期	欧州／1,2,3,5,9,11,12,16,17,19
	マンテマ	*Silene gallica* L. var. *quinquevulnera* (L.) W. D. J. Koch	江戸時代末期	欧州／1,2,3,4,5,8,9,10,11,17,18,19
	イタリーマンテマ	*Silene giraldii* Guss.	1933年	欧州／1,2,5,9,11,12,17,18,19
	マツヨイセンノウ	*Silene latifolia* Poir. subsp. *alba* (Mill.) Greuter et Burdet	明治	欧州／4,9,16,18,19
	ツキミセンノウ	*Silene noctiflora* L.	1899年	欧州／1,2,3,4,5,9,10,12,16,17,18,19
	サクラマンテマ	*Silene pendula* L.	1844～47年	地中海沿岸／4,8,9,12,14,17,18
	シラタマソウ	*Silene vulgaris* (Moench) Garcke	明治	地中海沿岸／2,3,4,5,8,9,10,12,16,17,18,19
	ノハラツメクサ	*Spergula arvensis* L. var. *arvensis*	明治	欧州／2,3,4,5,9,12,16,17,18,19
	オオツメクサモドキ	*Spergula arvensis* L. var. *maxima* (While) Mert. et W. D. J. Koch		欧州／1,2,5,9,12,16,18,19
	オオツメクサ	*Spergula arvensis* L. var. *sativa* (Boenn.) Mert. et W. D. J. Koch	明治	欧州／1,2,3,4,5,8,9,12,16,17,18,19
	ウシオハナツメクサ	*Spergularia bocconii* Grisebach	1988年以前	4,5,9,12,17,18
	ウスベニツメクサ	*Spergularia rubra* (L.) J. Presl et C. Presl	1915年以前	北半球温帯／1,2,3,4,5,8,9,12,16,17,18,19
	ノミノコブスマ	*Stellaria alsine* Grimm var. *alsine*		欧州／4,16,18
	カラフトホソバハコベ	*Stellaria graminea* L.	1964年	ユーラシア（広域）／3,4,5,12,16,17,18,19
	アワユキハコベ	*Stellaria holostea* L.	1974年	欧州／5,12,16,18
	コハコベ	*Stellaria media* (L.) Villars	1922年	ユーラシア（広域）／1,2,4,5,8,9,11,16,17,18,19
	イヌコハコベ	*Stellaria pallida* (Dumort) Pire	1978年	欧州／4,5,9,16,18
	ドウカンソウ	*Vaccaria hispanica* (Mill.) Rauschert	江戸時代	ユーラシア（広域）／2,3,4,5,8,9,12,16,17,18,19
アカザ科	和名なし	*Atriplex nitens* Schkuhr.		欧州／12,16
	ホコガタアカザ	*Atriplex prostrata* Boucher ex DC.	1948年	欧州／1,2,3,4,5,8,9,12,16,17,18,19
	ミナミハマアカザ	*Atriplex suberecta* I. Verd.	1998年	9
	イヌホウキギ	*Axyris amaranthoides* L.		アジア北東部／1,2,4,5,18,19
	アイノコアカザ	*Chenopodium* × *preissmanii* J. Murray		18
	ノハラアカザ	*Chenopodium* × *zahnii* J. Murray		18
	アカザ	*Chenopodium album* L. var. *centrorubrum* Makino		中国／4,8,10,11,16,18,19

参考資料

(付表10の続き)

科名	和名	学名	確認年代	備考（原産地／文献）
アカザ科	アリタソウ	*Chenopodium ambrosioides* L.	江戸時代	南米／1,2,3,4,5,8,9,10,11,12,16,17,18,19
	アメリカアリタソウ	*Chenopodium anthelminticum* L.	1953年	南米／1,2,3,5,9,16,17,18,19
	ハリセンボン	*Chenopodium aristatum* L.	戦後	アジア北東部／1,2,4,5,8,9,16,18
	コアカザ	*Chenopodium ficifolium* Sm.		ユーラシア（広域）／1,2,3,4,5,8,9,10,12,16,19
	ウラジロアカザ	*Chenopodium glaucum* L.	1891年以前	ユーラシア（広域）／2,3,4,5,8,9,10,11,12,16,17,18,19
	ウスバアカザ	*Chenopodium hybridum* L.	1909年頃	ユーラシア（広域）／2,3,4,5,12,16,18,19
	ヒメハマアカザ	*Chenopodium leptophyllum* Nutt.	1973年以前	北米／5,9,16,18
	ミナトアカザ	*Chenopodium murale* L.	1965年	ユーラシア（広域）／2,4,5,9,11,12,16,18,19
	ヒロハアカザ	*Chenopodium opulifolium* Schrad. ex Koch et Ziz.	1975年以前	欧州／5,16,18
	ヒロハヒメハマアカザ	*Chenopodium pratericola* Rydb		北米／9,16
	ゴウシュウアリタソウ	*Chenopodium pumilio* R. Br.	1933年	豪州／1,2,3,4,5,9,10,12,16,17,18,19
	アレチヒジキ	*Corispermum hyssopifolium* L.		18
	シラゲイソウボウキ	*Kochia scoparia* (L.) Schrad. var. *sieversiana* (Pall.) Ulbr. ex Asch et Graebn		中国／9,16,18
	イトホウキギ	*Kochia trichophylla* Baylley		1,5
	ヤリノホアカザ	*Monolepis nuttalliana* Greene		18
	カブダチアッケシソウ	*Salicornia virginica* L.		18,19
	ノハラヒジキ	*Salsola kali* L. var. *kali*	1929年	ユーラシア（広域）／1,2,5,9,16,18,19
	ホソバオカヒジキ	*Salsola kali* L. var. *tenuifolia* Tausch		北米／5,16,18
	ハリヒジキ	*Salsola ruthenica* Ilijin		ユーラシア（広域）／10
ヒユ科	ヒユモドキ	*Acnida altissima* Ridd. et Schult. var. *bettzickiana* Backer	1955年	北米／2,5,16,18
	サジバモヨウビユ	*Alternanthera ficoidea* R. Br. ex Roem.		熱帯米／5,16,18
	ホソバツルノゲイトウ	*Alternanthera nodiflora* R. Br.	1897年以前	熱帯米／1,2,3,4,5,9,16,17,19
	ナガエツルノゲイトウ	*Alternanthera philoxeroides* Griseb.	1989年	中央米／4,5,16,17,18
	マルバツルノゲイトウ	*Alternanthera repens* O. Kuntze	1963年頃	熱帯米／2,3,4,5,16,18,19
	ツルノゲイトウ	*Alternanthera sessilis* (L.) DC.		南米？／1,2,3,4,5,8,9,16,17,18,19
	ヒメシロビユ	*Amaranthus albus* L.	1941年以前	北米／1,2,3,4,5,9,10,12,16,18,19
	ヒメアオゲイトウ	*Amaranthus arenicola* I. M. Johnst	1958年以前	北米／3,4,5,9,10,16,17,18,19
	アメリカビユ	*Amaranthus blitoides* S. Wats.	1948年以前	北米／1,2,5,9,10,16,18,19
	ヒモゲイトウ	*Amaranthus caudatus* L.	江戸時代	アジア／2,4,5,8,14,16,18
	サジビユ	*Amaranthus crassipes* Schlecht.	1981年	北米／9,18
	スギモリゲイトウ	*Amaranthus cruentus* L.	栽培逸出？	熱帯米／2,5,9,18,19
	ハイビユ	*Amaranthus deflexus* L.	1921年	広域分布／1,2,3,5,8,9,10,16,17,18,19
	アレチアオゲイトウ	*Amaranthus galii* Sennen et Gonzalo ex Priszter	1973年以前	5,18
	ナガボビユ	*Amaranthus gracilis* Desf.		18
	ホソバイヌビユ	*Amaranthus graecizanus* L.	1920年頃	1,5,17,18
	ホソアオゲイトウ	*Amaranthus hybridus* L.	1937年以前	南米／1,2,3,4,5,8,9,10,12,17,18,19
	アカビユ	*Amaranthus mangostanus* L.		インド／2,5
	オオホナガアオゲイトウ	*Amaranthus palmeri* S. Wats.	1964年以前	北米／3,4,5,9,11,17,18,19
	イガホビユ	*Amaranthus powellii* S. Wats.	1969年以前	中央米／5,9,18
	アオビユ	*Amaranthus retroflexus* L.	1912年以前	熱帯米〜北米／1,2,3,4,5,8,9,10,11,12,16,17,18,19
	ホナガアオゲイトウ	*Amaranthus* sp.	1937年	熱帯米／1,2,4,5,9,16,17,18,19
	ハリビユ	*Amaranthus spinosus* L.	明治	熱帯米／1,2,3,4,5,8,9,10,11,16,17,18,19
	ホナガイヌビユ	*Amaranthus viridis* L.	1973年以前	熱帯米／1,2,3,5,8,9,10,11,12,19
	ノゲイトウ	*Celosia argentea* L. var. *argentea*	1856年以前	熱帯米／1,2,3,4,5,8,9,10,11,14,16,17,18,19

（付表10の続き）

科名	和名	学名	確認年代	備考（原産地／文献）
ヒユ科	ヤリゲイトウ	Celosia argentea L. var. childsii Hort.		18
	ハマデラソウ	Froelichia gracilis Moq.	1932年頃	北米／1,2,4,5,18,19
	センニチノゲイトウ	Gomphrena celosioides Mart.	1975年	南米／3,4,5,9,16,18,19
バンレイシ科	ポポー	Asimina triloba (L.) Dun.	栽培逸出	北米／8,9
サボテン科	サボテン	Opuntia ficus-indica Mill.		メキシコ？／8,18
クスノキ科	テンダイウヤク	Lindera strychnifolia F. Vill.	江戸時代	中国／8,18
キンポウゲ科	シュウメイギク	Anemone hupehensis Lemoine var. japonica Bowles et Stearn	1948年以前	中国／2,3,4,5,8,9,10,12, 14,16,17,18,19
	オダマキ	Aquilegia flavellata Sieb. et Zucc. var. flavellata		東アジア？／8,12,14,16
	セイヨウオダマキ	Aquilegia vulgaris L.		欧州／12,14,16
	テッセン	Clematis florida Thunb.	江戸時代	中国／8,9,14,16
	セリバヒエンソウ	Delphinium anthriscifolium Hance	明治	中国／1,2,3,5,9,10,17,18,19
	クロタネソウ	Nigella damascena L.	江戸時代末期	欧州／1,5,8,16
	アクリスキンポウゲ	Ranunculus acris L.		欧州／12,16
	イトキツネノボタン	Ranunculus arvensis L.	1947年	欧州／1,2,3,5,9,16,18,19
	セイヨウキンポウゲ	Ranunculus bulbosus L.	1914年	欧州／1,2,5,9,12,16,18,19
	キクザキリュウキンカ	Ranunculus ficaria L.	1984年	欧州／5,16
	トゲミノキツネノボタン	Ranunculus muricatus L.	1915年	欧州／1,2,3,4,5,8,9,11, 16,17,18,19
	ハイキンポウゲ	Ranunculus repens L.	1983年	欧州／5,9,16
	イボミキンポウゲ	Ranunculus sardous Crantz	1980年	欧州／4,5,16,18
メギ科	ホソバヒイラギナンテン	Mahonia fortunei Fedde	明治時代初期	中国／8,9
スイレン科	ハゴロモモ	Cabomba caroliniana A. Gray	昭和	北米／1,3,4,7,8,9,10,11, 16,17,18,19
	セイヨウスイレン	Nymphaea hybrida Hort.		14,18
コショウ科	ヒハツモドキ	Piper retrofractum Vahl.		東南アジア／5
センリョウ科	チャラン	Chloranthus spicatus Makino		中国／5,8,18
マタタビ科	キーウイ	Actinidia chinensis Planch.		ニュージーランド（改良品）／8,9,10,18
オトギリソウ科	ビョウヤナギ	Hypericum chinense L. var. salicifolium Y. Kimura		中国／1,5,8,18
	オオカナダオトギリ	Hypericum majus (A. Gray) Britton	1963年	北米／3,5,9,12,18,19
	トミサトオトギリ	Hypericum mutilum L.	1998年	北米／
	コゴメバオトギリ	Hypericum perforatum L. var. angustifolium DC.	1934年	欧州／2,3,4,5,9,10,12,17, 18,19
	セイヨウオトギリ	Hypericum perforatum L. var. perforatum		欧州／2,3,4,5,12,18
	キンシバイ	Norysca patula (Thunb.) Voigt	栽培逸出	中国／8,9,14,17,18,19
モウセンゴケ科	ナガエモウセンゴケ	Drosera intermedia Hayne	戦後？	欧州・北米／
ケシ科	アザミゲシ	Argemone mexicana L.	江戸時代	メキシコ／14,16
	シラユキゲシ	Eomecon chionantha Hance	栽培逸出	中国／9
	ハナビシソウ	Eschscholzia californica Cham.	1870年頃	北米／8,9,14,16
	ニセカラクサケマン	Fumaria capreolata L.		地中海沿岸／16,18
	セイヨウエンゴサク	Fumaria muralis Sonder		欧州
	カラクサケマン	Fumaria officinalis L.	1981年	欧州／3,4,5,12,16,18,19
	ツノゲシ	Glaucium flavum Crantz.	1925年頃	欧州／14,18
	モンツキヒナゲシ	Papaver commutatum Fisch. et Mey	1971年	欧州・小アジア／2,3,5, 9,14,16,18,19
	ナガミヒナゲシ	Papaver dubium L.	1961年	地中海沿岸・欧州中部／2,3,4,5,10,12,16,17,18,19
	トゲミゲシ	Papaver hybridum L.	1961年	地中海沿岸・欧州中部／2,3,5,9,16,18,19
	オニゲシ	Papaver orientale L.	明治	地中海沿岸／14,16
	ヒナゲシ	Papaver rhoeas L.	江戸時代	欧州／2,3,4,5,8,9,12,14, 16,17,18,19
	アツミゲシ	Papaver somniferum (DC.) Corb. subsp. setigerum (DC.) Corb.	1964年	北アフリカ／3,4,5,9,14, 16,18,19
	ケシ	Papaver somniferum (DC.) Corb. subsp. somniferum		欧州／8,9,14,16
フウチョウソウ科	セイヨウフウチョウソウ	Cleome hassleriana L.	1870年頃	熱帯米／4,8,9,14,16,17,18
	アフリカフウチョウソウ	Cleome rutidosperma	1999年	熱帯アフリカ／
	キバナヒメフウチョウソウ	Cleome viscosa L.		アラビア半島〜アフリカ／4,5,16
アブラナ科	アレチナズナ	Alyssum alyssoides L.	1969年	欧州／2,3,4,5,12,18,19
	イワナズナ	Alyssum saxatile L.		欧州／5
	シロイヌナズナ	Arabidopsis thaliana (L.) Heynh.		欧州？／8,11,12
	セイヨウワサビ	Armoracia rusticana Gaert., Mey. et Scherb.	明治	欧州／2,3,4,5,8,9,10,12, 16,17,18,19
	キバナクレス	Barbarea verna Aschers.		地中海沿岸西部／9,16,18

(付表10の続き)

科名	和名	学名	確認年代	備考（原産地／文献）
アブラナ科	ハルザキヤマガラシ	*Barbarea vulgaris* R. Br.	明治	欧州／2,3,4,5,8,9,10,12, 16,17,18,19
	ウスユキナズナ	*Berteroa incana* (L.) DC.		欧州／12
	カラシナ	*Brassica juncea* (L.) Czern.	1976年以前	欧州／3,4,5,9,10,12,16, 17,18,19
	セイヨウアブラナ	*Brassica napus* L.	1878年	地中海沿岸／3,4,5,9,10, 11,12,15,16,17,18,19
	クロガラシ	*Brassica nigra* W. D. J. Koch	1947年以前	欧州～西アジア／2,4,5, 9,12,16,17,18,19
	オニハマダイコン	*Cakile edentula* Hook.	1981年	北米／4,5,12,17,18
	アマナズナ	*Camelina alyssum* (Mill.) Thell.	1956年頃	欧州／1,2,5,9,11,12,16, 17,18,19
	ヒメアマナズナ	*Camelina microcarpa* Andrz. ex DC.	1957年	欧州／2,3,4,5,9,10,12,16 17,18,19
	ナガミノアマナズナ	*Camelina sativa* (L.) Crantz		欧州・西アジア／1,2,5, 9,12,16
	ホソミナズナ	*Capsella bursa-pastoris* Medik. var. *bursa-pastoris*		北半球（広域）／9,16
	オオバナナズナ（仮称）	*Capsella grandiflora* (Fauché et Chaub) Boiss		地中海沿岸／9
	ルベラナズナ	*Capsella rubella* Reuter	1981年	欧州南部／4,9,16,18
	ハートナズナ（仮称）	*Capsella* sp.	2000年	9
	ニオイアラセイトウ	*Cardamine cheiri* L.		欧州／12
	ミチタネツケバナ	*Cardamine hirsuta* L.	1988年	欧州～東アジア／4,9, 16,17,18
	コタネツケバナ	*Cardamine parviflora* L.	1952年	欧州／3,4,5,9,12,16,17, 18,19
	ハナタネツケバナ	*Cardamine pratensis* L.	戦後	ユーラシア（広域）／ 12,16
	アコウグンバイ	*Cardaria draba* (L.) Desv.	1951年	欧州／2,4,5,9,16,18,19
	カンムリナズナ	*Carrichtera annua* Asch.		18
	ツノミナズナ	*Chorispora tenella* (Pall.) DC.	1953年	地中海東部～中央アジア／2,3,4,5,9,10,12,18,19
	ナタネハタザオ	*Conringia orientalis* (L.) Dumort.	1952年以前	欧州／1,2,3,5,9,10,12,17 18,19
	カラクサナズナ	*Coronopus didymus* (L.) Smith	1930年	南米・欧州／1,2,3,4,5,9 10,11,12,16,17,18,19
	ヒメクジラグサ	*Descurainia pinnata* Britt.	1970年	北米／2,4,5,18,19
	クジラグサ	*Descurainia sophia* (L.) Webb	1899年以前	ユーラシア（広域）／ 1,2,3,4,5,8,9,10,12,16, 17,18,19
	ロボウガラシ	*Diplotaxis tenuifolia* (L.) DC.	1939年以前	欧州／1,2,5,9,12,16,18,19
	ケナシイヌナズナ	*Draba nemorosa* L. var. *hebecarpa* Ledeb. form. *leiocarpa* Kitag.		欧州・アジア／16,18
	ヒメナズナ	*Erophila verna* (L.) Chevall.	明治	欧州／1,2,5,9,12,16,18,19
	キバナスズシロ	*Eruca sativa* Mill.	栽培逸出	地中海沿岸／9,16
	オハツキガラシ	*Erucastrum gallicum* O. E. Schulz	江戸時代	欧州／2,3,4,5,9,10,12,17 18,19
	マルバオハツキガラシ（仮称）	*Erucastrum* sp.	2000年	9
	エゾスズシロモドキ	*Erysimum repandum* L.	1931年	欧州／1,2,3,4,5,9,12,16, 18,19
	ハナスズシロ	*Hesperis matronalis* L.	1965年	アジア／2,5,12,18,19
	ダイコンモドキ	*Hirschfeldia incana* (L.) Lagr.-Foss.		地中海沿岸／5,9,13,16,18
	トキワイロマガリバナ	*Iberis sempervirens* L.		欧州南部／9,14,16
	イロマガリバナ	*Iberis umbellata* L.	栽培逸出	欧州南部／4,9,14,16,18
	キレハマメグンバイナズナ	*Lepidium bonariense* L.	1973年	南米／3,4,5,9,12,16,17, 18,19
	ウロコナズナ	*Lepidium campestre* (L.) R. Br.	1950年	欧州／2,3,4,5,9,12,16,18,19
	ヒメグンバイナズナ	*Lepidium densiflorum* Schrad.	1973年	朝鮮北部、中国北東部／2,3,4,5,9,16,17,18
	ベンケイナズナ	*Lepidium latifolium* L.	1956年	ユーラシア（広域）／ 2,3,4,5,16,18,19
	ダイコクマメグンバイナズナ	*Lepidium africanum* (Burm. f.) DC.	1999年	アフリカ／9
	コシミノナズナ	*Lepidium perfoliatum* L.	1943年以前	欧州～西アジア／1,2,3, 4,5,9,12,16,18,19
	コバノコショウソウ	*Lepidium ruderale* L.	戦後	南米／3,5,9,16,18
	コショウソウ	*Lepidium sativum* L.	江戸時代	地中海沿岸／4,5,8,12, 15,16,18

（付表10の続き）

科名	和名	学名	確認年代	備考（原産地／文献）
アブラナ科	マメグンバイナズナ	*Lepidium virginicum* L.	1892年前後	北米／1,2,3,4,5,8,9,10,11,12,16,17,18,19
	ニワナズナ	*Lobularia maritima* (L.) Desv.	栽培逸出	地中海沿岸／9,14,16
	ゴウダソウ	*Lunaria annua* L.	1901年	欧州／1,2,4,5,9,12,16,17,18,19
	イタリヤソウ	*Moricandia arvensis* DC.	1739年	地中海沿岸／9,14,18
	ハイトリナズナ	*Myagrum perfoliatum* L.	1926年	欧州南部〜西アジア／5
	コバノオランダガラシ	*Nasturtium microphyllum* Reichb.		欧州／16,18
	オランダガラシ	*Nasturtium officinale* R. Br.	1870年頃	欧州／1,2,3,4,5,7,8,9,10,11,12,15,16,17,18,19
	タマガラシ	*Neslia paniculata* Desv.	昭和初期	ユーラシア（広域）／1,2,3,5,12,16,18,19
	ケショウカッサイ	*Orychophragmus violaceus* O. E. Schulz var. *lasiocarpus* Migo	1994年	中国／5,16,18
	オオアラセイトウ	*Orychophragmus violaceus* O. E. Schulz var. *violaceus*	江戸時代	中国／2,3,4,5,8,9,10,12,14,16,17,18,19
	セイヨウノダイコン	*Raphanus raphanistrum* L.	1929年以前	ユーラシア（広域）／2,3,4,5,9,12,16,17,18,19
	ミヤガラシ	*Rapistrum rugosum* (L.) All.	1941年以前	欧州／1,2,3,4,5,9,10,12,16,18,19
	キバナスズシロモドキ	*Rhynchosinapis erucastrum* Dandy.	1951年	欧州／4,5,9,18
	サケバミミイヌガラシ	*Rorippa amphibia* (L.) Besser	1986年	欧州／9,16
	ミミイヌガラシ	*Rorippa austriaca* (Crantz) Besser	1974年	欧州／3,5,9,12,16,18,19
	マガリミイヌガラシ	*Rorippa curvisiliqua* Bessey ex Britt.	1985年	北米／9,18
	ケスカシタゴボウ	*Rorippa islandica* Borbas var. *hispida* Butl et Abbe		16,18
	コゴメイヌガラシ	*Rorippa obtusa* Britt.		北米／9,18
	キレハイヌガラシ	*Rorippa sylvestris* (L.) Besser	1963年	欧州／2,3,4,5,8,9,10,12,16,17,18,19
	シロガラシ	*Sinapis alba* L.	明治中期	地中海沿岸／3,4,5,9,10,12,16,18,19
	ノハラガラシ	*Sinapis arvensis* L. var. *arvensis*	1928年	欧州／1,2,3,5,9,12,16,17,18,19
	ケノハラガラシ	*Sinapis arvensis* L. var. *orientalis* Koch et Ziz.		欧州／2,3,5,16,18
	ナガミノハラガラシ	*Sinapis arvensis* L. var. *svhkuhiana* L. C. Wheela	1974年以前	地中海沿岸／5,16
	ハタザオガラシ	*Sisymbrium altissimum* L.	1926年以前	欧州／1,2,3,4,5,9,10,11,12,16,17,18,19
	ホソエガラシ	*Sisymbrium irio* L.	1955年	欧州南部／2,4,5,9,10,16,18,19
	ホコバガラシ	*Sisymbrium loeselii* Jusl.		欧州／5,16,18
	ハマカキネガラシ	*Sisymbrium officinale* (L.) Scop. var. *leiocarpum* DC.	1902年以前	欧州／2,11,12,16,18,19
	カキネガラシ	*Sisymbrium officinale* (L.) Scop. var. *officinale*	1902年以前	欧州／1,2,3,4,5,8,9,10,11,12,16,17,18,19
	イヌカキネガラシ	*Sisymbrium orientale* L.	1912年	地中海沿岸／1,2,3,4,5,8,9,10,11,12,16,17,18,19
	グンバイナズナ	*Thlaspi arvense* L.	1856年以前	欧州／1,3,4,5,8,10,11,12,16,17,18,19
モクイセイソウ科	モクセイソウ	*Reseda odorata* L.	江戸時代末期	北アフリカ／8
	シノブモクセイソウ	*Reseda alba* L.	栽培逸出	欧州南部／2,5,8
	キバナモクセイソウ	*Reseda lutea* L.	1930年	欧州／2,3,5,9,17,18,19
	ホザキモクセイソウ	*Reseda luteola* L.	1956年	欧州／3,5,18,19
ベンケイソウ科	セイロンベンケイ	*Bryophyllum pinnatum* Kurz.		熱帯アフリカ？／5,8,18
	キンチョウ	*Kalanchoe tubiflora* Hamet	1912年頃	マダガスカル／18
	ギンチョウ	*Kalanchoe verticillata* Elliot		18
	ヒメホシビジン	*Sedum dasyphyllum* L.	1982年	5,18
	ウスユキマンネングサ	*Sedum hispanicum* L.		欧州／12
	メキシコマンネングサ	*Sedum mexicanum* Britt.	1963年	2,3,4,5,8,9,10,17,18,19
	オカタイトゴメ	*Sedum oryzifolium* Makino var. *pumilum* H. Ohba	1980年代以降？	9,10,12
	ツルマンネングサ	*Sedum sarmentosum* Bunge	1970年以前	朝鮮〜中国北部／2,3,4,5,8,9,10,12,17,18,19
	ヨコハママンネングサ（仮称）	*Sedum* sp.		9
ユキノシタ科	フサスグリ	*Ribes rubrum* L.	明治	欧州／8,12
	マルスグリ	*Ribes uva-crispa* L.	明治初期	欧州／8,12
バラ科	イワムシロ	*Aphanes arvensis* L.		地中海沿岸／2,5,16,18,19
	オランダイチゴ	*Fragaria × ananassa* Duchesne	1830年前後	南米／8,9,12
	エゾヘビイチゴ	*Fragaria vesca* L.	明治	欧州・シベリア／2,4,5,8,9,12,17,18,19

(付表10の続き)

科名	和名	学名	確認年代	備考(原産地／文献)
バラ科	コバナキジムシロ	*Potentilla amurensis* Maxim.	1930年以前	中国北部～朝鮮半島／2,3,4,5,9,10,12,17,18,19
	ハイキジムシロ	*Potentilla anglica* Laicharding	1997年	欧州／5,9,12
	ウチワキジムシロ	*Potentilla etomentosa* Rydb.		18
	ケナシエゾノミツモトソウ	*Potentilla norvegica* L. var. *labradorica* (Lehm.) Fernald		5
	エゾノミツモトソウ	*Potentilla norvegica* L. var. *norvegica*	1915年以前	ユーラシア(広域)／2,3,4,5,8,9,12,16,17,19
	オオヘビイチゴ	*Potentilla recta* L.	明治	欧州／2,3,4,5,9,12,16,17,18,19
	オキジムシロ	*Potentilla supina* L.	1950年以前	欧州／1,2,3,4,5,9,12,16,17,18,19
	和名なし	*Potentilla verna* L. subsp. *vularis*		欧州／12
	カンヒザクラ	*Prunus campanulata* Maxim.	栽培逸出	中国南部～台湾／5,18
	タチバナモドキ	*Pyracantha angustifolia* Schneid.	1890年頃	中国西南部／8,9,10,14,16,17,18
	トキワサンザシ	*Pyracantha coccinea* M. Roem.	明治	西アジア／9,14
	カザンデマリ	*Pyracantha crenulata* (D. Don) M. Roem.	昭和初期	ヒマラヤ／9,14
	和名なし	*Rosa grauca* Pour.		欧州／12
	クロミキイチゴ	*Rubus alleghemensis* Portf.		北米／12,16,18
	オニクロイチゴ	*Rubus argutus* Link.		
	セイヨウヤブイチゴ	*Rubus armeniacus* Focke	1950年以前	欧州／1,3,4,5,8,9,11,12,16,17,18,19
	イシカリキイチゴ	*Rubus exsul* Focke		
	ヤツデキイチゴ	*Rubus flagellaris* Willd.		16,18
	オランダワレモコウ	*Sanguisorba minor* Scop.		18
マメ科	トウアズキ	*Abrus precatorius* L.		5,16,18
	ソウシジュ	*Acacia confusa* Merr.	栽培逸出	台湾・フィリピン／5,8,16,18
	フサアカシア	*Acacia dealbata* Link		18
	オキナワネム	*Acacia sinuata* Merr.		18
	エダウチクサネム	*Aeschynomene americana* L.		北米～南米／5,16,18
	イタチハギ	*Amorpha fruticosa* L.	大正	北米／2,3,4,5,9,10,11,12,16,17,18,19
	クマノアシツメクサ	*Anthyllis vulneraria* L.	1909年以前	欧州／5,12,18
	アメリカホド	*Apios americana* Medik.	明治中期	北米／2,3,5,9,10,12,16,18,19
	ヤエナリ	*Azukia radiata* Ohwi		インド／4,5
	ムレスズメ	*Caragana chamlagu* Lam.	江戸時代末期	中国／1,3,5,8,9,12,14,16,17,18,19
	キダチハブソウ	*Cassia floribunda* Cav.	1972年以降	熱帯米／5,14,16
	タイワンカワラケツメイ	*Cassia mimosoides* L. subsp. *leschenaultiana* Ohashi	1970年以前	太平洋諸島／5,13,16,18
	エビスグサ	*Cassia obtusifolia* L.	江戸時代	南米／4,5,8,9,10,16,18
	オオハブソウ	*Cassia occidentalis* L.	江戸時代	熱帯米／4,5,16,17,18
	オオバノセンナ	*Cassia sophera* L.	江戸時代末期	豪州？／3,4,5,16,18,19
	コエビスグサ	*Cassia tora* L.		中国南部／5,16,18
	ハブソウ	*Cassia torosa* Cav.	江戸時代？	南米／5,8,16
	ツリシャクジョウ	*Coronilla scorpioides* W. D. J. Koch	栽培逸出	欧州／9,18
	タマザキクサフジ	*Coronilla varia* L.	1951年	欧州／4,5,9,10,12,18
	アメリカタヌキマメ	*Crotalaria anagyroides* H. B. K.	1972年以前	ベネズエラ／5,13,16,18
	コガネタヌキマメ	*Crotalaria assamica* Benth.		熱帯？／5,13,18
	ハネタヌキマメ	*Crotalaria bialata* Schrank.		インド～マレーシア／5,13,18
	インカタヌキマメ	*Crotalaria incana* L.	1972年以前	南米／5,16,18
	クロタラリア	*Crotalaria juncea* L.		16,18
	オオミツバタヌキマメ	*Crotalaria pallida* Ait.		熱帯アジア～ポリネシア／5,13,16,18
	ハウチワタヌキマメ	*Crotalaria quinquefolia* L.	1947年	インド, フィリピン, グアム／1,5,16,18
	エダウチタヌキマメ	*Crotalaria uncinella* Lam.		18
	アフリカタヌキマメ	*Crotalaria zangibarica* Benth.		アフリカ東部／13,16,18
	シロエニシダ	*Cytisus leucanthus* Wald. et Kit.	1925年頃	欧州／9,14,18
	エニシダ	*Cytisus scoparius* Link	江戸時代	欧州南部／5,8,9,12,14,16,18
	ハイクサネム	*Desmanthus illinoensis* (Michx.) MacMill. ex B. L. Rob. et Fernald	1975年	北米／5,9,13,18

（付表10の続き）

科名	和名	学名	確認年代	備考（原産地／文献）
マメ科	ヒメギンネム	*Desmanthus virgatus* (L.) Willd.	1963年	熱帯米・北米／5,8,13,16,18
	タチシバハギ	*Desmodium canum* Schinz et Thell.		南米／5,13,16,18
	イリノイヌスビトハギ	*Desmodium illinoense* A. Gray		北米／2,3,4,5,18,19
	フジボツルハギ	*Desmodium intortum* Urb.	1979年以前	中南米熱帯／5,13,18
	アレチヌスビトハギ	*Desmodium paniculatum* (L.) DC.	1940年	北米／1,2,3,4,5,9,10,12,17,18,19
	ムラサキヌスビトハギ	*Desmodium purpureum* Fawc. et. Rendle		熱帯米／5,16
	アメリカヌスビトハギ	*Desmodium rigidum* DC.	1950年以前	北米／1,2,3,5,11,18,19
	ハナタチシバハギ	*Desmodium sandwicense* E. Mey.	1965年	アメリカ大陸／5,13,16,18
	アコウマイハギ	*Desmodium scorpiurus* Desv.		南米／5,16,18
	フジマメ	*Dolichos lablab* L.		熱帯アジア～熱帯アフリカ／5,16,18
	デイゴ	*Erythrina variegata* L.		インド～ポリネシア／5,8,16
	チョウセンニワフジ	*Indigofera kirilowii* Maxim.		中国～朝鮮／1,5,8
	アフリカコマツナギ	*Indigofera spicata* Forsk.		16,18
	ナンバンコマツナギ	*Indigofera suffruticosa* Mill.	大正	熱帯米／5,16,18
	タイワンコマツナギ	*Indigofera tinctoria* L.		インド／5,16,18
	タクヨウレンリソウ	*Lathyrus aphaca* L.	大正	欧州／2,3,4,5,16,18,19
	オトメレンリソウ	*Lathyrus clymenum* L.	1979年	地中海沿岸／5,9,16,18
	スズメノレンリソウ	*Lathyrus inconspicuus* L.		欧州／2,3,5,16,18,19
	ヒロハノレンリソウ	*Lathyrus latifolius* L.	1870年代	欧州／4,5,8,9,12,16,17,18
	ヒゲレンリソウ	*Lathyrus ochrus* DC.	1951年	地中海沿岸／3,5,9,16,18,19
	キバナノレンリソウ	*Lathyrus pratensis* L.	江戸時代	欧州～シベリア／1,2,3,5,8,9,12,16,18,19
	カラメドハギ	*Lespedeza juncea* Pers.		アジア／2,12,16,18
	リュウキュウハギ	*Lespedeza liukiuensis* Hatus.		中国？／5,18
	ビロードハギ	*Lespedeza stuevei* Nutt.		18
	ギンネム	*Leucaena leucocephala* (Lam.) de Wit		南米・熱帯米／4,5,8,13,18
	セイヨウミヤコグサ	*Lotus corniculatus* L. var. *corniculatus*	1965年以前	欧州／3,4,5,8,9,10,12,16,17,18,19
	セイヨウヒメミヤコグサ	*Lotus subbiflorus* Lag		欧州南西部／5,18
	ワタリミヤコグサ	*Lotus tenuis* Wald. et Kit.	1970年頃	欧州～アフリカ／3,4,5,9,12,16,17,18,19
	ネビキミヤコグサ	*Lotus uliginosus* Schk.	1974年	欧州～アフリカ／3,4,5,9,12,16,17,18,19
	キバナハウチワマメ	*Lupinus luteus* L.		欧州／12,14,16
	ルピナス	*Lupinus polyphyllus* Lindl.		北米／12,14,16
	クロバナツルアズキ	*Macroptilium atropurpureum* L.		北米／5,13,16
	タチナンバンアズキ	*Macroptilium lathyroides* Urban	1972年以前	5,13,16,18
	モンツキウマゴヤシ	*Medicago arabica* Huds.	1954年	地中海沿岸／2,3,4,5,9,16,18,19
	イガウマゴヤシ	*Medicago carstiensis* Wulfen		18
	トゲミノウマゴヤシ	*Medicago ciliaris* (L.) All.	1952年	欧州／9,16
	ニセウマゴヤシ	*Medicago hispida* Gaertn.		欧州／5,16,18
	キレハウマゴヤシ	*Medicago laciniata* (L.) Mill.	1992年	5,9,12,18
	コメツブウマゴヤシ	*Medicago lupulina* L.	江戸時代	欧州／1,2,3,4,5,8,9,10,12,16,18,19
	コウマゴヤシ	*Medicago minima* (L.) L.	1868年前後	欧州／1,2,3,4,5,8,9,10,11,12,16,17,18,19
	マルミウマゴヤシ	*Medicago murex* var. *aculeata* Urban subvar. *sphaerica* Urban		18
	ウズマキウマゴヤシ	*Medicago orbicularis* Bartal.	1952年頃	地中海沿岸／2,4,5,9,16,18,19
	トゲナシウマゴヤシ	*Medicago polymorpha* L. var. *confinis* (W. D. J. Koch)	1916年	欧州／2,3,5,9,16,18
	オオミウマゴヤシ	*Medicago polymorpha* L. var. *lapponica* Burnet		欧州／16,18
	コトゲウマゴヤシ	*Medicago polymorpha* L. var. *microdon* (Ehr.)		欧州／2,5,16,18
	ウマゴヤシ	*Medicago polymorpha* L. var. *polymorpha*	江戸時代	欧州／1,2,3,4,5,8,9,10,11,12,16,17,18,19
	コガネウマゴヤシ	*Medicago sativa* L. subsp. *falcata* L.		地中海沿岸／12,16
	ムラサキウマゴヤシ	*Medicago sativa* L. subsp. *sativa*	1870年前後	地中海沿岸／1,2,3,4,5,8,9,10,11,16,17,18,19
	カギウソウ	*Medicago scutellata* Miller		欧州南部／4,5,16

(付表10の続き)

科名	和名	学名	確認年代	備考（原産地／文献）
マメ科	シロバナシナガワハギ	*Melilotus albus* Medik.	江戸時代末期	中央アジア／1,2,3,4,5,10,12,16,17,18,19
	セイタカコゴメハギ	*Melilotus altissima* Thuill.		東アジア／2,3,5,16,18
	コシナガワハギ	*Melilotus indicus* (L.) All.	1939年以前	ユーラシア（広域）／1,2,3,4,5,10,11,12,13,16,17,18,19
	ヒシバシナガワハギ	*Melilotus officinalis* Lam. var. *micranthus* O. E. Schulz.		欧州／5,13,18
	セイヨウエビラハギ	*Melilotus officinalis* Lam. var. *officinalis*	1856年以前	東アジア／3,5,18
	シナガワハギ	*Melilotus suaveolens* Pallas.	1856年以前	アジア／1,2,3,4,5,8,10,11,12,16,17,18,19
	オジギソウ	*Mimosa pudica* L.	1841年	南米／1,4,5,8,9,13,14,16,18
	オカミズオジギソウ	*Neptunia triquetra* Benth.		インド／5,13,18
	ツノウマゴヤシ	*Ornithopus sativus* Brot.	1953年頃	欧州／2,5,18,19
	キバナツノウマゴヤシ	*Ornithopus compressus* L.		18
	ヒメツノウマゴヤシ	*Ornithopus perpusillus* L.		18
	オランダビユ	*Psoralea corylifolia* L.	江戸時代	インド／1,2,5,18,19
	シナノクズ	*Pueraria thomsonii* Benth.		アジア／5,13,18
	ハリエンジュ	*Robinia pseudoacacia* L.	1877年頃	北米／1,5,8,9,10,12,16,17,18
	トゲナシツノクサネム	*Sesbania bispinosa* (Jacq.) E. F. Wight	戦後	熱帯アジア～熱帯アフリカ／5,16
	ツノクサネム	*Sesbania cannabina* Pers.		インド／2,3,5,10,16,18
	アメリカツノクサネム	*Sesbania exaltata* Cory	1953年	北米・中米／2,3,4,5,9,10,11,16,17,18,19
	ネムリハギ	*Smithia sensitiva* W. Ait.		5,18
	エンジュ	*Sophora japonica* L.		中国／8,9,14,16
	クシバツメクサ	*Trifolium angulatum* Waldst. et Kit.	1999年	欧州東部／9
	トガリバツメクサ	*Trifolium angustifolium* L.	1953年	地中海沿岸／2,3,4,5,12,16,17,18,19
	シャグマハギ	*Trifolium arvense* L.	1950年代	欧州／4,5,9,12,16,18,19
	テマリツメクサ	*Trifolium aureum* Pollich		欧州／5,8,16,18
	クスダマツメクサ	*Trifolium campestre* Schreb.	1943年	欧州／2,3,4,5,9,12,16,17,18,19
	チゴツメクサ	*Trifolium carolinianum* Michx.	1959年頃	北米／2,5,18,19
	コメツブツメクサ	*Trifolium dubium* Sibth.	明治	欧州～西アジア／1,2,3,4,5,8,9,10,11,12,16,17,18,19
	ツメクサダマシ	*Trifolium fragiferum* L.	1941年以前	欧州／1,2,3,4,5,9,10,12,16,18,19
	ヤマブキツメクサ	*Trifolium fucatum* Lindl.	1995年頃	5,18
	ダンゴツメクサ	*Trifolium glomeratum* L.	1954年	欧州～北アフリカ／2,3,4,5,9,16,18,19
	ビロードアカツメクサ	*Trifolium hirtum* All.	1970年以前	欧州／2,3,5,18,19
	タチオランダゲンゲ	*Trifolium hybridum* L.	明治	欧州～西アジア／1,2,3,4,5,8,9,10,12,16,17,18,19
	ベニバナツメクサ	*Trifolium incarnatum* L.	明治	欧州～西アジア／1,2,3,4,5,9,10,11,12,16,17,18,19
	オオバノアカツメクサ	*Trifolium medium* L.	1902年	欧州／2,3,5,16,18,19
	ムラサキツメクサ	*Trifolium pratense* L.	1868年前後	欧州／1,2,3,4,5,8,9,10,11,12,16,17,18,19
	クロバツメクサ	*Trifolium repens* L. var. *nigricans* G. Don		欧州／12,16
	シロツメクサ	*Trifolium repens* L. var. *repens*	江戸時代	欧州／1,2,3,4,5,8,9,10,11,12,16,17,18,19
	オオヒナツメクサ	*Trifolium resupinatum* L. var. *majus* Boiss.	1994年?	欧州／5,16,18
	ヒナツメクサ	*Trifolium resupinatum* L. var. *resupinatum*	1952年	欧州／2,5,9,16,18,19
	コバナヒナツメクサ	*Trifolium resupinatum* L. var. *suaveolens* (Willd.) Dinsm.	1995年頃	地中海沿岸／5
	ハクモウアカツメクサ	*Trifolium striatum* L.	1992年	欧州・中近東・北アフリカ／9
	ジモグリツメクサ	*Trifolium subterraneum* L.	1962年	欧州／2,5,9,16,18,19
	フウセンツメクサ	*Trifolium tomentosum* L.	1995年頃	地中海沿岸／5,16,18
	ミツバツメクサ	*Trifolium tridentatum* Lindl.		北米／12
	トックリツメクサ	*Trifolium vesiculosum* Savi	1999年	欧州／

(付表10の続き)

科名	和名	学名	確認年代	備考（原産地／文献）
マメ科	ハリエニシダ	*Ulex europaeus* L.	明治初期・栽培逸出	欧州／1,3,5,16,18,19
	ホソバカラスノエンドウ	*Vicia angustifolia* L. var. *minor* Ohwi		欧州／5,8,16,18
	ナヨクサフジ	*Vicia dasycarpa* Ten.	1943年以前	欧州／2,3,4,5,9,10,16,17,18,19
	キバナカラスノエンドウ	*Vicia grandiflora* Scop.	1963年	欧州／2,5,16,18,19
	ヒナカラスノエンドウ	*Vicia lathryoides* L.	2000年	ユーラシア（広域）／16
	オニカラスノエンドウ	*Vicia lutea* L.	1954年	地中海沿岸／2,5,9,16,18,19
	アレチノエンドウ	*Vicia monantha* Retz.	1993年	地中海沿岸／9,16
	オオカラスノエンドウ	*Vicia sativa* L.	大正	欧州／1,2,5,9,16,17,18,19
	イブキノエンドウ	*Vicia sepium* L.	江戸時代？	欧州／3,5,8,16,18
	ビロードクサフジ	*Vicia villosa* Roth	1949年以前	ユーラシア（広域）／1,2,3,5,8,12,16,17,18,19
	サラワクマメ	*Vigna hosei* Backer		熱帯アジア／5,18
	ケツルアズキ	*Vigna mungo* Hepper		インド／5,13,18
カタバミ科	イモカタバミ	*Oxalis articulata* Savigny	1967年以前	南米／2,3,4,5,9,16,17,18,19
	ハナカタバミ	*Oxalis bowieana* Lodd.	江戸時代末期	アフリカ南部／1,2,3,4,5,8,9,10,11,14,16,17,18,19
	ベニカタバミ	*Oxalis brasiliensis* Lodd.	栽培逸出	南米／2,3,4,5,9,14,18,19
	ムラサキカタバミ	*Oxalis corymbosa* DC.	江戸時代末期	南米／1,2,3,4,5,8,9,10,11,12,16,17,18,19
	オッタチカタバミ	*Oxalis dillenii* Jacq.	1965年以前	北米／3,4,5,9,10,16,17,18,19
	オオバナキカタバミ	*Oxalis pes-caprae* L.	1890年代	アフリカ南部／3,4,5,9,11,16,18,19
	モンカタバミ	*Oxalis tetraphylla* Cav.	1870年頃	メキシコ／4,8,18
	フヨウカタバミ	*Oxalis variabilis* Jacq.	1890年	アフリカ南部／3,4,5,14,16,18,19
フウロソウ科	ツノミオランダフウロ	*Erodium botrys* (Cav.) Bertol.	1957年	地中海沿岸／2,5,9,16,18,19
	オランダフウロ	*Erodium cicutarium* (L.) L'Hér. var. *cicutarium*	江戸時代	ユーラシア（広域）／1,2,3,4,5,8,9,10,12,16,17,18,19
	ヒロハオランダフウロ	*Erodium cicutarium* (L.) L'Hér. var. *pimpinellifolium* Smith		16,18
	ミツバオランダフウロ	*Erodium crinitum* Carol.	1957年	豪州／3,5,16,18,19
	ジャコウオランダフウロ	*Erodium moschatum* (L.) L'Hér.	1957年	ユーラシア（広域）・アフリカ／1,2,3,4,5,9,12,16,18,19
	アメリカフウロ	*Geranium carolinianum* L.	昭和	北米／1,2,3,4,5,8,9,10,11,12,16,17,18,19
	オトメフウロ	*Geranium dissectum* L.	1950年以前	欧州／5,9,12,16,18
	ヤワゲフウロ	*Geranium molle* L.	1976年	欧州／5,12,16,18
	チゴフウロ	*Geranium pusillum* L.	1932年	欧州／1,2,3,5,9,12,16,18,19
	ピレネーフウロ	*Geranium pyrenacium* Burm form. *medium*		欧州／12,16
	シベリアフウロ	*Geranium sibiricum* L.		欧州／12,18
ハマビシ科	オオバナハマビシ	*Tribulus cistoides* L.		熱帯アジア／16,18
アマ科	ヤマブキアマ	*Linum flavum* L.	1965年頃	欧州／5,14,18
	キバナノマツバニンジン	*Linum medium* (Planch.) Britton	1943年以前	北米／1,2,3,4,5,8,9,10,11,17,18,19
	シュクコンアマ	*Linum perenne* L.	明治	欧州／8
	アレチアマ	*Linum striatum* Walt.		18
	アマ	*Linum usitatissimum* L.	栽培逸出	中央アジア？／9,12,14,17,18
トウダイグサ科	キバナアマ	*Reinwardtia trigyna* Dum.		インド／5,18
	ヒメアミガサソウ	*Acalypha gracilens* A. Gray		北米／16,18
	キダチアミガサ	*Acalypha indica* L.		熱帯アジア／4,16,18
	アブラギリ	*Aleurites cordata* R. Br.		中国南部／1,5,8,16,18
	シナアブラギリ	*Aleurites fordii* Hemsl		16,18
	ショウジョウソウ	*Euphorbia cyathophora* Murray	明治	熱帯米／4,5,8,13,14,16,18
	マツバトウダイ	*Euphorbia cyparissias* L.	1959年	欧州／2,3,4,5,12,16,18,19
	ショウジョウソウモドキ	*Euphorbia heterophylla* L.	戦後	南米／4,5,9,13,16,18
	シマニシキソウ	*Euphorbia hirta* L.	1875年以前	熱帯米／1,2,3,4,5,8,13,16,17,18,19
	セイタカオオニシキソウ	*Euphorbia hyssopifolia* L.		北米／5,13,16,18
	ホルトソウ	*Euphorbia lathyris* L.	江戸時代以前？	欧州／4,5,8,11,16,18
	コニシキソウ	*Euphorbia maculata* L.	1887年頃	北米／1,2,3,4,5,8,9,10,11,12,13,16,17,18,19

(付表10の続き)

科名	和名	学名	確認年代	備考（原産地／文献）
トウダイグサ科	コバノニシキソウ	*Euphorbia makinoi* Hayata		中国・台湾・フィリピン／9
	オオニシキソウ	*Euphorbia natans* Lag.	1903年	北米／1,2,3,4,5,8,9,10,11,16,17,18,19
	キリンカク	*Euphorbia neriifolia* L.		インドネシア／5,18
	チャボタイゲキ	*Euphorbia peplus* L.	1940年代	地中海沿岸／2,4,5,9,16,18,19
	ハイニシキソウ	*Euphorbia prostrata* Aiton	1954年以前	熱帯米／2,3,4,5,8,9,11,16,17,19
	アレチニシキソウ	*Euphorbia* sp.	1952年	2,3,5,16,18
	イリオモテニシキソウ	*Euphorbia thymifolia* L.	1950年以前	熱帯？／1,4,5,8,9,16
	ミヤコジマニシキソウ	*Euphorbia vachelli* Hook. et Arn.		旧熱帯／5,8,13,16,18
	オガサワラコミカンソウ	*Phyllanthus debilis* Klein		インド？／5,8
	シマコバンノキ	*Phyllanthus reticulatus* Poir.		熱帯アジア／5,8,18
	ナガエコミカンソウ	*Phyllanthus tenellus* Roxb.	1987年	インド洋マスカレーヌ諸島／4,5,9,10,16
	トウゴマ	*Ricinus communis* L.	戦前	アフリカ北東部／1,3,4,5,8,9,16,18
	ナンキンハゼ	*Sapium sebiferum* Roxb.		中国／8,17,18
ミカン科	フサラ	*Citrus iriomotensis* T. Tanaka		18
	ロクガツミカン	*Citrus rokugatsu* Hort. ex Y. Tanaka		18
	ゴシュユ	*Euodia rutaecarpa* (Juss.) Benth.		江戸時代　中国・ヒマラヤ／1,5,8
	ネイハキンカン	*Fortunella crassifolia* Swingle		中国／5,18
	ヘンルウダ	*Ruta graveolens* L.	1870年頃	欧州南部／8,18
ニガキ科	シンジュ	*Ailanthus altissima* (Mill.) Swingle	1977年頃	中国／1,5,8,9,10,12,17,18
センダン科	チャンチン	*Cedrela sinensis* Juss.		中国／1,5,8
ヒメハギ科	ハリヒメハギ	*Polygala ambigua* Nutt.	1943年以前	北米／1,2,5,9,18,19
	カスミヒメハギ	*Polygala paniculata* L.	戦後	南米／4,5,13,16,18
	カンザシヒメハギ	*Polygala sanguinea* L.	1952年以前	北米／2,4,5,18,19
	ヒロハセネガ	*Polygala senega* L. var. *latifolia* Torrey et A. Gray		北米／12,16
	クルマバヒメハギ	*Polygala verticillata* L.	1978年	北米／5,18
ウルシ科	サンショウモドキ	*Schinus terebinthifolius* Raddi	1968年	ブラジル／5,8,18
カエデ科	トウカエデ	*Acer buergerianum* Miq.		中国／8,9,18
	トネリコバノカエデ	*Acer negundo* L.		北米／12
ツリフネソウ科	ハナツリフネソウ	*Impatiens balfourii* Hook. form.		ヒマラヤ～欧州／12
	ニリンツリフネ	*Impatiens biflora* Walt.	1992年	
	オニツリフネソウ	*Impatiens glandulifera* Royle		ヒマラヤ～欧州／12
クロウメモドキ科	ナツメ	*Zizyphus jujuba* Mill.		中国／8,18
ムクロジ科	フウセンカズラ	*Cardiospermum halicacabum* L. var. *halicacabum*		熱帯？／4,5,8,9,12,13,14,17,18
	コフウセンカズラ	*Cardiospermum halicacabum* L. var. *microcarpum* Bl.		熱帯？／5,13,18
ブドウ科	アメリカヅタ	*Parthenocissus quinquefolia* Pl.	大正	北米／3,4,5,8,12,18,19
シナノキ科	トガリバツナソ	*Corchorus aestuans* L.	栽培逸出	西南諸島～熱帯？／1,4,5,8,13,16,18
	タイワンツナソ	*Corchorus olitorius* L.	栽培逸出	インド／4,5,8,13,16,18
アオイ科	オクラ	*Abelmoschus esculentus* (L.) Moench	1870年頃	旧世界熱帯／1,5,15
	トロロアオイ	*Abelmoschus manihot* (L.) Medik.		中国／1,5,8
	ショウジョウカ	*Abutilon striatum* Dickson		グアテマラ／5,16,18
	イチビ	*Abutilon theophrasti* Medik.	江戸時代以前？	インド／1,2,3,4,5,8,9,10,12,16,18
	タチアオイ	*Alcea rosea* Cav.	栽培逸出	中国／2,5,8,9,12,14,16,17,19
	シチゴサンアオイ	*Althaca armeniaca* Ten.		
	ミズイロアオイ	*Anoda cristata* (L.) D. F. K. Schltdl.		
	ニシキアオイ	*Anoda hastata* Cav.		メキシコ・南米／4,9,14,16,18
	ケナフ	*Hibiscus cannabinus* L.		アフリカ西部／16
	モミジアオイ	*Hibiscus coccineus* (Medik.) Waly.	1870年代	北米／14,16
	フヨウ	*Hibiscus mutabilis* L.	栽培逸出	中国／8,9,14,16
	ムクゲ	*Hibiscus syriacus* L.	栽培逸出	中国・インド／1,5,8,9,11,14,16,17,18
	ギンセンカ	*Hibiscus trionum* L.	江戸時代	地中海沿岸／1,2,3,4,5,8,9,12,16,18,19
	キモンバアオイ	*Horsfordia newberryi* A. Gray		18
	フウロアオイ	*Malva involucrata* Torr. et A. Gray.		北米／9

（付表10の続き）

科名	和名	学名	確認年代	備考（原産地／文献）
アオイ科	ジャコウアオイ	*Malva moschata* L.	明治	欧州／2,4,5,8,12,14,16,17,18,19
	ゼニバアオイ	*Malva neglecta* Wallr.		ユーラシア（広域）／5,9,10,12,16,17,18,19
	ウサギアオイ	*Malva parviflora* L.	1948年？	欧州／2,3,4,5,10,12,16,17,18,19
	ナガエアオイ	*Malva pusilla* Sm.	1948年	欧州／2,3,4,5,9,12,16,17,18,19
	ハイアオイ	*Malva rotundifolia* L.	明治	欧州／2,3,4,5,8,10,11,12,16,17,18,19
	ゼニアオイ	*Malva sylvestris* L. var. *mauritiana* Mill.	江戸時代	欧州／2,3,4,5,8,9,10,12,14,16,17,18,19
	ウスベニアオイ	*Malva sylvestris* L. var. *sylvestris*		欧州／1,2,3,4,5,14,16,18,19
	オカノリ	*Malva verticillata* L. var. *crispa* Mak.		東アジア／1,2,5,8,12,16,18,19
	フユアオイ	*Malva verticillata* L. var. *verticillata*	江戸時代	東アジア／1,2,4,5,8,9,16,17,18,19
	エノキアオイ	*Malvastrum coromandelianum* (L.) Garcke		熱帯米／3,4,5,9,16,18,19
	キクノハアオイ	*Modiola caroliniana* (L.) Garcke	戦後	北米～熱帯米／1,2,4,5,9,18,19
	ヤノネボンテンカ	*Pavonia hastata* Cav.	栽培逸出	南米／9
	ホソバキンゴジカ	*Sida acuta* Burm. fil.		熱帯アジア～亜熱帯／1,2,4,5,16,18,19
	マルバキンゴジカ	*Sida cordifolia* L.	戦後	熱帯米／5,16
	ヤハズキンゴジカ	*Sida rhombifolia* L. subsp. *retusa* Borss.	戦後	熱帯？／5,13,16,18
	キンゴジカ	*Sida rhombifolia* L. subsp. *rhombifolia*	戦後？	熱帯（全世界）／1,2,3,4,5,8,9,16
	アメリカキンゴジカ	*Sida spinosa* L.	1951年以前	北米～熱帯米／2,3,4,5,9,10,11,16,17,18,19
	ホザキキンゴジカ	*Sida subspicata* F. v. M.	1962年	豪州／3,5,16,18,19
	ボンテンカ	*Urena lobata* L.		熱帯アジア／5,8,16
シュウカイドウ科	シュウカイドウ	*Begonia evansiana* Andreus	江戸時代	中国／4,8,9,10,18
スミレ科	ツクシスミレ	*Viola diffusa* Gingins var. *glabella* H. Boiss.		中国・東南アジア／5,8
	ニオイスミレ	*Viola odorata* L.	1900年頃	欧州南部～西アジア／4,5,8,9,12,14,16,18,19
	キレバスミレ	*Viola palmata* L.		北米／12
	ミツデスミレ	*Viola palmata* Schwein.		北米／9,18
	アメリカスミレサイシン	*Viola sororia* Willd.	1989年以前	北米／9,10,12,17,18
	サンシキスミレ	*Viola tricolor* L.	1860年頃	欧州／8,9,12,14,16,17,18
	フイリゲンジスミレ	*Viola variegata* Fisch.		12
トケイソウ科	クサトケイソウ	*Passiflora foetida* L.	1966年	南米／4,5,18
	ヒメトケイソウ	*Passiflora minima* L.		5
	スズメノトケイソウ	*Passiflora suberosa* L.	1967年	5
パパイア科	パパイア	*Carica papaya* L.		南米／5
ウリ科	クロミノスズメウリ	*Melothria mucronata* Cogn.	1976年	5
	アメリカスズメウリ	*Melothria pendula* L.		北米／18
	ハヤトウリ	*Sechium edule* Sw.	1916年頃	西インド諸島／1,5,8,9,17,18
	アレチウリ	*Sicyos angulatus* L.	1952年	北米／2,3,4,5,8,9,10,11,12,16,17,18,19
	キバナカラスウリ	*Thladiantha dubia* Bunge		朝鮮～中国北部／2,4,5,8,12,18,19
ミソハギ科	ナンゴクヒメミソハギ	*Ammannia auriculata* Willd.	1968年	北米／4,5,9,16,18
	シマミソハギ	*Ammannia baccifera* L.	戦後	熱帯アジア／4,16
	ホソバヒメミソハギ	*Ammannia coccinea* Rottb.	1952年	アメリカ大陸／2,3,4,5,9,10,16,17,18,19
	ネバリミソハギ	*Cuphea carthagenensis* Macbr.	戦後	熱帯米／5,16,18
	コメバミソハギ	*Lythrum hyssopifolia* L.	1960年	熱帯米／3,4,5,9,11,16,18,19
	アメリカキカシグサ	*Rotala ramosior* (L.) Koehne	1997年	熱帯米／9,16
ヒシ科	トウビシ	*Trapa bispinosa* Roxb. var. *bispinosa*		インド～中国？／7
フトモモ科	バンジロウ	*Psidium guajava* L.		熱帯米／5,8
	テリハバンジロウ	*Psidium littorale* Raddi		18
	フトモモ	*Syzygium jambos* Alston		熱帯アジア／5,8,18
ノボタン科	アメリカクサノボタン	*Clidemia hirta* Don.		18
シクンシ科	シクンシ	*Quisqualis indica* L.		中国・インド・マレー

(付表10の続き)

科名	和名	学名	確認年代	備考（原産地／文献）
アカバナ科	エダウチヤマモモソウ	*Gaura biennis* L.		／5,8,18
	ヤマモモソウ	*Gaura lindheimeri* Englem. et. Gray		18
	イヌヤマモモソウ	*Gaura parviflora* Dougl.	1915年	北米／2,5,8,9,18
	コバノミズキンバイ	*Jussiaea pepiloides* (Kunth) Raven		北米／2,4,5,18,19
	ヒレタゴボウ	*Ludwigia decurrens* Walter	1955年	南米／5
				熱帯米／2,3,4,5,9,16,17,18,19
	ホソバタゴボウ	*Ludwigia linearis* Walter	1966年	北米／2,3,5,16,18,19
	タゴボウモドキ	*Ludwigia micrantha* Hara		熱帯米／1,4,5,16,18
	ウスゲキダチキンバイ	*Ludwigia octovalvis* (Jacq) P. H. Raven subsp. *octovalvis*	1999年	熱帯アジア？／9,16
	アメリカミズユキノシタ	*Ludwigia repens* J. R. Forst	1970年頃	北米？熱帯アジア？／5,7,9,16,18
	チャボツキミソウ	*Oenothera acaulis* Cav.		18
	メマツヨイグサ	*Oenothera biennis* L.	明治	北米／1,2,3,4,5,8,10,11,12,16,17,18,19
	オオマツヨイグサ	*Oenothera erythrosepala* Borbás	1870年頃	北米／1,2,3,4,5,8,9,10,11,12,16,17,18,19
	オオメマツヨイグサ	*Oenothera fallax* Renner	1870年頃	5
	キダチマツヨイグサ	*Oenothera fruticosa* L.	戦後？	北米／14,16,18
	シモフリマツヨイグサ	*Oenothera glauca* Michx.	戦後？	北米／14,16,18
	オニマツヨイグサ	*Oenothera grandiflora* L'Hér. ex Ait.	1950年以前	北米？／1,2,3,4,5,12,16,17,18,19
	オオキレハマツヨイグサ	*Oenothera grandis* (Britton) Smyth, Trans.		5
	ミナトマツヨイグサ	*Oenothera humifusa* Nutt.	1973年頃	北米／5,18
	オオバナコマツヨイグサ	*Oenothera laciniata* Hill var. *grandiflora* (S. Waston) B. L. Rob.	1973年以前	北米／3,5,17,18,19
	コマツヨイグサ	*Oenothera laciniata* Hill var. *laciniata*	1914年以前	北米／1,2,3,4,5,8,9,10,11,12,16,17,18,19
	ミズーリマツヨイグサ	*Oenothera missouriensis* Sims	1972年頃	北米／5,14,16,18
	アレチマツヨイグサ	*Oenothera parviflora* L.	明治？	北米／1,2,3,5,9,12,16
	ヒナマツヨイグサ	*Oenothera perennis* L. var. *perennis*	1949年	北米／4,5,9,12,16,17,18,19
	ケヒナマツヨイグサ	*Oenothera perennis* L. var. *rectipillis* S. F. Blake	1949年	アメリカ？／5,9
	ユウゲショウ	*Oenothera rosea* L`Hér.	明治	アメリカ大陸／2,3,4,5,9,10,16,17,18,19
	モモイロヒルザキツキミソウ	*Oenothera speciosa* Nutt. var. *childsii* Munz	1957年以前	北米／9,10,16,18
	ヒルザキツキミソウ	*Oenothera speciosa* Nutt. var. *speciosa*	1957年以前	北米／2,3,4,5,8,9,10,12,16,17,18,19
	マツヨイグサ	*Oenothera stricta* Ledeb. ex Link	1851年	南米／1,2,3,4,5,8,9,10,11,12,17,18,19
	ノハラマツヨイグサ	*Oenothera strigosa* Mkze et Bush	1983年以前	5
	ツキミソウ	*Oenothera tetraptera* Cav.	江戸時代末期	北米／1,2,3,5,8,9,14,16,18,19
アリノトウグサ科	オオフサモ	*Myriophyllum brasilense* Cambess.	大正	ブラジル／1,3,4,5,7,9,10,11,12,16,17,18,19
ウコギ科	カミヤツデ	*Tetrapanax papyriferus* (Hook.) K. Koch		中国・台湾／5,9
セリ科	イワミツバ	*Aegopodium podagraria* L.	1970年以前	ユーラシア（広域）／2,3,4,5,9,12,16,18,19
	イヌニンジン	*Aethusa cynapium* L.		欧州／12,16
	ドクゼリモドキ	*Ammi majus* L.	1953年以前	欧州南部／2,3,4,5,9,16,18,19
	ノハラジャク	*Anthriscus caucalis* Bieb.	1969年	欧州・西アジア・北アフリカ／3,4,5,9,10,16,17,18,19
	オランダミツバ	*Apium graveolens* L.	江戸時代以前？	欧州／8,9,15,16,18
	マツバゼリ	*Apium leptophyllum* (Pers.) F. Muell. ex Benth.	1893年	エジプト・熱帯米？／2,3,4,5,9,10,11,16,17,18,19
	フランスゼリ	*Bifora testiculata* (L.) Spreng. ex Roem et Schult.	1976年	欧州／5,9,18
	アレチウイキョウ	*Bunium bulbocastanum* L.	1960年頃	欧州／5,9,18
	クルマバサイコ	*Bupleurum fontanesii* Guss. ex Caruel	1952年	地中海沿岸／9
	ニセツキヌキサイコ	*Bupleurum lancifolium* Hornem	1972年頃	地中海沿岸／5,18
	ツキヌキサイコ	*Bupleurum rotundifolium* L.	1951年	欧州〜西アジア／2,5,9,19
	ハナヤブジラミ	*Caucalis daucoides* L.	1951年	欧州／5,9
	ウスゲヤマニンジン	*Chaerophyllum reflexum* Lindl.	1991年	西アジア／9
	ドクニンジン	*Conium maculatum* L.	1959年	欧州／2,3,4,5,12,16
	コエンドロ	*Coriandrum sativum* L.	江戸時代	地中海沿岸／2,3,4,5,8,9

（付表10の続き）

科名	和名	学名	確認年代	備考（原産地／文献）
セリ科				10,12,16
	ノラニンジン	*Daucus carota* L.	1929年以前	欧州・アフガニスタン／2,3,4,5,9,12,16,17,18,19
	ゴウシュウヤブジラミ	*Daucus glochidiatus* (Lindl.) Fisch., C. A. Mey. et Avé-Lall.	1975年	豪州／5,9,16,18
	ウイキョウ	*Foeniculum vulgare* Gaertn.	栽培逸出	地中海沿岸・西アジア／4,5,8,9,16,18
	タイワンチドメグサ	*Hydrocotyle pseudoconferta* Masam.	大正〜戦前	台湾・フィリピン／
	ウチワゼニクサ	*Hydrocotyle verticillata* Thunb. var. *triradiata* (A. Rich.) Fernald	1960年代	北米／9,16,18
	タテバチドメグサ	*Hydrocotyle vulgaris* L.	1987年	欧州／4,5,16,18
	アメリカボウフウ	*Pastinaca sativa* L.	栽培逸出	欧州・シベリア／8,16,18
	オランダゼリ	*Petroselinum crispum* Nym. ex A. W. Hill	江戸時代	地中海沿岸／9,15,16,18
	ナガミゼリ	*Scandix pecten-veneris* L.	1951年	地中海沿岸／2,3,5,9,11,16,18,19
	セイヨウヤブジラミ	*Torilis leptophylla* (L.) Reichenb. f.	1951年	欧州南部／2,5,9,16,18,19
	ツルヤブジラミ	*Torilis nodosa* Gaertn.	1951年	欧州／2,3,5,9,16,18,19
サクラソウ科	アカバナルリハコベ	*Anagallis arvensis* L. form. *arvensis*	明治	欧州／4,9,11,12,16,19
	サカコザクラ	*Androsace filiformis*		北米／12
	アメリカクサレダマ	*Lysimachia ciliata* L.	1998年	北米／9,14,16
	コバンコナスビ	*Lysimachia nummularia* L.	1973年	温帯（広域）？／4,5,9,12,16,18
	セイヨウクサレダマ	*Lysimachia vulgaris* L.	1985年以前	欧州／16,18
	セイヨウユキワリソウ	*Primula farinosa* L.		欧州／12
モクセイ科	レンギョウ	*Forsythia suspensa* (Thunb.) Vahl		中国／8,12
	トウネズミモチ	*Ligustrum lucidum* Ait.	明治初期	中国／17,18
	ヨウシュイボタ	*Ligustrum vulgare* L.		欧州／12
リンドウ科	ベニバナセンブリ	*Centaurium erythraea* Raf.	1918年以前	欧州？／5,9,11,18
	アメリカホウライセンブリ	*Centaurium floribundum* Robins.	戦後	北米／5,13,16
	ハナハマセンブリ	*Centaurium tenuiflorum* (Hoffmanns. et Link) Fritsch	1977年	地中海沿岸／4,9,17,18
ミツガシワ科	ハナガガブタ	*Nymphoides aquatica* Ktze.		18
キョウチクトウ科	ニチニチカ	*Catharanthus roseus* G. Don	栽培逸出	熱帯米・西インド諸島？／1,5,8,16,18
	キョウチクトウ	*Nerium oleander* L. var. *indicum* (Mill.) O. Deg. et Greenwell	栽培逸出	インド・ペルシャ／1,5,8,9,14,16
	ツルニチニチソウ	*Vinca major* L.	栽培逸出	欧州／4,8,9,12,14,16,17,18
	ヒメツルニチニチソウ	*Vinca minor* L.	栽培逸出	欧州／12,14,16
ガガイモ科	トウワタ	*Asclepias curassavica* L.	1842年	南米／5,8,13,14,16,17,18
	フウセントウワタ	*Asclepias fruticosus* (L.) R. Br. ex W. Tait.		豪州／5,16
アカネ科	オオフタバムグラ	*Diodia teres* Walt.	1842年	北米／1,2,3,4,5,8,9,10,17,18,19
	メリケンムグラ	*Diodia virginiana* L.	1937年以前	北米／2,3,4,5,9,17,18,19
	フタバヤエムグラ	*Galium bifolium* Wats.		18
	コメツブヤエムグラ	*Galium divaricatum* Pourr. ex Lam.	1992年	欧州南部／5,9,18
	トゲナシムグラ	*Galium mollugo* L.	1974年	欧州南部／4,5,12,16,18
	トゲナシヤエムグラ	*Galium spurium* L.	1933年	欧州／4,9,12,16,18
	ミナトムグラ	*Galium tricornutum* Dandy	1951年	地中海沿岸・西アジア／4,16
	セイヨウカワラマツバ	*Galium verum* L.		欧州／16,18
	タマザキフタバムグラ	*Hedyotis corymbosa* (L.) Lam.		汎熱帯？／5,16
	ヒナソウ	*Houstonia caerulea* L.	1928年以前	北米／2,3,4,5,12,14,16,19
	サンダンカ	*Ixora chinensis* Jacq.		中国〜マレーシア／16
	ブラジルハシカグサモドキ	*Richardia brasiliensis* Gomez	1982年以前	熱帯米／5,16
	ハシカグサモドキ	*Richardia scabra* L.	戦後	熱帯米／2,4,5,16,19
	セイヨウアカネ	*Rubia tinctorum* L.		欧州南部・西アジア／1,5,8,16,18
	ハナヤエムグラ	*Sherardia arvensis* L.	1957年	欧州／2,4,5,9,10,12,16,17,18,19
	ハリフタバ	*Spermacoce articularis* (L. f.) F. N. Will.		熱帯アフリカ／5,9,16
	ナガバハリフタバムグラ	*Spermacoce asuuregens* Ruiz et Pav.	戦後	熱帯アフリカ／4,5,9,13,16,18
	アメリカハリフタバ	*Spermacoce glabra* Michx.	1952年以前	北米／2,5,9,16,18,19
	ヒロハフタバムグラ	*Spermacoce latifolia* (Aubl.) K. Schum.		熱帯米／5,9,16,18
	マルバフタバムグラ	*Spermacoce prostrata* Aubl.	1999年	熱帯・亜熱帯（広域）／9
ハナシノブ科	ホソバヤナギハナシノブ	*Collomia linearis* Nutt.		北米／12

(付表10の続き)

科名	和名	学名	確認年代	備考（原産地／文献）
ハナシノブ科	クサキョウチクトウ	*Phlox paniculata* L.		北米／8,12,14
	シバザクラ	*Phlox subulata* L.		北米／1,5,12,14
ヒルガオ科	ギンヨウアサガオ	*Argyreia nervosa* Bojer		18
	ヨルガオ	*Calonyction aculeatum* House		2,5,18
	ツレザキヒルガオ	*Calystegia fraterniflora* Burmon		18
	アオイヒルガオ	*Convolvulus althaeoides* L.	1997年	地中海沿岸～中近東
	セイヨウヒルガオ	*Convolvulus arvensis* L.	1945年以前	欧州／2,3,4,5,8,9,10,12,16,17,18,19
	ムラダチヒルガオ	*Convolvulus cantabricus* L.		18
	ヒメムラダチヒルガオ	*Convolvulus pilosellifolius* Desr.	1994年	地中海沿岸／5,16,18
	アマダオシ	*Cuscuta epilinum* Weihe		欧州／1,5,12,16,18
	ツメクサダオシ	*Cuscuta epithymum* Murr. subsp. *trifolli* Hegi		欧州／16,18
	アメリカネナシカズラ	*Cuscuta pentagona* Engelm.	1925年以前	北米／3,4,5,8,9,10,12,17,18,19
	カロリナアオイゴケ	*Dichondra carolinensis* Michx.	1955年頃	北米南部／9,16,18
	モミジルコウ	*Ipomoea × multifida* (Raf.) Shinn.	1917年以降	北米／1,2,3,4,5,9,18
	トゲヨルガオ	*Ipomoea alba* L.		16,18
	ヨウサイ	*Ipomoea aquatica* Forsk.	江戸時代	熱帯アジア／4,15,16,18
	タイワンアサガオ	*Ipomoea cairica* (L.) Sweet		アジア～アフリカ熱帯／4,5,16,18
	マルバルコウ	*Ipomoea coccinea* L.	江戸時代	熱帯米／1,2,3,4,5,8,9,10,11,16,17,18,19
	ヤツデアサガオ	*Ipomoea digitata* L.		アフリカ・アジア？／16,18
	コバナミミアサガオ	*Ipomoea eriocarpa* R. Br.		アジア？／5,16,18
	ネコアサガオ	*Ipomoea hardwikii* Benth.		アジア？／5,16
	アメリカアサガオ	*Ipomoea hederacea* (L.) Jacq. var. *hederacea*	江戸時代末期	熱帯米／2,3,4,5,9,10,11,12,16,17,18,19
	マルバアメリカアサガオ	*Ipomoea hederacea* (L.) Jacq. var. *integriuscula* A. Gray	1971年以前	北米／2,3,4,5,9,10,12,16,17,18,19
	ツタノハルコウ	*Ipomoea hederifolia* L.	1998年	熱帯米／9,16
	ゴヨウアサガオ	*Ipomoea horstolliae* Hook.		西インド諸島／9,18
	マメアサガオ	*Ipomoea lacunosa* L.	戦後	北米／2,3,4,5,8,9,10,11,12,16,17,18,19
	ハリアサガオ	*Ipomoea muricata* Jacq.	1844年	熱帯米／1,2,5,9,16,18,19
	アサガオ	*Ipomoea nil* Roth	江戸時代・栽培逸出？	ヒマラヤ・インド／1,2,3,4,5,8,10,16,18
	ヒメノアサガオ	*Ipomoea obscura* Ker. Gawl.	1987年	5,16,18
	イモネアサガオ	*Ipomoea pandulata* G. F. W. Meyer	1971年	北米／2,4,5,16,18,19
	キクザアサガオ	*Ipomoea pes-tigridis* L.	1977年	旧熱帯／4,5,13,16,18
	タマザキアサガオ	*Ipomoea pileata* Roxb.		熱帯アジア／5,13,18
	フウリンアサガオ	*Ipomoea pulchella* Roxb.		北米／5,13
	マルバアサガオ	*Ipomoea purpurea* (L.) Roth	江戸時代	熱帯米／2,3,4,5,8,9,10,16,17,18,19
	ルコウソウ	*Ipomoea quamoclit* L.	江戸時代	熱帯米／4,5,8,16,18
	コバノモミジアサガオ	*Ipomoea quinata* R. Br.		熱帯アジア／5
	イモネノホシアサガオ	*Ipomoea trichocarpa* Ell.	1975年	北米南部／4,5,16
	ホシアサガオ	*Ipomoea triloba* L.	江戸時代	南米／2,3,4,5,8,9,10,13,16,17,18,19
	オキナアサガオ	*Jacquemontia tamnifolia* (L.) Griseb.	1950年頃	熱帯米／2,3,4,5,9,10,18,19
	ツタノハヒルガオ	*Merremia hederacea* (Burm. f.) Hallier f.	1945年	熱帯アジア／2,5,9,16,18,19
	ホソバアサガオ	*Merremia tridentata* (L.) Hall. subsp. hastata (Desr). Oosstr.		アジア？／5,16
	フウセンアサガオ	*Operculina turpethum* S. Manzo		熱帯アジア～熱帯アフリカ／5,13,18
ムラサキ科	アラゲムラサキ	*Amsinckia barbata* Greene		北米／2,5,9,12,18,19
	ワルタビラコ	*Amsinckia lycopsoides* Lehm.	昭和	北米／2,3,4,5,9,12,17,18,19
	ハリゲタビラコ	*Amsinckia tessellata* A. Gray	1915年	北米／5,9,18
	アレチウシノタケダグサ	*Anchusa arvensis* (L.) M. Bieb.	1999年	欧州／9,16
	トゲムラサキ	*Asperugo procumbens* L.		欧州／2,4,5,12,18,19
	ルリジサ	*Borago officinalis* L.		欧州／16,18
	シャゼンムラサキ	*Echium plantagineum* L.	1997年以前	欧州／4,5,16
	シベナガムラサキ	*Echium vulgare* L.	1969年	欧州／2,5,12,16,18,19
	アレチムラサキ	*Heliotropium curassavicum* L.	1973年	北米／3,5,9,16,18,19
	ナンバンルリソウ	*Heliotropium indicum* L.		熱帯アジア／4,8,9,16,18

(付表10の続き)

科名	和名	学名	確認年代	備考（原産地／文献）
ムラサキ科	ノムラサキ	*Lappula echinata* Gilib.	1929年	アジア～地中海沿岸／1, 2,3,4,5,9,12,17,18,19
	イヌムラサキ	*Lithospermum arvense* L.	1950年以前	寒帯～温帯（広域）／1, 2,3,4,5,8,9,10,12,16, 17,18,19
	セイヨウムラサキ	*Lithospermum officinale* L.	1960年代後半	欧州・アジア／3,4,5,9, 16,18,19
	ノハラムラサキ	*Myosotis arvensis* (L.) Hill.	1956年以前	欧州／2,3,4,5,9,11,12,16 17,18,19
	ナヨナヨワスレナグサ	*Myosotis baltica* Sam.		18
	ハマワスレナグサ	*Myosotis discolor* Pers.	1920年	欧州～西アジア／1,2,3, 5,9,16,17,18,19
	シンワスレナグサ	*Myosotis scorpioides* L.	1952年	欧州・アジア／4,5,8,9, 12,14,16,17,18,19
	キバナムラサキ	*Nonnea lutea* Reichb.		18
	ヒナワスレナグサ	*Plagiobotheus scouleri* Johnst.		北米／12
	アメリカキュウリグサ	*Plagiobothrys stipitatus* (Greene) I. M. Johnst.	1988年	北米／9
	コンフリー	*Symphytum × uplandicum* Nyman	明治	欧州／9
	オオハリソウ	*Symphytum asperum* Lepech.		コーカサス地方／3,5,8, 12,16
	ヒレハリソウ	*Symphytum officinale* L.	明治	欧州／3,4,5,8,10,12,16, 17,18,19
クマツヅラ科	シンナガボソウ	*Bouchea agristis* Schauer et Mart.		18
	ベニバナクサギ	*Clerodendron bungei* Steud.		中国／5,9,18
	リンドレイクサギ	*Clerodendron lindleyi* Decne.		中国／5,18
	ヒギリ	*Clerodendrum japonicum* Sweet		東南アジア／8,16,18
	シチヘンゲ	*Lantana camara* L. var. *aculeata* (L.) Moldenke	江戸時代末期	熱帯米／4,5,16,18
	トゲナシランタナ	*Lantana camara* L. var. *camara*	江戸時代末期	熱帯米／1,5,8,16
	ヒメイワダレ	*Phyla incisa* Small		18
	チリメンナガボソウ	*Stachytarpheta dichotoma* Vahl	戦後	南米／4,5,13,16,18
	インドナガボソウ	*Stachytarpheta indica* Vahl	1967年	熱帯米／5,16,18
	フトボナガボソウ	*Stachytarpheta jamaicensis* Vahl	明治初期	南米／4,5,8,13,16,18
	ナガボソウ	*Stachytarpheta urticaefolia* Sims	戦後	南米熱帯／5,8,16,18
	ヤナギハナガサ	*Verbena bonariensis* L.	戦後	南米／2,3,4,5,9,10,12,14 16,17,18,19
	ミナトクマツヅラ	*Verbena bracteata* Cav. ex Lag. et Rodr.	1981年	南北米／9,16,18
	アレチハナガサ	*Verbena brasiliensis* Vell.	1957年頃	南米／2,3,4,5,9,10,12,16 17,18,19
	ダキバアレチハナガサ	*Verbena incompta* Michael	1941年	南米／9
	ハマクマツヅラ	*Verbena litoralis* Hunb., Bonpl. et Kunth	戦後	北米／4,5,9,13,16,18
	シュッコンバーベナ	*Verbena rigida* Spreng.	明治・1972年栽培逸出	南米／3,5,9,16,17,18,19
	マルバクマツヅラ	*Verbena stricta* Vent.	1972年	アメリカ大陸／5,16,18
	ヒメビジョザクラ	*Verbena tenera* Spreng.	栽培逸出	南米／9,16
	カラクサハナガサ	*Verbena tenuisecta* Briq.	1977年	南米／5,16,18
	ニンジンボク	*Vitex cannabifolia* Sieb. et Zucc.		東アジア／8,16,18
アワゴケ科	イケノミズハコベ	*Callitriche stagnalis* Scop.	1996年	欧州／4,5,9,16
	アメリカアワゴケ	*Callitriche terrestris* Raf.	1985年頃	北米／9
シソ科	セイヨウジュウニヒトエ	*Ajuga reptans* L.	1970年頃	欧州北部／4,9,12,18
	ルリジソ	*Amethystea caerulea* L.		シベリア・中国・朝鮮／1,5
	イタチジソ	*Galeopsis bifida* Boenn.	1954年	ユーラシア（広域）／2,3,4,5,8,9,12,16,17
	タヌキジソ	*Galeopsis tetrahit* L.	戦後	欧州／2,5,16,18
	コバノカキドオシ	*Glechoma hederacea* L.		ユーラシア（広域）／12,16
	コゴメオドリコソウ	*Lagopsis supina* (Stephan ex Willd.) Ikonn.-Gal. ex Knorring	1992年	中国・朝鮮・シベリア／9
	モミジバヒメオドリコソウ	*Lamium hybridum* Vill.	1992年	欧州／4,5,9,12,16,18
	キレハヒメオドリコソウ	*Lamium purpureum* L. var. *incisum* Peterm.		欧州／9,12
	ヒメオドリコソウ	*Lamium purpureum* L. var. *purpureum*	1893年	欧州／1,2,3,4,5,8,9,10, 11,12,16,17,18,19
	モミジバキセワタ	*Leonotis cardiaca* L.	1975年	欧州／4,5,12,18
	レオノティス	*Leonotis nepetifolia* R. Br.		熱帯アフリカ／16,18
	ニガハッカ	*Marrubium vulgare* L.	1950年以前	欧州／1,2,5,9,18,19
	セイヨウヤマハッカ	*Melissa officinalis* L.		欧州／12,16
	アメリカハッカ	*Mentha × cardiaca* Bak.	1972年以前	欧州・北米／2,5,9,12,

(付表10の続き)

科名	和名	学名	確認年代	備考（原産地／文献）
シソ科				17,18,19
	コショウハッカ	Mentha × piperita L.	1937年以前	欧州／1,2,3,4,5,9,10,12, 16,17,18,19
	ヌマハッカ	Mentha aquatica L.		欧州〜アフリカ／2,5,9, 16,18,19
	ヨウシュハッカ	Mentha arvensis L. var. arvensis	1975年	北半球広域／2,4,5,9,12, 16,17,18,19
	カナダハッカ	Mentha arvensis L. var. canadensis Briquet	1950年以前	北半球広域／1,2,5,12, 16,18
	ナガバハッカ	Mentha longifolia (L.) Huds.	1972年以前	ユーラシア（広域）／1, 2,4,5,9,10,16,17,18,19
	メグサハッカ	Mentha pulegium L.	1937年以前	欧州／1,2,3,4,5,9,16,17, 18,19
	カーリーミント	Mentha spicata L. var. crispa Benth.	1820年代	欧州／1,2,3,4,5,8,9,10, 12,16,17,18,19
	オランダハッカ	Mentha spicata L. var. spicata	栽培逸出	欧州／2,4,5,9,12,16,18
	マルバハッカ	Mentha suaveolens Ehrh.	1879年	欧州／1,2,4,5,9,16,17,18,19
	ヤグルマハッカ	Monarda fistulosa L.		北米／16,18
	サオトメハッカ	Monarda punctata L. var. occidentalis Palmer ex Steyerm		北米／5,13,18
	ケショウヤグルマハッカ	Monarda punctata L. var. punctata	1979年	北米／5,16,18
	イヌハッカ	Nepeta cataria L.	1912年以前	ユーラシア（広域）／1, 2,3,4,5,8,12,16,17,18,19
	ハナトラノオ	Physostegia virginiana (L.) Benth.	大正	アメリカ大陸／1,4,5,9, 12,14,16,17,18
	セイヨウウツボグサ	Prunella vulgaris L. subsp. vulgaris		ユーラシア（広域）・北アフリカ／9
	アワモリハッカ	Pycnanthemum flexuosum Britt., Sterns et Pogg.	1959年頃	北米／5,18,19
	ベニバナサルビア	Salvia coccinea L.	明治初期	北米・中央米／14,16
	カブラバサルビア	Salvia napifolia Jacq.		18
	サルビア	Salvia officinalis L.		地中海沿岸／14,15,16,18
	イヌヒメコヅチ	Salvia reflexa Hornem.	1978年	中米・北米／4,5,12,16, 17,18,19
	ヒゴロモソウ	Salvia splendens Ker-Gawl.	1895年	南米／1,5,8,14,16,17,18,19
	ミナトタムラソウ	Salvia verbenaca L.	1961年	欧州／3,5,9,16,18,19
	コガネヤナギ	Scutellaria baicalensis Georgi	江戸時代	東アジア／2,5,8,14,16, 18,19
	セイヨウイヌゴマ	Stachys annua L.	戦後？	欧州／16
	ヤブチョロギ	Stachys arvensis L.	昭和	欧州・西アジア・北アフリカ／2,4,5,16,17, 18,19
	オトメイヌゴマ	Stachys palustris L.	1987年	欧州／5,12,16,18
	チョロギ	Stachys sieboldii Miq.	江戸時代	中国／8,12,15,16
	ヨウシュジャコウソウ	Thymus serphyllum L.		欧州／16,18
ナス科	ネバリルリマガリバナ	Browallia viscida H. B. K.	1885年	南米／1,5,18
	キダチトウガラシ	Capsicum frutescens L.		南米／5,18
	ツノミチョウセンアサガオ	Datura ferox L.	1977年	熱帯米／4,5,9,16,18
	チョウセンアサガオ	Datura metel L.	江戸時代	熱帯米？熱帯アジア？ ／1,2,3,4,5,8,9,10,12, 14,16,17,18
	ハリナシチョウセンアサガオ	Datura stramonium L. var. inermis (Juss. ex Jacq.) Schinz et Thell		熱帯米？／9
	シロバナチョウセンアサガオ	Datura stramonium L. var. stramonium	明治初期	熱帯米／1,2,3,4,5,8,9,10 11,12,16,17,18,19
	カシワバチョウセンアサガオ	Datura suaveolens Humb. et Bonpl.		北米／2,5,16,18
	ケチョウセンアサガオ	Datura wrightii Regel	江戸時代末期	北米／4,5,9,12,16,17,18,19
	ザッソウチェリートマト	Lycopersicon esculentum Mill. var. cerasiforme Bailey	戦後？	熱帯米／15,16,18
	オオセンナリ	Nicandra physalodes (L.) Gaertn.	江戸時代	南米／1,2,4,5,8,9,10,12, 16,17,18,19
	アレチタバコ	Nicotiana trigonophylla Dunal	1975年頃	北米／5,18
	ツクバネアサガオ	Petunia hybrida Vilm.	江戸時代末期	南米／1,3,5,8,12,17,18,19
	ヒメツクバネアサガオ	Petunia parviflora Juss.	1998年	アメリカ大陸／9
	ナガエセンナリホオズキ	Physalis acutifolia (Miers) Sandw.	1950年	北米／4,5,9,10,17,18,19
	ヒロハフウリンホオズキ	Physalis angulata L. var. angulata	1928年以前	北米／9
	ホソバフウリンホオズキ	Physalis angulata L. var. lanceifolia (Nees) Waterf.		北米西南部／9
	アイフウリンホオズキ	Physalis angulata L. var. pendula (Rydb.) Waterf.		北米東南部／9

（付表10の続き）

科名	和名	学名	確認年代	備考（原産地／文献）
ナス科	ネバリホオズキ	*Physalis greenei* Vasey et Rose.		18
	ビロードホオズキ	*Physalis heterophylla* Nees	1979年	北米／4,5,9,12,16,18
	ウスゲホオズキ	*Physalis longifolia* Nutt. var. *subglabrata* (Mack. et Bush) Cronquist	1979年	北米／9
	ブドウホオズキ	*Physalis peruviana* L.	明治初期	南米／3,4,5,9,16,17,18,19
	キバナホオズキ	*Physalis phyladelphica* Lam.	1990年代	メキシコ／9
	ショクヨウホオズキ	*Physalis pruinosa* L. J. Bailey	栽培逸出	北米／4,9,15,16,17,18,19
	センナリホオズキ	*Physalis pubescens* L. var. *pubescens*	1856年以前	熱帯米／1,2,3,4,5,8,9,10,13,16,17,18,19
	ハコベホオズキ	*Salpishroa origanifolia* (Lam.) Baill.	明治中期？	南米／1,2,3,4,5,9,10,18,19
	キダチワルナス	*Solanum* × *stoloniferum* Tawada		5
	テリミノイヌホオズキ	*Solanum americanum* Mill.		アメリカ大陸／5,10
	ワルナスビ	*Solanum carolinense* L.	1907年以前	北米／1,2,3,4,5,8,9,10,11,12,16,17,18,19
	キンギンナスビ	*Solanum cilliatum* Lam.	明治初期	南米／1,2,3,4,5,8,13,16,18,19
	ラシャナス	*Solanum elaeagnifolium* Cav.	戦後	北米／2,5,9,16,18
	リュウキュウヤナギ	*Solanum glaucophyllum* Desf	江戸時代	南米／1,3,4,5,8,14,18,19
	ヒラナス	*Solanum integrifolium* Poir.	1894年頃	アフリカ／3,5,9,14,15,18,19
	セイバンナスビ	*Solanum lasiostylum* Tawada		熱帯アジア／5,18
	キダチハリナスビ	*Solanum linnaeanum* Hepper et P. M. Jaeger	1979年	アフリカ／5,9,18
	ヤイマナスビ	*Solanum macaonense* Dunal	戦後	中国南部／5
	ムラサキイヌホオズキ	*Solanum memphiticum* Mart.	戦後	南米／2,5,10,18
	オオイヌホオズキ	*Solanum nigrescens* Mart. et Gal.		南米／9,12
	ヒメケイヌホオズキ	*Solanum physalifolium* Rusby var. *nitidibaccatum* (Bitter) Edmonds	1950年代	南米／9
	タマサンゴ	*Solanum pseudocapsicum* L.	明治	ブラジル／1,3,4,5,8,9,10,14,17,18,19
	アメリカイヌホオズキ	*Solanum ptycanthum* Dunal ex DC.		北米〜熱帯米／3,4,5,9,12,16,17,18,19
	トマトダマシ	*Solanum rostratum* Dunal	1945年以降	南米／2,3,4,5,9,12,16,17,18,19
	ケイヌホオズキ	*Solanum sarrachoides* Sendt.	1950年	南米／2,3,5,9,10,16,17,18,19
	ハリナスビ	*Solanum sisymbriifolium* Lam.	江戸時代末期	南米／1,2,3,4,5,9,12,16,18,19
	カンザシイヌホオズキ	*Solanum* sp.	1965年頃	南米／2,5,9,10,18
	キンギンナスビモドキ	*Solanum* sp.		9
	キダチイヌホオズキ	*Solanum spirale* Roxb.		中国・インド／5
	ナンゴクイヌホオズキ	*Solanum suffruticosum* Schrousboe ex Willd.	戦後	東南アジア〜北アフリカ／5
	スズメナスビ	*Solanum torvum* Swartz		18
	ハゴロモイヌホオズキ	*Solanum triflorum* Nutt.		12,16,18,19
	ビロードイヌホオズキ	*Solanum villosum* Mill. subsp. *villosum*		9,12,16,18
	アカミノイヌホオズキ	*Solanum villosum* Mill. subsp. *miniatum* (Bernh. ex Willd.) Edmonds		9
フジウツギ科	リュウキュウフジウツギ	*Buddleja curviflora* Hook. et Arn.		18
	フサフジウツギ	*Buddleja davidii* Franch.	1952年以前	中国西部／3,5,8,12,14,17,18,19
ゴマノハグサ科	キンギョソウ	*Antirrhinum majus* L.		欧州？北米？／8,9,12,14,16
	ヒメキンギョソウ	*Antirrhinum odoratum*		モロッコ／12
	アレチキンギョソウ	*Antirrhinum orontium* L.	1959年	欧州／4,5,9,12,18
	オトメアゼナ	*Bacopa monnieri* Pennell	戦後	北米／4,5,16,18
	キバナオトメアゼナ	*Bacopa procumbens* (Mill.) Greenm.	1980年	熱帯米／
	ウキアゼナ	*Bacopa rotundifolia* (Michx.) Wettst.	1954年	北米／2,3,4,5,7,12,16,17,18,19
	ヒサウチソウ	*Bellardia trixago* All.		18
	ヒナウンラン	*Chaenorrhinum minus* Lange	1993年	欧州／5,16,18
	ツタバウンラン	*Cymbararia muralis* Gaertn., Mey. et Schreb.	大正	地中海沿岸〜欧州／2,3,4,5,9,12,17,18,19
	キツネノテブクロ	*Digitalis purpurea* L.		欧州南部／8,12,14,16,18
	ヒメツルウンラン	*Kichxia elatine* Dumortier	1992年	5,16,18
	ソバガラウリクサ	*Legazpia polygonoides* Yamazaki		18

(付表10の続き)

科名	和名	学名	確認年代	備考（原産地／文献）
ゴマノハグサ科	ムラサキウンラン	*Linaria bipartita* (Vent.) Willd.	1870年頃	欧州／9,14,16
	マツバウンラン	*Linaria canadensis* (L.) Dum. Cours. var. *canadensis*	1941年	北米／2,3,4,5,8,9,10,12,16,17,19
	オオマツバウンラン	*Linaria canadensis* (L.) Dum. Cours. var. *texana* (Scheele) Pennell		北米／9,16
	キバナウンラン	*Linaria dalmatica* Mill.		欧州／12,16
	ヤナギウンラン	*Linaria maroccana* Hook. fil.	1986年	5,17
	ホソバウンラン	*Linaria vulgaris* L.	明治	ユーラシア（広域）／2,4,5,9,12,16,17,19
	ヒメアメリカアゼナ	*Lindernia anagallidea* (Michx.) Pennell	1933年	北米／4,5,9,16,17,18
	タケトアゼナ	*Lindernia dubia* (L.) Pennell var. *dubia*	1936年	北米／4,5,9,12,16,18
	アメリカアゼナ	*Lindernia dubia* (L.) Pennell var. *major* Pennell	1936年	北米／2,3,4,5,8,9,10,11,12,16,17,18,19
	セイタカミゾホオズキ	*Mimulus guttatus* DC.		北米／12
	ニシキミゾホオズキ	*Mimulus luteus* L.	栽培逸出	チリ／4,18
	アメリカミゾホオズキ	*Mimulus moniliformis* Greene	戦後	5,18
	フウロウンラン	*Nemecia strumosa* Benth.		南米／12
	セイヨウヒキヨモギ	*Parentucellia viscosa* Caruel	1973年	地中海沿岸／3,4,5,9,17,18,19
	ホザキシオガマ	*Pedicularis spicata* Pallas		欧州？／12
	ウスムラサキツリガネヤナギ	*Penstemon cobaea* Nutt.		北米／12
	シマカナビキソウ	*Scoparia dulcis* L.	戦後	熱帯米／4,5,16,18
	ハナウリクサ	*Torenia fournieri* Linden ex E. Fourn.	栽培逸出	インドシナ／9,14,16
	モウズイカ	*Verbascum blattaria* L.	明治	欧州～北アフリカ／1,2,3,4,5,11,12,16,17,18,19
	ムラサキモウズイカ	*Verbascum phoeniceum* L.		欧州／12,16
	ビロードモウズイカ	*Verbascum thapsus* L.	明治	欧州／1,2,3,4,5,8,10,11,12,16,17,18,19
	アレチモウズイカ	*Verbascum virgatum* Stokes	戦後	欧州／3,4,5,16,18,19
	ホナガカワヂシャ	*Veronica* × *myriantha* Tos. Tanaka		18
	オトメカワヂシャ	*Veronica anagalloides* Guss.	1947年	欧州／5,16,18
	オオカワヂシャ	*Veronica angallis-aquatica* L.	1867年	ユーラシア（広域）／4,5,8,9,10,16,17,18
	カワヂシャモドキ	*Veronica aquatica* Bernh.	1950年	欧州／5,18
	タチイヌノフグリ	*Veronica arvensis* L.	1870年頃	ユーラシア（広域）／1,2,3,4,5,8,9,10,11,12,16,17,18,19
	マルバカワヂシャ	*Veronica beccabunga* L.		欧州・西アジア・北アフリカ？／10,16,18
	カラフトヒヨクソウ	*Veronica chamaedrys* L.		12,16,18
	コゴメイヌノフグリ	*Veronica cymbalaria* Bodard	1961年	地中海沿岸／5,12,16
	フラサバソウ	*Veronica hederaefolia* L.	明治	ユーラシア（広域）／1,2,3,4,5,8,9,10,12,16,18,19
	アレチイヌノフグリ	*Veronica opaca* Fries	1987年	欧州／5,12,16,18
	オオイヌノフグリ	*Veronica persica* Poir.	1870年頃	ユーラシア（広域）／1,2,3,4,5,8,9,10,11,12,16,17,18,19
	コテングクワガタ	*Veronica serpyllifolia* L. subsp. *serpyllifolia*	戦後	欧州／4,9,12,16,18
	ミツバイヌノフグリ	*Veronica triphyllos* L.		ユーラシア（広域）／16,18
ノウゼンカズラ科	アメリカノウゼンカズラ	*Campis radicans* Seem.		北米東部／18
	アメリカキササゲ	*Catalpa bignonioides* Walter	明治時代末期	北米／8,9,10,18
	キササゲ	*Catalpa ovata* G. Don	栽培逸出	中国／1,5,8,9,10,17,18
キツネノマゴ科	ケブカイラソウ	*Ruellia squarrosa* (Fenzl) Cufod.		北米／5
	ヤナギバルイラソウ	*Ruelllia brittoniana* Leonard		メキシコ／5,18
	リュウキュウアイ	*Strobilanthes cusia* O. Kuntze		アッサム／1,5,8,18
	イセハナビ	*Strobilanthes japonica* Miq.		中国／4,8,18
	ヤハズカズラ	*Thunbergia alata* Bojer		18
	カオリカズラ	*Thunbergia fragrans* Roxb.	1966年	アフリカ・熱帯アジア／5
イワタバコ科	アフリカスミレ	*Saintpaulia ionantha* Wendl.		アフリカ／18
ツノゴマ科	ツノゴマ	*Proboscidea louisianica* (Mill.) Thell.		北米南部／8,9
ハマウツボ科	ヤセウツボ	*Orobanche minor* Sm.	1937年以前	欧州～北アフリカ／1,2,3,4,5,9,10,12,16,17,18,19
タヌキモ科	オオバナイトタヌキモ	*Utricularia gibba* Le Conte subsp. *gibba*		18

(付表10の続き)

科名	和名	学名	確認年代	備考（原産地／文献）
タヌキモ科	エフクレタヌキモ	Utricularia inflata Walt.	1990年	北米／5,16,18
オオバコ科	ダキバオオバコ	Plantago amplexicaulis Cav.		2,5,18
	ホソバオオバコ	Plantago arenaria Waldst. et Kit.	戦後	ユーラシア（広域）／2, 3,5,16,18
	アメリカオオバコ	Plantago aristata Michx.	1927年	メキシコ〜熱帯米／1,3 4,5,10,16,17,18,19
	セリバオオバコ	Plantago coronopus L.		欧州／16,18
	ムジナオオバコ	Plantago depressa Willd.	1942年頃	東アジア／1,2,4,5,9,18,19
	ニチナンオオバコ	Plantago heterophylla Nutt.	1971年	北米／3,5,9,17,18,19
	ホソオオバコ	Plantago indica L.	戦後	地中海沿岸／16,19
	ヘラオオバコ	Plantago lanceolata L. var. lanceolata	江戸時代末期	欧州／1,2,3,4,5,8,9,10, 11,12,13,16,17,18,19
	オオヘラオオバコ	Plantago lanceolata L. var. mediterranea Pilger		欧州／12,16,18
	セイヨウオオバコ	Plantago major L. var. major	1958年以前	欧州・西アジア・北アフリカ／2,3,4,5,9,10, 12,16,17,18,19
	トゲオオバコ	Plantago spinulosa Dcne.		アメリカ大陸／5,13,18
	ハイオオバコ	Plantago squarrosa Murray		欧州南部／9
	ツボミオオバコ	Plantago virginica L.	1913年	北米／1,2,3,4,5,9,10,11, 12,16,17,18,19
オミナエシ科	モモイロノジシャ	Valerianella coronata DC.	戦後	欧州／2,3,5,18,19
	ノジシャ	Valerianella locusta (L.) Laterr.	明治時代初期	欧州／1,2,3,4,5,8,9,10, 11,17,18,19
	シロノジシャ	Valerianella radiata (L.) Dufr.	1993年	北米／9
ナガボノウルシ科	ナガボノウルシ	Sphenoclea zeylanica Gaertn.	1965年	熱帯アフリカ／4,5,16,18
マツムシソウ科	セイヨウイトバマツムシソウ	Scabiosa columbaria L.	1987年	ユーラシア（広域）・北アフリカ／5,18
キキョウ科	マルバノニンジン	Adenophora stricta Miq.		中国?／8,16,18,19
	ハタザオギキョウ	Campanula allariaefolia Willd.	1890年頃	コーカサス・小アジア／14,18
	リンドウザキカンパヌラ	Campanula glomerata L.	栽培逸出	12,14
	ハタザオキキョウ	Campanula rapunculoides L.	大正	欧州／5,12
	ロベリア	Lobelia erinus		南アフリカ／5,14,16
	ロベリアソウ	Lobelia inflata L.	1931年以前	北米／2,3,5,10,12,16,18,19
	ヒナキキョウソウ	Triodanis biflora (Ruiz et Pav.) Greene	1931年	北米／1,2,4,5,9,17,18,19
	キキョウソウ	Triodanis perfoliata (L.) Nieuwl.	1950年以前	北米／1,2,3,4,5,8,9,10, 11,17,18,19
キク科	アメリカトゲミギク	Acanthospermum hispidum DC.	1982年	南米／9,16,18
	キバナノコギリソウ	Achillea filipendulina Lam.	明治	西アジア／1,3,4,5,12,14 16,18,19
	セイヨウノコギリソウ	Achillea millefolium L.	1887年	欧州／1,2,3,4,5,8,9,10, 12,13,14,16,17,18,19
	オオバナノノコギリソウ	Achillea ptarmica L.		欧州／12,14,16
	セイヨウノコギリソウモドキ	Achillea stricta (W. D. J. Koch) Schleicher ex Gremli		欧州／9,18
	ヌマツルギクモドキ	Acmella ciliata (Humb., Bonpl et Kunth) Cass	1993年	南米／9
	ヌマツルギク	Acmella oppositifolia (Lam.) R. K. Jansen	1961年頃	北米／3,4,5,9,17,18,19
	カッコウアザミ	Ageratum conyzoides L.	1870年頃	熱帯／2,4,5,8,9,16,18,19
	ムラサキカッコウアザミ	Ageratum houstonianum Mill.	1887年	熱帯／2,4,5,9,14,16, 18,19
	ブタクサ	Ambrosia elatior L.	1880年	北米／1,2,3,4,5,8,9,10, 11,12,16,17,18,19
	ブタクサモドキ	Ambrosia psilostachya DC.	1915年	北米／1,2,3,4,5,9,10,12, 16,17,18,19
	オオブタクサ	Ambrosia trifida L.	1953年以前	北米／2,3,4,5,8,9,10,11, 12,16,17,18,19
	モモイロマットギク	Antennaria rosea Greene	1994年頃	5
	キゾメカミツレ	Anthemis arvensis L.	明治初期	欧州／2,3,4,5,9,10,12,16 17,18,19
	カミツレモドキ	Anthemis cotula L.	1931年	欧州・北アフリカ・西アジア／1,2,3,4,5,9,10, 11,12,13,16,17,18,19
	ローマカミツレ	Anthemis nobilis L.	戦後	欧州／2,4,5,14,16,18,19
	コウヤカミツレ	Anthemis tinctoria L.		欧州／2,5,9,14,16,18,19
	ワタゲハナグルマ	Arctotheca calendula (L.) Levyns	1975年以前	南アフリカ／4,5,9,18,19
	ワタゲツルハナグルマ	Arctotheca prostrata (Salisb.) Britten		9
	ヒメアフリカギク	Arctotis acaulis L.		18

(付表10の続き)

科名	和名	学名	確認年代	備考（原産地／文献）
キク科	ニガヨモギ	*Artemisia absinthium* L.		欧州／8,12,16,18
	クソニンジン	*Artemisia annua* L.		ユーラシア（広域）／3,4,5,8,9,12,16,17,18,19
	タカヨモギ	*Artemisia selengensis* Turcz. ex Besser	1940年	東アジア／2,3,5,9,16,17,18,19
	ハイイロヨモギ	*Artemisia sieversiana* Willd.	1952年	ユーラシア（広域）／3,4,5,9,16,18,19
	チョウセンシオン	*Aster koraiensis* (Nakai) Kitam.	大正	朝鮮／2,4,5,9,12,18,19
	ネバリノギク	*Aster novae-angliae* L.	大正	北米／1,2,3,4,5,8,12,16,17,18,19
	ユウゼンギク	*Aster novi-belgii* L.	大正	北米／1,2,4,5,8,12,14,16,17,18,19
	キダチコンギク	*Aster pilosus* Willd.	1950～53年頃	北米／2,3,4,5,9,12,16,17,18,19
	ヒロハホウキギク	*Aster* sp.	1967年以前	北米／2,3,4,5,9,10,11,16,17,18,19
	ホウキギク	*Aster subulatus* Michx. var. *ligilatus* Shinner	1910年頃	北米／1,2,3,4,5,8,9,10,11,12,16,17,18,19
	オオホウキギク	*Aster subulatus* Michx. var. *sadwiceuss* A. G. Jones	1956年	北米？／2,5,9,10,16,17,18,19
	ヒナギク	*Bellis perennis* L.	江戸時代末期	欧州／8,12,14,16
	オトメセンダングサ	*Bidens aristosa* Britt.	1972年頃	3,5,18
	キンバイタウコギ	*Bidens aurea* (Aiton) Sherff	栽培逸出	中央米／2,3,4,5,9,16,18,19
	コバノセンダングサ	*Bidens bipinnata* L.	1925年以前	熱帯米／2,3,4,5,8,9,10,11,16,17,18,19
	アメリカセンダングサ	*Bidens frondosa* L.	1920年	北米／1,2,3,4,5,8,9,10,11,12,16,17,18,19
	キクザキセンダングサ	*Bidens laevis* (L.) Britton, Sterns et Poggenb.	栽培逸出	中央米／3,5,9,18
	ホソバノセンダングサ	*Bidens parviflora* Willd.		東アジア・シベリア／4,5,10,18,19
	アワユキセンダングサ	*Bidens pilosa* L. var. *bisetosa* Ohtani et Shig. Suzuki		北米／4,9,16,17,18,19
	アイノコセンダングサ	*Bidens pilosa* L. var. *intermedia* Ohtani et Shig. Suzuki		北米？／9
	シロバナセンダングサ	*Bidens pilosa* L. var. *minor* (Blume) Sherff		江戸時代末期 4,5,9,10,16,17,18,19
	コセンダングサ	*Bidens pilosa* L. var. *pilosa*	1908年以前	北米？／1,2,3,4,5,8,9,10,11,16,17,18,19
	タチアワユキセンダングサ	*Bidens pilosa* L. var. *radiata* Sherff		暖帯～熱帯（広域）／1,3,4,5,9,13,16,19
	タホウタウコギ	*Bidens polylepis* Blake		北米／3,5,16,18
	アメリカギク	*Boltonia asteroides* L'Hér.	明治	北米／1,2,5,9,14,17,18,19
	セイヨウトゲアザミ	*Breea arvense* (L.) Less.	1965年頃	欧州／4,5,9,10,12,16,18,19
	ホンキンセンカ	*Calendula arvensis* L.	江戸時代末期	地中海沿岸／8,9,16,18
	トウキンセン	*Calendula officinalis* L.	江戸時代	地中海沿岸／8,9,14,16,18
	イガギク	*Calotis cuneifolia* R. Br.	1969年	豪州／5,9,18
	ヒメヒレアザミ	*Carduus pycnocephalus* L.	1963年	欧州／5,16,18,19
	イヌヒレアザミ	*Carduus tenuiflorus* Curt.	1965年	欧州／3,5,16,17,18,19
	アレチベニバナ	*Carthamus lanatus* L.	1971年以前	欧州／2,3,5,16,18,19
	ウスイロアレチベニバナ	*Carthamus* sp.		欧州／
	セイヨウベニバナ	*Carthamus tinctorius* L. var. *spinosus* Kitamura		地中海沿岸／16,18
	ムラサキイガヤグルマギク	*Centaurea calcitrapa* L.	昭和初期	地中海沿岸／2,3,4,5,9,16,18,19
	ヤグルマギク	*Centaurea cyanus* L.	江戸時代末期	地中海沿岸東部／4,8,9,16,17,18,19
	ヤグルマアザミ	*Centaurea jacea* L.	明治末期	欧州／3,5,12,16,18,19
	ヒレハリギク	*Centaurea melitensis* L.	1915年	地中海沿岸／1,2,3,5,9,16,18,19
	クロアザミ	*Centaurea nigra* Willd.	1971年	欧州／3,5,12,16,18,19
	キダチキツネアザミ	*Centaurea salmantiaca* L.	1953年	地中海沿岸／2,3,5,9,16,18,19
	イガヤグルマギク	*Centaurea solstitialis* L.	1915年	地中海沿岸／1,2,3,5,9,12,13,16,18,19
	シロバナムラサキイガヤグルマギク	*Centaurea* sp.		欧州
	シロムショケギク	*Chrysanthemum cinerariaefolium* Visiani		バルカン半島／8,12,16
	アカムショケギク	*Chrysanthemum coeeineum* Willd.		西アジア／8,12,16
	モクシュンギク	*Chrysanthemum frutescens* L.		カナリー島／2,5,8,14,16

(付表10の続き)

科名	和名	学名	確認年代	備考（原産地／文献）
キク科	キクニガナ	*Cichorium intybus* L.	明治？	欧州／2,4,5,8,9,12,15,16,17,18,19
	オオヤナギアザミ	*Cirsium hupehense* Pamp.	1997年	中国／
	アメリカオニアザミ	*Cirsium vulgare* (Savi) Ten.	1960年以前	欧州／2,3,4,5,9,10,12,16,17,18,19
	サントリソウ	*Cnicus benedictus* L.		地中海沿岸／1,2,5,16,18,19
	アレチノギク	*Conyza bonariensis* (L.) Cronquist	1890年前後	南米／1,2,3,4,5,8,9,10,11,12,16,17,18,19
	オオアレチノギク	*Conyza sumatrensis* (Retz.) Walker	1920年前後	南米／1,2,3,4,5,8,10,11,12,16,17,18,19
	キンケイギク	*Coreopsis basalis* (A. Doetr.) S. F. Blake	明治	北米／2,3,5,8,9,17,18,19
	ホソバハルシャギク	*Coreopsis grandiflora* Hogg.		18
	オオキンケイギク	*Coreopsis lanceolata* L.	明治	北米／2,3,4,5,8,9,10,12,14,16,17,18,19
	ハルシャギク	*Coreopsis tinctoria* Nutt.	明治	北米／2,4,5,8,9,10,12,14,17,18,19
	コスモス	*Cosmos bipinnatus* Cav.	栽培逸出	メキシコ／4,5,8,9,10,12,14,16,17,18,19
	キバナコスモス	*Cosmos sulphureus* Cav.	栽培逸出	中央米～南米／2,4,5,8,9,16,17,18,19
	タカサゴトキンソウ	*Cotula anthemoides* L.	1942年以前	5
	マメカミツレ	*Cotula australis* (Sieber ex Spreng.) Hook. f.	1939年	豪州／1,2,3,4,5,9,10,17,18,19
	ウシオシカギク	*Cotula coronopifolia* L.		南アフリカ／2,5,18,19
	ベニバナボロギク	*Crassocephalum crepidioides* (Benth.) S. Moore	1950年	アフリカ／2,3,4,5,8,9,10,11,16,17,18,19
	セイヨウニガナ	*Crepis capillaris* Wallr.	1977年	欧州／5,9,16,18
	アレチニガナ	*Crepis setosa* Hall. f.	1971年	欧州／3,5,9,12,16,18,19
	ヤネタビラコ	*Crepis tectorum* L.	1974年	欧州／3,4,5,9,12,16,17,18,19
	チョウセンアザミ	*Cynara scolymus* L.	江戸時代	地中海沿岸／5,8,15,16
	アワコガネギク	*Dendranthena boreale* (Makino) Kitam.	栽培逸出	5,8
	アメリカタカサブロウ	*Eclipta alba* (L.) Hassk.	1990年代	4,5,9,16,18,19
	ベニニガナ	*Emilia sagittata* DC.	栽培逸出	インド東部／4,5,8,9,13,16,19
	ウシノタケダグサ	*Erechtites hieracifolia* (L.) Raf. ex DC. var. *cacalioides* Griseb.		西インド諸島／1,3,4,5,
	ダンドボロギク	*Erechtites hieracifolia* (L.) Raf. ex DC. var. *hieracifolia*	1933年	北米・熱帯米／1,2,3,4,5,8,9,10,11,12,13,16,17,18,19
	シマボロギク	*Erechtites valerianaefolia* DC.	1893年	南米／1,2,5,8,16,18,19
	ヒメムカシヨモギ	*Erigeron canadensis* L. var. *canadensis*	1870年頃	北米／1,2,3,4,5,8,9,10,11,12,13,16,17,18,19
	ウスゲヒメムカシヨモギ	*Erigeron canadensis* L. var. *glabratus* Gray		北米／5,9,18
	ペラペラヨメナ	*Erigeron karvinskianus* DC.	1949年	中央米／3,4,5,8,9,16,18,19
	メキシコヒナギク	*Erigeron mucronatus* DC.		メキシコ／5,13,18
	ケナシハルジオン	*Erigeron philadephicus* L. var. *glaber* Henry		5,18
	ハルジオン	*Erigeron philadephicus* L. var. *philadephicus*	1920年頃	北米／1,2,3,4,5,8,9,10,11,12,16,17,18,19
	ケナシヒメムカシヨモギ	*Erigeron pusillus* Nutt.	1926年以前	北米／1,2,3,4,5,8,9,10,11,12,17,18,19
	ヒマワリヒヨドリ	*Eupatorium odoratum* L.	1980年	南米・熱帯米／4,5,16,18,19
	マルバフジバカマ	*Eupatorium rugosum* Houtt.	1926年	北米／1,2,3,4,5,9,10,12,16,18,19
	アメリカフジバカマ	*Eupatorium* sp.		北米／1,5
	キヌゲチチコグサ	*Facelis retusa* Schult-Bip.	1992年	南米／4,5
	キアレチギク	*Flaveria bidentis* Kuntze	1962年	熱帯米？／5,18
	カツマタギク	*Flaveria campestris* J. R. Johnson	1958年	北米／5
		Flaveria ramosissima F. W. Klatt.	1960年	メキシコ／5
	テンニンギク	*Gaillardia pulchella* Foug.		北米／4,5,8,9,12,13,16,18
	コゴメギク	*Galinsoga parviflora* Cav.	昭和初期	熱帯米／1,2,3,4,5,9,11,16,17,18,19
	ハキダメギク	*Galinsoga quadriradiata* Ruiz et Pav.	1932年	北米・熱帯米／1,2,3,4,5,8,9,10,11,12,16,17,18,19

(付表10の続き)

科名	和名	学名	確認年代	備考（原産地／文献）
キク科	タチチチコグサ	Gnaphalium calviceps Fernald	1918年	熱帯米／4,5,9,10,11,12,16,17,18,19
	セイタカハハコグサ	Gnaphalium luteoalbum L.	戦後	欧州／4,5,9,12,16,17,18
	チチコグサモドキ	Gnaphalium pensylvanicum Willd.	大正	熱帯米／1,2,3,4,5,8,9,10,11,12,13,16,17,18,19
	ウスベニチチコグサ	Gnaphalium purpureum L.	1968年	アメリカ大陸／4,5,9,10,16,17,18
	ウラジロチチコグサ	Gnaphalium spicatum Lam.	1965年頃	南米／4,5,9,10,16,17,18
	エダウチチチコグサ	Gnaphalium sylvaticum L.	戦後	北半球周極地域／1,2,4,5,12,16,18,19
	キバナタカサブロウ	Guizotia abyssinica (L. f.) Cass.	1960年	熱帯アフリカ／2,3,5,9,16,18,19
	スイゼンジナ	Gynura bicolor DC.	江戸時代	東アジア熱帯／2,4,5,8,9,15,18,19
	サンシチソウ	Gynura japonica Juel	江戸時代末期	中国／1,2,4,5,8,9,16,18,19
	ダンゴギク	Helenium autumnale L.	園芸逸出	北米／4,9
	マツバハルシャギク	Helenium tenuifolium Nutt.	1880年	北米／2,5,18
	コヒマワリ	Helianthus × multiflorus L.	明治中期・栽培逸出	5
	ヒマワリ	Helianthus annuus L.		北米／8,9,12,14,16
	シロタエヒマワリ	Helianthus argophyllus Torr. et A. Gray	栽培逸出	北米／4,9,16,18,19
	ヒメヒマワリ	Helianthus cucumerifolius Torr. et A. Gray	1910年前後	北米／2,3,4,5,8,9,12,14,17,18,19
	ヤナギヒマワリ	Helianthus laevigatus Torr. et A. Gray		18
	キクイモ	Helianthus tuberosus L.	江戸時代末期	アメリカ大陸／1,2,3,4,5,8,9,10,11,12,15,16,17,18,19
	キクイモモドキ	Heliopsis helianthoides (L.) Sweet		北米／2,4,5,9,10,12,17,18,19
	オグルマダマシ	Heterotheca grandiflora Nutt.		1,2,5,18
	アレチオグルマ	Heterotheca subaxillaris Britt. et Rusby	1950年代	北米／2,5,18,19
	コウリンタンポポ	Hieracium aurantiacum L.	明治	欧州／2,3,4,5,9,12,16,17,18,19
	ウズラバタンポポ	Hieracium maculatum Sm.		欧州／9
	キバナコウリンタンポポ	Hieracium pratense Tausch.		欧州／2,4,5,12,16,17,18,19
	ヒメブタナ	Hypochoeris glabra L.	1966年	欧州／3,5,9,16,17,18,19
	ブタナ	Hypochoeris radicata L.	1933年	欧州／2,3,4,5,8,9,10,11,12,16,17,18,19
	アカザヨモギ	Iva xanthifolia Nutt.	1960年	北米／2,5,18,19
	タイワンニガナ	Lactuca formosana Maxim.		台湾／5,13,16
	アメリカニガナ	Lactuca pulchella DC.		北米／16,18
	チシャ	Lactuca sativa L.	江戸時代末期	欧州／9,15,16
	トゲチシャ	Lactuca scariola L.	1949年	欧州／2,3,4,5,8,9,10,12,16,17,18,19
	ラクツカリュームソウ	Lactuca virosa L.		欧州・アフリカ・西アジア／2,5,16,18
	ナタネタビラコ	Lapsana communis L.	1959年	ユーラシア（広域）／2,4,5,9,12,16,18,19
	カワリミタンポポモドキ	Leontodon taraxacoides (Vill.) Mérat	1973年	欧州／5,9,12,16,18
	ノースポールギク	Leucanthemum paludosum (Poir.) Bonnet et Barratte		欧州／9
	フランスギク	Leucanthemum vulgare Lam.	江戸時代末期	欧州／1,2,3,4,5,8,9,10,12,16,17,18,19
	カミツレ	Matricaria chamomilla L.	江戸時代	欧州～西アジア／1,2,3,4,5,8,9,10,12,16,17,18
	イヌカミツレ	Matricaria inodora L.	明治	ユーラシア（広域）南部／2,3,4,5,9,12,16,17,18,19
	オロシャギク	Matricaria matricarioides (Less.) Porter	1955年以前	ユーラシア（広域）北部／1,2,3,4,5,9,12,16,17,18,19
	ツルヒヨドリ	Mikania cordata B. L. Robinson		旧世界熱帯～亜熱帯（広域）／16,18
	ゴロツキアザミ	Onopordum acanthium L.	1965年	欧州～西アジア／5,16,18,19
	オニウロコアザミ	Onopordum illyricum L.	1980年以前	欧州／5,16,18
	アメリカブクリョウサイ	Parthenium hysterophorus L.	戦後	北米／5,16,18
	ハリゲコウゾリナ	Picris echinoides L.	1984年	欧州／3,5,16,18,19

(付表10の続き)

科名	和名	学名	確認年代	備考（原産地／文献）
キク科	ヒイラギギク	*Pluchea indica* Less.		熱帯アジア／5,13,18
	タワダギク	*Pluchea odorata* Less.	戦後	南米／5,13,18
	トウゴウギク	*Rudbeckia fulgida* Ait.		北米／3,5,14,18
	アラゲハンゴンソウ	*Rudbeckia hirta* L. var. *sericea* (T. V. Moore) Fernald	1938年以前	北米／1,2,3,4,5,8,9,12,13,14,16,17,18,19
	ヤエザキオオハンゴンソウ	*Rudbeckia laciniata* L. var. *hortensis* Bailey	園芸逸出	北米／2,3,4,5,9,10,17,19
	オオハンゴンソウ	*Rudbeckia laciniata* L. var. *laciniata*	明治	北米／2,3,4,5,8,9,10,12,14,16,17,18,19
	ミツバオオハンゴンソウ	*Rudbeckia triloba* L.	昭和初期	北米／2,3,4,5,9,12,18,19
	ジャノメギク	*Sanvitalia procumbens* Lam		9,18
	イトバギク	*Schkuhria pinnata* (Lam.) Kuntze	戦後	メキシコ／2,4,5,9,18,19
	キバナアザミ	*Scolymus hispanicus* L.		欧州南部／16,18
	キバナバラモンジン	*Scorzonera hispanica* L.		欧州／16,18
	マツバサワギク	*Senecio blochmaniae* E. L. Green	1994年	北米／5,18
	ダイコクサワギク	*Senecio inaequidens* DC. var. *"daikoku"*	1991年	9
	シンコウサワギク	*Senecio inaequidens* DC. var. *inaequidens*	1991年	南アフリカ／9,16
	ヤコブコウリンギク	*Senecio jacobaea* L.	1980年	欧州〜シベリア／5,16,18
	ナルトサワギク	*Senecio madagascariensis* Poir.	1976年	北米／4,5,9,18
	アレチボロギク	*Senecio sylvaticus* L.	1998年	欧州／9,12,16
	ハナノボロギク	*Senecio vernalis* Waldst. et Kit.	1975年	欧州・シベリア／5,16,18
	ネバリノボロギク	*Senecio viscosus* L.		欧州／5,16,18
	ノボロギク	*Senecio vulgaris* L.	1870年前後	欧州／1,3,4,5,8,9,10,11,12,16,17,18,19
	ハクケイコメナモミ	*Siegesbeckia glabrescens* Makino var. *leucoclada* Nakai		東アジア／16,18
	ツキヌキオグルマ	*Silphium perfoliatum* L.		北米／12
	オオアザミ	*Silybum marianum* (L.) Gaertn.	1856年以前	地中海沿岸南西部／3,4,5,9,11,16,18,19
	セイタカアワダチソウ	*Solidago altissima* L.	1908年頃	北米／2,3,4,5,8,9,10,11,12,17,18,19
	カナダアキノキリンソウ	*Solidago canadensis* L. var. *canadensis*	明治	北米／1,2,3,4,5,9,12,16,17,18,19
	ケカナダアキノキリンソウ	*Solidago canadensis* L. var. *gilbocanescens* Rydb.		北米／9
	オオアワダチソウ	*Solidago gigantea* Aiton var. *leiophylla* Fernald	明治	北米／1,2,3,4,5,8,9,10,11,12,17,18,19
	イトバアワダチソウ	*Solidago graminifolia* Sal.	1983年	北米／4,5,12,18
	ハヤザキアワダチソウ	*Solidago juncea* Aiton	1979年以前	5,18
	アワダチギク	*Solidago luteus* (Evetett) Green		5
	ホソバトキワアワダチソウ	*Solidago sempervirens* L. var. *mexicana* Fernald	1979年頃	5,18
	トキワアワダチソウ	*Solidago sempervirens* L. var. *sempervirens*	1960年	北米／2,5,9,17,18,19
	イガトキンソウ	*Soliva anthemifolia* R. Br.	1910年	南米／3,4,5,9,17,18,19
	メリケントキンソウ	*Soliva sessilis* Ruiz. et Pav.	1930年	南米／2,3,5,9,17,18,19
	タイワンハチジョウナ	*Sonchus arvensis* L.		欧州／4,5,12,13,18
	オニノゲシ	*Sonchus asper* (L.) Hill	明治	欧州／1,2,3,4,5,8,9,10,11,12,16,17,18,19
	ヒメセンニチモドキ	*Spilanthes iabadicensis* A. H. Moore		東南アジア／5,13,18
	オランダセンニチ	*Spilanthes paniculata* Wall. ex DC.		熱帯（広域）／16,18
	ヒメジョオン	*Stenactis annuus* (L.) Cass.	江戸時代末期	欧州・北米？／1,2,3,4,5,8,9,10,11,12,16,17,18,19
	ヤナギバヒメジョオン	*Stenactis pseudo-annuus* (Makino) Ohba, comb. nov.	大正	北米？／1,2,4,5,9,12,17,18,19
	ヘラバヒメジョオン	*Stenactis strigosus* (Muhl. ex Willd.) DC.	1961年以前	北米／2,3,4,5,8,9,10,11,12,16,17,18,19
	アマハステビア	*Stevia rebaudiana* (Bertoni) Bertoni	栽培逸出	南米／9,16
	フシザキソウ	*Synedrella nodiflora* Gaertn.	戦後？	アジア，アメリカの熱帯／1,2,4,5,16,18,19
	シオザキソウ	*Tagetes minuta* L.	1955年以前	南米／2,3,4,5,9,16,17,18,19
	ハナヨモギギク	*Tanacetum bipinnatum* (L.) Sch.Bip.		ロシア北部／9
	ナツシロギク	*Tanacetum parthenium* C. H. Schultz	園芸逸出	欧州・西アジア／9,12,16,18
	ヨモギギク	*Tanacetum vulgare* L.		欧州・シベリア／1,2,4,5,9,12,16,18,19
	タカサゴタンポポ	*Taraxacum formosanum* Kitam.		台湾／5
	外来種タンポポ種群	*Taraxacum officinale* agg.	1904年以前	欧州／1,2,3,4,5,8,9,10,11,12,15,16,17,18,19

(付表10の続き)

科名	和名	学名	確認年代	備考（原産地／文献）
キク科	ニトベギク	*Tithonia diversifolia* (Hensl.) A. Gray		北米／5
	メキシコヒマワリ	*Tithonia rotundifolia* S. F. Blake	1930年頃	中央米／14,18
	バラモンジン	*Tragopogon porrifolius* L.	1856年以前	地中海沿岸／3,4,5,8,10,16,17,18,19
	キバナザキバラモンジン	*Tragopogon pratensis* L.	明治初期	地中海沿岸／1,3,5,8,12,16,18,19
	コトブキギク	*Tridax procumbens* L.	戦後	熱帯米／4,5,9,13,16,18
	フキタンポポ	*Tussilago farfara* L.		ユーラシア（広域）／4,12,16,18
	ハネミギク	*Verbesina alternifolia* Britt.	1976年	北米／4,5,18
	ハチミツソウ	*Verbesina occidentalis* Walt.	1963年以前	北米／5,12,16,18
	レイナンノギク	*Vernonia patula* Merr.		アジア／16,18
	ゴウシュウヒナギク	*Vittadinia triloba* DC.	昭和初年	5,18
	ホコガタギク	*Wedelia lundii* DC.		5,18
	アメリカハマグルマ	*Wedelia trilobata* Hitchc.		熱帯米／5,18
	オオオナモミ	*Xanthium canadense* L.	1929年以前	北米／1,2,3,4,5,9,10,11,12,16,17,18,19
	イガオナモミ	*Xanthium italicum* Moretti	1958年以前	南米／2,3,4,5,8,9,10,11,12,16,17,18,19
	トゲオナモミ	*Xanthium spinosum* L.	1934年以前	1,2,3,4,5,9,10,12,16,17,18,19
	ヒャクニチソウ	*Zinnia elegans* Jacq.	1862年	メキシコ／8,14,16,17,18
オモダカ科	ナガバオモダカ	*Sagittaria graminea* Michx.	1975年頃	北米／4,5,9,16,18
トチカガミ科	オオカナダモ	*Egeria densa* Planch.	大正	南米／1,2,4,5,7,8,9,10,11,16,17,18,19
	コカナダモ	*Elodea nuttallii* (Planch.) H. St. John	昭和	北米／3,4,5,7,8,9,10,16,17,18,19
	アマゾントチカガミ	*Lymmobium stoloniferum* Griseb.		熱帯米／5,13,18
	オオセキショウモ	*Vallisneria gigantea* Graebn.		豪州／4,9,16,18
	セイヨウセキショウモ	*Vallisneria spiralis* L.	戦後？	北米／16,18
ユリ科	ラッキョウ	*Allium chinense* G. Don		中国／8,9,12
	キバナギョウジャニンニク	*Allium moly* L.	1870年頃	欧州南部／12,14,16
	オオニラ	*Allium tuberosum* Rottler var. *latifolium* Kitam.		中国／12
	オランダキジカクシ	*Asparagus officinalis* L.		欧州／8,12,15,16
	和名なし	*Brodiaea californica* Lindl.		
	ユキゲユリ	*Chionodoxa luciliae* Boiss.		小アジア／12,14
	オリヅルラン	*Chlorophytum comosum* (Thunb. ex Murray) Jacq.	明治初期	アフリカ／16
	ドイツスズラン	*Convallaria majalis* L.		欧州／12,14,16
	バイモ	*Fritillaria verticillata* Willd. var. *thunbergii* (Miq.) Baker	江戸時代	中国／8,12,14
	ハナニラ	*Ipheion uniflorum* (Lindl.) Raf.	明治	南米／1,2,3,4,5,8,9,10,15,17,18,19
	シンテッポウユリ	*Lilium × formolongo* hort	栽培逸出	9,14
	タカサゴユリ	*Lilium formosanum* Wall.	1923年	台湾／4,5,14,16,17,18
	オオルリムスカリ	*Muscari armeniacum* Leichtlin ex Baker		欧州東部～西アジア／12,14,16
	ルリムスカリ	*Muscari botryoides* (L.) Mill.		欧州／12,14,16
	ムスカリ	*Muscari neglectum* Guss. et Ten.		12
	ニラモドキ	*Nothoscordum bivalve* Brit.		北米東部／9,16,18
	ハタケニラ	*Nothoscordum gracile* (Aiton) Stearn	明治	アメリカ大陸／1,3,4,5,9,12,16,17,18,19
	ホソバオオアマナ	*Ornithogalum tenuifolium* Ten.		地中海沿岸／2,4,5,9,18,19
	オオアマナ	*Ornithogalum umbellatum* L.		地中海沿岸／4,9,12,14,16
	ナギイカダ	*Ruscus aculeatus* L.	1860年代	地中海沿岸／8,9
	シラー	*Scilla bifolia* L.		欧州／12,14
	タイワンホトトギス	*Tricyrtis formosana* Baker		台湾／5,9,13,18
リュウゼツラン科	アオノリュウゼツラン	*Agave americana* L.	栽培逸出	メキシコ／8,18
	チトセラン	*Sansevieria zeylanica* Willd.	栽培逸出	ニュージーランド／8,18
ヒガンバナ科	スノードロップ	*Galanthus nivalis* L.	1870年頃	欧州／12,14
	スノーフレーク	*Leucojum vernum* L.		欧州／12
	ナツズイセン	*Lycoris squamigera* Maxim.	栽培逸出	中国／8,9,14,17,18,19
	クチベニズイセン	*Narcissus poeticus* L.		欧州／12
	ラッパズイセン	*Narcissus pseudonarcissus* L.	栽培逸出	欧州／9
	スイセン	*Narcissus tazetta* L. var. *chinensis* M. Roem.		8,9,12,17,18,19
	ヤエザキスイセン	*Narcissus tazetta* L. var. *plenus* Nakai		中国／2,5,12,17,18
	タマスダレ	*Zephyranthes candida* Herb.	1870年頃	ブラジル／4,8,9,12,14,

(付表10の続き)

科名	和名	学名	確認年代	備考（原産地／文献）
ヒガンバナ科				17,18
	サフランモドキ	*Zephyranthes grandiflora* Lindl.	1845年	中央米／1,2,3,4,5,8,9,17,18,19
ヤマノイモ科	カシュウイモ	*Dioscorea bulbifera* L. form. *domestica* Makino et Nemoto		中国／8
ミズアオイ科	ハイホテイアオイ	*Eichhornia azurea* Kunth		南米／16,18
	ホテイアオイ	*Eichhornia crassipes* (Mart.) Solms-Laub.	明治中期	熱帯米／1,3,4,5,7,8,9,10,11,16,17,18,19
	アメリカコナギ	*Heteranthera limosa* (Sw.) Willd.	1976年	北米／4,5,7,9,16,18
	ヒメホテイアオイ	*Heteranthera peduncularis* Benth.	1996年	北米／
	アメリカミズアオイ	*Pontederia cordata* L.	1990年代	北米東部／10
アヤメ科	チリーアヤメ	*Alophia amoena* (Griseb.) O. Kuntze		南米
	クロッカス	*Crocus neapolitanus*		欧州／12,16
	フリージア	*Freesia hybrida* Hort.	栽培逸出	南アフリカ／5,8,14,16
	グラジオラス	*Gladiolus hybridus* Hort.	1870年頃	アフリカ／8,14,16,17,18
	ジャーマンアイリス	*Iris germanica* L.		欧州／12,14,16
	キショウブ	*Iris pseudoacorus* L.	1896年頃	ユーラシア（広域）／3,4,5,7,8,10,11,12,14,16,17,18,19
	アイイロニワゼキショウ	*Sisyrinchium angustifolium* Mill.	明治	北米／2,4,5,9,16,17,18,19
	キバナニワゼキショウ	*Sisyrinchium exile* Bickn.	1986年以前	北米／5,18
	ニワゼキショウ	*Sisyrinchium rosulatum* E. P. Bicknell	1887年頃	北米／1,2,3,4,5,8,9,10,11,12,16,17,18,19
	オオニワゼキショウ	*Sisyrinchium* sp.	1930年以前	北米／1,4,5,9,11,16,17,18
	ヒトフサニワゼキショウ	*Sisyrinchium* sp.	1981年	4,5,12,16,18
	コニワゼキショウ	*Sisyrinchium* sp.		11
	ヒメヒオウギズイセン	*Tritonia × crocosmaeflora* Lemoine	1890年頃	4,5,9,10,12,14,17,18,19
イグサ科	コバノハイゼキショウ	*Juncus articulatus* L.	1988年	ユーラシア（広域）／9
	アメリカクサイ	*Juncus dudleyi* Wiegand	1900年頃	北米／5,9,18
	オテダマゼキショウ	*Juncus* sp.		北米／1,5,18
	コゴメイ	*Juncus* sp.	1990年代	9
	オオタチクサイ	*Juncus tenuis* Willd. var. *anthelatus* Wiegand		北米／16,18
	タチクサイ	*Juncus tenuis* Willd. var. *nakaii* Satake		北米／16,18
ツユクサ科	シダレツユクサ	*Gibasis geniculata* Rohw.		18
	ムラサキオモト	*Rhoeo spathacea* Stearn		メキシコ・西インド／8,18
	ノハカタカラクサ	*Tradescantia flumiensis* Vell.	昭和初期	南米／2,3,4,5,9,10,17,18,19
	ムラサキツユクサ	*Tradescantia ohiensis* Raf.	1870年頃	北米／8,9,10,12,17,18
	オオムラサキツユクサ	*Tradescantia virginiana* L.	昭和初期	北米南部／9,16
	ハカタカラクサ	*Zebrina pendula* Schnizl.		メキシコ／5,16,18
バショウ科	バショウ	*Musa basjoo* Sieb.		中国／8,18
	イトバショウ	*Musa liukiuensis* (Matsumura) Makino		熱帯アジア／5,18
	ヒメバショウ	*Musa uranoscopos* Loureiro		中国／8,18
カンナ科	アカバナダンドク	*Canna coccinea* Mill.		5,13,18
	ハナカンナ	*Canna generalis* Bailey	1910年頃	8,14,17,18
	キバナダンドク	*Canna indica* L. var. *flava* Roxb.	栽培逸出	5,13,18
	ダンドク	*Canna indica* L. var. *rubura* Aiton	1850年頃	インド・マラッカ・マレー諸島／5,8,9,13,14,18
クズウコン科	ミズカンナ	*Thalia dealbata* Traser		18
イネ科	ヤギムギ	*Aegilops cylindrica* Host	1973年	地中海沿岸／3,4,5,6,16,18,19
	タルホコムギ	*Aegilops triuncialis* L.		
	コヌカグサ	*Agrostis alba* L.	江戸時代末期	北半球温帯（広域）／1,2,3,4,5,6,8,9,10,11,12,16,17,18,19
	ナンカイヌカボ	*Agrostis avenacea* Gmel.		豪州／9,17,18
	ヒメヌカボ	*Agrostis canina* L.		欧州／6,12,16,17,18,19
	フユヌカボ	*Agrostis hyemalis* (Walter) Britton, Sterns et Poggenb.	1975年以前	北米／9,16
	クロコヌカグサ	*Agrostis nigra* With.		ユーラシア（広域）／4,6,10,12,16,17,18,19
	ハイコヌカグサ	*Agrostis stolonifera* L.	明治	北半球温帯（広域）／2,4,5,6,9,10,12,16,17,18,19
	イトコヌカグサ	*Agrostis tenuis* Sibth.	戦後？	欧州／1,5,9,12,16,18
	ウォーターベントグラス	*Agrostis verticiffata* Vile		地中海沿岸／16,18
	ヌカススキ	*Aira caryophyllea* L. subsp. *multiculmis* (Dumort.) Bonnier et Layens	明治	欧州・西アジア・北アフリカ／1,2,4,5,6,8,9,10

(付表10の続き)

科名	和名	学名	確認年代	備考（原産地／文献）
イネ科				12,17,18,19
	ヒメヌカススキ	*Aira elegans* Willd. ex Gaudin subsp. *amabiqua* (Arcang.) Holub		18
	ハナヌカススキ	*Aira elegans* Willd. ex Kunth subsp. *elegans*		欧州／2,4,5,6,9,17,18,19
	ノハラスズメノテッポウ	*Alopecurus aequalis* Sobol. var. *aequalis*		地中海沿岸／16,18
	ノスズメノテッポウ	*Alopecurus myosuroides* Huds.	1973年	欧州・温帯アジア／5,6, 15,16,19
	オオスズメノテッポウ	*Alopecurus pratensis* L.	明治	欧州・西アジア・北アフリカ／1,2,4,5,6,8,9, 10,12,16,17,18,19
	オオハマガヤ	*Amnophila breviligulata* Fern.	1976年	アメリカ大陸／5,8,17,18
	メリケンカルカヤ	*Andropogon virginicus* L.	1940年頃	北米～中央米／2,4,5,6, 8,9,10,16,17,18,19
	ヒメハルガヤ	*Anthoxanthum aristatum* Boiss.	1973年	欧州／3,4,5,6,9,12,16,18,19
	ケナシハルガヤ	*Anthoxanthum odoratum* L. subsp. *alpinum* (A. et D. Love) Hult.	1983年	6,12,17,19
	メハルガヤ	*Anthoxanthum odoratum* L. subsp. *glabrescens* Celakovsky		ユーラシア（広域）／12,16
	ハルガヤ	*Anthoxanthum odoratum* L. subsp. *odoratum*	明治	ユーラシア（広域）／2, 3,4,5,6,8,10,11,12,16, 17,18,19
	ホソセイヨウヌカボ	*Apera interrupta* Beauv.	1965年	欧州～西アジア／4,6,9, 16,18,19
	セイヨウヌカボ	*Apera spica-venti* Beauv.	明治	欧州／9,12,16,18
	ノゲエノコロ	*Aristida adscensionis* L.		北米南部／9,16
	ヒメマツバシバ	*Aristida longispica* Poir.		18
	フタヒゲオオカニツリ	*Arrhenatherum elatius* (L.) J. et C. Presl var. *biaristatum* Peterm.		9,12,16,18
	チョロギガヤ	*Arrhenatherum elatius* (L.) J. et C. Presl var. *bulbosum* Spenner		欧州／1,2,3,5,8,9,10,12, 16,18,19
	オオカニツリ	*Arrhenatherum elatius* (L.) J. et C. Presl var. *elatiusglabrescens* Celakovsky	明治初期	ユーラシア（広域）／1, 2,3,4,5,6,8,9,10,12,16, 17,18,19
	リボンガヤ	*Arrhenatherum elatius* (L.) J. et C. Presl var. *nodosum*		欧州？／1,2,3,5,16
	フシゲオオカニツリ	*Arrhenatherum elatius* (L.) J. et C. Presl var. *subhirsutum* Ascherson		欧州／12,16
	オニコブナグサ	*Arthraxon lanceolatus* Hochst.		18
	フイリダンチク	*Arundo donax* L. var. *versicolor* Stokes	明治初期	欧州／16,17,18
	ミナトカラスムギ	*Avena barbata* Pott ex Link	1962年	欧州南部／2,5,6,8,9,16, 18,19
	コカラスムギ	*Avena fatua* L. var. *glabrata* Peterm.		欧州，西アジア，北アフリカ／2,5,12,16,18
	オニカラスムギ	*Avena ludviciana* Durieu	1950年代	中央アジア／2,5,9,12, 16,17,18,19
	ハダカエンバク	*Avena nuda* L.		欧州／12
	オートムギ	*Avena sativa* L.	江戸時代末期	1,2,4,5,6,8,9,10,12,16, 17,18,19
	オロシャエンバク	*Avena schelliana* Durieu		5
	セイヨウチャヒキ	*Avena strigosa* Schreb.		欧州／16
	ホソバツルメヒシバ	*Axonopus affinis* Chase	1987年	アメリカ大陸／5,16,18
	ツルメヒシバ	*Axonopus compressus* Beauv.		西インド諸島／5,8,16,18
	ナンゴクヒメアブラススキ	*Bothriochloa intermedia* A. Camus var. *punstata* Keng		18
	カモノハシガヤ	*Bothriochloa ischaemum* Keng		16,18
	アゼヤモドキ	*Bouteloua curtipendula* Torr.		アメリカ大陸／8,18
	ヒメスズメノヒエ	*Brachiaria eruciformis* Griseb.		西・中央アジア，アフリカ／5,16,18
	メリケンキビ	*Brachiaria extensa* Chase		アメリカ大陸／5,8,16,18
	パラグラス	*Brachiaria mutica* (Forsk.) Stapf		北米・熱帯米／4,5,8,13 16,18
	メリケンニクキビ	*Brachiaria platyphylla* Nash	戦後	アメリカ大陸／4,5,9,16,18
	ヒメキビ	*Brachiaria reptans* Gardn. et Hubb.	戦後	熱帯米／5,16,18
	セイヨウヤマカモジ	*Brachypodium distachyon* P. Beauv.	1953年	北米・地中海沿岸／5,8,16,18,19
	コバンソウ	*Briza maxima* L.	明治	欧州・地中海沿岸／1,2 4,5,6,8,9,10,11,12,16, 17,18,19

（付表10の続き）

科名	和名	学名	確認年代	備考（原産地／文献）
イネ科	チュウコバンソウ	*Briza media* L.		欧州／3,5,16,18
	ヒメコバンソウ	*Briza minor* L.	1867年	欧州／1,2,3,4,5,6,8,9,10,11,12,16,17,18,19
	アレチチャヒキ	*Bromus arvensis* L.		欧州／5,16,17,18
	ニセコバンソウ	*Bromus brizaeformis* Fisch. et Mey.	1974年	欧州／3,5,6,16,18,19
	ヤクナガイヌムギ	*Bromus carinatus* Hook. et Arn.		北米西部／4,5,6,9,10,12,16,17,18,19
	イヌムギ	*Bromus catharticus* Vahl	明治初期	南米／1,2,3,4,5,6,8,9,10,11,12,16,17,18,19
	ムクゲチャヒキ	*Bromus commutatus* Schrad.	1950年代	アジア西部〜北アフリカ／2,5,10,12,16,17,18,19
	オニチャヒキ	*Bromus danthoniae* Trin.	1952年	中央アジア／2,5,16,18,19
	コスズメノチャヒキ	*Bromus inermis* Leyss.	1962年以前	ユーラシア（広域）／2,4,5,6,9,,12,16,18,19
	オオチャヒキ	*Bromus macrostachys* Desf.		16,18
	マドリードチャヒキ	*Bromus madritensis* L.		地中海沿岸／16
	ハトノチャヒキ	*Bromus molliformis* Lloyd.	1952年	地中海沿岸／2,4,5,9,12,18,19
	ハマチャヒキ	*Bromus mollis* L.	1950年代	ユーラシア（広域）／1,2,4,5,6,9,12,16,17,18,19
	ミナトイヌムギ	*Bromus pacificus* Shear	1989年	北米／5,18
	ヒバリノチャヒキ	*Bromus ramosus* L.		ユーラシア（広域）／12,16,18
	ヒゲナガスズメノチャヒキ	*Bromus rigidus* Roth	1912年	欧州／2,3,4,5,6,9,10,11,12,16,17,18,19
	チャボチャヒキ	*Bromus rubens* L.	1974年	欧州／3,4,5,6,9,16,18,19
	カラスノチャヒキ	*Bromus secalinus* L.	1916年	欧州／3,4,5,6,9,10,12,16,17,18,19
	アレチノチャヒキ	*Bromus sterilis* L.	1912年	ユーラシア（広域）／2,5,9,10,11,12,16,18,19
	メウマノチャヒキ	*Bromus tectorum* L. var. *glabratus* Spenner	1956年	欧州／2,3,4,5,9,16,18
	ウマノチャヒキ	*Bromus tectorum* L. var. *tectorum*	1941年以前	欧州／2,3,4,5,6,9,12,16,17,18,19
	リュウキュウヒメアブラススキ	*Capillipedium parviflorum* Stapf var. *spicigera*		アジア？／16
	クリノイガ	*Cenchrus brownii* Roem. et Schult.	戦後	ミクロネシア／1,2,4,5,9,13,16,18,19
	シンクリノイガ	*Cenchrus echinatus* L.	戦後	中央米／4,5,6,9,16,18,19
	ヒメクリノイガ	*Cenchrus longispinus*		5,16,18
	オオクリノイガ	*Cenchrus tribloides* L.	1982年頃	北米／5,12,16,18
	シマヒゲシバ	*Chloris barbata* Sw.	戦後	中米〜南米／5,6,9,13,16,18,19
	ヒメヒゲシバ	*Chloris divaricata* R. Br.	1969年	豪州／5,12,16,18
	ムラサキオヒゲシバ	*Chloris dolichostachya* Lagasca		18
	アフリカヒゲシバ	*Chloris gayana* Kunth	1962年頃	南アフリカ／3,4,5,6,8,9,10,13,16,17,18,19
	クシヒゲシバ	*Chloris pectinata* Benth.		18
	コウセンガヤ	*Chloris radiata* Sw.	1895年	熱帯米／1,2,5,16,18,19
	チャボヒゲシバ	*Chloris truncata* R. Br.		太平洋諸島／16,18
	オヒゲシバ	*Chloris virgata* Sw.	1922年	熱帯米／1,2,4,5,6,9,10,16,18,19
	オニジュズダマ	*Coix lacryma-jobi* L. var. *maxima* Makino		インド／5,9,16,18
	シロガネヨシ	*Cortaderia selloana* Asch. et Graebn.	栽培逸出	アルゼンチン／4,18
	トキンガヤ	*Crypsis aculeata* Ait.		18
	ホガクレシバ	*Crypsis schoenoides* (L.) Lam.	1998年	ユーラシア（広域）／9
	オニギョウギシバ	*Cynodon plectostachyum* Pilger		16,18
	クシガヤ	*Cynosurus cristatus* L.	戦後	欧州／2,3,5,8,12,16,18,19
	ヒゲガヤ	*Cynosurus echinatus* L.	1960年	地中海沿岸／2,3,5,6,9,12,16,17,18,19
	カモガヤ	*Dactylis glomerata* L.	江戸時代末期	欧州〜西アジア／1,2,3,4,5,6,8,9,10,11,12,16,17,18,19
	カシュウコメススキ	*Deschampsia danthonioides* (Trin.) Munro ex Benth.	1985年	北米／5,9,18
	ヒメオニササガヤ	*Dichanthium annulatum* Stapf	戦後	地中海沿岸〜西アジア／5,13,16,18

(付表10の続き)

科名	和名	学名	確認年代	備考（原産地／文献）
イネ科	シラゲオニササガヤ	*Dichanthium sericeum* A. Camus	1962年	豪州〜マレーシア／5, 16,18
	イヌメヒシバ	*Digitaria setigera* Roem.		熱帯アジア／1,5,16,18
	ハキダメガヤ	*Dinebra arabica* Jacq.	1931年	インド西部〜アフリカ東部・南アフリカ？／1, 2,4,5,6,8,9,12,18,19
	コヒメビエ	*Echinochloa colona* (L.) Link.		アジア・アフリカ熱帯／4,5,8,9,16
	イブキカモジグサ	*Elymus caninus* (L.) L.		ユーラシア（広域）温帯／2,5,6,16,18,19
	ノゲシバムギ	*Elymus repens* (L.) Gould var. *aristatum* Baumg.	1953年	5,12,18
	シバムギ	*Elymus repens* (L.) Gould var. *repens*	明治	地中海沿岸／1,2,4,5,6,9, 12,16,17,18,19
	クロカゼクサ	*Eragrostis chariis* Hitch.		アフリカ／5,18
	アメリカカゼクサ	*Eragrostis ciliaris* R. Br.		アメリカ大陸／9,16,18
	シナダレスズメガヤ	*Eragrostis curvula* (Schrad.) Nees	昭和初期	南アフリカ／2,3,4,5,6,8, 9,10,11,12,16,17,18,19
	タチホスズメガヤ	*Eragrostis glomerata* L. H. Dewey		北米〜ウルグアイ 5,16,18
	ノハラカゼクサ	*Eragrostis intermedia* Hitchc.		北米南部／9,18
	オオニワホコリ	*Eragrostis pilosa* Beauv.		欧州／5,10,11,16,18
	コスズメガヤ	*Eragrostis poaeoides* Beauv.	明治以降	ユーラシア（広域）／1, 2,4,5,6,8,9,10,11,12, 16,17,19
	シロカゼクサ	*Eragrostis silveana* Swallen.	1987年	北米／4,9,18
	コバンソウモドキ	*Eragrostis superba* Peyr.	1953年	アフリカ／5,16,18
	テフ	*Eragrostis tef* (Zucc.) Trotter		エチオピア／5,9,16,18
	ヌカカゼクサ	*Eragrostis tenella* Beauv. ex Roem et Schult.		アジア熱帯，亜熱帯／1, 2,4,5,16,18,19
	アンデスカゼクサ	*Eragrostis virescens* J. Presl	1998年	南米／9,16
	チャボウシノシッペイ	*Eremochloa ophiuroides* (Munro) Hack.		東南アジア・中国南部・台湾／5,9,13,16,18
	ムラサキタカオススキ	*Erianthus formosanus* Stapf var. *pollinioides* Ohwi		台湾／5,13,18
	アメリカノキビ	*Eriochloa contracta* Hitchc.	1990年	北米／5,9,18
	ホソナルコビエ	*Eriochloa gracilis* (E. Fourn.) Hitchc	1998年	北米南部／9,16
	コウシュンウンヌケ	*Eulalia leschenaulitiana* (Decne.) Ohwi		東アジア／5
	オニウシノケグサ	*Festuca arundinacea* Sch.	昭和	ユーラシア（広域）／1, 2,4,5,6,9,10,11,12,16, 17,18,19
	オウシュウトボシガラ	*Festuca gigantea* Vill.		5,12,16,18
	ハガワリトボシガラ	*Festuca heterophylla* Lam.		欧州／16,18,19
	コウライウシノケグサ	*Festuca ovina* L. var. *duriuscula* (L.) Koch		12,16
	ヒロハウシノケグサ	*Festuca pratensis* Huds.	明治	欧州〜シベリア／2,4,5, 6,9,10,11,12,16,17,18,19
	ムカゴオオウシノケグサ	*Festuca rubra* L. form. *vivipara* S. Kawano		16
	ハイウシノケグサ	*Festuca rubra* L. var.		12
	イトウシノケグサ	*Festuca rubra* L. var. *commutata* Gaudin		ニュージーランド／12
	アサカワソウ	*Festuca rubra* L. var. *musashiensis* Ohwi		18
	セイヨウウキガヤ	*Glyceria occidentalis* (Piper) J. C. Nelson	1988年	北米／9
	ウスアカヒゲガヤ	*Heteropogon triticeus* (R. Br.) Stapf		ジャワ・豪州／5
	セイヨウコウボウ	*Hierochloe odorata* Beauv.		12,18
	シラゲガヤ	*Holcus lanatus* L.	1905年以前	欧州・西アジア／1,2,3, 4,5,6,8,9,10,11,12,16, 17,18,19
	ニセシラゲガヤ	*Holcus mollis* L.	1984年	欧州／4,5,9,12,16,18
	ホソムギクサ	*Hordeum brachyantherum* Nevski	1952年	北米／5,13,16,18
	ヤバネオオムギ	*Hordeum distichon* L.	栽培逸出	西アジア／9,12,16,18
	ヒメムギクサ	*Hordeum hystrix* Roth	1953年	地中海沿岸／5,16,17,18,19
	ホソノゲムギ	*Hordeum jubatum* L.	明治以降	東アジア〜北米（広域）／2,4,5,9,12,16,17,18,19
	オオムギクサ	*Hordeum leporinum* Link	明治以降	欧州／16,18
	ハマムギクサ	*Hordeum marinum* Huds.	1953年	欧州／2,5,16,18,19
	ムギクサ	*Hordeum murinum* L.	1868年	欧州・西アジア／1,2,4, 5,6,8,9,12,16,17,18,19
	ミナトムギクサ	*Hordeum pusillum* Nutt.	1955年	北米／5,6,9,16,18,19
	ウサギノオ	*Lagurus ovatus* L.	1975年	地中海沿岸／4,5,8,9,16,18

（付表10の続き）

科名	和名	学名	確認年代	備考（原産地／文献）
イネ科	オニアゼガヤ	*Leptochloa fascicularis* Beauv.	1958年	4,5,16,18
	ハマガヤ	*Leptochloa fusca* (L.) Kunth		アジア～アフリカ／2,4, 5,6,8,9,16,17,18,19
	ニセアゼガヤ	*Leptochloa uninervia* (C. Presl) Hitchc. et Chase		アメリカ大陸／4,9,16,18
	ホウキアゼガヤ	*Leptochlora filiformis* (Lam.) P. Beauv.		9
	ネズミホソムギ	*Lolium* × *hybridum* Hausssknecht		2,5,9,10,11,12,16,17,18,19
	ネズミムギ	*Lolium multiflorum* Lam.	明治	ユーラシア（広域）／2, 4,5,6,8,9,10,11,12,16, 17,18,19
	ホソムギ	*Lolium perenne* L.	明治	ユーラシア（広域）／1, 2,4,5,6,9,10,11,12,13, 16,17,18,19
	アマドクムギ	*Lolium remotum* Schrank	明治	欧州／16
	ボウムギ	*Lolium rigidum* Gaud.	1931年	ユーラシア（広域）／1, 2,4,5,6,9,10,11,12,16, 17,18,19
		Lolium subulatum Vis.		北米／1,5,12,16,18
	ノゲナシドクムギ	*Lolium temulentum* L. var. *leptochaeton* A. Br.		欧州／1,2,5,12,16,18
	ドクムギ	*Lolium temulentum* L. var. *temulentum*	明治	欧州／1,2,4,5,6,8,11,12, 16,17,18,19
	トウミツソウ	*Melinis minutiflora* P. Beauv.		アフリカ／5,13,16,18
	ヨウシュヌマガヤ	*Molinia caerulea* Moench	1971年	欧州・小アジア・コーカサス・シベリア／5,18
	ハリノホ	*Monerma cylindrica* Coss. et Dur.	1959年	地中海沿岸／2,5,6,9,18,19
	コネズミガヤ	*Muhlenbergia schreberi* J. F. Gmel.	1929年	北米／1,2,3,5,6,8,9,16, 18,19
	オオハネガヤ	*Orthoraphium coreanum* Ohwi		18
	アレチイネガヤ	*Oryzopsis miliacea* (L.) Benth. et Hook.	1962年	地中海沿岸／2,5,6,9,16, 18,19
	ハナクサキビ	*Panicum capillare* L.	1955年	北米／2,4,5,6,9,11,12,16, 17,18,19
	オオクサキビ	*Panicum dichotomiflorum* Michx.	1927年	北米／1,2,3,4,5,6,8,9,10, 11,12,16,17,18,19
	スズメノキビ	*Panicum gaminatum* Forsk		北米／16,18
	ニコゲヌカキビ	*Panicum lanuginosum* Ell.	1940年	北米／1,2,5,6,9,12,18,19
	ギニアキビ	*Panicum maximum* Jacq.	1972年	アフリカ西南部／3,4,5, 6,9,16,18,19
	ホオキヌカキビ	*Panicum scoparium* Lam.	1977年頃	北米／4,5,18
	ホソヌカキビ	*Panicum tenue* Muhl.	1999年	北米／4
	スズメノナギナタ	*Parapholis incurva* (L.) C. E. Hubb.	1988年	欧州／5,9,16,18
	シマスズメノヒエ	*Paspalum dilatatum* Poir.	1915年	南米／2,4,5,6,8,9,10,11, 13,16,17,18,19
	キシュウスズメノヒエ	*Paspalum distichum* L. var. *distichum*	1924年	熱帯（広域）／1,2,4,5,6, 7,8,9,10,11,13,16,17, 18,19
	チクゴスズメノヒエ	*Paspalum distichum* L. var. *indutum* Shinners	戦後	北米南部／4,5,6,7,9,10, 16,17,18,19
	ハネスズメノヒエ	*Paspalum fimbriatum* H. B. K.	戦後	熱帯米？北米？／5,8, 16,18
	ナガバスズメノヒエ	*Paspalum longifolium* Roxb.		熱帯アジア・アフリカ／16,18
	コアメリカスズメノヒエ	*Paspalum minus* Fourn.	1970年	中・南米／5
	アメリカスズメノヒエ	*Paspalum notatum* Flugge	1969年	熱帯米・南米／3,4,5,6, 9,10,13,16,17,18,19
	コゴメスズメノヒエ	*Paspalum paniculatum* L.	戦後	中・南米／5,16,18
	タチスズメノヒエ	*Paspalum urvillei* Steud.	1958年	南米／2,4,5,6,8,9,10,11, 13,16,17,18,19
	トウジンキビ	*Pennisetum glaucum* R. Br.		16,18
	ツリエノコロ	*Pennisetum latifolium* Spreng.	明治	南米ウルグアイ／1,2,5, 6,8,18,19
	エダウチチカラシバ	*Pennisetum orientale* Rich. var. *triflorum* Stapf	1929年	インドネシア・北アフリカ・中近東／1,2,5, 6,9,18,19
	ナピアグラス	*Pennisetum purpureum* Schum.	昭和初期	アフリカ／4,5,6,8,13,16, 18,19

(付表10の続き)

科名	和名	学名	確認年代	備考（原産地／文献）
イネ科	ホソバチカラシバ	*Pennisetum setosum* L. C. Rich.		5,13,16,18
	オニクサヨシ	*Phalaris aquatica* L.		9,16,18
	リボングラス	*Phalaris arundinacea* L. var. *picta* L.		ユーラシア（広域）？／8,12,16,18
	カナリークサヨシ	*Phalaris canariensis* L.	江戸時代末期	欧州・西アジア・シベリア／1,2,4,5,6,9,10,12,16,17,18,19
	ヒメカナリークサヨシ	*Phalaris minor* Retz.	昭和初期	ユーラシア（広域）／1,2,4,5,6,9,12,16,17,18,19
	セトガヤモドキ	*Phalaris paradoxa* L. var. *paradoxa*	1950年頃	ユーラシア（広域）／2,4,5,6,9,16,18,19
	アレチクサヨシ	*Phalaris paradoxa* L. var. *praemorsa* Coss. et Dur.		地中海沿岸？／16,18
	オオアワガエリ	*Phleum pratense* L.	明治	ユーラシア（広域）／1,2,3,4,5,6,8,9,10,11,12,16,17,18,19
	ツルスズメノカタビラ	*Poa annua* L. var. *reptans* Hausskn.	戦前	欧州／9,12,16,17,18
	チャボノカタビラ	*Poa bulbosa* L. var. *bulbosa*		欧州・アジア中部／6,9,16,18
	ムカゴイチゴツナギ	*Poa bulbosa* L. var. *vivipara* Koel.	1988年	欧州・アジア中部／4,5,6,16,18,19
	コイチゴツナギ	*Poa compressa* L.	戦後	欧州／1,2,5,6,9,10,12,16,17,18,19
	ミスジナガハグサ	*Poa humilis* Ehrh. ex. Hoffm.		ユーラシア（広域）／9,10,18,19
	タチイチゴツナギ	*Poa nemoralis* L.	1986年	北米？／5,8,16
	ヌマイチゴツナギ	*Poa palustris* L.		欧州／5,6,8,12,16,17,18,19
	ホソバノナガハグサ	*Poa pratensis* L. var. *angustifolia* Smith	1961年	欧州／5,9,10,16,18
	ケナガハグサ	*Poa pratensis* L. var. *hirsuta* Asch. et Graebn.		欧州／18
	ナガハグサ	*Poa pratensis* L. var. *pratensis*	明治初期	ユーラシア（広域）／2,4,5,6,8,10,11,12,16,17,18,19
	オオスズメノカタビラ	*Poa trivialis* L.	明治以降	欧州～西アジア／2,4,5,6,9,10,12,16,17,18,19
	アレチタチドジョウツナギ	*Puccinellia distans* (L.) Parl.	1976年	欧州／5,9,18
	ルビーガヤ	*Rhynchelytrum repens* C. E. Hubb.	1966年	南アフリカ／4,5,13,16,18
	ミノボロモドキ	*Rostraria cristata* (L.) Tzvelev	1932年	地中海沿岸／1,2,4,5,6,9,16,17,18,19
	ツノアイアシ	*Rottboellia exaltata* L. var. *appendiculata* Hack.		インド／4,5,8,13,18
	ヨシススキ	*Saccharum arundinaceum* Retz.		インド／5,13,16,18
	カタボウシノケグサ	*Scleropoa rigida* Griseb.	1968年	欧州／5,18
	ライムギ	*Secale cereale* L.	明治初期	欧州南部～西南アジア／1,2,4,5,6,8,9,16,18,19
	ヒメササキビ	*Setaria barbata* Kunth	戦後	熱帯アジア～アフリカ／5,16,18
	フシネキンエノコロ	*Setaria gracilis* Kunth	1942年	熱帯・亜熱帯（広域）／5,6,9,16,17,18,19
	クロボキンエノコロ	*Setaria nigriostris* Durand et Schinz	戦後	南アフリカ／5,18
	ヒメイヌアワ	*Setaria rariflora* Hikan		18
	アフリカキンエノコロ	*Setaria sphacelata* Stapf et Hubb. ex Moss	戦後	アフリカ／5,13,16,18
	イヌエノコロ	*Setaria verticillata* (L.) Beauv. var. *ambigua* Parl.	戦後	欧州／5,11,16,18
	ザラツキエノコログサ	*Setaria verticillata* (L.) Beauv. var. *verticillata*	戦後	欧州南部／5,6,9,10,16,18,19
	モロコシ	*Sorghum bicolor* (L.) Moench.	江戸時代	アフリカ北東部／5,8,16,18
	セイバンモロコシ	*Sorghum halepense* (L.) Pers.	1943年	地中海沿岸／1,2,3,4,5,6,8,9,10,11,16,17,18,19
	クサビガヤ	*Sphenopholis obtusata* (Michx.) Scribn.		北米・中央米／9,18
	スズメヒゲシバ	*Sporobolus cryptandrus* (Torr.) A. Gray		北米／9,16,18
	サヤヒゲシバ	*Sporobolus vaginiflorus* (Torr. ex A. Gray) A. W. Wood.	1986年	北米／9,16,18
	イヌシバ	*Stenotaphrum secundatum* Kuntze	1956年	北米南部～南米／2,5,6,8,16,17,18,19
	ヤマアラシガヤ	*Stipa spartea* Trin.		北米／5,18
	イガボシバ	*Tragus berteronianus* Schult.		ユーラシア（広域）／2,5,16
	ベチベル	*Vetiveria zizanioides* Nash		インド／5,8,16,18
	イヌナギナタガヤ	*Vulpia bromoides* S. F. Gray		欧州・小アジア・アフリカ／2,5,6,9,16,17,18,19

(付表10の続き)

科名	和名	学名	確認年代	備考（原産地／文献）
イネ科	オオナギナタガヤ	*Vulpia myuros* C. C. Gmel. var. *megalura* Rydb.	明治	北米／1,2,4,5,6,9,16,17,18,19
	ナギナタガヤ	*Vulpia myuros* C. C. Gmel. var. *myuros*	明治	欧州〜西アジア／1,2,4,5,6,8,9,10,11,12,16,17,18,19
	ムラサキナギナタガヤ	*Vulpia octoflora* Rhdb.		北米／2,4,5,6,16,17,18,19
タケ科	ホウライチク	*Bambusa multiplex* Raeusch.		中国／9,16,18
	モウソウチク	*Phyllostachis pubescens* Mazel ex J. Houz.	江戸時代	中国／8,9,10,11,15
ヤシ科	シュロチク	*Rhapis humilis* Bl.	江戸時代	中国南部／8,17,18
ショウガ科	ゲットウ	*Alpinia speciosa* (Wendl.) K. Schum.		熱帯アジア／5,8
	キョウオウ	*Curcuma aromatica* Salisb.	江戸時代	インド／5,8,18
	ハナシュクシャ	*Hedychium coronarium* Koenig	江戸時代	インド・マレー／5,14,18
	ムラサキガジュツ	*Kaempferia atrovirens* N. E. Br.		18
サトイモ科	ボタンウキクサ	*Pistia stratiotes* L. var. *cuneata* Engler	1990年代	熱帯アフリカ／4,5,9,16,17,18
	ポトス	*Scindapsus aureus* Engler		18
ウキクサ科	イボウキクサ	*Lemna gibba* L.	1955年	欧州／3,4,5,7,9,16,17,18,19
	ヒナウキクサ	*Lemna minima* Phil.	1965年以前	北米／3,5,7,9,16,17,18,19
	チリウキクサ	*Lemna valdiviana* Phil.	1975年	アメリカ南東部／3,5,10,16,18,19
	ヒメウキクサ	*Spirodella oligorhiza* Hegelm.		熱帯アジア／3,4,5,16,18,19
	ミジンコウキクサ	*Wolffia arrhiza* (L.) Wimmer	1938年	欧州南部／1,3,4,5,7,8,10,16,17,18,19
ガマ科	モウコガマ	*Typha laxmanni* Lepechin	1990年代？	ユーラシア（広域）／7,9,16
カヤツリグサ科	アメリカミコシガヤ	*Carex brachyglossa* Mack.	1992年	北米／5,9,18
	ヒレミヤガミスゲ	*Carex brevior* (Dewey) Mack. ex Lunell	1999年	北米／9
	リーベンボルシースゲ	*Carex leavenworthii* Deway	1997年	北米／
	ネブラスカスゲ	*Carex nebraskensis* Dewey		北米？／
	クシロヤガミスゲ	*Carex ovalis* Good.		欧州／12,16
	マキバクロカワズスゲ	*Carex pansa* Bailey		北米？／
	カタガワヤガミスゲ	*Carex unilateralis* Mackenzie		北米？／
	ナガバアメリカミコシガヤ	*Carex vulpinoidea* Michx.	1998年	北米／9
	アレチクグ	*Cyperus aggregatus* (Wild.) Endl.	1999年	熱帯米／9
	オキナワオオガヤツリ	*Cyperus alopecuroides* Rottb.		熱帯アジア・豪州？／5,16,18
	シュロガヤツリ	*Cyperus alternifolius* L.		マダガスカル島／4,5,9,16,17,18
	フトイガヤツリ	*Cyperus articulatus* L.	戦後	熱帯アジア・ポリネシア／5,16,18
	ユメノシマガヤツリ	*Cyperus congestus* Vahl	1980年頃	アフリカ南部／4,5,9,17,18,19
	ホソミキンガヤツリ	*Cyperus engekmannii* Steud.	1980年代	北米？／9
	メリケンガヤツリ	*Cyperus eragrostis* Lam.	1959年	熱帯米／3,4,5,8,9,16,17,18,19
	ショクヨウガヤツリ	*Cyperus esculentus* L.	1980年頃	欧州／4,5,9,16,17,18
	ヒメムツオレガヤツリ	*Cyperus ferruginescens* Boecklr.	1984年	北米／4,9,10,17,18
	セイタカハマスゲ	*Cyperus longus* L.	1984年	地中海沿岸／4,16
	シチトウイ	*Cyperus malaccensis* Lamk. var. *brevifolius* Boeckl.		熱帯アジア／4,5,13,16,18
	ミクリガヤツリ	*Cyperus ovularis* Torr.	1972年	北米／5,18
	オオタガヤツリ	*Cyperus oxylepis* Steudel		熱帯米／18
	カラカサガヤツリ	*Cyperus prolifer* Lamark		18
	ゴマフガヤツリ	*Cyperus sphacelatus* Rottb.	2000年	熱帯米／9
	コガネガヤツリ	*Cyperus strigosus* L.	1976年	北米／4,5,9,16,17,18
	アレチハマスゲ	*Cyperus tenuiculmis* Boeck.	1990年	熱帯（広域）／5,16,18
	シバヤマハリイ	*Eleocharis engelmanni* Steud. var. *detonsa* A. Gray	1990年代	北米
	エンゲルマンハリイ	*Eleocharis engelmanni* Steud. var. *engelmanni*		北米
	オウギシマヒメハリイ	*Eleocharis erythropoda* Steud.	1988年	北米／9
	アメリカヌマハリイ	*Eleocharis macrostachya* Btitt		北米？
	アンペラ	*Leipironia articulata* Domin.		8,18
	セフリアブラガヤ	*Scirpus geogrgianus* R. M. Harper	1980年代	北米／9
	ヒメクロアブラガヤ	*Scirpus microcarpus* Presl	1990年	北米／5,9,18

参考文献

1) 久内清孝（1950）帰化植物．科学図書出版会．
2) 長田武正（1972）日本帰化植物図鑑．北隆館．
3) 長田武正（1976）原色日本帰化植物図鑑．保育社．
4) 清水矩宏・森田弘彦・廣田伸七（2001）日本帰化植物写真図鑑．全国農村教育協会．
5) 太刀掛優（1998）帰化植物便覧．比婆科学教育振興会．
6) 長田武正（1993）増補日本イネ科植物図譜．平凡社．
7) 角野康郎（1994）日本水草図鑑．文一総合出版．
8) 牧野富太郎（1989）改訂増補牧野新日本植物図鑑．北隆館．
9) 神奈川県立生命の星・地球博物館（2001）神奈川県植物誌2001．神奈川県植物誌調査会編．
10) 埼玉県教育委員会（1998）埼玉県植物誌．
11) 山口県植物誌刊行会（1972）山口県植物誌．
12) 五十嵐博（2000）北海道帰化植物便覧．北海道野生植物研究所．
13) 多和田真淳・石原直樹（1979）沖縄植物野外活用図鑑Ⅲ帰化植物．新星図書．
14) 塚本洋太郎（1977-1978）原色日本園芸植物図鑑Ⅰ-Ⅴ．保育社．
15) 高橋四郎（1964）原色日本野菜図鑑．保育社．
16) 竹松哲夫・一前宣正（1987-1997）世界の雑草　Ⅰ 合弁花類・Ⅱ 離弁花類・Ⅲ 単子葉類，全国農村教育協会．
17) 外来種影響・対策研究会（2001）河川における外来種対策に向けて［案］．リバーフロント整備センター．
18) 山口裕文（1997）雑草の自然史［たくましさの生態学］．北海道大学図書刊行会．
19) 鷲谷いづみ・森本信生（1993）エコロジーガイド　日本の帰化生物．保育社．
20) 大滝末男・石戸忠（1980）日本水生植物図鑑．北隆館．
21) 林弥栄・平野隆久（1989）野に咲く花．山と渓谷社．
22) いがりまさし（1996）日本のスミレ．山と渓谷社．
23) 佐竹義輔・大井次三郎・北村四郎ほか（1981-1982）日本の野生植物　草本１-３．平凡社．
24) 清水建美ほか長野県植物誌編纂委員会（1997）長野県植物誌．
25) 千葉県生物学会（1975）新版千葉県植物誌．
26) 滝田謙譲（2001）北海道植物図譜．
27) 大久保一治（1999）増補改訂岡山県植物目録．
28) 初島住彦・天野鉄夫（1994）増補訂正琉球植物目録．沖縄生物学会．
29) 太田久次（1997）改訂三重県帰化植物誌．
30) 大場達之ほか（2000）佐倉市自然環境調査報告書Ⅱ 植物部門．
31) 杉本順一（1973）日本草本植物総検索誌．
32) 岡山大学資源生物科学研究所野生植物学研究室ホームページ―日本の帰化植物一覧表．
33) 植物研究雑誌　6,10,11,13-21,23,25,26,28-31,34-50,54-57,60-66,70,71,73-77．
34) 植物分類・地理　8,9,14-16,19,20,22-33,35,37,39,40,42,43,46,47,49,51．
35) 植物採集ニュース　30,38,40,42-48,50,53,56,57,59,60,64-66,68,71-75,77-80,83-86,89-91,95,96,98,99．
36) 植物地理分類研究　30,35,36,38,40,42,47．
37) 北陸の植物　5,8,10,19,20．
38) 水草研究会会報　46,48,52,55-57,59．
39) すげの会会報　2,5,6．
40) 野草　2,4-8,10,11,14,17,18,20,22-30,41,43
41) 分類　2．
42) 採集と飼育　11,51．
43) 牧野植物同好会誌　31-33．
44) 科学朝日　31．
45) フロラいばらき　34,46,47．
46) レポート日本の植物　5-7,9-13,15,20,23,25,30-35,37,38,40．
47) 近畿植物同好会会報　15,21,60-62,65,70,73．
48) 横須賀市博物館研究報告（自然科学）　18．
49) 駿遠植物調査資料　1,3,6,8,10．
50) 神奈川自然誌資料　18,20,21．
51) 千葉県植物誌資料　6,9,11,12,15,18．
52) 千葉生物誌　38,39,52．
53) 富山市科学文化センター報告　20．
54) 佐倉市自然環境調査報告書Ⅱ 植物部門　37．
55) 静岡生物　3．
56) 自然誌研究雑誌　5．
57) 環境省野生生物保護対策検討会移入種問題分科会（移入種検討会）（2002）移入種（外来種）への対応方針

付表 11. 外来種リスト（維管束植物以外の植物）

環境省野生生物保護対策研究会移入種問題分科会（移入種検討会）(2002) を一部改変して転載．一次的確認種も含むリストである．

科名	和名	学名	備考
国外移動			
ミカヅキゼニゴケ科	ミカヅキゼニゴケ	*Lunularia cruciata* (L.)	
イワヅタ科	イチイヅタ	*Caulerpa taxifolia*	
アオサ科	リボンアオサ	*Ulva fasciata* Delile	
ムチモ科	ヒラムチモ	*Cutleria multifida* (Smith) Greville	
国内移動			
チガイソ科	ワカメ	*Undaria pinnatifida* (Harvey) Suringar	養殖
ウシケノリ科	スサビノリ	*Porphyra yezoensis* Ueda	養殖
コンブ科	マコンブ	*Laminaria japonica* Areschoug	養殖
	カジメ	*Ecklonia cava* Kjellm	
	クロメ	*Ecklonia kurome* Okamura	

参考文献

生出・吉田（1989）神奈川県におけるミカヅキゼニゴケの分布（予報）．神奈川県自然史資料 **10**: 71-78.

環境省野生生物保護対策研究会移入種問題分科会（移入種検討会）(2002) 移入種（外来種）への対応方針．

北山太樹（1993）ヒラムチモ．「藻類の生活史集成Ⅱ．褐藻・紅藻類」（堀輝三編），pp.102-103. 内田老鶴圃．

右田清治・一木明子（1962）九州西岸に産する *Cutleria multifida* について．藻類 **10**: 77-81.

Enomoto, S., Ohba, H. & Suda, S. (1983) Transition of the marine aigal flora around the northerastern Awaji Island. Mem. Grad. School. Sci. & Technol., Kobe Univ. **1: A**: 89-98.

付表 12-1．外来種リスト（寄生生物）

　このリストは野生動物に見られる外国由来の寄生生物についてのもので，野外で確認されたものを記載した．特に，住家性ネズミ類に見られる寄生蠕虫については，土着の野ネズミ類で未確認のものを外来種と判断したが，九州以北に見られず南西諸島の住家性ネズミ類のみに見られるものは在来種の可能性がある．また，ここで国内移動としたものは，小笠原諸島に移入された住家性ネズミ類と本州など日本の他地域の土着野ネズミ類に共通して見られるものであり，日本の他地域に見られるため外国由来とは断定できないが，小笠原にはネズミ類が自然分布していないため，そこでは確実に外来と判断されるものである（由来が不明であるため，実際には国外移動の可能性もある）．

　リスト化に際しては，以下の参考文献を参考に，浅川満彦（酪農学園大学獣医学部），穴田美佳（富山市ファミリーパーク），嚴圭介（桃山学院大学文学部），岡部貴美子（森林総合研究所），後藤哲雄（茨城大学農学部），長澤和也（水産総合研究センター養殖研究所日光支所），丹羽里美（国立環境研究所），松尾加代子（弘前大学医学部寄生虫学講座），三浦一芸（中国農業試験場），宮下実（大阪市天王寺動植物公園）の各氏から資料をご提供いただき，また，浦部美佐子（福岡教育大学理科教育講座），小川和夫（東京大学大学院農学生命科学研究科），神谷正男（北海道大学大学院獣医学研究科），長谷川英男（大分医科大学生物学教室）の各氏からもご意見をいただいて，横畑泰志と五箇公一が作成した．

門名　綱名　目名　科名	和名	学名	国内での宿主および病原性／出典（数字は文献番号）
国外移動			
プロテオバクテリア門　アルファプロテオバクテリア綱　リケッチア目			
リケッチア類	ボルバキア	*Wolbachia pipientis*	オンシツツヤコバチ／1
原生動物門　胞子虫類　単極糸目			
微胞子虫類	ノゼマ病微胞子虫	*Nosema apis*	セイヨウミツバチ／2
	ノゼマ病微胞子虫	*Nosema bombi*	マルハナバチ類／3
扁形動物門　単生綱　単後吸盤目			
アンキロケファルス科	オンコクレイドス・フェロクス	*Onchocleidus ferox*	ブルーギル／4,5
扁形動物門　吸虫綱　ブケファルス目			
ブケファルス科	パラブケファロプシス・パラシウリ	*Parabucephalopsis parasiluri*	ビワコオオナマズ，ナマズ，オオクチバス，オイカワ（第2中間宿主），コウライモロコ（第2中間宿主），タモロコ（実験第2中間宿主），モツゴ（実験第2中間宿主），ゲンゴロウブナ（実験第2中間宿主），アブラボテ（実験第2中間宿主），カワヒバリガイ（第1中間宿主）／6，本文参照，種名および一部の宿主は小川和夫氏，浦部美佐子氏私信
	パラブケファロプシス属の1種（未同定）	*Parabucephalopsis* sp.	宿主域，出典は同上
扁形動物門　吸虫綱　棘口吸虫目			
棘口吸虫科	エウパリフィウム・ムリヌム	*Euparyphium murinum*	クマネズミ／7（在来の可能性あり）
扁形動物門　条虫綱　盃頭条虫目			
盃頭条虫科	プロテオケファルス・フルビアティリス	*Proteocephalus fluviatilis*	オオクチバス／5,8
扁形動物門　条虫綱　円葉条虫目			
条虫科	タホウジョウチュウ	*Echinococcus multilocularis*	キツネ（本文参照），イヌ（本文参照），タヌキ（まれ／9），ネコ（本文参照），オオアシトガリネズミ（中間宿主，まれ／10），ドブネズミ（中間宿主，まれ／11），ハツカネズミ（12），タイリクヤチネズミ（亜種エゾヤチネズミ；中間宿主／本文参照），ミカドネズミ（中間宿主／12），ムクゲネズミ（中間宿主／13），ヒメネズミ（中間宿主／12），ヒトに多包虫症を発症（中間宿主／本文参照），ブタ，ウマからも検出（中間宿主，無症状／本文参照）（北海道本島のものは在来の可能性あり）
ダベン条虫科	ライリエティナ・セレベンシス	*Raillietina celebensis*	ドブネズミ（7,14），クマネズミ（7,14）（在来の可能性あり）
膜様条虫科	コガタジョウチュウ	*Hymenolepis nana*	ドブネズミ（7,15,16,17），ヒト幼児の小型条虫症の原因
線形動物門　線虫綱　エノプルス目			
毛細線虫科	カピラリア・バシラタ	*Capillaria bacillata*	ドブネズミ（7,15），クマネズミ（7,18）
線形動物門　線虫綱　ドリライムス目			
鞭虫科	ネズミベンチュウ	*Trichuris muris*	ドブネズミ（7,14,15,18,19）
	トリコソモイデス・クラシカウダ	*Trichosomoides crassicauda*	ドブネズミ（7,15,16,20），クマネズミ（7,16）
線形動物門　線虫綱　桿虫目			
糞線虫科	ネズミフンセンチュウ	*Strongyloides ratti*	ドブネズミ（7,14,15,16,19），クマネズミ（7,14,16,18）
	ストロンギロイデス・ミオポタミ	*Strongyloides myopotami*	ヌートリア（21および本文参照）
線形動物門　線虫綱　円虫目			
住血線虫科	カントンジュウケツセンチュウ	*Angiostrongylus cantonensis*	ジャコウネズミ（まれ／22），ドブネズミ（14,19,22,23,24），クマネズミ（14,22,24），アフリカマイマイ（中間宿主／19,22,24,25），パンダナマイマイ（中間宿主／22,23,25），その他陸生貝類5種（22），ヒトに好酸球性髄膜脳炎を発症
毛様線虫科	オステルターグイチュウ	*Ostertagia ostertagi*	ニホンジカ（亜種エゾシカ；まれ／26），重度寄生例ではウシなどの家畜に胃虫症を発症
	ネマトディルス・ヘルペティアヌス	*Nematodirus helvetianus*	ニホンジカ（亜種エゾシカ／26），重度寄生例ではウシなどの家畜に毛様線虫症を発症
円虫科	ブレビストリアタ・キャロスクイリ	*Brevistriata callosciuri*	タイワンリス（21）

参考資料　355

(付表12-1の続き)

門名　綱名　目名 科名	和名	学名	国内での宿主および病原性／出典（数字は文献番号）
国外移動			
円虫科	オリエントストロンギルス・エゾエンシス	Orientostrongylus ezoensis	ドブネズミ（27,28）
	ニッポストロンギルス・ブラジリエンシス	Nippostrongylus braziliensis	ドブネズミ（7,15,16,20），クマネズミ（7,16,18）
線形動物門　線虫綱　円虫目			
ヘリグモソームム科	ヘリグモソモイデス・ポリギルス	Heligmosomoides polygylus	ハツカネズミ，ヒメネズミ（本文参照）
線形動物門　線虫綱　蟯虫目			
蟯虫科	ネズミギョウチュウ	Syphacia muris	ドブネズミ（7,14,15,16），クマネズミ（14,16,18）
	アスピキュラリス・テトラプテラ	Aspiculuris tetraptera	ドブネズミ（17）
線形動物門　線虫綱　旋尾線虫（センビセンチュウ）目			
リクチュラリア科	プテリゴデルマティティス・タニ	Pterygodermatitis tani	ドブネズミ（7），クマネズミ（18），在来の可能性あり
	プテリゴデルマティティス・ホワルトニ	Pterygodermatitis whartoni	クマネズミ（18，おそらく 14 も），在来の可能性あり
スピロセルカ科	シアソスピルラ・セウラティ	Cyathospirura seurati	クマネズミ（18），在来の可能性あり
	ストレプトファラグス・ピグメンタッス	Streptopharagus pigmentatus	タイワンザル（ニホンザルから知られるが，これは伊豆大島産）（29および浅川満彦氏私信）
節足動物門　蛛形綱　ダニ目			
ホコリダニ類	ミツバチヘギイタダニ	Varroa destructor	セイヨウミツバチ／30
	マルハナバチポリプダニ	Locustacarus buchneri	マルハナバチ類／31
節足動物門　昆虫綱　双翅目			
ヤドリバエ類	オオミノガヤドリバエ	Nealsomyia rufella	オオミノガ／32
節足動物門　昆虫綱　シラミ目			
エンデルレイネルス科	タイワンリスシラミ	Enderleinellus kumadai	タイワンリス／33
国内移動			
扁形動物門　条虫綱　真条虫目			
条虫科	ネコジョウチュウ	Taenia taeniaeformis	ドブネズミ（小笠原諸島母島／19）
膜様条虫科	シュクショウジョウチュウ	Hymenolepis diminuta	ドブネズミ（小笠原諸島母島／19），ヒト幼児の縮小条虫症の原因
扁形動物門　条虫綱　旋尾線虫目			
旋尾線虫科	プロトスピルラ・ムリス	Protospirura muris	ハツカネズミ（小笠原諸島母島／19）

参考文献

1) 三浦一芸（1998）植物防疫 **52**: 475-479.
2) Mcivor, C.A. & Malone, L.A. (1995) *New Zealand Journal of Zoology* **22**: 25-31.
3) 丹羽里美・浅田真一・岩野秀俊（1998）第 42 回日本応用動物昆虫学会大会講演要旨，pp.131.
4) Muroga, K., T. Yoshimatsu & S. Kasahara (1980) *Urocleidus ferox* (Monogenea: Dactylogyridae) from bluegill sunfish in Japan. *Bulletin of the Japanese Society of Scientific Fisheries* **46**: 27-30.
5) 長澤和也（2001）魚介類に寄生する生物．成山堂書店．
6) 浦部美佐子・小川和夫・中津川俊雄・今西裕一・近藤高貴・奥西智美・加地祐子・田中寛子（2001）宇治川で発見された腹口類（吸口綱二生亜綱）その生活史と分布，並びに淡水魚への被害について．関西自然保護機構会誌 **23**: 13-21.
7) 神谷正男・鎮西広・佐々学（1968）奄美南部におけるネズミとその寄生蠕虫について．寄生虫学雑誌 **17**: 436-444.
8) Shimazu, T. (1993) Redescription of *Paraproteocephalus parasiluri* (Yamaguti, 1934) n. comb. (Cestoidea: Proteocephalidae), with notes on four species of the genus *Proteocephalus*, from Japanese freshwater fishes. *Journal of Nagano Prefectural College* **48**: 1-9; 10.
9) 八木欣平・高橋健一・服部畦作・関直樹（1987）北海道において認められたエゾタヌキの多包条虫感染例について．第 34 回日本寄生虫学会・日本衛生動物学会北日本支部合同大会プログラム・要旨，pp.28.
10) Tenora, F., S. Ganzorig, K. Takahashi & M. Kamiya (1997) *Sorex unguiculatus* Dobson, 1890 (Insectivora) - Intermediate host of *Echinococcus multilocularis* Leuckart, 1863 in Japan. *Helminthologia* **34**: 237-239.
11) Okamoto, M., O. Fujita, J. Arikawa, T. Kurosawa, Y. Oku & M. Kamiya (1992) Natural *Echinococcus multilocularis* infection in a Norway rat, *Rattus norvegicus*, in southern Hokkaido, Japan. *International Journal for Parasitology* **22**: 681-684.
12) 大林正士（1985）エキノコックス　とくに多包条虫に関する最近の情報．日本獣医学会誌 **38**: 423-427.
13) Takahashi, K. & Nakata, K. (1995) Note on the first occurrence of larval *Echinococcus multilocularis* in *Clethrionomys rex* in Hokkaido, Japan. *Journal of Helminthology* **69**: 265-266.
14) Kamiya, M. & Kanda, T. (1977) Helminth parasites of rats from Ishigaki Is., Southwestern Japan, with a note on a species of *Pterygodermatites* (Nematoda: Rictulariidae). *Japanese Journal of Parasitology*（寄生虫学雑誌）**26**: 271-275.
15) 神谷正男・矢部辰男・中村譲（1971）神奈川県下の塵芥埋立地および養豚場におけるドブネズミの寄生虫感染について．寄生虫学雑誌 **20**: 490-494.
16) 谷口守男・松井恵子・住田規雄・原幸・仲田幸江・副田泉・圓橋正秀（1977）東京・世田谷区における住家性ネズミの寄生蠕虫類の調査研究．日本大学農獣医学部学術研究報告 **34**: 202-217.
17) Kasai, Y. (1978) Studies on helminth and protozoan parasites of rats in Sapporo. *Japanese Journal of Veterinary Research* **26**: 31.
18) Hasegawa, H., S. Arai & S. Shiraishi (1993) Nematodes collected from rodents on Uotsuri Island, Okinawa, Japam. *Journal of Helminthological Society of Washington* **60**: 39-47.
19) 堀栄太郎・宮本健司・楠井善久・斉藤一三（1974）小笠原諸島母島における広東住血線虫の調査研究．寄生虫学雑誌 **23**: 138-142.
20) 正垣幸男・水野さち子・伊藤秀子（1972）名古屋市において採集したドブネズミの線虫 *Protospirura muris* (Gmelin) について．寄生虫学雑誌 **21**: 28-38.

21) 松立大史・三好康子・田村典子・村田浩一・丸山総一・木村順平・野上貞雄・前田喜四雄・福本幸夫・赤迫良一・浅川満彦 (2003) 我が国に定着した2種の外来齧歯類（タイワンリス *Callosciurus erythraeus* およびヌートリア *Myocastor coypus*) の寄生蠕虫類に関する調査．日本野生動物医学会誌 **8**: 63-67.
22) Intermill, R. W., C. P. Palmer, R. M. Fredrick & H. Tamashiro (1972) *Angiostrongylus cantonensis* on Okinawa. *Japanese Journal of Experimental Medicine* **42**: 355-359.
23) 山下隆夫・斉藤豊・佐藤良也・大鶴正満・鈴木俊夫 (1978) 奄美諸島-与論島における広東住血線虫の調査．寄生虫学雑誌 **27**: 143-150.
24) 佐藤淳夫・野田伸一・野島尚武・湯川洋介・川畑紀彦・又吉健雄 (1980) 奄美諸島における広東住血線虫の調査．1．与論島における分布状況について．寄生虫学雑誌 **29**: 383-391.
25) 野田伸一・又吉盛健・内川隆一・佐藤淳夫 (1985) アフリカマイマイ（*Achatina fulica*) およびアシヒダナメクジ (*Laevicaulis alte*) における広東住血線虫第3期幼虫の寄生とその分布について．寄生虫学雑誌 **34**: 457-463.
26) Kitamura, E., Y. Yokohata, M. Suzuki & M. Kamiya (1997) Metazoan parasites of sika deer from east Hokkaido, Japan and ecological analyses of their abomasal nematodes. *Journal of Wildlife Diseases* **33**: 278-284.
27) Tada, Y. (1975) *Orientostrongylus ezoensis* n. sp. (Nematoda: Heligmosomidae) from the brown rat, *Rattus norvegicus* Berkenhout. *Japanese Journal of Veterinary Research* **23**: 41-44.
28) Fukumoto, S. & Ohbayashi, M. (1985) Variations of synlophe of *Orientostrongylus ezoensis* Tada, 1975 (Nematoda: Heligmonellidae) among different populations in Japan. *Japanese Journal of Veterinary Research* **33**: 27-43.
29) 里吉亜也子・蒲谷肇・萩原光・谷山弘行・村松康和・辻正義・萩原克郎・浅川満彦 (2003) 房総半島で有害駆除されたニホンザル *Macaca fuscata* (Blyth) の寄生虫症．第9回日本野生動物医学会大会講演要旨集, pp.71.
30) Anderson, D. L. & Trueman, J. W. H. (2000) *Experimental and Applied Acarology* **24**: 165-189.
31) 五箇公一 (2002) 輸入昆虫が投げかけた問題－農業用マルハナバチとペット用クワガタをめぐって．昆虫と自然 **37**(3): 8-11.
32) 舘卓司・蔦洪 (1996) 第40回日本応用動物昆虫学会大会講演要旨, pp.193.
33) Kaneko, K. (1954) Description of a new species of *Enderleinellus* collected from the South Formosan squirrel naturalized into Japan. *Bulletin of Tokyo Medical and Dental University* **1**: 49-52.

付表12-2．寄生生物・参考リスト（飼育動物の外来寄生虫）

このリストは飼育動物に見られる外国由来の寄生虫についてのものであり（主に動物園，水族館；すべて国外移動），野外で定着が確認されたものではないため，本書でいう「外来」の概念には該当しないが，今後定着するおそれがあるため注意を喚起する目的で掲載するものである．

リスト化に際しては，以下の参考文献を参考に，浅川満彦（酪農学園大学獣医学部），穴田美佳（富山市ファミリーパーク），長澤和也（水産総合研究センター養殖研究所日光支所），松尾加代子（弘前大学医学部寄生虫学講座），宮下実（大阪市天王寺動植物公園）の各氏から資料をご提供いただき，また，浦部美佐子（福岡教育大学理科教育講座），小川和夫（東京大学大学院農学生命科学研究科），神谷正男（北海道大学大学院獣医学研究科），長谷川英男（大分医科大学生物学教室）の各氏からもご意見をいただいて，横畑泰志が作成した．

門名　綱名　目目 科名	和名	学名	国内での宿主および病原性／出典（数字は文献番号）
原生動物門　動物性鞭毛虫綱　原鞭毛虫目			
トリパノソーマ科	トリパノソーマ属の種	*Trypanosoma* sp.	キンメフクロウ／1
原生動物門　動物性鞭毛虫綱　多鞭毛虫目			
キロマスティクス科	キロマスティクス属の1種	*Chilomastix* sp.	ウッドチャック／2
ヘキサミタ科	ジアルジア属の1種	*Giardia* sp.	ウッドチャック／2
原生動物門　動物性鞭毛虫綱　骨膜鞭毛虫目			
トリコモナス科	ヒトトリコモナス	*Pentatrichomonas hominis*	リスザル（輸入後にヒトから伝播した可能性あり）／3
原生動物門　根足虫綱　変形虫目			
内アメーバ科	エントアメーバ・ボビス	*Entamoeba bovis*	ボンゴ／4
	ダイチョウアメーバ	*Entamoeba coli*	ウッドチャック（輸入後にヒトから伝播した可能性あり）／2
	エントアメーバ・インバデンス	*Entamoeba invadens*	マダガスカルヒラオリクガメ／5
	エンドリマックス・ナナ	*Endolimax nana*	ウッドチャック（輸入後にヒトから伝播した可能性あり）／2
原生動物門　胞子虫綱　アイメリア目			
アイメリア科	イソスポラ属の1種	*Isospora* sp.	トラ／6
原生動物門　胞子虫綱　住血胞子虫目			
プラスモジウム科	プラスモジウム属の種	*Plasmodium* spp.	オオサマペンギン／7，イワトビペンギン／8,9，マゼランペンギン／8，フンボルトペンギン／9，オオバタン／10，アカハシウシツツキ／11
ヘモプロテウス科	ヘモプロテウス属の種	*Haemoproteus* spp.	キンメフクロウ／1，コバタン／10，アオメキバタン／12，マゼランペンギン／13 など
ロイコチゾーン科	ロイコチゾーン属の1種	*Leucocytozoon* sp.	キンメフクロウ／1
原生動物門　繊毛虫綱　膜口目			
テトラヒメナ科	テトラヒメナ・コルリッシ	*Tetrahymena corlissi*	グッピー／14, 15
	テトラヒメナ・ピリフォルミス	*Tetrahymena pyriformis*	グッピー，プリステラ，ネオンテトラ，チェリーバルブ／15,16,17
扁形動物門　単生綱　単後吸盤目			
カプサリス科	ネオベネデニア・ギレラエ	*Neobenedenia girellae*	キイロハギ／18，カンパチ，ブリ，ヒラマサ，ヒレナガカンパチ，シマアジ，スズキ，マダイ，キジハタ，クエ，ヒラメ，トラフグ／15,19～22

(付表12-2の続き)

門名　綱名　目名 科名	和名	学名	国内での宿主および病原性／出典（数字は文献番号）
扁形動物門　吸虫綱　異形吸虫目			
異形吸虫科	マッサリアトレマ・ミスグルニ	*Massaliatrema misgurni*	ドジョウ（食用輸入）／23
扁形動物門　吸虫綱　住血吸虫目			
住血吸虫科	住血吸虫科の1種（属・種不明）	*Schistomatidae* gen sp.	インドゾウ（虫卵のみ検出）／24
扁形動物門　吸虫綱　双口吸虫目			
双口吸虫科	双口吸虫科の1種（属・種不明）	*Paramphistomatidae* gen sp.	オリックス／25
扁形動物門　吸虫綱　肝蛭目			
カンピュラ科	ザロフォトレマ属の1種	*Zalophotrema hepaticum*	カリフォルニアアシカ／26（種名は北海道大学大学院獣医学研究科寄生虫学研究室標本データベース）
扁形動物門　吸虫綱　肺吸虫目			
肺吸虫科	オオヒラハイキュウチュウ	*Paragonimus ohirai*	ウンピョウ／27
	ウェステルマンハイキュウチュウ	*Paragonimus westermani*	ヒョウ／28
	肺吸虫属の1種	*Paragoninus* sp.	トラ（虫卵のみ検出）／6
扁形動物門　条虫綱　盃頭条虫目			
盃頭条虫科	アカントテニア・シプレイ	*Acanthotaenia shipley*	ミズオオトカゲ／29
扁形動物門　条虫綱　擬葉条虫目			
裂頭条虫科	デュシエルシア・エクスパンザ	*Duthiersia expansa*	ミズオオトカゲ／29
	裂頭条虫属の1種	*Diphylobithrium* sp.	トラ／6
	マンソンレットウジョウチュウ	*Spirometra erinacei*	ボブキャット（飼育下で感染した可能性あり）／30
扁形動物門　条虫綱　円葉条虫目			
条虫科	テニア・クラシセプス	*Taenia crassiceps*	ウッドチャック（中間宿主；国内のネズミ類（中間宿主）と食肉類（終宿主）に常在するが，明らかに国外由来の事例あり）／2
	テニア・ムステラエ	*Taenia mustelae*	ウッドチャック（中間宿主；国内のネズミ類（中間宿主）と食肉類（終宿主）に常在するが，明らかに国外由来の事例あり）／2
ダベン条虫科	ホウチュイニア・ストルシオニス	*Houttuynia struthionis*	ダチョウ／31
膜様条虫科	膜様条虫属の1種	*Hymenolepis* sp.	ウッドチャック（虫卵のみ検出）／2
裸頭条虫科	ベルティエラ・スツデリイ	*Bertiella studeri*	チンパンジー／6
	ベルティエラ・オカベイ	*Bertiella okabei*	カニクイザル／32
	プロガモテニア（ヘパトテニア）・フェスティバ	*Progamotaenia (Hepatotaenia) festiva*	アカカンガルー／33
	イネルミカプシフェル・ヒラキス	*Inermicapsifer hyracis*	ケープイワハイラックス／34
線形動物門　線虫綱　エノプルス目			
毛細線虫科	カンモウサイセンチュウ	*Capillaria (Calodium) hepatica*	ウッドチャック（国内のネズミ類に常在するが，明らかに国外由来の事例あり）／2
	キャピラリア・コントルタ	*Capillaria contorta*	ホロホロチョウ／35
	毛細線虫属の1種（エウコレウス亜属に類似）	*Capillaria (Eucoleus?)* sp.	マタマタ／36
	毛細線虫属の1種	*Capillaria* sp.	マクジャク／37
線形動物門　線虫綱　ドリライムス目			
鞭虫科	鞭虫属の1種	*Trichuris* sp.	ウッドチャック（虫卵のみ検出）／2
線形動物門　線虫綱　桿線虫目			
糞線虫科	ストロンギロイデス・セブスらしき種	*Strongyloides cebus*?	リスザル／3, おそらく38も
	糞線虫属の種	*Strongyloides* spp.	ウッドチャック（虫卵のみ検出）／2, マクジャク／37
線形動物門　線虫綱　円虫目			
住血線虫科	カントンジュウケツセンチュウ	*Angiostrongylus cantonensis*	カニクイザル／39
	タイジュウケツセンチュウ	*Angiostrongylus siamensis*	カニクイザル／39
円虫科	エクイヌルビア・シプンキュリフォルミス	*Equinurbia sipunculiformis*	インドゾウ／40
	コディオストーマム・ストルシオニス	*Codiostomum struthionis*	ダチョウ／31
	ムルシディア・ムルシダ	*Murshidia murshida*	インドゾウ／宮下実氏私信
シャベルティア科	エソファゴストーマム・ブランチャルディ	*Oesophagostomum blanchardi*	オランウータン／6
鉤虫科	マレーコウチュウ	*Ancylostoma malayanum*	ホッキョクグマ（飼育下で他種のクマから伝播；本線虫の自然分布はインド〜マレー半島）／41
	ウンシナリア・ハミルトニ	*Uncinaria hamiltoni*	オタリア／42
ドロマエオストロンギルス科	フィラリネマ属の1種	*Filarinema* sp.	フクロギツネ／43
毛様線虫科	マーシャラギア（カメロストロンギルス）・メンツラツス	*Marshallagia (Camelostrongylus) mentulatus*	キリン／44
	毛様線虫科の1種（属・種不明）	*Trichostrongylidae* gen sp.	ウッドチャック（虫卵のみ検出）／2
アムフィビオフィルス科	バトラコストロンギルス・ロンギスピクルス	*Batrachostrongylus longispiculus*	ソロモンツノガエル／29
モリネウス科	デリカタ属の1種	*Delicata* sp.	ミナミコアリクイ／43
	マシエラ属の1種	*Maciela* sp.	ムツオビアルマジロ／43
	モエニギア属の1種	*Moennigia* sp.	ムツオビアルマジロ／43
	ムリエルス属の1種？	*Murielus* sp.?	ナキウサギ（種不明）／43

(付表12-2の続き)

門名　綱名　目名 科名	和名	学名	国内での宿主および病原性／出典（数字は文献番号）
マッケラストロンギルス科	マッケラストロンギルス科の1種 （属・種不明）	*Mackerrastrongylidae gen. sp.*	フクロシマリス／43
ヘルペトストロンギルス科	パラウストロストロンギルス属の1種	*Paraustrostrongylus sp.*	フクロシマリス／43
線形動物門　線虫綱　蟯虫目			
ファリンゴドン科	パラファリンゴドン・マプレストニ	*Parapharyngodon maplestoni*	ヒョウモントカゲモドキ／29
	オゾライムス・シラツス	*Ozolaimus cirratus*	グリーンイグアナ／29
	オゾライムス・メガスフロン	*Ozolaimus megathphlon*	グリーンイグアナ／29
	アラエウリス・ゲオケロネ	*Alaeuris geocherone*	インドホシガメ／29,45
	メーディエラ・ミクロストマ	*Mehdiella microstoma*	インドホシガメ／29,45，ヨツユビリクガメ／46
	メーディエラ・ウンシナタ	*Mehdiella uncinata*	ヨツユビリクガメ／46
	メーディエラ属の1種	*Mehdiella sp.*	ヨツユビリクガメ／36
	タキゴネトリア・コニカ	*Tachygonetria conica*	インドホシガメ／29,45，ヨツユビリクガメ／46
	タキゴネトリア・デンタタ	*Tachygonetria dentata*	インドホシガメ／29,45，ヨツユビリクガメ／46
	タキゴネトリア・ミクロライムス	*Tachygonetria microlaimus*	インドホシガメ／29,45，ヨツユビリクガメ／46
	タキゴネトリア・ロンギコリス	*Tachygonetria longicollis*	ヨツユビリクガメ／46
	タキゴネトリア属の1種	*Tachygonetria sp.*	ジーベンロックナガクビガメ／36，ヨツユビリクガメ／36
	サパリア属の1種	*Thaparia sp.*	ヨツユビリクガメ／36
蟯虫科	ギョウチュウ	*Enterobius vermicularis*	チンパンジー（ヒトから伝播した可能性あり）／6,47,48,おそらく49も
線形動物門　線虫綱　回虫目			
コスモケルカ科	ファルカウストラ・パハンギ	*Falcaustra pahangi*	アジアコノハガエル／29
カスラニア科	シッソフィルス・ロセウス	*Cissophylus roseus*	マダガスカルヒラオリクガメ／松尾加代子氏私信
アトラクツス科	ラビデュリス属の1種	*Labiduris sp.*	セオレガメ属（*Kinixys*）の1種／36
盲腸虫科	スピニカウダ・レギエンシス	*Spinicauda regiensis*	ボールニシキヘビ／29
	メテテラキス属の1種	*Meteterakis sp.*	アジアコノハガエル／29
	盲腸虫の1種	*Heterakis sp.*	マクジャク／37
アスピドデラ科	アスピドデラ属の1種	*Aspidodera sp.*	ムツオビアルマジロ／43
鶏回虫科	アスカリディア・ヌミダエ	*Ascaridia numidae*	ホロホロチョウ／50
回虫科	ネコカイチュウ	*Toxocara cati*	ピューマ，オオヤマネコ，ゴールデンキャット，ジャングルキャット，ボブキャット／38
	ウマカイチュウ	*Parascaris equorum*	グラントシマウマ（家畜のウマから伝播した可能性あり／40，おそらく6も
	アライグマカイチュウ	*Baylisascaris procyonis*	アライグマ／38,51
	ベイリスアスカリス・シュロウデリ	*Baylisascaris schroederi*	ジャイアントパンダ／52
	クマカイチュウ	*Baylisascaris transfuga*	ホッキョクグマ（日本の野生クマ類に常在するが，水族館での飼育例（53）があり，それは明らかに国外由来／53,54,55），ナマケグマ（隣接して飼育されていたヒグマから伝播した可能性あり／54,55），マレーグマ（同／55），アメリカクロクマ（同／55），アジアクロクマ（亜種ヒマラヤグマ；同／55）
	イヌショウカイチュウ	*Toxascaris leonina*	ライオン／38，トラ／38，おそらく6も，ピューマ／38
	オルネオアスカリス属の1種	*Orneoascaris sp.*	ソロモンツノガエル／29
	オフィダスカリス・ニウギニエンシス	*Ophidascaris niuginiensis*	ミドリニシキヘビ／29
	ポリデルフィス属の1種	*Polydelphis sp.*	ビルマニシキヘビ／29
線形動物門　線虫綱　旋尾線虫目			
カマラヌス科	セルピネマ・トリスピノスス	*Serpinema trispinosus*	フロリダアカハラガメ／29
顎口虫科	タンクア・チアラ	*Tanqua tiara*	ミズオオトカゲ／29
	ゴウキョクガッコウチュウ	*Gnathostoma hispidum*	ドジョウ（食用輸入）／15,56
胞翼線虫科	アブレビアタ・ブフォニス	*Abbreviata bufonis*	アジアコノハガエル／29
スピロセルカ科	フィソケファルス属の1種	*Physocephalus sp.*	ピパ（コモリガエル）／29
テトラメレス科	テトラメレス・コクシネア	*Tetrameres coccinea*	チリフラミンゴ／57
アクアリア科	コスモケファルス・オベラツス	*Cosmocephalus obvelatus*	イワトビペンギン／58
オンコセルカ科	マクドナルディウス・オスケリ	*Macdonaldius oscheri*	ビルマニシキヘビ／29
	ディペタロネマ・グラシレ	*Dipetalonema gracile*	リスザル／59
ディプロトリアエナ科	ディプロトリアエナ・ファルコニス	*Diplotriaena falconis*	モモアカヒメハヤブサ／60
鉤頭動物門　鉤頭虫綱　原鉤頭目			
巨吻鉤頭虫科	ギガントリンクス属の1種	*Giganthorhynchus sp.*	ミナミコアリクイ／43
舌形動物門　舌虫綱　ケファロベナ目			
ケファロベナ科	ライリエティラ・アフィニス	*Raillietiella affinis*	トッケイヤモリ／29
舌形動物門　舌虫綱　ポロケファルス目			
ポロケファルス科	ポロケファルス・ニンフ	*Porocephalus nymph*	リスザル（中間宿主）／60

（付表12-2の続き）

門名　　綱名　　目名				
科名	和名	学名	国内での宿主および病原性／出典（数字は文献番号）	
節足動物門　蛛形綱　ダニ目				
疥癬虫科	コリオプテス・パンダ	*Chorioptes panda*	ジャイアントパンダ／52	
トリヒカダニ科	イビシデクテス・デビリス	*Ibisidectes debilis*	ショウジョウトキ／61	
ハイダニ科	ハイダニ科の種	*Halarachnidae gen* spp.	カリフォルニアアシカ／62，オタリア／63，シシオザル／25	
節足動物門　甲殻綱　シフォノストム目				
スフィリオン科	スフィリオン・ルムピ	*Sphyrion lumpi*	アカウオ（俗称，輸入冷凍メバルの類；生体ではなく切り身から検出）／15,64	
節足動物門　甲殻綱　エラオ目				
チョウ科	アルグルス・アメリカヌス	*Argulus americanus*	アミア（15,65），ティラピア（実験感染宿主／15,65）	
節足動物門　昆虫綱　双翅目				
ウシバエ科	トナカイバエ	*Oedemagena trandi*	トナカイ／66	
	ヒツジバエ属の1種	*Oestrus* sp.	ヌー（ウシカモシカ）／67	
	サイヤドリバエ	*Gyrostigma pavesii*	シロサイ（同様の症状によりクロサイにも多数見られるものと推測）／68	
シラミバエ科	イヌシラミバエ	*Hyppobosca longipenis*	チーター／69	

なお，以上の他に愛玩サル類については横山ら（71）を参照されたい．

参考文献

1) 福井大佑・村田浩一・板東元・小菅正夫・山口雅紀（2002）輸入キンメフクロウに認められた3種の血液原虫感染．北海道獣医師会雑誌 **46**: 10-12.
2) 影井昇（1987）輸入動物の寄生虫．Ⅲ．輸入 woodchuck の寄生虫感染について．日本熱帯医学会雑誌 **15**: 197-202.
3) 林繁利・菅野紘行・深瀬徹・茅根士郎・板垣博（1988）リスザルのトリコモナス・糞線虫混合感染例．日本獣医学会誌 **41**: 192-194.
4) 山本芳郎・小泉純一・植田美弥（1997）ケニアボンゴにおける *Entamobeba bovis* 感染症．日本動物園水族館雑誌 **39**: 34.
5) Ozaki, K., K. Matsuo, O. Tanaka & I. Narama (2000) Amoebosis in the flat-shelled spider tortoise (*Acinixys planicauda*). *Journal of Comparative Pathology* **123**: 299-301.
6) 中川志郎・増井光子・田辺興記・田代和治（1967）動物園に於ける内寄生虫症．1．哺乳動物の感染状況．日本動物園水族館雑誌 **9**: 112-114.
7) 志村良治（1995）飼育下のオウサマペンギン（*Aptenodytes patagonica*）に見られた *Plasmodium* sp. について．日本動物園水族館雑誌 **36**: 92.
8) 島津雅美・多々良成紀・絹田俊和（1995）飼育下のマゼランペンギンとイワトビペンギンに認められた鳥マラリア症．日本動物園水族館雑誌 **36**: 92-93.
9) 小松守（1989）ペンギンでの鳥マラリア症発生とその疫学的調査について．日本動物園水族館雑誌 **31**: 28.
10) 村田浩一（1990）輸入オウム類に認められた血液原虫ならびにミクロフィラリアの寄生．日本獣医師会雑誌 **43**: 271-274.
11) 大西義博・西村和彦・高見一利・高橋雅之・市川久雄・竹田正人・榊原安昭（1999）大阪市天王寺動物園に保護された野鳥と展示鳥類における住血原虫の感染状況について．第5回日本野生動物医学会大会講演要旨集, pp.44.
12) 高見一利・大西嘉博・竹田正人・高橋雅之・榊原安昭（1998）大阪市天王寺動物園における鳥類の住血原虫感染状況ならびに駆虫成績について．日本動物園水族館雑誌 **40**: 37.
13) 石川創・長谷川一宏（1988）マゼランペンギン *Spheniscus magellanics* に見られた *Haemoproteus* sp. と思われる原虫感染症．日本動物園水族館雑誌 **30**: 95.
14) Imai, S., S. Tsurim, E. Goto, K. Wakita & K. Hatai (2000) Tetrahymena infection in guppy, *Poecilla reticulata*. *Fish Pathology*（魚病研究）**35**: 67-72.
15) 長澤和也（2001）魚介類に寄生する生物．成山堂書店．
16) Ponpornpisit, A., M. Endo & H. Murata (2000) Experimental infections of a ciliate *Tetrahymena pyriformis* on ornamental fish. *Fisheries Science* **66**: 1026-1031.
17) Ponpornpisit, A., M. Endo & H. Murata (2000) Prophylactic effects of chemicals and immunostimulants in experimental *Tetrahymena* infections of guppy. *Fish Pathology*（魚病研究）**36**: 11-6.
18) 堤俊夫・長谷川勇司・宍倉貴之・松井俊彦・町田健二・藤森純一（1998）魚類収集に伴う吸虫類の侵入と寄生魚種について．日本動物園水族館雑誌 **39**: 69.
19) Wakabayashi, H. (1996) Importation of aquaculture seedlings to Japan. *Revue Scientifique et Technique Office International des Epizooties* **15**: 409-422.（ネオベネデニア・ギレラエ）
20) Bondad-Reantaso, M. G., K. Ogawa, T. Yoshinaga & H. Wakabayashi (1995) Acquired protection against Neobenedenia girellae in Japanese flounder. *Fish Pathology*（魚病研究）**30**: 233-238.（同上）
21) Bondad-Reantaso, M. G., K. Ogawa, T. Yoshinaga & H. Wakabayashi (1995) Reproduction and growth of *Neobenedenia girellae* (Monogenea: Capsalidae), a skin parasite of cultured marine fishes of Japan. *Fish Pathology*（魚病研究）**30**: 227-231.（同上）
22) Ogawa, K., M. G. Bondad-Reantaso, M. Fukudome & H. Wakabayashi (1995) *Neobenedenia girellae* (Hargis, 1955) Yamaguti, 1963 (Monogenea: Capsalidae) from cultured marine fishes of Japan. *Journal of Parasitology* **81**: 223-227.（同上）
23) Ohyama, F., T. Okino & H. Ushirogawa (2001) *Massaliatrema misgurni* n. sp. (Trematoda: Hetreophyidae) whose metacercariae encyst in loaches (*Misgurnus anguillicaudatus*). *Parasitology International* **50**: 267-271.
24) 上敷領隆・内川隆一・平沼享（1989）ゾウにみられた寄生虫について．日本動物園水族館雑誌 **31**: 28-29.
25) 宮下実・長瀬健二郎・榊原安昭・森本委利（1983）過去10年間の寄生虫検査成績とその駆虫概様について，（1）哺乳類．日本動物園水族館雑誌 **25**: 80-81.
26) 中俣充志・後藤義英・高橋久道（1961）アシカの肺ダニ症．日本動物園水族館雑誌 **3**: 21-23.
27) 横山晴美・渡辺正・中村彰・大島正昭・鹿島英佑・柳井徳磨・棚木利昭（1996）ウンピョウから得られた肺吸虫について．日

動物園水族館雑誌 **37**: 135-136.
28) 志保田進・富島登・富村保・川崎喜代司（1967）クロヒョウ *Panthera pardus melas* からえた肺吸虫について．日本動物園水族館雑誌 **9**: 108-111.
29) 松尾加代子・ガンゾリグ・スミヤ・奥祐三郎・神谷正男（2001）大阪市天王寺動物園の両生類・爬虫類から得られた寄生蠕虫類．日本野生動物医学会誌 **6**: 35-44.
30) 別所伸二・中村剛（1985）ボブキャットのマンソン裂頭条虫寄生に対する硫酸パロモマイシンの駆虫効果．日本動物園水族館雑誌 **27**: 24-27.
31) 金田寿夫・中川敏・坂本司（1967）ダチョウのアスペルギルス症と発病原因の考察について．日本動物園水族館雑誌 **9**: 99-100.
32) Sawada, I. & Kifune, T. (1974) A new species anoplocephaline cestode from *Macaca irus*. *Japanese Journal of Parasitology*（寄生虫学雑誌）**23**: 366-368.
33) 西村専治郎・永田新吾・野田亮二（1966）アカカンガルーの肝管より得た条虫について．日本動物園水族館雑誌 **8**: 14.
34) 別所伸二・山田稔・松本芳嗣（1985）ケープイワハイラックスの肝腸管に寄生していた *Inermicapsfer hyracis* について．日本動物園水族館雑誌 **27**: 93-95.
35) 立岩常夫（1960）井之頭自然文化園に発生した *Capillaria* について．日本動物園水族館雑誌 **2**: 33-34.
36) 木元有子・浅川満彦（1998）北海道江別市内のペットショップで市販されていたカメ類の寄生線虫類．日本野生動物医学会誌 **3**: 75-77.
37) 高橋久道・中俣充志（1963）クジャクの各種腸内寄生虫に対する駆虫試験成績．日本動物園水族館雑誌 **5**: 99-101.
38) 森本委利・竹田正人・長瀬健二郎・榊原安昭・宮下実（1993）注射用イベルメクチンの動物園動物への応用．日本動物園水族館雑誌 **35**: 7-16.
39) Oku, Y., N. Kudo, M. Ohbayashi, I. Narama & T. Umemura (1983) A case of abdominal angiostrongyliasis in a monkey. *Japanese Journal of Veterinary Research* **31**: 71-75.
40) 上敷領茂（1986）簡便な糞便検査による線虫症の調査と治療効果判定の試み．日本動物園水族館雑誌 **28**: 73-74.
41) 杉山広・千田（新谷）純子・永田新吾・森本委利（2000）ホッキョクグマにおけるマレー鉤虫感染の一例．日本動物園水族館雑誌 **42**: 7-11.
42) 谷川一宏・石川創・沢村栄一・川口直樹・中村修一（1989）オタリア新生児における鉤虫感染症について．日本動物園水族館雑誌 **31**: 28.
43) 井手百合子・稲葉智之・浅川満彦（2000）有袋目と貧歯目を中心とするペット用輸入哺乳類の寄生蠕虫保有状況．日本野生動物医学会誌 **5**: 157-162.
44) Fukumoto, S., T. Uchida, M. Ohbayashi, Y. Ikebe & S. Sasano (1996) A new host record of *Camelostrongylus metulatus* (Nematoda; Trichostrongyloidea) from abomasum of a giraffe at a zoo in Japan. *The Journal of Veterinary Medical Science* **58**: 1223-1225.
45) Matsuo, K., S. Ganzorig, Y. Oku & M. Kamiya (1999) Nematodes of the Indian star tortoise *Geochelone elegans* (Testudinidae) with description of a new species *Alaeuris geochelone* sp. n. (Oxyurida: Pharyngodonidae). *Journal of Helminthlogical Society of Washington* **66**: 28-32.
46) 久木義一・松尾加代子（1999）ヨツユビリクガメ（*Testudo horsfieldi*）の蟯虫症．獣医畜産新報 **52**: 985-988.
47) 小菅正夫・宮本健司（1982）チンパンジー寄生の蟯虫の同定と駆除．日本動物園水族館雑誌 **24**: 1-4.
48) 小菅正夫・宮本健司（1984）チンパンジーの蟯虫寄生例について．日本動物園水族館雑誌 **26**: 109.
49) 粟倉毅（1989）チンパンジーの蟯虫症の一例．日本動物園水族館雑誌 **31**: 27.
50) 西村専治郎（1960）ホロホロチョウにおける寄生虫の一症例について．日本動物園水族館雑誌 **2**: 48.
51) 宮下実（1993）アライグマ蛔虫 *Baylisascaris procyonis* の幼虫移行症に関する研究．生活衛生 **37**: 137-151.
52) 中尾建子・伊藤修・今津孝二・米澤正夫・林輝昭（1996）ジャイアントパンダに認められた慢性胃腸炎および寄生虫症について．日本動物園水族館雑誌 **37**: 142.
53) 徳武浩司・古田彰・大津大・中島将行（1999）八景島におけるホッキョクグマの回虫の駆除．日本動物園水族館雑誌 **40**: 79.
54) 中川志郎・浅倉繁春・増井光子（1961）熊の蛔虫症．日本動物園水族館雑誌 **3**: 23-26.
55) 重見貢・坂本秀之助・山崎泰（1972）熊に関する調査報告．日本動物園水族館雑誌 **14**: 58-68.
56) 赤羽啓栄・岩田久寿郎・宮田一郎（1982）中国から輸入されたドジョウに寄生していた剛棘顎口虫 *Gnathostoma hispidum* Fedchenko, 1872. 寄生虫学雑誌 **31**: 507-516.
57) 松岡恵爾・樽本勲・来原兄忠（1966）フラミンゴの胃虫症について．日本動物園水族館雑誌 **8**: 15-17.
58) Azuma, H., M. Okamoto, M. Ohbayashi, Y. Nishine & T. Mukai (1988) *Cosmocephalus obvelatus* (CREPLIN, 1825) (Nematoda: Acuariidae) collected from the esophagus of rockhopper penguin, *Eudyptes cretatus*. *Japanese Journal of Veterinary Research* **36**: 73-77.
59) 早崎峯夫・大石勇・久米清治（1973）リスザル（*Saimiri sciureus*）の腹腔より発見された *Dipetalonema gracile* (Rud., 1809) Diesing, 1861 について．日本獣医学会誌 **26**: 195-197.
60) Imai, S., S. I. Ikeda, T. Ishii & K. Uematsu (1989) *Diplotriaena falconis* (Connal, 1912) (Filariidae, Nematoda) from a red-legged falconet, *Microhierax caerulescens*. *Japanese Journal of Veterinary Science* **51**: 209-212.
61) 篠原秀作・出口智久・竹下完（1991）コモンリスザルの *Porocephalus nymph*（舌虫の幼虫）重度寄生の一例．日本動物園水族館雑誌 **33**: 98.
62) 七里茂美・中村善一・北岡茂男・遠竹行俊（1981）ハト類などにみられた皮下寄生ダニ．日本動物園水族館雑誌 **23**: 58-61.
63) 中俣充志・後藤義英・高橋久道（1961）アシカの肺ダニ症．日本動物園水族館雑誌 **3**: 21-23.
64) 塩井泰明・永田竹四郎・井出康男・竹田斉・桑原英雄・蔵元虎蔵（1977）オタリアの肺ダニ寄生例．日本動物園水族館雑誌 **19**: 41.（講演者名と題名のみ記載）
65) 著者不明（1992）魚介類の寄生虫ハンドブック第2巻．東京都．
66) 志村茂・浅井ミノル（1984）北米産 bowfin, *Amia calva* に寄生導入された *Argulus americanus* について．魚病研究 **18**: 199-204.
67) 斉藤勝・矢島稔（1966）新着トナカイに寄生をみたトナカイバエについて．日本動物園水族館雑誌 **8**: 108-109.
68) 滝沢晃夫（1961）ウシカモシカの羊蠅幼虫症．日本動物園水族館雑誌 **3**: 29-30.
69) 中川志郎・田辺興記・田代和治・増井光子・大塚和男・渋谷光信（1967）シロサイ寄生のサイヤドリバエについて．日本動物園水族館雑誌 **9**: 119-120.
70) 高家博成・平松廣・田坂清・七里茂美・橋崎文隆（1991）輸入されたチーターに寄生していたイヌシラミバエ．日本動物園水族館雑誌 **33**: 1-4.
71) 横山祐子・稲葉智之・浅川満彦（2003）我が国に輸入された愛玩用サル類の寄生蠕虫保有状況（予報）．日本野生動物医学会誌 **8**（印刷中）．

日本の侵略的外来種ワースト100

　生物多様性保全のために有効な外来種対策を実施するにあたって，外来種の中でも生態系や人間活動への影響が特に大きい「侵略的外来種」を優先的に取り扱う必要がある．本リストは，その一助とすることも念頭に置きながら，「侵略的外来種」への社会的関心を喚起するために作成した仮のリストである．

　選定にあたっては，まず，本ハンドブックの編集委員から，それぞれが編集において分担した分類群の範囲で特に影響が大きいと考えられる「侵略的外来種」を今回作成した外来種リストに掲載されている種（対象によっては種以外の分類群も含む）から候補として挙げていただいた．その際，すでに日本で大きな影響が認められている種だけではなく，外国で大きな影響が知られているもの，生態的な特性から考えて大きな影響が予測できるものを候補としていただいた．分類群によっては執筆者の見解なども参考にしつつ，各編集委員は，「必ず選定すべきもの」と「選定することが望ましいもの」の二つのランクに分けて候補種を選定した．それらの合計がおよそ120種となったが，それらの中から，最終的には監修者の判断で仮のワースト100を決めさせていただいた．編集委員が候補とした「必ず選定すべき種」はほぼすべてワースト100に含まれている．

　今後は，影響の大きさを科学的に評価・考量し，また，100種という枠にとらわれることなく，侵略的外来種，さらにはその中でも特に対策を優先すべきものを決定することが望まれる．

（村上興正・鷲谷いづみ）

和名	学名
哺乳類	
アライグマ	*Procyon lotor*
イノブタ	*Sus scrofa*
カイウサギ	*Oryctolagus cuniculus*
タイワンザル	*Macaca cyclopis*
チョウセンイタチ	*Mustela sibirica*
ニホンイタチ	*Mustela itasti*
ヌートリア	*Myocastor coypus*
ノネコ	*Felis catus*
ジャワマングース	*Herpestes javanicus*
ヤギ	*Capra hircus*
	計10種
鳥類	
ガビチョウ	*Garrulax canorus*
コウライキジ	*Phasianus colchicus karpowi*
シロガシラ	*Pycnonotus sinensis*
ソウシチョウ	*Leiothrix lutea*
ドバト	*Columba livia*
	計5種
爬虫類	
カミツキガメ	*Chelydra serpentina*
グリーンアノール	*Anolis carolinensis*
タイワンスジオ	*Elaphe taeniura friesi*
ミシシッピアカミミガメ	*Trachemys scripta elegans*
	計4種
両生類	
ウシガエル	*Rana catesbeiana*
オオヒキガエル	*Bufo marinus*
シロアゴガエル	*Polypedates leucomystax*
	計3種
魚類	
オオクチバス	*Micropterus salmoides*
カダヤシ	*Gambusia affinis*
コクチバス	*Micropterus dolomieu*
ソウギョ	*Ctenopharyngodon idellus*
タイリクバラタナゴ	*Rhodeus ocellatus ocellatus*
ニジマス	*Oncorhynchus mykiss*
ブラウントラウト	*Salmo trutta*
ブルーギル	*Lepomis macrochirus*
	計8種
昆虫類	
アメリカシロヒトリ	*Hyphantria cunea*
アリモドキゾウムシ	*Cylas formicarius*
アルゼンチンアリ	*Linepithema humile*
アルファルファタコゾウムシ	*Hypera postica*
イエシロアリ	*Coptotermes formosanus*

イネミズゾウムシ	*Lissorhoptrus oryzophilus*		**維管束植物**	
イモゾウムシ	*Euscepes postfasciatus*		アカギ	*Bischofia javanica*
インゲンテントウ	*Epilachna varivestis*		アレチウリ	*Sicyos angulatus*
ウリミバエ	*Bactrocera cucurbitae*		イタチハギ	*Amorpha fruticosa*
オンシツコナジラミ	*Trialeurodes vaporariorum*		イチビ	*Abutilon theophrasti*
カンシャコバネナガカメムシ	*Caverelius saccharivorus*		オオアレチノギク	*Conyza sumatrensis*
カンショオオサゾウムシ	*Rhabdoscelus obscurus*		オオアワダチソウ	*Solidago gigantea*
シルバーリーフコナジラミ	*Bemisia argentifolii*		オオオナモミ	*Xanthium canadense*
セイヨウオオマルハナバチ	*Bombus terrestris*		オオカナダモ	*Egeria densa*
チャバネゴキブリ	*Blattella germanica*		オオキンケイギク	*Coreopsis lanceolata*
トマトハモグリバエ	*Liriomyza sativae*		オオフサモ	*Myriophyllum brasiliense*
ネッタイシマカ	*Aedes aegypti*		オオブタクサ	*Ambrosia trifida*
ヒロヘリアオイラガ	*Parasa lepida*		オニウシノケグサ	*Festuca arundinacea*
マメハモグリバエ	*Liriomyza trifolii*		外来種タンポポ種群	*Taraxacum* spp.
ミカンキイロアザミウマ	*Frankliniella occidentalis*		カモガヤ	*Dactylis glomerata*
ミナミキイロアザミウマ	*Thrips palmi*		キショウブ	*Iris pseudoacorus*
ヤノネカイガラムシ	*Unaspis yanonensis*		コカナダモ	*Elodea nuttallii*
	計22種		シナダレスズメガヤ	*Eragrostis curvula*
			セイタカアワダチソウ	*Solidago altissima*
昆虫以外の節足動物			タチアワユキセンダングサ	*Bidens pilosa*
アメリカザリガニ	*Procambarus clarkii*		ネバリノギク	*Aster novae-angliae*
ウチダザリガニ	*Pacifastacus leniusculus trowbridgii*		ハリエンジュ	*Robinia pseudo-acacia*
セアカゴケグモ	*Latrodectus hasseltii*		ハルザキヤマガラシ	*Barbarea vulgaris*
チチュウカイミドリガニ	*Carcinus aestuarii*		ハルジオン	*Erigeron philadelphics*
トマトサビダニ	*Aculops lycopersici*		ヒメジョオン	*Stenactis annuus*
	計5種		ボタンウキクサ	*Pistia stratiotes*
			ホテイアオイ	*Eichhornia crassipes*
軟体動物				計26種
アフリカマイマイ	*Achatina (Lissachatina) fulica*			
カワヒバリガイ	*Limnoperna fortunei*		**維管束植物以外の植物**	
コウロエンカワヒバリガイ	*Xenostrobus securis*		イチイヅタ	*Caulerpa taxifolia*
サカマキガイ	*Physa acuta*			計1種
シナハマグリ	*Meretrix petechialis*			
スクミリンゴガイ	*Pomacea canaliculata*		**寄生生物**	
チャコウラナメクジ	*Lehmannia valentiana*		アライグマカイチュウ	*Baylisascaris procyonis*
ムラサキイガイ	*Mytilus galloprovincialis*		エキノコックス	*Echinococcus* spp.
ヤマヒタチオビガイ	*Euglandina rosea*		ジャガイモシストセンチュウ	*Globodera rostochiensis*
	計9種		ネコ免疫不全ウイルス	Feline immunodeficiency virus
			マツノザイセンチュウ	*Bursaphelenchus xylophilus*
その他の無脊椎動物			ミツバチヘギイタダニ	*Varroa destructor*
カサネカンザシ	*Hydroides elegans*			計6種
	計1種			

世界の侵略的外来種ワースト100

　2000年，国際自然保護連合（IUCN）の種の保全委員会（SSC）は，「世界の侵略的外来種ワースト100（「100 of the World's Worst Invasive Alien Species」）を発表した．このリストは，SSCにある侵入種専門家グループ（ISSG）によって取りまとめられたものである．100種は，(1) 生物の多様性および人間活動に対する深刻な影響，(2) 生物学的侵入の重要な典型事例，の二つの規準によって選ばれているが，たくさんの事例を紹介するために，一つの属からは一つの種だけが選ばれている．日本では在来種の種もあり，日本にそのまま適用すると問題が生じる種もあると思われるが，参考のために掲載しておくものである．

　この100種を，前ページ「日本の侵略的外来種ワースト100」と同じ分類方法，掲載順序で整理したのが下記のリストである．日本のものと対比すると，同じ種が数多く取り上げられていることがわかる．なお，学名は，http://www.issg.org/database/species/からの転載，和名は日本自然保護協会のホームページ http://www.nacsj.or.jp/ を参考にしながら，本書の編集委員にチェックしていただいて変更を加えた．

（村上興正・鷲谷いづみ）

和名	学名
哺乳類	
アカギツネ	*Vulpes vulpes*
アカシカ	*Cervus elaphus*
アナウサギ	*Oryctolagus cuniculus*
イエネコ	*Felis catus*
オコジョ	*Mustela erminea*
カニクイザル	*Macasa fascicularis*
クマネズミ	*Rattus rattus*
ジャワマングース	*Herpestes javanicus*
トウブハイイロリス	*Sciurus carolinensis*
ヌートリア	*Myocastor coypus*
ハツカネズミ	*Mus musculus*
フクロギツネ	*Trichosurus vulpecula*
ヤギ	*Capra hircus*
ヨーロッパイノシシ	*Sus scrofa*
	計14種
鳥類	
インドハッカ	*Acridotheres trisitis*
シリアカヒヨドリ	*Pycnonotus cafer*
ホシムクドリ	*Sturnus vulgaris*
	計3種
爬虫類	
アカミミガメ	*Trachemys scripta*
ミナミオオガシラ	*Boiga irregularis*
	計2種
両生類	
ウシガエル	*Rana catesbeiana*
オオヒキガエル	*Bufo marinus*
コキコヤスガエル	*Eleutherodactylus coqui*
	計3種
魚類	
ウォーキングキャットフィッシュ	*Clarias batrachus*
（ヒレナマズの1種）	
オオクチバス	*Micropterus salmoides*
カダヤシ	*Gambusia affinis*
カワスズメ	*Oreochromis mossambicus*
コイ	*Cyprinus carpio*
ナイルパーチ	*Lates niloticus*
ニジマス	*Oncorhynchus mykiss*
ブラウントラウト	*Salmo trutta*
	計8種
昆虫類	
アシナガキアリ	*Anoplolepis gracilipes*
アノフェレス・クァドリマクラタス	
（ハマダラカの1種）	*Anopheles quadrimaculatus*
アルゼンチンアリ	*Linepithema humile*
イエシロアリ	*Coptotermes formosanus*
キオビクロスズメバチ	*Vespula vulgaris*
キナラ・カプレッシ	*Cinara cupressi*
（オオアブラムシの1種）	
コカミアリ	*Wasmannia auropunctata*
タバココナジラミ	*Bemisia tabaci*
ツヤオオズアリ	*Pheidole megacephala*
ツヤハダゴマダラカミキリ	*Anoplophora glabripennis*
マイマイガ	*Lymantria dispar*
ヒアリ	*Solenopsis invicta*

ヒトスジシマカ	Aedes albopictus
ヒメアカカツオブシムシ	Trogoderma granarium

計14種

昆虫以外の節足動物

チュウゴクモクズガニ	Eriocheir sinensis
ミドリガニ	Carcinus maenas

計2種

軟体動物

アフリカマイマイ	Achatina fulica
カワホトトギスガイ	Dreissena polymorpha
スクミリンゴガイ	Pomacea canaliculata
ヌマコダキガイ	Potamocorbula amurensis
ムラサキイガイ	Mytilus galloprovincialis
ヤマヒタチオビガイ	Euglandina rosea

計6種

その他の無脊椎動物

キヒトデ	Asterias amurensis
セルコパジス・ペンゴイ	Cercopagis pengoi
（オオメミジンコ科の1種）	
ニューギニアヤリガタリクウズムシ	
	Platydemus manokwari
ムネミオプシス・レイディ	Mnemiopsis leidyi
（ツノクラゲの1種）	

計4種

維管束植物

アカキナノキ	Cinchona pubescens
アメリカクサノボタン	Clidemia hirta
アルディシア・エリプティカ	Ardisia elliptica
（ヤブコウジ属の1種）	
イタドリ	Polygonum cuspidatum
エゾミソハギ	Lythrum salicaria
オプンティア・ストリクタ	Opuntia stricta
（ウチワサボテン属の1種）	
カエンボク	Spathodea campanulata
カユプテ	Melaleuca quinquenervia
キバナシュクシャ	Hedychium gardnerianum
キミノヒマラヤキイチゴ	Rubus ellipticus
ギンネム	Leucaena leucocephala
クズ	Pueraria lobata
クロモラエナ・オドラタ	Chromolaena odorata
（キク科の1種）	
サンショウモドキ	Schinus terebinthifolius
ストロベリーグアバ	Psidium cattleianum

スパルティナ・アングリカ	Spartina anglica
（イネ科の1種）	
セクロピア	Cecropia pletata
タマリクス・ラモシッシマ	Tamarix ramosissima
（ギョリュウ属の1種）	
ダンチク	Arundo donax
チガヤ（アランアラン）	Imperata cylindrica
ハギクソウ	Euphorbia esula
ハリエニシダ	Ulex europaeus
フランスカイガンショウ	Pinus pinaster
プロソピス・グランドゥロサ	Prosopis glandulosa
（イネ科の1種）	
ホザキサルノオ	Hiptage benghalensis
ホテイアオイ	Eichhornia crassipes
ミカニア・ミクランサ	Mikania micrantha
（キク科の1種）	
ミコニア・カルヴェセンス	Miconia calvescens
（ノボタン科の1種）	
ミツバハマグルマ	Wedelia trilobata
ミモザ・ピグラ	Mimosa pigra
（オジギソウ属の1種）	
ミリカ・ファヤ	Myrica faya
（ヤマモモ属の1種）	
モリシマアカシア	Acacia mearnsii
ランタナ	Lantana camara
リグストルム・ロブストゥム	Ligustrum robustum
（イボタノキ属の1種）	

計34種

維管束植物以外の植物

イチイヅタ	Caulerpa taxifolia
ワカメ	Undaria pinnatifida

計2種

寄生生物

アファノマイセス病	Aphanomyces astaci
カエルの表皮に寄生するツボカビの1種	
	Batrachochytrium dendrobatidis
カビの1種の感染によるニレの疾病	
	Ophiostoma ulmi
牛疫ウイルス	Rinderpest virus
クリ胴枯れ病	Cryphonectria parasitica
鳥マラリア	Plasmodium relictum
パイナップルの疾病	Phytophthora cinnamomi
バナナ萎縮病ウイルス	Banana bunchy top virus

計8種

「外来種管理法（仮称）」の制定に向けての要望書

　近年，生物多様性の保全は国際的に緊急かつ最重要の課題であると認識されている．国際自然保護連合IUCNによって，外来種は，長期的な視点に立てば生息環境の破壊をしのぐ，生物多様性にとって最大の脅威として位置づけられている．日本も締約国になっている生物多様性条約の第8条には「生態系，生息地，若しくは種を脅かす外来種の導入を阻止し又はそのような外来種を抑制しまたは駆除すること」と明記されている．

　日本生態学会は，外来種の現状把握および一般市民への普及・啓発を目的として，本問題に取り組み，一昨年以来「外来種ハンドブック」作成に向けて努力をしてきた．その結果，日本には哺乳類から昆虫，寄生虫，陸上植物，水生植物に至るまで数多くの外来種が現に存在し，在来種に多大な影響を与えている実態が判ってきた．このような現状をもたらした原因は，日本には生物多様性保全の観点から外来種を管理するための法律が存在しないことにあると考えられる．

　こうした現状を放置することは，将来世代の生物多様性を損なうとの判断から，外来種の管理を行うため，第5回生物多様性条約締約国会議（2000年5月及び2001年3月）中間指針原則「生態系，生息地及び種を脅かす外来種の予防，導入，影響緩和のための指針原則」および国際自然保護連合IUCN（2000）の「外来侵入種によってひきおこされる生物多様性減少阻止のためのIUCNガイドライン」を基礎として，下記のような内容の「外来種管理法（仮称）」の制定を要望する．

A　予防的措置

1. 外来種の意図的導入に関して，輸入は国の許可を得ることを義務づけ，違反に対しては罰則規定を設ける．
2. 外来種の導入を意図した者は，輸入および国内での利用に先立って，当該種が生物多様性に与える影響に関してリスク評価を行った上，国が設置したしかるべき機関に輸入申請書を提出する．
3. リスク評価には不確定性が伴うので，予防原則に基づき科学的に影響が極めて軽微であると判断されない限り，導入は原則として禁止する．
4. 外来種の非意図的導入（随伴・混入）を阻止するため，移入経路を特定し，それに関連した業者などにリスク評価を行わせるなど，積極的なプログラムを計画実施する．
5. 外来種の管理のための日本向けのガイドラインを，国際自然保護連合IUCNの作成したガイドラインに準じて作成する．

B　現存する外来種の管理

1. 現存する外来種に関しては，生物多様性に与える影響の大きさを考慮して，当該種の影響の大きさに関するランク付けを行う．また，外来種が地域の生物多様性の保全に脅威を与えている実態を把握して，脅威が大きな場所から優先的に駆除または制御するためのランク付けを行う．これらのランクに応じて管理の優先順位を決定し，撲滅を目標として具体的な対処を行う．
2. 管理対象となる種又は地域に関して，生態学的な理解とモデルに基づく外来種管理計画の策定を行い，地域住民とともにプログラムを実施する．これらの計画の策定や実施に関しては，その過程を全て公開として，公聴会を義務づけるなど透明性を確保する．

C　普及・啓発

1. 外来種の管理には一般市民の協力が必須なので，外来種に関するデータベースを作成し，情報を誰もが容易に入手できる体制を整える．
2. 外来種の管理に当たっては広く情報を公開し，一般市民がそれに意見を述べることができる体制を整える．
3. とくに初等教育を含む学校教育および生涯教育において，外来種に関する普及・啓発などを積極的に行う．

以上決議する．

2002年3月28日
第49回日本生態学会大会総会

外来種文献リスト

外来種（移入種・帰化種を含む）の特集が組まれた雑誌，外来種を扱った書籍などで，比較的入手しやすいものを取り上げた．原則として，外来種に関する総括的な情報が得られるものとした．

＜雑誌＞

●アニマ　No.208（1990年1月）
特集Ⅰ　帰化動物　そのたくましき生態　10
・ペットからパイオニアへ　タイワンリス，鎌倉の森を走る　12
　　　文＝田村典子　　写真＝千葉圭介
・都市に見るふるさとの熱帯　インコ，東京の空に舞う　20
　　　文＝日野圭一　　写真＝井田俊明・黒岩武一ほか
・日本の湖沼を呑む　増えつづけるブラックバスとブルーギル　26
　　　文・写真＝森　文俊
・ぬりかえられる日本の淡水魚相　35
　　　多紀保彦
・住めば都，日本に暮らす異国の動物たち　38
・ハクビシン　鼻すじとおった美丈夫は果物が大好き　38
　　　鳥居春己
・チョウセンイタチ　生活力旺盛，何でも食べるシティ派イタチ　41
　　　佐々木浩
・ミンク　北海道の在来生物との複雑な関係　42
　　　斉藤　隆
・ヌートリア　アライグマ　アマゾン河から長良川へ，巨大ネズミの旅路　43
　　　梶浦敬一
・ソウシチョウ　薮の中に暮らす中国の歌姫　44
　　　坂梨仁彦
・アオマツムシ　街路樹は僕らのコンサートホール　45
　　　大野正男
・ウシガエル　ザリガニだって食べるカエルの王様　46
　　　松井孝爾
・ムラサキイガイ　リンゴガイ　すさまじい繁殖力で勢力を広げる帰化貝たち　47
　　　奥谷喬司
・特集対談　動物たちは・壁・を越える　49
　　　今泉吉晴・別役　実
・最初の帰化動物はだれ？　その起源と歴史をたどる　54
　　　中村一恵
・日本の主な帰化動物一覧　56

・帰化動物の"ユートピア"哺乳類のいなかった国からの報告　58～64
　　　文＝キャロライン・M・キング　訳＝丸　武志

●フィールド＆ストリーム（1991年6月）
特集　崩れゆく日本の生態系　山河が帰化動植物に侵略される！？　4
・INTRODUCTION　検証！　日本の自然を脅かす帰化動物　コイが，フナが消えてしまう！？　7
　　　文・柴田哲孝
・DEFINITION　帰化種侵入のメカニズムを探る　帰化動植物はこうして日本に入りこんでくる　10
・CASE-1　釣り・狩猟用に移入された動物たち　食べるが勝ち！　食欲の権化ブルーギル　13
・CASE-2　飼育・愛玩用に移入され逸出した動物たち　脱走と追跡の物語　水辺に逃れた珍獣たち　14
・CASE-3　食用を目的に移入された動物たち　カエルとザリガニの仁義なき戦い　17
・CASE-4　人間の目をかいくぐって侵入した生物たち　密航者たちであふれる大混乱の東京湾　18
・FUTURE　どうなる日本の生態系！？　侵略者との共存関係はありえるのだろうか？　21
・OPINIONS　誌上徹底討論会　琵琶湖のバスをめぐる人間たちの思わく　22
・WATCHING　首都圏近郊帰化動物生息ポイント　隣に住む帰化動物をウォッチング　27
　　　文・星乃踏彦　　イラスト・本山賢司
・WHO COMES FROM ABROAD?　日本帰化動植物大図鑑　28

●関西自然保護機構会報　第18巻第2号（1996年12月）
特集　移入生物による生物相の撹乱
・導入された小動物，特に昆虫類の引き起こす問題　79
　　　大阪府立大学農学部昆虫学研究室　石井　実
・琵琶湖における外来種の現状と問題点　87
　　　滋賀県立琵琶湖博物館　中井克樹
・生態系の変化がブラックバスの増殖をもたらした！　その問題点と対策　95
　　　滋賀大学教育学部　鈴木紀雄
・日本における帰化鳥類の現状と問題点　107

森林総合研究所鳥獣生態研究室　東條一史
・帰化植物による在来の自然への影響　115
　　　神戸大学理学部生物学教室　角野康郎
・移入生物による生物相の撹乱－総合討論に向けて　121
　　　京都大学大学院理学研究科　村上興正

●日本生態学会誌　第48巻第1号（1998年4月）
特集　移入生物による生態系の撹乱とその対策
・小笠原諸島の移入動植物による島嶼生態系への影響　63
　　　鹿児島大学理学部地球環境科学科　冨山清升
・保全生態学からみたセイヨウオオマルハナバチの侵入問題　73
　　　筑波大学生物科学系　鷲谷いづみ
・最近の外来雑草の侵入，拡散の実態と防止対策　79
　　　草地試験場生態部　清水矩宏
・移入種対策について　－国際自然保護連合ガイドライン案を中心に－　87
　　　京都大学大学院理学研究科　村上興正

●遺伝　第52巻（1998年5月）
特集　外来生物と生物多様性の危機
・移入種とは何か，その管理はいかにあるべきか？　11
　　　京都大学大学院理学研究科生物学専攻　村上興正
・侵入植物が生物多様性に及ぼす脅威　18
　　　筑波大学生物科学系　鷲谷いづみ
・外来昆虫の現状と対策　23
　　　農林水産省農業環境技術研究所　森本信生
・移入された淡水魚による生態系の撹乱　28
　　　長崎大学教育学部教授　東　幹夫
・移入鳥類の問題　チメドリ類を中心に　33
　　　神奈川県立生命の星・地球博物館　中村一恵
・移入哺乳類の現状と対策　37
　　　北海道大学文学部地域システム科学講座　池田　透
・セイヨウオオマルハナバチの移入問題　42
　　　玉川大学農学部昆虫科学研究室　小野正人
・移入哺乳類による生態系の破壊　小笠原諸島の場合　44
　　　鹿児島大学理学部地球環境科学科　冨山清升

●WWF　No.261（1999年8月）
特集　移入種　その影響と対策
・移入種　その影響と対策　1～7

●生物科学　第52巻第1号（2000年6月）
特集　特定生物による生態影響
・生物多様性を脅かす「緑の」生物学的侵入　1
　　　東京大学大学院農学生命科学研究科　鷲谷いづみ
・外来魚類による生態影響－霞ヶ浦はなぜ外来魚に占拠されたか　7
　　　霞ヶ浦生態系研究所　浜田篤信
・新たに侵入している強害外来雑草の農耕地へのインパクト　17
　　　農林水産省草地試験場　清水矩宏
・シカがおよぼす生態的影響　29
　　　東京大学総合研究博物館　高槻成紀

●自然保護　No.450（2000年10月）
特集　エイリアン・スピーシーズ
・ケース①逃亡ペット－北海道　アライグマに乱される生態系と農業　3
・ケース②外来魚密放流－琵琶湖　釣り人気の的，ブラックバスが在来魚を食べる　6
・ケース③意図的導入－奄美大島　ハブ退治せず奄美の希少種を脅かすマングース　9
・どうする，移入種　日本での「移入種問題」ガイドラインを考える　10
・IUCNガイドラインとは　移入種問題専門家，グリーン博士に聞く　13

●保全生態学研究　第5巻第2号（2000年12月）
特集　外来種の管理
・日本における外来種の法的規制　119
　　　京都大学理学研究科動物生態学研究室　村上興正
・移入鳥類の諸問題　131
　　　九州大学大学院理学研究院生物科学部門　江口和洋
　　　九州大学大学院比較社会文化研究科　天野一葉
・外来昆虫の管理法　149
　　　近畿大学農学部昆虫学研究室　桜谷保之
・移入アライグマの管理に向けて　159
　　　北海道大学大学院文学研究科地域システム科学講座　池田　透
・日本における外来魚問題の背景と現状　～管理のための方向性をさぐる～　171
　　　滋賀県立琵琶湖博物館　中井克樹
・外来植物の管理　181
　　　東京大学農学生命科学研究科　鷲谷いづみ
・＜特別寄稿＞日本に毎日持ち込まれるミバエ　187
　　　農業環境技術研究所　桐谷圭治

●昆虫と自然　第37巻第3号（2002年3月）
特集　外来昆虫
・日本の外来昆虫　2
　　　日本応用動物昆虫学会名誉会員，アメリカ昆虫学会特別会員　桐谷圭治
・北米からきた松桜稲の害虫－マツノザイセンチュウ・アメリカシロヒトリ・イネミズゾウムシ－　4

畜産草地研究所害虫管理研究室　森本信生
　　元農業環境技術研究所　桐谷圭治
・輸入昆虫が投げかけた問題－農業用マルハナバチとペット用クワガタをめぐって－　8
　　独立行政法人　国立環境研究所　五箇公一
・海を渡ってきた北方系のチョウたち－その侵入と定着－　12
　　北海道立中央農業試験場　八谷和彦
・外来のアリがもたらす問題－アカカミアリとアルゼンチンアリを例に－　16
　　東京大学農学部　寺山　守
・外来の森林・木材害虫－中国産ツヤハダゴマダラカミキリのアメリカへの侵入と日本への波及－　20
　　森林総合研究所　槙原　寛

● 日本生態学会関東地区会会報　第50号（2002年3月）
特集　外来生物の侵入・定着における生態学的プロセス
・生態学的プロセスからみた外来種問題　1
　　東京大学大学院農学生命研究科　宮下　直
・生物間相互作用と外来種の侵入可能性　4
　　大阪女子大学理学部環境理学科　難波利幸
・難波さんの講演についての質疑応答　11
・「生物間相互作用と外来種の侵入可能性」（難波利幸氏）へのコメント　12
　　東京大学大学院総合文化研究科　嶋田正和
・難波さんの講演に対する嶋田さんのコメントについての質疑応答　14
・The process of biological invasion: The arrival, establishment , and integration of exotic species into ecosystems.　15
　　Jeffrey A. Crooks Smithsonian Environmental Research Center and Romberg Tiburon Center, San Francisco State University
・Crooksさんの講演についての質疑応答　23
・海産二枚貝ホトトギスガイの研究から明らかになった外来種の一般的特性：Crooks氏の講演の解説とコメント　24
　　千葉大学大学院自然科学研究科　仲岡雅裕
・外来昆虫の侵入と分布拡大のプロセス　28
　　大阪府立大学大学院農学生命研究科　石井　実
・外来種の侵入に伴う「意図せざる人為選択」－石井さんの講演に関連して－　32
　　東京医科歯科大学生体材料工学研究所　大塚公雄
・総合討論　35
・「外来生物の侵入・定着における生態学的プロセス」に関するコメント　38
　　伊東市　桐谷圭治

<書籍>
『侵略の生態学〔新装版〕』エルトン，C. S. 著／川那部浩哉・大沢秀行 他訳．新思索社．1988年．（原書は，Charles S. Elton. The Ecology of Invasion by Animals and Plants. Methuen & Co. Ltd., London, 1958. 日本語版の初版は，思索社から1971年の刊行）
『身近な帰化植物』山岡文彦．青磁書房．1971年．
『帰化動物の生態学－侵略と適応の歴史』宮下和喜 講談社．1977年．
『日本の淡水生物－侵略と撹乱の生態学』川合禎次・川那部浩哉・水野信彦 編．東海大学出版会．1980年．
『帰化植物100種』山岡文彦．ニュー・サイエンス社．1981年．
『日本の海洋生物－侵略と撹乱の生態学』沖山宗雄・鈴木克美 編．東海大学出版会．1985年．
『日本の昆虫－侵略と撹乱の生態学』桐谷圭治 編．東海大学出版会．1986年．
『日本の植生－侵略と撹乱の生態学』矢野悟道 編．東海大学出版会．1988年．
『エコロジーガイド 日本の帰化生物』鷲谷いづみ・森本信生．保育社．1993年
『緑の侵入者たち』淺井康宏．朝日新聞社．1993年．
『帰化動物のはなし』中村一恵．技報堂出版．1994年．
『沖縄の帰化動物』嵩原建二・当山昌直・小浜継雄 沖縄出版．1997年．
『エイリアン・スピーシーズ－在来生態系を脅かす移入種たち』平田剛士．緑風出版．1999年．
『生態系を破壊する小さなインベーダー』クリス・ブライト 著／福岡克也 監訳．家の光協会．1999年．
『放浪するアリ－生物学的侵入をとく』ベルンハルト・ケーゲル 著／小山千早 訳）．新評論．2001年．（原書は1999年）
『現代日本生物誌11　マングースとハルジオン』服部正策・伊藤一幸．岩波書店．2000年．
『移入・外来・侵入種－生物多様性を脅かすもの』川道美枝子・岩槻邦男・堂本暁子編．築地書館 2001年．
『帰化動物たちのリストラ戦争－オレの言い分きいてくれ！』中村三郎．同朋舎（角川書店）．

2001年．
『河川における外来種対策に向けて［案］』外来種影響・対策研究会編．リバーフロント整備センター．2001年．
『黒装束の侵入者－外来付着性二枚貝の最新学』．日本付着生物学会編．恒星社厚生閣．2001年．
『ちょっと待ってケナフ！　これでいいのビオトープ？－よりよい総合的な学習，体験活動をめざして』上赤博文．地人書館．2001年．
『川と湖沼の侵略者　ブラックバス－その生物学と生態系への影響』日本魚類学会自然保護委員会編．恒星社厚生閣．2002年．

＜ＨＰ＞
http://www.env.go.jp/nature/report/h14-01/
環境省・移入種（外来種）への対応方針について　平成14年8月　野生生物保護対策検討会移入種問題分科会（移入種検討会）
【本編】
【資料】
資料1a 我が国の移入種（外来種）リスト（説明）
資料1b 我が国の移入種（外来種）リスト（本文）
　◎本文目次
　1-1　移入種（外来種）リスト（哺乳類）
　1-2　移入種（外来種）リスト（鳥類）
　1-3　移入種（外来種）リスト（爬虫類）
　1-4　移入種（外来種）リスト（両生類）
　1-5　移入種（外来種）リスト（魚類）
　1-6　移入種（外来種）リスト（昆虫類）
　1-7　移入種（外来種）リスト（昆虫以外の無脊椎動物）
　1-8　移入種（外来種）リスト（維管束植物）
　1-9　移入種（外来種）リスト（維管束植物以外の植物）
資料2　我が国の移入種（外来種）のカテゴリー分類（例）
資料3　国外での対応事例
（GISP "Toolkit of Best Prevention and Management Practices for Invasive Alien Species"抄訳）
資料4　生物多様性条約第6回締約国会議での外来種に関する決議
（決議本文及び仮訳（付属文書のみ））
　・決議本文
　・仮訳
資料5　総合規制改革会議答申
資料6　新・生物多様性国家戦略（移入種（外来種）部分）
【参考文献・引用文献】
【委員名簿】

＜ＭＬ＞
●移入種問題メーリングリスト
（発起人兼管理者：草刈秀紀）
【趣旨】
　日本をはじめ様々な生息環境に侵入・拡散し影響を及ぼしている外来種について，生物多様性の保全および健全な生態系の持続という視点から関心を持っている方々や，その現状や問題点などに関心を持つ内外の多くの個人やグループ（組織）が，立場や地域の制約を越えて議論・情報交換するためのもの．
【内容】
　問題の提起と議論：日本の外来種の生息状況，移入経路と拡散の態様，法制度の問題点，外来種の管理政策，生物多様性国家戦略による外来種対策の実行状況，生息・分布情報などの問題点，外来種が引き起こしている問題と解決策などについて．
　情報交換：各地で起こっている具体的な問題に関する情報交換，地域で活動しているグループの活動紹介，講演会やシンポジウムの案内，参考文献の紹介，その他貴重な情報提供（生息確認），質問，海外における外来種に関する情報など．
【対象者】
　所属や立場を問わず，パソコン通信やインターネットにアクセスでき，かつ日本の外来種に関心を持つ個人．グループ（組織）や公的機関などの枠を越えて，個人での登録や発信を基本とする．
【登録方法】
　登録方法は，メールの本文に，subscribe alien-sと書いて，Majordomo@ml.asahi-net.or.jp へメールを送信する．その際，Subject: への記入は不要．同時に，必ず，Owner-alien-s@ml.asahi-net.or.jp 宛に登録希望のメールを送信する．登録の際は，氏名，メールアドレス，所属（または無所属），および事故などの緊急連絡用に，郵便番号，住所，電話番号を記入のこと．メーリングリストでは，氏名，所属，メールアドレスの三つを公開し，住所，連絡先等はメンバーに非公開．
　当面，登録料や管理費など，すべて無料．
【その他の問い合わせ】
　詳しくは，下記URL，および管理者草刈秀紀（E-mail：Owner-alien-s@ml.asahi-net.or.jp）まで．
http://www.asahi-net.or.jp/~zb4h-kskr/alien-s.htm

あとがき

　日本生態学会の 50 周年記念出版として企画された本書『外来種ハンドブック』は，執筆者への依頼からほぼ 1 年半を経て，ここに刊行の日を迎えることができた．ひとえに 160 名を超える執筆者と，分類ごとの編集の任にあたられた編集委員の皆様の献身的なご尽力のおかげである．私たちはこの本の編集に監修者として携わることを通じて，きわめて多岐にわたる日本における外来種とそれが引き起こしている問題についての理解を深めることができた．本書は，外来種問題に関心を寄せる多くの読者にとっても必ず有益な情報源として役立つものと確信する．

　怒濤のごとく押し寄せる外来種が引き起こすさまざまな深刻な問題に直面しつつも，それに対処するための十分な制度的な術をもたず，その意味ではきわめて無防備な状態にあるわが国において，今後，外来種対策のための有効な制度を構築するうえでも本書が果たす役割は決して小さいものではないと思われる．外来種によって日本の豊かな生物多様性が蚕食されていくことをくい止めたいというのが，この本の刊行に係わったすべての者の切実な願いでもある．あくまでも事実に基づく客観的・科学的な記述を心懸けながらも，そこここ記述の中に深い思いが潜んでいることは，一読すればわかるだろう．

　本書の刊行にあわせて編集委員のご尽力により，本邦初ともいえる外来種リストを作成することができた．リストの作成にあたっては，編集委員，執筆者以外のたくさんの方たちのお世話になった．外来魚類リストにおいては，酒井治己（水産大学校），瀬能宏（神奈川県立生命の星・地球博物館），吉野哲夫（琉球大学），渡辺勝敏（奈良女子大学）の各氏に，外来昆虫リストでは，奥谷禎一（神戸大学名誉教授），湯川淳一（九州大学）の両氏，昆虫以外の外来無脊椎動物リストでは，朝倉彰（千葉県立中央博物館），上田拓史（愛媛大学），大塚攻（広島大学），長縄秀俊（ロシア科学アカデミー地殻研究所），布村昇（富山市科学センター），花里孝幸（信州大学），和田恵次（奈良女子大学），内田紘臣（海中公園センター錆浦海中公園研究所），久保田信（京都大学），馬渡峻輔（北海道大学）の各氏，外来植物リストにおいては，勝山輝男（神奈川県立生命の星・地球博物館），堀内洋（環境省）の両氏，外来寄生虫リストにおいては，穴田美佳（富山市ファミリーパーク），巌圭介（桃山学院大学），岡部貴美子（森林総合研究所），小川和夫（東京大学），後藤哲雄（茨城大学），長澤和也（水産総合研究センター養殖研究所日光支所），丹羽里美（国立環境研究所），長谷川英男（大分医科大学），松尾加代子（弘前大学），三浦一芸（中国農業試験場）の各氏から，情報やご意見をいただいた．これらの方々に厚くお礼を申し上げたい．

　また，鳥類関係の資料をご提供いただいた天野一葉氏（九州大学大学院），中村桂子氏（全国野鳥密猟対策連絡会），爬虫・両生類の関連文献の入手にご協力いただい

た青木良輔（横須賀市），疋田努（京都大学），松井正文（京都大学）の各氏，外来種の野外での生息状況や在来生物に対する影響に関する情報・未公表資料をご提供いただいた大谷勉（高田爬虫類研究所），金城和三，戸田守，山城彩子，前之園唯史，葛西修，瀧口勲，山本麗子，宮良友恵，宮平聖子，菊川章（以上，琉球大学理学部），佐々木健志（琉球大学博物館），竹者雅彦（京都大学）の各氏，植物プランクトンの外来種の存否について情報をいただいた堀口健雄（北海道大学），大谷修司（島根大学）の両氏，汚損生物の防除技術について情報をいただいた中村宏氏（東京水産大学），軟体動物の文献をご提供くださった大越健嗣氏（石巻専修大学），さらに，写真や図版をご提供いただいた方々など，たいへん数多くの方々にお世話になった．ここに記して，お世話になった皆様に深い感謝の意を捧げたい．

　最後になったが，私たちの過大な要求に応じてくださった地人書館の上條宰社長とこの本の編集に心血を注いでくださった塩坂比奈子さんに衷心よりお礼を申し上げたい．塩坂さんは，編集者の役割だけでなく，執筆者と編集委員会との意見の違いの調整など，本来は監修者が担うべき役割の一部さえ果たしてくださった．これほど多数の執筆者を擁するこのハンドブックが異例ともいえるほど短期間のうちに完成したのは，その見事としかいいようのない働きぶりによるところが大きい．本当にご苦労様でした．

2002年8月

鷲谷いづみ・村上興正

事項索引

【あ】
アイソザイム　161
青潮　275
アカギ山　242
アカリンダニ症　217
阿寒湖　255
空きニッチ　57,69,242
アジェンダ 21　31
アセアン自然保護条約　30
アピア条約　30
アフリカユーラシア水鳥条約　30
アフリカ自然保全条約　30
奄美大島　21,65
アメリカ腐蛆病　217
アライグマ回虫症　8,70,220,226
アライグマ対策　26
アルカロイド　209
α-ラトロトキシン　152
アルプス保護条約議定書　30
アレロパシー　196
アロザイム　214

【い】
イガイ床　187
生け捕りワナ　22
移殖放流　267
遺存種　245
逸出　4,12,50
遺伝子汚染　159,192,195,231
遺伝子組み換え生物　3
遺伝の攪乱　55,64,219,246,251,266
遺伝の多様性の攪乱　57
遺伝的独自性の消失　246
移動規制　12
意図的導入　3,44,282,286
移入　4
移入種　4
移入種分科会→野生生物保護対策検討会移入種問題分科会

【う】
ウイルス性出血病　65
ウェストナイル脳炎　215
魚釣島　252

【え】
影響緩和　44
影響緩和措置　45
衛生害虫　196
衛生植物検疫協定　31
衛生植物検疫措置の適用に関する協定　19
永続的利用　53
栄養繁殖　193,201
エイリアン・ヘルミンス　220

エイリアンパラサイト　217
エキゾチックアニマル　8
エキノコックス症　225,226
エコシステムアプローチ　42
エコタイプ　50,212
越年生植物　194
えり　267,269

【お】
オウム病　89
大阪湾　275
小笠原国立公園　22
小笠原国立公園植生回復事業　23
小笠原諸島　236,238〜243
小笠原村飼いネコ適正飼養条例　237
沖縄県　20,250
沖縄島　248
汚損生物　178,180,182
雄除去法　155
オーバーグレイジング　82
温暖化　275

【か】
カイウサギ対策　83
外国為替及び外国貿易法　11
外国産緑化樹木　47
害虫相の均質化　53
害虫防除　53
飼いネコ適正飼養条例　76
海夫　259
貝曳網　268
海洋環境保護委員会　18
海洋生物導入・移動に関する行動綱領　31
海洋島　230,236,239,241,242
海洋法条約　30
外来害魚駆除作戦（滋賀県）　24
外来寄生虫　226
外来魚　255,257,259
外来魚（沖縄島の——）　248
　　——の放流　13
外来魚駆除事業　24
外来昆虫　124
外来昆虫（沖縄県の——）　250
外来昆虫（小笠原の——）　239
外来雑草　208
外来雑草プロジェクト　208
外来種　3,282
　　——に関連する用語の整理　4
　　——の選択的除去　211
　　——の土着化　125
　　——の撲滅　42
外来種リスト　297〜361
外来種管理　41
外来種管理法（仮称）　34,366

外来種駆除　21
外来種対策　9,39,75,210
　　——の指針原則　14,41
外来種等の用語の整理　3
外来種問題　3〜6,30,31,229,268
外来植物除去　211
外来侵入種（IUCN の定義）　28,46,282
　　——の生物学的な侵入　281
外来の生物的防除素材の導入と放飼のための取扱規約　54
改良型もんどり　271
核ゲノム　214
かごワナ　20,22
霞ヶ浦　257
家畜伝染病予防法　11,12,13,14,217
花粉症　8,138,207
花粉媒介者　238
河口湖　260
河原固有種　17
河原植生　211
カンキツグリーニング病　251
環境影響評価　32,44,286,294
環境省　14
環境保護・生物多様性保全法（オーストラリア）　31
環境保護強化法（フランス）　31
環境保護法（ウクライナ，ポーランド）　31
環境法（ポルトガル）　31
環境ホルモン　56
環境問題科学委員会　292
環境リスク管理委員会　33
観賞魚　248
寒地型牧草　49,50
感染症新法　225
感染症予防法　11,13
寒地型牧草　49,50
肝蛭症　172
管理票制度　32

【き】
帰化種　4
気候変動条約　30
危険な動物の飼育及び保管に関する条例　13
危険野生動物法（イギリス）　31
木崎湖　262
寄主植物　20,133,141,150
希少種　168,195,244,252,269
規制改革の推進に関する第一次答申　34
寄生性外来種　217
ギャップ依存型の更新　243
吸血宿主　161
休眠性　162,193

キュウリ黄化ウイルス 141
狂犬病 8
狂犬病予防法 11,13
競合 266
競合雑草 208
共進化 217,230
行政命令（アメリカ） 31
競争 6
郷土種 47,191,212
漁業権魚種 55,260,264
漁業法（オランダ，スイス，ドイツ，ノルウェー） 31
魚類輸入法（イギリス） 31
キツネ駆虫作戦 225
キラー海藻 203
切れ藻 201

【く】
クリーンリスト 32,35
クリーンリスト主義 51
クリーンリスト方式 32
グルーミング行動 217
クローン 179,201
クローン成長 193
くん蒸 134,135,144

【け】
経口駆虫薬 224
ゲノム 214
ゲリラ的発生 48
検疫 19,219
検疫措置 43
検疫病害虫 19
　──のための危険度解析 19
原石山 47

【こ】
恒温動物保護・狩猟法（イタリア） 31
公共事業 210,213
交雑 7,64,78,95,98,110,114,195,231
交雑個体 101
光周期 126
後天性免疫不全症候群 222
口内保育魚 248
国外外来種 3,4,254
国外侵略的外来種 4
国外野生化外来種 4
国際CAB 292
国際海事機関 17,18,31,293,294
国際自然保護連合（IUCN） 28,29,45
国際植物防疫条約 19,31
国際水路非航行利用条約 30
国際連合憲章 42
国設鳥獣保護区 82
国土交通省河川局 15
国土交通省総合政策局環境・海洋課海洋室 17
国内外来種 3,254
国内希少野生動植物種 222

国内侵略的外来種 4
国内野生化外来種 4
穀物法（ポーランド） 31
国立公園・野生生物保全法（オーストラリア） 31
国連環境計画 29,292
国連食糧農業機関 19,53,225,293
コスモポリタン 4,134
枯草病 197
個体識別マーキング 32
個体登録 32
個体登録制度 51
古代湖 265
五大湖漁業条約 30
コバルト60 155
ゴール→虫えい
固有種 7,195,205,230,242,244,249,252
コーレルペニン 203
コロニー 119,145,217,218,272
混交林 204
根絶 39,69,133,271
根絶プログラム 40
コントロール 76,169,201
根萌芽 204

【さ】
最遠距離 272
再導入 32
材線虫病 153
在地個体群 55
栽培漁業 55
栽培地検査 20
在来郷土種 212,213
在来種 5,283
作業動物 51
刺網 117,118
雑種 7,95,101,114,187,192,247
雑種形成 47
雑草防除 53,170,171
ザリガニペスト 168
砂礫質河原 16,199
産業動物 51
山野種 212

【し】
飼育動物 51
　──の類型分けと管理に関わる関連法令 13
滋賀県 24
　──の外来魚駆除対策 24
自家受精 174
自家和合性 198
色彩多型 174
ジクワット剤 193
支笏湖 113,254
シスト 154
施設害虫 139
自然・景観保全法（スイス，チェコ） 31
自然・野生生物保全法（スペイン）

31
史前帰化 135
自然再生型公共事業 210
自然生態系 283
自然復元 210
自然保全法（オランダ，デンマーク，ドイツ，ハンガリー，フランス，ベルギー，ポーランド，ルクセンブルグ） 31
持続的養殖生産確保法案（仮称） 13
実験動物 51
　──の飼養及び保管に関する規準 13
指導原理 283,284,287,290
シードソース 46,191
絞め殺し植物 243
ジャカルタ・マンデイト 30
雌雄異株 201,205
雌雄異体 171
周縁性魚類 249
臭化メチル処理 49
雌雄同株 201
雌雄同体 174
重要指定害虫 52
種間競争 87
種間相互作用 114
宿貝 185
宿主 243
宿主動物 226
宿主特異性 221
種子供給源 46,191
種子散布者 238
シュート 193
種の保存法 13,14
種保全委員会 45,293
狩猟・野鳥保護法（スイス） 31
狩猟法（オランダ，スウェーデン，ドイツ，ポルトガル） 31
純系 7
順応的管理 41
条件付輸入解禁制度 52
植生管理計画 204
植物ウイルス病 142
植物寄生性ダニ類 150
植物検疫 52,145
植物検疫条約 31
植物防疫所 20
植物防疫法 11,14,18,19,134,158
植物防疫法（アメリカ） 31
食物連鎖 113
除草剤 193,209
除草剤低抵抗性 193,194
シラスウナギ 55
飼料畑 48,208
新・世界環境保全戦略 29
新子 88
人畜共通感染症 8,67,89,220
侵入経路別対策 46～58
侵入警戒調査 20,251
侵入種 28,32

侵入種専門家グループ　45,293
侵入種防除国家計画　32
侵入生物に関する国際プログラム　292
侵入生物の分布拡大様式　272
侵入阻止　125
侵略的外来種　3,30,42,51
森林原則声明　31
森林法（スイス，ポーランド）　31

【す】
随伴侵入　157
スクリーニング　288,291
すす病　143
ストロン　154
スニーカー　119
すみわけ　221
諏訪湖　264

【せ】
棲管　180,181
制御　287,288,289
生殖腺指数　248
生態学的脆弱性　124
生態型　49
生態系，生息地および種を脅かす外来種の影響の予防・導入・影響緩和のための指針原則　41
生態系管理　41
生態系の撹乱　76,120,260
生態ニッチ　218
政府　282
生物安全　32
生物安全法（ニュージーランド）　31,33
生物安全保障上の脅威　282
生物学的多様性　282
生物間相互作用　4,6
生物多様性　30,280,284
　　——の減少　281
生物多様性の保全　5,26,30,41,121,191,208
生物多様性の保全上の脅威（問題）　5,6,7,30
生物多様性条約　5,14,30,41,292
生物多様性条約クリアリングハウス・メカニズム　43
生物多様性条約締約国会議　14,34
生物多様性法（コスタリカ）　31
生物的防除　105,138,140,144,146
生物毒素兵器条約　30
生物農薬　245
生物農薬的利用　53,54
生物防除素材　151
世界環境保全戦略　29
世界自然遺産地域　244
世界貿易機関　19,33,293
堰止湖　255
責任ある漁業に関する行動綱領　31
絶滅危惧種　6,7,168,236,252
絶滅危惧種保護法（オーストラリア）　31
絶滅のおそれのある野生動植物の種の国際取引に関する条約　9,12
セルカリア幼生　口絵,216
尖閣諸島　252
先駆種　242
潜孔　140
潜在的国外外来種　4
潜在的国内外来種　4
船体付着　56
船舶のバラスト水管理に関する条約（案）　18

【そ】
痩果　195
総合規制改革会議　33
総合的害虫管理　125
ソラニン　209

【た】
代替放流　55
体内寄生性ダニ　218
堆肥化処理　49
大陸島　230
他家受粉　198
他感作用　196
多自然型川づくり　210
多女王多巣性　148
ダーティリスト　32,34
ダーティリスト主義　51
ダニューブ川漁業条約　30
淡水赤潮　261,263
淡水漁業法（デンマーク，フランス）　31
暖地型牧草　49,50

【ち】
地球温暖化　231
地上茎　193
父島　23,236,238,241
千葉県イノシシ・キョン管理対策基本方針　79
地ハマグリ　190
地曳網　117
地方自治体条例（スペイン）　31
地方法（イタリア，スイス，フランス）　31
地理的矮小型　175
中間宿主　171,172,216
中禅寺湖　113,255
虫えい　147
抽水植物　258,262,269
抽だい　198
虫媒花　196
鳥獣保護事業計画　91
鳥獣保護法　28,88
鳥獣輸入許可証　88
チョーク病　217
貯穀害虫　134
貯脂肪性　68

貯食性　68
沈水植物　262,265,267

【つ】
つぼ網　269

【て】
定置網　257,267,269
定着　3,4
適応進化　5
デトリタス　185,187,248
テレメーター　81
デング熱　161
展示動物　51
　　——の飼養及び保管に関する規準　13
天敵資材　151
天敵導入　75,123,166,167
　　——の管理　53
　　——の生態系へのリスク　54
天敵農薬に係る環境影響評価ガイドライン　54
天敵微生物　153
天然記念物　222,235,241
天然記念物深泥池生物群集保全事業　269
伝播距離　272

【と】
東京湾　274
動径距離　272
島嶼隔離　7,247
島嶼性　246
島嶼生態系　229
　　——の撹乱　230
島嶼地域の移入種駆除・制御モデル事業（マングース）　21
動物愛護管理法　12,13,51
動物の愛護及び管理に関する法律　12,51,94
動物法（ウクライナ）　31
動物法（ロシア）　31
導入　3,283
導入天敵　53,54
　　——のリスク管理　54
　　——の利用　53
導入牧草　49,51
　　——の逸出　49
特殊病害虫　165
特定移入動物　27,51
特別天然記念物　222
土壌シードバンク　47,191,197
土着生物種　54
トップダウン効果　263
届出伝染病　217
トマト黄化葉巻ウイルス　141
トランゼクト法　199
鳥インフルエンザ　89
トリプティルティン　56
トロール漁業　258

【な】

内閣府　33
内水面漁業調整規則　12,13,117,254
内分泌撹乱物質　186
流れ藻　265,266,268
鳴き合わせ会　88
媒島　23,81,236
七ツ島大島　65,82
なわばりオス　119
南極条約環境保護議定書動植物保護附属書　30
南極生物資源保全条約　30
南方外来種　231

【に】

西島　23,236
二次的な移出　188
仁科三湖　262
日長条件　231
ニッチ　229,230,275
　　——の細分化　230
日本自然保護協会　28
日本鳥獣商組合連合会　89
日本版 RDB　237
日本野鳥の会　28

【ね】

ネコのエイズ　222

【の】

農林水産省　18
農林水産省令　20
野尻湖　263
ノゼマ病　217
ノヤギ駆除　口絵,22,23
ノヤギ問題　80
法面緑化　46,195,207
法面緑化工法　47

【は】

バイオタイプ　19,147
賠償責任　31
倍数体　174
延縄　118
箱ワナ　22
発育ゼロ点　130,131,149
発生予察事業　144
パートナー（種）　230
母島　236,238,241
母島へのイエシロアリ等の侵入防止に関する条例　240
ハビタット　87,199
パラコート剤　193,194
バラスト水
　　31,56,183,184,185,187,188,189,274,275,280
　　——の管理　285
バロア病　217
半自然生態系　283
繁殖成功率　235

【ひ】

汎生種　4
伴侶動物　51

【ひ】

非意図的導入　3,4,31,32,44,283,285
ビオトープ　169,202,210
ビクトリア湖における環境管理計画協定および漁業機関設立条約　30
非在来種の導入に関するヨーロッパ評議会の勧告　31
非在来水生生物被害防止規制法（アメリカ）　31
被食者　224
微生物農薬ガイドライン　54
ヒッチハイカー　134,281
標識再捕法　270
病害虫危険度解析に関するガイドライン　19
病害虫防除所　20
ピレスノイド系殺虫剤　152
琵琶湖　24,265～268
貧酸素化　183,184,274

【ふ】

封じ込め　20,42,45,287
富栄養化　264
フェロモントラップ　20,133
不快害虫　148
附属書Ⅰ（CITES の——）　11,89
附属書Ⅱ（CITES の——）　11,89
附属書Ⅲ（CITES の——）　11,159
不妊化　155
不妊虫放飼法　155
付着藻類　248
付着被害　186
浮遊幼生　188
浮葉植物　265,269
不要生物　33
フルバリネート剤　217
分散距離　272

【へ】

ペスト種　174
ペット→伴侶動物
ベネルクス自然保護条約　30
ベリジャー幼生　185
ヘルシンキ越境水域保護利用条約　30
ヘルミンス　220
ベルン条約　30
ベントス　183

【ほ】

貿易統計　9,51
訪花昆虫　193,196
防除　45
防除措置　42,45
包嚢　154
放流　13,268
放流・養殖事業　57
放流種苗対策　55

法定伝染病　217
母貝　266
捕食者　224,230
牧草から逸出した外来草種　50
北米環境協力条約　30
北米自由貿易協定　31
撲滅　45,287
北海道　26,232,254
北海道動物の愛護及び管理に関する条例　27,70
北方外来種　231
匍匐茎　154
ポリネータ　198
ボルドー液　164
ボン条約　30

【ま】

マイクロチップ　13,51
埋土種子　206
松枯れ　9,153
マツーヒメツバキ林　242
丸石河原　211
マングース対策　14
マングース対策（奄美大島）　口絵,21,75
マングース対策（沖縄県）　20,75
慢性消耗性疾患　78

【み】

実生　199,205
実生バンク　205
ミズカビ病　168
水際防止　209
深泥池　269
南太平洋地域環境プログラム　293
ミバエの根絶事業　155
三宅島　235
民法　12

【む】

向島　236
聟島　23,236,238
無主物　12
無性生殖　179
無融合生殖　192

【め】

雌の雄化　57,186
メタアルデヒド剤　164,165
メチルオイゲノール　155
メチルブロマイド処理　161

【も】

藻刈り船　266
モニタリング　14,22,40,43,54,81,130,136,181,186,216,231,271,286,287,288
もんどり　119,269

【や】
薬剤抵抗性　8,34,140,217
屋久島　244
野生化　4
野生生物・田園地域法（イギリス）　31
野生生物法（ノルウェー）　31
野生生物保護対策検討会移入種問題分科会　14
野生生物保全法（台湾）　31
野生復帰　32,221,283,290

【ゆ】
有害雑草法（アメリカ）　31
有害鳥獣駆除　13,22,26,69,70
有害物質・新生物法（ニュージーランド）　31,33
有害輸入動物法（イギリス）　31
遊漁者　260
遊漁料　260
誘殺板駆除　155
優性遺伝マーカー　214
有性生殖　178,179,203
優占種　249
有毒雑草　209
輸出入植物取締法　124
ユダ・ゴート作戦　81
輸入規制　11
　　──に関わる法律　11
輸入規制緩和　158
輸入禁止対象病害虫　20
輸入証明書　89

【よ】
葉緑体DNA　214
養鹿　78
抑制　39
予防的アプローチ　42
予防的措置　9,39
嫁島　23,236

【ら】
ラムサール条約　30,293
卵胎生　249
卵嚢　185

【り】
リオ宣言　42
陸水域　253〜268
陸地起源汚染海洋環境保護行動計画　31
陸封化　258
利水障害　9
リスクアセスメント　32,33
リスク管理　3,32,54
リスク評価　3,32,34,294
リスク分析　3
リソース　41
琉球列島　245

緑化資材　213
林冠ギャップ　205

【る】
ルアー　117,118

【れ】
レース　154
レッドデータブック　28,246
レッドデータ種　263
レッドリスト　246
レンチウイルス　222

【ろ】
鹿茸　78
ロゼット　194,198
ロータリー耕　209

【わ】
和歌山県　64
ワシントン条約→CITES
渡り鳥条約　30
和鳥　89

【欧文】
AIDS　222
alien invasive species　3,45,282
alien species　3,282
asian tiger mosquito　161

BHC　131,160
biodiversity　282
biological diversity　282
Biosecurity　32
Biosecurity Act　33
biosecurity threats　282

CABI→国際CAB
CBD→生物多様性条約
Chronic Wasting Disease　78
CITES　9,12,30,89,95,226,293
CITES対象種　11
　　──の区分と規制の内容　11
　　──の生きた動植物の主な輸入　10
CITES年次報告書　9,10
CITES附属書Ⅰ　11,89
CITES附属書Ⅱ　11,89
CITES附属書Ⅲ　11,159
Code rural（フランス）　31
CWD　78

DDT　131

Ecological Island　124,139
EIA→環境影響評価
ERMA→環境リスク管理委員会
establishment　3
EU　32
EU指令　30

FAO 輸入・取り扱い規約　31
FAO→国連食糧農業機関

farthest distance　272
Fauna Japonica　65
FIV感染症　222

GISP→侵入生物に関する国際プログラム
government　282
Guiding Principle　14

Hazardous Substances and New Organism Act　33
HIV感染症　222

IMO→国際海事機関
indigenous　283
intenthional introduction　3,282
introduction　3,283
invasive alien species　3,30
invasive spesies　32
IPM　125
IPPC　31
IPPC Code　31
ISSG→侵入種専門家グループ
IUCN　3,28,29,45,292
IUCNガイドライン　15,45,229,279〜295
IUCN外来種ワースト100　28

MEPC→海洋環境保護委員会

NACS-J　28
native species　283
natural ecosystem　283

PIC　32

radial distance　272
re-introduction　283
risk analysis　3

scattering distance　272
SCOPE→環境問題科学委員会
semi-natural ecosystem　283
signal crayfish　168
SPREP→南太平洋地域環境プログラム
SPREP南太平洋条約　30
SPS協定　31,33
SSC→種保全委員会
STライン　20

TBT　56
TYLCV→トマト黄化葉巻ウイルス

UNEP→国連環境計画
unintenthional introduction　3,283
unwanted organism　33

VHD　65

WHO　225
WTO→世界貿易機関
WWFジャパン　29

生物名索引および和名学名対照表

【ア】

アオウオ　Ctenopharyngodon piceus　254,257
アオギリ　Firmiana simplex　48
アオゲイトウ　Amaranthus retroflexus　209
アオバハゴロモ　Geisha distinctissima　239,240
アオバラヨシノボリ　Rhinogobius sp. BB　249
アオマツムシ　Calyptotrypus hibinonis　149
アカウミガメ　Caretta caretta　178
アカガシラカラスバト　Columba janthina nitens　236
アカカミアリ　Solenopsis geminata　240
アカギ　Bischofia javanica　205,206,243
アカギツネ　Vulpes vulpes　224
アカゲザル　Macaca mulatta　64
アカコッコ　Turdus celaenops　72,235
アカシカ　Cervus elaphus　78
アカニシ　Rapana venosa　185
アカヒゲ　Erithacus komadori　20
アカボシゴマダラ　Hestina assimilis　157
アカマツ　Pinus densiflora　153
アカリンダニ　Acarapis woodi　217
アサリ　Rudilapes philippinarum　57
アジアカブトエビ　Triops granarius　170
アズキゾウムシ　Callosobruchus chinensis　134,135
アズマヒキガエル　Bufo japonicus formosus　103,232
アツマイマイ　Nesiohelix solida　252
アトラスオオカブト　Chalcosoma atlas　158,240
アナウサギ→カイウサギ
アナナスシロカイガラムシ　Diaspis bromeliae　143
アフリカヒゲシバ　Chloris gayana　50
アフリカマイマイ　Achatina (Lissachatina) fulica　口絵,165,175,230
アマゴ　Oncorhynchus masou ishikawae　114,254
アマミノクロウサギ　Pentalagus furnessi　6,65,75
アマミヤマシギ　Scolopax mira　75
アミメノコギリガザミ　Scylla oceanica　275
アメマス　Salvelinus leucomaenis　113,254,255
アメリカイガイダマシ　Mytilopsis leucophaeata　189,275
アメリカイヌホオズキ　Solanum americanum　208,209,213
アメリカウナギ　Anguilla rostrata　55
アメリカオニアザミ　Cirsium vulgare　208,209,213
アメリカカブトエビ　Triops longicaudatus　170
アメリカザリガニ　Procambarus clarkii　169,254,266
アメリカシロヒトリ　Hyphantria cunea　126,149,239
アメリカスズメノヒエ　Paspalum notatum　50,207
アメリカセンダングサ　Bidens frondosa　208
アメリカナマズ　Ictalurus punctatus　257,258
アメリカフウ→モミジバフウ
アメリカフジツボ　Balanus eburneus　182,274,275
アメリカミズユキノシタ　271
アユ　Plecoglossus altivelis altivelis　24,55,254,257,258,267
アライグマ　Procyon lotor　口絵,8,13,26,70,74,220,226
アライグマカイチュウ　Baylisascaris procyonis　220,226
アリモドキゾウムシ　Cylas formicarius　口絵,20,133,239,240,251

アルゼンチンアリ　Linepithema humile　口絵,148
アルファルファタコゾウムシ　Hypera postica　129
アレチウリ　Sicyos angulatus　208
アレチマツヨイグサ　Oenothera parviflora　132,198
アワコガネギク　Dendranthena boreale　212
アンタエウスオオクワガタ　Dorcus antaeus　158

【イ】

イエシロアリ　Coptotermes formosanus　239,240
イエネコ　Felis catus　76,222
イエバエ　Musca domestica　239
イエローピラニア　Serrasalmus gibbus　248
イガイダマシ　Mytilopsis sallei　189,275
イグアナ属　Iguana spp.　10
イケチョウガイ　Hyriopsis schlegeli　110,266,267
イシカワガエル　Rana ishikawae　104
イセリアカイガラムシ　Icerya purchasi　53,143
イソガニ　Hemigrapsus sanguineus　56,184
イタチハギ　Amorpha fruticosa　47,207,213
イタドリ　Polygonum cuspidatum　212
イチイヅタ　Caulerpa taxifolia　203
イチゴコナジラミ　Trialeurodes packardi　141
イチジクモンサビダニ　Aceria ficus　150
イチビ　Abutilon theophrasti　48,208
イチョウ　Ginkgo biloba　47
イッカククモガニ　Pyromaia tuberculata　183,275
イッテンオオメイガ→サンカメイガ
イッテンコクガ　Paralipsa gularis　134
イトヨ　Gasterosteus aculeatus　113
イヌビユ　Amaranthus lividus　209
イネ　Oryza sativa　128,160,170
イネミズゾウムシ　Lissorhoptrus oryzophilus　128
イノシシ　Sus scrofa　77
イノブタ　Sus scrofa　13,77
イバラモ　Najas marina　111
イボタ　Ligustrum obtusifolium　48
イモゾウムシ　Euscepes postfasciatus　20,130,251
イリオモテヤマネコ　Prionailurus iriomotensis　76,222
イワギク（広義）　Dendranthema zawadskii　195
イワナ　Salvelinus leucomaenis　112,114
イワヨモギ　Artemisia iwayomogi　195,212
インゲンテントウ　Epilachna varivestis　136,137
インゲンマメ　Phaseolus vulgaris　137
インフルエンザウイルス　Inhuruenza viurus　39

【ウ】

ウォーターレタス→ボタンウキクサ
ウグイス　Cettia diphone　87
ウシガエル　Rana catesbeiana　106,233,266
ウチダザリガニ　Pacifastacus leniusculus trowbridgii　168,169,254,255
ウドノキ　Pisonia excelsa　205
ウマゴヤシ　Medicago polymorpha　50,129
ウマノスズクサ　Aristolochia debilis　157
ウリミバエ　Bactrocera cucurbitae　口絵,8,14,20,155,251

【エ】

英国産ヤマネ　*Muscardinus avellanarius*　221
エキノコックス属　*Echinococcus*　224
エゾクロテン　*Martes zibellina brachyura*　71
エゾシマリス　*Tamias sibiricus lineatus*　67
エゾトミヨ　*Pungitius tymensis*　168
エゾホトケドジョウ　*Lefua nikkonis*　168
エゾモモンガ　*Pteromys volans orii*　67
エゾヤチネズミ　*Clethrionomys rufocanus bedfordiae*　224
エゾリス　*Sciurus vulgaris orientis*　67
エニシダ　*Cytisus scoparius*　213
エビモ　*Potamogeton crispus*　201
エンジュ　*Sophora japonica*　47,48
エンドウゾウムシ　*Bruchus pisorum*　134,135

【オ】

オイカワ　*Zacco platypus*　9,55,117,216,254,260,263
オオアレチノギク　*Conyza sumatrensis*　194
オオアワガエリ　*Phleum pratense*　50,207
オオウシノケグサ　*Festuca rubra*　50
オオウナギ　*Anguilla marmorata*　55
オオオナモミ　*Xanthium occidentale*　208
オオカナダモ　*Egeria densa*　201,265
オオカニツリ　*Arrhenatherum elatius*　50
オオキトンボ　*Sympetrum uniforme*　121
オオクサキビ　*Panicum dichotomiflorum*　50,208
オオクチバス　*Micropterus salmoides*　6,24,25,117,118,121,248,254,257,258,260,262,267,269,271
オオクワガタ　*Dorcus curvidens*　159
オオケタデ　*Persicaria orientalis*　208
オオコウモリ科　*Pteropodidae* spp.　10
オオコナナガシンクイ　*Prostephanus dominica*　134
オオスズメノカタビラ　*Poa trivialis*　50
オオスズメノテッポウ　*Alopecurus pratensis*　50
オオスズメバチ　*Vespa mandarinia japonica*　162
オオトラフトンボ　*Epitheca bimaculata sibirica*　121
オオバヤシャブシ　*Alnus sieboldiana*　214
オオヒキガエル　*Bufo marinus*　105,245
オオフサモ　*Myriophyllum aquaticum*　210,265
オオブタクサ　*Ambrosia trifida*　口絵,6,8,17,138,197
オオフタバムグラ　*Diodia teres*　211
オオマツヨイグサ　*Oenothera glazioviana*　198
オオマリコケムシ　*Pectinatella magnifica*　266
オオマルハナバチ　*Bombus hypocrita hypocrita*　156,256
オオミジンコ　*Daphnia magna*　263
オオミズナギドリ　*Calonectris leucomelas*　82,235
オオモンシロチョウ　*Pieris brassicae*　52,127
オガサワライトトンボ　*Boninagrion ezoin*　241
オガサワラカワラヒワ　*Carduelis sinica kittlitzi*　236
オガサワラグワ　*Morus boninensis*　205,231
オガサワラシジミ　*Celastrina ogasawaraensis*　241
オガサワラゼミ　*Meimuna boninensis*　241
オガサワラタマムシ　*Chrysochroa holstii*　241
オガサワラマシコ　*Chaunoproctus ferreorostris*　236
オカダトカゲ　*Eumeces okadae*　72,235
オカヤドカリ類　*Coenobitida* spp.　175
オキナワカブトムシ　*Allomyrina dichotoma takarai*　251
オグロプレーリードッグ　*Cynomys ludovicianus*　67
オーストラリアウナギ　*Anguilla australis*　55
オーストンウミツバメ　*Oceanodroma tristrami*　236
オットセイ　*Callorhinus ursinus*　275
オトコヨモギ　*Artemisia japonica*　195,212
オニウシノケグサ　*Festuca arundinacea*　50,207
オニツヤクワガタ　*Odontolabis siva*　158
オヒゲシバ　*Chloris virgata*　50
オリーブ　*Olea europaea*　47
オンシツコナジラミ　*Trialeurodes vaporariorum*　口絵,139,141
オンシツヒメハダニ　*Brevipalpus californicus*　150

【カ】

カイウサギ　*Oryctolagus cuniculus*　口絵,65,82
外来種タンポポ　*Taraxacum* spp.　192
カクムネヒラタムシ　*Cryptolestes pusillus*　134
カサネカンザシ　*Hydroides elegans*　180
カシミールコクヌストモドキ　*Tribolium freemani*　134
ガジュマル　*Ficus microcarpa*　243
ガジュマルクダアザミウマ　*Gynaikothrips uzeli*　239
ガジュマルコバチ　*Blastophaga* sp.　239,243
カダヤシ　*Gambusia affinis*　115,248,249,271
カタユウレイボヤ　*Ciona intestinalis*　275
カニクイザル　*Macaca fascicularis*　10
カニヤドリカンザシ　*Ficopomatus enigmaticus*　180,181,275
カーネーションサビダニ　*Aceria paradianthi*　150
カーネーションハモグリバエ　*Liriomyza dianthicola*　140
ガビチョウ　*Garrulax canorus*　口絵,87,89
カブトエビ類　*Triops* spp.　170
カブトムシ　*Trypoxylus dichotoma septentrionalis*　158,251
カミツキガメ　*Chelydra serpentina*　8,94,266
カムルチー　*Channa argus*　120,254,257,267,271
カモガヤ　*Dactylis glomerata*　50,207,213
カラクサガラシ　*Coronopus didymus*　208,209
カラスノエンドウ　*Vicia sepium*　129
カラフトセセリ　*Thymelicus lineola*　157
カワスズメ　*Oreochromis mossambicus*　248
カワヒバリガイ　*Limnoperna fortunei*　9,55,173,188,216,266,274
カワホトトギスガイ　*Dreissena polymorpha*　32
カワマス　*Salvelinus fontinalis*　113,114,254
カワラサイコ　*Potentilla chinensis*　211
カワラナデシコ　*Dianthus superbus* var. *longicalycinus*　211
カワラニンジン　*Artemisia apiacea*　195,212
カワラノギク　*Aster kantoensis*　17,199
カワラハハコ　*Anaphalis margaritacea* subsp. *yedoensis*　199,211
カワラマツバ　*Galium verum* var. *asiaticum* f. *nikkoense*　211
カワラヨモギ　*Artemisia capillaries*　195,198,211,212
カンシャコバネナガカメムシ　*Caverelius saccharivorus*　250
広東住血線虫　*Angiostrongylus cantonensis*　165,172
ガンビアハマダラカ　*Anopheees gambiei*　40

【キ】

キイロナメクジ　*Limacus flavus*　164
キクタニギク　*Dendranthema boreale*　口絵,195
キク属　*Dendranthema* spp.　195

キササゲ　*Catalpa ovata*　47
キジ　*Phasianus colchicus*　91
キシュウスズメノヒエ　*Paspalum distichum*　50,209
キショウブ　*Iris pseudacorus*　210
キタサンショウウオ　*Salamandrella keyserlingii*　168
キタノムラサキイガイ　*Mytilus trossulus*　186
キタリス　*Sciurus vulgaris*　67
ギネアキビ　*Panicum maximum*　50
キノボリトカゲ　*Japalura polygonata polygonata*　75
キハマスゲ→ショクヨウガヤツリ
キバラヨシノボリ　*Rhinogobius* sp. YB　249
キムネクロナガハムシ　*Brontispa longissima*　239
ギョウギシバ　*Cynodon dactylon*　50,207
キョン　*Muntiacus reevesi*　79
キンケクチブトゾウムシ　*Otiorhynchus sulcatus*　132,139
ギンゴウカン→ギンネム
ギンザケ　*Oncorhynchus kisutch*　254
ギンネム　*Leucaena leucocephala*　口絵,81,146,206,242
ギンネムキジラミ　*Heteropsylla incisa*　52,146,206,239,240
ギンヨウアカシア　*Acacia baileyana*　47

【ク】
クインスランドミバエ　20
ククメリスカブリダニ　*Amblyseius cucumeris*　151
クシヒゲヒラタクワガタ　*Dorcus taurus gypaetus*　158
クソニンジン　*Artemisia annua*　195
グッピー　*Poecilia reticulata*　248,249,256
クビボソツヤクワガタ属　*Cabtharolethrus*　158
クマゼミ　*Cryptotympana facialis*　239
クマネズミ　*Rattus rattus*　20,68,72,205,236
クメジマカブトムシ　*Allomyrina dichotoma inchachina*　251
クモガタテントウ　*Psyllobora vigintimaculata*　136
グラジオラスアザミウマ　*Thrips simplex*　139
グラスフィッシュ　*Pseudambassis ranga*　248
グラナリアコクゾウ　*Sitophilusu granarius*　134
グランディスオオクワガタ　*Dorcus grandis*　159
クリタマバチ　*Dryocosmus kuriphilus*　147
クリハラリス　*Callosciurus erythraeus*　66
グリーンアノール　*Anolis carolinensis*　99,241
クロイトトンボ　*Cercion calamorum calamorum*　121
クロイワニイニイ　*Platypleura kuroiwae*　167,239,240
クロウミツバメ　*Oceanodroma matsudairae*　237
クロダイ　*Acanthopagrus schlegeli*　189
クロツグミ　*Turdus cardis*　87
クロトンアザミウマ　*Heliothrips haemorrhoidalis*　239
クロマツ　*Pinus thunbergii*　153
クロマメイタボヤ　*Polyandrocarpa zorritensis*　179
クロマルコガネ　*Alissonotum pauper*　158
クロマルハナバチ　*Bombus ignitus*　156,218
クロモ　*Papenfussiella kuromo*　111,265
グンバイナズナ　*Thlaspi arvense*　213
グンバイヒルガオ　*Ipomoea pes-caprae*　130

【ケ】
ゲッケイジュ　*Laurus nobilis*　47
ケナガネズミ　*Diplothrix legata*　20,230
ケナフ　*Hibiscus cannabinus*　200
ケブカメツブテントウ　*Jauravia limbata*　136
ケフサイソガニ　*Hemigrapsus penicillatus*　56,184

ゲンゴロウブナ　*Carassius cuvieri*　254,257,260

【コ】
コイ　*Cyprinus carpio*　55,233,254
コウタイ　*Channa asiatica*　248
コウライキジ　*Phasianus colchicus karpowi*　89,91
コウラナメクジ　*Limacus flavus*　164
コウロエンカワヒバリガイ　*Xenostrobus securis*　184,188,189,274,275
コカナダモ　*Elodea nuttallii*　201,262,265
コガマ　*Typha orientalis*　210
コクゾウムシ　*Sitophilusu zeamais*　134
コクチバス　*Micropterus dolomieu*　口絵,6,24,25,118,121,254,263
コクヌスト　*Tenebroides mauritanicus*　134
コクヌストモドキ　*Tribolium castaneum*　134
ココクゾウムシ　*Sitophilusu oryzae*　134
コジュケイ　*Bambusicola thoracica*　89,235
コスズメノチャヒキ　*Bromus inermis*　50
コドリンガ　*Cydia pomonella*　20
コナナガシンクイムシ　*Rhyzopertha dominica*　134
コヌカグサ　*Agrostis alba*　50,207
コノテフシダニ　*Trisetacus thujivagrans*　150
コヒルガオ　*Calystegia hederacea*　133
コマツナギ　*Indigofera pseudo-tinctoria*　212
コメノシマメイガ　*Aglossa dimidiata*　134
コロラドハムシ　*Leptinotarsa decemlineata*　20

【サ】
サーバル　*Felis serveal*　10
サカマキガイ　*Physa acuta*　172,266
サキシマスジオ　*Elaphe taeniura schmackeri*　100
サキシマハブ　*Trimeresurus elegans*　7,100,102,231,247
サキシマヒラタクワガタ　*Dorcus titanus sakishimanus*　158
サクラアリ　*Paratrechina sakurae*　148
サケ　*Oncorhynchus keta*　55
サザエ　*Batillus cornutus*　185
サツマイモ　*pomoea batatas*　130,133
サツマイモ属　*Ipomoea* spp.　133
サトウキビハダニ　*Oligonychus orthius*　150
サボテンシロカイガラムシ　*Diaspis echinocacti*　143
サボテンヒメハダニ　*Brevipalpus russulus*　150
サンカメイガ　*Scirpophaga incertulas*　160
サンコウチョウ　*Terpsiphone atrocaudata*　87
サンバー　*Cervus unicolor*　78
サンホーゼカイガラムシ　*Comstockaspis perniciosa*　144

【シ】
シアノバクテリア　*Cyanobacteria*　262
シクラメン　*Cyclamen persicum*　132
シクラメンホコリダニ　*Phytonemus pallidus*　150
シダレヤナギ　*Salix babylonica* var. *lavallei*　47
シナイモツゴ　*Pseudorasbora pumila pumila*　254
シナダレズメガヤ　*Eragrostis curvula*　7,17,50,199,207
シナハマグリ　*Meretrix petechialis*　57,190
シバムギ　*Agrpyron repens*　209
シマアカネ　*Boninthemis insularis*　241
シマウキゴリ　*Chaenogobius* sp.　113
シマグワ　*Morus australis*　231

シマスズメノヒエ　Paspalum dilatatum　50
シマホルトノキ　Elaeocarpus pachycarpus　205,237
シマメノウフネガイ　Crepidula onyx　185,275
シマリス　Tamias sibiricus　66
ジャガーシクリッド　Parachromis managuense　248
ジャガイモシストセンチュウ　Globodera rostochiensis
　　20,154
ジャガイモシロシストセンチュウ　Globodera pallida　20
ジャコウアゲハ　Atrophaneura alcinous　157
ジャワマングース　Herpestes javanicus　21,75
ジャンボタニシ→スクミリンゴガイ
ジュズカケハゼ　Chaenogobius laevis　258
ショクヨウガヤツリ　Cyperus esculentus　208,209
シラウオ　Salangichthys microdon　257,261
シラゲガヤ　Holcus lanatus　50
ジルティラピア　Tilapia zillii　248
シルバーアロワナ　Osteoglossum bicirrosum　248
シルバーリーフコナジラミ　Bemisia argentifolii　139,141
シロアゴガエル　Polypedates leucomystax　口絵,107,245
シロガシラ　Pycnonotus sinensis　口絵,90
シロツメクサ　Trifolium repens　50,207
シロバナチョウセンアサガオ　Datula stramonium　208,209
シロハラミズナギドリ　Pterodroma hypoleuca　236,237
ジンサンシバンムシ　Stegomium paniceum　134
ジンチョウゲヒゲナガアブラムシ　Macrosiphum argus　145

【ス】

スイセンハナアブ　Merodon equestris　123
スクミリンゴガイ　Pomacea canaliculata　171,266
スゴモロコ　Squalidus chankarnsis biwae　257
スジコガネモドキの1種　Cyclocephalini sp.
スジマダラメイガ　Ephestia cautella　134
スズキ　Lateolabrax japonicus　116
ススキ　Miscanthus sinensis　212
スズタケ　Sasamorpha borealis　86
スズメノコビエ　Paspalum scrobiculatum　81
スッポン　Pelodiscus sinensis　98
スモールマウスバス→コクチバス

【セ】

セアカゴケグモ　Latrodectus hasseltii　152
セイタカアワダチソウ　Solidago altissima　6,196
セイタカアワダチソウヒゲナガアブラムシ　Uroleucon
　　nigrotuberculatum　145
セイバンモロコシ　Sorghum halepense　50
セイヨウオオマルハナバチ　Bombus terrestris
　　7,52,156,217
セイヨウオニアザミ→アメリカオニアザミ
セイヨウトゲアザミ　Cirsium arvense　209
セイヨウノコギリソウ　Achillea millefolium　213
セイヨウハコヤナギ　Populus nigra var. italica　47
セイヨウヒルガオ　Convolvulus arvensis　208
セイヨウミツバチ　Apis mellifera　162,217,230,239
セイヨウヤマガラシ　Barbarea vulgaris　213
セキショウモ　Vallisneria gigantea　111
セジロウンカ　Sogatella furcifera　162
セスジネズミ　Apodemus agrarius　252
ゼゼラ　Biwia zezera　257
セタシジミ　Corbicula sandai　266
ゼニタナゴ　Acheilognathus typus　110

ゼブラダニオ　Danio rerio　248
セマルハコガメ　Cistoclemmys flavomarginata　7,95,246
センカクオトギリ　Hypericum senkakuinsulare　252
センカクカンアオイ　Asarum senkakuinsulare　252
センカクツツジ　Rhododendron simsii var. tawadae　252
センカクナガキマワリ　Strongylium araii　252
センカクハマサジ　Limonium senkakuense　252
センカクモグラ　Mogera uchidai　252
センニンモ　Potamogeton maackianus　265

【ソ】

ソウギョ　Ctenopharyngodon idellus　7,111,257,262,267
ソウシチョウ　Leiothrix lutea　86,89
ソードテール　Xiphophorus helleri　248
ソラマメゾウムシ　Bruchus rufimanus　135

【タ】

ダイオウショウ　Pinus palustris　47
ダイオウヒラタクワガタ　Dorcus bucephalus　158
タイコブラ　Naja kaouthia　102
タイサンボク　Magnolia grandiflora　47
タイリクスズキ　Lateolabrax sp.　116
タイリクハダニ　Aponychus firmianae　150
タイリクバラタナゴ　Rhodeus ocellatus ocellatus　口絵,
　　7,110,254,257,267
タイリクモモンガ　Pteromys volans　67
タイワンカブトムシ　Oryctes rhinoceros　158,250
タイワンザル　Macaca cyclopis　口絵,7,64
タイワンシジミ　Corbicula fluminea　174,266
タイワンシロガシラ　Pycnonotus sinensis formosae　90
タイワンスジオ　Elaphe taeniura friesi　口絵,100
タイワンドジョウ　Channa maculata　120,248
タイワンハチジョウナ　Sonchus arvensis　213
タイワンハブ　Trimeresurus mucrosquamatus　101,102
タイワンリス　Callosciurus erythraeus thaiwanensis
　　口絵,13,66
タイワンリス寄生のヘリグモネラ科線虫　Brevistriata
　　callosciuri　220
タカヨモギ　Artemisia selengensis　195,212
タカラノミギセル　Zaptyx takarai　252
タケノホソクロバ　Artona martini　239
タチオランダゲンゲ　Trifolium hybridum　50
タチスズメノヒエ　Paspalum urvillei　50
タチバナモドキ　Pyracantha angustifolia　48
タヌキ　Nyctereutes viverrinus　230,244
タヌキ回虫　Toxocara tanuki　220
タホウジョウチュウ（多包条虫）　Echinococcus multilocularis
　　口絵,224
ダマシカ　Dama dama　78
タモロコ　Gnathopogon elongatus elongatus　254,257,263
ダルマクワガタ属　Colophon　159
タンカイザリガニ　Pacifastacus leniusculus leniusculus
　　168
タンポウジョウチュウ（単包条虫）　Echinococcus garanulosus
　　224
タンポポヒゲナガアブラムシ　Uroleucon taraxaci　145

【チ】

チチュウカイミドリガニ　Carcinus aestuarii　184,274,275
チチュウカイミバエ　20,52

チャイロネッタイスズバチ　*Delta pyriforme*　231,239,240
チャコウラナメクジ　*Lehmannia valentiana*　164
チャノキイロアザミウマ　*Scirtothrips dorsalis*　239
チュウゴクオナガコバチ　*Torymus sinensis*　147
チューリップサビダニ　*Aceria tulipae*　150
チューリップヒゲナガアブラムシ　*Macrosiphum euphorbiae*　145
チョウセンイタチ　*Mustela sibirica*　73
チョウセンハマグリ　*Meretrix lamarckii*　190
チョウセンメジロ　*Zosteropus erythropleurus*　88
チリカブリダニ　*Phytoseiulus persimilis*　151
チリメンボラ　*Rapana bezoar*　175

【ツ】
ツシマムナクボカミキリ　*Cephalallus unicolor*　239
ツシマヤマネコ　*Felis bengalensis euptilura*　7,76,222
ツチガエル　*Rana rugosa*　233
ツチフキ　*Abbottina rivularis*　257,267
ツバメチドリ　*Glareola maldivarum*　236
ツマアカオオヒメテントウ　*Cryptolaemus montrouzieri*　136

【テ】
テナガエビ　*Macrobracbium nipponense*　266
テン　*Martes melampus*　71
テンダイウヤク　*Lindera strychnifolia*　48

【ト】
トウオガタマ　*Micheria figo*　47
トウカエデ　*Acer buergerianum*　47
トウキョウダルマガエル　*Rana (Rana) porosa porosa*　232
トウジュロ　*Trachycarpus wagnerianus*　48
トウジンビエ　*Pennisetum glaucum*　50
トウネズミモチ　*Ligustrum lucidum*　47,48
トウモロコシ　*Zea mays*　208
トウヨウハダニ　*Eutetranychus orientalis*　150
トウヨウミツバチ　*Apis cerana*　217
トウヨシノボリ　*Rhinogobius* sp. OR　255
トゲネズミ　*Tokudaia osimensis*　75
トナカイ　*Rangifer tarandus*　78
トノサマガエル　*Rana (Rana) porosa nigromaqurata*　232
トビイロウンカ　*Nilaparvata lugens*　162
ドブガイ　*Anodonta woodiana*　110
ドブネズミ　*Rattus norvegicus*　72,236
トマトサビダニ　*Aculops lycopersici*　139,150,151
トマトハモグリバエ　*Liriomyza sativae*　140
トラツグミ　*Zoothera dauma*　238
トラフトンボ　*Epitheca marginata*　121

【ナ】
ナイルティラピア　*Oreochromis niloticus*　248
ナガバオモダカ　*Sagittaria graminea*　271
ナガハグサ　*Poa pratensis*　50,207
ナキウサギ（輸入）　*Ochotona* sp.　220
ナスハモグリバエ　*Liriomyza bryoniae*　139
ナピーアグラス　*Pennisetum purpureum*　50
ナマズ　*Silurus asotus*　254
ナミアゲハ　*Papilio xuthus*　239
ナミエガエル　*Rana namiyei*　104
ナミハダニ　*Tetranychus urticae*　139

ナメクジ　*Meghimatium confusum*　164
ナンキンハゼ　*Sapium sebiferum*　47,48
ナンセイハダニ　*Tetranychus neocaledonicus*　150

【ニ】
ニガウリ　*Momordica charantia*　8,250
ニカメイガ　*Chilo suppressalis*　160
ニジイロクワガタ　*Phalacrognathus muelleri*　158
ニジマス　*Oncorhynchus mykiss*　112,113,254,255,260
ニジュウヤホシテントウ　*Epilachna vigintioctopunctata*　239
ニセアカシア→ハリエンジュ
ニッケイ　*Cinnamomum siebldii*　48
ニッポンバラタナゴ　*Rhodeus ocellatus kurumeus*　7,110
ニホンアマガエル　*Hyla japonica*　234
ニホンイタチ　*Mustela itatsi*　72,73,235
ニホンウナギ　*Anguilla japonica*　55
ニホンザリガニ　*Cambaroides japonicus*　168,169
ニホンザル　*Macaca fuscata*　7,64
ニホンジカ　*Cervus nippon*　79
ニホンテン　*Martes melampus mellampus*
ニホンヒキガエル　*Bufo japonicus japonicus*　103
ニホンミツバチ　*Apis cerana*　162
ニューギニアヤリガタリクウズムシ　*Platydemus manokwari*　166,167
ニュージーランドウナギ　*Anguilla dieffenbachi*　55
ニヨリチャコウラナメクジ　*Lehmannia nyctelia*　164
ニワウルシ　*Ailanthus altissima*　47

【ヌ】
ヌートリア　*Myocastor coypus*　13,69,220
ヌートリア寄生の糞線虫　*Strongyloides myopotami*　220
ヌマガメ類の旋尾虫　*Serpinema* spp.　220
ヌマチチブ　*Tridentiger brevispinis*　267

【ネ】
ネギアザミウマ　*Thrips tabaci*　239
ネコゼフネガイ　*Crepidula fornicata*　185
ネコ免疫不全ウイルス　*Feline immunodeficiency virus*　76,222
ネズミムギ　*Lolium multiflorum*　50,207,213
ネッタイシマカ　*Aedes aegypti*　161

【ノ】
ノアサガオ　*Ipomoea indica*　130,133
ノグチゲラ　*Sapheopipo noguchii*　20,104
ノコギリヒラタムシ　*Oryzaephilus surinamensis*　134
ノネコ　*Felis catus*　76,236
ノヤギ→ヤギ

【ハ】
ハイアオイ　*Malva rotundifolia*　213
ハイイロゴケグモ　*Latrodectus geometricus*　152
ハイイロテントウ　*Olla v-nigrum*　136
ハイイロハナムグリ　*Protaetia fusca*　239
ハイイロヨモギ　*Artemisia sieversiana*　195,212
梅花鹿　*Cervus nippon taiouanus*　78
ハイコヌカグサ　*Agrostis stolonifera*　50
パイナップルヒメハダニ　*Dolichotetranychus floridanus*　150

ハギ→ヤマハギ
ハキダメギク　*Galinsoga quadriradiata*　208
バクガ　*Sitotroga cerealella*　134
ハクビシン　*Paguma larvata*　13,74
ハクレン　*Hypophthalmichthys molitrix*　7
ハゴロモモ　*Cabomba caroliniana*　265
パサン　*Capra aegagrus*　80
ハス　*Opsariichthyis uncirostris uncirostris*　257,258
ハチジョウイタドリ　*Polygonum cuspidatum* Sieb. & Zucc. var. *terminale*　214
ハチジョウススキ　*Miscanthus condensatus*　214
ハツカネズミ　*Mus musculus*　221,236
ハツカネズミのヘリグモソームム科線虫　*Heligmosomoides polygyrus*　220,221
ハナカジカ　*Cottus nozawae*　254
ハナミズキ　*Cornus florida*　47,48
パピルス　*Cyperus papyrus*　210
ハブ　*Trimeresurus flavoviridis*　7,101,247
パプアキンイロクワガタ　*Lamprima adolphinae*　158
ハマグリ　*Meretrix lusoria*　190
ハマスゲ　*Cyperus rotundus*　209
ハマニンニク　*Elymus mollis*　213
ハマヒルガオ　*Calystegia soldanella*　133
ハマヨモギ　*Artemisia fukudo*　212
ハムスター　*Mesocricetus auratus*　10
ハラアカクロテントウ　*Rhyzobius forestieri*　136
パラグラス　*Brachiaria mutica*　50
パラブケファロプシス　*Parabucephalopsis* spp.　口絵, 216,266
パラワンヒラタクワガタ　*Dorcus titanus palawanicus*　158
パリーオオクワガタ　*Dorcus parryi*　159
ハリエンジュ　*Robinia pseudo-acacia*　7,16,48,204,207, 212,213
ハリビユ　*Amaranthus spinosus*　48,208,209
ハルジオン　*Erigeron philadelphics*　8,131,193
パールダニオ　*Danio albolineatus*　248
ハンエンカタカイガラムシ　*Saissetia coffeae*　143
パンカブト　*Enema pan*　158

【ヒ】

ヒイラギナンテン　*Mahonia japonica*　47,48
ヒトスジシマカ　*Aedes albopictus*　161
ヒマラヤスギ　*Cedrus deodara*　47
ヒメアカカツオブシムシ　*Trogoderma granarium*　134
ヒメスイバ　*Rumex asetosella*　132
ヒメツバキ　*Schima liukiuensis*　243
ヒメネズミ　*Apodemus argenteus*　221
ヒメハナカメムシ類　*Orius* spp.　142
ヒメマス　*Oncorhynchus nerka nerka*　113,254
ヒメムカシヨモギ　*Conyza canadensis*　194
ヒメメジロ　*Zosteropus japonicus simplex*　88
ヒメモノアラガイ　*Austropeplea ollula*　172
ヒメヨモギ　*Artemisia feddei*　195,212
ヒャン　*Calliophis japonicus japonicus*　75
ヒラスズキ　*Lateolabrax latus*　116
ヒラズハナアザミウマ　*Frankliniella intonsa*　139
ヒラタクワガタ　*Dorcus titanus pilifer*　159
ヒルムシロ　*Potamogeton distinctus*　111
ヒレイケチョウガイ　*Hyriopsis cumingii*　266
ヒレナマズ　*Clarias fuscus*　248

ビロードクサフジ　*Vicia villosa*　50
ヒロハウシノケグサ　*Festuca pratensis*　50
ヒロハマンテマ　*Silene alba*　213
ビワマス　*Oncorhynchus masou* subsp.　24

【フ】

フウ　*Liquidambar formosana*　47
フェレット　*Mustela furo*　10,28
フクロギツネ　*Trichosurus vulpecula*　220
フクロシマリス　*Dactylopsila trivirgata*　220
ブケファルス科吸虫　bucephalid　55,216
フサアカシア　*Acacia decurrense* var. *dealbata*　48
フジバカマ　*Eupatorium japonicum*　6
ブタクサ　*Ambrosia elatior*　138
ブタクサハムシ　*Ophraella communa*　138
フタモンテントウ　*Adalia bipunctata*　136
フナ　*Carassius auratus*　257
ブラウントラウト　*Salmo trutta*　口絵,113,254
プラタナス　*Platanus orientalis*　47,126
ブラックバス→オオクチバス，コクチバス
ブルーギル　*Lepomis macrochirus*　9,24,25,119,248,254, 257,258,267,269,270
ブルークラブ　*Callinectes sapidus*　275
プレコ→マダラロリカリア
プレーリードッグ類　*Cynomys* sp.　10,28

【ヘ】

ベゴニア　*Begonia*　132
ベダリアテントウ　*Rodolia cardinalis*　53,136,143
ベニスズメ　*Amandava amandava*　89
ベニバナインゲン　*Phaseolus coccineus*　137
ベニバナツメクサ　*Trifolium incarnatum*　50
ペヘレイ　*Odontesthes bonariensis*　257,258
ヘラクレスオオカブトムシ　*Dynastes hercules*　158
ペリジニウム　*Peridenium*　263
ベルティヌスサビクワガタ　*Dorcus velutinus*　158

【ホ】

ホオジロ　*Emberiza cioides*　88
ホシツリモ　*Nitellopsis obtusa*　263
ホソアオゲイトウ　*Amaranthus patulus*　208,209
ホソオチョウ　*Sericinus montela*　口絵,157
ホソムギ　*Lolium perenne*　50,207
ボタンウキクサ　*Pistia stratiotes*　口絵,202,265
ホテイアオイ　*Eichhornia crassipes*　111,202
ホナガイヌビユ　*Amaranthus viridis*　209
ホンモロコ　*Gnathopogon caerulescens*　257

【マ】

マコモ　*Zizania latifolia*　210,262,271
マーコール　*Capra falconeri*　80
マシジミ　*Corbicula leana*　174,266
マタマタ　*Chelus fimbriatus*　266
マダラロリカリア　*Liposarcus disjunctivus*　248,249
マツノザイセンチュウ　*Bursaphelenchus xylophilus*　9,153,242
マツノマダラカミキリ　*Monochamus alternatus*　153
マツヨイグサアブラムシ　*Aphis oenantherae*　145
マデイラコナカイガラムシ　*Phenacoccus madeirensis*　143
マヌルネコ　*Felis manul*　10

マメクロアブラムシ　*Aphis fabae fabae*　145
マメコガネ　*Popillia japonica*　161
マメハモグリバエ　*Liriomyza trifolii*　139,140,239,240
マルタニシ　*Cipangopaludina chinensis laeta*　168,256
マルバコケシダ　*Microgonium bimarginatum*　252
マルハナバチポリプダニ　*Locustacarus buchneri*　217
マルバルコウ　*Ipomoea coccinea*　208
マレーコーカサスカブト　*Chalcosoma caucasus*　240
マンゴーケブトサビダニ　*Spinacus pagonis*　150
マンゴーサビダニ　*Cisaberoptus kenyae*　150
マンゴーハダニ　*Oligonychus coffeae*　口絵,150
マンハッタンボヤ　*Molgula manhattensis*　178,179,274,275

【ミ】
ミガキボラ　*Kelletia lischkei*　185
ミカンキイロアザミウマ　*Frankliniella occidentalis*　139,142,251
ミカンコナカイガラムシ　*Planococcus citri*　143
ミカンコミバエ　*Bactrocera dorsalis*　155,239,251
ミシシッピアカミミガメ　*Trachemys scripta elegans*　97,266
ミスジキイロテントウ　*Brumoides ohotai*　136
ミツバチヘギイタダニ　*Varroa destructor*　217
ミドリイガイ　*Perna viridis*　187,188,189,274,275
ミドリガメ→ミシシッピアカミミガメ
ミナミイシガメ　*Mauremys mutica*　口絵,96
ミナミオオガシラ　*Boiga irregularis*　100
ミナミキイロアザミウマ　*Thrips palmi*　139,142,239
ミナミコアリクイ　*Tamandua tetradactyla*　220
ミバエ類　*Tephritidae* spp.　155
ミヤコヒキガエル　*Bufo gargarizans miyakonis*　104
ミンク　*Mustela vison*　13

【ム】
ムツオビアルマジロ　*Euphractus sexcinctus*　220
ムナグロ　*Pluvialis dominica*　236
ムネハラアカクロテントウ　*Rhysobius lophanthae*　136
ムラサキイガイ　*Mytilus galloprovincialis*　口絵,57,184,185,186,187,188,189,274,275
ムラサキウマゴヤシ　*Medicago sativa*　50
ムラサキオカヤドカリ　*Coenobita purpureus*　175
ムラサキチヂミザサ　*Oplismenus compositus* var. *purpurascens*　252
ムラサキツメクサ　*Trifolium pratense*　50
ムール貝→ムラサキイガイ
ムーンフィッシュ　*Xiphophorus maculatus*　248

【メ】
メジロ　*Zosteropus japonicus*　88,238
メダカ　*Oryzias latipes*　115
メタセコイア　*Metasequoia glyptostroboides*　47
メドハギ　*Lespedeza juncea*　195,212
メナガガザミ　*Podophthalmus vigil*　275
メマツヨイグサ　*Oenothera biennis*　198
メンガタカブト　*Trichogomphus martabani*　158

【モ】
モクセイハダニ　*Panonychus osmanthi*　150
モクレン　*Magnolia quinquepeta*　47
モズ　*Lanius bucephalus*　238

モツゴ　*Pseudorusbora parva*　254
モノアラガイ　*Radix auricularia japonica*　256
モミジバフウ　*Liquidambar styraciflua*　47,126
モモアカアブラムシ　*Myzus persicae*　139,239
モモサビダニ　*Aculus fockeui*　150
モンシロチョウ　*Pieris rapae*　127
モンスズメバチ　*Vespa crabro*　162
モンツキイシガニ　*Charybdis* (*Charybdis*) *lucifera* (*Fabricius*)　275

【ヤ】
ヤエヤマイシガメ　*Mauremys mutica kami*　口絵,96
ヤエヤマゴケグモ　*Latrodectus* sp.　152
ヤエヤマシロガシラ　*Pycnonotus sinensis orii*　90
ヤエヤマセマルハコガメ　*Cistoclemmys flavomarginata evelynae*　95
ヤギ　*Capra hircus*　22,23,80,252,252
ヤサイゾウムシ　*Listroderes costirostris*　131
ヤシャブシ　*Alnus firma*　212
ヤノネカイガラムシ　*Unaspis yanonensis*　144
ヤノネキイロコバチ　*Aphytis yanonensis*　144
ヤノネツヤコバチ　*Coccobius fulvus*　144
ヤブヨモギ　*Artemisia rubripes*　195,212
ヤマシギ　*Scolopax rusticola*　235
ヤマトシジミ　*Corbicula japonica*　174
ヤマトヤブカ　*Aedes japonicus*　161
ヤマドリ　*Syrmaticus soemmerringii*　91
ヤマハギ　*Lespedeza bicolor*　195,212
ヤマハンノキ　*Alnus hirsuta*　212
ヤマヒタチオビガイ　*Euglandina rosea*　166,167
ヤマメ　*Oncorhynchus masou masou*　112,114
ヤンバルクイナ　*Gallirallus okinawae*　6,20,21

【ユ】
ユキヒョウ　*Panthera uncia*　221
ユリノキ　*Liriodendron tulipifera*　47
ユリノキヒゲナガアブラムシ　*Illinoia liriodendri*　145

【ヨ】
ヨウシュヤマゴボウ　*Phytolacca americana*　208
ヨシ　*Phragmites communis*　210
ヨシノボリ類　*Rhinogobius* spp.　117
ヨツボシツヤテントウ　*Hyperaspis leechi*　136
ヨツモンマメゾウムシ　*Callosobruchus maculatus*　135
ヨモギ　*Artemisia princeps*　195,212
ヨモギ属　*Artemisia* spp.　195
ヨーロッパアナウサギ　*Oryctolagus cuniculus*　65
ヨーロッパイガイ　*Mytilus edulis*　186
ヨーロッパウナギ　*Anguilla anguilla*　55,254
ヨーロッパカブトエビ　*Triops cancriformis*　170
ヨーロッパフジツボ　*Balanus improvisus*　182,187,275
ヨーロッパミドリガニ　*Carcinus maenus*　184
ヨーロッパヤマネコ　*Felis silvestris*　221

【ラ】
ライギョ→カムルチー
ライラック　*Syringa vulgaris*　47
ラージマウスバス→オオクチバス
ランシロカイガラムシ　*Diaspis boisduvalii*　143
ランヒメハダニ　*Tenuipalpus pacificus*　150

【リ】

リクガメ科　Tetunidae spp.　10
リスザル　Saimiri sciureus　10
リュウキュウマツ　Pinus luchuensis　243
リュウキュウヤマガメ　Geoemyda japonica　7,95,246
リュウノウギク　Dendranthema japonicum　195
リンゴカキカイガラムシ　Lepidosaphes ulmi　144
リンゴサビダニ　Aculus schlechtendali　150

【ル】

ルイスハダニ　Eotetranychus lewisi　150
ルビーアカヤドリコバチ　Anicetus beneficus　144
ルビーロウムシ　Ceroplastes rubens　144
ルリカケス　Garrulus lidthi　75

【レ】

レイシフシダニ　Aceria litchii　150
レンゲ　Astragalus sinicus　129

【ワ】

ワカケホンセイインコ　Psittacula krameri manillensis　89
ワカサギ　Hypomesus nipponensis　55,258,260,264,265
ワタアブラムシ　Aphis gossypii　139,239
ワタカ　Ischikauia steenackeri　257
ワモンゴキブリ　Periplaneta americana　239
ワルナスビ　Solanum carolinense　48,208,209

【欧文】

Austropotamobius pallipes　168
Bauveria 属菌　129
Biomphalaria　171
Bosmina fatalis　261
Bosminopsis deitersi　261
Bufo vulgaris hokkoidoensis　232
Cenchrus echinaths　40
Cichlasoma nigrofasciatum　248
Curinus coeruleus　146
Elymus arenarius　213
Ficopomatus uschakovi　181
FIV ウイルス→ネコ免疫不全ウイルス
Gambusia holbrooki　115
Liriomyza huidobrensis　139
Metarhizium 属菌　129
Monochamus 属　153
Otopharynx lithobates　248
Peridinium bipes　261
Perna 属　187
Pycnonotus sinensis hainanus　90
Pycnonotus sinensis sinensis　90
Rattus exulans　40
Serpinema microcephalus　220
Serpinema trispinosus　220
Tephritidae spp.　155

写真・図版のご提供者一覧

＜口絵写真＞

p.1：
タイワンザル／白井　啓
カイウサギ／山田文雄
アライグマ／池田　透
タイワンリス／田村典子
ガビチョウ／川上和人
シロガシラ／金城常雄
タイワンスジオ／西村昌彦
シロアゴガエル／佐藤寛之
ミナミイシガメとヤエヤマイシガメ／安川雄一郎

p.2-3：
ブラウントラウト／三沢勝也
タイリクバラタナゴ／加納義彦
コクチバス／松原尚人
アリモドキゾウムシ／高井幹夫
ホソオチョウ／藤井　恒
オンシツコナジラミ／松井正春
アルゼンチンアリ／杉山隆史
ウリミバエ／小濱継雄
マンゴーハダニ／後藤哲雄
アフリカマイマイ／冨山清升
ムラサキイガイ／桒原康裕
ギンネム／山村靖夫
オオブタクサ／鷲谷いづみ
ボタンウキクサ／角野康郎
キクタニギク／中田政司
パラブケファロプシス／浦部美佐子
タホウジョウチュウ／巖城　隆

p.4：
ノヤギ駆除の取り組み-左／安承源
ノヤギ駆除の取り組み-中央と右／常田邦彦
マングース対策／環境省・奄美野生生物保護センター
外来牧草駆除と河原植生の再生事業／村中孝司

＜本文写真・図版＞

p.64：タイワンザル／白井　啓
p.67：キタリスと思われるリス／東大和市立郷土博物館
p.71：キテン／森田哲也
p.73：チョウセンイタチ／九州自然環境研究所
　　　ニホンイタチ／足立高行
p.79：キョン／阿部晴恵
p.86：ソウシチョウ／天野一葉
p.106：ウシガエル／佐藤寛之
p.107：シロアゴガエル／佐藤寛之
p.111：ソウギョ／滋賀県立琵琶湖博物館
p.113：ブラウントラウト／三沢勝也
p.118：コクチバス／松原尚人
p.119：ブルーギル／滋賀県立琵琶湖博物館
p.120：カムルチー／滋賀県立琵琶湖博物館
p.145：チューリップヒゲナガアブラムシ／川村　満
p.146：ギンネムキジラミ／安田耕司
p.149：アオマツムシ／池田二三高
p.150：マンゴーハダニ／後藤哲雄
p.154：ジャガイモシストセンチュウ／串田篤彦
p.160：サンカメイガ／服部伊楚子
p.187：ミドリイガイ／荻原清司
p.241：グリーンアノールにつかまったオガサワラゼミ／大林隆司・日本セミの会
p.252：魚釣島のヤギ／横田昌嗣
p.271：写真2,3／深泥池水生動物研究会

英文引用のための目次

本書を英文で引用される際は，下記のような英文表記でお願いします．

"Handbook of Alien Species in Japan", edited by The Ecological Society of Japan.

Contents

Chapter 1. The present status and perspectives of invasive species issues in Japan

1. Alien species and invasive alien species issues
2. Why invasive species issues matter: biological basis for invasive species
3. Increasing international appreciation of invasive species issues
4. Invasive species issues in Japan
   - 4.1 Threatening indigenous species through biological interactions
     - (1) Effects resulting from predator-prey or herbivore-plant relationships
     - (2) Suppressing indigenous species by competition
     - (3) Threatening indigenous species through introduction of parasites
     - (4) Multiple effects caused by a single alien species
   - 4.2 Hybridization with indigenous species leading to loss of native lineages
   - 4.3 Changing the physical basis of an ecosystem
   - 4.4 Causing human disease or injury
     - (1) Carrying infectious pathogens
     - (2) Causing pollinosis
     - (3) Inflicting direct injury to humans
   - 4.5 Effects on industry
     - (1) Effects on agriculture
     - (2) Effects on forestry
     - (3) Effects on fisheries
     - (4) Effects on water management
5. Issues and perspectives for measures against alien invasive species in Japan
   - 5.1 Status of imports of alien species
   - 5.2 Present regulations
     - (1) Regulations on import
     - (2) Regulations on transportation
     - (3) Regulations against abandonment and release
     - (4) The present management systems for alien species
     - (5) Management through hunting
     - (6) Management through conservation/propagation measures
     - (7) Regulations in protected areas
     - (8) Laws for plant and animal quarantine
     - (9) Considering effective measures against alien species occurring in Japan

5.3　National governmental measures
　　(1) Measures undertaken by the Environment Ministry
　　(2) Measures undertaken by the River Bureau of the Ministry of Land, Infrastructure and Transport
　　(3) Measures undertaken by the Maritime Bureau of the Ministry of Land, Infrastructure and Transport
　　(4) Measures undertaken by the Ministry of Agriculture, Forestry, and Fisheries
　　　(4) -1　Prevention of pest invasion based on the Plant Quarantine Law
　　　(4) -2　National grading system for danger of invading pests
5.4　Regional governmental measures
　　(1) Measures against mongoose in Okinawa Prefecture
　　(2) Measures against mongoose in Amami Island
　　(3) Project for eradication of naturalized goats in Ogasawara National Park
　　(4) Shiga Prefecture's projects to eradicate invasive fishes (largemouth bass and bluegill)
　　(5) Measures against raccoons in Hokkaido: history and perspective
5.5　Activities of NGOs regarding invasive species issues
　　(1) Activities of NACS-J
　　(2) Activities of Wild Bird Society of Japan
　　(3) Activities of WWF Japan
5.6　Foreign legal regulations
　　(1) Legal regulations against invasive alien species
　　(2) Clean lists as legal measures against invasive alien species
5.7　Necessity for a domestic legal system against invasive alien species
　　(1) Japan as a lawless district regarding invasions of introduced alien species
　　(2) Growing public awareness of the necessity for measures against invasive alien species
　　(3) Invasive alien species issues in the "Remarks on Regulatory Reforms" published by the Regulatory Reform Committee of the Cabinet Office
　　(4) Necessary institution of an effective legal system against invasive alien species

Chapter 2.　How to prevent and manage invasive alien species

1. Basic concepts of measures against invasive alien species
　　1.1　Importance of precautionary measures
　　1.2　Notes on control/eradication programs
　　1.3　Ecosystem management and management of invasive alien species
2. International trends in measures and management of invasive alien species
　　2.1　Guiding principles for the prevention, introduction, and mitigation of impacts of alien species threatening ecosystems, habitats, and species
　　2.2　IUCN guidelines
3. Measures concerning different routes of invasion
　　3.1　Invasions of meadow grasses due to introduction for revegetation purposes
　　3.2　Invasions of alien garden trees into rural landscapes
　　3.3　Harmful weed invasion through feed cereal import
　　3.4　Introduced grasses escaping from meadows
　　3.5　Management of raised animals
　　3.6　Invasion routes of pests: conflicts between free trade and plant quarantine
　　3.7　Management of natural enemy introduction

3.8 Measures for stock and aquaculture management
3.9 Invasions of marine/brackish organisms into and out of Japan

Chapter 3. Instances of alien species and ecosystems affected by them in Japan

1. Alien species

Mammals

Macaca cyclopis/*Oryctolagus cuniculus*/*Callosciurus erythraeus thaiwanensis*/Alien squirrels/*Rattus rattus*/*Myocastor coypus*/*Procyon lotor*/*Martes melampus*/*Mustela itasti*/*Mustela sibirica*/*Paguma larvata*/*Herpestes javanicus*/*Felis catus*/*Sus scrofa*/Introduced deer for farming/*Muntiacus reevesi*/*Capra hircus*

Column Rabbit eradication programs in Nanatsujima Island in Ishikawa Prefecture

Birds

Leiothrix lutea/*Garrulax canorus*/*Zosterops japonicus*/Exotic birds/*Pycnonotus sinensis*/*Phasianus colchicus* · *Syrmaticus soemmerringii*

Reptiles and Amphibians

Chelydra serpentina/*Cistoclemmys flavomarginata*/*Mauremys mutica*/*Trachemys scripta elegans*/*Pelodiscus sinensis*/*Anolis carolinensis*/*Elaphe taeniura friesi*/*Trimeresurus elegans*/*Trimeresurus mucrosquamatus*/*Bufo japonicus*/*Bufo gargarizans miyakonis*/*Bufo marinus*/*Rana catesbeiana*/*Polypedates leucomystax*

Fishes

Rhodeus ocellatus ocellatus/*Ctenopharyngodon idellus*/*Oncorhynchus mykiss*/*Salmo trutta*/*Salvelinus fontinalis*/*Gambusia affinis*/*Lateolabrax* sp./*Micropterus salmoides*/*Micropterus dolomieu*/*Lepomis macrochirus*/*Channa argus*

Column Observed predation on dragonflies by largemouth bass

Insects, spiders, and nematode

Alien insects in Japan/*Hyphantria cunea*/*Pieris brassicae*/*Lissorhoptrus oryzophilus*/*Hypera postica*/*Euscepes postfasciatus*/*Listroderes costirostris*/*Otiorhynchus sulcatus*/*Cylas formicarius*/Stored product insects/Bruchid weevils/Coccinellid beetles/*Epilachna varivestis*/*Ophraella communa*/Invasive insect pests in greenhouses/*Liriomyza* spp./Whiteflies/Thrips/Mealybugs and scales in greenhouses/Mealybugs and scales infesting fruit trees/Aphids/*Heteropsylla cubana*/*Dryocosmus kuriphilus*/*Linepithema humile*/*Calyptotrypus hibinonis*/Phytophagous and predacious mites/*Latrodectus* spp./*Bursaphelenchus xylophilus*/*Globodera rostochiensis*/*Bactrocera* spp./*Bombus terrestris*/*Sericinus montela*/Stag beetles & Beetles/*Scirpophaga incertulus*/*Aedes albopictus* & *Aedes aegypti*/*Nilaparvata lugens*, *Sogatella furcifera* & *Apis mellifera*

Non-marine invertebrates

Lehmannia valentiana/*Achatina* (*Lissachatina*) *furica*/*Euglandina rosea*/*Platydemus manokwari*/*Pacifastacus leniusculus trowbridgii*/*Procambarus clarkii*/*Triops* spp./*Pomacea canaliculata*/*Physa acuta*/*Limnoperna fortunei*/*Corbicula fluminea*?)

Column Gigantism of land hermit crabs, *Coenobita* spp., using the shells of giant African snails, *Achatina fulica*.

Marine/Brackish animals

Molgula manhattensis/*Polyandrocarpa zorritensis*/*Hydroides elegans*/*Ficopomatus enigmaticus*/*Balanus improvisus* & *Balanus eburneus*/*Pyromaia tuberculata*/*Carcinus aestuarii*/*Crepidula onyx*/*Mytilus galloprovincialis*/*Perna viridis*/*Xenostrobus securis*/*Mytilopsis sallei*/*Meretrix petechialis*

Plants

Taraxacum spp./*Erigeron philadelphics*/*Conyza canadensis* & *Conyza sumatrensis*/*Artemisia* spp. & *Dendranthema* spp./*Solidago altissima*/*Ambrosia trifida*/*Oenothera glazioviana*/*Eragrostis curvula*/*Hibiscus cannabinus*/*Elodea nuttallii* & *Egeria densa*/*Pistia stratiotes*/*Caulerpa taxifolia*/*Robinia pseudo-acacia*/*Bischofia javanica*/*Leucaena leucocephala*/Introduced grasses for revegetation/Alien weeds invading grasslands and forage crop fields/Introduced aquatic plants in public works/Alien plant invasions in a gravelly floodplain/Invasions of alien seeds through slope seeding

Column Genetic diversity of introduced plant species for vegetation recovery.

Parasites

Parabucephalopsis spp./Parasitic mites from imported insects/Parasitic helminths from imported pet animals/Wildcat and FIV (Feline immunodeficiency virus) infection)/*Echinococcus* spp.

Column Alien parasites in zoo animals

2. Landscapes or ecosystems affected by invasive alien species

Islands

Invasive species issues in islands/Carried frogs in Hokkaido/Fauna of Miyakejima Island after weasel release/Feral cats and rodents in the Bonin Islands/*Zosterops japonicus, Zoothera dauma, Lanius bucephalus*/Alien insects in the Ogasawara Islands/Predatory impact on endemic insects by the green-anole in the Ogasawara Islands/Introduced trees in the Bonin (Ogasawara) Islands/*Nyctereutes procyonoides* in Yaku Island/Impacts of exotic species on the native herpetofauna of the Ryukyu Archipelago/Alien fishes in Okinawa Island/Alien insects in Okinawa Prefecture/Introduced goats on Uotsuri-Jima Island in the Senkaku Islands, Japan

Inland water (Lakes & Livers)

Lakes in Hokkaido/Lake Kasumigaura/Lake Kawaguchi/Lake in Nagano Prefecture/Lake Biwa/Mizorogaike Pond

Column Measuring the spread of invading species

Maritime

Tokyo Bay/Osaka Bay

Appendixes

Guiding principles adopted at CVD COP6

IUCN Guidelines

Provisional list of alien species naturalized in Japan

100 of the Worst Invasive Alien Species in Japan

100 of the world's Worst Invasive Alien Species

Recommendation for the institution of a law with the tentative title of "Alien species Management Act", adopted by the Ecological Society of Japan at the 2002 annual meeting

外来種ハンドブック

2002 年 9 月 30 日	初版第 1 刷
2003 年 9 月 25 日	初版第 4 刷

編集	日本生態学会
監修	村上興正・鷲谷いづみ
発行者	上條 宰
印刷所	モリモト印刷
製本所	イマキ製本

発行所　株式会社　地人書館

〒162-0835　東京都新宿区中町 15 番地
　　　　　　電話　03-3235-4422
　　　　　　FAX　03-3235-8984
　　　　　　郵便振替　00160-6-1532
　　URL　http://www.chijinshokan.co.jp
　　e-mail　chijinshokan@nifty.com

Ⓒ 2002　　　　　　　　　　　Printed in Japan
ISBN4-8052-0706-X C3045

JCLS　〈㈱日本著作出版権管理システム委託出版物〉
本書の無断複写は著作権法上での例外を除き禁じられています。複写される場合は、そのつど事前に㈱日本著作出版権管理システム（電話 03-3817-5670、FAX 03-3815-8199）の許諾を得てください。

生物・環境関連図書のご案内

ちょっと待ってケナフ！これでいいのビオトープ？
よりよい総合的な学習，体験活動をめざして
上赤博文著／Ａ５判／184頁／本体1800円（税別）

「環境保全活動」として急速に広がりつつあるケナフ栽培やビオトープづくり，身近な自然を取り戻そうと放流されるメダカやホタル．しかし，これらの行為がかえって環境破壊につながることもある．本書は生物多様性保全の視点から生き物を扱うルールについて掘り下げ，今後の自然体験活動のあり方を提案する．

トゲウオ、出会いのエソロジー
行動学から社会学へ
森 誠一著／四六判／224頁／本体2300円（税別）

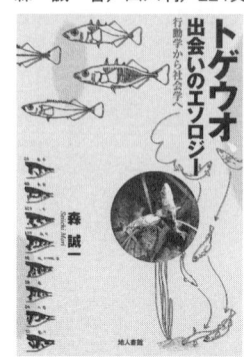

幼い頃の川遊びで出会ったトゲウオに魅せられて研究者となった著者は，ひたすら観察を積み重ね，その分布や生活史，生態，繁殖期の個体間関係などを明らかにしてきた．本書はその総まとめであるとともに，生息環境の悪化により減少の一途を辿るトゲウオ類の喘ぎ声に何とか応えようと，地域と共に実践してきた保護活動について熱く語る．

野生動物問題
羽山伸一著／四六判／254頁／本体2200円（税別）

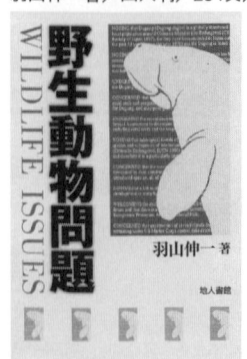

「観光地での餌付けザル」や「オランウータンの密輸」，「尾瀬で貴重な植物の食害を起こすシカ」，「クジラの捕獲」など，最近話題になった野生動物と人間をめぐる様々な問題を取り上げ，社会や研究者などがとった対応を検証しつつ，人間との共存に向け，問題の理解や解決に必要な知識を示した．

ようこそ自然保護の舞台へ
ＷＷＦジャパン編／四六判／240頁／本体1800円（税別）

国際的な自然保護団体ＷＷＦジャパンの助成により全国で展開されている自然保護活動を紹介し，さらにＷＷＦジャパンのみならず，様々な自然保護活動を網羅して，その活動のノウハウをまとめた．イベントへの参加と告知，情報公開・署名・申請などの方法，各種助成金の申請法などが解説されている．

サクラソウの目　保全生態学とは何か
鷲谷いづみ著／四六判／240頁／本体2000円（税別）

環境省発表の植物版レッドリストに絶滅危惧種として掲げられているサクラソウを主人公に，野草の暮らしぶりや花の適応進化，虫や鳥とのつながりを生き生きと描き出しながら，野の花の窮状を訴え，生き物と人間社会が共存していくための方法を探っていく．保全生態学の入門書として最適．

ルポ・日本の生物多様性　保全と再生に挑む人びと
平田剛士著／四六判／232頁／本体1800円（税別）

官・民・学が協力して，過去に損なわれた自然環境を取り戻し，生物多様性の保全を目標に掲げた取組みが，各地様々なやり方で始まっている．改修工事で直線化した川を再び蛇行させる試み，野生動物と人間の共存を目指すワイルドライフマネジメント，外来種問題解決のための条例制定，高山植物保護と教育登山など，10の地域と事例を紹介．